Digitale Rechenanlagen

Grundlagen / Schaltungstechnik / Arbeitsweise
Betriebssicherheit

Von

Dr. sc. techn. Ambros P. Speiser
Titularprofessor an der Eidgenössischen Technischen Hochschule Zürich
Leiter des Forschungslaboratoriums Zürich
der International Business Machines Corporation

Zweite neubearbeitete Auflage

Mit 310 Abbildungen

Springer-Verlag
Berlin / Heidelberg / New York
1965

ISBN-13:978-3-642-92954-0   e-ISBN-13:978-3-642-92953-3
DOI: 10.1007/978-3-642-92953-3

Alle Rechte, insbesondere das der Übersetzung in fremde Sprachen, vorbehalten
Ohne ausdrückliche Genehmigung des Verlages ist es auch nicht gestattet,
dieses Buch oder Teile daraus auf photomechanischem Wege
(Photokopie, Mikrokopie) oder auf andere Art zu vervielfältigen
© by Springer-Verlag, Berlin/Heidelberg 1961, and 1965
Softcover reprint of the hardcover 2nd edition 1965
Library of Congress Catalog Card Number: 65—14624

Titelnummer 0978

Die Wiedergabe von Gebrauchsnamen, Handelsnamen, Warenbezeichnungen usw.
in diesem Buch berechtigt auch ohne besondere Kennzeichnung nicht zu der Annahme, daß solche Namen im Sinne der Warenzeichen- und Markenschutz-Gesetz-
gebung als frei zu betrachten wären und daher von jedermann benutzt werden dürften

Vorwort zur zweiten Auflage

Die Ausarbeitung der zweiten Auflage bot eine willkommene Gelegenheit, die inzwischen bekannt gewordenen Fortschritte der Technik zu berücksichtigen und einige Mängel der ursprünglichen Fassung zu beseitigen. Neu aufgenommen wurden Abschnitte über miniaturisierte Schaltkreise, Feldsteuerungstransistoren, hydraulische Schaltelemente, Kryotron-Speicher, assoziative Speicher, Simultanarbeit. Wesentliche Erweiterungen haben die Paragraphen über Transistorschaltungen, Tunneldioden, Kernspeicher und Plattenspeicher erfahren. Darüber hinaus sind zahlreiche kleinere Ergänzungen und Veränderungen vorgenommen worden, und es wurden 55 Abbildungen neu erstellt. Anderseits hat es die eingetretene Entwicklung ermöglicht, die Abschnitte über Röhren, Mikrowellen und Photoleiter wegzulassen und an vielen andern Orten Kürzungen vorzunehmen, so daß der Umfang des Buches nur wenig zugenommen hat.

Seit der Erstellung der ersten Auflage ist die Reihe der Lehrbücher, die einzelne Teilgebiete ausführlicher behandeln, in willkommener Weise bereichert worden (siehe z. B. [27, 32]). Dadurch wurde es möglich, im Literaturverzeichnis viele Arbeiten zu streichen. Anderseits sind, einem Wunsch der Leserschaft entsprechend, die Titel der Arbeiten mit ins Verzeichnis aufgenommen worden.

Ich möchte es nicht unterlassen, den Studierenden und andern Lesern, die mich auf Fehler in der ersten Auflage aufmerksam gemacht und mir Verbesserungsvorschläge unterbreitet haben, bestens zu danken. Die folgenden Herren haben Teile des Manuskriptes durchgesehen und dabei wertvolle Hinweise und Anregungen gegeben, wofür ich ihnen herzlich danke: I. P. V. CARTER, K. E. DRANGEID, H. H. GLAETTLI, W. HOFFMANN, W. KAESLIN, G. KOHN, W. LINIGER, W. E. PROEBSTER, A. SCHAI, H. P. SCHLAEPPI, H. THOMAS. Frau M. FIREHAMMER verdanke ich die Niederschrift des Manuskriptes und die sorgfältige Durchsicht der Korrekturbogen.

Dem Springer-Verlag möchte ich meinen Dank für die ausgezeichnete Ausstattung des Buches zum Ausdruck bringen. Mein besonderer Dank gilt der Geschäftsleitung der International Business Machines Corporation, deren großzügiges Entgegenkommen es mir ermöglicht hat, diese Arbeit in Angriff zu nehmen und zu einem erfolgreichen Abschluß zu bringen.

Rüschlikon (Zürich), im Herbst 1964

Ambros P. Speiser

Vorwort zur ersten Auflage

Dieses Buch wendet sich an den *Erbauer elektronischer digitaler Rechenanlagen* und behandelt dementsprechend die Struktur der Bausteine und die Fragen ihrer Zusammenstellung. Der Problemkreis der Anwendung von Rechenanlagen (Programmierung und numerische Analysis) ist nicht aufgenommen, mit Ausnahme eines ganz kurzen Abschnittes über die Prinzipien der Programmierung, der die Kenntnisse vermitteln soll, die für das Verständnis des Programmablaufes in einer Maschine unerläßlich sind. Besonderes Gewicht wurde darauf gelegt, nicht nur die einzelnen Grundschaltungen und den Ablauf der arithmetischen Operationen zu beschreiben, sondern auch die so wichtigen Fragen der Gesamtorganisation der Rechenanlagen zur Darstellung zu bringen. Spezielle Abschnitte sind dem Problemkreis von Betriebssicherheit und Fehlersuche gewidmet. In seinen Ausführungen stützt sich der Verfasser auf eine fünfzehnjährige praktische Tätigkeit auf dem Gebiet der Rechenanlagen an Hochschulen und in der Industrie und verwertet die Erfahrungen seiner seit 1952 an der Eidgenössischen Technischen Hochschule gehaltenen Vorlesungen.

Das Buch wendet sich sowohl an Anfänger wie auch an fortgeschrittene Leser. Kap. I ist als selbständige Einführung gedacht und vermittelt die Grundbegriffe, während Kap. II an Hand von zwei Tabellen eine Übersicht über das behandelte Gebiet gibt und erläutert, nach welchen Gesichtspunkten das Buch als ganzes aufgebaut ist. Leser, die bereits mit Rechenanlagen vertraut sind, werden die Lektüre mit Kap. III beginnen, wobei ein Blick auf Tab. 6 und 7 (S. 37 u. 38) die Orientierung erleichtern dürfte.

Der vorgesehene Umfang wäre weit überschritten worden, wenn alle bekannt gewordenen Vorschläge für Schaltkreise und Abläufe auch nur andeutungsweise wiedergegeben worden wären. Daher mußte eine Auswahl getroffen werden. Das Schwergewicht wurde auf diejenigen Verfahren gelegt, die sich in der Praxis der kommerziell hergestellten Maschinen bewährt haben; andere Entwicklungen wurden nur ausnahmsweise aufgenommen.

Eine deutliche Trennung wurde durchgeführt zwischen dem Stand der Technik, so wie er sich gegenwärtig darbietet, und den Verfahren, die noch in Entwicklung sind. Bei den letzteren ist eine kritische Beurteilung nur mit Vorbehalten möglich; sie sind in Kap. III.6 und VI.6 zusammengefaßt und in stark gekürzter Form dargestellt.

Kein einzelner hat auf unserem Gebiet so viele fundamentale Gedanken formuliert wie JOHN VON NEUMANN (1903–1957), dessen grundlegende Schrift „Preliminary Discussion of the Logical Design of an Electronic Computing Instrument", die zusammen mit BURKS und GOLDSTINE verfaßt wurde [20], auf die späteren Arbeiten in allen Ländern einen entscheidenden Einfluß ausgeübt hat. Wir haben in unserem Buch darauf verzichtet, sie überall, wo aus ihr Ideen vorkommen, zu zitieren; vielmehr ist jeweils auf neuere Literatur hingewiesen, in denen die VON NEUMANNschen Gedankengänge wiedergegeben und weitergeführt sind. Der Anerkennung der Verdienste dieses bedeutenden Gelehrten soll das keinen Abbruch tun.

Der Leser, der sich vertieft mit einem Gebiet befassen will, findet ausgiebige Hinweise auf das Schrifttum. Immerhin ist unter mehreren Literaturstellen, die den gleichen Gedanken beschreiben, jeweils nur eine angegeben, und zwar diejenige, die die beste Darstellung vermittelt oder die am leichtesten zugänglich ist. Ein Zitat bedeutet daher nicht die Anerkennung einer Priorität.

Adliswil (Zürich), Frühjahr 1961

Ambros P. Speiser

Übersicht

I. Grundlagen

II. Zur Systematik der Funktionen und Bauteile

III. Elektrische Grundschaltungen

IV. Rechenoperationen

V. Das Leitwerk und die Befehle

VI. Speicherwerke

VII. Eingabe und Ausgabe

VIII. Organisation der gesamten Rechenanlage

IX. Betriebssicherheit

Inhaltsverzeichnis

I. Grundlagen 1

  I.1 Abgrenzung einer digitalen Rechenanlage 1

  I.2 Historisches 2

  I.3 Die Darstellung von Zahlen 3
      I.3.1 Dezimalsystem und Dualsystem 3
      I.3.2 Das Rechnen im Dualsystem 5
      I.3.3 Die Verschlüsselung von Dezimalzahlen 6
      I.3.4 Weitere Begriffe 7

  I.4 BOOLEsche Algebra 9

  I.5 Logische Schaltkreise 16
      I.5.1 Die Vereinfachung von BOOLEschen Ausdrücken 16
      I.5.2 Logische Grundschaltungen und ihre Kombinationen 19
      I.5.3 Praktische Einschränkungen 20
      I.5.4 Schwellwertlogik 21
      I.5.5 Zeitabläufe 24
      I.5.6 Ternäre Logik 25

  I.6 Der Gesamtaufbau einer Rechenanlage 25

  I.7 Programmierung und Programmablauf 28

  I.8 Datenverarbeitung und nichtnumerische Anwendungen 33

II. Zur Systematik der Funktionen und Bauteile 35

  II.1 Technische und organisatorische Fragen 36

  II.2 Die elektrischen Schaltelemente 38

III. Elektrische Grundschaltungen 39

  III.0 Die Zusammenarbeit von elektrischen Grundschaltungen 39
      III.0.1 Die sechs fundamentalen Funktionen 39
      III.0.2 Die Uhr 40
      III.0.3 Kurze Impulse und statische Signale 41
      III.0.4 Verknüpfung von statischen Signalen 42
      III.0.5 Verknüpfung und Regeneration von kurzen Impulsen ... 44
      III.0.6 Schieberegister 45
      III.0.7 Asynchrone Arbeitsweise 48
      III.0.8 Impedanzen 48

    III.1 Dioden 49
        III.1.1 Eigenschaften von Halbleiterdioden 49
        III.1.2 Einfache Gatter 51

Inhaltsverzeichnis IX

- III.1.3 Kaskadierung von Diodengattern 57
- III.1.4 Matrizen 60

- III.2 Transistoren........................ 64
  - III.2.0 Die Eigenschaften von Transistoren 64
    - III.2.0.0 Die Arten von Transistoren 65
    - III.2.0.1 Die Gleichstrom-Charakteristiken 66
    - III.2.0.2 Die Wechselstrom-Eigenschaften 70
    - III.2.0.3 Die Sperrträgheit 71
    - III.2.0.4 pnp- und npn-Transistoren 72
  - III.2.1 Grundschaltungen 72
    - III.2.1.1 Der Negator 74
    - III.2.1.1 Der Emitterfolger............... 75
    - III.2.1.3 Leistungsstufen................ 77
    - III.2.1.4 Das Flipflop 79
  - III.2.2 Verfahren zur Erhöhung der Arbeitsgeschwindigkeit... 83
    - III.2.2.1 Die Sättigung des Transistors......... 83
    - III.2.2.2 Kapazitäten 85
    - III.2.2.3 α-Grenzfrequenz und Laufzeit 87
  - III.2.3 Gleichstromgekoppelte Schaltungssysteme 87
    - III.2.3.1 Schaltkreise, die nur Transistoren enthalten .. 88
    - III.2.3.2 Logische Verknüpfungen mit Widerständen .. 90
    - III.2.3.3 Schaltungen mit Dioden und Transistoren ... 91
    - III.2.3.4 Stromsteuerung................ 93
    - III.2.3.5 Direkt gekoppelte Schaltkreise 98
  - III.2.4 Wechselstromgekoppelte Schaltungssysteme 100
    - III.2.4.1 Schaltkreise, die auf dem Prinzip des getasteten Verstärkers beruhen............. 101
    - III.2.4.2 Ein zweiter getasteter Verstärker 102
  - III.2.5 Sonderschaltungen für Parallel-Addierwerke 103
  - III.2.6 Nanosekundenschaltungen und Mikroelektronik..... 105
    - III.2.6.1 Die Notwendigkeit integrierter Baugruppen .. 105
    - III.2.6.2 Integrierte Schaltkreise 106
    - III.2.6.3 Baugruppen gemischter Herstellungsart 109

- III.3 Schaltungen mit Magnetkernen 111
  - III.3.0 Die Eigenschaften von Magnetkernen 112
  - III.3.1 Schieberegister 112
    - III.3.1.1 Das Zweikern-Schieberegister......... 112
    - III.3.1.2 Das Einkern-Schieberegister 115
    - III.3.1.3 Diodenlose Schieberegister 116
    - III.3.1.4 Die Impulsquellen 116
  - III.3.2 Logische Schaltungen 116
    - III.3.2.1 Schaltungen im Urstrombetrieb 117
    - III.3.2.2 Schaltungen im Urspannungsbetrieb...... 119
    - III.3.2.3 Stromsteuerung................ 119

Inhaltsverzeichnis

- III.3.3 Magnetkerne als Magnetverstärker 121
- III.3.4 Magnetkern-Schieberegister mit Transistoren 122
- III.3.5 Nicht ringförmige Magnetkerne 122
- III.4 Das Parametron 124
  - III.4.1 Die Darstellung der Variablen 125
  - III.4.2 Das Prinzip des Parametrons 125
  - III.4.3 Schieberegister 128
  - III.4.4 Logische Verknüpfungen 129
- III.5 Relais 130
  - III.5.1 Eigenschaften von Relais 130
  - III.5.2 Grundschaltungen 131
  - III.5.3 Kompliziertere Verknüpfungen 132
  - III.5.4 Vermaschte Schaltungen 134
  - III.5.5 Addierwerke mit durchgehendem Übertrag 134
  - III.5.6 Zeitliche Abläufe 137
- III.6 Verfahren in Entwicklung 137
  - III.6.1 Die Tunneldiode 140
    - III.6.1.1 Die Eigenschaften von Tunneldioden 140
    - III.6.1.2 Das Ersatzschaltbild und der bistabile Schaltkreis 141
    - III.6.1.3 Schaltkreise 143
    - III.6.1.4 Schaltungen mit Tunneldioden und Transistoren 149
  - III.6.2 Feldsteuerungstransistoren 150
  - III.6.3 Hydraulische und pneumatische Rechenelemente ... 153
    - III.6.3.1 Logische Schaltungen mit Ventilen 154
    - III.6.3.2 Hydrodynamische Elemente 159

IV. Rechenoperationen 162
- IV.0 Allgemeines über den Aufbau von Rechenwerken 162
  - IV.0.1 Zahlsysteme 163
  - IV.0.2 Parallel- und Serien-Arbeitsweise 164
  - IV.0.3 Einfachste Kombinationen von logischen Elementen ... 165
  - IV.0.4 Umlaufregister 168
  - IV.0.5 Der Gesamtaufbau des Rechenwerkes 168
  - IV.0.6 Rechengeschwindigkeiten 170
  - IV.0.7 Iterationsverfahren für den Reziprokwert und die Quadratwurzel 171
- IV.1 Das Rechnen im Dualsystem 173
  - IV.1.1 Die Darstellung negativer Zahlen 173
  - IV.1.2 Addition und Subtraktion 176
    - IV.1.2.1 Die erste Form des einstelligen Addierwerkes .. 176
    - IV.1.2.2 Andere Darstellungen 177
    - IV.1.2.3 Der durchlaufende Übertrag 179
    - IV.1.2.4 Zusammenfassung mehrerer Überträge 181
    - IV.1.2.5 Verwendung von Tetraden 183
    - IV.1.2.6 Subtraktion 183
    - IV.1.2.7 Anzeige des Überlaufs 184
  - IV.1.3 Die Multiplikation 184
    - IV.1.3.1 Der konventionelle Ablauf 185

Inhaltsverzeichnis XI

    IV.1.3.2 Verschiebungen und Subtraktionen 186
    IV.1.3.3 Die einschrittige Multiplikation 187
    IV.1.3.4 Abkürzungen durch dichtere Reihenfolge der Additionen in Parallel-Maschinen 188
    IV.1.3.5 Ein schnelles Multiplizierwerk für Serienmaschinen 190
    IV.1.3.6 Die Verwendung von Vielfachen des Multiplikanden 191
    IV.1.3.7 Negative Faktoren 193
 IV.1.4 Die Division 195
    IV.1.4.1 Der konventionelle Ablauf 195
    IV.1.4.2 Division ohne Rückstellung des Restes 197
    IV.1.4.3 Gleichzeitige Ermittlung mehrerer Quotientenstellen 198
 IV.1.5 Die Quadratwurzel 199
    IV.1.5.1 Der konventionelle Ablauf 199
    IV.1.5.2 Das Radizieren ohne Rückstellung des Restes. . 200
 IV.1.6 Bemerkung über die Verwendung von Zahlsystemen mit der Basis 2^a 201
 IV.1.7 Das Übersetzen zwischen den Zahlsystemen 202
    IV.1.7.1 Übersetzen, Rechnen im Dezimalsystem 203
    IV.1.7.2 Rückübersetzen, Rechnen im Dualsystem ... 204
    IV.1.7.3 Übersetzen, Rechnen im Dualsystem 205
    IV.1.7.4 Rückübersetzen, Rechnen im Dezimalsystem . . 206
    IV.1.7.5 Das Übersetzen mit beweglichem Komma ... 206

IV.2 Das Rechnen im Dezimalsystem 207
 IV.2.1 Die Darstellung von Dezimalzahlen 208
    IV.2.1.1 Prinzipien der tetradischen Codierung 208
    IV.2.1.2 Der Aiken-Code 210
    IV.2.1.3 Der Überschuß-3-Code............ 211
    IV.2.1.4 Der binäre Code 212
    IV.2.1.5 Ein 2-aus-5-Code 213
    IV.2.1.6 Biquinäre und verwandte Codes 215
    IV.2.1.7 Alphanumerische Codes 215
 IV.2.2 Addition und Subtraktion 215
    IV.2.2.1 Dezimale Addierwerke 215
    IV.2.2.2 Die Darstellung negativer Zahlen 216
 IV.2.3 Die Multiplikation................... 217
    IV.2.3.1 Der einfachste Ablauf 218
    IV.2.3.2 Die Verwendung von Additionen und Subtraktionen 218
    IV.2.3.3 Die Verwendung von Vielfachen von MD ... 219
    IV.2.3.4 Speicherung der Vielfachen in Registern 221
    IV.2.3.5 Die Bildung der Vielfachen in Einmaleins-Tafeln 221
    IV.2.3.6 Die einschrittige Multiplikation 225
    IV.2.3.7 Ein schnelles Multiplizierwerk für Serienmaschinen 225

Inhaltsverzeichnis

IV.2.4 Die Division 226
    IV.2.4.1 Der konventionelle Ablauf 226
    IV.2.4.2 Die Division ohne Rückstellung des Restes. . . 227
    IV.2.4.3 Die Verwendung von Vielfachen des Divisors. . 227
    IV.2.4.4 Vergleich von Rest und Divisor 228
    IV.2.4.5 Die Abschätzung der Quotientenziffer 228
    IV.2.4.6 Zusammenstellung 229

IV.2.5 Die Quadratwurzel 230

IV.3 Festes und bewegliches Komma 232
  IV.3.1 Die Lage des festen Kommas 232
  IV.3.2 Das bewegliche Komma 233
    IV.3.2.1 Die Addition 234
    IV.3.2.2 Die Subtraktion 234
    IV.3.2.3 Die Multiplikation 235
    IV.3.2.4 Die Division 235
    IV.3.2.5 Die Quadratwurzel 235
    IV.3.2.6 Die Darstellung von 0 und das Rechnen mit Sonderwerten 236
    IV.3.2.7 Der Verzicht auf die Normalisierung nach der Subtraktion 237

IV.4 Die Rundung 238

IV.5 Die Steuerung der Operationsabläufe 240
  IV.5.1 Die Entschlüsselung des Befehls 240
  IV.5.2 Steuerung mit Schieberegistern 240
  IV.5.3 Steuerung mit Zähler und Matrix 241
  IV.5.4 Eine flexiblere Anordnung 242
  IV.5.5 Mikroprogrammierung 245

IV.6 Das Rechnen mit mehrfacher Genauigkeit 246

IV.7 Die automatische Fehlerüberwachung 248
  IV.7.1 Die Arten der Fehlerüberwachung 249
  IV.7.2 Selbstprüfende Dezimal-Codes 250
  IV.7.3 Selbstkorrigierende Codes 251
  IV.7.4 Die Übermittlungskontrolle für ganze Worte 252
  IV.7.5 Die zweidimensionale Anwendung von Paritätsstellen zur Fehlerkorrektur 254
  IV.7.6 Arithmetische Kontrollen 255
  IV.7.7 Die Wirkung einer Fehleranzeige 257

V. Das Leitwerk und die Befehle 258

V.1 Das gespeicherte Programm 258

V.2 Der Aufbau der Befehle 260
  V.2.1 Die Teile eines Befehls 260
  V.2.2 Die Anzahl Adressen 261
    V.2.2.1 Einadreß-Maschinen 261
    V.2.2.2 Zweiadreß-Maschinen 262

Inhaltsverzeichnis XIII

   V.2.2.3 Dreiadreß-Maschinen 262
   V.2.2.4 Vieradreß-Maschinen 263
 V.2.3 Der Index 263
 V.2.4 Die Zusätze 263
   V.2.4.1 Das Befehlszeichen 263
   V.2.4.2 Die Verwendung eines zweiten Befehlszählers . . 264
   V.2.4.3 Ein Mittel zur relativen Adressierung 264
   V.2.4.4 Das Dekrement 264
   V.2.4.5 Die Extraktion 264
   V.2.4.6 Das Q-Zeichen 265
   V.2.4.7 Bedingungen 265
   V.2.4.8 Die Übermittlungskontrolle 265

V.3 Indexregister 265
 V.3.1 Wirkung der Indexregister auf die Adresse im Befehl . . 267
 V.3.2 Veränderung des Inhalts der Indexregister 267
 V.3.3 Bedingte Befehle in Abhängigkeit der Indexregister . . . 269
 V.3.4 Setzen und Ablesen der Indexregister 269

V.4 Das Befehlsverzeichnis 269
 V.4.1 Arithmetische Operationen 271
 V.4.2 Logische Operationen 272
 V.4.3 Verschiebungen 272
 V.4.4 Ablaufbefehle 273
 V.4.5 Indexbefehle 273
 V.4.6 Eingabe- und Ausgabebefehle 274

V.5 Mikroprogrammierung 274
 V.5.1 Beschreibung 274
 V.5.2 Der Mikroprogramm-Speicher 275
 V.5.3 Der Standpunkt des Benützers 276
 V.5.4 Das Verzeichnis der Mikrobefehle 276
 V.5.5 Funktionelle Bits im Mikrobefehlswort 277

V.6 Gesamtaufbau des Leitwerkes 278

VI. Speicherwerke 279

VI.0 Allgemeines 279
 VI.0.1 Einteilung der Speicherverfahren 280
 VI.0.2 Das Prinzip der Selektion 281
 VI.0.3 Zugriff und Adressierung 282
 VI.0.4 Massenspeicher 283
 VI.0.5 Die automatische Fehlerüberwachung 284

VI.1 Magnetkernspeicher 285
 VI.1.0 Die Eigenschaften von Magnetkernen 285
   VI.1.0.0 Die Arten von Magnetkernen 285
   VI.1.0.1 Die Hysteresekurve 286
   VI.1.0.2 Die induzierten Spannungen 288

Inhaltsverzeichnis

VI.1.1 Die Selektion mit idealen Kernen 291
    VI.1.1.1 Stromkoinzidenz 291
    VI.1.1.2 Speicher- und Lesevorgang in der einfachsten Matrix 292
    VI.1.1.3 Allgemeines über dreidimensionale Anordnungen 295
    VI.1.1.4 Ansteuerung von ganzen Worten in dreidimensionalen Anordnungen 297

VI.1.2 Die Ablesung von realen Kernen 298
    VI.1.2.1 Die Nach-Teilerregung 299
    VI.1.2.2 Die Integration über einen ganzen Zyklus ... 300
    VI.1.2.3 Das Ausblenden 300
    VI.1.2.4 Der Leseverstärker 300

VI.1.3 Die Speisung der Selektionsleitungen 302
    VI.1.3.1 Die Selektionsströme 302
    VI.1.3.2 Das Impulsprogramm und die zeitlichen Abläufe 303
    VI.1.3.3 Die Steuerung mit Röhren und Transistoren .. 305
    VI.1.3.4 Das Prinzip der magnetischen Steuermatrix .. 306
    VI.1.3.5 Matrizen erster Art 309
    VI.1.3.6 Matrizen zweiter Art 310
    VI.1.3.7 Lastverteilende Wähler 311
    VI.1.3.8 Treiberschaltungen für Wählermatrizen 312

VI.1.4 Übersicht über den ganzen Kernspeicher 313

VI.1.5 Der wort-organisierte Zweikern-Speicher 315
    VI.1.5.1 Die einfache Wortorganisation 315
    VI.1.5.2 Der wort-organisierte Zweikern-Speicher ... 316

VI.1.6 Ein Mehrpfad-Speicherelement 318

VI.1.7 Gelochte Ferritplatten als Speicher 319

VI.1.8 Nichtlöschende und Festwert-Speicher 320
    VI.1.8.1 Nichtlöschende Speicher 320
    VI.1.8.2 Festwertspeicher 321

VI.2 Trommelspeicher 322

  VI.2.1 Das Prinzip des Magnettrommelspeichers 323
    VI.2.1.1 Der Aufbau 323
    VI.2.1.2 Die Anordnung der Speicherzellen 324
    VI.2.1.3 Die Zugriffszeit 325
    VI.2.1.4 Zahlenwerte 325

  VI.2.2 Der Magnetkopf 325
    VI.2.2.1 Aufzeichnung und Ablesung 325
    VI.2.2.2 Die Form des Magnetkopfes 326
    VI.2.2.3 Der Feldverlauf 327
    VI.2.2.4 Schwebende Magnetköpfe 328

  VI.2.3 Die Arten der Aufzeichnung 328
    VI.2.3.1 Die Impulsschrift 330
    VI.2.3.2 Die Dauerstromschrift 332
    VI.2.3.3 Die modifizierte Dauerstromschrift 332

Inhaltsverzeichnis XV

VI.2.3.4 Die Wellenschrift 332
VI.2.3.5 Die Uhrimpuls-Spur 333

VI.2.4 Der Schreibverstärker 333
VI.2.5 Die Leseschaltung 335
VI.2.6 Die Kopfumschaltung 335

VI.3 Plattenspeicher 339

VI.3.1 Prinzip des Plattenspeichers 339

VI.3.1.1 Aufbau 340
VI.3.1.2 Positionierung der Magnetköpfe 341
VI.3.1.3 Anordnung der Speicherzellen 342
VI.3.1.4 Die Zugriffszeit 342
VI.3.1.5 Auswechselbare Plattensätze 343
VI.3.1.6 Die Magnetschicht 343
VI.3.1.7 Übersicht über einige Zahlenwerte 344

VI.3.2 Der Magnetkopf 344
VI.3.3 Die Aufzeichnung 346
VI.3.4 Die Ablesung 346

VI.4 Laufzeitspeicher 349

VI.4.0 Prinzip 349
VI.4.1 Quecksilberleitungen 349
VI.4.2 Nickelleitungen 350

VI.5 Magnetschicht-Speicher 351

VI.5.1 Eigenschaften von Magnetschichten 351
VI.5.2 Aufbau eines Speichers 355
VI.5.3 Nichtlöschende Speicher 359

VI.6 Verfahren in Entwicklung 359

VI.6.1 Der Twistor 361
VI.6.2 Speicher mit Tunneldioden 363
VI.6.3 Kryotron-Speicher 364

VI.6.3.1 Prinzip 365
VI.6.3.2 Das Schichtkryotron 368
VI.6.3.3 Schaltkreise 370
VI.6.3.4 Speicher 372
VI.6.3.5 Konstruktive Fragen 372

VI.6.4 Massenspeicher 373
VI.6.5 Assoziative Speicher 374

VII. Eingabe und Ausgabe 376

VII.1 Optische Anzeige 378
VII.2 Schreibmaschinen 380
VII.3 Zeilendrucker 381

VII.3.1 Mechanische Druckwerke 382
VII.3.2 Nichtmechanische Druckwerke 388

VII.4 Lochstreifen 390

XVI Inhaltsverzeichnis

VII.5 Lochkarten 390
VII.6 Magnetbänder 390
    VII.6.1 Das eigentliche Magnetband 391
    VII.6.2 Der Magnetkopf 391
    VII.6.3 Die Aufzeichnung 392
    VII.6.4 Die Ablesung 392
    VII.6.5 Magnetbandeinheiten 393
    VII.6.6 Die Vermeidung von Fehlern 395
    VII.6.7 Übersicht über einige Zahlenwerte 395
VII.7 Die Fernübermittlung von Daten 396

VIII. Organisation der gesamten Rechenanlage 397

VIII.1 Länge und Struktur der Worte 398
    VIII.1.1 Die Wortlänge 398
    VIII.1.2 Aufbau der Worte 399
VIII.2 Der Verkehr mit dem Speicherwerk 400
    VIII.2.1 Die Hierarchie von Speichern 401
    VIII.2.2 Das Prinzip des virtuellen Speichers 401
    VIII.2.3 Parallele Speicher 403
    VIII.2.4 Die veränderliche Wortlänge 404
VIII.3 Der Gesamtaufbau einer Anlage 405
    VIII.3.1 Gleichzeitig ablaufende Operationen 405
    VIII.3.2 Das Blockschema 406
    VIII.3.3 Die Rechengeschwindigkeit 408
    VIII.3.4 Programmunterbrechungen 410
    VIII.3.5 Simultanarbeit 411
        VIII.3.5.1 Multiprogrammierung 412
        VIII.3.5.2 Multiprozessierung 412
VIII.4 Betriebssicherheit durch Redundanz 412
VIII.5 Minimalmaschinen 414
VIII.6 Nicht programmgesteuerte Digitalmaschinen 415

IX. Betriebssicherheit 417

IX.1 Fehlerursachen 417
IX.2 Fehlerhäufigkeit 419
IX.3 Der Entwurf betriebssicherer Schaltkreise 423
IX.4 Programmierte Kontrollen und Korrekturen 426
IX.5 Diagnostische Programme 427
IX.6 Vorsorgliche Maßnahmen 428

Literaturverzeichnis 432

Sachverzeichnis 447

I. Grundlagen

I.1 Abgrenzung einer digitalen Rechenanlage

Dieses Buch befaßt sich mit digitalen elektronischen Rechenanlagen. Das Digitalprinzip ist dadurch gekennzeichnet, daß die Werte in einem bestimmten Zahlsystem (z. B. dem Dezimalsystem) dargestellt sind. Jede Größe hat eine gewisse Anzahl von Stellen, und innerhalb dieser Stellenzahl ist die Genauigkeit der Rechenoperationen eine absolute, das heißt, gegenüber den bekannten Rechenregeln kommen keine Abweichungen vor. Die Genauigkeit der Darstellung von Größen kann durch Erhöhung der Stellenzahl ohne Schwierigkeiten beliebig groß gemacht werden. Digitale Rechenanlagen kann man auch als „ziffernmäßig" oder „zählend" bezeichnen.

Ihnen steht eine andere, wichtige Klasse von Rechengeräten gegenüber, die *Analogrechner*, welche die zu verarbeitenden Werte als kontinuierlich variable physikalische Größen (z. B. Längen, elektrische Ströme) darstellen und welche die Rechenoperationen unter Verwendung physikalischer Gesetze (z. B. des Ohmschen Gesetzes) durchführen. Die Rechengenauigkeit hängt von der Präzision in der Herstellung der verwendeten Bauteile ab, und der relative Fehler kann nur in seltenen Fällen — und jedenfalls nur unter beträchtlichem Kostenaufwand — unter 10^{-3} reduziert werden.

Trotz dieser scheinbar scharfen Abgrenzung zwischen Digital- und Analogrechnern gibt es Übergangsformen, deren Zuordnung nicht eindeutig erfolgen kann, nämlich die digitalen Integrieranlagen und die Funktionsgeber mit polydromer Darstellung. Ihnen haften Merkmale beider Klassen von Rechengeräten an. Betrachtet man die Gesamtheit der Rechenhilfsmittel im Licht der modernen Informationstheorie, so erkennt man, daß zwischen Digital- und Analogrechnern kein prinzipieller, sondern nur ein gradueller Unterschied besteht, der sich so beschreiben läßt, daß die ersteren dank einer besonderen Codierung einen größeren Störabstand aufweisen; die verfügbaren Codierungen sind so gut, daß der Störabstand ohne übermäßige Kosten beliebig groß gemacht werden kann.

Nicht alle Rechenhilfsmittel, die nach dem Digitalprinzip arbeiten, werden üblicherweise als digitale Rechenanlagen bezeichnet. So fallen

z. B. Registrierkassen und Tisch-Rechenmaschinen nicht unter diesen Begriff. Auch hier ist eine scharfe Abgrenzung nicht möglich, doch dürfte es mit dem heute üblichen Sprachgebrauch weitgehend übereinstimmen, wenn man folgende drei Eigenschaften als charakteristisch und daher unerläßlich für eine digitale Rechenanlage bezeichnet:

1. Die Fähigkeit, arithmetische Operationen (meistens die „vier Spezies", also Addition, Subtraktion, Multiplikation und Division) mit Zahlen, die in digitaler Form dargestellt sind, auszuführen.

2. Das Vorhandensein eines Speichers (Gedächtnisses), der sowohl numerische Daten als auch Befehle (Anweisungen über die auszuführenden Schritte) enthält, wobei die Reihenfolge in der Ausführung der Befehle von den errechneten Zwischenresultaten abhängig gemacht werden kann.

3. Die Fähigkeit, Zwischenresultate ins Speicherwerk zu verbringen und damit für spätere Verwendung bereitzuhalten.

Der Stoff dieses Buches ist auf Anlagen, die dieser Definition entsprechen, ausgerichtet. Das schließt nicht aus, daß auch digitale Hilfsgeräte, die nicht als digitale Rechenanlagen bezeichnet werden können, von den zu schildernden Prinzipien und Schaltkreisen Gebrauch machen.

I.2 Historisches

Es ist zweifellos reizvoll, die Entwicklungsgeschichte der digitalen Rechenhilfsmittel aufzuzeigen und die einzelnen Schritte zu würdigen. Im Rahmen dieses Buches müssen wir uns aber darauf beschränken, die allerwichtigsten Beiträge anzudeuten. In [*14*, S. 650ff.] und [*62.23*, S. 1039ff.] finden sich kritische entwicklungsgeschichtliche Würdigungen; [*14*] enthält nahezu 700 Literaturstellen, die den Weg zu den historischen Quellen eröffnen.

Digitale Rechenhilfsmittel lassen sich bis in die Anfänge der Mathematik zurückverfolgen; schon im Altertum und Mittelalter bediente man sich des Rechenbrettes (Zählrahmens). Die ersten mechanischen Rechenmaschinen mit Radgetrieben gehen auf B. PASCAL (1623—1662) und W. SCHICKARD (1592—1635) zurück. C. BABBAGE (1792—1871) formulierte den Begriff der Programmsteuerung; er hatte außerdem eine klare Vorstellung über die Bedeutung des Speicherwerks. Seine Arbeiten sind aber auf die Entwicklung unseres Jahrhunderts ohne Einfluß geblieben; sie wurden erst wieder entdeckt, nachdem die wesentlichen Gedanken neu konzipiert und verwirklicht worden waren. Die Zeit des zweiten Weltkrieges brachte die Konstruktion von verschiedenen elektromechanischen Rechenanlagen, doch spielte sich die unerhört schnelle Entwicklung erst in den fünfzehn Jahren nach 1945 ab. In dieses Zeitintervall fallen vier Neuerungen, die alle von fundamentaler Bedeutung sind·

Einführung der Elektronik in die digitalen Rechenanlagen (Inbetriebnahme der Maschine ENIAC in Philadelphia 1946), Formulierung des Prinzips des gespeicherten Programms durch VON NEUMANN (1946), Erfindung des Transistors durch SHOCKLEY, BARDEEN, BRATTAIN (1948) und Erfindung des Magnetkern-Matrixspeichers durch FORRESTER (1949). Das Bild der heutigen Rechenanlage wird geprägt durch Transistoren, Magnetkerne und Magnetbänder, die den Eindruck einer ausgereiften Technik vermitteln.

Die Entwicklung der elektronischen Rechenanlagen steht in der Geschichte der Technik ohne Beispiel da. 15 Jahre nachdem der erste Prototyp in Betrieb genommen wurde, hatten die elektronischen Rechenmaschinen auf Wissenschaft, Technik und Verwaltung in der ganzen Welt einen maßgebenden Einfluß ausgeübt. Es gibt keine andere Errungenschaft, die den Weg vom Laboratoriumsmodell bis zur universellen Verbreitung auch nur annähernd gleich schnell zurückgelegt hätte.

I.3 Die Darstellung von Zahlen

In elektronischen Rechenanlagen kommen (mit verschwindend wenig Ausnahmen) ausschließlich *binäre Elemente* vor, das heißt solche, die nur zwei verschiedene Betriebszustände haben. Beispiele dafür sind: Offener oder geschlossener Relais-Kontakt; leitende oder gesperrte Diode; die zwei stabilen Stellungen eines Flipflops. Symbolisch lassen sich diese Zustände durch die Ziffern 0 und 1 darstellen. Eine Größe, die nur die Werte 0 oder 1 annehmen kann, kann man als Stelle einer im Dualsystem gegebenen Zahl auffassen und daher als *Dualstelle* bezeichnen. Im Englischen wird dafür oft das Wort *bit* verwendet, das sich auch in der deutschen Sprache eingebürgert hat und daher in diesem Buch übernommen wurde.[1]

Es ist wichtig, eine klare Unterscheidung zwischen den Begriffen *Ziffer* und *Zahl* zu machen. Eine Ziffer ist eine einzelne Stelle (also im Dezimalsystem 0, 1, 2, ... 9), während eine Zahl aus mehreren Ziffern besteht, z. B. 6182.

I.3.1 Dezimalsystem und Dualsystem

Unter einem Zahlsystem versteht man die Art, positive reelle Zahlen durch Zeichen (Ziffern) darzustellen, das heißt zu *verziffern*. Das weit verbreitete Dezimalsystem ist dabei nur ein Sonderfall. Wir sind es ge-

---

[1] Die wörtliche Übersetzung von *bit* ist „(unteilbares, kleines) Stück". Nach einer andern Deutung soll *bit* durch Zusammenziehung der Wörter *binary digit* entstanden sein.

wohnt, einer Folge von Dezimalziffern folgende Deutung zu geben:

$$a_n a_{n-1} \ldots a_1 a_0 = \sum_{k=0}^{n} a_k 10^k.$$

Die Einführung der Dezimalbrüche gestattet es, auch negative Potenzen von 10 zu verwenden; üblicherweise wird geschrieben:

$$a_n a_{n-1} \ldots a_1 a_0, a_{-1} a_{-2} \ldots = \sum_{k=-\infty}^{n} a_k 10^k.$$

Das Komma kennzeichnet den Übergang von nichtnegativen zu negativen Potenzen. Die Grenze $-\infty$ deutet darauf hin, daß es unendliche (nicht abbrechende) Dezimalbrüche gibt.

Allgemein kann man eine Basis B einführen. Eine Ziffernfolge a_k hat dann folgende Bedeutung:

$$\sum_{k=-\infty}^{n} a_k B^k.$$

Dabei gilt für die Basis, die eine ganze Zahl sein muß, $B \geq 2$; die a_k müssen ebenfalls ganz sein, und es gilt $0 \leq a_k < B$.

Mit $B = 2$ entsteht das *Dualsystem*:

$$a_n a_{n-1} \ldots a_1 a_0, a_{-1} a_{-2} = \sum_{k=-\infty}^{n} a_k 2^k.$$

Die Ziffern im Dualsystem können nur die zwei Werte 0 und 1 haben. Da in Beschreibungen von Rechenanlagen oft nebeneinander Dual- und Dezimalzahlen vorkommen, empfiehlt es sich, die duale Eins als L zu schreiben. Dadurch wird vermieden, daß eine Dualzahl vom Leser irrtümlicherweise für eine Dezimalzahl, die zufällig nur die Ziffern 0 und 1 enthält, gehalten wird.

Beispiel: LOL,LL = 5,75 = $5^3/_4$

Die ganzen Zahlen zwischen 0 und 15 haben im Dualsystem folgende Form

0	O	8	LOOO
1	L	9	LOOL
2	LO	10	LOLO
3	LL	11	LOLL
4	LOO	12	LLOO
5	LOL	13	LLOL
6	LLO	14	LLLO
7	LLL	15	LLLL

Es ist ersichtlich, daß die Stellenzahl im Dualsystem wesentlich größer ist als im Dezimalsystem. Die Stellenzahlen verhalten sich umgekehrt wie die Logarithmen der Basen. Somit haben Dualzahlen $\log_2 10 \approx 3{,}32$mal mehr Stellen. Für überschlägige Berechnungen kann man das Verhältnis $10/3 = 3{,}33$ einsetzen.

Ein Teil der heute in Betrieb befindlichen Rechenanlagen arbeitet im Dualsystem. Da anderseits im täglichen Leben das Dezimalsystem eine unbestritten dominierende Stellung innehat, muß der Verkehr zwischen der Anlage und der Außenwelt in diesem System erfolgen, das heißt, die Anlage muß für die *Übersetzung* zwischen den Systemen besorgt sein. Dafür gibt es verschiedene Verfahren, deren Vorzüge hauptsächlich von der Stellung des Kommas abhängen. Die einfachste Methode für die Übersetzung vom Dezimal- ins Dualsystem besteht in einer wiederholten Halbierung der gegebenen Zahl. Jede Halbierung ergibt eine neue Dualstelle, die gleich dem Rest (der 0 oder 1 sein kann) ist.

Beispiel (Übersetzung von 26):

$$26:2 = 13 \text{ Rest } 0$$
$$13:2 = 6 \text{ Rest } 1$$
$$6:2 = 3 \text{ Rest } 0$$
$$3:2 = 1 \text{ Rest } 1$$
$$1:2 = 0 \text{ Rest } 1$$

Die Reste, von unten nach oben gelesen, ergeben das Resultat LL0L0. Die *Rückübersetzung* der Dualzahl kann so erfolgen, daß man die höchste Dualziffer nimmt, dieselbe verdoppelt, dazu die zweithöchste Ziffer addiert, das Resultat wieder verdoppelt usw.

Beispiel (Rückübersetzung von LL0L0):

$$2 \cdot 1 + 1 = 3$$
$$2 \cdot 3 + 0 = 6$$
$$2 \cdot 6 + 1 = 13$$
$$2 \cdot 13 + 0 = 26$$

Rechts unten steht das Resultat 26. Alle zur Übersetzung nötigen arithmetischen Operationen wurden im Dezimalsystem ausgeführt (daher die Verwendung von 1 statt L). Eine Rechenanlage, die ein im Dualsystem arbeitendes Rechenwerk besitzt, würde andere Verfahren heranziehen, die ein Rechnen im Dualsystem gestatten.

I.3.2 Das Rechnen im Dualsystem

Die Regeln für das Rechnen im Dualsystem sind — entsprechend der Tatsache, daß nur zwei verschiedene Ziffern existieren — bedeutend einfacher als jene für das Dezimalsystem. Um Additionen auszuführen, muß man sich lediglich die einfachen Summen $0 + 0 = 0$, $0 + L = L$, $L + L = L0$ merken. $L + L$ ergibt einen Übertrag, der, genau wie im Dezimalsystem, zur nächsthöheren Stelle zu addieren ist.

Beispiel:

$$\begin{array}{r} \text{LLOLO} \\ + \text{ OLOLL} \\ \hline \text{LOOLOL} \end{array}$$

Der in der 4. Stelle (von rechts gezählt) entstehende Übertrag, der zur 5. Stelle zu addieren ist, hat zur Folge, daß ein weiterer, zur nächsthöheren Stelle geleiteter Übertrag entsteht. Man nennt das einen *durchgehenden Übertrag*. Dieser Fall tritt im Dualsystem viel häufiger auf als im Dezimalsystem.

Der Vorgang der Multiplikation erfolgt nach den gleichen Regeln wie im Dezimalsystem, indem zunächst die Produkte von jeweils einer Stelle des Multiplikators mal dem Multiplikanden gebildet werden; diese als *Partialprodukte* bezeichneten Zahlen sind aufzuaddieren und ergeben das Resultat. Da nun aber die im Multiplikator vorkommenden Ziffern nur 0 oder L sein können, sind die Partialprodukte entweder gleich Null oder gleich dem Multiplikanden. Das Einmaleins reduziert sich auf die trivialen Produkte $0 \cdot 0 = 0$, $0 \cdot L = 0$, $L \cdot L = L$, ist also im wörtlichen Sinn nur noch ein „Einmaleins".

Beispiel:

```
    LOLL·LLOLO
    ──────────
    LLOLO
    LLOLO
    OOOOO
    LLOLO
    ──────────
    LOOOLLLLO
```

· Die Tatsache, daß die Rechenregeln im Dualsystem bedeutend einfacher sind als im Dezimalsystem, bewirkt, daß auch die elektrischen Schaltkreise in einem Rechenwerk einfacher werden. Darin liegt die Rechtfertigung für die Verwendung des Dualsystems in elektronischen Rechenanlagen.

I.3.3 Die Verschlüsselung von Dezimalzahlen

Die Notwendigkeit des Übersetzens zwischen den Zahlensystemen wird gelegentlich als störend empfunden. Dadurch werden die Konstrukteure vieler Anlagen bewogen, dem Dezimalsystem den Vorzug zu geben. Da aber nur binäre Schaltelemente zur Verfügung stehen (also solche, die nicht mehr als zwei verschiedene Betriebszustände einnehmen können), ist man gezwungen, einen Weg zu finden, Dezimalzahlen nur unter Verwendung der Symbole 0 und L darzustellen. Es gibt 10 verschiedene Dezimalziffern. Mit 4 Dualstellen lassen sich $2^4 = 16$ Kombinationen bilden, also müssen 4 Dualstellen genügen, um eine Dezimale zu verkörpern. Eine solche Viererguppe wird als *Tetrade* bezeichnet. Eine mögliche Zuordnung ist nachfolgend notiert:

0	OOOO	5	OLOL
1	OOOL	6	OLLO
2	OOLO	7	OLLL
3	OOLL	8	LOOO
4	OLOO	9	LOOL

I.3 Die Darstellung von Zahlen 7

Eine solche Zuordnung nennt man einen *Code*. In diesem Code würde etwa die Zahl 1965 wie folgt geschrieben werden: 000L'L00L'0LL0'0L0L. (Die einzelnen Tetraden sind voneinander durch einen Apostroph getrennt.)

Im hier aufgeführten Code stellt jede Tetrade die im Dualsystem geschriebene Dezimale, der sie zugeordnet ist, dar. Bei andern Codes ist das nicht der Fall, und die durch Dualziffern verschlüsselte Darstellung von Dezimalen ist nicht mit der Verwendung des Dualsystems zu verwechseln; denn zwischen der Außenwelt und der Rechenanlage braucht keine Übersetzung stattzufinden. Lediglich die einzelnen Dezimalziffern müssen in die codierte Form übergeführt werden.

Von Anlagen, die in der beschriebenen Weise arbeiten, sagt man gelegentlich, sie verwenden das ,,dual codierte Dezimalsystem" oder das ,,gemischte Zahlsystem". Einfacher ist es, man spricht vom Dezimalsystem schlechthin, da die Codierung mittels Dualziffern nicht zu umgehen und daher eine Selbstverständlichkeit ist.

I.3.4 Weitere Begriffe

Eine Zahl in einer Rechenanlage besteht im allgemeinen aus etwa 40 Bits. (Dabei ist es belanglos, ob es sich um das Dual- oder das Dezimalsystem handelt.) Für die Übermittlung einer solchen Zahl von einer Stelle der Rechenanlage an eine andere, also etwa vom Speicher ins Rechenwerk, bestehen nun zwei verschiedene Möglichkeiten: Entweder werden alle 40 Bits gleichzeitig übermittelt, wozu 40 getrennte Leitungen nötig sind, oder die Übermittlung erfolgt nacheinander, indem durch einen einzigen Draht 40 Impulse hindurchgehen. Ersteres nennt man den *Parallelbetrieb*, letzteres den *Serienbetrieb*. Es ist klar, daß der Parallelbetrieb bedeutend schneller arbeitet und dafür bedeutend mehr Schaltmittel braucht. Man wird daher immer dann, wenn aus gegebenen Schaltelementen die höchste Geschwindigkeit herausgeholt werden soll, die Parallel-Arbeitsweise wählen, während die Serien-Arbeitsweise dort den Vorzug verdient, wo besonderes Gewicht auf eine Reduktion der Kosten gelegt werden muß. Der Unterschied im Aufwand tritt besonders im Rechenwerk zutage, indem ein duales Parallel-Addierwerk 40 einstellige Addierwerke enthält, ein Serien-Addierwerk dagegen nur ein einziges.

Auch eine gemischte Darstellung kommt vor. So können 40 Bits übermittelt werden, indem man 4 Leitungen vorsieht und zur gleichen Zeit durch jede eine Folge von 10 Impulsen hindurchschickt. Damit ergibt sich ein Kompromiß zwischen den beiden Fällen, indem man eine beträchtliche Steigerung der Geschwindigkeit erreicht, die mit einem relativ bescheidenen Mehraufwand erkauft wird. Dieser Weg wird besonders häufig in Anlagen, die im Dezimalsystem arbeiten, beschritten, indem die vier Bits einer Tetrade parallel, die 10 Tetraden einer Zahl jedoch in Serie geführt werden.

Im Zusammenhang mit Rechenabläufen trifft man gelegentlich auf den Begriff der *Normalisierung*. Unter Normalisierung versteht man eine Linksverschiebung einer Zahl um so viele Stellen, daß die erste (linke) Ziffer $\neq 0$ ist. Eine normalisierte Zahl beginnt somit mit einer Ziffer, die nicht Null ist (im Dualsystem also mit L). Beispiel einer nicht normalisierten Darstellung in einem fünfstelligen Rechenwerk: 00380; dieselbe Zahl normalisiert: 38000. Es ist ersichtlich, daß sich der Begriff der Normalisierung nur im Rahmen eines Registers oder Rechenwerkes mit einer bestimmten Stellenzahl definieren läßt. Das Normalisieren verursacht selbstverständlich eine Multiplikation der Zahl mit einer ganzzahligen Potenz der Basis, was beim Ablauf des Programms zu berücksichtigen ist; deshalb muß nach der Normalisierung immer eine Meldung vorliegen, um wie viele Stellen verschoben wurde. — Das Normalisieren hat nichts zu tun mit der Stellung des Kommas und kommt sowohl in Anlagen mit festem als auch mit gleitendem Komma vor.

In Rechenanlagen findet man gelegentlich die *entschlüsselte Darstellung von Zahlen*. Nachstehend sind nebeneinander die (im Dualsystem) verschlüsselte und die entschlüsselte Darstellung der Zahlen von 0 bis 7 angegeben:

	Verschlüsselt	Entschlüsselt		Verschlüsselt	Entschlüsselt
0	OOO	OOOOOOOL	4	LOO	OOOLOOOO
1	OOL	OOOOOOLO	5	LOO	OOLOOOOO
2	OLO	OOOOOLOO	6	LLO	OLOOOOOO
3	OLL	OOOOLOOO	7	LLL	LOOOOOOO

Die verschlüsselte Darstellung aller Zahlen von 0 bis $n-1$ braucht $\log_2 n$ Bits, die entschlüsselte Darstellung dagegen n Bits, von denen eines gleich L, alle übrigen gleich 0 sind. Die entschlüsselte Darstellung ist also die Darstellung in einem „1-aus-n-Code". Eine Entschlüsselung kann natürlich nur bei kleinen Zahlen (z. B. bis 10 oder 20) vorkommen, da sonst zu viele Bits nötig wären. Die ersten elektronischen Rechenanlagen arbeiteten nach dem zählenden Prinzip und führten an vielen Stellen entschlüsselte Dezimalzahlen, die im Serienbetrieb übermittelt wurden. Dieses Prinzip ist heute kaum mehr im Gebrauch. Dagegen stellt sich oft die Aufgabe, aus einer Gruppe von 8 Schaltgliedern eines zu betätigen, wobei das gewünschte Schaltglied durch eine dreistellige Dualzahl gekennzeichnet ist. Dann muß man die Dualzahl entschlüsseln, und zu den 8 Schaltgliedern führen 8 Leitungen. Ein Beispiel dafür wäre die Betätigung von Zugmagneten für die Typenhebel einer Schreibmaschine.

Ein weiterer Begriff, der in diesem Paragraphen eingeführt werden soll, ist die *Redundanz*. Sie kommt dann zustande, wenn für die Darstellung von n verschiedenen Zahlen mehr als $\log_2 n$ Bits verwendet werden, und kann Anlaß dazu bieten, Fehler zu erkennen, eventuell sogar zu korrigieren. Jede Verschlüsselung von Dezimalziffern ist notwendigerweise redundant; in dem auf S. 6 wiedergegebenen Code sind 6 von den 16 möglichen Tetraden unbenützt, und ihr Auftreten kann daher als Anzeige eines Fehlers verwendet werden. Alle fehlererkennenden und fehlerkorrigierenden Verfahren beruhen auf einer redundanten Darstellung der Information. — Die Redundanz wird als Zahl angegeben. Ihr Wert ist gleich der Anzahl überschüssiger Bits. Wenn für die Darstellung von n verschiedenen Zahlen m Bits verwendet werden, so beträgt die Redundanz $R = m - \log_2 n$. Ein tetradischer Dezimalcode hat somit $R = 0{,}68$, ein pentadischer Dezimalcode $R = 1{,}68$. — Die menschliche Sprache ist eine Nachrichtendarstellung von hoher Redundanz. Das geht daraus hervor, daß man in einem geschriebenen Text einzelne Buchstaben, oft sogar ganze Worte weglassen kann, ohne daß eine Rekonstruktion des Sinnes verunmöglicht wird. — Als Übersetzung des Wortes „Redundanz" ins Deutsche ist der Ausdruck „Weitschweifigkeit" vorgeschlagen worden.

Schließlich muß noch der Begriff des *Restklassensystems* angedeutet werden. Auf S. 4 wurde die Definition eines Zahlsystems mit der Basis B gegeben. Die Darstellung von Zahlen nach dem dort beschriebenen Verfahren, das sich sowohl im täglichen Leben als auch in Rechenanlagen universell durchgesetzt hat, nennt man *polyadisch*. SVOBODA hat als erster den Vorschlag gemacht, Größen in einer Rechenanlage nach einem grundsätzlich andern Prinzip, das als Restklassensystem bezeichnet wird, darzustellen. Danach wird eine Zahl gekennzeichnet, indem man ihre Reste modulo einiger Basiszahlen, die ein- für allemal festgelegt sind, angibt. Beispiel: Mit den Basiszahlen (3 4 5) kann man Zahlen von 0 bis 59 darstellen, und die Zahl 29 hätte die Form (2 1 4). In diesem System werden gewisse Rechenoperationen sehr einfach. Anderseits haften dem Restklassensystem aber bedeutende Nachteile an, und es hat, trotzdem es durch zahlreiche Autoren gründlich studiert worden ist, in Rechenanlagen nur vereinzelt Eingang gefunden. Daher verzichten wir auf eine Beschreibung dieses mathematisch zweifellos sehr eleganten Verfahrens. Eine Einführung mit Literaturverzeichnis findet sich in [14, S. 543ff.].

I.4 Boolesche Algebra

Die BOOLEsche Algebra[1] ist eine Algebra, deren veränderliche Größen nur zwei verschiedene Werte annehmen können und die die drei Ope-

---

[1] GEORGE BOOLE, 1815—1864.

rationen „und", „oder" und „nicht" definiert und verwendet. Die vorkommenden Variablen bedeuten ursprünglich Aussagen, in denen die Eigenschaft „richtig" oder „falsch" von Bedeutung ist, und die BOOLEsche Algebra ist geschaffen worden als ein Kalkül zur Formalisierung von logischen Beziehungen. Daher wird sie auch als „Logikkalkül" oder als „symbolische Logik" bezeichnet. Im Zuge des Aufbaus von digitalen Systemen ergab sich später der Wunsch nach einer Symbolik, die in der Lage ist, digitale Schaltkreise zu beschreiben und ihre Funktion zu berechnen, und es zeigte sich, daß sich die BOOLEsche Algebra dazu bestens eignet. Sie wird daher oft auch „Schaltalgebra" genannt.

Wegen der Verwendung des Logikkalküls hat sich für binäre Schaltungen (Schaltkreise mit binären — also nur zweier Zustände fähigen — Elementen und Signalen) die Bezeichnung *logische Schaltungen* eingebürgert. Dieser Ausdruck ist nicht glücklich, da man mit dem Wort „logisch" üblicherweise „folgerichtig" meint. Besser wäre es, *binäre Schaltungen* zu sagen. — Eine Darstellung des gesamten Logikkalküls findet sich in einem Buch von HILBERT und ACKERMANN [*13*].

Mit Rücksicht darauf, daß wir hier die BOOLEsche Algebra zur Beschreibung und Berechnung von logischen Schaltkreisen verwenden, werden wir die zwei vorkommenden Funktionswerte mit 0 und L bezeichnen. Wir schreiten nun zur Definition der drei Operationen, die in der BOOLEschen Algebra gebraucht werden. Da die Variablen nur eine endliche Anzahl von Werten annehmen können, läßt sich eine Operation dadurch definieren, daß man in einer Tabelle das Resultat für alle möglichen Werte der Operanden angibt. In ähnlicher Weise kann ein Satz bewiesen werden, indem man alle möglichen Wertkombinationen einsetzt und die Richtigkeit nachprüft. (In der konventionellen Algebra ist das nicht statthaft, weil die Größen unendlich viele verschiedene Werte annehmen können.)

Logische Addition: Diese Operation, die $A \vee B$ geschrieben wird, ist in Tab. 1a definiert. In der Schreibweise der konventionellen Algebra

Tabelle 1. *Definition der drei logischen Grundoperationen*

a		b		c	
$A\ B$	$A \vee B$	$A\ B$	$A \cdot B$	A	$\bar{A}$
0 0	0	0 0	0	0	L
0 L	L	0 L	0	L	0
L 0	L	L 0	0		
L L	L	L L	L		

kann diese Verknüpfung durch den Ausdruck Max (A, B) definiert werden. In der Literatur findet man auch andere Schreibweisen als $A \vee B$, nämlich $A + B$ und $A \cup B$, und die Verknüpfung wird oft auch als *Disjunktion, logische Summe* oder *logisches Oder* bezeichnet.

Logische Multiplikation: Diese Operation, die $A \cdot B$ geschrieben wird (der Punkt kann auch weggelassen werden), hat die Definition gemäß Tab. 1b. In der Schreibweise der konventionellen Algebra kann diese Verknüpfung durch den Ausdruck Min (A, B) oder auch durch $A \cdot B$ (konventionelles Produkt) definiert werden. Außer $A \cdot B$ sind die Schreibweisen $A \& B$, $A \cap B$ und $A \wedge B$ gebräuchlich, und man findet die Bezeichnungen *Konjunktion, logisches Produkt* oder *logisches Und*.

Negation: Diese Operation, die eine Funktion einer einzelnen Variablen ist, wird $\bar{A}$ geschrieben und „nicht A" gesprochen. Sie entspricht einer Vertauschung von 0 und L, s. Tab. 1c. Eine andere, oft verwendete Schreibweise ist A'.

Für das Rechnen in der Booleschen Algebra gelten nun eine Anzahl von Gesetzen, die nachfolgend aufgezählt sind. Ihr Beweis erfolgt in jedem Fall einfach durch Einsetzen aller möglichen Fälle. Für das Setzen von Klammern gelten die gleichen Regeln wie in der konventionellen Algebra, wobei die logische Addition der konventionellen Addition, die logische Multiplikation der konventionellen Multiplikation gleichgesetzt ist.

Kommutatives Gesetz: $A \vee B = B \vee A$, $AB = BA$.
Assoziatives Gesetz: $A \vee (B \vee C) = (A \vee B) \vee C$, $A(BC) = (AB)C$.
Erstes distributives Gesetz: $A(B \vee C) = AB \vee AC$.
Zweites distributives Gesetz: $A \vee BC = (A \vee B)(A \vee C)$. Dieses findet, im Gegensatz zu den vorher genannten, nichts Entsprechendes in der konventionellen Algebra.

Für die Vereinfachungen von Ausdrücken sind folgende Identitäten wesentlich: $A \vee A = A$, $A \cdot A = A$. Für das Rechnen mit der Negation gilt $\bar{\bar{A}} = A$, ferner die beiden gelegentlich als *de Morgansche Identitäten* bezeichneten Beziehungen $\overline{AB} = \bar{A} \vee \bar{B}$, $\overline{A \vee B} = \bar{A} \, \bar{B}$. Ebenso läßt sich leicht nachprüfen, daß $A \bar{A} = 0$ und $A \vee \bar{A} = L$.

Viele der aufgezählten Gesetze werden viel leichter verständlich, wenn man sich unter A, B und C etwas Anschauliches vorstellt. Beispielsweise können die Variablen als *Mengen* betrachtet werden. $A \vee B$ ist dann als *Summe*, AB als *Durchschnitt* und $\bar{A}$ als *Komplement* (im Sinne der Mengenlehre) aufzufassen. Abb. 1 veranschaulicht dieses Prinzip und zeigt, wie die zitierten Identitäten leicht verifiziert werden können.

Eine andere Art, die Gesetze der Booleschen Algebra nachzuprüfen, ergibt sich aus der Anwendung auf Relais-Schaltkreise. (Von allen elektrischen Schaltkreisen sind diejenigen mit Relais am leichtesten zu verstehen, weil sie mit rein topologischen Begriffen beschrieben werden können, ohne daß zusätzliche physikalische Regeln, wie etwa die Beziehungen zwischen Spannungen und Strömen, formuliert werden müssen.) Abb. 2 gibt den Grundgedanken dieser Analogie zwischen BOOLEscher Algebra und Schaltkreisen wieder. Ein angezogenes Relais ist durch das Symbol L, ein abgefallenes (stromloses) durch das Symbol 0 gekennzeichnet. Jedes Relais kann mehrere Kontakte haben, die entweder Arbeitskontakte oder Ruhekontakte sein können. Erstere schließen sich, wenn das Relais anzieht, letztere dann, wenn es abfällt. Die Abbildung zeigt, wie eine von einer mit + bezeichneten Quelle herkommende Spannung durch Kontakte ein- und ausgeschaltet werden kann. Das Relais wird durch ein Signal A betätigt; ist $A = L$, so zieht das Relais an, und umgekehrt. An der Ausgangsklemme verwenden wir die Symbole 0 und L wie folgt: 0 bedeutet einen offenen Stromkreis, L bedeutet eine Verbindung mit der Quelle. Diese Klemme kann zur Betätigung der Spule eines weiteren Relais gebraucht werden. Zu bemerken ist noch, daß

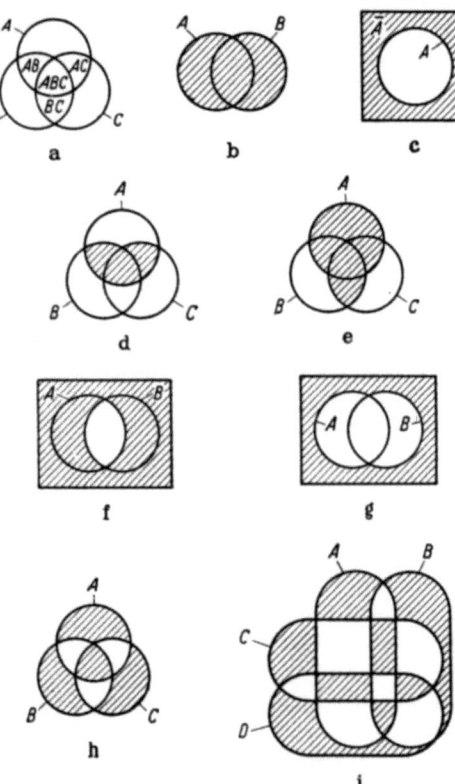

Abb. 1. Erläuterung der BOOLEschen Algebra an Hand der Mengenlehre
Definitionen: a) Durchschnitt, b) Summe A v B, c) Komplement $\bar{A}$. Identitäten: d) $A(B \vee C) = AB \vee AC$, e) $A \vee BC = (A \vee B)(A \vee C)$, f) $\overline{AB} = \bar{A} \vee \bar{B}$, g) $\overline{A \vee B} = \bar{A}\bar{B}$. Kompliziertere Ausdrücke: h) $AB\bar{C} \vee \bar{A}B\bar{C} \vee \bar{A}\bar{B}C \vee ABC$, i) $A\bar{B}C\bar{D} \vee \bar{A}BC\bar{D} \vee \bar{A}\bar{B}C\bar{D} \vee \bar{A}B\bar{C}D \vee \bar{A}BCD \vee A\bar{B}CD \vee AB\bar{C}\bar{D}$

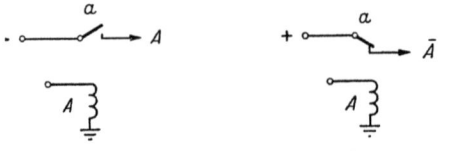

Abb. 2. Arbeits- und Ruhekontakte

man die Relais-Spulen mit großen Buchstaben, die zu ihnen gehörenden Kontakte mit entsprechenden kleinen Buchstaben beschriftet. Aus der

Abbildung ist ersichtlich, daß ein Arbeitskontakt die Funktion A, ein Ruhekontakt die Funktion $\bar{A}$ erzeugt.

In Abb. 3 sind die logische Addition (Parallelschaltung von Kontakten) und die logische Multiplikation (Serienschaltung) veranschau-

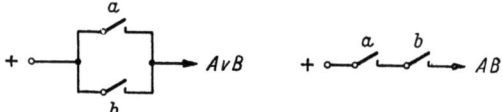

Abb. 3. Logische Addition und Multiplikation

licht[1], und Abb. 4 gestattet die Nachprüfung der zwei distributiven Gesetze sowie der DE MORGANschen Identitäten. (Im letzteren Fall ist ein zusätzliches Relais F nötig, um die Negation von AB bzw. $A \vee B$ zu bilden.)

Mit den aufgestellten Regeln und den zitierten Identitäten wird es nun möglich, kompliziertere Ausdrücke zu behandeln. Nachfolgend sind als Beispiele einige Identitäten angegeben, die der Leser — im Sinne einer

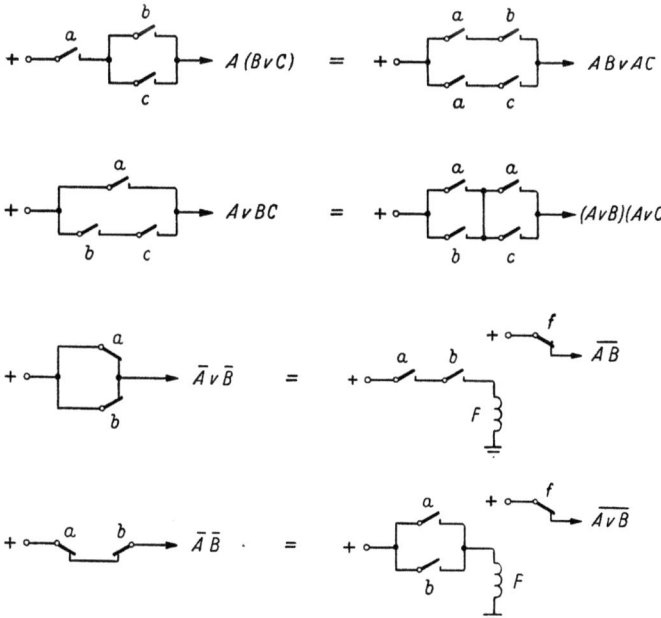

Abb. 4. Veranschaulichung der distributiven Gesetze und der DE MORGANschen Identitäten

---

[1] Auf die Einzeichnung der Spulen ist überall dort verzichtet worden, wo dadurch keine Unklarheiten entstehen.

Übung — beweisen mag:

$$A(A \vee B) = A$$

$$A \vee AB = A$$

$$\overline{AB \vee AC \vee BC} = \overline{A}\overline{B} \vee \overline{A}\overline{C} \vee \overline{B}\overline{C}$$

$$\overline{A}BC \vee A\overline{B}C \vee AB\overline{C} \vee ABC = AB \vee AC \vee BC$$

$$AB \vee (A \vee B)\overline{ABC} = AB \vee AC \vee BC$$

Alle diese Ausdrücke sind Funktionen von einer oder mehreren Variablen. Nun stellt sich die Frage, wie viele verschiedene Funktionen von n Variablen existieren. Da sowohl die Variablen als auch die Funktion nur endlich viele Werte annehmen, können nicht — wie in der konventionellen Algebra — unendlich viele Funktionen möglich sein. Eine Funktion kann entweder durch einen BOOLEschen Ausdruck oder durch eine Funktionstafel definiert werden. Eine Funktionstafel gibt links alle Wertekombinationen der unabhängigen Variablen und rechts die dazugehörigen Funktionswerte an. Tab. 2 zeigt als Beispiel eine Funktion einer Variablen ($F = \overline{A}$) und eine Funktion von 2 Variablen ($F = A \vee \overline{B}$). (Auch die Verknüpfung $A \vee B$ und AB sind Funktionen von zwei Variablen; die Funktionstafeln, welche sie definieren, finden sich in Tab. 1a u. b.) Die Frage nach der Anzahl möglicher Funktionen mit n Variablen läßt sich nun so beantworten: Mit n Variablen sind $k = 2^n$ Kombinationen von Werten möglich, also hat die Funktionstafel $k = 2^n$ Zeilen. Jede Zeile ist rechts entweder mit 0 oder L auszufüllen. Die Symbole 0 oder L können auf 2^k verschiedene Arten auf die k Plätze verteilt werden. Somit gibt es 2^{2^n} verschiedene Funktionen von n Variablen.

Tabelle 2
Zwei Funktionstafeln

a) $F = \overline{A}$, b) $F = \overline{A} \vee B$

a

A	F
0	L
L	0

b

A	B	F
0	0	L
0	L	0
L	0	L
L	L	L

Die 16 möglichen Funktionen von 2 Variablen sind in Tab. 3 zusammengefaßt. (Die Tafeln, welche die Funktionen definieren, sind hier — im Gegensatz zur vorherigen Darstellung — horizontal angeordnet und in der zweiten Kolonne wiedergegeben.) In der dritten Kolonne ist der zugehörige BOOLEsche Ausdruck angegeben, in der vierten und fünften Kolonne einige Namen und Symbole, die in der Literatur gefunden werden.

Diese Tabelle umfaßt 16 Funktionen. Jedoch sind Nr. 0 und 15 Konstanten, und Nr. 3, 5, 10 und 12 hängen nur von einer einzelnen Variablen ab. Diese 6 Fälle kann man als trivial bezeichnen. *Somit existieren 10 nichttriviale Funktionen von 2 Variablen.*

I.4 Boolesche Algebra

Tabelle 3. *Tafel der 16 möglichen Funktionen mit 2 Variablen*

Nr.	Definition A: O O L L B: O L O L	Boolescher Ausdruck	Namen	Andere Symbole
0	O O O O	O	Konstante	
1	O O O L	$A \cdot B$	Multiplikation	
2	O O L O	$A\bar{B}$		
3	O O L L	A		
4	O L O O	$\bar{A}B$		
5	O L O L	B		
6	O L L O	$\bar{A}B \vee A\bar{B}$	Exklusives Oder	$A \leftrightarrow B$
7	O L L L	$A \vee B$	Addition	
8	L O O O	$\bar{A}\bar{B}$	Weder — noch	
9	L O O L	$\bar{A}\bar{B} \vee AB$	Äquivalenz	$A \sim B$
10	L O L O	$\bar{B}$	Negation	
11	L O L L	$A \vee \bar{B}$	Implikation	$B \to A$
12	L L O O	$\bar{A}$	Negation	
13	L L O L	$\bar{A} \vee B$	Implikation	$A \to B$
14	L L L O	$\overline{AB}$	Sheffer-Strich	$A \mid B$
15	L L L L	L	Konstante	

Um alle möglichen Funktionen auszudrücken, brauchen wir die drei Operationen $A \vee B$, AB und $\bar{A}$. Tatsächlich genügt aber eine einzige Operation, und zwar eignen sich dazu Nr. 8 (weder — noch) und Nr. 14 (Sheffer-Strich). Man kann leicht nachprüfen, daß

$$\bar{A} = A * A, \quad AB = (A * A) * (B * B), \quad A \vee B = (A * B) * (A * B)$$

und $\quad \bar{A} = A \mid A, \quad A \vee B = (A \mid A) \mid (B \mid B), \quad AB = (A \mid B) \mid (A \mid B),$

wobei wir die Funktion Nr. 8 mit einem Stern bezeichnet haben, also $\bar{A}\bar{B} = A * B$. Damit ist bewiesen, daß alle Funktionen unter ausschließlicher Verwendung einer einzigen Operation dargestellt werden können. Diese Tatsache ist von erheblicher praktischer Bedeutung; denn aus ihr folgt, daß man alle logischen Schaltkreise unter Verwendung von nur einer einzigen Art von Elementen aufbauen kann. (Hierzu eignet sich z. B. ein Paar von Transistoren, deren Emitter und Kollektoren parallelgeschaltet sind.)

Hingegen sollen immer dann, wenn es sich darum handelt, Beziehungen in Gestalt einer Formel schriftlich festzuhalten, ausschließlich die Zeichen $A \vee B$, AB und $\bar{A}$ verwendet werden, und nicht die zusätzlichen, in Tab. 3 rechts angeschriebenen Symbole. Diese sind lediglich angeführt worden, um den Leser auf Zeichen, die er anderswo antreffen könnte, hinzuweisen.

I.5 Logische Schaltkreise

Schaltungen, die durch BOOLEsche Ausdrücke beschrieben werden können, bezeichnet man als logische Schaltkreise. ,,Logisch" bedeutet hier nicht ,,folgerichtig", sondern ist ein Hinweis auf die Verwandtschaft der BOOLEschen Algebra mit dem Logikkalkül.

I.5.1 Die Vereinfachung von Booleschen Ausdrücken

Bevor man eine logische Schaltung entwerfen kann, muß der BOOLEsche Ausdruck, den sie erfüllen soll, in eine möglichst einfache Form gebracht werden, damit die Realisierung mit möglichst wenig Bauteilen erfolgt. Der erste Schritt besteht in der Aufstellung der ,,disjunktiven Normalform", die aus einer logischen Summe von logischen Produkten besteht; in jedem der Produkte kommen alle Variablen vor, entweder in nicht negierter oder in negierter Form. Beispiel für die disjunktive Normalform einer Funktion F der Variablen A, B, C:

$$F = A\bar{B}\bar{C} \vee AB\bar{C} \vee A\bar{B}C \vee \bar{A}BC \vee ABC.$$

Eine andere Darstellung ist die Funktionstabelle (,,Wahrheitstabelle"), die für jedes der möglichen logischen Produkte eine Zeile enthält. Mit n Variablen sind 2^n Zeilen erforderlich. Rechts wird neben die Produkte, die in der Normalform vorkommen, eine L geschrieben, neben die andern eine 0. Die Funktionstabelle für die angegebene Funktion hat nebenstehende Form.

A B C	F
0 0 0	0
0 0 L	0
0 L 0	0
0 L L	L
L 0 0	L
L 0 L	L
L L 0	L
L L L	L

Disjunktive Normalform und Funktionstabelle sind äquivalent und können in einfachster Weise auseinander abgeleitet werden. Die Tabelle ist aber einfacher und bequemer zu verwenden, weil für eine gegebene Funktion nur die rechte Kolonne geschrieben werden muß, während der linke Teil unveränderlich ist und daher in Form von vorgedruckten Blättern bereitgestellt werden kann.

Die Aufgabe stellt sich nun, den gegebenen Ausdruck zu vereinfachen, wenn möglich in eine Minimalform zu bringen. Die für die Vereinfachung entscheidenden Gesetze sind die Identitäten $XY \vee X\bar{Y} \equiv X$, $X \vee XY \equiv X$, $X \vee \bar{X}Y \equiv X \vee Y$. Sie gestatten es, Summanden zusammenzufassen. In unserem Fall lassen sich folgende Vereinfachungen ausführen: Erster und zweiter Summand $A\bar{B}\bar{C} \vee AB\bar{C} = A\bar{C}$; dritter und fünfter Summand $A\bar{B}C \vee ABC = AC$; $A\bar{C} \vee AC = A$; es bleibt noch $F = A \vee \bar{A}BC$, das sich auf die endgültige Form $F = A \vee BC$ reduziert. Um diese Vereinfachungen systematisch durchzuführen, sind viele Methoden ausgearbeitet worden. Eine der bequemsten und daher am meisten verwendeten besteht in der Aufzeichnung von Figuren nach Abb. 1,

I.5 Logische Schaltkreise 17

die als *Zirkeldiagramme* bezeichnet werden. Durch das Zirkeldiagramm wird die Ebene in eine Anzahl von Elementargebieten aufgeteilt, von denen jedes einer Zeile der Funktionstabelle entspricht. Nun werden alle Elementargebiete, für die in der Tabelle eine L steht, schraffiert. Das Problem der Vereinfachung ist identisch mit dem Problem der möglichst einfachen Beschreibung des schraffierten Gebiets. Abb. 1 e zeigt die Darstellung unseres Beispiels, aus dem $F = A \vee BC$ leicht abzulesen ist. Vereinfachungen sind immer dann möglich, wenn benachbarte Elementargebiete schraffiert sind. In Abb. 1 h u. i ist das nicht der Fall.

Für $n = 4$ muß man Figuren der Art von Abb. 4i verwenden. In dieser Darstellung haben allerdings die einzelnen Elementargebiete ver-

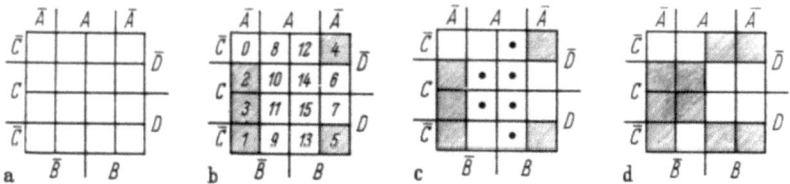

Abb. 5. Verwendung der KV-Tafel

schiedene Form, was die Verwendung etwas umständlich macht; man verwendet daher das Diagramm von Abb. 5a, das KARNAUGH-VEITCH-Tafel (KV-Tafel) genannt wird, und das topologisch gleichbedeutend mit Abb. 4i ist. Seine Verwendung soll an Hand von zwei Beispielen illustriert werden. Wir nehmen an, vier Signale A, B, C, D stellen zusammen eine vierstellige Zahl im Dualsystem dar. (Diese Zahl kann von 0 bis 15 gehen; auf S. 4 unten sind die 16 verschiedenen Wertekombinationen angegeben.) Eine Schaltung sei verlangt, die ein Signal F abgibt, wenn die eingegebene Zahl einen der Werte 1, 2, 3, 4, 5 annimmt. Das führt zum Ausdruck (vgl. wieder S. 4 unten):

$$F = \bar{A}\bar{B}\bar{C}D \vee \bar{A}\bar{B}C\bar{D} \vee \bar{A}\bar{B}CD \vee \bar{A}B\bar{C}\bar{D} \vee \bar{A}B\bar{C}D \qquad (1)$$

Dieser Ausdruck soll nun vereinfacht werden. In Abb. 5b ist die KV-Tafel nochmals aufgezeichnet, wobei der Einfachheit halber die unserer Aufgabe entsprechenden Zahlen von 0 bis 15 eingetragen sind. Die Felder 1, 2, 3, 4, 5 sind schraffiert. Wir sehen, daß 1 und 3 benachbart sind; das bedeutet, daß das erste und das dritte Glied des Ausdruckes (1) unter Elimination von $\bar{C}$ bzw. C zusammengefaßt werden können und $\bar{A}\bar{B}D$ ergeben. In ähnlicher Weise ergeben 2 und 3 (das zweite und das dritte Glied) zusammen $\bar{A}\bar{B}C$. Nun ist zu beachten, daß nicht nur benachbarte Felder, sondern auch solche, die an gegenüberliegenden Randplätzen liegen, Anlaß zu Vereinfachungen geben. 1 und 5 bewirken, daß man das erste und das fünfte Glied zu $\bar{A}\bar{C}D$ zusammenfassen kann; 4 und 5 ergeben für das vierte und fünfte Glied $\bar{A}B\bar{C}$. Damit sind alle Felder erfaßt. Der Ausdruck reduziert sich auf folgende Form:

$$F = \bar{A}\bar{B}C \text{ v } \bar{A}\bar{B}D \text{ v } \bar{A}B\bar{C} \text{ v } \bar{A}\bar{C}D \qquad (2)$$

Diese Form enthält rechts vom Gleichheitszeichen noch 12 Buchstaben, gegenüber 20 Buchstaben in (1). Eine weitere Vereinfachung ist nur noch durch die Verwendung von Klammerausdrücken möglich.

Von Wichtigkeit sind die Fälle, in denen man von vornherein weiß, daß gewisse Kombinationen der Variablen nie vorkommen werden. Für diese Situation, die fast immer weitere Vereinfachungen eines Ausdruckes ermöglicht, wollen wir ebenfalls ein Beispiel durchführen. Wie im vorhergehenden Beispiel nehmen wir an, A, B, C, D sei eine vierstellige Zahl im Dualsystem, und wir wünschen ein Signal F, wenn diese Zahl einen der Werte 1, 2, 3, 4, 5 annimmt. Wir treffen aber noch die zusätzliche Annahme, A, B, C, D sei eine Tetrade in einer dezimalen Maschine, die den Binärcode verwendet. Das bedeutet, daß nur die Werte von 0 bis 9 vorkommen können, während 10, 11, 12, 13, 14, 15 ausgeschlossen sind. Es ist daher gleichgültig, welches Resultat für F in (1) bei diesen sechs Wertekombinationen entsteht. In der KV-Tafel kann man diese Felder nach Wunsch schraffieren oder nicht schraffieren, je nachdem, was die einfacheren Ausdrücke ergibt. Die KV-Tafel für die neue Aufgabe ist in Abb. 5c wiedergegeben; die den nicht vorkommenden Ausdrücken entsprechenden Felder sind mit einem Punkt versehen. Abb. 5d zeigt, welche Schraffur die größte Vereinfachung ergibt. 10 und 11 sind schraffiert und ergeben zusammen mit 2 und 3 den Ausdruck $\bar{B}C$; 12 und 13 ergeben zusammen mit 4 und 5 den Ausdruck $B\bar{C}$. Es bleibt nur noch 1 darzustellen, das, zusammen mit 3, die Form $\bar{A}\bar{B}D$ annimmt. Für F erhalten wir damit endgültig:

$$F = \bar{A}\bar{B}D \text{ v } B\bar{C} \text{ v } \bar{B}C, \qquad (3)$$

was eine weitere Reduktion auf 7 Buchstaben bedeutet.

Die angeführten Beispiele setzen voraus, daß die Elemente, mit denen die logische Schaltung verwirklicht werden soll, die drei Grundoperationen $X \text{ v } Y$, XY und $\bar{X}$ darstellen. Das ist aber durchaus nicht immer der Fall. Oft wünscht man eine Schaltung aus einer einzigen Sorte von Elementen aufzubauen, etwa einem Element für $\bar{A}\bar{B}$ (Nr. 8 in Tabelle 3) oder $\overline{AB}$ (Nr. 14). Dazu eignet sich eine BOOLEsche Normalform nach (2) oder (3) nicht. In [63.13] sind explizite Lösungen dieser Aufgabe für alle Funktionen von 3 Variablen aufgezeichnet.

Über das Problem der Vereinfachung von BOOLEschen Ausdrücken existiert eine umfangreiche Literatur; in [32] finden sich zahlreiche Zitate. Für den Fall der Schwellwertlogik (s. S. 21ff.) ergeben sich andere Regeln [61.34]. Die erzielten Resultate entsprechen aber nicht dem

Aufwand, und man kann nicht sagen, daß die Minimisierung von BOOLEschen Ausdrücken mit vielen Variablen befriedigend gelöst sei. Besonders für die simultanen Funktionen (mehrere verschiedene Funktionen, die mit den gleichen Variablen gleichzeitig erzeugt werden sollen) gibt es kein Verfahren, das leicht zu handhaben wäre.

I.5.2 Logische Grundschaltungen und ihre Kombinationen

Beim Aufbau eines größeren logischen Schaltkreises bedient man sich einer beschränkten Anzahl von Grundschaltungen, für die geeignete Symbole definiert werden müssen. Abb. 6 gibt die Symbole wieder, die

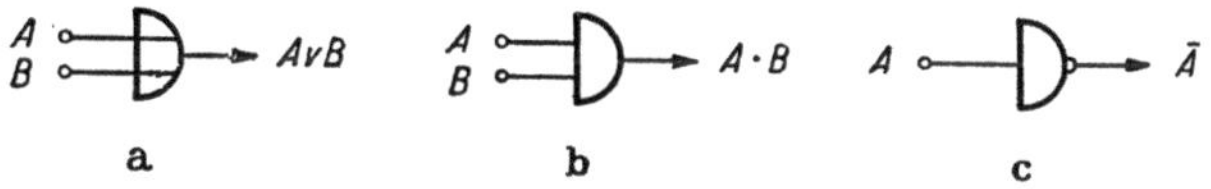

Abb. 6
a) „oder"-Gatter, b) „mal"-Gatter, c) Negator

wir in diesem Buch für die drei Operationen der BOOLEschen Algebra $A \vee B$, AB und $\bar{A}$ verwenden und die wir als „oder"-Gatter, „mal"-Gatter und Negator bezeichnen. Aufwand (und daher Kosten) eines „oder"-Gatters und eines „mal"-Gatters sind im allgemeinen gleich groß. Dagegen kann ein Negator je nach der Art der verwendeten Schaltkreise entweder komplizierter oder einfacher sein als ein Gatter.

Aus diesen drei Symbolen lassen sich weitere herleiten, deren Bedeutung aus den gegebenen Definitionen ohne weiteres klar wird. Die

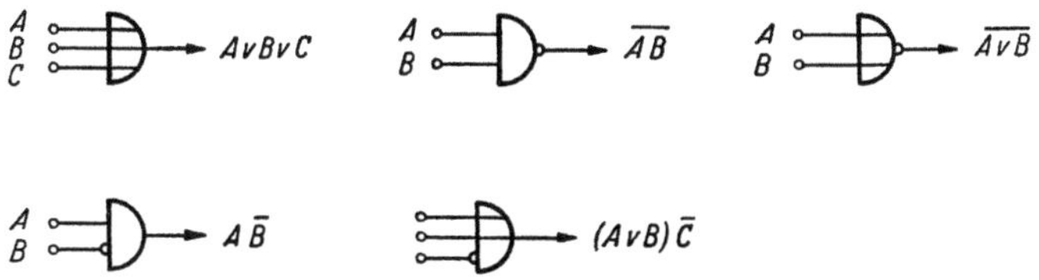

Abb. 7. Beispiele für die Kombination von Symbolen

Beispiele von Abb. 7 mögen erläutern, daß ein Gatter auch drei (oder mehr) Eingänge haben kann und daß der kleine Halbkreis, der eine Negation kennzeichnet, auch an Gattern verwendet werden kann, und zwar sowohl am Eingang als auch am Ausgang. Befindet sich dieses Symbol am Eingang, so spricht man von einem *Sperrgatter*. Es hängt von den verwendeten elektrischen Grundschaltungen ab, ob jedes der in Abb. 6 und 7 gezeigten Symbole in einem einzelnen Element realisiert werden kann, oder ob dazu mehrere Elemente zusammengeschaltet werden müssen. Im allgemeinen erweist es sich als zweckmäßig, die Anzahl verschiedener Grundschaltungen, aus denen ein System aufgebaut wird, nicht zu hoch zu machen. Oft verwendet man die drei Operationen

$A \vee B$, AB und $\bar{A}$ und baut damit die logischen Schaltungen gleich auf wie die zugehörigen BOOLEschen Formeln. In anderen Fällen erweist es sich, daß andere Verknüpfungen leichter zu erzeugen sind; beispielsweise führt die Parallelschaltung von zwei Transistoren auf $\overline{A \vee B}$. Wie auf S. 15 erwähnt wurde, kann man mit dieser als „weder — noch" bezeichneten Funktion die drei Grundoperationen $A \vee B$, AB und $\bar{A}$ erzeugen und somit auch alle anderen Ausdrücke darstellen, s. Abb. 8. Immerhin wird der Aufwand erhöht, wenn der Entwerfer auf die Verwendung nur eines einzigen Elementes beschränkt ist, und außer dem Glied „weder — noch" sollte mindestens noch ein gewöhnlicher Negator zugelassen werden.

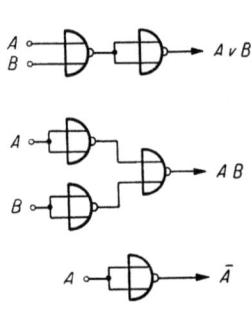

Abb. 8. Darstellung der drei Grundoperationen $A \vee B$, AB und $\bar{A}$ mit dem Element „weder-noch"

I.5.3 Praktische Einschränkungen

In der Praxis ist es leider nicht möglich, mit den abstrakten Symbolen, die wir eingeführt haben, beliebige Kombinationen zu bilden. Die logischen Grundschaltungen unterliegen mancherlei Beschränkungen. Daher muß man von ihnen nicht nur die logische Funktion kennen und berücksichtigen; vielmehr treten noch eine Anzahl von Randbedingungen hinzu, die oft eine recht komplizierte Formulierung besitzen. Die Art dieser Randbedingungen hängt vollständig von der technischen Beschaffenheit der Glieder ab. Beispielsweise unterliegen Schaltkreise mit Relais ganz andern Gesichtspunkten als solche mit Transistoren, und daher wird man auch — um die gleiche logische Funktion zu erzeugen — in den beiden Fällen einen völlig verschiedenen Aufbau wählen.

Die Beschränkungen, denen der Zusammenbau der Grundglieder unterworfen ist, sind bei der Beschreibung der betreffenden Schaltkreise geschildert. Hier sei lediglich festgehalten, daß die meisten von ihnen in drei Kategorien fallen, nämlich:

1. Beschränkung der Anzahl von Eingängen (*fan-in*),
2. Beschränkung der Verzweigung (*fan-out*),
3. zeitliche Verzögerung.

1. Beschränkung der Anzahl von Eingängen: Ein „oder"-Gatter und ein „mal"-Gatter kann im allgemeinen nicht beliebig viele Eingänge miteinander verknüpfen. (Eine Ausnahme bilden lediglich die Relais-Schaltkreise, in denen die Anzahl von Kontakten, die parallel oder in Serie geschaltet werden dürfen, praktisch unbegrenzt ist.) Oft ist die Zahl der Eingänge auf 10 oder 20 begrenzt, oft sogar auf 2 oder 3.

2. Beschränkung der Verzweigung: Ein Element kann im allgemeinen nicht beliebig viele weitere, parallelgeschaltete Elemente speisen, mit andern Worten, die Belastbarkeit ist beschränkt. Oft sieht man besondere Verstärkerstufen vor, die nach Bedarf eingeschaltet werden und die keine logischen Funktionen ausüben, sondern lediglich eine Leistungsverstärkung bewirken. Jedoch lassen nicht alle logischen Systeme solche Stufen zu, und die Verzweigung ist oft auf niedere Zahlen, z. B. 4, begrenzt. Eine wichtige Bedingung dafür, daß ein Schaltungssystem überhaupt brauchbar ist, ist die Forderung, daß ein Element mindestens zwei weitere speisen kann.

3. *Zeitliche Verzögerung:* In fast allen Fällen muß der Entwerfer die Laufzeit eines Signals in den Schaltkreisen schon beim Entwurf in Berücksichtigung ziehen. Je nach Art der Elemente bemißt sich dieselbe nach Millisekunden, Mikrosekunden oder Nanosekunden. Oft läßt sie sich nicht als einzelne Zahl angeben, indem z. B. der Übergang von 0 auf L nicht gleich lange dauert wie derjenige von L auf 0. Besonders wichtig sind die Fälle, in denen die Schaltzeit von der Belastung (und damit von der Verzweigung) abhängt. Fast alle logischen Grundschaltungen arbeiten um so langsamer, je mehr parallelgeschaltete Elemente sie treiben müssen, weil ein vorgegebener Strom größere Kapazitäten aufladen muß. Oft ist sogar die Schaltzeit proportional dem Grad der Verzweigung, was beim Entwurf einer Schaltung in geeigneter Weise berücksichtigt werden muß.

Diese drei praktischen Einschränkungen führen dazu, daß logische Schaltkreise oft ganz anders aufgebaut werden müssen als es die auf einen Minimalausdruck gebrachte BOOLEsche Formulierung verlangen würde [*63.13*]. Daraus ist ersichtlich, daß Minimisierungsmethoden nur dann von uneingeschränktem Wert sind, wenn sie die physikalischen Gegebenheiten der Grundschaltungen mitberücksichtigen, eine Fähigkeit, die den wenigsten Verfahren zukommt.

I.5.4 Schwellwertlogik

Die in diesem Abschnitt beschriebenen Gatter beruhen auf dem Schwellwertprinzip, das sich so formulieren läßt: Am Ausgang des Gatters entsteht dann und nur dann eine L, wenn die Summe der Eingangssignale (darunter ist die konventionelle, nicht die BOOLEsche Summe zu verstehen) einen vorgegebenen Schwellwert erreicht oder überschreitet. Jedes Eingangssignal kann 0 oder L sein. Der Schwellwert ist eine für das betreffende Gatter charakteristische, feste Größe. Einige Beispiele sind in Abb. 9 aufgezeichnet. Daraus geht hervor, daß ein Gatter mit dem Schwellwert 1 identisch mit einem „oder"-Gatter ist, und daß der Schwellwert n in einem Gatter mit n Eingängen die Verknüpfung „mal" erzeugt. Liegt der Schwellwert zwischen 1 und n, so entstehen kompliziertere Verknüpfungen.

22   I. Grundlagen

Die Schwellwertlogik verkörpert nicht etwa eine neue oder andere Sorte von logischen Schaltkreisen, sondern nur eine andere Art der Formulierung ihrer Funktion. Ob ihre Anwendung zweckmäßig ist, hängt von der technischen Beschaffenheit der Gatter ab. Es gibt Gatter, die

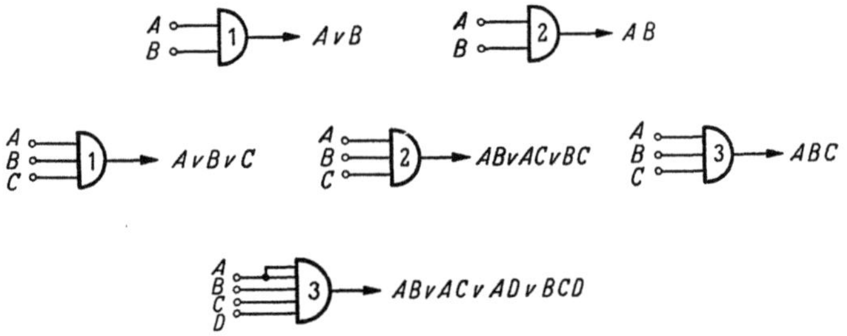

Abb. 9. Beispiele für Schwellwertgatter. Der Schwellwert ist im Gatter angeschrieben; die Eingangsvariablen haben die Werte 0 oder L

sich in zwei Funktionen aufteilen lassen, nämlich erstens eine algebraische Summierung der Eingangsvariablen und zweitens ein Vergleich der erhaltenen Summe mit einem Schwellwert. Dazu gehören die Widerstands-Transistor-Schaltkreise (in denen die Summierung an einem Widerstandsnetzwerk auf Grund der ersten KIRCHHOFFschen Regel stattfindet) und gewisse transformatorgekoppelte Anordnungen (in denen Durchflutungen in einem Kern oder — auf Grund der zweiten KIRCHHOFFschen Regel — in Serie geschaltete Spannungen addiert werden). Es zeigt sich, daß beim Vorhandensein von mehr als zwei Eingängen ein einziges Gatter in der Lage ist, eine komplizierte Verknüpfung wie etwa $AB \vee AC \vee BC$ herzustellen. Mit noch mehr Eingängen ist diese Tatsache noch ausgeprägter. Es ist klar, daß, wenn eine logische Schaltung aus solchen Elementen besteht, der Entwerfer nach andern Gesichtspunkten vorgehen muß, als wenn nur die Verknüpfungen $A \vee B$ und AB zur Verfügung stehen.

In einer gewissen Kategorie von Schwellwertgattern ist es anschaulicher, die Werte, die die binären Variablen annehmen können, nicht mit 0 und L, sondern mit -1 und $+1$ zu bezeichnen. Dies ist der Fall, wenn die beiden Werte durch negative und positive Impulse oder durch zwei um 180° phasenverschobene Sinusschwingungen dargestellt werden; dann können die Zahlen -1 und $+1$ physikalisch als Amplitudenwerte gedeutet werden. Die dadurch sich ergebenden Schwellwertgatter haben eine etwas andere Definition, die so lautet: Am Ausgang des Gatters entsteht $+1$, wenn die Summe der Eingänge positiv ist, und -1, wenn die Summe negativ ist. Der Schwellwert ist also 0. (Der Fall, daß die Summe der Eingänge 0 ergibt, ist nicht zugelassen.) Von außen können, außer den Variablen, konstante Größen eingegeben werden, deren Wirkung einer Verschiebung des Schwellwertes gleichkommt, s. Abb. 10. Im Englischen wird dieses Prinzip von logischen Schaltkreisen gelegentlich mit dem Begriff „ballot box" (Wahlurne) gekennzeichnet, wodurch zum Ausdruck gebracht wird, daß es sich gewissermaßen um die Bildung einer Stimmenmehrheit handelt. Auch das Wort „Majoritätslogik" kommt vor.

Es ist schwierig zu sagen, ob die Verwendung von Symbolen der Schwellwertlogik empfohlen werden soll. Für Gatter, die nur zwei Eingänge besitzen, besteht kein Anlaß, von den in Abb. 5 eingeführten, den BOOLEschen Verknüpfungen entsprechenden Zeichen abzugehen. Falls die Schaltkreise aber Schwellwertgatter mit drei oder mehr Eingängen

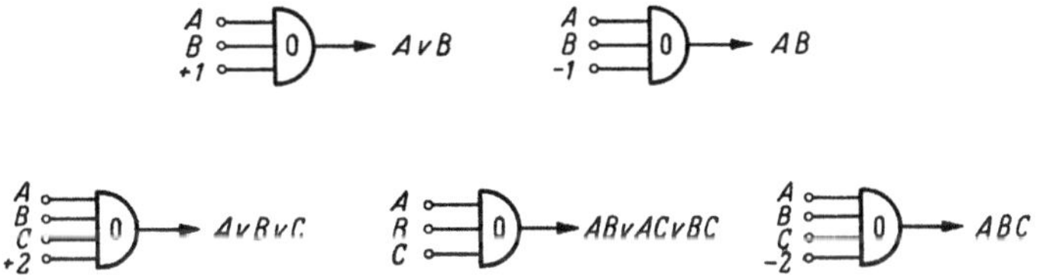

Abb. 10. Beispiele für Schwellwertgatter, die mit den Funktionswerten -1 und $+1$ arbeiten. Die Zahl 0 im Gatter weist auf den Schwellwert, der bei 0 liegt, hin

zulassen, so wäre es wohl sehr unzweckmäßig, deren Funktion in einem Diagramm darstellen zu wollen, ohne vom Schwellwertprinzip Gebrauch zu machen.

An dieser Stelle verdient festgehalten zu werden, daß die wirksamen Elemente im menschlichen Zentralnervensystem — das eine große Datenverarbeitungsanlage darstellt — nach dem Prinzip der Schwellwertgatter arbeiten. Auf Grund der heutigen Auffassung setzt sich das Hirn aus etwa 10^{10} Neuronen zusammen. Zu jedem Neuron führen etwa 100 Nervenfasern, die Impulse zuführen können. Ein solcher Impuls erzeugt im Neuron eine Veränderung des elektrischen Potentials, die je nach der Beschaffenheit der Anschlußstelle (Synapse) entweder positiv oder negativ sein kann. Diese Potentialänderungen summieren sich, falls sie gleichzeitig oder fast gleichzeitig eintreten, und das Neuron gibt seinerseits einen Impuls ab, wenn sein Potential eine gewisse Schwelle überschreitet. Der Schwellwert entspricht etwa 10 positiven Impulsen. Es liegt somit eine weitgehende Analogie zur Definition der Schwellwertgatter vor. Immerhin weisen die Neuronen darüber hinaus weitere Feinheiten auf. So ist der Schwellwert zeitlich (wenn auch in engen Grenzen) veränderlich. Ferner nimmt man an, daß durch mehrmaligen Gebrauch der Wirkungsgrad einer Synapse verbessert wird, das heißt, die durch sie erzeugte Potentialänderung wird erhöht. Die Synapsen haben also speichernde Eigenschaft; möglicherweise ist in ihnen der eigentliche Sitz des Gedächtnisses zu suchen.

I.5.5 Zeitabläufe

In den meisten Rechenanlagen wird der Zeitablauf durch einen zentralen Taktgenerator synchronisiert. Dieser Generator erzeugt *Uhrimpulse* (oft auch Taktimpulse genannt). Die Uhrimpulse, deren Frequenz zwischen 30 kHz und 5 MHz liegt, werden an alle Teile der Anlage verteilt und regeln die zeitliche Folge der Abläufe. Diese Abläufe können sich aber dem Diktat der Uhrimpulse nur dann unterordnen, wenn in den logischen Schaltkreisen Zwischenspeicher vorhanden sind, in denen die Signale kurzzeitig liegenbleiben können. Diese Zwischenspeicher nehmen meistens die Form von Flipflops an, also von bistabilen Schaltkreisen, die aus einem Paar von Transistoren bestehen. (Auch Magnetkerne kommen, da sie speichernde Eigenschaft haben, als Zwischenspeicher in Betracht.) Abb. 11 zeigt, wie ein Uhrimpuls über ein

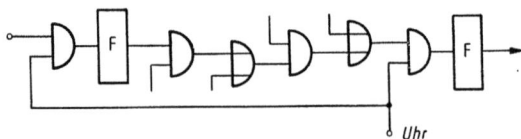

Abb. 11. Zeitablauf in einer Rechenanlage. F Flipflop

Impulsgatter eine binäre Variable ins erste Flipflop eingibt. In der nachfolgenden Schaltung wird dieses Signal mit andern Variablen logisch verknüpft, was eine gewisse Zeit beansprucht. Der nächste Uhrimpuls gibt, wieder unter Vermittlung eines Impulsgatters, das Resultat ins zweite Flipflop. Die zwischen den Flipflops entstehende Verzögerung muß weniger als τ betragen, wenn τ das Intervall zwischen zwei Uhrimpulsen ist.

Die Taktfrequenz ist nicht ein eindeutiges Maß für die Geschwindigkeit der einzelnen Schaltkreise, solange nicht ausgesagt ist, wieviel zwischen zwei Impulsen geleistet wird. Ein Beispiel soll das verdeutlichen. In Abb. 11 möge die Impulsfrequenz 2 MHz betragen. Zwischen den Flipflops befindet sich eine Kette von zwei „mal"-„oder"-Paaren. Das bedeutet, daß pro Paar 0,25 μs beansprucht werden. Mit den gleichen Schaltkreisen könnte die Anzahl der „mal"-„oder"-Glieder, die zwischen zwei Uhrimpulsen durchlaufen werden, auf 4 erhöht werden, wenn gleichzeitig die Taktfrequenz auf 1 MHz reduziert würde, da auch dann pro Paar 0,25 μs zur Verfügung stehen. Jedoch ist dadurch die Ausnützung der Schaltelemente verschlechtert worden, da jetzt pro μs nur noch halb soviel Impulse verarbeitet werden.

Auch die Negatoren (von denen in Abb. 11 keine eingezeichnet sind) verursachen eine Verzögerung. Es empfiehlt sich, die Schaltungen so zu entwerfen, daß die Verzögerungen in einem „mal"-Gatter, einem „oder"-

Gatter und einem Negator alle gleich groß sind. Diesen Wert nennt man ,,Verzögerung pro logische Stufe". Er beträgt 100 ns oder mehr für ältere Schaltkreise und ist neuerdings bis auf etwa 6 ns reduziert worden.

Die meisten Anlagen werden so ausgelegt, daß das Intervall zwischen zwei Uhrimpulsen dem 10- bis 15fachen der Verzögerung pro logische Stufe entspricht. Mit Schaltungen, die eine Verzögerung von 40 ns ergeben, würde man also etwa 2 MHz Impulsfrequenz wählen.

I.5.6 Ternäre Logik

Es wurde mehrfach erwähnt, daß in Rechenanlagen nur Elemente vorkommen, die zwei verschiedene Zustände annehmen können. Gelegentlich tauchen Vorschläge auf, logische Schaltkreise aus tristabilen Elementen aufzubauen, also Teilen, die dreier Zustände fähig sind. Eine solche Maschine würde — an Stelle des Dualsystems — ein Zahlsystem mit der Basis 3 verwenden. Die Rechtfertigung für diesen Vorschlag liegt in folgender Überlegung: Um eine Stelle in einem Zahlsystem zur Basis B darzustellen, braucht es B Elemente, für n Stellen also nB Elemente. Damit wird der Zahlbereich von 0 bis $N-1 = B^n - 1$ erfaßt. Es läßt sich leicht zeigen, daß — bei vorgegebenem N — das Produkt nB beim Wert $B = e = 2{,}718\ldots$ minimal wird. Da B eine ganze Zahl sein muß, liegt das Minimum bei $B = 3$; also ist das Zahlsystem mit der Basis 3 das ökonomischste. Diese Überlegung hat aber nur ganz beschränkte Gültigkeit, weil die Annahme, wonach B Elemente für die Darstellung einer Stelle zur Basis B nötig sind, willkürlich ist und in der Praxis meistens nicht zutrifft.

Für die Arbeit mit ternären Elementen muß auch ein neuer Logik-Kalkül geschaffen werden, der wesentlich komplizierter ist als im Fall binärer Schaltkreise. Analog den auf S. 14 angestellten Überlegungen gibt es 3^{3^m} verschiedene Funktionen von m Variablen. Mit 2 Variablen sind also bereits 19683 verschiedene Verknüpfungen möglich, gegenüber 16 im Fall von binären Elementen, und der Entscheid dürfte jedenfalls nicht leicht fallen, welche von ihnen als logische Schaltelemente verwendet werden sollen.

Bis jetzt sind keine Schaltelemente, die ihrem Wesen nach wirklich ternär sind, praktisch und erfolgreich realisiert worden. Deshalb hat die ternäre Logik nur akademisches Interesse.

I.6 Der Gesamtaufbau einer Rechenanlage

Abb. 12 vermittelt das Blockschema einer Rechenanlage, die den auf S. 2 formulierten Bedingungen genügt. Die arithmetischen Operationen — also die Abläufe, die den eigentlichen Zweck der Maschine verkörpern — spielen sich im *Rechenwerk* ab, welches meistens die vier Spezies, darüber hinaus jedoch keine höheren Operationen ausführen kann. Das Rechenwerk seinerseits besteht aus einem *Addierwerk*, einigen *Registern* und der *Operationensteuerung*. Das Addierwerk ist in der Lage, Summen und Differenzen zu bilden. Multiplikation und Division lassen sich auf eine Folge von Additionen und Subtraktionen zurückführen; ihre Ausführung geschieht daher ebenfalls durch das Addierwerk, und die Folge der dazu nötigen Abläufe wird durch die Operationensteuerung veranlaßt. Die Register dienen dazu, die Partialsummen und Partialprodukte aus dem Addierwerk entgegenzunehmen und wieder in dasselbe abzugeben. — Die Zahlen, die das Rechenwerk entgegennimmt, um mit ihnen die befohlenen Operationen auszuführen, nennt man die *Operanden*.

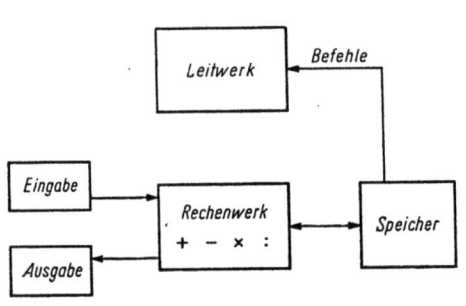

Abb. 12. Blockschema einer einfachen Rechenanlage mit gespeichertem Programm

Das *Speicherwerk* stellt das eigentliche Gedächtnis der Maschine dar und dient zur Aufbewahrung der Zwischenresultate, die im Verlauf einer Rechnung anfallen. Ferner enthält das Speicherwerk die Befehle, aus denen sich das Rechenprogramm zusammensetzt. Für den Speicher sind Zahlen und Befehle nicht voneinander zu unterscheiden und können beliebig vermischt werden. Sie tragen gesamthaft die Bezeichnung *Worte*. Jedes Wort hat im Speicher einen Platz, den man als *Speicherzelle* (oder einfach *Zelle*) bezeichnet, und jede Zelle hat, um sie kenntlich zu machen, eine Nummer, die *Adresse* genannt wird. Beispielsweise kommen in einem Speicher, der 10000 Worte enthält, die Adressen 0—9999 vor.

Die wichtigsten Merkmale eines Speichers sind seine *Kapazität* (das ist die Anzahl Worte, die er enthält) und die *Zugriffszeit* (das ist die Zeit, die verstreicht, bis ein an den Speicher gerichteter Lese- oder Speicherbefehl tatsächlich ausgeführt wird). Magnetkernspeicher haben eine Kapazität von einigen Hundert bis zu einigen Zehntausend Worten, und ihre Suchzeit beträgt 2 bis 10 μs, während Speicher mit mechanisch bewegten Teilen (z. B. Magnetplatten) Suchzeiten haben, die sich nach Milli- oder Centisekunden bemessen.

Es ist wichtig, die beiden Begriffe „Register" und „Speicher" nicht zu verwechseln. Ein Register enthält ein einziges Wort; Register sind nur vereinzelt vorhanden (hauptsächlich im Rechenwerk und im Leitwerk) und dienen zur kurzzeitigen Aufbewahrung von Angaben, etwa im Lauf der Ausführung einer Multiplikation. Der Speicher hingegen enthält viele Worte, die durch Adressen gekennzeichnet sind und die

I.6 Der Gesamtaufbau einer Rechenanlage

Zwischenresultate im Zug des Programmablaufs — nicht des Operationsablaufs — darstellen. Meistens bestehen Register und Speicher aus verschieden gearteten Bauteilen, beispielsweise die ersteren aus Transistor-Flipflops, die letzteren aus Magnetkernen.

Das *Leitwerk* sorgt dafür, daß die Befehle in der richtigen Reihenfolge aus dem Speicher abgelesen und zur Ausführung gebracht werden. Da die Ausführung der Befehle alle Teile der Anlage (also Rechenwerk, Speicher, Eingabe und Ausgabe) betreffen kann, ist das Leitwerk mit allen diesen Organen verbunden; in Abb. 12 ist aber lediglich der Kanal eingezeichnet, der zur Ablesung der Befehle dient.

Die Befehle müssen oft vor ihrer Ausführung verändert werden. Dazu dient das *Indexregister*, das als Teil des Leitwerks anzusehen ist. Die Veränderung besteht darin, daß ein besonderes, im Leitwerk enthaltenes Addierwerk den Inhalt des Indexregisters zur Adresse des Befehls addiert.

Zwischen Leitwerk und Operationensteuerung besteht (außer in mikroprogrammierten Anlagen) ein deutlicher Unterschied. Das Leitwerk befaßt sich nur mit den Befehlen und der Reihenfolge ihrer Ausführung, während die Einzelheiten der Ausführung der einzelnen Befehle Sache der Operationensteuerung sind. Aufgabe des Leitwerks ist der Programmablauf, Aufgabe der Operationensteuerung der Operationsablauf.

Die Tatsache, daß Befehle und Zahlen in gleicher Weise dargestellt und im gleichen Speicher gespeichert werden, ist von fundamentaler und weitestreichender Bedeutung. Dieser als „gespeichertes Programm" bezeichnete Gedanke geht auf VON NEUMANN zurück. In einer Anlage mit gespeichertem Programm können Befehle wie Zahlen behandelt, also ins Rechenwerk geleitet und arithmetisch verändert werden. Dadurch ist auch die Möglichkeit gegeben, daß ein Programm durch die Anlage selbst und nicht durch den Programmierer erstellt wird. Selbstverständlich ist auch für diese Arbeit ein Programm, das *Superprogramm*, nötig.

Eingabe und Ausgabe (gesamthaft als Randorgane bezeichnet) vermitteln den Verkehr mit der Außenwelt. Für die Ausgabe kommen Druckwerke in Betracht, für die Eingabe Tastaturen, ferner Meßinstrumente, die die Merkmale eines physikalischen Vorgangs in die Maschinensprache übersetzen. Darüber hinaus besitzt fast jede Anlage Eingabe- und Ausgabeorgane, die die Möglichkeit zur Zwischenspeicherung beliebig großer Datenmengen auf Magnetbändern, Lochkarten oder Lochstreifen vermitteln. Diese Datenträger ermöglichen es auch, daß Resultate, die durch eine Anlage errechnet wurden, einer andern Anlage zugeführt werden. In Abb. 12 verkehren die Randorgane nur mit dem Rechenwerk; dies entspricht der einfachsten Organisation. Höher entwickelte Anlagen sehen direkte Verbindungen zwischen den Randorganen und dem Speicher vor, die auch dann gebraucht werden können, wenn das Rechenwerk mit einer Operation beschäftigt ist.

Fast alle Rechenanlagen — auch die kompliziertesten — lassen sich als Weiterentwicklungen oder Verfeinerungen von Abb. 12 deuten. Daraus darf aber nicht geschlossen werden, daß es sich hier wirklich um die einzige sinnvolle Konzeption handelt. Es existieren aussichtsreiche Vorschläge, die davon grundsätzlich abweichen. So kann eine Vielzahl von Rechenwerken vorgesehen werden, die sich in den Gebrauch eines einzigen Speichers teilen und die entweder alle zusammen an einer einzigen Aufgabe oder aber — mit mehreren Leitwerken — an mehreren Aufgaben arbeiten. Vielleicht ist auch der Weg der selbstorganisierenden Maschinen aussichtsreich. Danach sind Rechenwerk, Leitwerk und Speicher keine unterscheidbaren Einheiten. Vielmehr besteht die Anlage lediglich aus einem Konglomerat von Elementen, die in zufälliger Weise verdrahtet sind, und sie erhält ihre Fähigkeit zur Lösung von Aufgaben erst durch einen Lernprozeß. Damit kommt man bereits näher an die Arbeitsweise des menschlichen Zentralnervensystems heran.

I.7 Programmierung und Programmablauf

Dieses Buch richtet sich an den Erbauer von Rechenanlagen, nicht an den Benützer, und enthält daher weder eine Anleitung zum Programmieren noch eine Einführung in die numerische Analysis. Im folgenden geben wir lediglich einen ganz knappen Abriß über das Wesen der Programmierung, um dem Konstrukteur diejenigen Begriffe zu vermitteln, die den Ablauf des Programms in einer Anlage betreffen und daher beim Entwurf in Berücksichtigung gezogen werden müssen. Programmierungsanleitungen sind verfaßt worden u. a. von RUTISHAUSER et al. [28], CARR [9, S. 2.01 ff.], GÜNTSCH [8], BOOTH [3], BOTTENBRUCH [32], MCCRACKEN [18].

Für den Zweck dieses Abschnittes definieren wir eine hypothetische Maschine, welche bis aufs äußerste vereinfacht ist und für welche wir ein kleines Programm aufstellen werden. Das Rechenwerk enthält ein Operandenregister OR, in dem jeweils das Resultat der letzten arithmetischen Operation steht. Der Speicher hat 100 Zellen, die mit 00—99 numeriert sind; die Adressen haben also zwei Dezimalstellen. Jede Zelle enthält eine Zahl oder einen Befehl. (Zahlsystem und Stellenzahl der Zahlen brauchen nicht festgesetzt zu werden.) Das Operandenregister und die Speicherzellen sind immer mit der zuletzt eingegebenen Zahl besetzt; ein Befehl zur Löschung existiert nicht, und der bisherige Inhalt wird durch eine neu ankommende Zahl einfach überdeckt, während eine Entnahme aus OR oder eine Ablesung aus dem Speicher den Inhalt unverändert läßt. Ein Indexregister ist nicht vorgesehen. Als Ausgabeapparat dient eine Schreibmaschine, welche die an sie übermittelten Zahlen nebeneinander schreibt, jeweils mit einem Zwischenraum. Ein

I.7 Programmierung und Programmablauf

besonderer Befehl veranlaßt den Rücklauf des Wagens und das Fortschalten der Zeile. Die Eingabe erfolgt von Hand mittels einer Tastatur, und das Bedienungspult ist so ausgestaltet, daß eine eingetastete Zahl in eine beliebige Speicherzelle gegeben werden kann. Dieser Vorgang bildet keinen Bestandteil des Programmablaufs und muß erfolgen, bevor die Rechnung beginnt.

Das Befehlsverzeichnis besteht aus 10 Befehlen, die in Tab. 4 zusammen mit ihrer Bedeutung aufgezählt sind. Die eckige Klammer kennzeichnet das Wort, das den Inhalt eines Standortes bildet; also bedeutet $[OR]$ die in OR enthaltene Zahl, $[6]$ den Inhalt von Speicherzelle Nr. 6. Jeder Befehl besteht aus einem Operationsteil und einer Adresse, hat also die Form $Op\,n$. n hat zwei Dezimalstellen. (In gewissen Befehlen ist n bedeutungslos und ist daher im Befehlsverzeichnis weggelassen worden.) Die Befehle $A\,n$ und $S\,n$ besorgen den Verkehr mit dem Speicherwerk. Für die arithmetischen Operationen sind drei Befehle $+n$, $-n$ und $\times n$ vorgesehen; sie veranlassen eine Ablesung und eine Operation, und das Resultat bleibt in OR. Die Ablaufbefehle sind $C\,n$ (unbedingter Sprung), $Cc\,n$ (bedingter Sprung) und Stop (Anhalten der Anlage). Dr und Z regeln den Betrieb des Druckwerkes.

Tabelle 4. *Befehlsverzeichnis der hypothetischen, ganz einfachen Rechenanlage*

$A\ n$	$[n] \to OR$
$S\ n$	$[OR] \to n$
$+\ n$	$[OR] + [n] \to OR$
$-\ n$	$[OR] - [n] \to OR$
$\times\ n$	$[OR] \times [n] \to OR$
$C\ n$	Nächster Befehl in n
$Cc\ n$	Nächster Befehl in n, wenn $[OR] \leq 0$; andernfalls normal weiterfahren
Stop	Anhalten
Dr	$[OR]$ drucken
Z	Wagenrücklauf und Zeilenfortschaltung

OR bedeutet Operandenregister.

Der Speicher enthält sowohl Zahlen als auch Befehle. Vor Beginn der Rechnung müssen ihm nicht nur die numerischen Anfangswerte, sondern auch das Programm zugeführt werden, und der Programmierer hat über die Zuordnung der Speicherzellen zu bestimmen.

Zum Programmablauf (also zur Reihenfolge, in der die Befehle aus dem Speicherwerk genommen und zur Ausführung gebracht werden) ist folgendes zu bemerken: Normalerweise werden die Befehle in der Reihenfolge ihrer Zellennummern ausgeführt. Diesen Ablauf steuert der Befehlszähler, der ein Teil des Leitwerks ist. Wenn der Befehlszähler auf der Zahl n steht, so wird der in Zelle n enthaltene Befehl genommen; gleichzeitig schaltet der Befehlszähler um 1 weiter und steht damit auf $n+1$. Nachdem die Ausführung dieses Befehls beendet ist, kommt der nächste, in Zelle $n+1$ enthaltene Befehl an die Reihe. Bevor die Anlage mit dem Programm beginnen kann, muß ihr mitgeteilt werden, in welcher Zelle der erste Befehl zu finden ist. Daher muß das Bedienungspult die Möglichkeit geben, mittels Tasten den Befehlszähler auf einen gewünschten Wert zu setzen. Der Sprungbefehl $C\,n$ bewirkt eine Abweichung von dieser Reihenfolge und gestattet es, im Programmablauf auf eine beliebige Zelle des Speichers, die durch die Adresse des Sprungbefehls bezeichnet wird, zu springen. Nur dank diesem Befehl ist es möglich, ein vorhandenes Programm mehrmals durchrechnen zu lassen. (In Maschinen, die nicht durch ein gespeichertes Programm, sondern durch einen Lochstreifen gesteuert werden, kann man dadurch, daß man Anfang und Ende zusammenklebt, einen endlosen Programmstreifen herstellen; der Sprungbefehl leistet das Entsprechende.) Der bedingte Sprungbefehl $Cc\,n$ wird nur ausgeführt, wenn der Inhalt von OR nicht positiv ist; andernfalls wird mit dem nächsten Befehl weitergefahren. Dadurch entsteht z. B. die Möglichkeit, Iterationen so lange zu wiederholen, bis eine vorgegebene Genauigkeit erreicht ist. Das Prinzip, die Ausführung eines Befehls vom Resultat der Rechnung abhängig zu machen, gehört zu den wichtigsten Elementen des programmgesteuerten Rechnens und ist von außerordentlich weitreichender Bedeutung.

Bevor ein Programm erstellt werden kann, muß eine wohldefinierte numerische Rechenvorschrift vorliegen. Beispielsweise ist für eine gewöhnliche Differentialgleichung ein geeignetes numerisches Verfahren zu wählen, dasselbe in einem Algorithmus auszudrücken, und es sind die nötigen Untersuchungen anzustellen, die die Festlegung der Schrittweite gestatten. Diese Arbeiten sind Sache des Mathematikers. Erst nachher geht die Aufgabe in die Hände des Programmierers über, der die Formeln in eine der Maschine verständliche Sprache, eben das Programm, übersetzt. Hier nehmen wir an, die mathematische Formulierung sei bereits vollzogen.

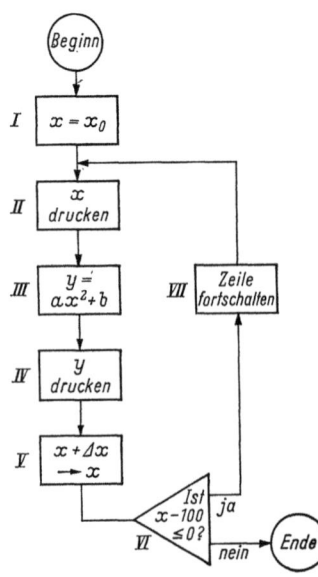

Abb. 13. Strukturdiagramm für die gestellte Aufgabe

Aufgabe. Es ist eine Tabelle der Funktion $y(x) = a\,x^2 + b$ zu drucken. $x = 0\,(0{,}1)\,100$. a und b sind vorgegebene und gespeicherte Größen. Auf dem Blatt sollen in üblicher Art nebeneinander x und y stehen.

Wir führen folgende Bezeichnungen ein:
$$x_0 = 0,\ x_e = 100,\ \varDelta x = 0{,}1.$$

Bevor das eigentliche Programm — also die Folge der Befehle — auf-

I.7 Programmierung und Programmablauf

geschrieben wird, empfiehlt es sich, den Rechenablauf in Abschnitte zu gliedern und deren Reihenfolge in einem Strukturdiagramm aufzuzeichnen. Kompliziertere Probleme können ohne Strukturdiagramm überhaupt nicht überblickt werden. Abb. 13 zeigt das Strukturdiagramm für diese Aufgabe; es besteht aus 7 Blocks, die mit römischen Zahlen bezeichnet sind. I veranlaßt, daß vor Beginn der Rechnung x auf seinen Anfangswert (in unserem Beispiel 0) gesetzt wird, und in II findet das Drucken des Argumentes x statt. III enthält die eigentliche Berechnung des zu tabellierenden Ausdruckes, dessen Resultat y in IV gedruckt wird. Nun muß das Argument auf den nächsthöheren Wert gebracht werden, was durch Addition von Δx und durch Speichern in der gleichen Zelle geschieht. Der symbolische Ausdruck $x + \Delta x \to x$ in Block V sagt aus, daß die Summe $x + \Delta x$ von nun an mit x bezeichnet wird. Block VI stellt eine Verzweigung dar, was durch seine dreieckige Form zum Ausdruck kommt. An dieser Stelle kann das Programm zwei verschiedene Wege

Tabelle 5. *Speicherzellenplan und Programm für die gestellte Aufgabe*

Speicherzellenplan	
a	00
b	01
x_0	02
x_e	03
Δx	04
x	05
Befehle	50···65

Block	Adresse des Befehls	Befehl	
I	50	A	02
	51	S	05
II	52	A	05
	53	Dr	
III	54	$\times$	05
	55	$\times$	00
	56	$+$	01
IV	57	Dr	
V	58	A	05
	59	$+$	04
	60	S	05
VI	61	$-$	03
	62	Cc	64
	63	Stop	
VII	64	Z	
	65	C	52

gehen, je nach den bisher errechneten Resultaten. Wenn x den Wert 100 überschritten hat, so ist die Aufgabe zu Ende und die Anlage kann anhalten. Andernfalls ist zunächst die Zeilenfortschaltung der Schreibmaschine zu betätigen und dann, beginnend mit II, der ganze Zyklus zu wiederholen.

Als nächster Schritt müssen die verfügbaren Speicherzellen den zu speichernden Größen zugeordnet werden, Tab. 5 (links). Für Zahlen werden die Adressen von 0 bis 5, für Befehle diejenigen von 50 an aufwärts verwendet. Doch ist diese Zuordnung ganz willkürlich, und es ist nicht etwa so, daß immer der gleiche Teil des Speichers für Befehle reserviert werden müßte. Die Aufstellung des Programms ist nun auf Grund von

Strukturdiagramm und Zellenplan sehr einfach, s. Tab. 5 (rechts). In der ersten Kolonne sind die Blockbezeichnungen angegeben, in der zweiten die Speicherzellen, in welche die Befehle eingegeben werden. Die dritte Kolonne enthält die eigentlichen Befehle. Zu speichern sind nur die Befehle, während Blockbezeichnungen und Zellennummern lediglich beim Niederschreiben des Programms gebraucht werden.

Aus diesem einfachen Programm werden bereits einige wichtige Prinzipien des programmgesteuerten Rechnens ersichtlich. Die Sprungbefehle ermöglichen es, daß eine Befehlsfolge viele Male durchgerechnet wird. Dadurch wird das Maschinenrechnen überhaupt erst sinnvoll. Weiterhin ist es interessant zu beobachten, daß von den 16 Befehlen, die das Programm enthält, nur 3 dem Block III angehören. In ihm erfolgt die Berechnung von $y = a\,x^2 + b$, was den eigentlichen Inhalt der gestellten Aufgabe verkörpert. Die übrigen 13 Befehle enthalten Abläufe, die man beim Handrechnen überhaupt nicht oder nur unbewußt ausführen würde. Die Zahl der Befehle, die für einen Ablauf benötigt werden, ist viel größer, als es auf den ersten Blick scheint.

Damit sind die einfachsten Grundzüge des Programmierens dargelegt. In den 15 Jahren ihres Bestehens hat nun die Theorie der Programmierung ganz außerordentliche Fortschritte gemacht, von denen die wichtigsten nachfolgend angedeutet werden.

Die Grundlage fast aller höher entwickelten Verfahren bildet das *Rechnen mit Adressen*, das heißt, die arithmetische Veränderung von Befehlen. Zu diesem Zweck wird ein Befehl wie eine Zahl behandelt und ins Rechenwerk gegeben. Dieses Verfahren vermittelt — ähnlich wie ein bedingter Sprungbefehl — die Möglichkeit, den Ablauf von den bisher errechneten Resultaten abhängig zu machen.

Von großer Bedeutung sind die Verfahren, in denen eine Anlage ihr eigenes Programm errechnet und damit dem Programmierer einen erheblichen Teil seiner Arbeit abnimmt. Man unterscheidet hier die interpretierende Technik (Umdeutung) und die kompilierende Technik (Umrechnung). Im Verfahren der Interpretation erhält die Maschine „symbolische Befehle". Jeder symbolische Befehl wird durch eine Reihe von Maschinenbefehlen ersetzt und sofort zur Ausführung gebracht. Im kompilierenden Verfahren dagegen setzt die Anlage sämtliche symbolische Befehle in Maschinenbefehle um und errechnet so zuerst ein vollständiges Maschinenprogramm, das gespeichert oder nach außen abgegeben wird. Die eigentliche Durchrechnung setzt erst nach Abschluß dieser Arbeit ein. Beispiel einer Aufgabe, die sowohl durch Interpretieren als auch durch Kompilieren gelöst werden kann: Umwandlung eines reellen Programms ins Komplexe.

Der enorme Umfang, den die Programmierung für eine leistungsfähige Rechenanlage annimmt, hat die Mathematiker veranlaßt, Wege zu suchen, wonach die Anlage noch größere Teile dieser Arbeit automatisch durchführen kann. In erster Linie war die Frage zu untersuchen, ob es nicht möglich wäre, in die Maschine einfach die Formel einzugeben, die berechnet werden soll. Es zeigt sich aber, daß die üblicherweise verwendeten algebraischen Ausdrücke — so exakt sie uns erscheinen mögen — bei weitem nicht genügen, um eine Rechenvorschrift eindeutig festzulegen. (Beispielsweise ist aus einer Gleichung nicht ersichtlich, welche Seite bekannt und welche unbekannt ist.) Man mußte daher eine Formelsprache schaffen, die es gestattet, einen Rechenablauf durch Symbole in alle Einzelheiten zu beschreiben. Zwei solche Sprachen haben weite Verbreitung gefunden, nämlich ALGOL (Abkürzung für ,,algorithmic language") und FORTRAN (Abkürzung für ,,formula translation"). Leicht verständliche Einführungen haben BOTTENBRUCH [32] bzw. HEINECKEN [59.33] verfaßt, und ORCHARD-HAYS vermittelt allgemeine Betrachtungen zum Problem der Programmierungssprachen [61.24].

I.8 Datenverarbeitung und nichtnumerische Anwendungen

Die ersten elektronischen Rechenanlagen, die nach 1945 in Betrieb genommen wurden, waren ausschließlich für mathematische Probleme (vorab gewöhnliche Differentialgleichungen) bestimmt. Nach einiger Zeit erst begannen sie in das Gebiet der Datenverarbeitung einzudringen, für das schon seit Jahrzehnten Lochkarten- und Buchhaltungsmaschinen verwendet worden waren.

Der Bereich der Datenverarbeitung läßt sich gegenüber dem Bereich der mathematischen Aufgaben nicht genau abgrenzen. Im Grunde ist jede Rechenmaschine eine Datenverarbeitungsanlage, und die Lösung eines mathematischen Problems stellt einen Sonderfall der Datenverarbeitung dar. Hingegen hat sich die Übung eingebürgert, den Ausdruck Datenverarbeitung auf Abläufe anzuwenden, die dadurch gekennzeichnet sind, daß an einer großen Menge eingegebener Daten (die oft auch alphabetische Angaben enthalten) relativ wenig arithmetische Operationen auszuführen sind. Solche Aufgaben entstehen in der Buchhaltung, der Lagerüberwachung und dergleichen. Die optimale Maschinenorganisation für Arbeiten dieser Art ist nicht dieselbe, die für mathematische Probleme am günstigsten ist, und deshalb sind die meisten Rechenanlagen so konstruiert, daß sie in ausgeprägter Weise das eine oder das andere Gebiet bevorzugen. Immerhin gibt es heute Maschinen, die sich — dank einer sorgfältig durchdachten Organisation — für beide Arten von Arbeiten gleich gut eignen.

Die Datenverarbeitung besteht aus der Bearbeitung großer Mengen mehr oder weniger gleichartiger Geschäftsvorfälle. Früher wurden diese fast ausschließlich nach dem „off-line"- („batch-type"-) Verfahren erledigt; das heißt, die Daten werden zu Stapeln (batches) gesammelt und dann gemeinsam durch die einzelnen Arbeitsgänge wie Sortieren, Mischen, Kontenfortschreiben geschleust. Wenn es auf schnelle Bearbeitung ankommt, geht man heute mehr und mehr zur *schritthaltenden* („on-line"-) Verarbeitung über, wonach jeder Vorfall sogleich in die Anlage eingegeben und erledigt wird. Das schritthaltende Verfahren stellt erhöhte Anforderungen an das Speichersystem. Große Datenmengen müssen jederzeit zugriffsbereit gespeichert sein. Das Speichersystem muß so ausgelegt werden, daß es die betrieblich geforderte Zahl Geschäftsvorfälle pro Zeiteinheit mit ausreichend kleinen Wartezeiten an den Bearbeitungsplätzen bewältigen kann und jederzeit genügend Platz für die zu speichernden Informationen verfügbar ist.

Wenn eine Anlage schritthaltend arbeitet und dabei gezwungen wird, sich in ihren Abläufen einem außerhalb der Maschine liegenden Vorgang anzupassen, so spricht man vom *Realzeitbetrieb* (real-time operation). Beispiel: Ein digitaler automatischer Pilot, der auf Grund der beobachteten Kursabweichungen sofort die nötigen Steuerausschläge bewirkt.

Die Operationen der Datenverarbeitung sind zunächst die gleichen wie die in mathematischen Aufgaben, also die vier Spezies. Daneben nehmen aber die Abläufe, die nicht arithmetischen Charakter haben, eine erhöhte Bedeutung an. Dazu gehören insbesondere: Sortieren (Änderung der Reihenfolge nach numerischen oder alphabetischen Gesichtspunkten), Mischen (Kombinieren zweier Stapel, die bereits sortiert sind, zu einem einzigen sortierten Stapel), Kollatieren (Zuordnen von Daten in zwei sortierten Stapeln), Abtasten (Durchsuchen eines Stapels, bis ein Element mit den gefragten Eigenschaften gefunden ist).

Viele der zu verarbeitenden Daten sind nicht numerisch, sondern alphabetisch und stellen Namen, Wohnorte, Artikelbezeichnungen usw. dar. Eine Datenverarbeitungsanlage muß selbstverständlich in der Lage sein, alphabetische Angaben entgegenzunehmen und zu verarbeiten. Für die Darstellung der 26 Buchstaben, der 10 Dezimalziffern und mehrerer Sonderzeichen genügt eine Hexade, also eine Gruppe von 6 Bits ($2^6 = 64$). Falls die Hexade eine Dezimalziffer bedeutet, so sind die letzten zwei Bits 00 und die ersten vier verkörpern eine Tetrade in einem geeigneten Code, der eine normale Verarbeitung durch das dezimale Rechenwerk gestattet. Alphabetische Daten können natürlich keinen arithmetischen Operationen unterzogen werden; auf sie finden die Prozesse der Sortierung und dergleichen Anwendung.

Während in mathematischen Problemen eine feste Wortlänge von 40 bis 50 Bits den gestellten Anforderungen genügt, liegen die Verhältnisse in der Datenverarbeitung komplizierter. Eine als „Wort" aufzufassende Dateneinheit kann ganz verschiedene Länge haben; sie kann aus einem einzigen Namen bestehen, oder sie kann einen längeren Text darstellen, der beispielsweise die Bestimmungen einer Versicherungspolice verkörpert und viele Wörter (im sprachlichen Sinn) enthält. Um den verfügbaren Speicherplatz auszunützen, wird das Prinzip der variablen Wortlänge verwendet. Der Speicher ist nicht mehr in Zellen gleicher Größe aufgeteilt, sondern jedes Wort beansprucht genau so viel Platz wie es benötigt. Das herkömmliche System der Adressierung bedarf dazu einer Änderung: Jede Hexade im Speicher ist adressierbar und kennzeichnet den Beginn des Wortes. Die Länge des Wortes wird dem Speicher durch eine Zahl mitgeteilt, die entweder im Befehl oder im Wort selbst enthalten ist. Bei voll ausgebauter variabler Wortlänge kann ein Wort jeden beliebigen Umfang (bis zur vollen Kapazität des Speichers) haben. Worte veränderlicher Länge können allerdings im allgemeinen nur solche Daten enthalten, die numerisch nicht verarbeitet werden; denn ein Rechenwerk kann meistens nur mit fester Wortlänge operieren. (Eine Ausnahme bilden die Serienaddierwerke, die unter gewissen Voraussetzungen beliebig lange Zahlen addieren und subtrahieren — nicht aber multiplizieren und dividieren — können.)

Es gibt Aufgaben der Datenverarbeitung, die sich erheblich von dem entfernen, was man als „Automatisierung des Bürobetriebes" bezeichnen könnte und die überhaupt nichts mehr mit numerischer Bearbeitung zu tun haben. Dazu gehört die automatische Übersetzung von Sprachen. Eine damit verwandte Aufgabe ist die Klassifikation von Literaturstellen und das Wiederaufsuchen derselben. Für diese Zwecke baut man besondere Maschinen, da die Organisation von Abb. 12 solche Abläufe zwar grundsätzlich zuläßt, aber einen schlechten Wirkungsgrad ergibt. Beispielsweise wird das Rechenwerk überhaupt überflüssig. Solche Anlagen werden hier nicht behandelt.

II. Zur Systematik der Funktionen und Bauteile

Elektronische Rechenanlagen sind die kompliziertesten Gebilde, die von Menschen erdacht und erbaut worden sind. Der Autor eines Buches über diesen Gegenstand sieht sich vor eine schwierige Frage gestellt, wenn er entscheiden will, wie er den umfangreichen Stoff gliedern und in welcher Reihenfolge er denselben zur Darstellung bringen will. Dieses Kapitel erläutert, nach welchen Gesichtspunkten die Aufgabe gelöst wurde und soll damit dem Leser helfen, sich im Text zurechtzufinden. Gleichzeitig sollen die Tab. 6 und 7 das Verständnis für die Art und die Reihenfolge der Entscheidungen, die der Entwerfer einer Anlage zu treffen hat, fördern.

II.1 Technische und organisatorische Fragen

Die Kompliziertheit elektronischer Rechenanlagen liegt nicht etwa in einer Vielfalt der verwendeten elektrischen Schaltkreise begründet; die Mannigfaltigkeit der Schaltungen in einer gegebenen Anlage ist kaum größer als etwa in einem Fernsehempfänger. Vielmehr ist es die große Anzahl der vorkommenden gleichartigen Schaltkreise, die den Entwurf und das Verständnis schwierig macht.

Der Aufbau einer Maschine aus Elementen mit gegebenen elektrischen Eigenschaften ist nicht eine technische oder physikalische Aufgabe; denn sie erfordert keine Kenntnis der Naturgesetze. Die Fragestellung ist vielmehr organisatorischer Natur und ist daher dem Lehrgebiet der Mathematik zuzurechnen, obwohl die Mathematik bislang nur wenige Mittel für eine wissenschaftliche Behandlung dieser Aufgabe hat zur Verfügung stellen können. Gesamthaft bezeichnet man die Fragen des Zusammenschaltens von Elementen und Anlageteilen mit vorgegebenen Eigenschaften als *organisatorische* oder *Systemfragen*. Ihnen stehen die *technischen Fragen* gegenüber. Der Erbauer einer Rechenanlage sieht sich also vor technische und vor organisatorische Fragen gestellt. Erstere kann er mit den Mitteln der Physik und Elektrotechnik lösen; für letztere muß er sich hauptsächlich auf seine Erfahrung und seine Intuition verlassen.

Nun sind aber die beiden Fragenkreise unzertrennlich miteinander verbunden, und man kann nicht etwa so vorgehen, daß man zuerst alle technischen Aufgaben abschließend löst und sich dann den organisatorischen zuwendet, oder umgekehrt. Eine Anlage besitzt verschiedene Organisationsstufen; sie beginnen mit den einzelnen Zellen und rücken bis zur Gesamtkonzeption der Maschine vor. Auf jeder dieser Stufen sind organisatorische und technische Forderungen, die sich oft widersprechen, in Einklang zu bringen. Wenn man diese Gesichtspunkte übersichtlich darstellt, so gelangt man zu einem zweidimensionalen Schema, s. Tab. 6. Horizontal ist die Unterscheidung „technisch-organisatorisch" aufgetragen. Innerhalb der organisatorischen Fragen ist noch unterschieden zwischen Gesichtspunkten, die dem Erbauer durch den Benützer vorgeschrieben sind (die für ihn also bindende Vorschriften darstellen) und solchen, über die er frei entscheiden kann. Vertikal folgen sich die verschiedenen Organisationsstufen in der Hierarchie aufsteigend von unten nach oben.

Die Aufgabe, den Inhalt dieses zweidimensionalen Schemas in einem Buch (das seinem Wesen nach eindimensional ist) darzustellen, wurde so gelöst, daß die Reihenfolge der Kapitel in der Hierarchie von unten nach oben vorrückt, und daß auf jeder Stufe nacheinander die technischen und die organisatorischen Fragen besprochen werden. Nicht in

II.1 Technische und organisatorische Fragen

Fragestellung / Organisationsstufe	Technologie	Organisation	
		Durch den Benützer vorgeschrieben	Durch den Entwerfer zu entscheiden
Ganze Anlage	Eingabe, Ausgabe VII Fehlerquellen und Fehlerhäufigkeit IX.1, IX.2 Vorsorgliche Maßnahmen IX.6	Aufbau der Worte VIII.1 Verkehr mit dem Speicher VIII.2 Gesamtaufbau VIII.3 Programmierte Kontrollen IX.4	Betriebssicherheit durch Redundanz VIII.4 Gleichzeitig ablaufende Operationen VIII.3.1 Simultanarbeit VIII.3.5
Folge der Operationen	Speicher VI	Rechengeschwindigkeiten IV.0.6 Gespeichertes Programm V.1 Befehle V.2, V.4 Indexregister V.3 Aufbau des Leitwerkes V.6	Mikroprogrammierung V.5
Ablauf der einzelnen Operationen		Gleitkomma IV.3 Rundung IV.4 Mehrfache Genauigkeit IV.6	Zahlsystem u. Codes IV.0.1, IV.2.1 Parallel- oder Serienbetrieb IV.0.2 Einfachste Kombination IV.0.3 Ablauf der Operationen IV.1, IV.2 Steuerung der Operationen IV.5 Gesamtaufbau des Rechenwerkes IV.0.5 Fehlerüberwachung IV.7
Einzelne Zellen	Elektr. Grundschaltungen, s. Tab. 7 Kopplungsarten III.0.3 Regeneration III.0.5 Register III.0.6 Impedanzen III.0.8 Entwurf betriebssicherer Schaltungen IX.3		Ein- und Mehrtaktbetrieb III.0.6 Synchron- und Asynchronbetrieb III.0.7

II. Zur Systematik der Funktionen und Bauteile

Tabelle 7. *Systematik der Grundschaltungen*

Zweck der Schaltkreise / Kopplungsart	Logisch notwendige Schaltkreise			Technisch notwendige Schaltkreise
	Logische Operationen	Statische Speicherung	Dynamische Speicherung und Verzögerung	Verstärkung, Begrenzung, Formung
Gleichstromgekoppelt	Diodengatter und Matrizen III.1 Negator III.2.1 Gatter III.2.3	Flipflop III.2.1.4		Emitterfolger III.2.1 Leistungsstufen III.2.1
Wechselstromgekoppelt	Logische Verknüpfungen mit Transistoren III.2.4 Logische Verknüpfungen mit Magnetkernen III.3.2 Logische Verknüpfungen mit Parametron III.4.4	Magnetkern-Schieberegister III.3.1, III.3.4	Parametron III.4	Synchronisation und Regeneration III.0.5 Impulsgatter III.1.2 Getastete Verstärker III.2.4 Magnetkerne als Verstärker III.3.3

allen Fällen ist es möglich, eine offensichtlich günstigste Reihenfolge zu finden, und mancherorts wäre in guten Treuen auch eine andere Folge zu rechtfertigen. Ferner sind Hinweise auf Stellen, die im Buch erst später zur Behandlung kommen, oft nicht zu umgehen. Die in Tab. 6 angegebenen Paragraphennummern sollen dem Leser das Auffinden eines gesuchten Gegenstandes erleichtern.

II.2 Die elektrischen Schaltelemente

Für die Grundschaltkreise wurde Tab. 7 als Versuch einer Systematik aufgestellt. Alle in Kap. III vorkommenden Elemente (außer einigen unter „Verfahren in Entwicklung" angedeuteten) lassen sich hier einordnen. Auch hier sind organisatorische und technische Fragen zu unterscheiden, doch verwendet man auf dieser Stufe den Ausdruck „logisch" an Stelle des Wortes „organisatorisch".

An dieser Stelle erscheint es angebracht, den Leser vor einer Überschätzung der Bedeutung von Tab. 6 und 7 zu warnen. Diese Tabellen sind erstellt worden, um das Gebiet der Rechenanlagen, so wie es sich gegenwärtig darbietet, zu klassifizieren und um dem Leser das Auffinden eines Gegenstandes in unserem Buch zu erleichtern. Keineswegs sind es etwa morphologische Schemata, die geeignet wären, neue Kombinationsmöglichkeiten aufzuzeigen; dazu müßten die Tabellen einen um vieles größeren Umfang haben. Ein einziger neuer Gedanke kann unsere Aufstellung völlig nutzlos machen. So ist z. B. in Tab. 7 stillschweigend die Voraussetzung gemacht, daß die Signale durch Ströme oder Spannungen übermittelt werden. Ein durchaus ernst zu nehmender Vorschlag geht nun aber dahin, die in einem magnetischen Material wandernden Domänen als Signale zu verwenden [*60.2*]. Um dieses Verfahren unterzubringen, müßte das Schema ganz neu aufgebaut werden.

III. Elektrische Grundschaltungen

In Kap. III kommen die physikalischen und elektrischen Eigenschaften der in Rechenanlagen verwendeten Bauteile zur Besprechung, ferner die Kriterien für ihren Entwurf. Hingegen sind alle Fragen, die mit dem Problemkreis der Betriebssicherheit und des Ausfalls von Teilen zusammenhängen, in Kap. IX verlegt.

III.0 Die Zusammenarbeit von elektrischen Grundschaltungen

In §III.0 werden diejenigen Begriffe und Verfahren erläutert, die für alle Arten von elektrischen Schaltungen (mit Ausnahme vielleicht der Relaisschaltungen) Bedeutung haben, die aber doch nicht als Bestandteile des logischen Entwurfes aufgefaßt werden können, weil ihre Begründung im elektrischen Verhalten von Schaltkreisen und in den Eigenheiten der Fortpflanzung elektrischer Signale liegt. Bei der Behandlung der einzelnen Grundschaltungen und Systeme in §III.1 bis III.6 werden diese Begriffe nicht mehr repetiert, sondern als bekannt vorausgesetzt werden.

III.0.1 Die sechs fundamentalen Funktionen

Tab. 7 vermittelt eine Übersicht über die Funktionen, die elektronische Schaltelemente in einer Datenverarbeitungsanlage ausführen. In der ersten Kolonne finden sich die drei logischen Operationen Multiplikation, Addition und Negation, aus denen alle logischen Prozesse aufgebaut werden können. Ihnen gegenüber stehen Prozesse, die nicht als logische Operationen qualifiziert werden können. Sie teilen sich auf in logisch notwendige (statische Speicherung und Verzögerung) und technisch notwendige (Verstärkung, Begrenzung, Formung, gesamthaft als „Regeneration" bezeichnet). Somit sind die sechs fundamentalen Funktionen die folgenden:

"mal"-Gatter   Speicherung
"oder"-Gatter   Verzögerung
Negator   Regeneration

Alle außer der Regeneration entspringen einer logischen Notwendigkeit; die Regeneration ist logisch bedeutungslos und braucht in einem Blockdiagramm, welches nur den Informationsfluß und die Verknüpfungen veranschaulicht, nicht gezeichnet zu werden.

In diesem Kapitel behandeln wir die einzelnen Zellen, aus denen sich eine Datenverarbeitungsanlage aufbaut. Die wichtigsten Forderungen, die man an diese Zellen stellen muß, sind, daß einerseits alle sechs fundamentalen Funktionen ausgeführt werden, und daß anderseits Impedanzen und Spannungspegel am Eingang und am Ausgang miteinander verträglich sind, das heißt, daß man die Zellen ohne die Verwendung von Zwischengliedern mehr oder weniger beliebig zusammenschalten kann. Wenn Zwischenglieder (z. B. Verstärker oder Übertrager) nötig sind, so müssen sie Bestandteile der Grundschaltungen selbst sein.

III.0.2 Die Uhr

§ III.0.2 bis III.0.4 befassen sich mit synchron arbeitenden Maschinen; zu dieser Kategorie gehört die Mehrzahl der gebauten Anlagen. In diesem Verfahren wird der Ablauf der Prozesse in allen Anlageteilen durch einen zentralen Taktgeber, die Uhr, gesteuert. Dadurch ist ein Synchronismus aller Vorgänge gewährleistet. Es kann nicht vorkommen, daß infolge irgendwelcher Einflüsse ein Anlageteil etwas schneller arbeitet als ein anderer, so daß zwei Prozesse, die genau gleichzeitig beendet sein müßten, verschieden lange dauern.

Es ist einleuchtend, daß damit ein gewisser Verlust an Geschwindigkeit erkauft wird; denn wenn im Intervall zwischen zwei Uhrimpulsen an verschiedenen Orten verschiedenartige Prozesse ablaufen müssen, so ist es unvermeidlich, daß einzelne von ihnen weniger Zeit beanspruchen, als tatsächlich zur Verfügung steht. Wenn jeder Vorgang sofort nach Beendigung den nachfolgenden auslösen würde, so könnte Zeit gewonnen werden. Doch ist die Übersichtlichkeit der zeitlichen Abläufe in synchronen Anlagen ein großer Vorteil.

Das Uhrsignal wird an einer zentralen Stelle erzeugt. In Maschinen mit Magnettrommeln wird es in einfachster Weise von einer Spur mit fest eingeschriebenen Impulsen abgeleitet. Dadurch besteht die Gewähr, daß die Abläufe jederzeit phasenstarr mit der Stellung der Trommel verknüpft sind, was natürlich für richtiges Einschreiben und Ablesen der

Daten unerläßlich ist. Schwankungen der Umdrehungsgeschwindigkeit beeinflussen — sofern sie in gewissen Grenzen bleiben — die richtige Funktion nicht, indem sich alle Anlageteile nach der Trommel richten müssen. In Maschinen, die akustische Verzögerungsleitungen enthalten, muß ein bestimmtes Vielfaches des Uhrintervalls genau der Laufzeit der Verzögerungsleitung entsprechen. Da diese von der Temperatur abhängt, ist die Taktfrequenz in Abhängigkeit dieser Temperatur automatisch zu regeln. In Fällen, wo weder eine Trommel noch Laufzeitspeicher vorkommen, kann das Uhrsignal von einem gewöhnlichen Quarzoszillator hergeleitet werden.

Das Taktsignal wird meistens in Form von Impulsen verbreitet. Da an den Leitungen viele Verbraucher angeschlossen sind, muß die Quelle sehr niederohmig sein, oder es müssen auf die verschiedenen Anlageteile Leistungsverstärker verteilt sein. Das Uhrsignal kann auch die Form einer Sinuswelle haben, was allerdings seltener ist. Sehr häufig werden innerhalb einer Anlage mehrere Uhrsignale verteilt, welche gegeneinander phasenverschoben sind; bis zu vier um 90° versetzte Phasen kommen vor. Dadurch wird die Freiheit beim logischen Aufbau sehr gefördert; auch ergibt die feinere Einteilung, die dadurch möglich wird, eine bessere Ausnützung der zur Verfügung stehenden Zeitintervalle.

Die Frequenz der Uhrimpulse schwankt, entsprechend der unterschiedlichen Rechengeschwindigkeit der Anlagen, in weiten Grenzen, und man findet Werte von $f = 30$ kHz bis 5 MHz. Die Impulsdauer ist meistens erheblich kürzer als $1/f$.

III.0.3 Kurze Impulse und statische Signale

Die Symbole 0 und L werden in digitalen Rechenanlagen durch zwei verschiedene Spannungswerte dargestellt. Für die folgenden Überlegungen wollen wir annehmen, der Wert für L sei positiver als der Wert für 0. Da wir durchwegs zeitliche Abläufe wiedergeben müssen, folgen einander die verschiedenen Bits mit einer gewissen Frequenz, die wir hier mit f bezeichnen und als konstant annehmen. Von großer Wichtigkeit ist es nun, zu unterscheiden, ob ein Signal die maximal mögliche Dauer $1/f$ hat, oder ob es kürzer als dieser Wert ist. Abb. 14 zeigt die Darstellung der Folge LL00L0 nach beiden Arten. Im ersten Fall sprechen wir von einem statischen Signal. Seine wichtigste Eigenschaft ist, daß die Spannung zwischen zwei aufeinanderfolgenden L nicht auf den Wert für 0 zurück-

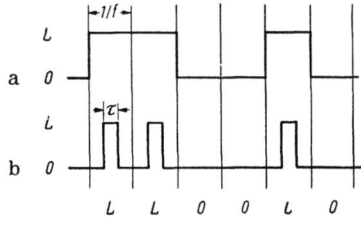

Abb. 14a u. b
a) statische, b) Impulsdarstellung der Folge LL00L0

kehrt. Da in einer Ziffernfolge im allgemeinen nacheinander beliebig viele L und beliebig viele 0 vorkommen können, kann die Signalspannung beide Werte beliebig lange annehmen und *kann daher nur durch gleichstromgekoppelte Schaltglieder übermittelt werden.* Davon verschieden ist die Impulsdarstellung. Hier werden die Signale durch Impulse von der Dauer $\tau < 1/f$ dargestellt. 0 und L sind nicht symmetrisch; 0 ist durch die Abwesenheit, L durch die Anwesenheit eines Impulses gekennzeichnet, und 0 hat als Ruhewert eine Sonderstellung. Solche Signale können durch Glieder übermittelt werden, die nur Wechselstrom übertragen (also Kondensatoren und Übertrager), da der Ruhewert ausgangsseitig neu hergestellt werden kann. (Immerhin ist zu beachten, daß eine unregelmäßige Folge von solchen Impulsen immer auch Frequenzkomponenten unter $1/f$ enthält. Trotzdem kann sie durch Schaltglieder, deren Bandbreite sich nur wenig unter $1/f$ erstreckt, ohne Verlust ihres Nachrichtengehaltes übermittelt werden.)

Es muß festgehalten werden, daß die überwiegende Mehrzahl der praktisch vorkommenden Schaltungen gleichstromgekoppelt ist und die statische Darstellung verwendet. Die Impulsdarstellung kommt heute nur noch selten vor.

III.0.4 Verknüpfung von statischen Signalen

Im Verlauf des Durchgangs durch eine Anzahl von Gliedern erfahren die Signale nicht nur eine Schwächung, sondern auch eine Verzögerung und — infolge der Frequenzabhängigkeit im Übertragungsweg — eine Verformung. Abb. 15 zeigt, wie ein solches Signal verändert werden kann. Je nach der Art und der Anzahl von Gliedern, die durchlaufen werden müssen, ist die Veränderung verschieden stark. Bei der Ausführung von logischen Verknüpfungen geben diese unterschiedlichen Verformungen Anlaß zu Schwierigkeiten. Als Beispiel betrachten wir in Abb. 16 die Verknüpfung $F = A\bar{B} \vee C$ und nehmen an, daß die drei Eingangsvariablen verschieden stark verzögert sind; ihre Signalformen mögen in der Reihenfolge A, B, C anzusteigen beginnen. Dann sieht die Signalform am Ausgang wie in Abb. 16b gezeigt aus. Der erste, kurze Anstieg rührt von A her; B bringt dieses Signal wieder zum Verschwinden, und C liefert schließlich den endgültigen Impuls. Die Frage stellt sich nun, welcher Momentanwert als kennzeichnend für F zu betrachten sei. Selbstverständlich kann man nur solche Signale direkt verknüpfen, von denen mit Sicherheit vorausgesagt werden kann, daß sie sich wenigstens während eines kurzen Zeitintervalls überlappen. Dieses Zeitintervall kann durch

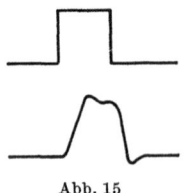

Abb. 15
Verformung und Verzögerung eines Signals

III.0 Die Zusammenarbeit von elektrischen Grundschaltungen 43

einen von vornherein festgelegten Uhrimpuls markiert werden, der die Abtastung des Ausgangssignals F besorgt.

Es genügt also nicht, die Signale nach mehreren Durchgängen zu verstärken und die Flanken steil zu machen. An gewissen Stellen muß auch dafür gesorgt werden, daß die Signale in ihrer zeitlichen Lage mit dem Takt der ganzen Maschine wieder in Übereinstimmung gebracht werden. Meistens geschieht das dadurch, daß ein Uhrimpuls, der als

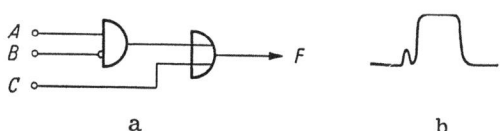

Abb. 16 a u. b. Verknüpfung von Signalen, deren zeitliche Lage nicht genau übereinstimmt
a) Schaltung für $A\bar{B}vC$, b) Ausgangssignal

Norm für den Zeitablauf gelten kann, ein verformtes Signal abtastet und ein Flipflop steuert. Diesen Vorgang illustriert Abb. 17a. Das linke Flipflop wird durch einen Uhrimpuls I getastet und speist die logischen Verknüpfungen. (Die Schaltung L.V. verarbeitet natürlich mehrere Variable, das heißt, sie wird durch mehrere Flipflops gespeist; der Einfachheit halber ist hier nur ein Flipflop eingezeichnet. Entsprechendes gilt für Abb. 18 und 19.) Die herauskommenden Signale sind verformt und verzögert.

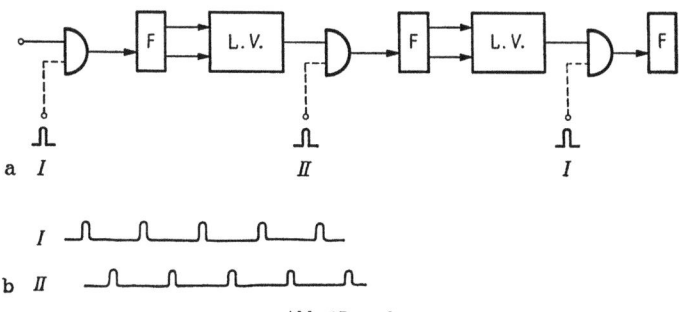

Abb. 17 a u. b
a) Tastung der Flipflops (F), die vor und nach einer Gruppe von logischen Verknüpfungen (L.V.) liegen. Die punktierten Linien sind Impulsleitungen, die zu Impulsgattern führen.
b) Zeitliche Lage der Uhrimpuls-Folgen I und II

Ein weiterer Uhrimpuls II tastet sie ab und steuert das zweite Flipflop. Es ist zu beachten, daß I und II zu verschiedenen Zeiten erfolgen. Kämen sie zur gleichen Zeit (das heißt, hätte man nur eine Sorte von Uhrimpulsen zur Verfügung), so wäre es nicht möglich, zwischen zwei Flipflops eine aus nur wenigen Stufen bestehende logische Schaltung vorzusehen; denn sie hätte nur eine geringe Verzögerung, und am rechten Impulsgatter würde, noch bevor das zweite Flipflop gesetzt werden kann, ein neues Signal eintreffen. Die Staffelung der Uhrimpulse behebt diese Schwierigkeit. Im Verlauf eines längeren Datenflusses wechseln sich Impulse I und II ab, und zwischen je zwei Flipflops ist eine Signalverzögerung zulässig, die etwas weniger als das halbe Impulsintervall beträgt. Wenn die tatsächlich vorkommende Verzögerung geringer ist, so muß ein Teil der Zeit unbenützt verstreichen. Daher sind solche synchrone Schaltungen langsamer als asynchrone Anordnungen, die auf S. 48 beschrieben sind.

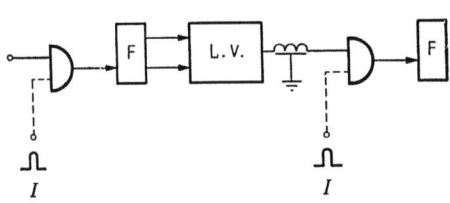

Abb. 18. Taktgebung mit nur einer Sorte von Uhrimpulsen unter Verwendung einer Verzögerungsleitung

Durch Einbau einer kleinen Verzögerungsleitung, deren Laufzeit ungefähr gleich der Uhrimpulsdauer ist, kann auf die Verwendung von zwei Uhrimpulsserien verzichtet werden, s. Abb. 18. Das von einem Uhrimpuls herrührende Signal kann erst auf das zweite Impulsgatter gelangen, wenn der gleiche Impuls zu Ende ist, auch dann, wenn die logische Schaltung gar keine Verzögerung verursacht. Dadurch wird der Entwurf der Schaltungen einfacher, doch werden die Abläufe verlangsamt.

In solchen Schaltungen darf die Dauer der Uhrimpulse nur einen Bruchteil des Impulsintervalls betragen, also z. B. 1 μs bei einem Intervall von 8 μs.

Es muß betont werden, daß die hier gezeigten Systeme mit statischen Signalen arbeiten, das heißt, daß alle Schaltungen außer den Impulsgattern gleichstromgekoppelt sind.

III.0.5 Verknüpfung und Regeneration von kurzen Impulsen

Wenn die Signale durch Impulse dargestellt sind, deren Dauer τ kleiner als die reziproke Impulsfrequenz $1/f$ ist (beispielsweise $1/2f$), so sind die Überlegungen von S. 42f. zu modifizieren. Es ist dann nicht mehr möglich, den Zeitablauf nach Abb. 17 und 18 zu steuern.

In solchen Anordnungen ist die zeitliche Lage kritischer als im Fall statischer Signale. Wenn zwei Signale A und B, die eine gewisse zeitliche Überlappung haben, in einem „mal"-Gatter verknüpft werden sollen, so wird das Ausgangssignal nur so lange dauern, als die Überlappung besteht; im allgemeinen wird es also kürzer sein als A und als B. Andere Effekte, wie Kapazitäten, wirken sich im Sinne einer Verlängerung aus. In gewissen Stufen müssen auf jeden Fall die Signale regeneriert (auf die richtige zeitliche Lage normiert) werden. Das geschieht mit Impulsgattern, die gleichzeitig verstärkende Eigenschaften haben müssen, s. Abb. 19a. (Aus den gleichen Gründen wie im vorigen Abschnitt sind zwei Uhrimpulsfolgen nötig; sie können aber umgangen werden, wenn man eine Verzögerungsleitung wie in Abb. 18 einschaltet.) Diese Anord-

III.0 Die Zusammenarbeit von elektrischen Grundschaltungen

nung kann nur dann richtig arbeiten, wenn die aus L.V. kommenden Signalimpulse die Uhrimpulse vollkommen überdecken (b). Aus den oben erwähnten Gründen sind aber die Signale oft kürzer als die Uhrimpulse. In diesem Fall kann man von der regenerativen Verlängerung Gebrauch

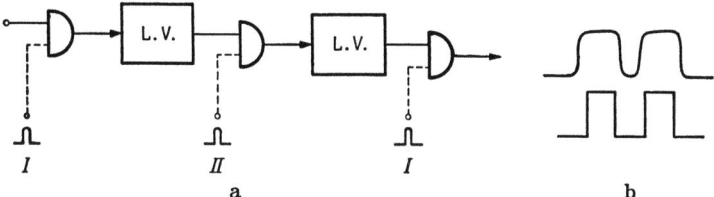

Abb. 19 a u. b. Regeneration von kurzen Impulsen
a) Folge der Schaltelemente (für die Bezeichnungen s. Abb. 17a), b) gegenseitige Lage von Signalimpulsen (oben) und Uhrimpulsen (unten)

machen, die schematisch in Abb. 20 gezeigt ist. Das dargestellte „mal"-Gatter ergibt ein Ausgangssignal, sobald A und B zu irgendeinem Zeitpunkt gleichzeitig auftreten. Das Ende dieses Signals wird aber nur durch B bestimmt, nicht durch A. Diese Schaltung wurde für Elektronenröhren entwickelt; sie wird heute kaum noch verwendet.

Für die logische Verknüpfung zweier Signale ist es immerhin unerläßlich, daß sie sich wenigstens während eines Teils der Zeit überlappen. Da die Verzögerungen in verschiedenen logischen Schaltungen verschieden groß sind, ist es oft nötig, an gewissen Stellen zusätzliche Verzögerungsleitungen einzusetzen. Je knapper die zeitlichen Toleranzen bemessen sind, desto mehr solche Glieder sind nötig, und desto schneller kann das ganze System arbeiten.

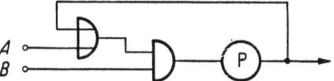

Abb. 20. Regenerative Verlängerung. Die Schaltung stellt ein „mal"-Gatter dar. Das Ende des Ausgangsimpulses wird aber ausschließlich durch B bestimmt, auch wenn A zu einem früheren Zeitpunkt beendet ist. P ist ein wechselstromgekoppelter Verstärker

III.0.6 Schieberegister

Unter einem *Register* versteht man eine Anordnung, die ein einzelnes Wort (etwa 50 Bits) zu speichern und mit kurzer Suchzeit abzugeben vermag. Im Rechenwerk sind mehrere Register nötig. In einer Parallelmaschine muß jede Stelle des Registers einen Eingang und einen Ausgang nach außen besitzen.

Ein *Schieberegister* ist in der Lage, das gespeicherte Wort auf einen äußeren Impuls hin nach rechts oder links zu verschieben. Bei der Ausführung arithmetischer Operationen sind solche Verschiebungen oft nötig. In Umlaufregistern für Serienmaschinen sind Verschiebungen überhaupt die einzige Art, wie ein Wort aus einem Register abgelesen werden kann.

Abb. 21 zeigt symbolisch ein Schieberegister. Die Rechtecke sind Elemente, die ein einzelnes Bit speichern. Zunächst kümmern wir uns nicht um ihre Beschaffenheit, das heißt, es können Flipflops (statische Speicher) oder kurzzeitige Energiespeicher wie etwa Kondensatoren sein. Die Impulsgatter sollen dagegen keine speichernden oder verzögernden Bestandteile enthalten.

Die wichtigste Tatsache, die hier dargelegt werden soll, ist die, daß *jedes Schieberegister zwei Energiespeicher pro Bit benötigt*. Das gezeichnete

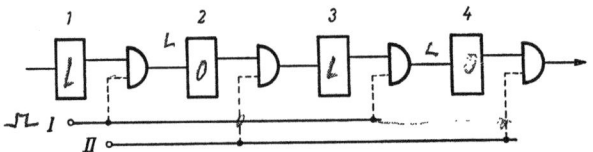

Abb. 21. Schieberegister. Die Rechtecke sind allgemeine speichernde Elemente. Gestrichelte Leitungen führen Impulse

Register mit vier Speichern vermag also nur zwei Bits zu fassen. Zu Beginn mögen diese in *1* und *3* sitzen. Der Impuls *I* verschiebt sie nach *2* und *4*. Wenn *2* und *4* ebenfalls je ein Bit enthalten hätten, so hätten sie gleichzeitig ein Bit entgegennehmen und eines abgeben müssen; während der Übergangszeit hätten sie also zwei voneinander unabhängige Bits speichern müssen. Nach der Definition, daß es sich um einfache Speicher handelt, ist dies aber unmöglich. Daher braucht es zwei Impulsfolgen *I* und *II*, und für n Bits sind $2n$ Speicherelemente nötig. Wenn

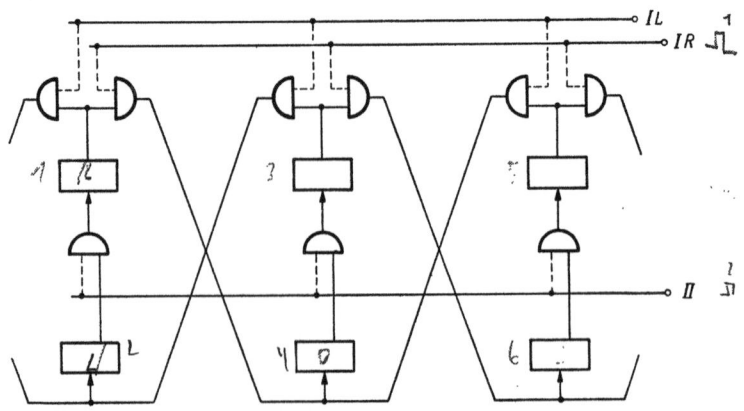

Abb. 22. Schieberegister für Verschiebung nach beiden Richtungen. *IL* verschiebt nach links, *IR* nach rechts; *II* ist für beide Richtungen gemeinsam

jede der Impulsfolgen die Frequenz f hat, so werden die Bits auf der rechten Seite mit der Frequenz f ausgeliefert. Bei der Verwendung von zwei phasenverschobenen Impulsfolgen in der Art von Abb. 21 müssen die Impulse kürzer als die halbe Periodendauer sein.

III.0 Die Zusammenarbeit von elektrischen Grundschaltungen 47

Es lassen sich leicht auch Schieberegister bauen, die wahlweise nach rechts oder nach links schieben. Abb. 22 zeigt eine solche Ausführung. Hier sind die ungeraden Zellen oben, die geraden unten gezeichnet. In dieser Darstellungsart wird es klar, daß jedes Schieberegister in Wirklichkeit aus zwei gewöhnlichen Registern besteht, zwischen denen das zu verschiebende Wort hin- und herpendelt. Wenn alle $2n$ Zellen aus Flipflops bestehen, so ist der Materialaufwand sehr groß.

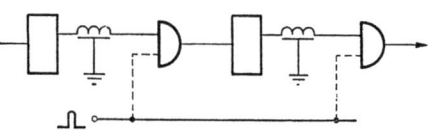

Abb. 23. Schieberegister mit nur einer Impulsfolge und Verzögerungsleitungen als Zwischenspeicher

Meistens ersetzt man daher die Hälfte der Elemente durch Kapazitäten, Induktivitäten oder andere Glieder, die eine kurzzeitige Speicherung eines Bits übernehmen können, und gelangt dann zum Prinzip von Abb. 23. Die Impulsgatter übermitteln, sobald ein Impuls eintrifft, ein Bit von links nach rechts; die Verzögerungsketten verhindern, daß das Bit sofort zum nächsten Gatter weitergeleitet wird und dort, noch bevor der Schiebeimpuls beendet ist, eintrifft. In solchen Registern ist nur eine einzige Serie von Impulsen nötig. Nicht immer werden als Zwischenspeicher Verzögerungsleitungen gebraucht. Oft genügt eine Induktivität oder ein RC-Glied; oft wirkt die Induktivität eines Impulsübertragers als Zwischenspeicher. Die Einfachheit gewisser Schaltungen darf aber nicht darüber hinwegtäuschen, daß grundsätzlich immer zwei Energiespeicher pro Bit nötig sind.

Alle bisher beschriebenen Anordnungen verwenden Schaltelemente, die die Information nur in einer Richtung übermitteln. In einem Impuls-

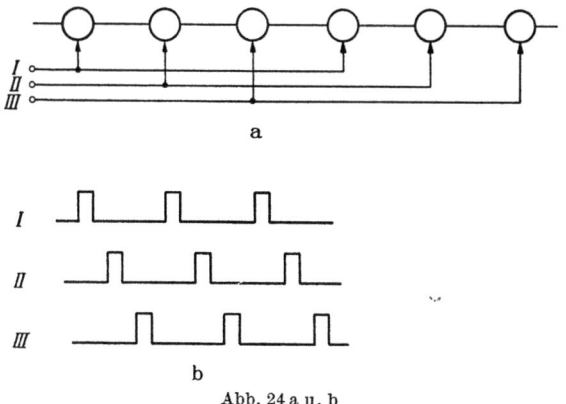

Abb. 24 a u. b
a) Dreitakt-Schieberegister mit Schaltelementen, die an sich keine bevorzugte Richtung haben. Impulse an den mit Pfeilen versehenen Eingängen veranlassen, daß die Information sowohl nach links als auch nach rechts gegeben wird. b) Folge der Impulse. In der gezeichneten Reihenfolge schiebt das Register nach rechts. Vertauscht man zwei der Klemmen *I*, *II*, *III*, so wird nach links verschoben

gatter sind Eingang und Ausgang verschieden geartet und können ihre Funktion nicht vertauschen, so daß eine Umkehrung der Richtung des Informationsflusses nie vorkommen kann. In Schaltungen mit Magnetkernen (S. 111ff.), mit Parametrons (S. 124ff.) und mit Tunneldioden (S. 140ff.) gibt es aber Schieberegister, in denen keine Verschiebungsrichtung bevorzugt ist, weil alle verwendeten Elemente in bezug auf Eingang und Ausgang symmetrisch sind. Dann muß die Richtung der Verschiebung durch die Steuerimpulse gegeben werden, und dazu sind mindestens 3 Folgen nötig, s. Abb. 24. Durch einfache Vertauschung der Reihenfolge der Impulse wird die Richtung der Verschiebung umgekehrt.

III.0.7 Asynchrone Arbeitsweise

Bisher wurden nur Systeme betrachtet, in denen der zeitliche Ablauf durch zentral erzeugte Uhrimpulse gesteuert ist. In Parallelmaschinen ist es aber möglich, auf einen zentralen Taktgeber zu verzichten. Die einzelnen Operationen bestimmen ihren Zeitablauf selbst und geben nach Beendigung ein Signal an das Steuerorgan, welches jetzt seinerseits die nächste Operation einleitet. Als Beispiel ist das Rechenwerk der IAS Maschine zu erwähnen [29, Kap. 13]. Diese Arbeitsweise wird als asynchron bezeichnet. Sie eignet sich gut für Parallelmaschinen, doch ist es schwierig zu sagen, ob sie besser ist als der Synchronbetrieb. Die Anlage wird etwas vereinfacht dadurch, daß keine Uhrimpulse verteilt werden müssen. Außerdem ist höhere Rechengeschwindigkeit möglich, weil für die Operationen keine festen Zeitintervalle vorgesehen werden müssen, was sich speziell bei Multiplikationen und Divisionen günstig auswirkt. Anderseits ist die Kontrolle der Zeitabläufe schwieriger. Eine gründliche Analyse dieser Betriebsart hat ZEMANEK veröffentlicht [62.30].

Gänzlich asynchron arbeitende Maschinen werden selten gebaut, doch ist die Verwendung dieses Prinzips innerhalb einzelner Teile einer Anlage, die als Ganzes synchron arbeitet, häufig.

III.0.8 Impedanzen

Die Quellenimpedanz der Schaltungen wird diktiert durch die Tatsache, daß in Rechenmaschinen ein Element oft mehrere andere Elemente speist und daß, entsprechend der Verwendung von Tausenden von Elementen, Verbindungsleitungen von mehreren Metern Länge die Regel bilden, so daß hohe Schaltkapazitäten aufzuladen sind. Wenn z. B. Impulse von 1 μs Dauer mit einer Anstiegszeit von 0,2 μs zu übertragen sind, so braucht es bei 5 V Amplitude zur Aufladung einer Schaltkapazität von 100 pF einen Strom von 2,5 mA, was einer Impedanz von 2000 Ω entspricht; die Quellenimpedanz muß in der Regel bedeutend niedriger als dieser Wert sein. Allgemein verwendet man Impedanzen von einigen Hundert bis einigen Tausend Ohm; lediglich in Fällen, in denen man voraussehen kann, daß nur kurze Leitungen vorkommen, können die Quellenimpedanzen höher sein.

Mit der Frage der Quellenimpedanzen eng verknüpft ist die Wahl von geeigneten Verbindungsleitungen. Koaxialkabel bieten vollständigen Schutz gegen Übersprechen. Sie haben aber eine hohe Kapazität, wenn man den Innenleiter nicht sehr dünn wählt, ferner bietet der Endanschluß bei dicht gedrängten Anordnungen räumlich Schwierigkeiten. In Anbetracht der recht komplizierten Verdrahtungen, die bei Rechenmaschinen die Regel bilden, können daher Koaxialkabel nur für vereinzelte (z. B. besonders lange) Verbindungen verwendet werden. Gewöhnliche Schaltdrähte, in Bündeln zusammengefaßt, zeigen hohe Kapazität und starkes Übersprechen, so daß dieses Verfahren nur bei niedriger Quellenimpedanz verwendet werden kann. Diese Mängel werden vermieden durch freitragend geführte Leitungen, die so verlegt sind, daß nie zwei Drähte über eine längere Strecke parallel und dicht nebeneinander verlaufen.

III.1 Dioden

III.1.1 Eigenschaften von Halbleiterdioden

Theoretische Überlegungen führen zu folgendem Ausdruck für die Abhängigkeit zwischen Strom i und Spannung u an einer Halbleiter-Sperrschicht:

$$i = i_s \left(\exp \frac{e u}{k T} - 1 \right).$$

i_s ist der Sättigungsstrom, e die Ladung eines Elektrons, k die BOLTZMANNsche Konstante und T die absolute Temperatur (doch ist i_s seinerseits auch eine Funktion der Temperatur). In Abb. 25 veranschaulicht die gestrichelte Linie die graphische Darstellung dieser Gleichung. kT/e hat bei Zimmertemperatur den Wert 26 mV. Bei negativen Spannungen u, die groß gegenüber 26 mV sind, ist demnach der Rückstrom nahezu gleich $-i_s$. Die wirkliche Charakteristik einer Diode weicht allerdings von diesem stark vereinfachten Modell ab und wird durch die ausgezogene Linie wiedergegeben.

In einer solchen Charakteristik sind vier getrennte Zonen zu unter-

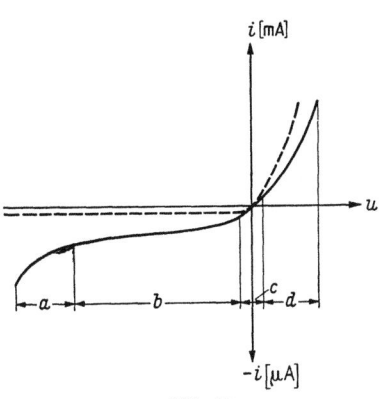

Abb. 25
Theoretische (gestrichelte Kurve) und wirkliche Charakteristik einer Halbleiterdiode. Man beachte, daß der Strom-Maßstab in Sperrichtung 1000fach vergrößert ist

scheiden, die für die verschiedenen Anwendungen von Bedeutung sind. Zone c liegt in der Umgebung des Nullpunktes und erstreckt sich von etwa $-0{,}1$ V bis $+0{,}2$ V. Hier wird die theoretisch gefundene Exponentialform am genauesten erfüllt. In der Region b, die in Sperrichtung liegt, entfernt sich der Sperrstrom mehr und mehr vom theoretischen Wert. Ein Wendepunkt führt zur Zone a, in welcher der Strom schnell ansteigt; der differentielle Widerstand kann am Rand dieser Zone sogar zu Null werden. Das geschieht bei den meisten Germaniumdioden bei einer Spannung von etwa -100 V oder weniger, und die Betriebsspannung muß stets unter diesem Wert liegen. Zone d kennzeichnet den leitenden Teil der Charakteristik, in welchem der Stromanstieg schwächer als exponentiell erfolgt.

Die Kurve von Abb. 25 genügt, um das gleichstrommäßige Verhalten einer Diode bei einer bestimmten Temperatur zu kennzeichnen. Für die Behandlung von nichtstationären Vorgängen muß noch die Kapazität bekannt sein, welche man sich als der Diode parallelgeschaltet vorstellen muß. Von großer praktischer Bedeutung ist ferner — da ihr Effekt viel stärker als der der Kapazität ist — die *Sperrträgheit*. Dieser Effekt hängt mit dem Leitungsmechanismus in einer Diode zusammen, wonach der Vorwärtsstrom einer Injektion von Minoritäts-Ladungsträgern in den Kristall entspricht. Wird ein Vorwärtsstrom plötzlich ausgeschaltet und gleichzeitig eine Spannung in Sperrichtung angelegt, so müssen zuerst diese Ladungsträger beseitigt werden, was dazu führt, daß im ersten Augenblick ein beträchtlicher Strom in Sperrichtung fließt. In dieser Phase kann die Diode durch das Ersatzschaltbild eines Kondensators in Serie mit einem Widerstand dargestellt werden. Der durch die Sperrträgheit hervorgerufene Strom klingt exponentiell ab. Die Erholungszeit (das heißt die Zeit, die nach dem Umschalten verstreicht, bis sich der Sperrstrom dem statischen Wert genügend weit genähert hat), ist um so länger, je größer der Vorwärtsstrom vor dem Umschalten war. Abb. 26 zeigt eine geeignete Anordnung zur Messung der Sperrträgheit. Am Eingang liegt zunächst eine positive Spannung V, die durch die Diode einen Vorwärtsstrom V/R schickt. Diese Spannung wird zu einem gewissen Zeitpunkt sprunghaft negativ gemacht und wird auf den Wert gebracht, der im Betrieb der Diode als Sperrspannung vorkommt. Abb. 27 zeigt den Verlauf des Diodenstromes in einem typischen Fall. Es ist ersichtlich, daß es sich hier um Effekte von ganz beträchtlicher Größe handelt. Dioden, die nicht für schnellen Impulsbetrieb speziell gezüchtet sind, zeigen Erholungszeiten von mehreren Mikrosekunden [55.4].

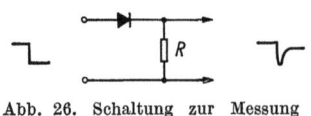

Abb. 26. Schaltung zur Messung der Erholungszeit

Wir betrachten jetzt die betrieblichen Eigenschaften der statischen Charakteristik. In einer idealen Diode wäre der Strom bei jeder beliebigen

Sperrspannung gleich Null (unendlicher Widerstand), und im leitenden Bereich wäre der Spannungsabfall bei jedem Strom gleich Null (unendliche Leitfähigkeit). Je besser diese Bedingungen angenähert werden, desto bessere Schaltungen lassen sich entwerfen. Wir verlangen also möglichst kleinen Sperrstrom und möglichst kleinen Durchlaßspannungsabfall. Ferner wünscht man möglichst hohe zulässige Betriebstemperaturen und möglichst kurze Erholungszeit. Diese vier Bedingungen widersprechen sich aber, und daher muß für jeden Anwendungsfall der günstigste Kompromiß gesucht werden. In Rechenmaschinen verlangt man (außer für Sonderzwecke, wie etwa Magnetkopfumschaltung) Sperrspannungen von 20 V oder weniger, kurze Erholungszeiten und oft hohe Betriebstemperaturen. Bei 20 V Sperrspannung beträgt

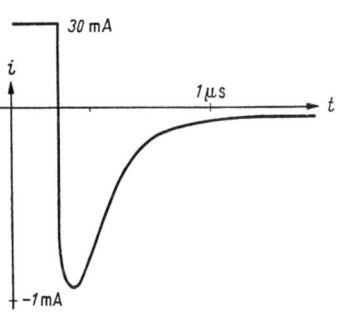

Abb. 27. Zeitlicher Verlauf des Sperrstromes infolge Löcherspeicherung beim Versuch nach Abb. 26

der Strom z. B. 100 μA, bei den besten Dioden sogar nur Bruchteile eines μA. Der Spannungsabfall in Vorwärtsrichtung bei 20 mA beträgt z. B. 0,5 V, was einem Widerstand von 25 Ω entspricht. Sonderausführungen erreichen aber Widerstände von nur 1 Ω. Zu beachten ist, daß die höchstzulässigen Werte für Strom und Spannung durch die Erwärmung gegeben sind und daher von der Umgebungstemperatur abhängen. Eine typische Forderung des Herstellers lautet etwa: „Die zulässige Dissipation ist 80 mW bei 25 °C. Für Umgebungstemperaturen über 25 °C ist dieser Wert um 1 mW/°C zu reduzieren."

Weiteres über das Verhalten von Dioden findet sich in [31].

III.1.2 Einfache Gatter

In den folgenden Abschnitten wollen wir, wenn nichts anderes bemerkt ist, annehmen, daß die Symbole 0 und L elektrisch wie folgt dargestellt sind:

0: 0 V
L: U_0 (eine positive Spannung zwischen etwa 2 V und 6 V)

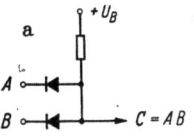
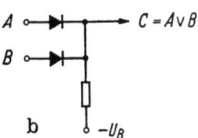

Abb. 28. Einfache Gatter mit Dioden

Abb. 28a zeigt ein einfaches „mal"-Gatter mit Dioden. Eine Bedingung für richtiges Funktionieren ist $U_B > U_0$. Zunächst nehmen wir an, die Dioden seien ideale Schalter, das heißt, sie sollen in Durchlaßrichtung unendliche Leitfähigkeit, in Sperrichtung unendlichen Widerstand haben. Unter diesen Voraussetzungen kann der Leser leicht nachprüfen, daß nebenstehende Funktionstabelle erfüllt ist.

Somit haben wir eine Schaltung für die Funktion $C = AB$ vor uns.

A	B	C
0	0	0
0	L	0
L	0	0
L	L	L

Als erste Frage muß jetzt studiert werden, wie sich das Gatter verhält, wenn die Pegel von A und B mit Toleranzen behaftet sind. Wenn wir vorübergehend A, B und C nicht als binäre Variable, sondern als kontinuierlich veränderliche elektrische Spannungen auffassen, so wird das Gatter durch folgende Gleichung beschrieben:

$$C = \text{Min}(A, B),$$

das heißt, C ist zu jeder Zeit gleich der kleineren der beiden Spannungen A und B. In der Praxis werden A und B immer mit Toleranzen behaftet sein. Wenn eine der Eingangsspannungen die Toleranzgrenze überschreitet, so wird auch C in gewissen Fällen unerlaubte Werte annehmen. Das Diodengatter eignet sich also nicht zur Wiederherstellung abgeflachter Pegel, weil es keine verstärkende Eigenschaften hat. Die Pegel am Ausgang sind nur durch die Pegel am Eingang bestimmt; das Gatter selbst bevorzugt keine Spannungswerte.

Es sei nochmals in Erinnerung gerufen, daß der Ausdruck $C = \text{Min}(A, B)$ in konventioneller Algebra die gleichen Ergebnisse liefert wie $C = AB$ in BOOLEscher Algebra.

Das einfache „oder"-Gatter ist in Abb. 28b veranschaulicht. Es unterscheidet sich vom „mal"-Gatter durch Umkehrung des Vorzeichens von U_B und durch Umpolung der Dioden. Die Ähnlichkeit der beiden Schaltungen hängt damit zusammen, daß die BOOLEschen Operationen „oder" und „mal" dual sind und durch die Anbringung von Negationen ineinander übergehen. In ihrem elektrischen Verhalten sind die beiden Gatter so ähnlich, daß in den folgenden Abschnitten viele Überlegungen (besonders bezüglich des zeitlichen Verhaltens) nur für das „mal"-Gatter durchgeführt werden.

Bis jetzt wurden nur gleichstrommäßige Überlegungen angestellt. Von Wichtigkeit ist das Studium der Frage, wie sich ein Gatter beim Übergang von einem Funktionswert auf den anderen verhält. Streuinduktivitäten können im allgemeinen vernachlässigt werden. Hingegen sind die Schaltkapazitäten von großer Bedeutung. In Abb. 29 verkörpert C_L die vereinigten Kapazitäten der Schaltkreise und der Last in einem „mal"-Gatter. Wenn die Signale A und B gleichzeitig von 0 auf L übergehen, so kann C nicht momentan auf L gehen, weil zur Aufladung von C_L ein unendlich hoher Strom notwendig wäre. Der zur Verfügung stehende Strom ist aber nur $i = U_B/R$. (Dieser Strom sei im Verlauf des

Vorgangs konstant, da wir zunächst die Annahme $U_B \gg U_0$ machen.)
Somit ist die benötigte Zeit

$$t = RC_L \frac{U_0}{U_B} = \frac{C_L U_0}{i}.$$

Je größer der Strom i, desto schneller arbeitet die Schaltung. Ein häufiger Wert ist $i = 1$ mA. Mit $C_L = 50$ pF ergibt sich $t = 0{,}25\ \mu$s, unter der Annahme, U_0 sei 5 V. In Schaltungen für größte Geschwindigkeit geht man oft auf $i = 2$ bis 3 mA.

Während der ansteigenden Impulsflanke dient i dazu, die Kapazität C_L aufzuladen. Wenn das geschehen ist, so muß aber i weiterfließen, und zwar muß dieser Strom auf dem Weg über die Dioden durch die Quellen aufgenommen werden. Leider verteilt sich i nicht gleichmäßig auf die verschiedenen Eingänge, sondern die Signalquelle mit der jeweils niedrigsten Spannung wird den ganzen Strom aufnehmen müssen. Somit muß jede dieser Quellen so ausgelegt sein, daß sie den vollen Wert von i aufnehmen kann. Diese Überlegung ist dann von besonderer Bedeutung, wenn A und B selbst von Diodengattern herkommen. Wir haben dann ein mehrstufiges Gatter vor uns, wovon auf S. 57 ff. die Rede sein wird.

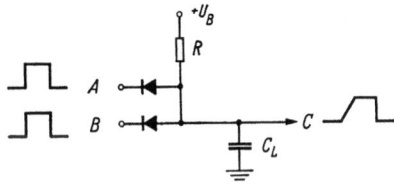

Abb. 29. Diodengatter mit Schaltkapazität C_L

Anders liegen die Verhältnisse während der fallenden Impulsflanke, das heißt, wenn A und B von L auf 0 übergehen. Dann bleiben die Dioden leitend, und die Geschwindigkeit der Entladung von C_L hängt nicht mehr von i ab, sondern davon, wieviel Strom die Signalquellen liefern können; dieser Wert ist meistens wesentlich größer als i.

Hier wurde die Eigenkapazität C_e der Dioden überall vernachlässigt. Sie wirkt sich so aus, daß ein Teil des Eingangsimpulses über einen kapazitiven Spannungsteiler, der aus dieser Eigenkapazität und aus C_L besteht, direkt an die Ausgangsklemmen übertragen wird. Da aber C_e in den meisten Fällen wesentlich kleiner als C_L ist, ist dieser Effekt von geringer Bedeutung.

Bisher wurden Annahmen über i gemacht, ohne daß wir geprüft haben, wie groß U_B und R (aus deren Quotient sich i errechnet) sind. Der lineare zeitliche Spannungsanstieg, der angenommen wurde, ist nur gegeben, wenn $U_B \gg U_0$. Andernfalls ist die Impulsflanke am Ausgang ein Stück einer Exponentialfunktion, und ihre Dauer beträgt:

$$t = R\,C_L \ln \frac{U_B}{U_B - U_0}.$$

Bei gegebenem Maximalstrom i, der durch die Signalquellen aufgenommen werden muß, dauert natürlich die Exponentialfunktion länger als der lineare Anstieg. Somit muß man, bei gegebenem i, U_B möglichst groß machen. Anderseits steigt der Leistungsverbrauch in R proportional zu U_B (wieder unter der Annahme von konstantem i), und ein zu großer Leistungsverbrauch sollte vermieden werden. Ferner ist nicht zu vergessen, daß bei einem Unterbruch von Leitungen (etwa durch das Herausziehen von steckbaren Einheiten, wobei nicht alle Stifte den Kontakt gleichzeitig unterbrechen) gefährlich hohe Sperrspannungen an den Dioden auftreten können, wenn U_B zu hoch ist. Trotzdem ist der Gesichtspunkt der kurzen Schaltzeit wichtiger, und man wählt daher etwa $U_B = 2\,U_0$, also z. B. $U_0 = 5$ V, $U_B = 10$V.

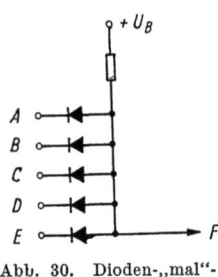

Abb. 30. Dioden-„mal"-Gatter mit 5 Eingängen

Die „mal"- und „oder"-Gatter lassen sich auch für mehr als zwei Eingänge auslegen; Abb. 30 zeigt ein Beispiel eines „mal"-Gatters mit fünf Eingängen, welches die Verknüpfung $F = ABCDE$ darstellt. Die bisher angestellten Überlegungen gelten auch hier unverändert. Insbesondere ist zu beachten, daß U_B, R und i nach den oben erwähnten Gesichtspunkten zu berechnen sind; ihre Größe hängt nicht von der Anzahl der Eingänge ab.

Alle bisher angestellten Überlegungen fußen auf der Annahme, die Dioden seien ideale Schalter, das heißt, sie haben in Durchlaß- und Sperrrichtung verschwindenden Widerstand bzw. verschwindende Leitfähigkeit. Wir wollen zuerst den Einfluß des endlichen Durchlaßwiderstandes prüfen. Er verursacht einen Spannungsabfall über der Diode. Wenn eine einzelne Diode den gesamten, durch R fließenden Strom i aufnehmen muß (das ist z. B. bei einem „mal"-Gatter dann der Fall, wenn dieser Diode der Eingangswert 0, allen übrigen der Eingangswert L zugeordnet ist), so entsteht eine Schwächung der Amplitude des Ausgangssignals. Bei $i = 2$ mA beträgt der Spannungsabfall z. B. 0,1 V. Darin liegt der Grund dafür, daß Signale nach dem Durchgang durch mehrere Stufen von Diodengattern verstärkt werden müssen.

Der Sperrwiderstand wirkt sich nur dann merkbar aus, wenn ein Gatter viele Eingänge hat. Nehmen wir an, in Abb. 30 habe der Eingang A den Wert 0, alle übrigen den Wert L. Dann ist die Diode bei A die einzige, welche den Punkt F auf dem Wert 0 hält. Durch alle übrigen Dioden fließt ein Sperrstrom, den die oberste Diode zusätzlich zu i aufnehmen muß. Wenn diese Sperrströme zusammen vergleichbar mit i oder sogar größer werden, so steigt der Spannungsabfall an der obersten Diode so stark an, daß das Ausgangssignal unter Umständen sein Toleranzfeld verläßt. — Ein Beispiel mag zeigen, daß dieser Effekt immerhin erst bei einer größeren Zahl von Eingängen störend wird. Bei $U_0 = 5$ V sei der Sperrstrom einer einzelnen Diode 10 μA. Hat ein Gatter 11 Eingänge,

III.1 Dioden

so kann sich ein zusätzlicher Strom von $(11 - 1) \cdot 10\,\mu A = 100\,\mu A$ bilden, der damit noch lange nicht die Größe von i erreicht, wenn wir $i = 1$ mA annehmen.

Es gibt einen einfachen Weg, diesen Effekt der sich summierenden Sperrströme zu vermeiden. Abb. 31a zeigt, wie in einem „mal"-Gatter mit 12 Eingängen je 4 Dioden zusammengefaßt und mit einer weiteren Diode in Serie geschaltet werden. Der Leser kann leicht nachprüfen, daß sich dadurch im ungünstigsten Fall statt 11 nur noch 5 Sperrströme summieren können. Wenn sehr viele Eingänge nötig sind, so können die zusätzlichen Dioden nochmals zu Gruppen zusammengefaßt und mit einer neuen Diode in Serie geschaltet werden. Die größtmögliche Reduktion der Anzahl Sperrströme erreicht man dadurch, daß jede Gruppe nur 2 Dioden enthält; Abb. 31b zeigt dieses Verfahren für 8 Eingänge. Auf diese Art läßt sich die Zahl der Sperrströme, bei n Eingängen, auf $\log_2 n$ reduzieren, falls n eine Potenz von 2 ist. Allerdings bringt der geschilderte Weg der Serienschaltung von Dioden den Nachteil eines größeren Spannungsabfalles in Durchlaßrichtung, also einer größeren Schwächung der Signale, mit sich. Dieser Effekt ist um so stärker, je mehr Dioden in Serie liegen.

Der Sperrstrom durch die Dioden ist bei mehrstufigen (kaskadierten) Gattern von größerem Einfluß, worüber auf S. 57 ff. zu sprechen sein wird. Allgemein läßt sich

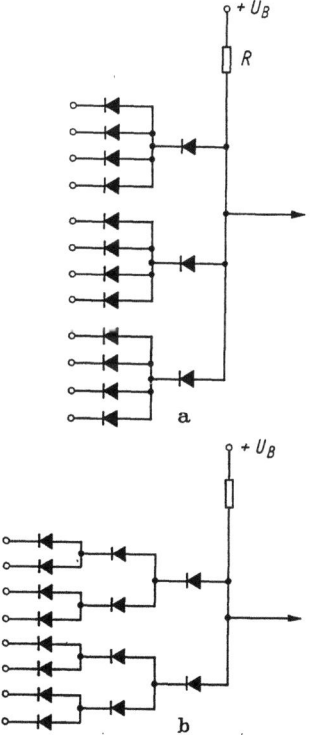

Abb. 31. Reduktion des Einflusses der Dioden-Sperrströme durch Serienschaltung zusätzlicher Dioden

sagen, daß die endlichen Widerstände der Dioden in den einstufigen Gattern, die bis jetzt betrachtet wurden, von geringer Wichtigkeit sind und den Entwurf einer Schaltung nur selten beeinflussen. Trotzdem muß sich der Entwerfer in jedem Fall vergewissern, ob die Effekte wirklich vernachlässigbar sind.

Obwohl die meisten Datenverarbeitungsmaschinen, die Diodengatter enthalten, ausschließlich die Schaltung von Abb. 28 verwenden, gibt es doch noch andere Möglichkeiten, mit Dioden logische Verknüpfungen zu realisieren. Abb. 32 zeigt, wie der Widerstand R auch an eine Signalquelle statt an U_B geführt werden kann, wodurch eine Gleichspannungsquelle überhaupt überflüssig wird. Der Nachteil besteht in einer wesentlich langsameren Arbeitsweise. Wieder unter der Annahme, daß der Wert 0 durch 0 V, L durch $+U_0$ dargestellt ist, nähert sich der Ausgang (infolge der Schaltkapazität) asymptotisch mit einer Exponentialfunktion dem Wert U_0, wenn die Eingänge von 0 auf L springen, wie in der

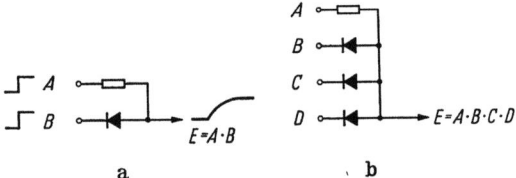

Abb. 32 a u. b. „Mal"-Gatter ohne Gleichspannungsquelle
a) zweifach, b) vierfach

Abbildung durch eine Signalform angedeutet ist. Es gibt Fälle, in denen die längere Wartezeit in Kauf genommen werden kann; dann stellt die gezeigte Schaltung eine lohnende Einsparung dar.

Eine grundsätzlich andere Art von Gattern entsteht durch *Serienschaltung der Signalquellen* (Schwellwertlogik, s. S. 21 ff.). Abb. 33a veranschaulicht ein „oder"-Gatter, in welchem die 3 Eingangsvariablen durch Serienschaltung zunächst arithmetisch addiert werden. Durch eine Diode wird dann die Summe auf $+U_0$ begrenzt. Es läßt sich leicht nachprüfen, daß dadurch die logische Verknüpfung $D = A \vee B \vee C$ realisiert wird. Abb. 33b zeigt ein „mal"-Gatter nach dem gleichen Prinzip. Hier ist eine konstante Vorspannung $-2\,U_0$ [bei n Variablen: $(n-1)\,U_0$] nötig, die bewirkt, daß die 0-Schwelle am Ausgang erst dann erreicht wird, wenn alle Variablen den Wert L annehmen. Die Diode verhindert hier, daß die Ausgangsspannung negativ wird. — Diese Gatter sind nur sehr beschränkt verwendbar, weil die Signalquellen meistens nicht erdfrei sind und daher nicht in Serie geschaltet werden können. In Betracht kommen nur die Sekundärwicklungen von Übertragern. Für Impulsgatter mit einem Impuls- und einem gleichstrommäßigen Eingang ist die Schaltung immerhin erfolgreich verwendet worden [57.12]. Ein Einwand grundsätzlicher Natur gegen diese Schaltungen besteht in folgendem: Die logische Addition wird elektrisch nicht nach dem Gesetz $D = $ Max

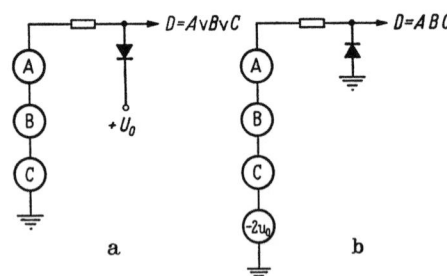

Abb. 33. „oder"- und „mal"-Gatter durch Serienschaltung der Signalquellen

III.1 Dioden

(A, B, C) realisiert, sondern durch arithmetische Addition der Signale mit nachfolgender Prüfung, ob die Summe einen gewissen Schwellwert überschreitet. Dieses Verfahren verschärft die Ansprüche an die Signal-Toleranzen enorm. Beispielsweise würde bei 5 Eingängen eine Abweichung jedes Signals um 20% vom Sollwert die Schaltung völlig unbrauchbar machen. In Betracht kommen daher praktisch nur 3 Eingänge. Eine verwandte Art von „mal"-Gattern zeigt Abb. 34. Diese Schaltungen beruhen auf der Tatsache, daß ein Kondensator während eines kurzen Zeitintervalls als Quelle konstanter Spannung betrachtet

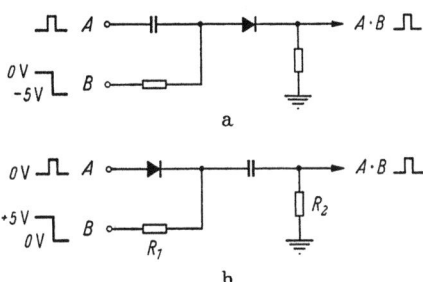

Abb. 34. Zwei Impulsgatter. Der Impuls darf eine Amplitude von höchstens 5 V haben. In der Schaltung b) existiert ein störendes Übersprechen, das um so schwächer ist, je größer R_1 gegenüber R_2

werden kann. Die Gatter können verwendet werden, wenn eine der Eingangsvariablen als Impuls, die andere als Gleichspannung gegeben ist. Solche Schaltungen bezeichnet man als Impulsgatter. Sie werden oft zur Tastung von Flipflops verwendet, s. S. 80f.

III.1.3 Kaskadierung von Diodengattern

In den meisten Anwendungen bestehen die darzustellenden logischen Funktionen aus einer Kombination von „mal"- und „oder"-Schaltungen, und der Ausgang eines Gatters bildet den Eingang eines weiteren Gatters. In diesem Fall spricht man von einer Kaskadierung; sie führt zu einer Diodenschaltung, die mehrere Stufen hat. Bei ihrem Entwurf müssen gewisse Tatsachen berücksichtigt werden, die im Falle der einstufigen Schaltungen keine Rolle spielen.

Abb. 35 zeigt ein zweistufiges „mal–oder"-Gatter. Wichtig ist hier die Dimensionierung von R_1 und R_2. Wieder nehmen wir an, 0 werde durch 0 V, L durch U_0 dargestellt. Ferner besteht die Voraussetzung, daß die am Ausgang

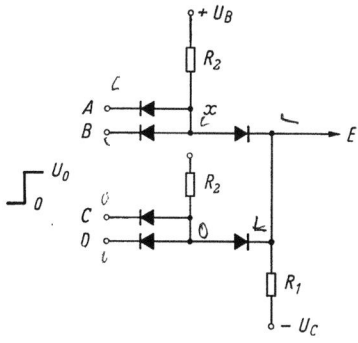

Abb. 35
Zweistufiges Gatter für $E = AB \vee CD$

anzuschließende Last dem Gatter keinen Strom entnimmt, und daß die die Eingänge treibenden Quellen verschwindende Impedanz haben. Aus diesen Gründen ist es zweckmäßig, bei der Dimensionierung der Schaltung mit R_1 zu beginnen und von da nach links vorzustoßen. Zunächst betrachten wir die Dioden wieder als ideal und beschränken uns ferner auf den statischen Fall, das heißt, die Schaltgeschwindigkeit wird außer acht gelassen. Unter diesen Voraussetzungen ist leicht einzusehen, daß R_1 jeden beliebigen, endlichen Wert annehmen darf. Je kleiner R_1, desto größer ist selbstverständlich der Strom, den die vorhergehende Stufe aufnehmen muß und der bei der Dimensionierung von R_2 in Berücksichtigung zu ziehen ist. Wenn nämlich R_2 zu groß ist, so verhindert dieser Strom, daß der Punkt x die Spannung U_0 überhaupt erreichen kann. x muß die Spannung U_0 annehmen können, wenn A und B beide L, C und D aber gleich 0 sind. Aus dem Ohmschen Gesetz läßt sich leicht ableiten:

$$R_2 \leq R_1 \cdot \frac{U_B - U_0}{U_c + U_0}. \tag{4}$$

Zwei Widerstände sind mit R_2 angeschrieben; für beide gelten selbstverständlich die gleichen Kriterien.

Hier spielt der endliche Sperrwiderstand der Dioden eine wichtigere Rolle als im einstufigen Gatter. Dieser Effekt sei wieder an Hand von Abb. 35 überprüft; wir machen über den Betriebszustand die gleiche Annahme wie oben, also $A = B =$ L, $C = D = 0$. Die untere der beiden „oder"-Dioden ist jetzt gesperrt. In diesem Zustand führt sie aber einen endlichen Sperrstrom, der bestrebt ist, die Spannung der Ausgangsklemme negativer zu machen. Das bewirkt, daß die in Gl. (4) formulierte Bedingung für R_2 noch zuwenig scharf ist, weil dieser Strom ebenfalls durch R_2 geliefert werden muß. Diese Belastung wird um so ausgeprägter, je mehr Glieder die „oder"-Stufe hat. Es läßt sich leicht nachprüfen, daß der Einfluß der Sperrströme im Ersatzschaltbild dadurch berücksichtigt werden kann, daß man zu R_1 noch einen zusätzlichen Widerstand R' parallelschaltet, der bei N Gliedern und einem Sperrwiderstand von R_r in jeder Diode folgenden Wert hat:

$$R' = R_r \cdot \frac{U_0 + U_c}{U_0(N-1)}.$$

In Gl. (4) ist also R_1 zu ersetzen durch die Parallelschaltung von R_1 und R'.

Von besonderer Bedeutung wird die Mehrstufigkeit, wenn man das zeitliche Verhalten in Berücksichtigung zieht. Wieder betrachten wir Abb. 35 und wieder nehmen wir an, daß $C = D = 0$ und daß A und B beide eben von 0 auf L geschaltet werden. Dann sind die Dioden bei A und B nichtleitend, und die beim Punkt x gedachte Schaltungs-Kapazität muß durch den Strom, den R_2 liefert, aufgeladen werden. Ein Teil des aus R_2 kommenden Stromes wird aber von R_1 abgeführt. Unter der Annahme $U_B \gg U_0$ und $U_c \gg U_0$ ist die Betrachtung der Verhältnisse einfach, weil dann die durch die Widerstände fließenden Ströme als kon-

III.1 Dioden

stant angenommen werden können. Wenn wir $U_B/R_2 = i_2$ und $U_c/R_1 = i_1$ setzen, so ist ersichtlich, daß für die Aufladung der bei x liegenden Schaltungskapazität ein Strom $i_2 - i_1$ zur Verfügung steht. Da man annehmen kann, diese Kapazität sei gleich wie die am Ausgang liegende, und da an allen Punkten gleich schnelles Arbeiten erwünscht ist, so muß man diesen Strom gleich i_1 setzen, was zu $i_2 = 2\,i_1$ führt, also z. B. $i_1 = 1$ mA und $i_2 = 2$ mA. [Für R_2 führt das zu einer Bedingung, die wesentlich schärfer als Gl. (4) ist, weil wir ja dort die Arbeitsgeschwindigkeit außer acht gelassen haben.]

Läßt man die Bedingung $U_B \gg U_0$ und $U_c \gg U_0$ fallen, so sind die Verhältnisse etwas komplizierter. Der Spannungsverlauf des Punktes x ist dann eine asymptotisch ansteigende Exponentialfunktion, die sich aber nicht dem Wert U_B, sondern der Spannung $(U_B/R_1 - U_c R_2)/(R_1 + R_2)$ nähert, wodurch wieder zum Ausdruck kommt, daß zur Aufladung nur ein Teil des durch R_2 fließenden Stromes zur Verfügung steht. Die Dauer dieses Vorganges läßt sich berechnen, woraus ein Wert für R_2 erhalten wird.

Im stationären Zustand muß der größere Strom i_2 durch die Quellen, die das Gatter treiben, aufgebracht werden. Es braucht also mehr Energie, um ein zweistufiges Gatter zu steuern.

Alle diese Überlegungen wurden für die Stufenfolge „mal–oder" durchgeführt. Selbstverständlich läßt sich auch die Folge „oder–mal" verwirklichen, und die Berechnungen können sinngemäß vorgenommen werden.

Analog dem bisherigen können auch dreistufige Gatter („mal–oder–mal" oder „oder–mal–oder") gebaut werden. Abb. 36 zeigt ein Beispiel. R_1 und R_2 werden genau gleich wie im zweistufigen Fall ermittelt. Für R_3 sind die Berechnungen etwas komplizierter. Wie weiter oben beschrieben, muß man diese drei Gesichtspunkte berücksichtigen:

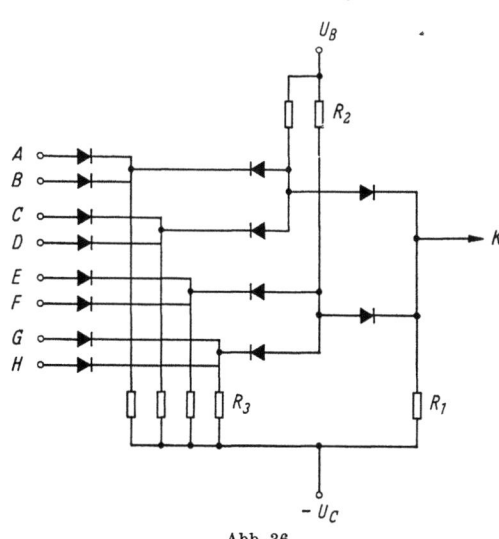

Abb. 36
Dreistufiges Gatter für $K = (A \lor B)(C \lor D) \lor (E \lor F)(G \lor H)$

Erreichen der richtigen Spannung im statischen Fall; störender Einfluß des Dioden-Sperrstromes; genügend schnelles Aufladen der Kapazitäten. Dieser Fall ist in [*26*, S. 40ff.] ausführlich dargelegt. Für die durch R_1, R_2 und R_3 fließenden Ströme erhält man z. B. $i_1 = 1$ mA, $i_2 = 2$ mA, $i_3 = 3$ mA. Je mehr Stufen vorgesehen werden, desto größer werden die Ströme, die durch die Quellen aufgebracht werden müssen, und desto mehr Leistung wird in den Widerständen aufgezehrt. Praktisch schaltet man nie mehr als drei Stufen hintereinander, und viele Maschinen beschränken sich auf zwei oder sogar nur eine. Die Ausgangsklemme eines dergestalt kaskadierten Dioden-Gatters wird dann an einen Verstärker angeschlossen, der seinerseits die nächste Gruppe von Gattern speist. Der Entwurf dieses Verstärkers verdient besondere Beachtung, weil seiner Ausgangsklemme dauernd ein Strom entnommen wird. Bei der Dimensionierung des Belastungswiderstandes muß dieser Strom berücksichtigt werden. Für die Durchführung dieser Berechnung kombiniert man am besten nach den Regeln der Netzwerktheorie den Widerstand in der ersten Kaskade des Gatters und seine Spannungsquelle mit dem Verstärker. Besonders zu beachten ist, daß der Strom, den das Gatter dem Verstärker entnimmt, verschiedenes Vorzeichen hat, je nachdem, ob die erste Stufe ein „mal" oder ein „oder" ist. Ein „mal"-Gatter führt der Quelle positiven Strom zu (s. S. 51).

Ein Emitterfolger vermittelt die nötige Strom- und Leistungsverstärkung, ist jedoch nicht in der Lage, den Spannungsverlust, der in den Gattern infolge des endlichen Durchlaßwiderstandes der Dioden entsteht, auszugleichen. Daher muß nach einer Anzahl von Gatter- und Stromverstärkerstufen ein Spannungsverstärker vorgesehen werden, der die Normalpegel des Toleranzfeldes wiederherstellt.

III.1.4 Matrizen

Gewisse Anordnungen von Diodengattern werden „Matrizen" genannt. Sie haben aber nichts mit dem mathematischen Begriff einer Matrix zu tun. Der Ausdruck rührt davon her, daß solche Schaltungen oft in der Art eines orthogonalen Netzes aufgezeichnet werden.

Matrizen kommen dann vor, wenn aus einer Gruppe von binären Variablen eine größere Anzahl von Funktionen gebildet werden soll, wobei jede dieser Funktionen nur für eine einzige Kombination der Eingangsvariablen gleich L, für alle andern gleich 0 ist. Der häufigste Fall ist der, daß die Eingangsvariablen als eine im Dualsystem dargestellte Zahl aufgefaßt werden, die entschlüsselt werden soll. (Die entschlüsselte Darstellung ist jene, bei der für jede vorkommende Zahl eine gesonderte Leitung vorhanden ist.) In Abb. 37 ist eine Matrix zur Entschlüsselung einer vierstelligen Dualzahl aufgezeichnet.

Für alle Matrizen gilt, daß sie als Eingangssignale nebst den Variablen immer auch ihre Negationen brauchen. Die positiven Variablen sind in den Abbildungen mit L, die negierten mit 0 bezeichnet. Mit n Variablen ist die maximal mögliche Zahl der Ausgänge gleich 2^n, doch können natürlich auch Anwendungen vorkommen, in denen nicht alle Kombinationen gebraucht werden. Im folgenden betrachten wir aber immer vollständige Matrizen.

Abb. 37 ist nichts anderes als 16 voneinander unabhängige „mal"-Gatter. Die Anzahl der benötigten Dioden ist $D = n \cdot 2^n$. Diese Zahl läßt

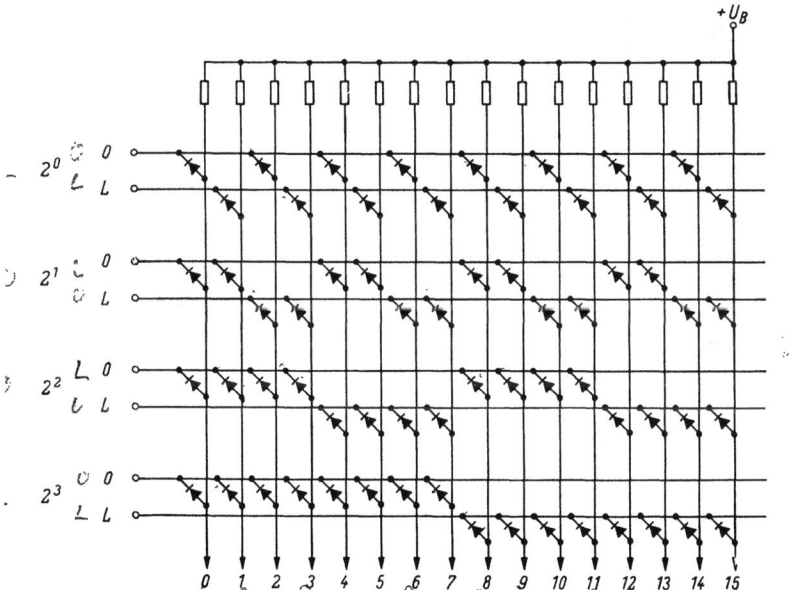

Abb. 37. Dioden-Matrix für die Entschlüsselung einer 4stelligen Dualzahl ($n = 4$). Links sind die Eingangsvariablen, wobei von jeder auch ihre Negation gegeben sein muß, und unten sind die $2^n = 16$ Ausgänge. Die Matrix enthält $n \cdot 2^n = 64$ Dioden.

sich jedoch reduzieren. In Abb. 31 wurde gezeigt, daß mehrere „mal"-Gatter hintereinandergeschaltet werden können, wobei nur von der letzten Stufe ein Widerstand zur positiven Spannungsquelle führt. Dort wurde die Schaltung verwendet, um den Einfluß des Sperrstromes zu vermindern; hier wird eine Einsparung von Elementen erzielt, wobei aber auch die Wirkung auf die Summe der Sperrströme willkommen ist. Die so entstehenden Schaltungen sind in Abb. 38 und 39 gezeigt. Bei der Änderung erster Art wird zunächst nur eine zweistellige Zahl entschlüsselt; dann wird erst die dritte Stelle hinzugefügt und die Entschlüsselung der dreistelligen Zahl vollzogen, wonach die vierte Stelle berücksichtigt wird. Bei $n = 4$ werden hier 56 Dioden (statt 64 in der gewöhnlichen Form) gebraucht. In der Variante zweiter Art teilt man zunächst die Eingangsvariablen in zwei möglichst gleich große Gruppen. Wenn $n \geq 7$, werden diese Gruppen nochmals unterteilt, bis jede so entstehende Untergruppe nur noch 2 oder 3 Variable enthält. Dann wird jede der Untergruppen einzeln entschlüsselt, was zu je 4 oder 8 Leitungen führt, und

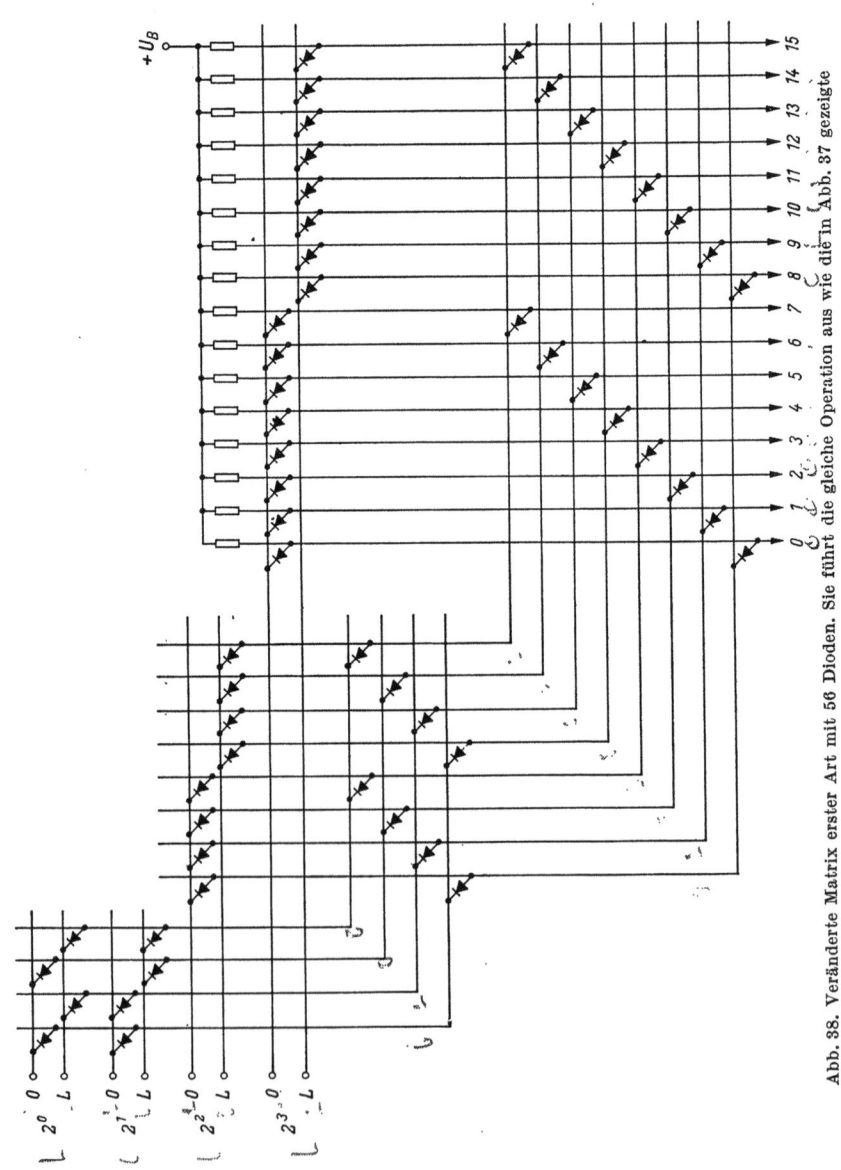

Abb. 38. Veränderte Matrix erster Art mit 56 Dioden. Sie führt die gleiche Operation aus wie die in Abb. 37 gezeigte

durch weitere Kombination gelangt man zur Entschlüsselung des ganzen Wortes. Abb. 39 zeigt den Fall für $n = 4$ mit nur noch 48 Dioden; es sei dem Leser überlassen, die höheren Matrizen selbst auszuarbeiten.

III.1 Dioden

Die wichtigste Ersparnis, die diese Abarten ermöglichen, rührt daher, daß bei der letzten Stufe, die 2^n Ausgänge enthält, an jeder Leitung nur

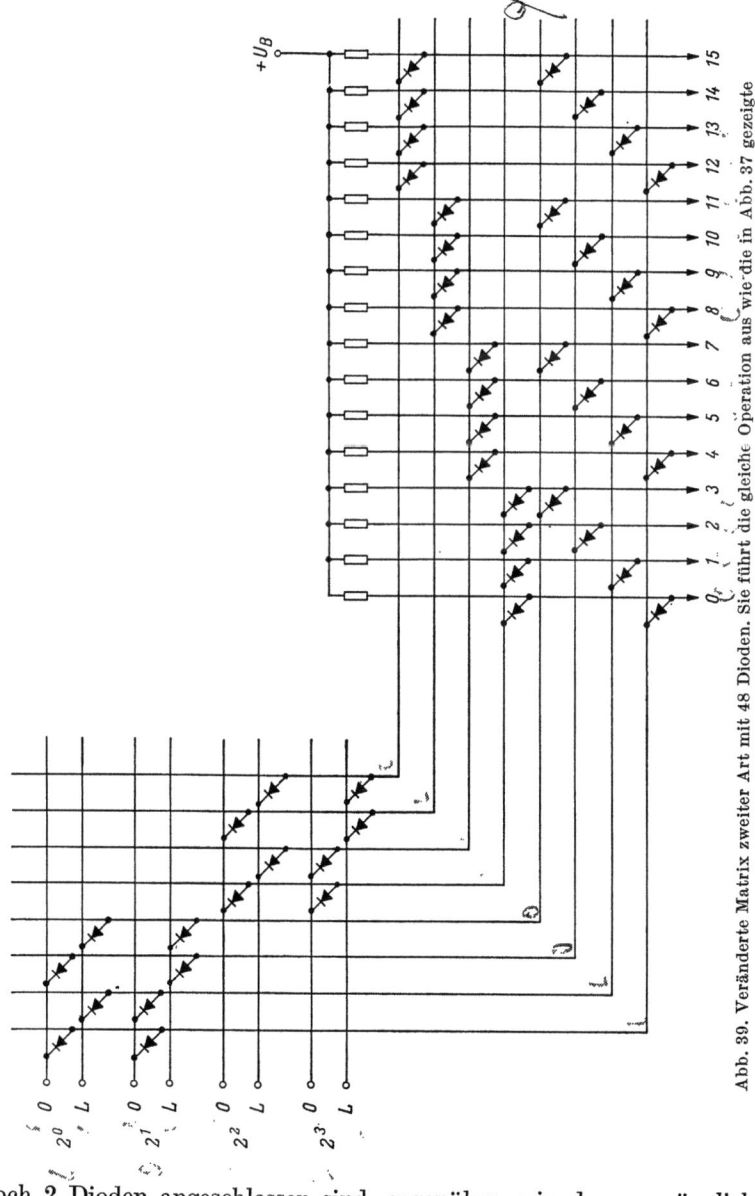

Abb. 39. Veränderte Matrix zweiter Art mit 48 Dioden. Sie führt die gleiche Operation aus wie die in Abb. 37 gezeigte

noch 2 Dioden angeschlossen sind, gegenüber n in der ursprünglichen Form. (Wenn wir hier von „Stufen" sprechen, so ist das nicht im Sinne von Kaskaden in einer „mal–oder"-Folge aufzufassen; hier kommen ausschließlich „mal"-Gatter vor.) Je größer die Matrizen sind, desto größer ist die mögliche Einsparung von Dioden gegenüber der ursprünglichen Zahl $n \cdot 2^n$. Beispielsweise hat eine gewöhnliche Matrix bei $n = 8$ (256 Ausgänge) 2048 Dioden, die Veränderung erster Art 1016, und die Veränderung zweiter Art sogar nur 608. In Fällen, wo von den 256 möglichen Ausgangsvariablen nicht alle benötigt werden, weist die erste Veränderung gegenüber der zweiten unter Umständen Vorteile auf.

Auch eine Gruppe von „oder"-Gattern kann als Matrix aufgefaßt werden. Besonders der Prozeß der Verschlüsselung führt zu solchen Anordnungen. Abb. 40 zeigt eine „oder"-Matrix, die die Zahlen 0 bis 7 ins Dualsystem verschlüsselt.

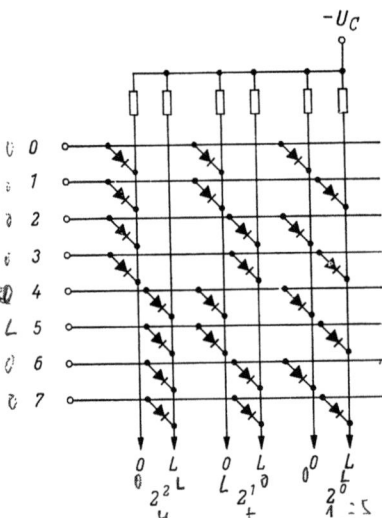

Abb. 40. Dioden-Matrix für die Verschlüsselung einer 3stelligen Dualzahl ($n = 3$). Links sind die $2^n = 8$ Eingangsvariablen, unten die Ausgangsvariablen, wobei von jeder auch ihre Negation entsteht. Diese Matrix ist eine Kombination von 6 „oder"-Gattern

Für alle Matrizen dieses Paragraphen haben wir stillschweigend die Darstellung von 0 durch 0 V und von L durch eine positive Spannung U_0 angenommen.

Schließlich ist noch nachzutragen, daß auch eine Diodenschaltung, die (wie Abb. 35) eine gewöhnliche logische Verknüpfung mit der Folge „mal-oder" ausführt, so aufgezeichnet werden kann, daß sie die Form einer Matrix hat, wofür Abb. 41 ein Beispiel zeigt.

Ergänzende Literatur § III.1: [32, 55.12].

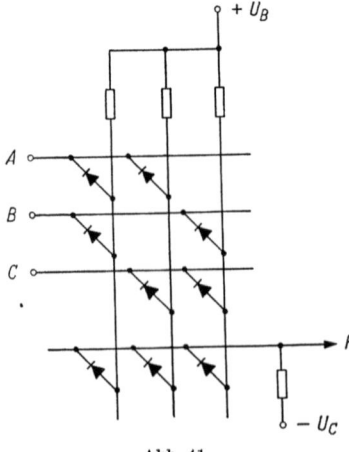

Abb. 41
Zweistufiges Gatter für $F = AB \vee AC \vee BC$, als Matrix gezeichnet

III.2 Transistoren

III.2.0 Die Eigenschaften von Transistoren

Hier betrachten wir die Eigenschaften von Transistoren, insoweit sie für den Entwerfer von digitalen Schaltungen von Bedeutung sind. Der Leser, der in der Anwendung der Transistoren als lineare Verstärker über

Erfahrung verfügt, wird hier viele ihm geläufige Begriffe, insbesondere die Vierpol-Parameter, vermissen. Digitale Schaltungen sind grundsätzlich nichtlinear, und es hätte keinen Sinn, sie mit der Terminologie der linearen Technik beschreiben zu wollen.

Die wichtigsten Eigenschaften eines Transistors sind *Grenzfrequenz*, *Sperrträgheit* und *zulässige Leistung*, weil sie grundsätzliche, von der verwendeten Schaltung weitgehend unabhängige Grenzen für den Betrieb setzen. Für den Entwurf einer Schaltung sind selbstverständlich auch die verschiedenen Gleichstrom-Eigenschaften sowie die daraus resultierenden Begrenzungen in Berücksichtigung zu ziehen.

III.2.0.0 Die Arten von Transistoren. In diesem Buch betrachten wir nur Flächentransistoren (außer dem Feldsteuerungstransistor auf S. 150ff.).

Die am meisten verbreitete Art von Transistoren ist der *legierte Typ*. Emitter und Kollektor sind pillenförmige Metallplättchen, die in das Basisplättchen von beiden Seiten hineinlegiert werden. Dieser Transistor weist sehr gute elektrische Eigenschaften auf, doch kann seine Grenzfrequenz 20 MHz nicht überstreigen, was praktisch bedeutet, daß Impulsfrequenzen von mehr als 1 MHz nicht möglich sind, unabhängig von der Art der verwendeten Schaltungen. Der Grund liegt darin, daß die Ladungsträger die Basis vermöge der Diffusion durchqueren müssen; die hierzu benötigte Zeit wächst proportional zum Quadrat der Breite der zu durchlaufenden Schicht. Anderseits verhält sich auch die maximale Betriebsspannung — die durch den Durchgreif-Effekt (punchthrough) begrenzt ist — wie das Quadrat dieser Breite. Somit ist es unmöglich, kurze Laufzeiten zu erreichen, ohne gleichzeitig die Spannungen auf einen Wert zu reduzieren, der für einwandfreies Arbeiten zu niedrig ist. Diese quadratische Beziehung zwischen Basisbreite und Durchgreif-Spannung gilt nicht für den *gezogenen Transistor*. Bei diesem Typ werden die Grenzflächen während des Kristallziehens erzeugt, indem in die hochohmige Schmelze, die die Kollektorschicht bildet, nacheinander Störatome verschiedener Art geworfen werden, wobei die am Schluß zugefügten Störatome zur Erzeugung des Emitters jene der Basisschicht überdotieren sollen. Mit heutigen Fabrikationsmethoden ist es allerdings schwierig, auf diese Art Transistoren für hohe Frequenzen wirtschaftlich herzustellen.

Bessere Hochfrequenzeigenschaften hat der *Oberflächen-Grenzschicht-Transistor* (surface barrier transistor), in welchem durch Ablagerung im Bad eine sehr dünne Grenzschicht aufgebracht wird. Seine Fabrikation ist kritisch; er hat daher an Bedeutung verloren.

Hohe Frequenzen lassen sich mit dem *Drift-Transistor* erreichen; er besitzt eine auf der Emitterseite inhomogene Basis-Dotierung, die durch Diffusion von Gasen erzeugt wird und die dazu führt, daß die Ladungsträger in der Basis nicht nur durch Diffusion, sondern durch ein eigentliches elektrisches Feld fortbewegt werden. Mit solchen Transistoren lassen sich Impulsfrequenzen bis zu 10 MHz verwenden. Die einzuhaltenden Toleranzen bei der Herstellung sind kritisch; daher sind diese Transistoren relativ teuer. Der *mikrolegierte Transistor* weist Verfeinerungen gegenüber dem Drifttransistor auf, die ihn für noch höhere Frequenzen brauchbar machen. Der Hauptunterschied der beiden Arten ist fabrikatorischer Art, indem beim mikrolegierten Transistor durch chemisches Ätzen die Basisdicke genau kontrolliert wird und durch das Aufbringen von sehr dünnen Emitter- und Kollektorschichten das Einlegieren präzis durchgeführt werden kann.

Die neuen Digitalschaltungen höchster Geschwindigkeit verwenden durchwegs *Mesa-* oder *Planartransistoren*. Im Gegensatz zu den bisher beschriebenen Typen, deren Herstellung mit einer Basisplatte beginnt, an welcher Emitter und Kollektor angebracht werden, stellt bei Mesa- und Planartransistor die Grundplatte den Kollektor dar, auf welchen nacheinander durch Diffusion oder durch Aufdampfen Basis und Emitter aufgetragen werden. Damit der kollektorseitige p-n-Übergang die notwendigen kleinen Abmessungen erhält, können zwei verschiedene Wege beschritten werden: Entweder wird das überschüssige Material weggeätzt; dadurch entsteht der Mesa-Transistor[1], dessen Form an einen Tafelberg erinnert; oder man deckt schon beim Diffusionsvorgang einen Teil der Oberfläche mit einer geeigneten Schablone ab, was zum Planartransistor führt.

Mesa- und Planartransistoren können in der Epitaxialtechnik[2] ausgeführt werden, um einen niedrigen Basiswiderstand zu erreichen, indem auf einen niederohmigen Trägerkristall eine hochohmige einkristalline Halbleiterschicht als Kollektor aufgedampft wird, in die dann die Basis- und Emitterzone durch Diffusion eingebaut wird.

Neben Germanium wird in zunehmendem Maße auch Silizium verwendet. Viele neue Digitalschaltungen sind mit Epitaxial-Planar-Silizium-Transistoren aufgebaut.

III.2.0.1 Die Gleichstrom-Charakteristiken. Abb. 42 veranschaulicht die Gleichstrom-Charakteristiken eines Transistors in Basisschaltung. Die gezeichneten Kurven gelten praktisch für alle in Datenverarbeitungsanlagen verwendeten Typen ohne Änderung; denn die verschiedenen Typen unterscheiden sich hauptsächlich in ihrem Wert von $\alpha = \partial i_c / \partial i_e$ und von i_c für $i_e = 0$, und diese Unterschiede finden wegen ihrer Kleinheit in der Zeichnung keinen Ausdruck. α ist nahezu gleich 1, und i_{c0} beträgt einige μA. Von Wichtigkeit sind die drei Gebiete, welche Sperrung, Verstärkung und Sättigung kennzeichnen. Der Übersichtlichkeit halber sind sie in einem gesonderten Koordinatensystem angegeben.

---

[1] Mesa = Tisch; Bezeichnung der Tafelberge in Spanien und Amerika.
[2] Unter epitaxialer Aufdampfung auf einen Kristall versteht man einen Prozeß, in welchem das aufgedampfte Material kristallin als direkte Fortsetzung des Kristallgefüges der Unterlage aufwächst.

Häufiger als die Basisschaltung ist die Emitterschaltung, deren Chaakteristiken Abb. 43 vermittelt. Es ist wichtig festzustellen, daß diese Kurven nicht allein unter Verwendung von Abb. 42 konstruiert werden können; vielmehr sind dazu noch die Emittercharakteristiken nötig. Diese Kurvenschar variiert erheblich zwischen den verschiedenen Tranistortypen, und zwar hauptsächlich wegen des unterschiedlichen Wertes

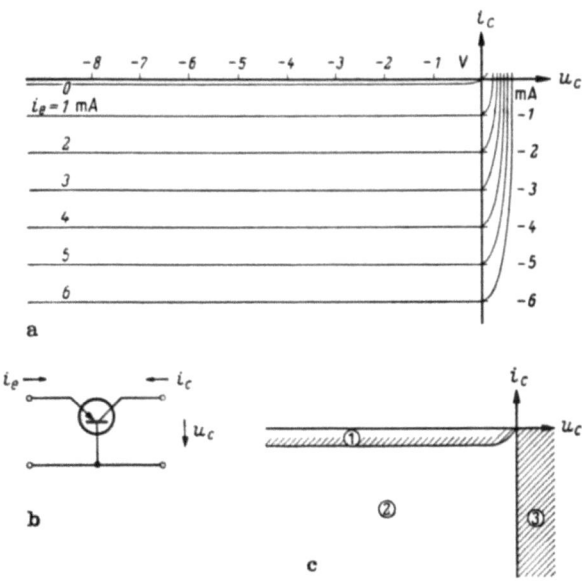

Abb. 42 a—c

a) Charakteristiken eines *pnp*-Transistors in Basisschaltung, b) verwendete Bezeichnungen, c) Einteilung in drei Zonen: 1 Sperrgebiet, 2 Verstärkungsgebiet, 3 Sättigungsgebiet. Das Sperrgebiet umfaßt den Teil, der über der Kurve für $i_e = 0$ liegt; diese Kurve wurde in c) der Deutlichkeit halber stark nach unten gerückt

von $\beta = \partial i_c/\partial i_b = \alpha/(1 - \alpha)$. β kann aus diesen Kurven leicht abgelesen werden und liegt meistens zwischen 10 und 100. Auch hier unterscheidet man Sperrgebiet, Verstärkungsgebiet und Sättigungsgebiet.

Im allgemeinen variieren allerdings die einzelnen Exemplare von Transistoren innerhalb eines Typs so stark, daß zum Entwurf einer Schaltung solche Kurvenscharen nicht verwendet werden können. Vielmehr muß man sich auf detaillierte Spezifikationen stützen, die Minimalund Maximalwerte für die verschiedenen Parameter angeben. Die wichtigsten dieser Parameter sind:

i_{c0}
Thermischer Widerstand   Emitter-Basis-Charakteristik
Spannungsabfall bei Sättigung Maximal zulässige Spannungen.

Die Bedeutung dieser Werte wird nachstehend beschrieben.

i_{c0} ist der Kollektorstrom, der bei verschwindendem Emitterstrom fließt. In Abb. 42 ist er stark übertrieben gezeichnet. Meistens liegt i_{c0} unter 5 μA bei 30 °C; der Strom ist nahezu unabhängig von der Kollektorspannung, dagegen stark temperaturabhängig, da er vom Vorhanden-

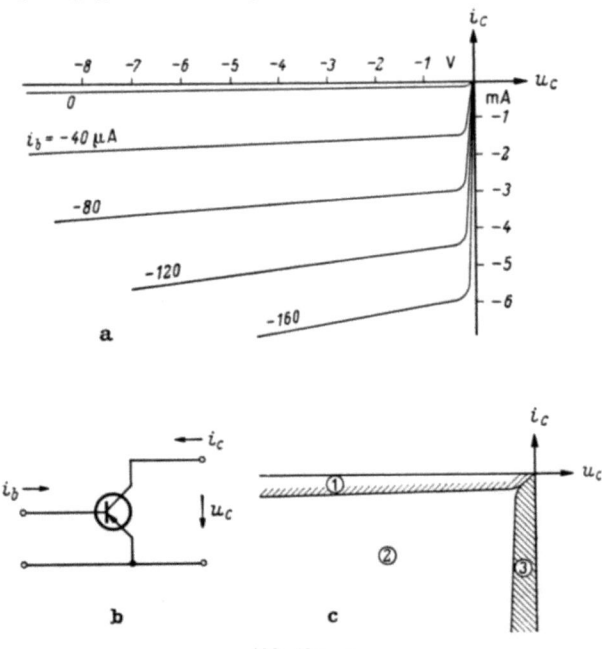

Abb. 43 a—c
a) Charakteristiken eines *pnp*-Transistors in Emitter-Schaltung mit $\beta = \alpha/(1-\alpha) = 37$.
b) verwendete Bezeichnungen. c) Einteilung in drei Zonen: 1 Sperrgebiet, 2 Verstärkungsgebiet, 3 Sättigungsgebiet. Das Sperrgebiet umfaßt den Teil, der über der Kurve für $i_b = 0$ liegt; diese Kurve wurde in c) der Deutlichkeit halber stark nach unten gerückt

sein thermisch erzeugter Ladungsträger herrührt. Im allgemeinen kann man sagen, daß sich i_{c0} bei einem Temperaturanstieg von 8 °C jeweils verdoppelt.

Mit „thermischer Widerstand" bezeichnet man die Größe K in der Gleichung $\Delta T = K \cdot N$, in welcher N die im Transistor dissipierte Verlustleistung und ΔT der Temperaturüberhöhung der Kollektor-Grenzfläche gegenüber der Umgebung kennzeichnet. K ist nicht nur eine Eigenschaft des Transistors selbst, sondern hängt auch sehr stark vom Wärmekontakt mit der Umgebung, der durch die Art der Montage bestimmt wird, ab. Die Erwärmung des Transistors im Betrieb bewirkt, daß i_{c0} nicht nur von der Umgebungstemperatur, sondern auch von der Belastung abhängt. Die Betriebstemperatur darf bei Germanium-Transistoren 85 °C nicht übersteigen; dadurch wird N bei Hochfrequenz-Transistoren meistens auf 10 bis 50 mW begrenzt.

Der Spannungsabfall bei Sättigung wird in der Emitterschaltung zwischen Kollektor und Emitter gemessen und kann in Abb. 42a abgelesen werden. Meistens spezifiziert man, um für eine gegebene Schaltung den eingeschalteten Zustand zu charakterisieren, einen minimalen Emitterstrom und einen maximalen Kollektorstrom und mißt die Kollektor-Emitter-Spannung unter diesen Bedingungen. Der Bereich, in dem diese Spannung variiert, kennzeichnet den Bereich des Signals für den eingeschalteten Transistor. Gleichzeitig besteht — falls die Spezifikation für den Spannungsabfall erfüllt ist — die Gewähr, daß ein gegebener Mindestwert für die Stromverstärkung β an diesem Punkt erfüllt ist.

Bisher war nur vom Emitter*strom* die Rede, nicht aber von der Emitter-Basis-*Spannung*. Abb. 44 veranschaulicht die Abhängigkeit des Kollektorstromes von der Emitter-Basis-Spannung für einen bestimmten Transistor bei zwei verschiedenen Temperaturen und bei einer gegebenen Kollektorspannung. Die Kurven zeigen, daß der Grenzwert von i_c erst erreicht wird, wenn der Emitter eine Spannung hat, die etwa 0,1 V negativ gegenüber der Basis ist; schon bei der Emitterspannung Null beträgt der Kollektorstrom ungefähr das Dreifache des Grenzwertes.

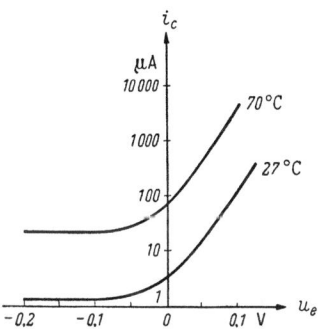

Abb. 44. Abhängigkeit des Kollektorstromes von der Emitter-Basis-Spannung und der Temperatur bei einem *pnp*-Transistor in Basisschaltung

Die Werte sind außerdem stark temperaturabhängig. Kurven dieser Art müssen berücksichtigt werden, wenn man die Grenzbedingungen für den gesperrten Transistor festlegt.

Die maximal zulässigen Spannungen am Kollektor und am Emitter werden durch zwei Erscheinungen begrenzt, nämlich den Lawinendurchbruch und den Durchgreifeffekt. Der Lawinendurchbruch entsteht, wenn die beweglichen Ladungsträger eine genügend große Energie haben, um andere Ladungsträger aus ihrer kovalenten Bindung herauszuschlagen; der Durchgreifeffekt (punch-through) tritt auf, wenn sich die an der Kollektorgrenzschicht entstehende Raumladung mindestens an einer Stelle bis zur Emittergrenzschicht ausdehnt. Je nach dem Transistortyp kann die eine oder die andere Erscheinung zuerst auftreten. Da von diesen Effekten (außer in Ausnahmefällen) kein Gebrauch gemacht werden kann, werden die verwendbaren Spannungen durch sie begrenzt. Je dünner die Basisschicht, desto höher ist die Frequenz, bis zu der der Transistor brauchbar ist, desto niedriger ist aber die Spannung, bei welcher der Durchgreifeffekt eintritt. Hochfrequenztransistoren haben zulässige Spannungen im Bereich von **6 bis 20 V**.

III.2.0.2 Die Wechselstrom-Eigenschaften.

Abb. 45 gibt ein sehr stark vereinfachtes Ersatzschema eines Transistors in Basisschaltung wieder. Der Kollektorgenerator, eine Stromquelle, liefert einen zu i_e proportionalen Strom, besitzt aber eine ihm innewohnende Frequenzabhängigkeit. Seine obere Grenzfrequenz sei mit f_0 bezeichnet. Darüber hinaus wird das hochfrequente Verhalten des Transistors auch noch durch die Kollektorkapazität C_c bestimmt, die zusammen mit r_b eine Zeitkonstante $C_c r_b$ bildet (r_c kann in diesem Zusammenhang vernachlässigt werden). Nun sind f_0, C_c und r_b nicht konstant, sondern sie hängen stark vom Arbeitspunkt ab. Die Kurven konstanter Werte für C_c und f_0 sind in Abb. 46 in die u_c-i_c-Ebene eines Drifttransistors eingetragen [58.14][1]. Bei mittleren Kollektorströmen steigt die Grenzfrequenz bei steigender (negativer) Kollektorspannung. Bei fester Kollektorspannung dagegen ist die Grenzfrequenz, wenn man den Kollektorstrom von i_{c0} aufwärts erhöht, zunächst niedrig, steigt rasch an und fällt dann von einem optimalen i_c-Wert an wieder ab. Die Kurven für die Kollektorkapazität C_c zeigen, daß dieser Wert hauptsächlich von der Kollektorspannung abhängt, während der Kollektorstrom nur wenig Einfluß hat. Allgemein läßt sich sagen, daß C_c ungefähr proportional zu $(-u_c)^{-1/3}$ oder $(-u_c)^{-1/2}$ ist.

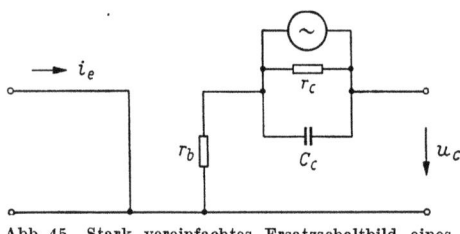

Abb. 45. Stark vereinfachtes Ersatzschaltbild eines Transistors in Basisschaltung

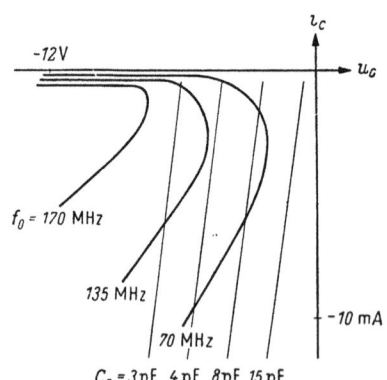

Abb. 46. Kurven konstanter Grenzfrequenz f_0 und Kollektorkapazität C_c für einen pnp-Drifttransistor

Das Verhalten von f_0 bei kleinem Kollektorstrom läßt sich an Hand von Abb. 47 verstehen. Der Emitterstrom erzeugt über r_e, C_s und C_u einen Spannungsabfall u_0, der die Kollektorstromquelle mit der Steilheit S steuert. C_u ist die Kapazität zwischen Emitter und Basis; sie hängt von der Emitterspannung ab, ähnlich wie C_c von der Kollektorspannung abhängt. Die Ladung der Speicherkapazität C_s verkörpert die in der Basis gespeicherten Minderheitsträger; C_s ist daher proportional

---
[1] Neuere Transistoren haben Grenzfrequenzen, die mindestens um einen Faktor 100 höher liegen.

zum Emitterstrom. Der Emitterwiderstand r_e ist bei kleinem Emitterstrom groß; dann wird auch die Zeitkonstante $r_b C_u$ (C_s kann in diesem Fall, weil klein, vernachlässigt werden) groß sein, was die niedrige Grenzfrequenz erklärt, die aus Abb. 45 für kleine Ströme abgelesen wird.

III.2.0.3 Die Sperrträgheit.

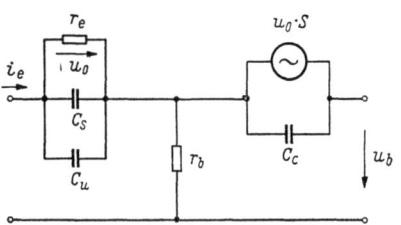

Abb. 47. Verbessertes Ersatzschema eines Transistors in Basisschaltung. r_e Emitterwiderstand, C_s Speicherkapazität, C_u Übertragungskapazität, r_b Basiswiderstand, C_c Kollektorkapazität, S Steilheit der Kollektor-Stromquelle

Die Leitung des Kollektorstromes in einem Transistor erfolgt durch Minderheitsträger, die durch den Emitter in die Basis eingegeben werden. Entsprechend der Tatsache, daß im Arbeitsgebiet (s. Abb. 41 und 42) α nahezu gleich 1 ist, werden fast alle durch den Emitter gelieferten Ladungsträger für die Bildung des Kollektorstromes verwendet. Im Sättigungsgebiet dagegen ist der Emitterstrom wesentlich größer als der Kollektorstrom, was zu einer Anreicherung (Speicherung) von Trägern in der Basis führt. In einem pnp-Transistor handelt es sich um Löcher, in einem npn-Transistor um Elektronen. Abb. 48 verdeutlicht die Dichteverteilung von Minderheitsträgern entlang der Basis. Fall 1 entspricht dem Sperrgebiet. Die Dichte ist bei beiden Grenzflächen gleich Null, und nur in der Basis selbst wird eine kleine Zahl von Trägern thermisch erzeugt. Fall 2 kennzeichnet das Verstärkungsgebiet; die Dichte ist bei der Emittergrenzfläche hoch und verschwindet bei der Kollektorgrenzfläche, wo die Träger durch den Kollektor abgeführt werden. Der Dichtegradient führt zur Diffusion, auf die die Wirkung des Transistors beruht. Das unter der Linie 2 liegende Drei-

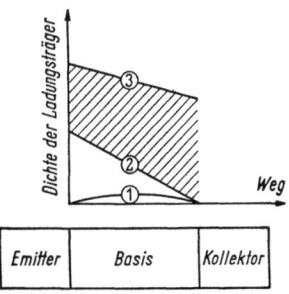

Abb. 48. Dichteverteilung der Minderheitsträger in der Basis (Diffusionsdreieck). 1 Sperrgebiet, 2 Verstärkungsgebiet, 3 Sättigungsgebiet. Die Größe der schraffierten Fläche entspricht der Anzahl gespeicherter Ladungsträger

eck nennt man *Diffusionsdreieck*. Im Sättigungsgebiet 3 reichern sich die Minderheitsträger in der Basis an, und der Kollektor ist wegen seiner niedrigen Spannung nicht in der Lage, sie abzuführen. Wenn man versucht, den Transistor sprunghaft vom Sättigungsgebiet ins Verstärkungsgebiet zu schalten (was einer Verkleinerung des Kollektorstromes entspricht), so wird dieser Strom seinen neuen Wert erst dann annehmen, wenn die Ladung, die in Abb. 48 der schraffierten Fläche entspricht, abgeführt ist. Dadurch werden die Schaltzeiten erheblich verlängert, wie in Abb. 49 für einen *npn*-Transistor in Emitterschaltung erläutert ist; sinngemäß gelten diese Zusammenhänge auch für die Basisschaltung.

Diesen Effekt nennt man Sperrträgheit. Die Abfallzeit des Kollektorstromes kann verkürzt werden, wenn man beim Ausschalten des Transistors die Basisspannung nicht nur zu Null macht, sondern ihre Richtung umkehrt, wie es in der Abbildung gezeigt ist. Während der Dauer der Ladungsträgerspeicherung kehrt dann auch der Basisstrom seine Richtung um.

Dieser Effekt spielt in allen digitalen Schaltungen eine bedeutende Rolle, und um größte Arbeitsgeschwindigkeiten zu erreichen, wird daher oft das Sättigungsgebiet überhaupt vermieden.

Die Sperrträgheit kommt im normalen Ersatzschema nicht zum Ausdruck. Eine ausführlichere Behandlung des Effektes findet sich in [27].

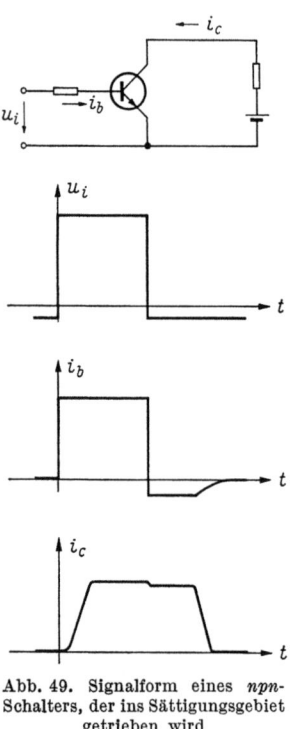

Abb. 49. Signalform eines *npn*-Schalters, der ins Sättigungsgebiet getrieben wird

III.2.0.4 *pnp*- und *npn*-Transistoren. Einer der bedeutenden schaltungstechnischen Vorteile der Transistoren gegenüber den Röhren liegt im Vorhandensein von *pnp*- und *npn*-Elementen, die durch Umkehrung der Vorzeichen aller Ströme und Spannungen auseinander hervorgehen. Dadurch lassen sich Kombinationen aufbauen, die mit Röhren grundsätzlich nicht möglich sind. Solche Anordnungen werden in den folgenden Abschnitten mehrfach erwähnt werden.

Die Gleichstromcharakteristiken sind bei beiden Sorten von Transistoren grundsätzlich dieselben, dagegen ist aus physikalischen Gründen die Grenzfrequenz bei den *npn*-Einheiten höher.

III.2.1 Grundschaltungen

Transistoren haben eine gewisse oberflächliche Ähnlichkeit mit Elektronenröhren, und viele der für Röhren entwickelten digitalen Schaltungen sind auf Transistoren übertragen worden, indem man den Emitter der Kathode, die Basis dem Gitter und den Kollektor der Anode gleichsetzte. Da aber der Transistor grundsätzlich ein Stromverstärker ist und nicht, wie die Röhre, ein Spannungsverstärker, mußten mehr und mehr Maßnahmen erfunden werden, um die unerwünschten Eigenschaften der Transistoren zu eliminieren; erst als nächster Schritt ging

III.2 Transistoren

man dazu über, von jenen Eigenschaften Gebrauch zu machen, die der Transistor der Elektronenröhre voraus hat, wie zum Beispiel die Möglichkeit direkter Kopplung und die Existenz von *pnp*- und *npn*-Transistoren. In dieser Weise sind unzählige Schaltungen entwickelt worden, deren Genialität zum Teil bewundert werden muß. Einige von ihnen haben ausgedehnte praktische Verwendung gefunden und werden hier beschrieben. Die meisten sind durchaus verschieden von Röhren-Schaltungen, und es hat daher keinen Zweck, jeweils eine Brücke zwischen Transistor- und Röhrenschaltungen herzustellen.

Im allgemeinen ist die Anzahl der Transistoren in einer Rechenanlage viel größer als die Anzahl der Röhren in einer älteren Anlage vergleichbarer Leistung. Dafür sind mehrere Gründe verantwortlich. Einmal werden viele Funktionen, die in Röhrenanlagen durch Germaniumdioden ausgeführt werden, den Transistoren überbunden. Weiter ist ein Transistor, als Schaltelement betrachtet, weniger leistungsfähig als eine Doppeltriode oder eine Pentode. Der wichtigste Grund liegt jedoch im geringen Volumbedarf, der kleinen Leistungsaufnahme und der hohen Betriebssicherheit der Transistoren, die es dem Entwerfer gestatten, viel freier zu disponieren und ohne Bedenken zusätzliche Transistoren einzusetzen, wo es wünschenswert erscheint. Eine leistungsfähige Anlage hat 30000 Transistoren, und in den größten Geräten sind sogar bis zu 170000 Transistoren vorhanden [*59.8*].

Transistoren sind viel empfindlicher als Röhren gegenüber Überspannungen und Überströmen. Solche Zustände können nicht nur durch unvorhergesehenes Ansteigen der Speisespannungen oder Kurzschlüsse entstehen, sondern auch durch andere Effekte, die in den Schaltkreisen selbst vorkommen. Es ist ein wesentlicher Vorteil, wenn es gelingt, ein System von Schaltkreisen zu schaffen, in welchem die Transistoren bei Ausfall einer Speisespannung, bei Ausfall eines Transistors oder beim Herausziehen von steckbaren Einheiten nicht beschädigt werden. Dann können auch die Spannungsquellen in beliebiger Reihenfolge eingeschaltet werden. Nicht alle der in Anlagen verwendeten Systeme erfüllen diese Bedingung.

Wie auf S. 40 dargelegt wurde, sind für den Aufbau von Rechenschaltungen die folgenden sechs Funktionen erforderlich:

"mal"-Gatter   Speicherung
"oder"-Gatter   Verzögerung
Negator   Regeneration

In den folgenden Paragraphen werden wir Grundschaltungen betrachten, die diese Funktionen ausführen. Allerdings ist es nicht vorteilhaft, die verschiedenen Schaltungen beliebig zu kombinieren; auf S. 87ff. ist gezeigt, welche Kombinationen sich in der Praxis bewährt haben.

III.2.1.1 Der Negator. Die meisten digitalen Schaltungen mit Transistoren bauen sich auf dem einfachen Negator von Abb. 50 auf. Die beim Eingang und beim Ausgang symbolisch angedeuteten Signalformen mit ihren Beschriftungen geben an, wie die Werte 0 und L dargestellt sind; diese Kennzeichnung wird auch in den folgenden Abschnitten verwendet.

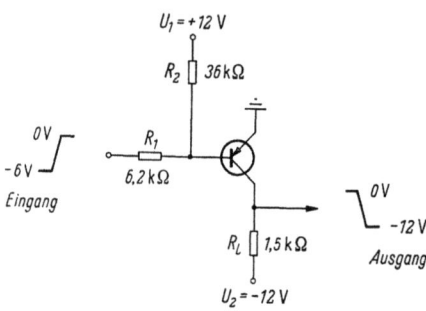

Abb. 50. Einfachste Negator-Schaltung

Dieser Negator benötigt, wie die meisten gleichstromgekoppelten Schaltungen, zwei Spannungsquellen. Obwohl die Schaltung sehr wenig Teile enthält, sind doch bei ihrem Entwurf eine ganze Anzahl von Gesichtspunkten, die sich zum Teil widersprechen, zu berücksichtigen. Um über diese eine konkrete Vorstellung zu vermitteln, sind hier für alle Spannungs- und Widerstandswerte Zahlen eingesetzt.

Im eingeschalteten Zustand (Eingangsklemme auf -6 V) ist der Transistor gesättigt und der Kollektor hat eine ganz schwach negative Spannung, s. Abb. 51, Punkt 1. Jetzt muß der hierzu erforderliche Basisstrom ermittelt werden. Die Größen, die zu seiner Bestimmung nötig sind, können nicht als feste Werte betrachtet werden, sondern sind alle mit Toleranzen behaftet. Zunächst müssen wir den größtmöglichen Kollektorstrom kennen. Er ist gleich dem Quotienten des Maximalwertes von U_2 und des Minimalwertes von R_L. Dieser Strom, dividiert durch den Minimalwert der Stromverstärkung, ergibt den erforderlichen Basisstrom.

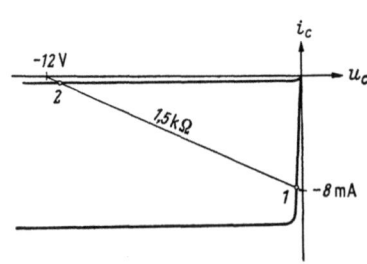

Abb. 51. Die Arbeitspunkte des Negators.
1 Sättigung, 2 Sperrung

Der Spannungsteiler R_1 und R_2 muß diesen Strom abgeben können, wiederum mit den ungünstigsten vorkommenden Werten von R_1, R_2, U_1 und der Eingangsspannung von nominell -6 V. Anderseits muß dieser Spannungsteiler auch in der Lage sein, den Transistor auszuschalten (Punkt 2). Der dazu erforderliche Strom ist der Wert von i_{c0} bei der höchsten vorkommenden Betriebstemperatur, welche ihrerseits von der höchsten vorkommenden Umgebungstemperatur und von der Kollektorverlustleistung abhängt. Er muß auch bei den ungünstigsten Werten von R_1, R_2 und U_1 zur Verfügung stehen. Der im ausgeschalteten Zustand fließende Kollektorstrom ist durch die positive Basisspannung bestimmt und muß aus Kurven nach Abb. 44 abgelesen werden. Die in Abb. 51 eingezeichnete Lage von Punkt 2 gilt für den Fall, daß der Ausgang der Schaltung unbelastet ist. Tatsächlich sind aber immer ein oder mehrere Spannungsteiler von der Art R_1, R_2 (s. Abb. 50) angeschaltet, die die Tendenz haben, die Ausgangsspannung positiver zu machen. Es muß spezifiziert werden, wie weit diese Belastung gehen darf; dadurch werden die Bedingungen der Dimensionierung weiter verschärft.

Verfahren zur Erhöhung der Arbeitsgeschwindigkeit dieser Schaltung werden auf S. 83ff. studiert.

III.2.1.2 Der Emitterfolger.

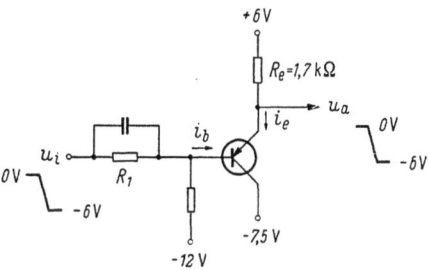

Abb. 52. Emitterfolger

Emitterfolger werden in digitalen Schaltungen häufig verwendet, sowohl als Leistungsstufen wie auch als logische Gatter. Abb. 52 zeigt einen *pnp*-Emitterfolger mit den zugehörigen Spannungswerten. Die Schaltung hat eine Spannungsverstärkung von etwas weniger als Eins, weist aber eine niedrige Ausgangsimpedanz (10 bis 50 Ohm) auf.

Abb. 53 vermittelt die Gleichstromkennlinien des Emitterfolgers für zwei verschiedene Werte von R_1. Aus den Kurven geht die niedrige Ausgangsimpedanz der Schaltung hervor; sie ist aber nicht unabhängig von R_1. u_a ist gegenüber der Basisspannung um den Betrag des Emitter-

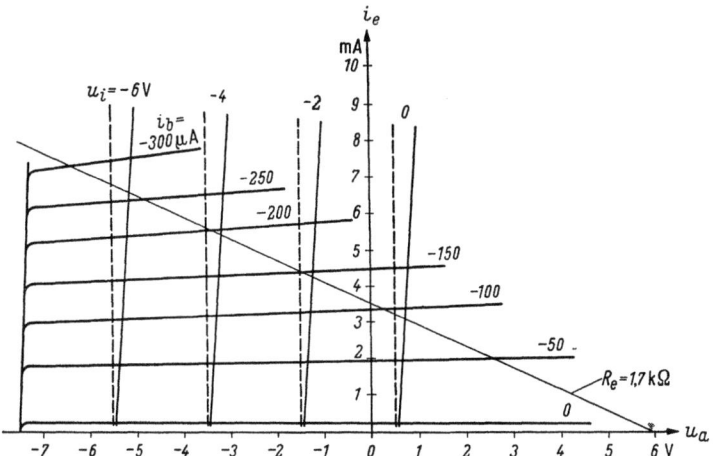

Abb. 53. Kennlinien des Emitterfolgers von Abb. 52. Die Kurven des konstanten u sind für $R_1 = 0$ (gestrichelt) und $R_1 = 1\,\text{k}\Omega$ (ausgezogen) eingezeichnet

Basis-Spannungsabfalles in positiver Richtung verschoben; dieser Abfall ist im Verstärkungsgebiet ziemlich konstant und beträgt etwa 0,5 V. Um diesen Betrag wird die Eingangsspannung durch den am Eingang liegenden Spannungsteiler in negativer Richtung verschoben, so daß u_i und u_a ungefähr gleich sind.

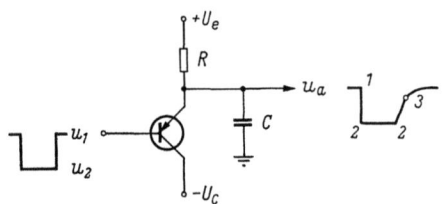

Abb. 54. Kapazitiv belasteter Emitterfolger mit Signalformen im übersteuerten Zustand

Oft muß ein Emitterfolger eine Last treiben, die einen relativ großen kapazitiven Anteil hat. Eine solche Last kann aus einer größeren Zahl von Negatoren bestehen, oder auch aus einer längeren Leitung, die in einen entfernt liegenden Teil der Anlage führt. In Abb. 54 ist das Ersatzbild dieses Zustandes aufgezeichnet. Bei größeren Amplituden kann eine Sperrung des Transistors an der positiven Flanke des Eingangsimpulses eintreten. Der Grund dafür ist, daß die Kapazität C nur durch den Widerstand R aufgeladen werden kann. Für u_a ergibt das eine asymptotisch mit der Zeitkonstante RC gegen $+U_e$ strebende Signalform. Das ist der schnellste mögliche positive Anstieg für u_a.

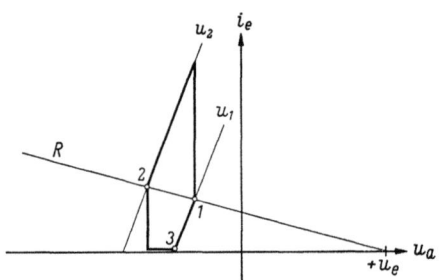

Abb. 55. u_a-i_e-Feld eines Emitterfolgers nach Abb. 54. Die kräftig ausgezogene Kurve wird im Gegenuhrzeigersinn durchlaufen; die Nummern entsprechen den numerierten Punkten der Signalform in Abb. 54

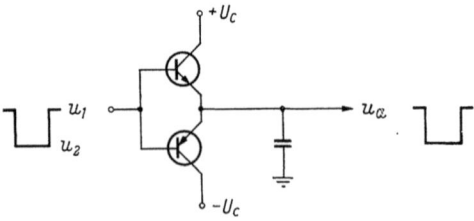

Abb. 56. Kombinierter Emitterfolger

Bei der negativen Flanke dagegen bleibt der Transistor leitend; er wird veranlaßt, einen sehr hohen Strom abzugeben und dementsprechend C schnell aufzuladen. In Abb. 55 sind zwei Geraden für konstante Eingangsspannung angegeben, ebenso die Lastlinie für R; im Verlauf eines Impulses wird die eingezeichnete, geschlossene Kurve im Gegenuhrzeigersinn durchlaufen.

Diese Unsymmetrie in der Schnelligkeit der zwei Flanken ist oft unerwünscht. Sie kann durch Kombination eines *pnp*- mit einem *npn*-Transistor vermieden werden, s. Abb. 56. Der *pnp*-Transistor übernimmt jetzt die Stromlieferung bei der fallenden, der *npn*-Transistor bei der steigenden Flanke, und die im kombinierten u_a–i_e-Feld durchlaufene Kurve ist in Abb. 57 eingezeichnet.

Wenn Emitterfolger in logischen Schaltungen oder in Leistungsstufen verwendet werden, so ergeben sich oft Schwierigkeiten durch auftretende Schwingungen, die durch die kapazitive Last am Ausgang ermöglicht werden. Es läßt sich zeigen, daß dieselbe unter gewissen Voraussetzungen zu einer negativen Eingangsimpedanz führen kann [58.14]. Eine richtige Dimensionierung des Eingangsspannungsteilers in Abb. 52 kann diesen Zustand vermeiden. Gedämpfte Schwingungen können aber auch unabhängig von der Eingangsschaltung entstehen. Diese führen zu einem Überschwingen der Impulsflanken und rühren von einer Kombination der Zeitkonstante RC (Abb. 54) mit der Frequenzabhängigkeit des Transistors selbst her. Dieses Phänomen muß beim Entwurf von Schaltungen in Berücksichtigung gezogen werden. Eine Kapazität zwischen Kollektor und Basis, zusammen mit einem zusätzlichen Kollektorwiderstand (s. Abb. 58), kann Abhilfe schaffen.

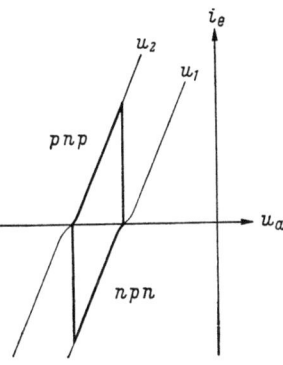

Abb. 57
u_a–i_e-Feld des kombinierten Emitterfolgers nach Abb. 56. Die kräftig ausgezogene Kurve wird im Gegenuhrzeigersinn durchlaufen

III.2.1.3 Leistungsstufen. In diesem Abschnitt werden einige Schaltungen behandelt, die als Puffer zwischen Kreisen niederer Leistung einerseits und großen Belastungen ohmischer oder kapazitiver Natur anderseits wirken können. Mehrere von ihnen sind in der Lage, Kapazitäten aufzuladen und zu entladen, was für schnelle Schaltkreise von großer Wichtigkeit ist.

Abb. 59 gibt die erste Leistungsschaltung wieder; sie hat mehrere sehr vorteilhafte Eigenschaften. Die Stromverstärkung zwischen Eingang und Ausgang ist sehr groß; sie ist nahezu gleich dem Produkt der Stromverstärkungen der beiden Transistoren in Emitterschaltung. Daher ist die Eingangsimpedanz auch bei großer Belastung sehr hoch. Ein weiterer Vorteil ist, daß der zweite Transistor nicht ins Sättigungsgebiet getrieben wird, weil in ihm die Spannung zwischen Basis und Kollektor nie kleiner werden kann als die Spannung zwischen Emitter und Kollektor beim ersten Transistor. Der erste Transistor gelangt zwar ins Sättigungsgebiet, aber mit einem relativ schwachen Emitterstrom, so daß

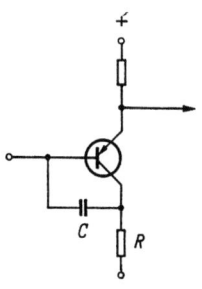

Abb. 58. Ein Kondensator C, zusammen mit einem kleinen Widerstand R in der Kollektorzuleitung, kann Instabilitäten vermeiden

die gespeicherte Ladung nicht sehr groß ist. Der Eingangskreis ist so bemessen, daß beide Transistoren gesperrt sind, wenn die Eingangsspannung 0 V beträgt. Ist sie — 6 V, so sind beide Transistoren leitend, und

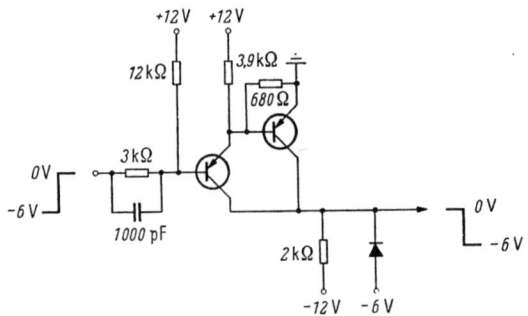

Abb. 59. Erste Leistungsschaltung

ihre Kollektorströme summieren sich am Ausgang. Diese Schaltung wird verwendet, wenn eine Last mit großen Strömen und schneller Anstiegszeit gespeist werden muß, wobei gleichzeitig die Eingangsimpedanz hoch ist. Die Zeit der fallenden Flanke am Ausgang bestimmt sich aus der RC-Zeitkonstante der Last. Die Diode verhilft dazu, diese Zeit zu verkürzen.

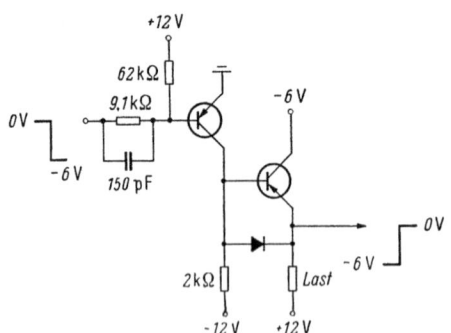

Abb. 60. Zweite Leistungsschaltung

Die zweite Leistungsschaltung, s. Abb. 60, eignet sich ebenfalls für kapazitive Lasten und wird dann gewählt, wenn nur ein einziger Transistortyp verwendet werden soll. Sie ist in der Lage, der Last große Ströme beiden Vorzeichens zuzuführen. Während der ansteigenden Flanke wird dieser Strom durch die Diode geliefert, während der fallenden Flanke durch den als Emitterfolger wirkenden zweiten Transistor.

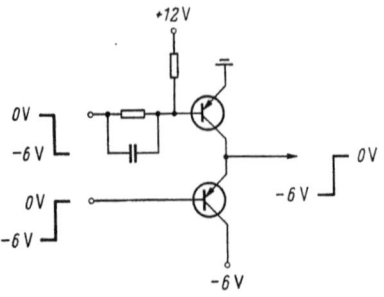

Abb. 61. Dritte Leistungsschaltung

Der Kreis von Abb. 61 benötigt sowohl das positive Eingangssignal als auch dessen Negation und eignet sich daher besonders gut als Ausgangsverstärker für ein Flipflop. Der obere Transistor wirkt als normaler Negator, der untere als Emitterfolger. An kapazitive Lasten kann Strom in beiden Richtungen abgegeben werden; dieser Strom wird während der ansteigenden Flanke durch den oberen, während der fallenden Flanke durch den unteren Transistor geliefert

Abb. 62 zeigt schließlich, wie ein *pnp*- und ein *npn*-Negator so kombiniert werden können, daß sowohl bei der aufsteigenden als auch bei der

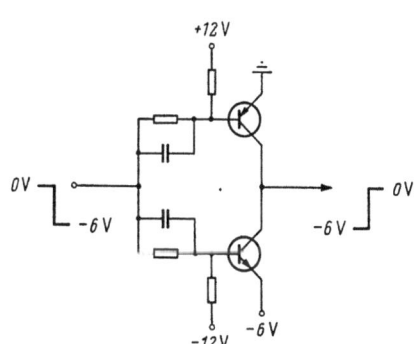

Abb. 62. Vierte Leistungsschaltung

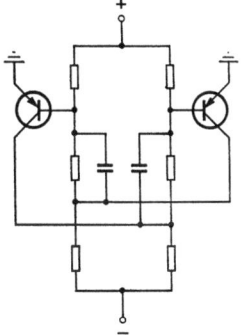

Abb. 63. Einfachste Flipflop-Schaltung

fallenden Flanke ein hinreichender Strom an eine kapazitive Last abgegeben werden kann.

III.2.1.4 Das Flipflop. In jeder logischen Schaltung braucht es Teile, die eine speichernde Eigenschaft haben, das heißt, deren Zustand von vergangenen Einflüssen abhängt. Diese Teile sind unabhängig vom eigentlichen Speicherwerk einer Anlage, das die Aufbewahrung größerer Datenmengen übernimmt; sie dienen dazu, vereinzelte Ziffern, Zahlen oder Signale während kürzeren Zeitintervallen zu memorieren. Dazu dient das Flipflop. Seine einfachste Form entsteht durch Zusammenschaltung von zwei Negatoren nach Abb. 50, s. Abb. 63. Die Schaltung hat zwei stabile Zustände; in jedem ist der eine Transistor gesperrt, der andere gesättigt.

Von dieser Schaltung existieren viele Varianten. Grundsätzlich kann an Stelle des einfachen Negators jede Verstärkerstufe, die negativen Verstärkungsfaktor hat, verwendet werden, also insbesondere auch die Leistungsstufen von S. 78f. (mit Ausnahme von Abb. 61); dadurch erkauft man durch den vergrößerten Materialaufwand eine schnellere Arbeitsweise und eine größere Ausgangsleistung [*58.1*].

In der normalen Schaltung von Abb. 63 lassen sich die stabilen Zustände graphisch leicht ermitteln, indem man einen der Kollektorwiderstände entfernt und das u–i-Diagramm der dadurch frei werdenden Klemme aufträgt, welches die in Abb. 64 gezeigte Form hat. Zusammen mit der Geraden, die den weggenommenen Kollektorwiderstand beschreibt, ergeben sich drei Schnittpunkte, wovon der mittlere eine labile Gleichgewichtslage kennzeichnet, die im praktischen Betrieb nicht eingenommen werden kann. Die Dimensionierung dieser Schaltung erfordert die Berücksichtigung von zahlreichen Einflüssen, unter denen die Schwankungen der Transistoreigenschaften und der Speisespannungen sowie die Abweichungen der Widerstände vom Sollwert die wichtigsten sind [56.2].

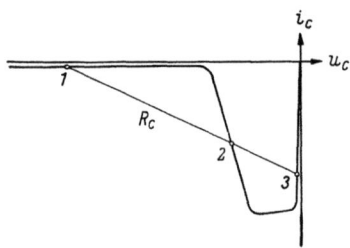

Abb. 64. Die Gleichgewichtslagen eines Flipflops. 1 ausgeschalteter Transistor, 2 labile Gleichgewichtslage, 3 gesättigter Transistor

Zahlreiche Verfahren existieren, um die Zeitauflösung und die Schaltgeschwindigkeit des Flipflops zu verbessern; einige davon sind auf S. 83 ff. für einfache Negatoren beschrieben und finden sinngemäß auch auf das Flipflop Anwendung.

Für Zwecke des Unterhalts wünscht man oft eine direkte Anzeige, in welcher Stellung sich ein Flipflop befindet. Mit Elektronenröhren läßt sich das leicht durch Anbringen von Glimmlampen erreichen. Transistoren-Flipflops ergeben aber Spannungsdifferenzen, die zu klein sind, als daß sie eine Glimmlampe zuverlässig zünden und löschen könnten. Es bleibt daher nur die Lösung übrig, an das Flipflop einen gesonderten Transistor anzuschalten, der als Spannungsverstärker wirkt und einen Hub von etwa 25 V erzeugt. Der dadurch entstehende Mehraufwand an Teilen ist aber so groß, daß man nur einen kleinen Teil der Stufen mit einem solchen Zusatz versieht. Zur Anzeige am Bedienungspult verwendet man meistens Glühlampen. Sie können allerdings nicht direkt in den Flipflopkreis eingeschaltet werden, da die verfügbaren Leistungen zu klein sind; vielmehr muß auch hier für den Betrieb jeder Lampe ein gesonderter Transistor als Verstärker vorgesehen werden, und zwar wählt man Glühlampen mit den Betriebsdaten von beispielsweise 10 V, 15 mA. Diese Lampen werden mit einer Glühfadentemperatur betrieben, die wesentlich niedriger als der übliche Wert ist. Dadurch wird die Lebens-

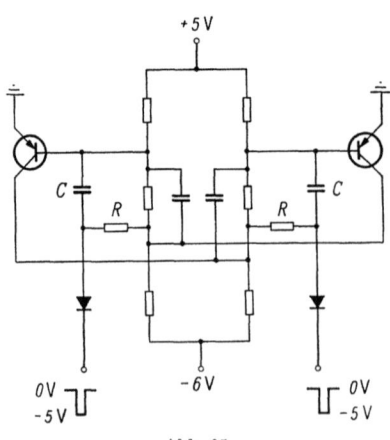

Abb. 65
Tastung durch negative Impulse an der Basis

III.2 Transistoren

auer bedeutend erhöht, so daß vom Standpunkt der Betriebssicherheit
ichts gegen Glühlampen einzuwenden ist.

Ein Flipflop wird durch äußere Einflüsse von einem Zustand in den
ndern versetzt. Diesen Vorgang bezeichnet man als *Tastung*. In Rechen-
nlagen wird meist die unsymmetrische Tastung verwendet, das heißt,
in Tastsignal setzt die Schaltung
ur auf eine Seite; für das Zurück-
etzen muß ein Tastsignal an an-
erer Stelle eingegeben werden.
)ie häufigste Schaltung enthält
ine Diode, die durch einen Wider-
tand ein- und ausgeschaltet wird,
. Abb. 65; die Tastung erfolgt
nittels negativer Impulse an der
3asis des gesperrten Transistors.
)er Widerstand R lädt den Kon-
lensator C so auf, daß nur die dem
;esperrten Transistor zugeordnete
)iode beim Eintreffen des Tast-
mpulses leitend wird. Abb. 66 ver-
.nschaulicht eine Schaltung, in der

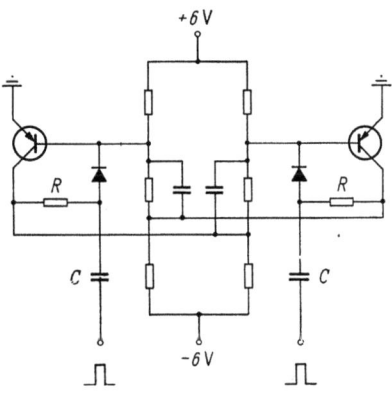

Abb. 66
Tastung durch positive Impulse an der Basis.
Die Impulsamplitude muß etwa 5 V betragen

)iode und Kondensator vertauscht sind; hier sind die Tastimpulse
)ositiv und gelangen auf die Basis des gesättigten Transistors. Auch
iier werden durch R die Kondensatoren C so aufgeladen, daß beim Ein-
;reffen eines Tastimpulses nur die eine der Dioden leitend wird. Diese
[mpulsgatter haben die Form von Abb. 34.

Oft wünscht man es zu erreichen, daß ein Tastimpuls die in einem
ersten Flipflop enthaltene Information an ein zweites Flipflop weitergibt. Die aus Abb. 66 abgeleitete Schaltung von Abb. 67 leistet das.
Die freien Enden von R werden nicht, wie in Abb. 66, an die Kollektoren
les zu tastenden Flipflops, sondern an diejenigen des ersten (steuernden)
Flipflops angeschlossen (das nicht eingezeichnet ist). Die Spannungen an
liesen Widerständen bestimmen dann, auf welche Seite der Tastimpuls
las Flipflop setzen soll. Die zwei Eingänge bei R können natürlich nicht
nur an ein Flipflop, sondern an jede andere Signalquelle angeschlossen
werden, sofern nebst dem Signal auch seine Negation zur Verfügung
steht (oder durch einen Negator erzeugt wird).

Diese Flipflop-Schaltungen sind weit verbreitet, da sie anpassungsfähig sind und wenig Teile benötigen. Ihre Geschwindigkeit ist etwas
kleiner als die von zwei Negatoren nach Abb. 50; die Schaltzeiten sind
nach unten nicht sosehr durch die Zeitkonstanten der Kondensatoren begrenzt, als vielmehr durch die Ladungsträgerspeicherung in den gesättigten Transistoren und die Erholungszeit der leitenden Dioden. Die letztere

82 III. Elektrische Grundschaltungen

kann erheblich verbessert werden, wenn man in die Kopplungswege zwischen den zwei Transistoren noch je einen Emitterfolger einschaltet.

Von *symmetrischer Tastung* sprechen wir dann, wenn ein Flipflop nur einen einzigen Eingang hat. Ein Signal an diesem Eingang schaltet das Flipflop vom einen in den andern stabilen Zustand, ohne Rücksicht, welcher Zustand zu Beginn vorliegt. Ein solches Flipflop wirkt daher als Unterteiler. Die Anordnungen von Abb. 65 und 66 können beide als

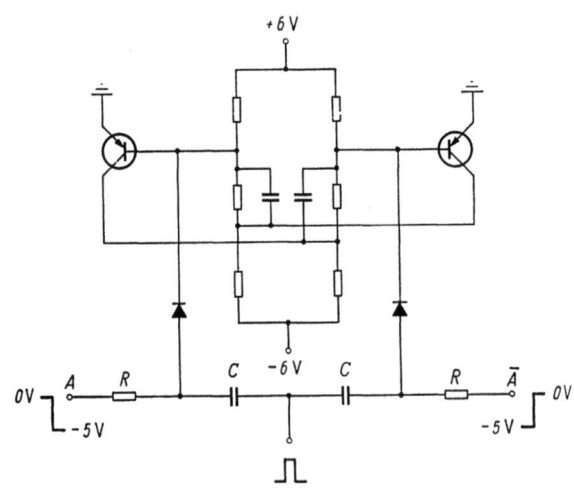

Abb. 67

Tastung, die durch eine an den Klemmen A und $\bar{A}$ angeschlossene Informationsquelle (beispielsweise ein anderes Flipflop) gesteuert ist. Der Tastimpuls muß eine Amplitude von etwa 5 V haben

Unterteiler betrieben werden, indem man einfach die beiden Tasteingänge zusammenschaltet. Der Vorgang wird dadurch ermöglicht, daß zu Beginn des Tastvorganges die beiden Kondensatoren C eine verschiedene Ladung haben. Es ist wichtig festzustellen, daß ohne Kondensatoren eine symmetrische Tastung nicht möglich wäre.

Symmetrische Tastung findet in Rechenanlagen wenig Verwendung, da ein einzelner Tasteingang keine Möglichkeit bietet, das Flipflop in eine bestimmte, von der Vorgeschichte unabhängige Lage zu bringen, ohne zu prüfen, welcher Zustand zu Beginn vorliegt.

Die dynamischen Vorgänge bei der Umschaltung sind kompliziert und können rechnerisch nur annähernd erfaßt werden [58.17, 27].

Weitere Flipflop-Schaltungen, die nicht auf der Zusammenschaltung von zwei Negatoren nach Abb. 50 beruhen, sind auf S. 97 beschrieben.

Zusätzliche Angaben über die meisten in § III.2.1 beschriebenen Schaltungen finden sich in [15].

III.2.2 Verfahren zur Erhöhung der Arbeitsgeschwindigkeit

Oft wird man vor die Aufgabe gestellt, Schaltungen zu entwerfen, die mit gegebenen Transistoren die größtmögliche Geschwindigkeit erzielen. Es lohnt sich, hier zunächst festzuhalten, daß die Arbeitsgeschwindigkeit von digitalen Schaltungen hauptsächlich durch fünf Effekte begrenzt ist:
1. Speicherung der Ladungsträger im gesättigten Transistor,
2. Kapazitäten der Transistoren und der Schaltungen,
3. α-Abfall bei hohen Frequenzen,
4. Laufzeit im Transistor,
5. Speicherung der Ladungsträger (Löcher) in den Dioden, falls solche verwendet werden.

III.2.2.1 Die Sättigung des Transistors. Wir betrachten zunächst das Problem der Ladungsträgerspeicherung, welches auftritt, wenn der

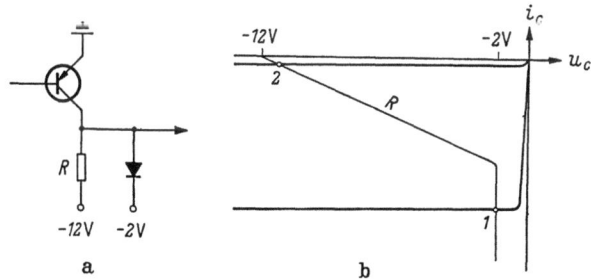

Abb. 68a u. b
a) Vermeidung der Sättigung mit Hilfe einer Diode, b) Ermittlung der Arbeitspunkte

Transistor im Sättigungsgebiet betrieben wird, vgl. Abb. 43. Es ist naheliegend, dieses Gebiet überhaupt zu vermeiden, indem man verhindert, daß die Kollektorspannung einen gewissen Wert unterschreitet. Für die einfache Negatorschaltung kann das mit einer Diode nach Abb. 68a erreicht werden; b zeigt die so entstehende Lastlinie und die Arbeitspunkte. Leider ist aber diese Schaltung von sehr geringem praktischem Nutzen, weil die Ladungsträgerspeicherung einfach vom Transistor auf die Diode verschoben worden ist. Wirksamer ist die Begrenzung des Kollektorstromes mittels einer gegengekoppelten Schaltung, s. Abb. 69a. Sobald die Diode zu leiten beginnt, wird verhindert, daß die Basis weiter negativ wird, das heißt, der Basisstrom wird auf diesem Wert konstant gehalten. Auf diese Art erfolgt die Begrenzung der Kollektorspannung durch einen viel kleineren Diodenstrom als nach der vorigen Methode, so daß die Ladungsträgerspeicherung in der Diode weniger in Erscheinung tritt. Abb. 68b zeigt eine etwas weniger wirksame Anordnung, die aber einen Widerstand einspart. Mehrere andere Schaltungen dieser Art sind von CONNET et al. [*59.16*] vorgeschlagen worden. Gleichstrommäßig betrachtet, ist der Betrieb des Transistors im Sättigungsgebiet ein großer Vorteil, weil der Arbeitspunkt klar definiert ist, ohne daß zusätzliche Schaltmittel aufgewendet werden müssen. Es sind daher Mittel vorgeschlagen worden, um beim Verlassen der Sättigung die gespeicherte Ladung rascher abzuführen. Das einfachste unter ihnen ist die Verwendung eines Kondensators nach Abb. 70. Während

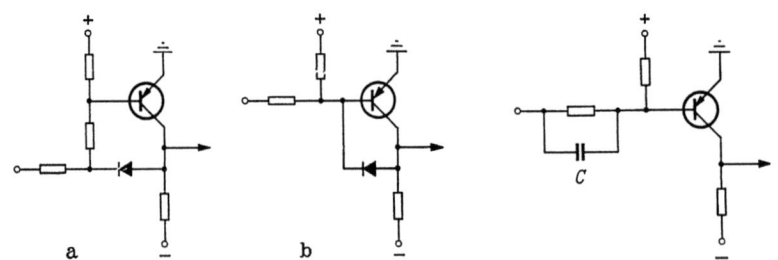

Abb. 69. Begrenzung der Kollektorspannung durch Gegenkopplung

Abb. 70. Beschleunigung durch einen Kondensator C

des Ausgleichsvorganges, das heißt, während des Überganges vom gesättigten in den gesperrten Zustand, bewirkt dieser Kondensator, daß der Basis ein erhöhtes Angebot sowohl an Strom als auch an Spannung zur Verfügung steht, was einen beschleunigten Abbau der gespeicherten Ladung ermöglicht. Während dieser Zeit kehrt sich die Basis-Emitter-Spannung um, und dadurch wird ein Teil der Ladung durch den Emitter abgeführt. Die Analyse dieser Vorgänge ist nicht einfach (s. [*27*]); daher können auch keine Regeln für die Dimensionierung von C angegeben werden. Selbstverständlich hilft C auch mit, die gewöhnliche Eingangskapazität des Negators zu kompensieren. Infolge dieser kombinierten Wirkung erreicht man durch die Einführung des Kondensators eine Erhöhung der zulässigen Impulsfrequenz um einen Faktor 3 oder mehr, weshalb auf dieses einfache Mittel selten verzichtet wird.

Die mathematische Analyse aller mit Sättigung und Ladungsträgerspeicherung zusammenhängenden Vorgänge ist nicht einfach, zum Teil deshalb, weil die invertierten Transistorenparameter bekannt sein müssen (das sind die Parameter, die gelten, wenn Emitter und Kollektor vertauscht sind). Diese Werte werden von den Herstellern nicht angegeben und auch nicht garantiert. Ferner sind die zeitlichen Abläufe der Übermittlung von Ladungen schwierig zu überblicken. Eine von BEAUFOY vorgeschlagene Betrachtungsweise [*59.4*] vermeidet diese Schwierigkeit, indem nicht mit Strömen und Zeiten, sondern mit Ladungen (also bestimmten Integralen) gerechnet wird, und GOLDSTICK

[60.12] vermittelt einen gründlichen, quantitativen Vergleich von gesättigtem und ungesättigtem Betrieb. Siehe ferner [62.7].

Wenn man die mit der Sättigung der Transistoren verbundenen Nachteile vollständig vermeiden will, so darf das nicht unter Verwendung von Dioden geschehen, weil auch sie den Effekt der Ladungsträgerspeicherung zeigen. Auf S. 93 ff. ist ein System beschrieben, welches diese Bedingung vollständig erfüllt.

III.2.2.2 Kapazitäten. Sowohl der Transistor (s. Abb. 47) als auch die Verdrahtung haben Kapazitäten, die bei Spannungssprüngen aufgeladen bzw. entladen werden müssen. Da das Angebot an Strom nicht unbegrenzt ist, können diese Ladungsänderungen nur mit einer gewissen Geschwindigkeit ablaufen. Eine Erhöhung des verfügbaren Stromes führt daher zu schnellerer Arbeitsweise. So bringt die Einschaltung von Emitterfolgern in die Kopplungswege eines Flipflops immer eine Verbesserung mit sich. Die Kapazitäten verursachen aber auch aus Gründen der Leistung eine Begrenzung der Impulsfrequenz f. Wenn der Spannungssprung zwischen O und L mit U bezeichnet wird, so errechnet sich die Leistung P, die zur wiederholten Auflading und Entladung der Kapazität C benötigt wird, zu

$$P = C \cdot U^2 \cdot f.$$

Nicht nur aus Strom-, sondern auch aus Leistungsgründen ist es daher wünschenswert, U klein zu halten. Dem sind jedoch Grenzen gesetzt. Eine fundamentale Schranke liegt darin, daß die Kennlinien der Dioden und Transistoren nicht beliebig scharf gekrümmt sind. In allen diesen Kennlinien kommt der Ausdruck $\exp U/U_T$ vor. $U_T = kT/e$ ist die Temperaturspannung und beträgt 26 mV bei Zimmertemperatur (k: BOLTZMANNsche Konstante, T: absolute Temperatur, e: Ladung des Elektrons). Das bedeutet, daß die Kennlinien in einem Bereich von 26 mV oder weniger nicht sehr stark gekrümmt sein können. Nun beruhen aber alle digitalen Schaltungen darauf, daß zwei Betriebszustände mit wesentlich verschiedenen Eigenschaften vorkommen; daraus folgt, daß zwischen den zwei Spannungen, die O und L darstellen, ein Sprung liegen muß, der groß gegen 26 mV ist. Diese Regel gilt für alle Halbleiterelemente, sofern sie bei Zimmertemperatur betrieben werden. Es gibt noch einige weitere Gründe, die einer Verkleinerung von U entgegenstehen. Wenn die betrachtete Schaltung Dioden enthält, so macht, falls U zu klein ist, der Spannungsabfall über der leitenden Diode schon einen beträchtlichen Teil von U aus. Auch der Hub der Emitterspannung für die Ein- und Ausschaltung des Transistors verbietet zu kleines U. Schließlich sind die induktiv erzeugten Störimpulse, die zwischen den Erdungspunkten verschiedener Schaltungsteile entstehen und die infolge ihrer niederohmigen Natur kaum eliminiert werden können, in Berücksichtigung zu ziehen. Aus diesen Gründen sind bislang in der Praxis für U keine Spannungen unter 1 V verwendet worden.

Unabhängig von der Größe der Spannungen ist es ein Vorteil, die Spannungsteiler, in denen unvermeidliche Kapazitäten vorkommen, durch zusätzliche Kapazitäten zu kompensieren. Für die einfache Negatorschaltung wird daher C in Abb. 70 vorgesehen, wobei allerdings noch ein anderer Zweck erreicht wird, s. S. 84. Nach den bekannten Konstruktionsregeln für Breitbandverstärker bewirkt ferner eine Induktivität in Serie zum Kollektorwiderstand eine Verbesserung, s. Abb. 71. L berechnet sich größenordnungsmäßig zu R^2C'. Eine andere Möglichkeit besteht darin, mittels einer Diode die Kollektorsignalform zu begrenzen und dadurch die langsamen Teile des asymptotischen Verlaufes zu eliminieren, s. Abb. 72. Hier strebt die exponentielle Signalform gegen -20 V, wird aber bei -12 V unterbrochen und festgehalten. Von diesem Verfahren wird in der elektronischen Schaltungstechnik ausgiebig Gebrauch gemacht. Das gleiche kann mittels Gegenkopplung erreicht werden. Abb. 73 zeigt eine Schaltung mit einer doppelten Gegenkopplung, die sowohl die Begrenzung als auch die Vermeidung der Sättigung besorgt. Die Diode D_1 begrenzt nach dem Prinzip von Abb. 71 die fallende Flanke, jedoch hier mittels einer Gegenkopplung, was zwei Vorteile in sich schließt: Erstens ist der zur Begrenzung erforderliche Diodenstrom kleiner, was zu einer geringeren Sperrträgheit führt, und zweitens wird im Transistor das Gebiet vollständiger Sperrung, welches nach Abb. 46 mit niedriger Grenzfrequenz behaftet ist, vermieden. Die Diode D_2 reduziert die Sättigung, wie in Abb. 69 angezeigt wurde.

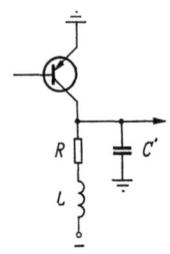

Abb. 71. Beschleunigung des Kollektoranstieges durch eine Induktivität. C' stellt die Kapazitäten der Schaltung und der nachfolgenden Last dar

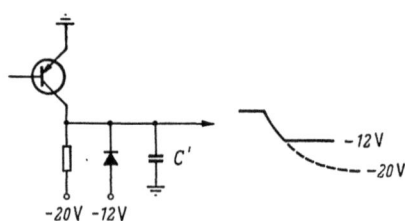

Abb. 72. Begrenzung der Kollektor-Signalform durch eine Diode. C' stellt die Kapazitäten der Schaltung und der nachfolgenden Last dar. (Dieser Kreis ist nicht zu verwechseln mit Abb. 68)

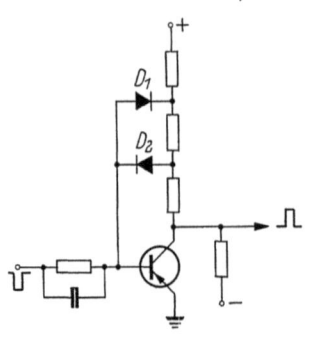

Abb. 73
Doppelte Gegenkopplung in einem Negator. D_1 vermeidet Sperrung, D_2 reduziert die Sättigung

Selbstverständlich bewirkt jede Verkleinerung der an die Ausgangsklemme angeschlossenen Kapazität eine Verbesserung. Daher ist es wünschenswert, an einen Negator oder ein Flipflop eine Schaltung anzuschließen, die eine möglichst kleine Kapazität verkörpert.

Die inneren Kapazitäten des Transistors, die aus dem Ersatzschaltbild hervorgehen (z. B. Abb. 45), sind nicht konstant, sondern hängen vom Arbeitspunkt ab, s. Abb. 46. Um sie klein zu halten, soll das Gebiet niederer Kollektorspannung vermieden werden. Diese Regel ist eine verschärfte Formulierung der Bedingung, wonach keine Sättigung eintreten darf.

III.2.2.3 α-Grenzfrequenz und Laufzeit. α-Grenzfrequenz und Laufzeit sind fundamentale, dem Transistor innewohnende Schranken, die durch kein Mittel überschritten werden können. Wenn eine Schaltung so ausgelegt ist, daß ihre Geschwindigkeit durch diese beiden Effekte bestimmt wird, so ist aus dem gegebenen Transistor das Maximum herausgeholt worden. Die Grenzfrequenz eines Drifttransistors ist aus Abb. 46 ersichtlich. Sie ist keine Konstante, sondern hängt vom Arbeitspunkt ab, durch dessen passende Wahl der Transistor optimal ausgenützt wird. Die Laufzeit eines solchen Transistors beträgt etwa 5 ns; die neuen Epitaxial-Planar-Siliziumtransistoren haben Laufzeiten von weniger als 0,1 ns.

III.2.3 Gleichstromgekoppelte Schaltungssysteme

In diesem Abschnitt sind einige Schaltungssysteme aufgezählt, die sich praktisch bewährt haben. Jedes von ihnen ist als vollständig zu bezeichnen in dem Sinne, als es Bausteine enthält, die beliebig zusammengeschaltet werden können und die die Ausführung der drei Operationen ermöglichen, aus denen sich alle Verknüpfungen aufbauen lassen: Logische Addition, logische Multiplikation, Negation.

Es sei aber hier die auf S. 15 dargelegte Tatsache in Erinnerung gerufen, wonach eine einzige logische Verknüpfung genügt, um diese drei Grundoperationen zu erzeugen. Für diese einzige Verknüpfung können zwei Operationen gewählt werden, nämlich die Verbindung $\overline{AB}$ (SHEFFERscher Strich) und die Verbindung $\overline{A}\,\overline{B}$ (weder-noch). Diese Ausdrücke sind identisch mit $\overline{A} \vee \overline{B}$ bzw. $\overline{A \vee B}$. Wenn also eine Schaltung vorhanden ist, die eine dieser beiden Verknüpfungen realisiert, so läßt sich daraus eine ganze Anlage aufbauen. Verschiedene der nachstehend beschriebenen Transistorschaltungen stellen diese Funktionen dar, und nicht die konventionellen logischen Grundoperationen, $A \vee B$, AB und $\overline{A}$.

GOSSLAU et al. [59.28] geben eine Übersicht und einen kritischen Vergleich zwischen den verschiedenen Verfahren. Sie betonen auch die Problematik einer quantitativen Abwägung verschiedener Schaltungen gegeneinander. Man müßte zu diesem Zweck vollständige und gleichwertige nachrichtenverarbeitende Anlagen in verschiedenen Techniken optimal und mit gleicher Übung planen. Bei einem Vergleich relativ kleiner, leicht zu überblickender Einheiten besteht immer die Gefahr, daß das gewählte Beispiel einer speziellen Technik besonders gut angepaßt ist.

Kein Schaltungssystem ist in allen Teilen gleichstromgekoppelt. Der zeitliche Ablauf der Vorgänge muß durch zentrale Taktimpulse gesteuert werden, und diese wirken auf Impulsgatter, welche ihrerseits die Tastung der Flipflops bewirken, s. Abb. 17 und 18. Die Impulsgatter sind wechselstromgekoppelt und haben meistens die Gestalt von Abb. 34.

0 und L werden durch zwei verschiedene Spannungswerte dargestellt, auch dann, wenn man von „stromgekoppelten" Schaltungen spricht. Durchwegs wollen wir festsetzen, daß die duale L dem positiveren der zwei Werte zugeordnet ist. Diese Annahme ist willkürlich, schränkt aber die Allgemeinheit unserer Betrachtungen nicht ein.

III.2.3.1 Schaltkreise, die nur Transistoren enthalten. Der einfache Negator (Abb. 50) und der Emitterfolger (Abb. 52) können so zusammengeschaltet werden, daß ihre Ausgangsklemme auf einen gemeinsamen Lastwiderstand wirkt. Dadurch werden infolge der Sperrung und der Sättigung — beides sind nichtlineare Phänomene — logische Verknüpfungen ermöglicht. Unter Verwendung von zwei Transistoren entstehen auf diese Art sechs mögliche Schaltungen, die in Abb. 74 zusammengestellt sind. Die Signalpegel sowohl am Eingang als auch am Ausgang sind 0 V und -6 V.

Selbstverständlich lassen sich auch mehr als zwei Transistoren in der gezeigten Weise zusammenschalten. Immer ist der Lastwiderstand so zu dimensionieren, wie wenn nur ein Transistor vorhanden wäre. Der Übergang von einer *pnp*- zu einer *npn*-Schaltung bedeutet, daß die Vorzeichen aller Spannungen und Ströme umzukehren sind. Da aber gleichzeitig die Normierungen für 0 und L unverändert bleiben, bedeutet das, daß eine andere logische Verknüpfung entsteht. Die Tatsache, daß diese beiden Normwerte (-6 V und 0 V) in bezug auf das Erdpotential nicht symmetrisch liegen, hat zur Folge, daß die Beträge der Speisespannungen bei entsprechenden *pnp*- und *npn*-Schaltkreisen nicht gleich groß sind.

Alle Schaltungen von Abb. 74 sind miteinander verträglich, das heißt, der Ausgang einer jeden kann an den Eingang einer jeden angeschlossen werden. Selten wird man aber in einem System alle 6 Grundschaltungen zulassen. Wie weiter oben erwähnt wurde, würden sowohl a als auch b für sich allein schon genügen, um eine vollständige Anlage zu bauen. Zu beachten ist, daß die Verstärkung eines Emitterfolgers kleiner als 1 ist; es können also nicht beliebig viele Emitterfolger in Kette geschaltet werden, wohl aber beliebig viele Negatoren.

Eine Einschränkung der Kombinationen besteht darin, daß alle gezeigten Schaltungen bei A und B Strom aufnehmen, und daß es daher nicht möglich ist, an ein solches Gatter beliebig viele andere Gatter,

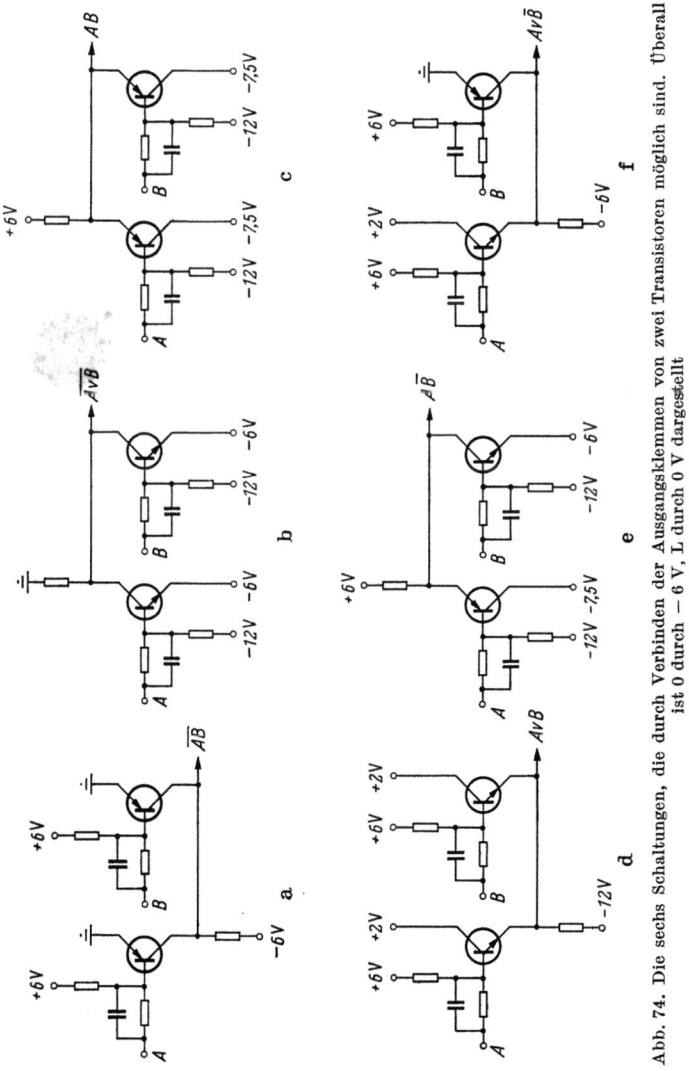

Abb. 74. Die sechs Schaltungen, die durch Verbinden der Ausgangsklemmen von zwei Transistoren möglich sind. Überall ist 0 durch − 6 V, L durch 0 V dargestellt

deren Eingänge parallelgeschaltet sind, anzuschließen. Die zulässige Anzahl hängt von den Dimensionierungen und den Toleranzen ab. Diese Beschränkung der Verzweigungsfähigkeit ist beim logischen Entwurf ein bedeutender Gesichtspunkt.

In Abb. 75a ist ein Gatter gezeichnet, das sowohl Basis als auch Emitter als steuernde Elektrode verwendet. Es hat den Nachteil, daß bei A eine niedrige Eingangsimpedanz besteht, doch wird diese Schaltung oft als Impulsgatter verwendet, wobei der positive Impuls, der

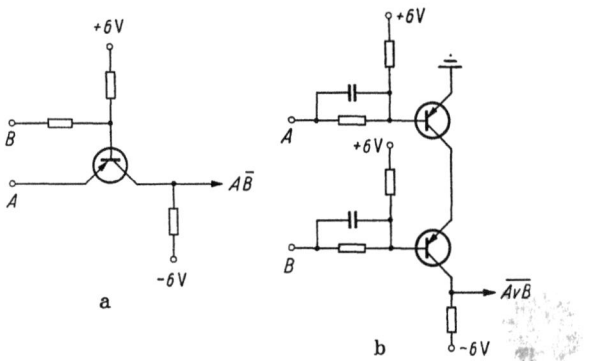

Abb. 75. Zwei weitere Schaltkreise mit *pnp*-Transistoren

meist von einer niederohmigen Quelle herrührt, bei A eingegeben wird (vgl. z. B. Abb. 91). Das Gatter ermöglicht ferner Schaltkreise von der Art von Abb. 75b. Hier können allerdings nicht beliebig viele Transistoren übereinandergeschaltet werden, weil jede leitende Basis-Emitter-Strecke einen Spannungsabfall von 0,5 V aufweist. Diese Schaltung kann ebenfalls mit denen von Abb. 74 kombiniert werden.

Damit sind lange nicht alle Verbindungen aufgezählt, und es sind noch viele andere Kombinationen möglich. Eine erschöpfende Katalogisierung aller Schaltkreise, die sich unter gegebenen Voraussetzungen kombinieren lassen, kann nur mittels der morphologischen Methode durchgeführt werden [*58.11*].

III.2.3.2 Logische Verknüpfungen mit Widerständen.

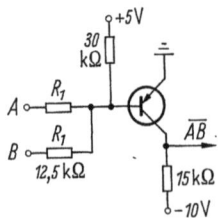

Abb. 76. Logische Verknüpfung mit Widerständen. 0 ist durch -10 V, L durch 0 V dargestellt

Spannungsverstärkung und Begrenzung im Negator geben die Möglichkeit, die logische Verknüpfung mit einer Gruppe von Widerständen zu vollziehen, siehe Abb. 76. An der Basis tritt eine nach den KIRCHHOFFschen Gesetzen zu berechnende Spannung auf, die von den Eingangssignalen A und B abhängt. Die Schaltung wird so dimensioniert, daß der Transistor nur dann gesperrt ist, wenn A und B gleich L sind. Wenn eine von den beiden Variablen zu 0 wird (also auf -10 V geht), so wird die Basis so negativ, daß der Transistor gesättigt wird. Wenn beide Variablen 0 sind, so entsteht eine noch stärkere Sättigung, was an der Ausgangsspannung nichts mehr ändert. Diese Schaltung erzeugt also die Verknüpfung $\overline{AB}$ (Nr. 14 auf S. 15) und genügt daher für den Aufbau aller logischen Funktionen. Es sind keine Zwischenverstärker und keine Spannungsteiler nötig; der Ausgang dieses Gliedes kann direkt an den Eingang eines gleichartigen Gliedes angeschlossen werden. Abb. 76 stellt die einfachste und billigste Art dar, um digitale Schaltkreise zu bauen, und wird demzufolge viel verwendet. Ihr Nachteil besteht darin, daß der Transistor bis weit in die Sättigung getrieben wird, wenn $A = B = 0$, was sich auf die Schaltgeschwindigkeit ungünstig auswirkt. Außerdem kann durch eine Überbrückung der Widerstände R_1 mit Kondensatoren keine Erhöhung der Geschwindigkeit bewirkt werden. Jeder Versuch, diese Mängel zu beseitigen, erfordert zusätzliche Bauteile; dadurch geht die Einfachheit verloren, und die Schaltung hat gegenüber Abb. 77 keine Vorteile mehr.

Die Dimensionierung erfordert einige Aufmerksamkeit, insbesondere wenn auch das Übergangsverhalten mit einbezogen werden soll. Diese Zusammenhänge sind in [58.19] und [61.35] dargelegt. Eine vereinfachte Darstellung mit einem Zahlenbeispiel findet sich in [32].

In der englischsprachigen Literatur wird Abb. 76 manchmal als *Nor-* (weder-noch-) *Schaltung* bezeichnet, was allerdings der Verknüpfung $\overline{A}\,\mathrm{v}\,\overline{B}$ entspricht und nicht der Verknüpfung $\overline{AB}$, die tatsächlich ausgeführt wird. Dieser Widerspruch ist nur scheinbar; denn wenn man die Konvention für 0 und L umkehrt (0: 0 V, L: -10 V), so entsteht tatsächlich $\overline{AB}$. Das gleiche wird dadurch bewirkt, daß man Abb. 76 für einen *npn*-Transistor auslegt.

Zwei Bemerkungen mögen die Beschreibung dieser Schaltkreise abschließen. Erstens ist darauf hinzuweisen, daß man Abb. 76 nicht nur mit zwei, sondern auch mit drei oder mehr Eingängen versehen könnte. Mit drei Eingängen A, B, C wird die Funktion $\overline{ABC}$ gebildet. Dadurch wird aber der Nachteil der starken Sättigung noch verstärkt, und außerdem werden die Toleranzen für Widerstände und Spannungen stark eingeengt. Daher kommen nie mehr als drei Eingänge vor, und in den meisten Fällen beschränkt man sich auf zwei. Zweitens wird man feststellen, daß Abb. 76 durch geeignete Dimensionierung der Widerstände auch so betrieben werden könnte, daß die Funktion $\overline{A\,\mathrm{v}\,B}$ entsteht. In dieser Bemessung wäre der Transistor nur dann gesättigt, wenn A und B beide negativ sind, und wäre in allen andern Fällen gesperrt. Dadurch werden aber die Toleranzen für Widerstände und Spannungen eingeengt, und daher wählt man immer die Betriebsart $\overline{AB}$.

III.2.3.3 Schaltungen mit Dioden und Transistoren.
Die auf S. 51 ff. ausführlich beschriebenen Diodengatter lassen sich mit Transistoren kombinieren, indem man die Gatter durch Negatoren, Emitterfolger oder Leistungsstufen speist. Da sich die Verknüpfungen „mal" und „oder"

92   III. Elektrische Grundschaltungen

durch Dioden darstellen lassen und da Negatoren zur Verfügung stehen, lassen sich alle logischen Schaltungen aufbauen. Im allgemeinen werden nicht mehr als zwei Stufen von Diodengattern nach Abb. 35 kaskadiert (das heißt, ohne Zwischenverstärker aneinandergeschaltet). Einen Baustein für ein solches System veranschaulicht Abb. 101 (S. 110).

Nicht immer ist es vorteilhaft, Diodengatter und Negatoren getrennt zu betrachten und ein beliebiges Zusammenschalten zuzulassen. Ein sehr flexibles und leicht zu handhabendes Schaltungssystem entsteht, wenn man die Kombination von einem „oder"-Gatter (Abb. 28a) und einem

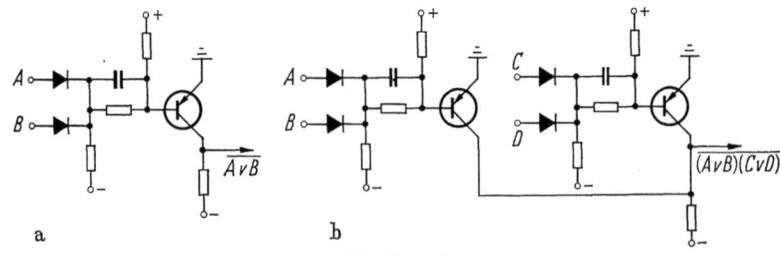

Abb. 77a u. b

a) Kombination von „oder"-Gatter und Negator, b) Zusammenschaltung von zwei solchen Gliedern

Negator (Abb. 70) als Grundglied betrachtet, s. Abb. 77a. Das Glied führt die Verknüpfung $\overline{A \vee B}$ aus und wird daher Nor- (weder-noch-) Schaltung genannt. Diese Grundschaltung genügt, um alle logischen Verknüpfungen aufzubauen. Gegenüber Abb. 76 hat sie zwei bedeutende Vorteile: Erstens ist wegen der geringeren Sättigung und wegen der Kondensatoren die Geschwindigkeit etwa um einen Faktor 3 größer (unter der Annahme, daß der gleiche Transistor verwendet wird), und zweitens ist die Anzahl der Eingänge nicht auf zwei (A und B) beschränkt, sondern kann fast beliebig groß gemacht werden.

Glieder nach Abb. 77a können beliebig zusammengeschaltet werden, das heißt, der Ausgang eines solchen Gliedes kann mit dem Eingang eines andern verbunden werden. Es besteht aber noch eine weitere, sehr wichtige Möglichkeit: Zwei Kollektoren lassen sich nach Abb. 74a miteinander verbinden und führen dann eine logische Multiplikation aus, s. Abb. 77b. Für die Multiplikation sind also keine zusätzlichen Diodengatter nötig. Nicht nur zwei, sondern fast beliebig viele Kollektoren können parallelgeschaltet werden. Dadurch entsteht ein sehr flexibles Schaltungssystem, das dem Entwerfer große Freiheit läßt.

Ein Flipflop entsteht durch kreuzweises Zusammenschalten zweier Glieder nach Abb. 77a; die Diodeneingänge werden zum Tasten verwendet.

Wegen ihrer Wichtigkeit ist die Grundschaltung von Abb. 77a sehr sorgfältig studiert worden. Angaben über Dimensionierungsregeln und

Toleranzen finden sich in [60.23] und [63.12], und TODD hat eine annotierte Bibliographie mit über 60 Titeln über diese und ähnliche Schaltungen veröffentlicht [63.24].

An dieser Stelle sei noch auf eine Möglichkeit hingewiesen, den Spannungsteiler, der nach Abb. 77a am Eingang jedes Negators nötig ist,

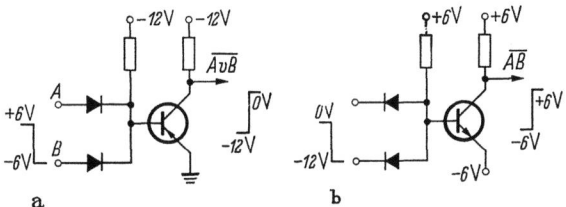

Abb. 78. Komplementäre Schaltungen mit Dioden und Transistoren

zu ersparen, und zwar durch abwechselnde Verwendung von pnp- und npn-Transistoren. Abb. 78 zeigt zwei Gatter. Der Transistor besitzt nur einen einzigen Lastwiderstand; daher sind die Pegel für 0 und 1 am Eingang und am Ausgang nicht gleich. a hat die Eingangspegel -6 V und $+6$ V, die Ausgangspegel -12 V und 0 V; für b gilt das Umgekehrte. Somit ist es möglich, eine Kette von solchen Gliedern zusammenzuschalten, wenn man nur dafür sorgt, daß sich a und b immer abwechseln. Diese Schaltungen werden ähnlich wie Abb. 77a verwendet und bilden ebenfalls nützliche und viel verwendete Bauteile für den Aufbau eines digitalen Systems.

Zur Synchronisation eines Systems mit Dioden und Transistoren durch die Uhrimpulse ist folgendes zu bemerken: Die Uhrimpulse werden meistens an der Stelle in die Schaltung eingeführt, wo die Flipflops getastet werden, s. Abb. 65 und 66. Der Gesamt-

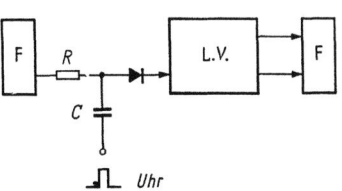

Abb. 79
Variante von Abb. 18. *F* Flipflop, L.V. logische Verknüpfungen mit Dioden

aufbau hat also die Form von Abb. 17 oder 18 (hier ist die Tastschaltung der Flipflops als Impulsgatter gezeichnet). Die logischen Schaltungen werden mit statischen Signalen, die aus den Flipflops kommen, gespeist. Gelegentlich bevorzugt man aber die Variante von Abb. 79, in welcher sich die Impulsgatter vor (statt hinter) den logischen Verknüpfungen befinden, welche jetzt Impulse und nicht statische Signale verarbeiten. Als Verzögerungsglied wirken R und C im Impulsgatter, das die Form von Abb. 34a hat.

III.2.3.4 Stromsteuerung. Die hier beschriebenen Schaltungen eignen sich hauptsächlich für Impulsfrequenzen über 1 MHz. Ihre Vorteile lassen sich wie folgt zusammenfassen: Innerhalb des Kennlinienfeldes der Transistoren werden diejenigen Arbeitspunkte gewählt, die größte Geschwindigkeit ergeben, insbesondere wird die Sättigung vermieden; Dioden kommen nicht vor; die Spannungssprünge sind sehr klein, somit sind die in den Streukapazitäten enthaltenen Energiemengen niedrig. Die besonderen Eigenschaften der Schaltkreise bringen es mit sich, daß die kleinen Spannungssprünge nicht eine erhöhte Empfindlichkeit gegenüber Störimpulsen zur Folge haben.

Das Prinzip dieser Schaltungen beruht darauf, daß die Speisungsquellen im wesentlichen einen konstanten Strom abgeben und daß die

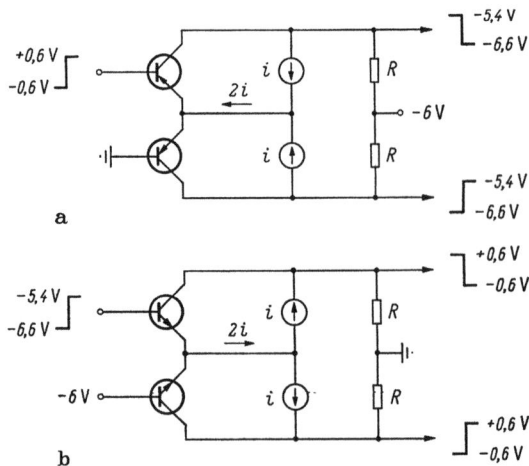

Abb. 80 a u. b. Prinzipschaltung für die Stromsteuerung. Es gilt $i = 3$ mA, $R = 200$ Ω
a) *pnp*-Stufe, b) *npn*-Stufe

Transistoren dazu verwendet werden, diesen Strom zwischen zwei möglichen Pfaden umzuschalten. Dieser Grundsatz ist in Abb. 80 erläutert. Der Schaltkreis enthält zwei Stromquellen mit einer Ergiebigkeit von je $i = 3$ mA; im horizontalen Zweig fließen daher $2i$.

Liegt nun in Abb. 80a die Eingangsklemme auf $-0{,}6$ V, so ist der untere Transistor gesperrt, und der volle Strom $2i$ fließt durch den oberen Transistor. Das hat zur Folge, daß in beiden Widerständen ein Strom i nach unten fließt. Somit ist der obere Ausgang um $iR = 0{,}6$ V positiv, der untere um den gleichen Betrag negativ gegenüber -6 V. Wenn man aber den Eingang auf $+0{,}6$ V festhält, so wird der Strom $2i$ durch den unteren Zweig geleitet; durch die beiden Widerstände fließt dann je ein Strom i nach oben, und die Spannungswerte an den Ausgangsklemmen sind vertauscht. Der konstante Strom $2i$ wird also zwischen zwei Pfaden umgesteuert, und eine Amplitude am Eingang von 1,2 V genügt, um diese Umschaltung völlig betriebssicher zu vollziehen.

III.2 Transistoren

Da Eingang und Ausgang nicht auf dem gleichen Spannungspegel liegen, können nicht mehrere Stufen nach Abb. 80a zusammengeschaltet werden. Abb. 80b zeigt einen entsprechenden Kreis mit npn-Transistoren, der so beschaffen ist, daß in einer längeren Kette abwechselnd a und b aneinander angeschlossen werden können; denn die Ausgangspegel der pnp-Stufe entsprechen den Eingangspegeln der npn-Stufe, und umgekehrt.

Diese Kreise ermöglichen ein sehr schnelles Schalten, da die Arbeitspunkte im u_c–i_c-Kennlinienfeld optimal gewählt werden können. Wie auf S. 70f. besprochen wurde, und wie in Abb. 46 gezeigt ist, hängen Kapazität und α-Grenzfrequenz sehr stark von diesen Arbeitspunkten ab. Die Kurven sind in Abb. 81 wiederholt. Am günstigsten wäre eine Kollektorspannung von -8 V oder mehr; dem steht aber die begrenzte Kollektorverlustleistung entgegen, und es wird -6 V gewählt. Bezüglich der α-Grenzfrequenz wäre der optimale Kollektorstrom -3 mA. Dieser Strom dient aber dazu, die verschiedenen Kapazitäten aufzuladen, und von diesem Standpunkt aus muß er möglichst groß sein. 6 mA erweist

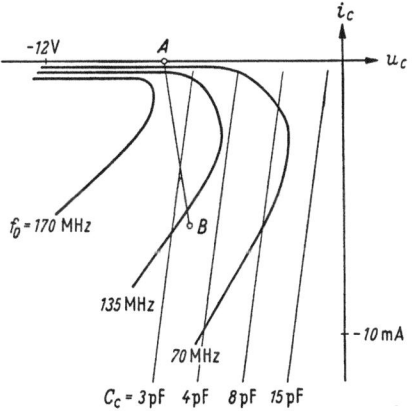

Abb. 81. Kurven konstanter α-Grenzfrequenz f_0 und Kollektorkapazität C_c für einen pnp-Drifttransistor. A und B kennzeichnen die zwei Arbeitspunkte der Schaltkreise mit Stromsteuerung. Sie sind durch eine 200 Ω-Lastlinie verbunden.

sich als ein günstiger Kompromiß zwischen den beiden Forderungen. Zusammen mit $R = 200\ \Omega$ ergibt sich die in Abb. 81 eingezeichnete Lastlinie. Es ist ersichtlich, daß der Transistor in seinem günstigsten Bereich betrieben wird. Eine Ausnahme bildet lediglich die unmittelbare Umgebung des Sperrpunktes; Versuche zeigen aber, daß die Schaltzeit dadurch kaum merklich verschlechtert wird.

Die Schaltkreise von Abb. 80 enthalten Quellen konstanten Stromes, und in einer praktischen Ausführung ist es nötig, diese durch Speisespannungen und Widerstände zu ersetzen, s. Abb. 82. Durch Anbringen einer kleinen Induktivität in Serie zu R läßt sich — nach den bekannten Konstruktionsregeln für Breitbandverstärker — eine Verbesserung der Anstiegszeit erreichen. Die beim Durchgang durch eine solche Stufe entstehende Verzögerung beträgt nur etwa 10 bis 20 Nanosekunden [57.20].

Die Kreise von Abb. 82 wirken als Verstärker und Begrenzer; denn der Hub am Ausgang beträgt immer 1,2 V, auch wenn die Eingangssignale schwanken. Ebenso sind die Kreise als Negatoren verwendbar.

96   III. Elektrische Grundschaltungen

Für die Ausführung von logischen Verknüpfungen können zum oberen Transistor weitere hinzugeschaltet werden, s. Abb. 83. Auch hier entsteht sowohl das Ausgangssignal als auch seine Negation, so daß jede

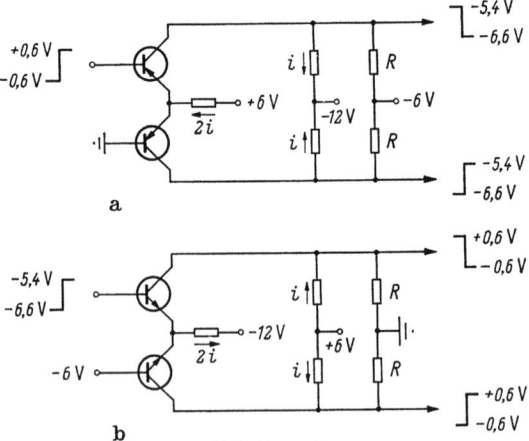

Abb. 82 a u. b
Praktische Ausführung der Schaltkreise für die Stromsteuerung. Es gilt $i = 3$ mA, $R = 200\ \Omega$
a) *pnp*-Stufe, b) *npn*-Stufe

der gezeigten Schaltungen als „mal"-Gatter wie auch als „oder"-Gatter aufgefaßt werden kann.

Kein Schaltkreissystem wäre vollständig ohne die Möglichkeit der Speicherung von binären Variablen. Durch kreuzweises Zusammen-

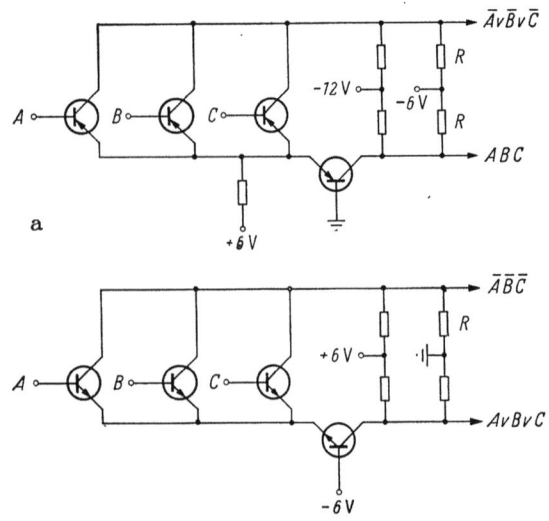

Abb. 83 a u. b. Logische Gatter mit Stromsteuerung
a) *pnp*-Stufe, b) *npn*-Stufe

III.2 Transistoren

chalten von Abb. 82a und b entsteht ein Flipflop, s. Abb. 84. Die Tastung erfolgt durch einen zusätzlichen Transistor auf jeder Seite; links sind negative, rechts positive Impulse nötig.

Oft müssen Signale über längere Strecken (einen Meter oder sogar mehr) geleitet werden, was mittels koaxialer Kabel geschieht. Für diese

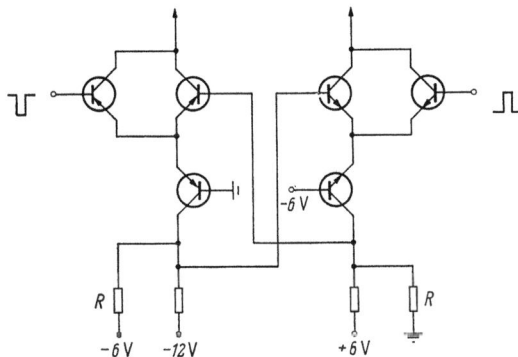

Abb. 84. Flipflop mit Stromsteuerung. Links und rechts sind die Tasteingänge, oben die Ausgänge, die auf passende Widerstands-Netzwerke geführt werden müssen

Kabel muß ein geeigneter Abschluß gefunden werden, der mit den gleichstrommäßigen Anforderungen der treibenden Schaltung verträglich ist. Diese Frage ist von HENLE et al. behandelt [58.14].

Bei Schaltungen, die mit so kleinem Spannungshub arbeiten, spielen Störimpulse, die durch Übersprechen entstehen, eine wichtige Rolle. Abb. 85 zeigt eine *pnp*-Stufe, die an eine *npn*-Stufe gekoppelt ist; für die wichtigsten Quellen von Störsignalen sind Ersatzbilder eingetragen. u_1 verkörpert Schwankungen der Spannungsquelle von -6 V. Da R_1 viel kleiner ist als R_2, gelangt diese Störung in nahezu gleicher Stärke auf die Basen beider Transistoren. Nun wirken diese Transistoren als Differentialverstärker; die Weiterleitung eines Signals kann nur erfolgen, wenn dasselbe an die eine Basis angelegt wird, während die andere

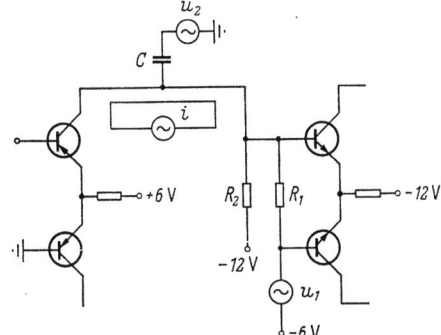

Abb. 85. Drei Störquellen im Kopplungsnetzwerk zweier Stufen

Basis fest bleibt. Daher hat u_1 geringe Wirkung. (Beim Studium von Abb. 82a muß die Frage auftauchen, weshalb die beiden an jedem Kollektor angeschlossenen Widerstände nicht zu einem einzigen zusammengefaßt werden, unter Verwendung einer Quelle mit einem neuen Spannungswert. Diese Frage ist jetzt beantwortet. Es ist wichtig, daß die Quelle von — 6 V, die in Abb. 82a die Kollektoren speist, mit den gleichen Störungen behaftet ist wie die Quelle, die die Basis in Abb. 82b festhält; sonst ist die Kompensation nicht gegeben.)

i veranschaulicht eine Stromquelle, welche benachbarte Leitungen verkörpert, die in der Verbindungsleitung der beiden Stufen Spannungen induzieren. Diese sind nicht störend; da die Impedanz in der Sekundärschleife hoch ist, sind die induzierten Ströme nur klein. Man beachte, daß — falls die Verbindungsleitungen lang sind — R_1 und R_2 auf der Empfängerseite, nicht auf der Senderseite, anzubringen sind. Nur so läßt sich die Wirkung von i klein halten.

Schließlich können Störsignale kapazitiv von benachbarten spannungführenden Teilen, die durch u_2 dargestellt sind, über C eingekoppelt werden. Wegen der geringen Impedanz gegen Erde ($R_1 = 200\ \Omega$) können sie aber nur kleine Spannungen verursachen. Einfache Überlegungen zeigen, daß Störungen in den übrigen Speiseleitungen (—12 V und +6V) geringe Wirkung haben, weil sie die Schaltung durch große Widerstände speisen [58.28].

Große Aufmerksamkeit muß hier — wie in allen Hochgeschwindigkeitsschaltungen — den Toleranzen zugewendet werden. Für alle Signalpegel und Speisespannungen, ferner für die Widerstände und Eigenschaften der Transistoren sind Toleranzfelder festzulegen, und es muß sichergestellt werden, daß der Schaltkreis auch dann noch einwandfrei arbeitet, wenn alle Größen in der ungünstigen Richtung bis an den Rand des zulässigen Bereiches gerückt sind. Die Toleranzfelder sind in [59.8] aufgezeichnet.

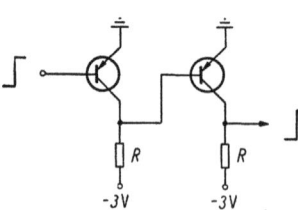

Abb. 86. Grundschaltung in direkter Kopplung. $R = 1000\ \Omega$

Die beschriebenen Schaltungen vom Stromtyp haben den Vorteil großer Arbeitsgeschwindigkeit, der aber nur mit Drifttransistoren wirklich ausgenützt werden kann. Ihr Nachteil ist ein relativ großer Materialaufwand, ferner die Notwendigkeit mehrerer Spannungsquellen.

Eine ausführlichere Beschreibung gibt HUNTER [15], und BUELOW [60.4] sowie JARVIS et al. [60.18] vermitteln Gedanken für die Weiterentwicklung der stromgesteuerten Schaltungen.

III.2.3.5 Direkt gekoppelte Schaltkreise. Diese Schaltungen sind durch das Fehlen von Koppelnetzwerken gekennzeichnet. Abb. 86 zeigt eine Kette von Verstärkern. Die Last für den ersten Transistor besteht aus der Basis des zweiten Transistors, parallel zum Widerstand von 1 kΩ, der auf -3 V führt. Diese kombinierte Belastung ist in Abb. 87 in das Kennlinienfeld des Transistors eingezeichnet. Im eingeschalteten Zustand wird sein Kollektor eine sehr niedrige Spannung haben (zwischen 0 und $-0{,}1$ V), im ausgeschalteten Zustand etwa $-0{,}4$ V. Nun läßt sich aus Abb. 44 erkennen, daß ein Transistor für Emitter-Basis-Spannungen in der Größenordnung von $0{,}1$ V weitgehend gesperrt ist, wenn auch sein Kollektorstrom noch nicht auf dem Minimalwert angelangt ist. Auf dieser Tatsache beruht die Möglichkeit der direkten Kopplung;

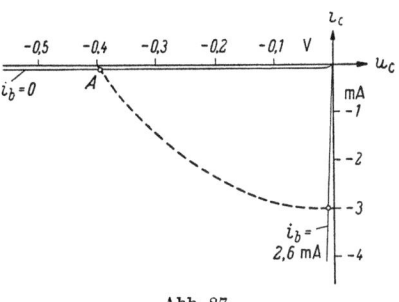

Abb. 87
Arbeitspunkte des ersten Transistors in Abb. 86

die Kollektorspannung des leitenden Transistors muß niedrig genug sein, um den folgenden Transistor zu sperren. Die meisten legierten Transistoren erfüllen diese Bedingung grundsätzlich, doch müssen an sie spezielle Anforderungen gestellt werden. Ursprünglich sind diese Schaltkreise für den Oberflächen-Grenzschicht-Transistor entwickelt worden, doch eignen sie sich auch für die neuerdings zur Bedeutung gelangenden Silizium-Transistoren.

Da der Spannungshub am Kollektor weniger als $0{,}4$ V beträgt, muß man den Widerstand R im wesentlichen als eine Quelle konstanten Stromes betrachten, und ihr Strom wird zwischen dem ersten und dem zweiten Transistor hin- und hergeschaltet. Mit einer solchen Stufe — die einen Negator darstellt — ist es auch möglich, mehr als nur eine weitere Stufe zu treiben. Je größer die Stromverstärkung im Transistor und je exakter die Charakteristiken übereinstimmen, desto größer ist die Zahl der parallelgeschalteten Basen, die ein Kollektor treiben kann.

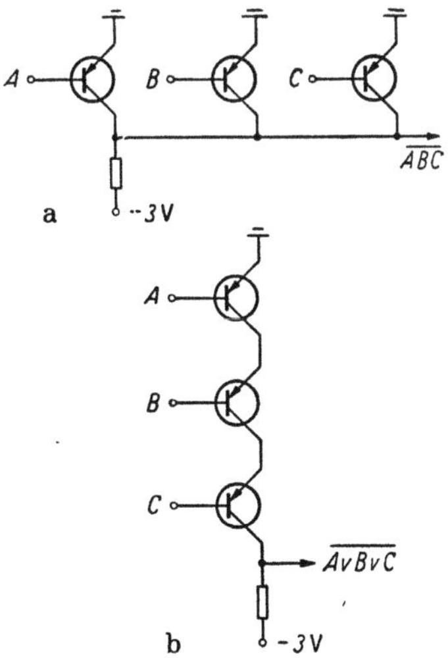

Abb. 88. Logische Schaltungen mit direkter Kopplung

Zur Ausführung logischer Verknüpfungen lassen sich die Kollektoren parallelschalten, s. Abb. 88a. Ferner kann die Anordnung von Abb. 88b verwendet werden, doch ist hier die Zahl der Transistoren, die übereinandergeschaltet werden können, begrenzt; denn die Emitter-Kollektor-Spannungen der Transistoren addieren sich, und wenn alle Transistoren

100   III. Elektrische Grundschaltungen

leitend sind, so muß die nachfolgende Stufe trotzdem noch gesperrt werden. Außerdem braucht beispielsweise der Eingang C eine stärker negative Spannung, um den Transistor einzuschalten, als A. Aus diesen Gründen können nur zwei oder höchstens drei Transistoren übereinandergeschaltet werden. Die beiden Verbindungen von Abb. 88 lassen sich auch kombinieren, s. Abb. 89.

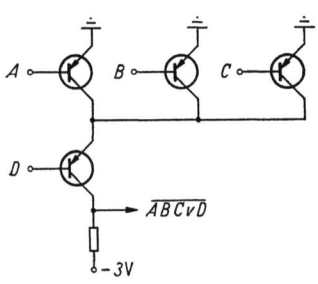

Abb. 89. Beispiel einer Kombination von Abb. 88a und b

Durch kreuzweises Zusammenschalten von zwei Negatoren entsteht das Flipflop, s. Abb. 90. Die Tastung erfolgt durch zwei zusätzliche Transistoren, die rechts und links eingezeichnet sind.

Es ist ersichtlich, daß auf dieser Grundlage Schaltkreise aufgebaut werden können, die eine verblüffend niedrige Anzahl von Teilen haben. Die Zahl der Widerstände ist geringer als die Zahl der Transistoren. Weitere Vorteile bestehen darin, daß nur eine einzige Spannungsquelle mit geringen Anforderungen an die Stabilität vorkommt, und daß der Leistungsverbrauch klein ist. Dem stehen folgende Nachteile gegenüber: Enge Toleranzen für die Transistoren; Notwendigkeit sehr guter Erdverbindungen wegen des kleinen Spannungshubes; begrenzte Geschwindigkeit infolge der Sättigung der Transistoren.

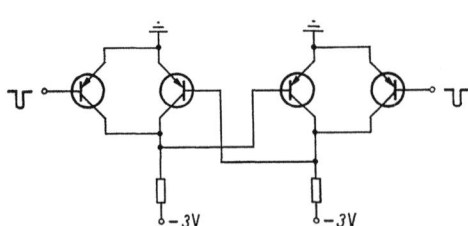

Abb. 90. Flipflop mit direkter Kopplung. Rechts und links sind die Tast-Eingänge

Die direkt gekoppelten Schaltkreise sind in der Literatur mehrfach beschrieben worden. Ausführlichere Analysen finden sich in [58.6], ferner in [15].

Schlußbemerkung zu § III.2.3: Fast alle neuen Rechenanlagen verwenden gleichstromgekoppelte Schaltungen, und über ihren Entwurf ist eine große Menge von Erfahrungen gesammelt worden. Man muß sich aber darüber klar sein, daß der Entwurf eines vollständigen Schaltungssystems trotzdem eine Arbeit von enormem Umfang darstellt. PRYWES et al. haben die Schritte, die dabei durchlaufen werden müssen, zusammengestellt [61.27].

III.2.4 Wechselstromgekoppelte Schaltungssysteme

Wie weiter oben dargelegt wurde, ist kein Schaltungssystem in allen Teilen gleichstromgekoppelt. Der zeitliche Ablauf der Vorgänge muß —

außer in asynchronen Anlagen — durch Taktimpulse gesteuert werden, und die dazu benötigten Impulsventile enthalten als Koppelelemente immer Kondensatoren, gelegentlich auch Übertrager. In diesem Abschnitt betrachten wir Schaltungen, in denen Übertrager nicht nur als Impulsventile, sondern auch für die Übermittlung von informationstragenden Signalen[1] eingesetzt sind. Wir beschränken uns auf lineare Übertrager. Schaltungen, in denen von den nicht linearen Eigenschaften der Ferromagnetika zum Zweck der Verstärkung oder der kurzzeitigen Speicherung Gebrauch gemacht wird, gelangen auf S. 111 ff. zur Besprechung.

Die mit dem Übertrager unmittelbar zusammenhängenden Teile sind nach durchaus andern Gesichtspunkten zu entwerfen als die gleichstromgekoppelten Schaltkreise. Der wichtigste Unterschied besteht darin, daß durch Wahl des Übersetzungsverhältnisses sehr niedrige Impedanzen erzeugt werden können und daß durch die endliche Hauptinduktivität die Längen der Impulse begrenzt sind.

Wechselstromgekoppelte Schaltungen haben in den letzten Jahren viel von ihrer Bedeutung eingebüßt, und zwar deshalb, weil die Kosten der Transistoren stetig gesunken sind, während die Übertrager nach wie vor sehr teure Bauelemente sind. Es ist daher wirtschaftlich kaum mehr gerechtfertigt, Schaltungen mit Übertragern zu bauen, außer für Sonderzwecke wie etwa Schreib- und Leseverstärker in einem Magnetkern- oder Schichtspeicher. Immerhin lassen sich mit Übertragern extrem schnelle logische Schaltungen bauen, wie KONKLE gezeigt hat, der ein Schaltungssystem mit einer Impulsfrequenz von 50 MHz beschreibt [*62.13*].

Mit Übertragern läßt sich eine große Mannigfaltigkeit von Kreisen aufbauen. In den folgenden Abschnitten sind zwei herausgegriffen, die in der Literatur beschrieben wurden und die sich praktisch bewährt haben.

III.2.4.1 Schaltkreise, die auf dem Prinzip des getasteten Verstärkers beruhen. Abb. 91 illustriert ein zweistufiges Diodengatter mit nachfolgendem Transistor-Impulsgatter. Zur Verdeutlichung sind für die Schaltelemente und Spannungen bestimmte Werte angegeben, doch werden diese Größen je nach Anwendung und je nach dem verwendeten Transistor variieren. Das ganze System besteht aus dem gezeigten Schaltkreis und aus Flipflops, die durch die Sekundärseite des Übertragers getastet werden und die ihrerseits die Eingangssignale für die Diodengatter liefern. Der getastete Verstärker arbeitet wie ein Impulsverstärker mit geerdeter Basis, der zudem durch Änderung der Basis-Vorspannung ein- und ausgeschaltet werden kann. Also sind, ähnlich wie in Abb. 75a, so-

---

[1] Unter „informationstragend" soll die Eigenschaft verstanden werden, wonach die Impulse durch ihre Anwesenheit oder Abwesenheit die Symbole L und 0 vermitteln. In einem andern Sinn sind allerdings auch die Taktimpulse informationstragend.

wohl Basis als auch Emitter als steuernde Elektroden verwendet. Der positive Impuls, der, von —6 V ausgehend, eine Amplitude von 3 V hat, wird den Transistor dann einschalten können, wenn seine Basis auf —6 V liegt; ist ihre Spannung aber 0 V, so ist der Verstärker gesperrt. An der Basis besteht die Verknüpfung $AB \vee CD$. Der Kondensator sorgt dafür, daß die Basisspannung während der Dauer des Impulses hinreichend

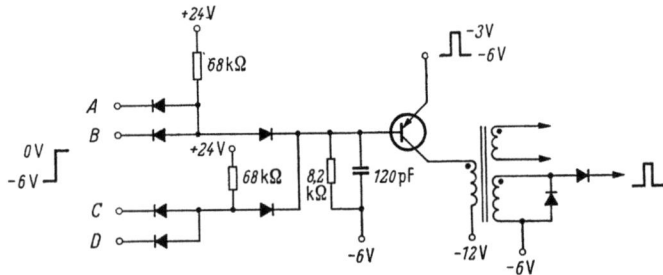

Abb. 91. Getasteter Verstärker

konstant ist. Er darf nicht so groß sein, daß er die Anstiegszeit der Dioden-Schaltkreise wesentlich verlängern würde. Da der Verstärker dann eingeschaltet ist, wenn der Ausdruck $AB \vee CD$ gleich Null ist, das heißt, wenn die Basisspannung —6 V beträgt, entsteht am Ausgang die Negation dieses Ausdruckes.

Die Eingänge dieser Stufe werden an die Kollektoren von Flipflops angeschlossen und erhalten somit statische Spannungen. Der Übertrager hat auf jeder Sekundärwicklung das Übersetzungsverhältnis 3:1 und liefert somit sehr niederohmige Impulse. Der untere Ausgang, der positive Impulse abgibt, kann zur Steuerung weiterer Stufen dieser Art verwendet werden. (Das System ist also so ausgelegt, daß am Emitter-Eingang nicht nur Taktsignale, sondern auch informationstragende Impulse eingegeben werden können.) Die obere Sekundärwicklung dient zur Tastung des Flipflops. Weitere Einzelheiten finden sich in [56.3].

III.2.4.2 Ein zweiter getasteter Verstärker. Abb. 92 veranschaulicht einen getasteten Verstärker, der die gleichen Prinzipien verwirklicht, die

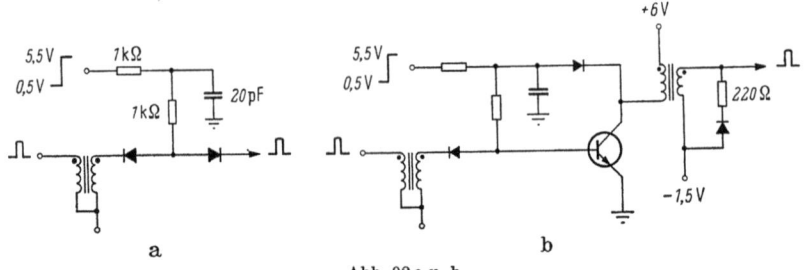

Abb. 92 a u. b
a) Impulsgatter, b) getasteter Verstärker

im vorigen Paragraphen beschrieben wurden, der aber andere Schaltungen aufweist. Zum besseren Verständnis ist das eigentliche Gatter — welches die grundsätzliche Form von Abb. 32a hat — in Abb. 92a getrennt aufgezeichnet. Wenn das statische Eingangssignal den Wert L (+5,5 V) hat, so fließt ein Strom durch die zwei Widerstände, die linke Diode und den Übertrager, und der Kondensator wird auf eine entsprechende Spannung aufgeladen. Erscheint nun ein positiver Impuls, so wird

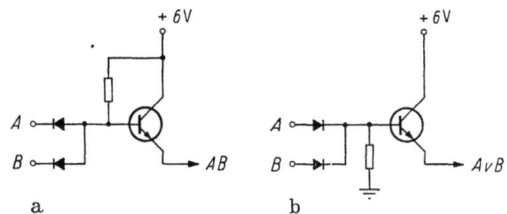

Abb. 93. „Mal"-Gatter und „oder"-Gatter zu Abb. 92

dieser Strom unterbrochen, und an der Ausgangsklemme tritt die Kondensatorspannung auf. Ist anderseits das Eingangssignal 0 (0,5 V), dann entsteht am Ausgang nur ein sehr kleiner Impuls. Abb. 92b zeigt, wie dieses Gatter den Verstärker steuert. Die Diode im Kollektorkreis reduziert den Grad der Sättigung nach dem Prinzip von Abb. 69.

Die logischen Verknüpfungen werden mittels gewöhnlicher Diodengatter mit nachgeschaltetem Emitterfolger gebildet, s. Abb. 93. Das ganze System besteht aus Flipflops, deren Ausgänge diese Gatterschaltungen speisen; die Emitterfolger geben die Eingangssignale für den getasteten Verstärker ab, der seinerseits mit seinen Ausgangsimpulsen das nächste Flipflop tastet. Eine ausführlichere Beschreibung dieser Schaltkreise vermitteln PROM und CROSBY [56.23].

III.2.5 Sonderschaltungen für Parallel-Addierwerke

Auf S. 179ff. wird darauf hingewiesen werden, daß die Zeitabläufe in einem Parallel-Addierwerk kritisch sind. Die Summe an einer gegebenen Stelle kann von allen niedrigeren Stellen abhängen: Beispiel LLLLL + L = L00000. In einem n-stelligen Addierwerk muß sich somit ein Signal in gewissen Fällen durch $n - 1$ Stellen fortpflanzen, bevor die Addition beendet ist. Von Vorteil sind daher Anordnungen, die den Gang des Übertrages, in Vergleich zu den Summenziffern, möglichst vereinfachen; solche Addierwerke zeigen Abb. 174 bis 177, die wir den nachfolgenden Betrachtungen zugrunde legen. In diesen Anordnungen muß das Signal C nur durch ein „mal"-Gatter und ein „oder"-Gatter gehen. Dieser Weg muß möglichst schnell durchlaufen werden; ein Signal, das von C nach U läuft, darf weniger Verzögerung erleiden als ein Signal, das bei A oder B entsteht. Nun ist zu beachten, daß die meisten „oder"-Gatter in bezug auf die ansteigende Flanke wesentlich schneller sind als die meisten „mal"-Gatter. (Die fallende Flanke des Übertragssignals ist hier weniger wichtig, da man es so einrichten kann, daß sie nie eine lange Kette von Stellen durchlaufen muß.) Somit konzentrieren sich die Anstrengungen auf das „mal"-Gatter. Dieses Gatter hat zwei Eingänge. Es ist wichtig, zu beachten, daß die Anforderungen an die Schaltzeit dieser beiden Eingänge nicht gleich groß sind. Das Signal am einen Eingang dieses Gatters hängt nur von A und B ab und kann sich in der Vorbereitungsphase der Addition, während welcher sich der Übertrag noch nicht auswirkt, in jeder Stelle des Addierwerkes gleichzeitig aufbauen. Dann beginnt der Übertrag hindurchzueilen, und hier muß (in bezug auf die Eingangsklemme, die den Übertrag betrifft) größtmögliche Schaltgeschwindigkeit verlangt werden. Es zeigt sich nun, daß ein gesättigter Transistor zwischen Emitter und Kollektor eine niedrige Impedanz aufweist und Signale schnell durchläßt, vorausgesetzt, daß das Sättigungsgebiet nicht verlassen wird. Für

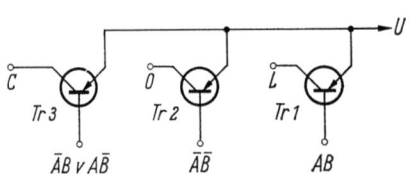

Abb. 94. Schaltung in einem Addierwerk zur Bildung des Übertrages U. A und B sind die Summanden, C ist der ankommende Übertrag

das fragliche „mal"-Gatter kann daher ein Transistor in der Schaltung von Abb. 74a verwendet werden. Abb. 94 zeigt eine von KILBURN et al. [60.20] angegebene Schaltung, die sich praktisch bewährt hat. Sie lehnt sich an Abb. 176 an; hier sind nur die Teile angegeben, die für die Ermittlung von U nötig sind, während die für S benötigten Glieder nicht in die Figur aufgenommen wurden. Der ausgehende Übertrag U kann auf drei verschiedene Arten zustande kommen; für jede ist ein Transistor vorgesehen, der als Emitterfolger auf die Klemme U wirkt. Diese drei Emitterfolger kann man als ein „oder"-Gatter betrachten. Wenn sowohl A als auch B gleich L sind ($AB =$ L), so ist der Übertrag gleich L (Tr 1). Wenn sowohl A als auch B gleich 0 sind ($\bar{A} \cdot \bar{B} =$ L), so ist der Übertrag gleich 0 (Tr 2). Wenn A und B ungleich sind ($\bar{A}B$ v $A\bar{B} =$ L), so ist der Übertrag U gleich dem ankommenden Übertrag C; das ist der kritische Fall des durchgehenden Übertrages. Tr 3 wird eingeschaltet, und zwar wird die Basis mit einem so starken Strom versehen, daß der Transistor in die Sättigung getrieben wird. In diesem Zustand ist der Transistor weitgehend symmetrisch (das heißt, Emitter und Kollektor unterscheiden sich nur wenig), und außerdem ist die Impedanz zwischen Emitter und Kollektor sehr niedrig. Also kann ein Signal sehr schnell von C nach U eilen. In einem Parallel-Addierwerk werden nun die Basen von Tr 3 in allen Stellen gleichzeitig angesteuert, während die Weiterleitung der Überträge notwendigerweise einen Serienprozeß darstellt. Daher kann dieser Schaltkreis mit gesättigten Transistoren unter Umständen sogar schneller sein als ein solcher mit nicht gesättigten Transistoren. Das Verhalten kann mit einem elektromagnetischen Relais verglichen werden, welches für die Schließung der Kontakte eine lange Zeit beansprucht, durch die geschlossenen Kontakte dann aber Signale nahezu mit Lichtgeschwindigkeit hindurchleiten kann. Messungen zeigen, daß die Durchleitung fast gleich schnell erfolgt, wie wenn man die Transistoren Tr 3 durch direkte Drahtverbindungen ersetzt. Die Geschwindigkeit wird also vorwiegend durch die Leitungen und ihre Geometrie bestimmt. — Die Analogie zwischen Abb. 94 und Abb. 136 ist evident.

Eine ähnliche Anordnung beschreibt SALTER [60.30].

III.2.6 Nanosekundenschaltungen und Mikroelektronik

In diesem Abschnitt wird eine bedeutende Umwälzung auf dem Gebiet der Baugruppen, aus denen sich eine digitale Schaltung zusammensetzt, beschrieben. Ungefähr von 1959 an bestehen die Baugruppen der meisten digitalen Rechenanlagen aus Isolierplatten von 1 bis 2 dm^2 Fläche, die in einen Rahmen eingesteckt werden. Alle Bauteile befinden sich auf der Baugruppe; der Rahmen enthält nur Verdrahtung. Die Baugruppe enthält auf einer Seite eine gedruckte Verdrahtung, auf der andern Seite die Transistoren, Dioden, Widerstände und Kondensatoren, total vielleicht zwischen 10 und 40 Bauelemente. Der Stecker hat bis zu 30 Kontakte. Die schnellsten dieser Baugruppen ermöglichen eine Verzögerung pro logische Stufe von etwa 20 ns. Diese Baugruppen sind bestbekannt und haben auch in vielen andern Gebieten der Elektronik Eingang gefunden, siehe z. B. [59.10].

III.2.6.1 Die Notwendigkeit integrierter Baugruppen. Die neue Entwicklung wird durch die folgenden zwei Gegebenheiten bestimmt: Erstens müssen die Schaltungen schneller werden, das heißt, die Zeit, die ein Signal braucht, um eine gegebene Kette von Gattern zu durchlaufen, muß sich verkürzen; und zweitens müssen sich die Herstellungskosten reduzieren. Beides wird durch die *integrierten Schaltkreise* erreicht. Unter integrierten Schaltkreisen versteht man Baugruppen, in denen Grundplatte und Bauteile in einer Reihe von Fabrikationsgängen als unzerlegbare Einheit hergestellt werden, im Gegensatz zur konventionellen Technik, wo die Widerstände, Transistoren und übrigen Bauteile getrennt fabriziert und erst am Schluß in die Grundplatte eingesetzt werden. Dadurch erreicht man eine Verminderung der Kosten. Gleichzeitig wird aber auch eine größere Geschwindigkeit ermöglicht, was im folgenden erklärt wird.

Beim Entwurf von schnellen Schaltkreisen muß die fundamentale Tatsache berücksichtigt werden, *daß Signale höchstens mit Lichtgeschwindigkeit übermittelt werden können*. Diese Geschwindigkeit beträgt bekanntlich 30 cm pro Nanosekunde. Diese Aussage gilt für eine gleichmäßige Leitung. Wenn koaxiale Kabel mit festem Dielektrikum verwendet werden oder wenn Konfigurationen hinzutreten, die die Eigenschaft von konzentrierten Kapazitäten und Induktivitäten haben (wie etwa Löt- und Steckverbindungen), so ist die pro ns zurückgelegte Strecke noch wesentlich kürzer. Die Begrenzung der Geschwindigkeit einer Schaltung liegt also nicht nur in den Transistoren und Dioden, sondern ebenso in rein geometrischen Gegebenheiten. Ein einfaches Gedankenexperiment führt diese Tatsache höchst anschaulich vor Augen: Wenn man die schnellsten Digitalschaltungen wählt, die mit konventionellen Baugruppen gebaut wurden und die pro logische Stufe etwa 20 ns Verzögerung haben, und (in Gedanken) alle Dioden und Transistoren durch solche ersetzt, die die Grenzfrequenz Unendlich, die Laufzeit Null und verschwindende Sperrträgheit haben, so werden die Schaltungen um *weniger als einen Faktor 4* schneller. Also kann eine Verbesserung der einzelnen Bauelemente nur noch eine beschränkte Verkürzung der Schaltzeiten erbringen, und für einen wirklichen Fortschritt müssen die Baugruppen sehr stark verkleinert werden. Das läßt sich nur mit der integrierten Technik erreichen, die wegen ihrer Kleinheit auch „Mikroelektronik" genannt wird.

Das Problem der Abfuhr der erzeugten Wärme, das die Erbauer von Rechenanlagen von jeher beschäftigt hat, wird bei so kleinen Elementen besonders kritisch. Aus einfachen thermodynamischen Gründen ist der Wärmemenge, die durch Luft (oder auch durch eine Flüssigkeit) aus einem gegebenen Volumen weggeführt werden kann, eine gewisse Grenze gesetzt. Daher muß der Leistungsbedarf pro Element um so kleiner werden, je kleiner die Elemente sind. (Da solche Elemente auch schneller arbeiten, muß in ihnen die *pro Schaltoperation* aufgewendete Energiemenge außerordentlich stark reduziert werden.) Das steht im direkten Gegensatz zu schaltungstechnischen Forderungen, welche besagen, daß für die Aufladung der Schaltkapazität C auf die Spannung U in der Zeit τ der Strom $I = U C/\tau$ nötig ist, der um so größer ist, je kürzer τ, und dieser größere Strom bedingt auch größere Leistung, s. S. 85.

In Nanosekundenschaltungen müssen alle Verbindungen, außer wenn sie sehr kurz sind, als Leitungen mit endlicher Laufzeit betrachtet werden. An Diskontinuitäten (wie Lötstellen) entstehen komplizierte Reflexionen, die berücksichtigt werden müssen [*63.16, 63.26*].

Bemerkenswert ist, daß die neuen integrierten und gemischten Baugruppen Schaltungen enthalten, die sich kaum von den älteren Systemen unterscheiden. Die Erhöhung der Geschwindigkeit ist also nicht durch schaltungstechnische Maßnahmen, sondern ausschließlich durch Verbesserung der Transistoren und durch geometrische Verkleinerung zustande gekommen. Die Schaltkreise sind praktisch gleich wie diejenigen, welche auf S. 87—93 beschrieben wurden.

III.2.6.2 Integrierte Schaltkreise. Der Ausdruck „integrierte Schaltkreise" wird für fast jede denkbare Form der miniaturisierten elektronischen Schaltungen gebraucht[1]. Im engeren Sinn versteht man darunter jedoch nur solche Anordnungen, in denen die Schaltelemente in kontinuierlichen Prozessen direkt auf der Unterlage hergestellt werden. Diese Technik wurde ursprünglich geschaffen, um für Sonderanwendungen Volumen und Gewicht zu verkleinern, und war sehr kostspielig. Seither haben sich die Herstellungsverfahren enorm verbessert, und für die Zukunft erblickt man in integrierten Schaltungen die Quelle einer bedeutenden Kostenersparnis gegenüber konventionellen Baugruppen.

Integrierte Transistorschaltungen sind auf der Basis von Silizium gebaut. Ihre Hauptmerkmale sind, daß die einzelnen Transistoren, ob-

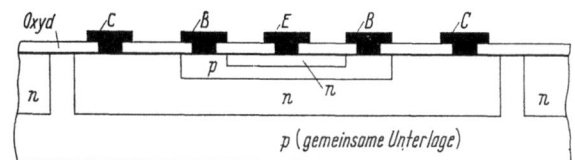

Abb. 95. *npn*-Transistor in einer integrierten Schaltung auf gemeinsamer Unterlage
E Emitteranschluß, *B* Basisanschluß, *C* Kollektoranschluß

wohl sie auf ein und demselben Siliziumkristall aufgebaut sind, voneinander isoliert sein müssen, und daß Emitter-, Basis- und Kollektoranschluß auf der gleichen Seite herauszuführen sind. Die Herstellungsprozesse, die zur Verfügung stehen, sind Diffusion, Legierung, epitaxiales Aufwachsen, Aufdampfung im Hochvakuum, chemisches Ätzen. Abb. 95 zeigt eine mögliche Ausführung eines *npn*-Transistors. In einer solchen Schaltung sind alle Transistoren auf einer gemeinsamen, aus *p*-Silizium bestehenden Unterlage aufdiffundiert. Die gegenseitige Isolation kommt dadurch zustande, daß die *p*-dotierte Unterlage gegenüber den *n*-dotierten Kollektoren auf einem negativen Potential gehalten wird, so daß zwischen Kollektor und Unterlage eine in Sperrichtung vorgespannte Sperrschicht entsteht. In diesem Transistor muß — im Gegensatz zu allen andern Bauformen — der Kollektorstrom in seitlicher Richtung (also senkrecht zur Transistorachse) fließen. Das führt zu einem hohen Kollektorwiderstand, was schaltungstechnisch ein Nachteil ist. Richtwerte für diese Ausführung sind: Kollektorwiderstand 70 Ohm, Kapazität gegenüber der Unterlage 10 pF, α-Grenzfrequenz 500 MHz, Kollektor-Basis-Kapazität 7 pF bei 0 V. Das Produkt von Verlustleistung mal Verzögerung ist 150 Milliwatt-Nanosekunden und die zulässige Verlustleistung 10 mW, was zu einer minimalen Verzögerung von 15 ns führt.

---

[1] Auch der Ausdruck „monolithische Elemente" kommt vor. Ferner ist das Wort „Molektronik" geprägt worden, das darauf hindeuten soll, daß Schichten in der Dicke von wenigen Atomlagen (bzw. Moleküllagen) vorkommen.

Als nächstes betrachten wir die Herstellung von Widerständen. Zwei Verfahren gelangen zur Verwendung, die Diffusion und die Aufdampfung, s. Abb. 96. Mit beiden Verfahren ist der höchste spezifische Widerstand, der erreicht werden kann, etwa 250 Ω*. Große Widerstandswerte erheischen eine langgestreckte Form, und es ist nicht möglich,

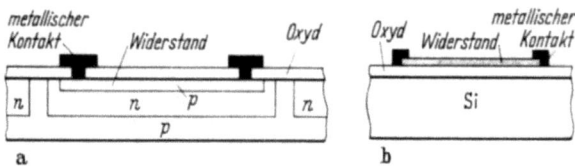

Abb. 96 a u. b. Ohmsche Widerstände in integrierten Schaltungen
a) diffundierte Form, b) Aufdampfung auf die Oxydschicht

Widerstände von mehr als etwa 50 kΩ herzustellen; die Schaltungstechnik muß dieser Einschränkung angepaßt werden. Durch nachträgliches Trimmen kann der Widerstandswert sehr genau eingestellt werden.

Schließlich ist noch die Darstellung von Kapazitäten zu erläutern. Es ist naheliegend, eine in Sperrichtung vorgespannte p-n-Sperrschicht zu verwenden, die bekanntlich als Kapazität wirkt. Ihr Wert ist allerdings spannungsabhängig, doch ist das in vielen Anwendungen kein Nachteil. Wenn konstante Kapazität gewünscht wird, so läßt sich über die Oxydschicht, die den Siliziumkristall bedeckt, eine Metallschicht aufdampfen, die zusammen mit einer sehr stark dotierten n-Zone einen Kondensator darstellt, s. Abb. 97. Die auf diese Art erreichbare Kapazität beträgt etwa 1000 pF/mm², so daß die Unterbringung der für praktische Zwecke gebrauchten Werte keine Schwierigkeiten bereitet.

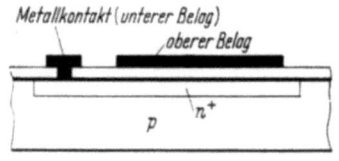

Abb. 97
Kondensator in integrierten Schaltungen.
n^+: Sehr starke (entartete) Dotierung

Induktivitäten werden gebildet, indem man eine spiralförmige Leiterschicht auf die Unterlage aufbringt. Wegen der kleinen Abmessungen lassen sich aber nur Bruchteile von einem Mikrohenry erreichen, und eine solche Induktivität erzeugt in einer Schaltung nur eine relativ geringe Wirkung.

Es ist klar, daß eine solche Technik um so ökonomischer ist, je größer die Baugruppen sind, die auf einer einzelnen Unterlage hergestellt werden können. Die heutige Technik gestattet Gruppen mit etwa 40 Bauteilen (Transistoren, Dioden, Widerstände, Kondensatoren).

Literatur: [62.22, 63.11]

---

* Widerstand einer Schicht mit quadratischer Form.

III.2.6.3 Baugruppen gemischter Herstellungsart.

In diesem Abschnitt wird ein System von mikrominiaturisierten Schaltungen beschrieben, in welchem Verdrahtung, Widerstände und Kondensatoren in integrierter Bauweise hergestellt sind, während die Halbleiter-Bauelemente (Dioden und Transistoren) getrennt fabriziert und nachträglich eingebaut werden.

Das wesentliche Merkmal ist, daß die Halbleiter nicht in ein Gehäuse eingebaut und mit Anschlußdrähten versehen sind; vielmehr bestehen sie aus einem Siliziumplättchen, welches alle Anschlüsse auf einer Seite trägt und welches mittels Löttropfen direkt auf die Unterlage aufgelötet werden kann, s. Abb. 98. Das Plättchen hat eine Größe von 0,6 mm × 0,6 mm und eine Dicke von etwa 0,2 mm. Die drei Halbkugeln bestehen aus Lötmetall. Das Bild stellt einen npn-Planartransistor dar. Auf ähnliche Siliziumplättchen werden auch Dioden

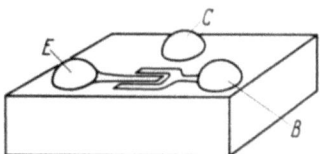

Abb. 98. Ansicht des Transistors (Größe: 0,6 mm × 0,6 mm)
E Emitteranschluß, B Basisanschluß, C Kollektoranschluß

aufgebaut, wobei ein Plättchen bis zu zwei Dioden enthalten kann, die entweder gemeinsamen Kathodenanschluß oder gemeinsamen Anodenanschluß besitzen. Da die Halbleiterelemente nicht in ein hermetisch abgeschlossenes Gehäuse eingebaut sind, mußte ein Weg gefunden werden, ihre Oberfläche vor chemischen Einwirkungen zu schützen (zu *passivieren*). Eine solche Schutzschicht muß verschiedene, zum Teil widersprechende Bedingungen erfüllen. Eine befriedigende Lösung verwendet eine Glassorte spezieller Zusammensetzung, mit der der ganze Halbleiter in einer Dicke von einigen μm überzogen wird. Aussparungen in diesem Überzug stellen den Kontakt mit den Kugeln aus Lötmetall her. — Die getrennte Herstellung der Halbleiter-Bauelemente hat gegenüber integrierten Schaltkreisen den großen Vorteil, daß die Transistoren und Dioden vor dem Einbau vollständig ausgeprüft werden können.

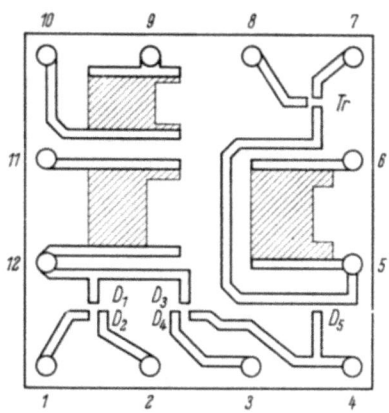

Abb. 99. Baugruppe vor Einbau des Transistors und der Dioden. Schraffiert: Widerstände, die bereits auf den Sollwert geschliffen sind. Größe dieser Baugruppe 12 mm × 12 mm

Die Baugruppe verwendet als Unterlage eine keramische Platte von 12 mm × 12 mm Größe und 1,5 mm Dicke, s. Abb. 99. Sie besitzt 12 Löcher, in welche Stifte eingelassen sind (Abb. 100). Zuerst wird die Verdrahtung aufgebracht, und zwar kommt ein drucktechnisches Verfahren mit Farben, die Edelmetalle (Ag, Au, Pt) enthalten, zur Anwendung. Anschließend erfolgt eine Wärmebehandlung. Die Widerstände werden mit dem gleichen Verfahren, aber mit andern Materialien aufgebracht. Sie sind in Abb. 99 schraffiert gezeichnet. Dann werden die Verbindungen verzinnt. Die Widerstände werden zunächst mit der Toleranz $+0\%$, -15% hergestellt. Mit einem Sandstrahlgebläse werden sie nun abgeschliffen, bis der vorgeschriebene Widerstandswert auf $\pm 1\%$ angenähert ist. Dieser Prozeß erfolgt automatisch, indem sich das Gebläse selbsttätig ausschaltet, sobald eine Meßbrücke den richtigen Wert anzeigt. Die durch Abschleifen veränderte Form ist in Abb. 99 deutlich zu erkennen. Anschließend werden die Halbleiterelemente an den vorbereiteten Anschlußstellen festgelötet; Abb. 100 zeigt die fertige Baugruppe. Zuletzt wird die ganze obere Seite zum Schutz vor Feuchtigkeit und mechanischen Einwirkungen mit einem etwa 1 mm dicken organischen Überzug versehen.

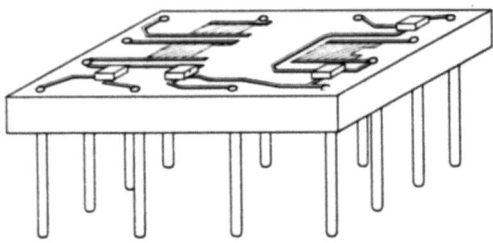

Abb. 100. Die fertige Baugruppe. Vorne die Dioden, hinten der Transistor. Die Widerstände sind schraffiert

Abb. 101 veranschaulicht die Schaltung der gezeigten Baugruppe. Wie ersichtlich ist, handelt es sich um eine Kette „mal"-Gatter-„oder"-

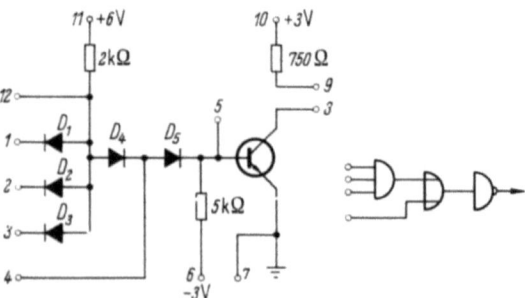

Abb. 101. Schaltung der Baugruppe. Die Nummern der Klemmen und Dioden entsprechen Abb. 99

Gatter-Negator; sie stellt ein sehr flexibles Glied für den Aufbau digitaler Schaltungen dar. Die Spannungswerte sind 0,3 V für 0, 3 V für L. Dem „mal"-Gatter werden etwa 3 mA zugeführt, dem „oder"-Gatter etwa 0,6 mA, und der Kollektorstrom beträgt 4 mA. Dieses Glied verursacht eine totale Verzögerung von etwa 20 ns zwischen Eingang und Ausgang.

Große Aufmerksamkeit erfordern die Fragen der Erwärmung. In dieser Baugruppe entsteht eine Verlustleistung von etwa 30 mW, und es muß dafür gesorgt werden, daß nicht nur diese Wärme gesamthaft abgeführt wird, sondern daß auch lokal (beispielsweise im Transistor) keine zu hohe Temperatur entsteht.

Literatur: [64.4]
Zusätzliche Literatur zu § III.2: [15, 17, 23, 59.19, 60.35, 63.8, 63.9]

III.3 Schaltungen mit Magnetkernen

Mit Magnetkernen läßt sich eine Fülle von verschiedenen Schaltkreisen aufbauen. Die Vielfalt der vorgeschlagenen Anordnungen ist viel größer als etwa mit Transistoren, was seinen Grund in der Tatsache hat, daß auf einem Ringkern mehrere gleichstrommäßig getrennte Wicklungen angebracht werden können. Dadurch wird es beispielsweise möglich, viele Wicklungen in Serie zu schalten und mit einer Quelle konstanten Stromes zu speisen. Noch viel größer wird die Mannigfaltigkeit der Ausführungsformen, sobald man die Ringform der Kerne verläßt und zu Strukturen mit mehreren Öffnungen übergeht.

In der Zeit um 1955 hat man in die Verwendung von logischen Schaltungen mit Magnetkernen große Hoffnungen gesetzt, und man versprach sich von solchen Anordnungen — verglichen mit Elektronenröhren — niedere Kosten und hohe Betriebssicherheit. Tatsächlich waren die ersten praktisch verwerteten Festkörper-Anlagen mit Magnetkernen, nicht mit Transistoren versehen. Wenn die Entwicklung seither einen andern Weg genommen hat, so liegt das nicht daran, daß die Hoffnungen ungerechtfertigt gewesen wären, sondern vielmehr daran, daß sich die Herstellungs- und die Schaltungstechnik der Transistoren über Erwarten günstig entwickelte. Die Kosten von Transistor-Schaltkreisen liegen unter jenen von Anordnungen mit Magnetkernen, die Betriebssicherheit ist in beiden Fällen nahezu vollkommen, und die mit Kernen erreichbare Taktfrequenz beträgt weniger als 1 MHz, während mit Transistoren weit mehr als das Zehnfache möglich ist. Daher haben von den vielen vorgeschlagenen Kernschaltkreisen nur wenige den Eingang in die kommerzielle Verwertung gefunden. In größerem Maßstab verwertet werden die Schieberegister nach Abb. 102 und 103, die Magnetverstärker vom „Ferractor"-Typ (s. S. 121) und die logischen Verknüpfungen nach dem Prinzip der Eingabefunktion (s. S. 117f.). Verglichen mit der großen Arbeit, die auf die Entwicklung solcher Schaltungen verwendet wurde, ist das eine bescheidene Ausbeute, und im Hinblick darauf ist dieser Abschnitt recht kurz gehalten. Eine ausführlichere Übersicht vermitteln RAJCHMAN [59.53] und RICHARDS [26], und eine von MORGAN zusammengestellte Bibliographie enthält etwa 400 Titel über magnetische logische Schaltungen und Speicher [59.44].

112   III. Elektrische Grundschaltungen

III.3.0 Die Eigenschaften von Magnetkernen

Die in Frage kommenden magnetischen Materialien sind die gleichen wie in Magnetkernspeichern. Deshalb wird hier auf S. 285ff. verwiesen. Immerhin ist zu sagen, daß die verwendeten Kerne hier größer sind (ihre Durchmesser bewegen sich zwischen 5 und 10 mm) und daß neben den Ferritkernen die metallischen Bandkerne einen wichtigen Platz einnehmen.

III.3.1 Schieberegister

Magnetkerne sind — im Gegensatz zu Transistoren — grundsätzlich speichernde Elemente. Am nächsten liegt daher ihre Verwendung in einem Register. Ein Schieberegister ist ein Register, welches eine Ver-

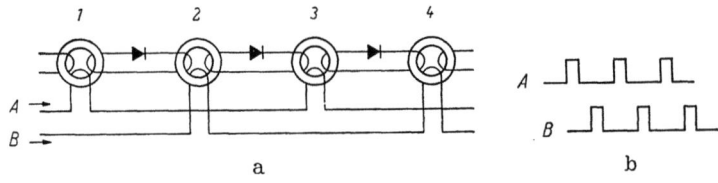

Abb. 102 a u. b
a) Schieberegister mit zwei Kernen pro Bit, b) Zeitlicher Verlauf der Uhrimpulsfolgen A und B, die Impulse konstanten Stromes sind

schiebung des in ihm enthaltenen Wortes ermöglicht. Es kommt sowohl in Serien- als auch in Parallelmaschinen zur Anwendung und eignet sich auch zum Übergang zwischen den beiden Darstellungsarten.

III.3.1.1 Das Zweikern-Schieberegister. Nachfolgend wird das „klassische", erstmals von WANG und WOO angegebene Schieberegister beschrieben [50.2]. Es besteht nur aus Magnetkernen und Dioden und benötigt — weil keine kapazitiven oder zusätzlichen induktiven Elemente vorkommen, die als Zwischenspeicher dienen können — zwei Kerne pro Bit. Abb. 102a zeigt vier Kerne eines solchen Registers[1]. Um seine Funktion zu erklären, treffen wir folgende Festsetzungen, die für alle Abschnitte über logische Schaltungen mit Magnetkernen Gültigkeit haben: Die Hystereseschleife wird als ideal rechteckig angenommen; ein Fluß im Gegenuhrzeigersinn wird mit N, ein solcher im Uhrzeigersinn mit P bezeichnet; überall ist nur eine einzelne Windung eingezeichnet, obwohl in Wirklichkeit die Wicklungen aus vielen Windungen bestehen. Wir betrachten zunächst den Zeitpunkt, da die gespeicherte Information in den

---

[1] In diesen Abbildungen ist darauf verzichtet, den Wicklungssinn durch einen Punkt anzudeuten, wie es in der angelsächsischen Literatur üblich ist. Vielmehr sind die Windungen so gezeichnet, daß sich der Leser an Hand der Schraubenregel ohne Schwierigkeit vergewissern kann, in welcher Richtung der durch einen gegebenen Strom erzeugte magnetische Fluß verläuft.

III.3 Schaltungen mit Magnetkernen

Kernen mit ungerader Nummer (also in *1* und *3*) enthalten ist: N bedeutet 0, P bedeutet L. Alle geraden Kerne sind im Zustand N. In diesem Augenblick wird der Schiebeimpuls A (vgl. Abb. 102b) eingegeben. Er ist so gerichtet, daß er die durchflossenen Kerne auf N zurücksetzt. Wenn ein Kern auf P stand (das heißt, wenn sein Inhalt L war), so entsteht eine Flußänderung, die in der verbindenden Drahtschleife eine Spannung induziert. Dieselbe verursacht einen Strom in Durchlaßrichtung der Diode, der den nächstfolgenden (weiter rechts liegenden) Kern auf L setzt. (Die Dioden verhindern, daß die Spannung, die diese Flußänderung in der nach rechts gehenden Drahtschleife induziert, einen Strom verursacht; denn sonst würde die Information in unerwünschter Weise über zwei Kerne springen.) Wenn dagegen der ungerade Kern auf N stand, so ergibt sich keine Flußänderung und damit auch keine Beeinflussung des folgenden Kerns. Damit ist also die gesamte Information um eine Stufe nach rechts verschoben worden; die Information befindet sich jetzt in den geraden Kernen, und die ungeraden stehen alle auf N.

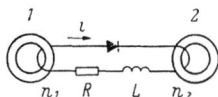

Abb. 103. Zur Analyse der Informationsübermittlung von Kern *1* nach Kern *2*

A und B sind Uhrimpulsfolgen, die keine Information enthalten und die immer dann eingeschaltet werden, wenn eine Verschiebung gewünscht wird. Es sind Impulse konstanten Stromes. Die Bitfrequenz des Registers ist gleich der Frequenz f der Folgen A oder B, doch steht für den Arbeitstakt jedes Kerns nicht $1/f$, sondern nur $1/2f$ zur Verfügung. Da es sich um ein Zweitaktsystem handelt, kann die Fortpflanzungsrichtung nicht durch die Folge der Verschiebeimpulse, sondern nur durch eine Unsymmetrie im Register selbst bestimmt sein. Die Verschiebung nach rechts ist in diesem Fall durch die Windungszahlen gegeben, indem $n_1 > n_2$ ist (s. Abb. 103). Man beachte besonders, daß die eingezeichneten Dioden nicht für die Bevorzugung einer Fortpflanzungsrichtung verantwortlich sind.

Bei richtiger Dimensionierung vermag eine L, die sich nach rechts verschiebt, den nachfolgenden Kern vollständig zu sättigen. Somit werden Signale, die sich fortpflanzen, nicht gedämpft, was nur dadurch möglich ist, daß die Kerne (im Sinne eines Magnetverstärkers) als Verstärker wirken. Nicht die in einem Kern enthaltene magnetische Energie, sondern die transformatorisch von der Impulswicklung herkommende Arbeit wird nach rechts verschoben. Die Fortpflanzung ohne Dämpfung oder Verformung ermöglicht es, Anfang und Ende eines solchen Schieberegisters zusammenzuschalten und die Information beliebig lange zirkulieren zu lassen. Die nachfolgende, stark vereinfachte Analyse bezeichnet mit i den Strom in der Verbindungsschleife (s. Abb. 103), mit Φ_1 und Φ_2 den Fluß in Kern *1* bzw. Kern *2*, und mit L und R die Serienimpedanz

114   III. Elektrische Grundschaltungen

der Schleife. Es gilt:

$$n_1 \frac{d\Phi_1}{dt} + n_2 \frac{d\Phi_2}{dt} = R \cdot i + L \frac{di}{dt}.$$

Dieser Ausdruck wird über die Zeit des gesamten Schiebevorganges integriert:

$$n_1 \cdot \Delta\Phi_1 + n_2 \cdot \Delta\Phi_2 = R \cdot \int i \, dt + L \cdot \int di.$$

Die Auflösung nach $\Delta\Phi_2$ ergibt, unter Berücksichtigung der Tatsache, daß $\int di = 0$:

$$\Delta\Phi_2 = -(n_1/n_2) \cdot \Delta\Phi_1 + (R/n_2) \int i \, dt.$$

Damit der rechte Kern gesättigt wird, muß $\Delta\Phi_2 = \Delta\Phi_1$. Da der letzte Summand immer positiv ist, folgt daraus die Bedingung $n_1 > n_2$. Praktisch findet man als günstigsten Wert ungefähr $n_1 = 2n_2$. Wesentlich eingehendere Analysen vermitteln SANDS [53.6] und CARTER [60.5].

Wenn ein Kern unter dem Einfluß des Uhrimpulses umschaltet, so wird nicht nur in der nach rechts gehenden Schleife ein Strom induziert, sondern auch in der nach links gehenden. Zwar ist wegen $n_1 > n_2$ dieser Strom nicht in der Lage, den links liegenden Kern vollständig zu setzen, doch kann er eine teilweise Umschaltung bewirken, was unter Umständen zu Schwierigkeiten Anlaß gibt. Daher wird oft eine Diode nach Abb. 104 zugefügt, die diesen Strom ableitet.

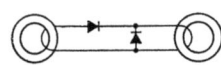

Abb. 104. Zusätzliche Diode, die verhindert, daß die Information von rechts nach links fließt

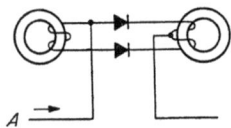

Abb. 105
Variante von Abb. 102 mit angezapfter Wicklung

Eine in Abb. 105 wiedergegebene Variante leitet den Verschiebeimpuls nicht durch eine getrennte Wicklung, sondern durch die Kopplungswicklung selbst [55.1, 26]. In dieser Schaltung, die praktische Verwendung gefunden hat, teilt sich der Uhrimpuls-Strom in der Wicklung des rechten Kerns in zwei Teile, die einander bezüglich der Erzeugung von Fluß entgegenwirken. Wenn der linke Kern eine 0 enthält, so wird seine Wicklung nur eine geringe Induktivität aufweisen, und die beiden Stromteile werden ungefähr gleich sein, im rechten Kern also keine Flußänderung hervorrufen. Enthält dagegen der linke Kern eine L, so wird zunächst der größte Teil des Stromes durch die obere Hälfte der geteilten Wicklung fließen und dadurch den rechten Kern auf L setzen, so lange bis der linke Kern auf 0 gesetzt ist. Diese Anordnung hat gegenüber Abb. 102 verschiedene Vorteile, besonders wenn logische Verknüpfungen ausgeführt werden sollen. Insbesondere kann — da zwei Dioden gegeneinandergeschaltet sind — die Verbindungsschleife in Abwesenheit des Verschiebungsimpul-

III.3.1.2 Das Einkern-Schieberegister.

Abb. 106 veranschaulicht ein Schieberegister, das nur einen Kern pro Bit benötigt und demgemäß auch nur durch eine einzelne Impulsfolge in Tätigkeit gesetzt wird. Als Zwischenspeicher dient ein Kondensator. Wenn man die Übermittlung einer L von Kern 1 zu Kern 2 betrachtet, so wird C durch den schaltenden Kern 1 schnell aufgeladen und entlädt sich anschließend durch die Wicklung auf Kern 2.

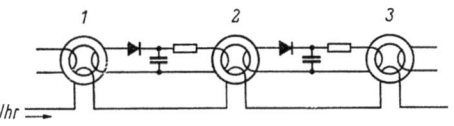

Abb. 106. Das Einkern-Schieberegister

Abb. 107 zeigt die idealisierten Signalformen an den verschiedenen Stellen dieses Vorganges, unter der Annahme, die Hysteresekurve sei ideal rechteckig und es seien keine Streuinduktivitäten und Wicklungswiderstände vorhanden. Während des Uhrimpulses wird C mit konstantem Strom aufgeladen; sobald der Impuls beendet ist, wird die Diode nichtleitend, und die Entladung von C erfolgt mit einem Strom, der gleich dem Koerzitivstrom von Kern 2 ist. Nach beendeter Umschaltung von Kern 2 fließt die Restladung von C nach einem Exponentialgesetz ab. Die Flußrichtung der Information ist hier nicht nur durch die unterschiedlichen Windungszahlen n_1 und n_2 gegeben, sondern auch durch die Stellung des Widerstandes R, der verhindert, daß C durch ein rückwärts fließendes Signal auf eine störend hohe Spannung aufgeladen wird. Die in C aufgespeicherte elektrische Energie ist nicht gleich der magnetischen Energie von Kern 1; sie ist vielmehr durch transformatorische Kopplung der Uhrimpulsleitung entnommen worden. Eine ausführlichere Beschreibung der Arbeitsweise vermitteln RICHARDS [26] und HILBERG [61.15]. Für das Windungszahlverhältnis n_1/n_2 und die maximal mögliche Impulsfrequenz f_m gibt AUERBACH die folgenden Formeln [9]:

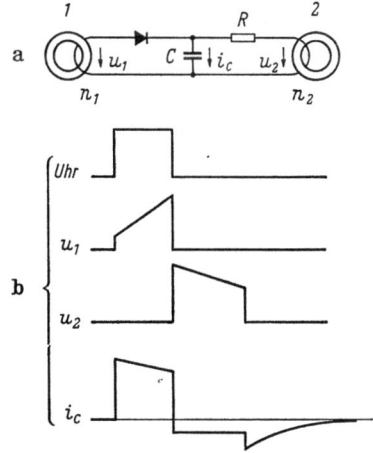

Abb. 107. Zum Vorgang der Übermittlung einer L von Kern 1 in Kern 2

$$n_1/n_2 = (1 + 2m)\tau/1{,}6\,Z\,C.$$

$$f_m = 1/(\tau + 2{,}5\,R\,C).$$

Hier bedeuten:

τ die Schaltzeit von Kern *1*;
Z die mittlere Impedanz der Wicklung n_2 während eines Impulses;
m das Verhältnis des mittleren Spannungsabfalles über der Diode zur maximalen Kondensatorspannung.

Solche Register lassen sich mit Frequenzen bis zu einigen hundert kHz betreiben und werden ausgiebig verwendet.

III.3.1.3 Diodenlose Schieberegister. Gelegentlich besteht das Bedürfnis, Schaltkreise aufzubauen, die nur magnetische Materialien, aber keine Halbleiter enthalten. Dafür können allerdings wirtschaftliche Gesichtspunkte nicht maßgebend sein; denn eine Einsparung von Dioden wird durch einen Mehraufwand an bewickelten Kernen völlig in den Schatten gestellt. Dagegen zeigt es sich, daß magnetische Materialien in ihrer Funktion viel unempfindlicher gegenüber ionisierender Strahlung sind als Halbleiter. In Anlagen, welche in einer Umgebung intensiver Strahlung arbeiten sollen, ist daher ein solcher Schritt gerechtfertigt.

Eine Schaltung, die die Dioden von Abb. 103 durch Induktivitäten ersetzt, wird von RUSSELL angegeben [*57.11*]. Ein Kern mit rechteckiger Hystereseschleife besitzt für Ströme einer Richtung eine viel größere Induktivität als für Ströme der andern Richtung und ersetzt daher in gewissem Sinn die Dioden. Allerdings müssen die in diesem Koppelkern erfolgten Flußänderungen nach jedem Impuls rückgängig gemacht werden, was durch eine Wicklung geschieht, die von einem Löschimpuls durchflossen ist. Die dabei induzierte Spannung muß möglichst klein gehalten werden, was durch langsames Schalten erreicht wird. Ein solches Schieberegister hat vier Kerne pro Bit und erreicht Impulsfrequenzen von weniger als 100 kHz. Eine verwandte Anordnung beschreibt ENGELBART [*59.22*].

III.3.1.4 Die Impulsquellen. Magnetkerne sind passive Elemente und müssen daher die benötigte Leistung in Form von Impulsen beziehen. In den beschriebenen Schieberegistern sind die Treiberwicklungen aller Kerne in Serie geschaltet und benötigen eine Stromquelle, das heißt eine Quelle hohen Innenwiderstandes. Wegen der hohen Spannungen verwendet man dazu meist Elektronenröhren. Wenn ein Transistor verwendet wird, so muß er eine niedrige Kollektor-Sättigungsspannung und eine hohe zulässige Kollektorspannung haben. Für diesen Zweck sind spezielle Transistoren entwickelt worden.

III.3.2 Logische Schaltungen

Ringförmige Magnetkerne lassen sich auf viele Arten zu logischen Schaltungen kombinieren, und die Mannigfaltigkeit der in der Literatur zu findenden Anordnungen ist groß. In diesem Abschnitt wird versucht, die vorgeschlagenen Schaltkreise in Anlehnung an GANZHORN [*59.24*]

III.3 Schaltungen mit Magnetkernen

in drei Klassen aufzuteilen, nämlich *Urstrombetrieb, Urspannungsbetrieb* und *Stromsteuerung*. Allerdings kann nicht behauptet werden, daß dadurch alle Möglichkeiten logischer Magnetkernschaltungen erschöpfend erfaßt sind. Schon hier ist festzuhalten, daß nur das Prinzip des Urstromes Anlaß zu einem vollständigen, einzig aus passiven Elementen bestehenden System logischer Schaltungen gibt. Urspannungsbetrieb und Stromsteuerung brauchen verstärkende Zwischenglieder in der Gestalt von Transistoren; ohne solche können auf ihrer Grundlage Sonderschaltungen wie Treiber für einen Magnetkernspeicher gebaut werden, nicht aber logische Anordnungen, die beliebig zusammenschaltbar wären.

III.3.2.1 Schaltungen im Urstrombetrieb.

In diese Kategorie fällt die überwiegende Mehrzahl der vorgeschlagenen Schaltkreise mit ringförmigen Magnetkernen. Diese Betriebsweise beruht auf den Schieberegistern von Abb. 102a oder 106, das heißt, die Energie wird den Kernen durch Stromimpulse vermittelt. Bei der Ausführung logischer Operationen hängt jedoch die einem gegebenen Kern zugehende Information nicht nur von einem einzelnen Nachbarn ab, sondern von mehreren Kernen, deren Inhalte vermöge eines logischen Ausdruckes verknüpft werden.

GANZHORN hat gezeigt, daß die Urstromschaltkreise wiederum in drei Gruppen zerfallen, nämlich *Eingabefunktion, Durchgangsfunktion* und *Ausgabefunktion*. Die meisten Vorschläge, wie auch die wenigen kommerziell realisierten Schaltungen, fallen in die Kategorie der Eingabefunktion. Das Verfahren ist dadurch charakterisiert, daß ein Kern zur Eingabe der Information nicht nur eine, sondern mehrere Wicklungen aufweist. Dieselben führen eine logische Verknüpfung aus, deren Resultat der Kern speichert und zu einem späteren Zeitpunkt weitergibt. Abb. 108 veranschaulicht einige Beispiele [55.8]. Hier haben wir für die Kerne und ihre Wicklungen eine häufig anzutreffende und sehr prak-

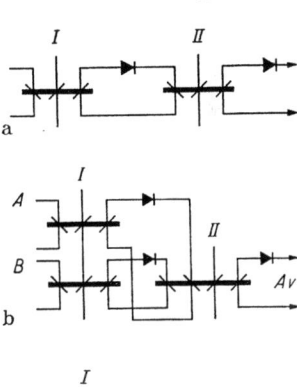
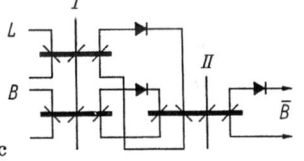
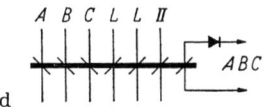
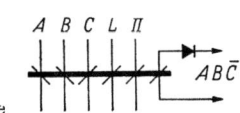

Abb. 108. Logische Operationen mit Kernen nach dem Prinzip der Eingabefunktion. *I* und *II* sind die Uhrimpulsfolgen, L kennzeichnet ein Signal, das immer den Wert L hat, also ebenfalls eine Impulsfolge. Alle Eingangsströme fließen von oben nach unten. (Dasselbe gilt auch für die Abb. 109 bis 111)

118   III. Elektrische Grundschaltungen

tische Schreibweise gewählt. Die horizontalen, kräftigen Linien kennzeichnen die Kerne und können als seitliche Ansicht derselben aufgefaßt werden; die vertikalen Linien sind Wicklungen und ihre Verbindungsleitungen. Die kleinen diagonalen Striche geben an, in welcher Richtung die Verkettung erfolgt. Man kann sie sich als kleine Spiegelchen vorstellen: Ein in Richtung des Stromes einfallender Lichtstrahl wird nach links oder nach rechts reflektiert, je nach der Stellung des Spiegels, und gibt dadurch an, ob der Strom im Kern eine positive oder eine negative Durchblutung hervorruft. — Die gezeigten Schaltkreise beruhen auf dem Zweikern-Schieberegister von Abb. 102a, das heißt, es liegen ihnen die gleichen zeitlichen Abläufe und der gleiche Mechanismus der Übertragung zugrunde.

Die Uhrimpulsleitungen sind hier mit I und II bezeichnet. Abb. 108a gibt das normale Schieberegister wieder. Logische Operationen werden dadurch ausgeführt, daß außer den Signalwicklungen noch zusätzliche Wicklungen vorkommen, in die immer eine L eingegeben wird. Die Negation erfordert eine Umkehrung des Wicklungssinnes. In d und e ist der Einfachheit halber nur je ein einzelner Kern und die zum nächsten Kern führende Diode gezeichnet. Dieses Schaltungssystem läßt sich auch auf der Grundlage des Einkern-Schieberegisters von Abb. 106 aufbauen, hat aber insbesondere im Zusammenhang mit der Schaltung von Abb. 105 praktische Verwendung gefunden.

In logischen Schaltungen auf dem Prinzip der *Durchgangsfunktion* wird das Resultat der Verknüpfung im gleichen Moment weitergegeben, da die Variablen in den Kern eingehen. Von seiner speichernden Eigenschaft wird also überhaupt kein Gebrauch gemacht, und ein Vorstrom sättigt nach jedem Durchgang den Kern in N-Richtung. Abb. 109 veranschaulicht ein „mal"-Gatter für das logische Produkt AB. Andere Verknüpfungen lassen sich leicht herleiten. Ein solches Gatter verkörpert aber, da es keine speichernde Eigenschaft hat, noch kein vollständiges System; vielmehr müssen andere Elemente hinzugezogen werden, falls eine logische Schaltung aufgebaut werden soll. Diese Gatter finden in Form von Steuermatrizen für Magnetkernspeicher ausgedehnte Verwendung, s. S. 306ff.

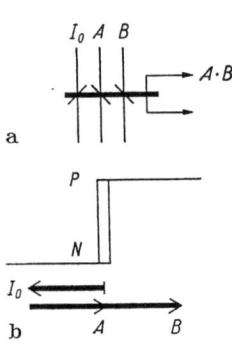

Abb. 109 a u. b
a) Ein „mal"-Gatter nach dem Durchgangsprinzip. I_0 ist ein Gleichstrom, der im Ruhezustand den Kern in der N-Stellung festhält.
b) Summierung der Durchflutungen von I_0, A und B

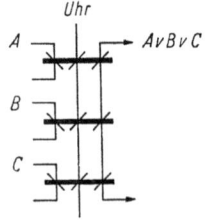

Abb. 110
Logische Verknüpfung der Ausgangsfunktion. Zuerst werden A, B und C in die Kerne eingelesen. Der Uhrimpuls bildet anschließend an den Ausgangsklemmen die Verknüpfung $A \vee B \vee C$

III.3 Schaltungen mit Magnetkernen

Schließlich besteht noch die Möglichkeit, Größen, die in mehreren Kernen gespeichert sind, beim Auslesen aus denselben logisch zu verknüpfen (*Ausgabefunktion*), wofür Abb. 110 ein Beispiel zeigt. Die Serienschaltung der Ausgangswicklungen führt zu einem „oder"-Gatter. Andere Verknüpfungen lassen sich durch Umkehrung des Wicklungssinnes verwirklichen. — Es bleibt noch zu erwähnen, daß die beiden Systeme der Eingabe- und Ausgabefunktion miteinander kombiniert werden können [*59.24*].

III.3.2.2 Schaltungen im Urspannungsbetrieb. In einem konventionellen Magnetverstärker wirkt eine Induktivität als veränderliche Impedanz, die, an eine konstante Spannung angeschaltet, einen veränderlichen Strom fließen läßt. Abb. 111 zeigt, wie dieses Prinzip zu einer logischen Schaltung ausgebaut werden kann. In einem ersten Schritt werden die oberen drei Kerne, die wir als steuernde Kerne bezeichnen, durch die Variablen A, B und C gesetzt. Im nächsten Schritt erzeugt die gezeichnete Quelle (eine Spannungsquelle) einen Impuls. Die steuernden Kerne bilden, je nach dem Vorzeichen ihrer Magnetisierung, eine hohe oder eine niedere Impedanz; nur wenn sie alle eine niedere Impedanz besitzen, vermag ein Strom zu fließen, der groß genug ist, um den unteren Kern (den gesteuerten Kern) zu setzen. Derselbe empfängt also das logische Produkt ABC. In einem weiteren Schritt wird diese Größe wieder abgelesen, wobei der untere Kern nun die Rolle des steuernden Kerns in einem nachfolgenden (nicht gezeichneten) Gatter übernimmt.

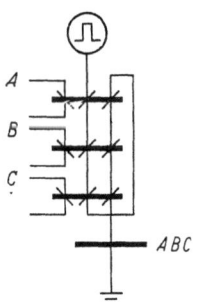

Abb. 111
Gatter im Urspannungsbetrieb. Der untere (gesteuerte) Kern empfängt und speichert die Größe ABC. Er ist gleichzeitig steuernder Kern für das Gatter einer folgenden Stufe

Damit die Schaltung richtig funktioniert, müssen auf den steuernden Kernen mehr Windungen sein als auf den gesteuerten, was in der Abbildung angedeutet ist. Die Quelle muß in den Pausen zwischen den Impulsen eine hohe Impedanz aufweisen, und es ist nicht möglich, mehrere solche Gatter aus der gleichen Spannungsquelle zu speisen, ohne Dioden vorzuschalten. Dieses Schaltungssystem wurde von KINBERG [*59.35*] und von BONN [*59.9*] beschrieben.

III.3.2.3 Stromsteuerung. Diese von RAJCHMAN et al. [*57.8*] beschriebenen Schaltkreise beruhen darauf, daß Magnetkerne als variable Impedanzen wirken und dadurch einen Strom durch einen von mehreren parallelen Pfaden fließen lassen, vgl. Abb. 112. Im gezeichneten Augenblick sind alle Kerne (die eine rechteckige Hystereseschleife haben), außer einem einzigen, in der Richtung N magnetisiert. Nun wird ein Stromimpuls I durch die Schaltung geschickt. Der horizontale Draht sucht alle Kerne in N-Richtung zu setzen; dadurch wird der in P-Richtung magnetisierte Kern zurückgesetzt. Er induziert eine Spannung in der vertikalen Leitung, die ein solches Vorzeichen hat, daß die zugehörige Diode leitend wird, während alle andern Dioden sperren. Somit fließt der Strom ausschließlich durch diesen Zweig und durch die in ihm enthaltene Last. Dieser Vorgang kann nur dann richtig ablaufen, wenn die Schaltwicklungen mehr Windungen haben als die (senkrecht gezeichneten) Zweigwicklungen; denn im umzuschaltenden Kern muß trotz dem Zweigstrom, der der Umschaltung entgegenwirkt, eine hinreichende Durchflutung vorhanden sein. Der Zweigstrom hat genau die Stärke des Quellenstromes und ist daher unabhängig von den Eigenschaften der Kerne und Dioden. Das vorgängige Setzen eines Kerns in die P-Richtung erzeugt keinen Strom, da die Dioden außerhalb der Impulszeiten überhaupt jeden Stromfluß verunmöglichen.

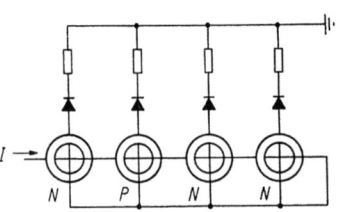

Abb. 112. Das Prinzip der Stromsteuerung: Der Strom I wird durch einen der vier Lastwiderstände hindurchgeleitet

Abb. 113 veranschaulicht die Anwendung der Stromsteuerung in einem entschlüsselnden Schalter, der beispielsweise die Selektionsleitun-

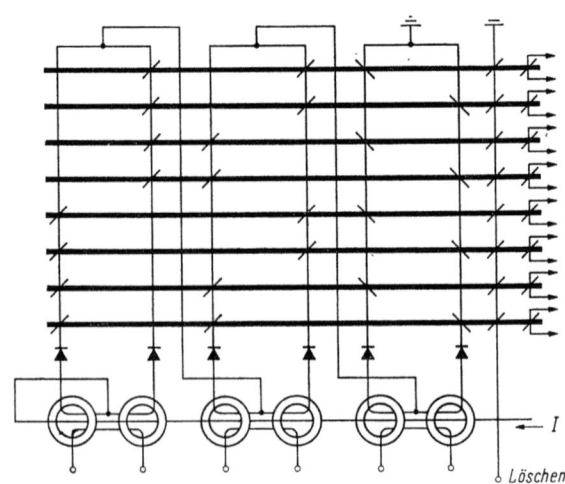

Abb. 113. Wähler für drei Eingänge und $2^3 = 8$ Ausgänge auf dem Prinzip der Stromsteuerung

gen eines Magnetkernspeichers treiben kann. Die Bedeutung dieses oft als „Matrix" bezeichneten Wählers ist auf S. 310 erläutert. Die Stromsteuerung wird durch die unten gezeichneten drei Paare von Kernen bewirkt. Die Drahtschleifen, deren Anschlüsse zuunterst sichtbar sind,

III.3 Schaltungen mit Magnetkernen

geben eine dreistellige Dualzahl in diese Paare ein, wonach die zwei Kerne eines Paares jeweils entgegengesetzte Magnetisierung aufweisen. Hernach trifft der Stromimpuls I ein. Die eben gesetzten Kerne streuen ihn derart, daß in jedem der drei Leitungspaare (die untereinander in Serie geschaltet sind) ein Draht stromführend, der andere stromlos ist. Diese Kombination von Strömen ist mit den acht Kernen, die in der Abbildung in seitlicher Ansicht gezeigt sind, derart verkettet, daß an einem der 8 Ausgänge ein Spannungsimpuls induziert wird.

III.3.3 Magnetkerne als Magnetverstärker

Abb. 114 veranschaulicht eine Schaltung, in der ein Magnetkern (wieder mit rechteckiger Hystereseschleife) für die Uhrimpulse, die hier Spannungsimpulse sind, als variable Impedanz wirkt. Er arbeitet somit wie ein Magnetverstärker, der die eingegebene Information neu formt und verstärkt. Die logischen Verknüpfungen werden mittels Dioden vollzogen. Der illustrierte Schaltkreis arbeitet wie folgt: Im ersten Takt nehmen die Dioden D positive Eingangsimpulse entgegen. Wenn das Resultat der Verknüpfung $A \vee B \vee V$ eine L ist, so wird der Kern in P-Richtung (also in Uhrzeigerrichtung) gesetzt, sonst verbleibt er in der Stellung N, die er vorher innehatte. Im zweiten Takt tritt ein positiver Uhrimpuls ein; er hat ein solches Vorzeichen, daß er den Kern in N-Richtung zurücksetzt. Falls der Kern schon vorher in der N-Stellung war, wird der Uhrimpuls eine niedrige Impedanz vorfinden, das heißt, an der Ausgangsklemme wird ein positives Signal erscheinen. War aber der Kern in der Stellung P, so wird das Voltsekunden-Integral des Uhrimpulses gerade dazu ausreichen, um den Kern zurückzusetzen, während am Ausgang keine merkliche Spannung auftritt. Die übrigen Dioden und Widerstände dienen zur Unterdrückung von unerwünschten Strömen und Spannungen. In der Figur weggelassen ist eine zusätzliche Wicklung mit Vorstrom, die eine Vormagnetisierung in N-Richtung erzeugt.

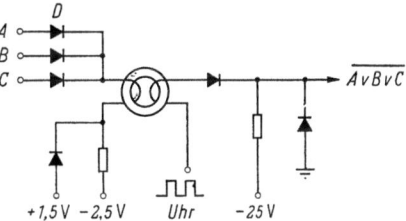

Abb. 114. Diodengatter mit Magnetverstärker

Es ist ersichtlich, daß der Magnetverstärker selbst als Negator wirkt. Die gezeigte Schaltung bewirkt also die Verknüpfung $\overline{A \vee B \vee C}$ nebst einer Verzögerung; das Ausgangssignal kann zur Steuerung einer andern, gleichartigen Stufe verwendet werden. Somit sind alle Eigenschaften gegeben, die zum Aufbau eines vollständigen Systems nötig sind. Diese Kreise stehen unter dem Namen „Ferractor" im praktischen Einsatz; die Frequenz der Uhrimpulse beträgt 660 kHz, der Verstärker verwendet

Bandkerne in Spulenkörpern aus Stahl, und die Windungszahlen betragen 60 bzw. 150 Windungen. In einer verbesserten Schaltung läßt sich die Frequenz bis auf 2,5 MHz erhöhen [*59.9*].

III.3.4 Magnetkern-Schieberegister mit Transistoren

Die bisher beschriebenen Magnetkern-Schaltkreise verwenden nur passive Elemente, was zur Folge hat, daß die benötigte Leistung in Form von Impulsen zugeführt werden muß. Wenn aber zwischen je zwei Kerne als koppelndes Element ein Transistor eingeschaltet wird, so ist derselbe in der Lage, die für das Umschalten des nachfolgenden Kerns nötige Energie zu liefern. Die Uhrimpulse übermitteln dann nur noch eine kleine Leistung. Ein solches Register zeigt Abbildung 115 (nach GUTERMAN et al., [*55.6*]). Ähnlich wie in Abb. 102 sind zwei Folgen A und B von Uhrimpulsen vorhanden. Ein Impuls setzt den verketteten Kern in die Stellung N. Wenn er vorher in der Stellung P war, so wird eine negative Spannung in der zur Basis des Transistors führenden Wicklung induziert, der seinerseits leitend gemacht wird. Der einsetzende Kollektorstrom setzt den folgenden Kern auf P, womit die Verschiebung der Information vollzogen ist. Die punktiert gezeichnete Rückkopplungswicklung läßt den Transistor als Sperrschwinger arbeiten und bewirkt eine erhebliche Verbesserung, indem der Kollektorstrom mithilft, den steuernden Kern auf N zurückzusetzen. Damit ist in der Uhrimpulsleitung nur noch ein schwaches Trigger-Signal nötig. Weitere Schaltungen dieser Art hat KINBERG beschrieben [*59.35*].

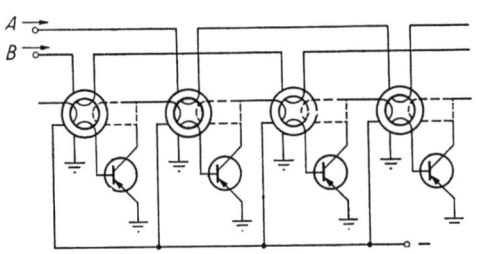

Abb. 115. Schieberegister mit Transistorkopplung

III.3.5 Nicht ringförmige Magnetkerne

Wenn weiter oben ausgesagt wurde, daß mit Magnetkernen eine Fülle von verschiedenen Schaltkreisen aufgebaut werden kann, so gilt diese Feststellung für Kerne mit mehreren Öffnungen in noch viel höherem Maße als für Ringkerne; denn jene vermitteln nicht nur die Gelegenheit, mehrere gleichstrommäßig getrennte Wicklungen anzubringen, sondern lassen außerdem für die Formgebung der Kerne eine unüberblickbare Mannigfaltigkeit von Wechselwirkungen zwischen den magnetischen Flußpfaden innerhalb eines Elementes zu. Der Tätigkeit des Erfinders bietet sich hier ein dankbares Feld, und die Varietät der publizierten und patentierten Anordnungen legt vom Ideenreichtum der damit beschäf-

III.3 Schaltungen mit Magnetkernen

tigten Autoren ein beredtes Zeugnis ab. Außer für Speicherzwecke (s. S. 318f.) kommt aber zur Zeit den Kernen mit mehreren Öffnungen (die im folgenden als *Mehrlochkerne* bezeichnet seien) in digitalen Rechenanlagen keine praktisch ins Gewicht fallende Bedeutung zu, und es würde daher dem Sinn dieses Buches widersprechen, alle veröffentlichten Verfahren, deren Genialität zum Teil bewundert werden muß, zu beschreiben. Anderseits ist es auch kaum gerechtfertigt, einzelne davon herauszugreifen. Daher beschränken wir uns auf eine Wiedergabe der wichtigsten unter den bekannt gewordenen Kernformen und auf eine kurze Andeutung der Funktion, verbunden mit einem Hinweis auf die Quellen.

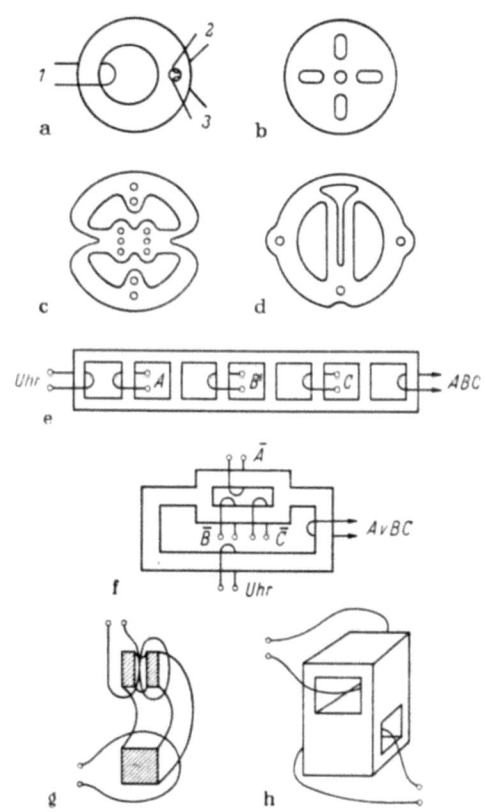

Zunächst ist festzuhalten, daß ein Mehrlochkern grundsätzlich nicht durch eine Ersatzschaltung von mehreren elektrisch gekoppelten Ringkernen dargestellt werden kann; denn es bestehen für die Flußpfade Möglichkeiten des Verlaufes, die in einer Gruppe von Ringkernen nicht gegeben sind. Die Induktion ist nicht mehr

Abb. 116. Verschiedene Arten von nicht ringförmigen Magnetkernen

eine skalare Größe, sondern ein Vektorfeld in zwei oder sogar drei Dimensionen, und eine rechnerische Behandlung der Vorgänge wird sehr schwierig und vermittelt wenig Angaben allgemeiner Natur.

Am gründlichsten ist der „Transfluxor" von RAJCHMAN et al. untersucht worden, s. Abb. 116a [*56.24*]. Ein Impuls in der Wicklung *1* beeinflußt die Flußverteilung in der Umgebung der kleinen Öffnung und gestattet es daher, die Kopplung zwischen den Wicklungen *2* und *3* zu variieren; dieser Einfluß bleibt auch nach Aufhören des Impulses in Wicklung *1* erhalten. Somit kann der Transfluxor als Speicher mit nicht zerstörender Ablesung Verwendung finden. Auch Selektionsschaltungen für gewöhnliche Magnetkernspeicher lassen sich auf dem Prinzip der Stromsteuerung mit Transfluxoren aufbauen. Eine verbesserte Ausführung beschreibt VINAL [*61.38*]. Kompliziertere logische Verknüpfungen gestattet der „Blumentransfluxor" von Abb. 116b. Von CRANE ist ein System von Schaltkreisen angegeben worden, die die wichtige Eigenschaft besitzen, daß sie keine Dioden oder Widerstände brauchen und daß die meisten Wicklungen nur aus einer einzigen Windung bestehen [*59.17, 59.5*]. Abb. 116c u. d veranschaulichen zwei der verwendeten Kernformen, die unter sorgfältiger Berücksichtigung des Flußverlaufes entworfen wurden. Sie sind von HÖLKEN studiert und weiterentwickelt worden [*62.10*]. Diese Kerne haben den Namen MAD (multi-aperture devices) erhalten. Magnetische Gebilde in Form einer Stufenleiter haben GIANOLA et al. [*59.26, 61.11*] und, etwas abweichend, LOCKHART [*58.18*] beschrieben. Abb. 116e illustriert eine Ausführung, die die logische Verknüpfung ABC erzeugt. Andere Vorschläge gehen dahin, elektrische Impulse durch magnetomotorische Impulse zu ersetzen und durch magnetische Pfade hindurchzuleiten, die durch Sättigung wie Relaiskontakte ein- oder ausgeschaltet werden können [*59.58, 60.1*], s. Abb. 116f.

Abb. 116a—f zeigen Anordnungen, in denen der Fluß durchwegs in einer Ebene verläuft; die Kerne haben einen Querschnitt, der unabhängig von der Dimension senkrecht zu dieser Ebene ist. Viele neue Möglichkeiten ergeben sich durch die Einführung von Löchern, deren Achsen nicht parallel stehen. In Abb. 116g ist eine Abart des Transfluxors wiedergegeben, und Abb. 116h zeigt ein Schaltelement, das den Namen „Biax" erhalten hat und das sowohl für logische Verknüpfungen als auch in Speicherwerken Verwendung finden kann [*59.60*].

Die Anordnungen mit Mehrlochkernen haben eine begrenzte Arbeitsgeschwindigkeit, und es ist schwierig, die Taktfrequenz über etwa 200 kHz zu erhöhen. Eine Ausnahme bildet lediglich der Biax, für den Impulsfrequenzen von mehreren Megahertz angegeben werden.

Mehrlochkerne sind logisch außerordentlich flexibel und anpassungsfähig. Wenn sie nicht mit Transistorenschaltungen konkurrieren können, so liegt der Grund in den hohen Herstellungskosten und der begrenzten Arbeitsgeschwindigkeit.

Weitere Literatur: Eine Übersicht über Kernschaltungen findet sich in [*32*] und [*61.13*], und SCHAEFER hat einen ausführlichen, kritischen Vergleich der verschiedenen Verfahren gegeben [*63.21*]. Das Buch [*19*] beschreibt ausführlich viele Schaltungen. Siehe ferner [*61.5*].

III.4 Das Parametron

Das Parametron ist ein parametrischer Oszillator, der 1954 ungefähr gleichzeitig von VON NEUMANN [*57.5*] und GOTO [*58.12*] angegeben wurde. Das auf ihm aufgebaute System stellt eine Erfindung von erheblicher

Bedeutung dar. In diesem Abschnitt ist das Prinzip erläutert, ferner wird die Ausführungsform mit nichtlinearen Magnetkernen, die kommerzielle Verwertung findet, beschrieben. Diese Schaltkreise arbeiten mit Trägerfrequenzen in der Größenordnung von 1 MHz.

III.4.1 Die Darstellung der Variablen

In Parametronschaltkreisen werden die Variablen 0 und L durch Pakete von Schwingungen einer Trägerfrequenz dargestellt, s. Abb. 117. Eine L besteht aus einem Paket von Sinusschwingungen, die mit einem (immer vorhandenen) Bezugsträger in Phase sind; eine 0 wird durch ein gleich langes Paket, dessen Phase jedoch um 180° versetzt ist, ausgedrückt. Die große Bedeutung dieser Festsetzung liegt darin, daß 0 und L vollkommen gleichberechtigte Signale sind und den gleichen Energieinhalt besitzen.

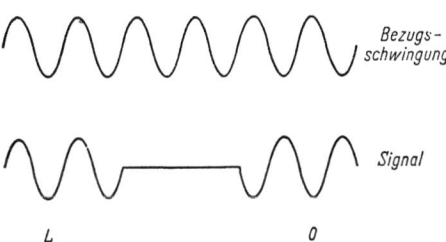

Abb. 117. Die Darstellung von L und 0 im Parametron

Die Verwandlung von 0 in L und umgekehrt — also der Prozeß der Negation — bedingt lediglich eine Umpolung der Verbindungsleitungen und beansprucht keinen Verstärker, eine Tatsache, die bei keiner andern Darstellungsart zutrifft. Das Vorhandensein eines modulierten Trägers bewirkt ferner, daß die Impulsfolgen eine geringe relative Bandbreite besitzen (die vorkommenden Frequenzen gruppieren sich um die Trägerfrequenz, während die Frequenz 0 nicht vorkommt), was die Verstärkung und die Impedanztransformation mit Übertragern erleichtert.

Es ist erwünscht, daß diese Darstellung auch im Verkehr mit einem Magnetkernspeicher beibehalten werden kann, was für den Speicher eine von der üblichen abweichende Betriebsart ergibt, s. S. 321.

III.4.2 Das Prinzip des Parametrons

Die bistabilen Elemente in diesem System sind die eigentlichen Parametrons, die als parametrische subharmonische Oszillatoren bezeichnet werden können. Um ihre Funktion zu erläutern, muß zuerst auf das Phänomen der parametrischen Resonanz eingegangen werden. Parametrische Resonanz kommt dann zustande, wenn in einem Schwingkreis ein Parameter (Induktivität oder Kapazität) mit einer geeigneten Frequenz periodisch variiert wird. Es handelt sich somit um einen elementaren, leicht zu verstehenden Vorgang, der mit einfachen Mitteln experimentell überprüft werden kann, wie das folgende Gedankenexperiment zeigt: Im Schwingkreis von Abb. 118 ist die Kapazität C durch mechanische Bewegung veränderlich gemacht. Wir nehmen nun an, daß infolge einer zufälligen Anregung (z. B. infolge des thermischen Rauschens) im Kreis eine Schwingung mit der Frequenz $f = 1/2\pi \sqrt{LC}$ vorhanden ist. Nun wird durch einen äußeren Einfluß die Kapazität C in einer bestimmten Weise verändert, und zwar so, daß sie abwechselnd den Wert C_0 und $C_0 - \Delta C$ annimmt. Abb. 119 zeigt die Sinus-Schwingung (ausgezogene Kurve) und die Änderung von C. Immer dann, wenn die Spannung am Kondensator maximal ist, wird die Kapazität vermindert. Da in einem geladenen Kondensator die beiden Belegungen einander anziehen, und da die Verminderung der Kapazität einer Vergrößerung des Plattenabstandes entspricht, muß für diesen Prozeß von außen mechanische Arbeit geleistet werden, welche dem System als elektrische Energie zufließt. In jenen Momenten, da die Spannung am Kondensator gleich Null ist, wird seine Kapazität wieder vergrößert. In diesen Fällen wirken keine Kräfte auf die Kondensatorplatten, und durch die Vergrößerung der Kapazität wird daher mechanische Arbeit weder abgegeben noch aufgenommen. Gesamthaft wird also durch die periodische Variation des Parameters C (parametrische Variation) der elektrischen Schwingung Energie zugeführt, wodurch ihre Amplitude sich nach einem gewissen Gesetz schließlich bis ins Unendliche vergrößern würde, wenn keine begrenzenden Effekte vorhanden wären. Diesen Vorgang bezeichnet man als parametrische Resonanz.

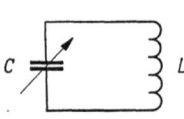

Abb. 118 Schwingkreis mit mechanisch variablem Parameter C

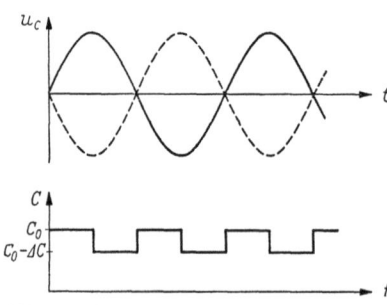

Abb. 119. Parametrische Variation von C und die dadurch im Kreis erzeugte Schwingung

Aus Abb. 119 geht hervor, daß die Änderung von C, die einen periodischen Vorgang darstellt, mit der Frequenz $2f$ abläuft, während die erregte Schwingung die Frequenz f besitzt. Man spricht hier von subharmonischer Resonanz. Die subharmonische Beziehung ist ein Merkmal fast aller parametrischer Schaltungen. Eine Konsequenz der subharmonischen Arbeitsweise ist, daß mit der gleichen parametrischen Variation zwei verschiedene Resonanzschwingungen verträglich sind, die sich um 180° voneinander unterscheiden. Die zweite mögliche Schwingung ist in der Abbildung punktiert eingezeichnet. Welche von beiden sich aufbaut, hängt vom Zustand ab, der bei Beginn der parametrischen Beeinflussung zufällig vorhanden ist.

Es ist einleuchtend, daß dasselbe Verhalten durch eine periodische Veränderung der Induktivität L erreicht werden kann. Das mechanische

III.4 Das Parametron

Verändern einer stromdurchflossenen Spule zieht eine Arbeitsleistung nach sich, und daher kann auch auf diese Art dem Kreis Energie zugeführt werden. Eine einfache Analyse (s. z. B. [59.57]) zeigt, daß die parametrische Variation eine gewisse Mindestamplitude haben muß, damit eine Resonanzschwingung überhaupt entstehen kann; sie beträgt $\Delta C/C = \pi/Q$ oder (bei Variation von L: $\Delta L/L = \pi/Q$), wobei Q die Kreisgüte bezeichnet. Diese Beziehungen gelten für eine sprunghafte Änderung von C oder L; für diesen Fall läßt sich die Energiebilanz besonders einfach aufstellen. In der Praxis ist es einfacher, einen Parameter nach einem sinusförmigen Gesetz zu variieren, was an den Verhältnissen nichts Grundlegendes ändert.

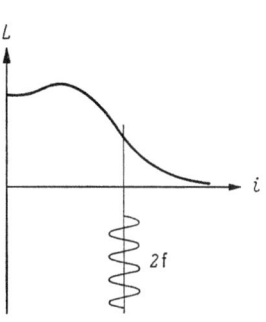

Abb. 120 Induktivität mit Vormagnetisierung als variabler Parameter

In hochfrequenztechnischen Anwendungen ist die mechanische Veränderung eines Teils nicht möglich. Daher muß zu nichtlinearen Induktivitäten oder Kapazitäten gegriffen werden, deren Größe auf elektrischem Weg beeinflußt werden kann; Abb. 120 zeigt, wie die Induktivität L einer Spule mit ferromagnetischem Kern durch Anlegen eines Wechselstromes mit der Frequenz $2f$ verändert wird. Eine Gleichstrom-Vormagnetisierung verlegt den Arbeitspunkt an die Stelle größter Steilheit der Kurve. Einen auf dieser Grundlage aufgebauten parametrischen Resonanzkreis gibt Abb. 121 wieder. Die zwei Kerne stellen zusammen die Induktivität dar, die mit C auf die mittlere Frequenz f abgestimmt ist. Die Wicklungen sind so gepolt, daß der Erregerstrom $2f$ zwar die Induktivität ändert, jedoch keine Spannung der Frequenz $2f$ im Schwingkreis induziert.

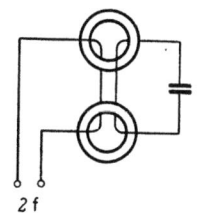

Abb. 121. Schaltung eines Parametrons. Die Gleichstrom-Vormagnetisierung ist der Einfachheit halber nicht eingezeichnet

Die bistabile Eigenschaft des Parametrons besteht darin, daß seine erzwungene Schwingung zwei verschiedene Phasenlagen haben kann, bezogen auf eine willkürlich festgesetzte Vergleichsschwingung. Die speichernde Eigenschaft ist aber nur so lange vorhanden, als dem Parametron Leistung zugeführt wird, was als Nachteil zu bewerten ist. Es bleibt noch zu zeigen, daß auch eine Wirkung als Verstärker gegeben ist. Dieselbe beruht darauf, daß sich die erzwungene Schwingung beim Einschalten der Erregung aufzubauen beginnt und daß die Phasenlage dieser Schwingung in diesem Augenblick durch eine sehr kleine Energiemenge beeinflußt werden kann, s. Abb. 122. Verstärkende Eigenschaft besteht also nur dann, wenn die Erregung eingeschaltet wird; daraus folgt, daß der praktische Betrieb mit pulsiertem Träger geschehen muß und daß die Bitfrequenz gleich der Wiederholungsfrequenz dieser Trägerpakete ist. Innerhalb der Dauer des Trägerpaketes erreicht die Amplitude einen stationären Wert, der durch die Nichtlinearität des Kerns begrenzt wird.

Praktisch arbeitet der Verstärker so, daß das zu verstärkende Signal kurz vor dem Einschalten des Trägers in den Kreis eingekoppelt wird. Die sich aufbauende Phase hängt dann von der Phase des Signals ab. Sobald der stationäre Wert erreicht ist, steht das verstärkte Signal mit voller Energie für die weitere Verwendung so lange zur Verfügung, als das Trägerpaket andauert.

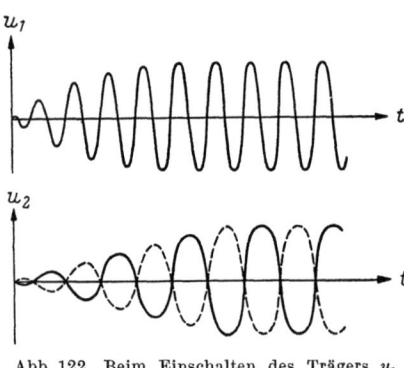

Abb. 122. Beim Einschalten des Trägers u_1 (Frequenz $2f$) baut sich eine der zwei möglichen Phasen von u_2 (Frequenz f) auf

Auf dieser Grundlage sind (besonders in Japan) Rechenanlagen gebaut worden, die mit Trägerfrequenzen von $2f = 2$ bis 6 MHz arbeiten [60.31]. Die Bitfrequenz ist etwa um einen Faktor 100 niedriger als die Trägerfrequenz. Diese hohe Zahl rührt daher, daß ein Schwingkreis einige Zeit beansprucht, um seinen stationären Zustand zu erreichen. Je geringer die Kreisgüte, desto kleiner ist diese Zeit, aber desto größer ist der Energieverbrauch [60.25]. Ferner ist zu beachten, daß ein Signal in einer Bitperiode nicht nur ein, sondern drei Parametrons durchlaufen muß, s. Abb. 123. Daraus erklärt sich die Tatsache, daß mit ferromagnetischen Parametrons hohe Rechengeschwindigkeiten nicht möglich sind, wenn der Leistungsverbrauch in erträglichen Grenzen bleiben soll.

III.4.3 Schieberegister

Nachdem gezeigt ist, daß das Parametron als bistabiles Element speichernde Eigenschaft hat und daß es außerdem als Verstärker wirkt, sind die Voraussetzungen gegeben, um damit ein Schieberegister aufzubauen. Eine Möglichkeit dazu zeigt Abb. 123. Ein Teil der in einem Parametron-Schwingkreis zirkulierenden Energie wird durch einen Widerstand R und einen kleinen Koppelkern, der als linearer Übertrager wirkt, in das nächste (weiter rechts liegende) Parametron eingespeist und bestimmt die Phase der in demselben einsetzenden Schwingung. Diese Kopplung ist an sich nicht gerichtet, das heißt, sie bevorzugt keine Fortpflanzungsrichtung; deshalb sind drei Folgen von Trägerpaketen und drei Zellen pro Bit nötig (s. S. 47f.). Außer der hier gezeigten induktiven ist auch eine kapazitive Kopplung möglich.

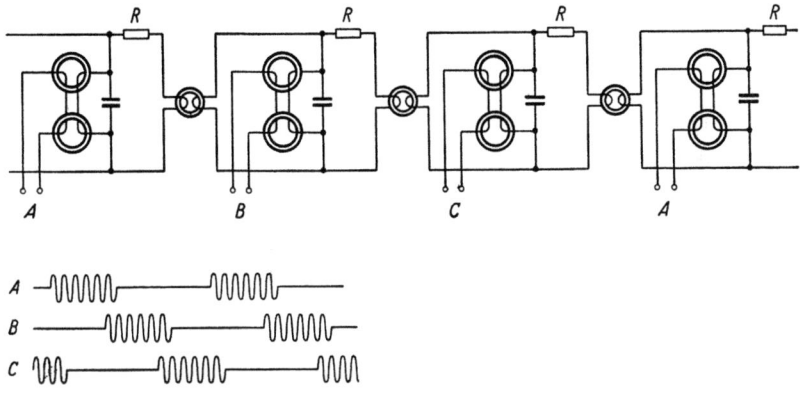

Abb. 123 a u. b
a) Schieberegister mit vier Parametrons (die Gleichstrom-Vormagnetisierung ist nicht eingezeichnet), b) Zeitlicher Verlauf der drei Folgen von Trägerpaketen (Trägerfrequenz 2f)

III.4.4 Logische Verknüpfungen

Während sonst in diesem Buch die zwei Werte, die eine binäre Variable annehmen kann, überall mit 0 und L bezeichnet sind, ist es hier besser, die Symbole -1 und $+1$ zu verwenden, da sie direkt physikalisch als Amplitudenwerte zweier um 180° versetzter Sinusschwingungen gedeutet werden können. Eine überall in der Rechenanlage vorhandene Referenzphase wird dabei willkürlich als $+1$ bezeichnet. Die logischen Verknüpfungen entwickeln sich in einfachster Weise aus dem Schieberegister, indem man den Kopplungskern mit drei statt nur mit einer Eingangswicklung versieht. Die entstehenden drei Durchflutungen summieren sich, und das Vorzeichen der algebraischen Summe bestimmt die Phase des resultierenden Flusses. Somit haben wir das Prinzip der Schwellwertlogik vor uns (s. S. 21f.). Abb. 124 zeigt die Verknüpfung $A \vee B$ und AB. Selbstredend lassen sich auch mehr als zwei Variable in einem Kern verknüpfen. Da die Negation lediglich in einer Umkehrung des Wicklungssinnes besteht, und da -1 und $+1$ völlig gleichberechtigte Größen sind, haben wir hier ein überaus flexibles logisches System vor uns. GOTO gibt weitere Kombinationen an [59.29]. Siehe ferner [32].

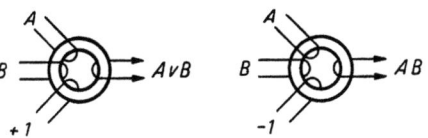

Abb. 124. Logische Verknüpfungen. Gezeichnet ist hier nur der Koppelkern (vgl. Abb. 123)

Speiser, Digitale Rechenanlagen, 2. Aufl.

III.5 Relais

Relais sind die am längsten bekannten binären Schaltelemente und haben Anlaß zum Bau der ersten programmgesteuerten Rechenmaschinen gegeben. Das Verhältnis der Durchgangswiderstände in einem offenen und in einem geschlossenen Kontakt ist so groß, daß man es für die meisten praktischen Zwecke als unendlich betrachten kann. Somit wird der Entwurf eines Kontakt-Netzwerkes zu einer rein topologischen Aufgabe, in der auf physikalische Eigenschaften oder Gesetze keinerlei Rücksicht zu nehmen ist. Das hat dazu geführt, daß sich ausgezeichnete Mathematiker mehr mit Relais als mit moderneren Schaltmitteln befaßt haben und den Versuch unternahmen, eine allgemeine Theorie der Kontakt-Netzwerke aufzustellen, wie z. B. GAWRILOW [7].

Die Relais-Schaltungen werden nach ganz anderen Gesichtspunkten entworfen als jene mit Dioden, Transistoren, Magnetkernen oder Röhren. Es wäre überaus unzweckmäßig, eine vorgegebene logische Funktion zuerst als Relais-Schaltung auszuarbeiten und dann die Kontakte durch elektronische Elemente zu ersetzen. Die Entwicklung der Relais-Maschinen hat mit der großen Anlage Mark II, die an der Harvard University gebaut wurde, ihren Abschluß gefunden, doch enthalten auch jetzt noch fast alle Rechenanlagen in ihren Eingabe- und Ausgabeorganen Schaltkreise mit Relais, die oft recht umfangreich sind, und daher rechtfertigt es sich, auf die Technik der Relais-Schaltkreise wenigstens kurz einzutreten.

III.5.1 Eigenschaften von Relais

Die vom Standpunkt einer logischen Schaltung wesentlichen Bestandteile eines Relais sind *Spule* und *Kontakt*. Man unterscheidet Ruhekontakte, Arbeitskontakte und Umschaltkontakte (Abb. 125). Die Kontakte werden immer in der Stellung gezeichnet, in der sie sich befinden, wenn die Spule stromlos ist. Das Impedanzverhältnis zwischen offenem und geschlossenem Kontakt beträgt mindestens 10^8 und wird von keinem anderen Schaltelement außer dem Kryotron erreicht.

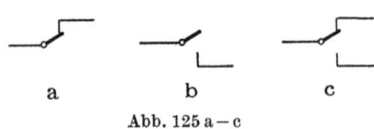

Abb. 125 a—c
a) Ruhekontakt, b) Arbeitskontakt, c) Umschaltkontakt

Normale Relais haben eine Schaltzeit von 5 bis 20 ms. Das ist die Zeit, welche nach dem Anlegen der Spannung an die Spule verstreicht, bis sämtliche Kontakte geschaltet haben. Ein vollständiger Zyklus, der aus Anzug und Abfall besteht, dauert doppelt solange. Die Abfallzeit wird stark erhöht, wenn nach dem Entfernen der Spannung parallel zur Spule eine Impedanz (z. B. ein Widerstand oder andere Spulen) gelegt wird. Darauf ist beim Entwurf einer Schaltung Rücksicht zu nehmen;

oft braucht es, um diesen Zustand nicht eintreten zu lassen, erheblichen Mehraufwand. — Mit besonderem Aufwand lassen sich Relais mit einer Schaltzeit von weniger als 1 ms bauen, doch geht eine derartige Steigerung der Geschwindigkeit immer auf Kosten der Lebensdauer und der Betriebssicherheit.

Eine Spule verbraucht in einem typischen Relais etwa 2 W, und die verwendeten Spannungen liegen zwischen 50 und 100 V. Oft haben Relais zwei Wicklungen, eine für den Anzug und eine zweite mit geringerer Amperewindungszahl für die Haltung. Es gibt auch Relais, welche eine mechanische Haltevorrichtung haben. Ein Impuls in einer ersten Wicklung betätigt diese Vorrichtung, so daß das Relais auch ohne Strom geschaltet bleibt, bis ein Impuls in einer zweiten Wicklung die mechanische Vorrichtung wieder zurückstellt.

Die Relaiswicklung sollte in bezug auf den Kern negativ sein, damit die bei der immer vorhandenen Feuchtigkeit eintretende Elektrolyse den dünnen Kupferdraht nicht angreift. Die Relaiskontakte legt man zweckmäßig auf Erdpotential; dadurch wird die Gefahr von Kurzschlüssen und Unfällen bei Servicearbeiten reduziert. Ein wichtiges und sehr umfangreiches Gebiet ist das Studium der Funkenlöschung. Im allgemeinen ist es nicht zulässig, ohne Funkenlöschung durch einen Relaiskontakt den Strom für ein weiteres Relais unterbrechen zu lassen, da die entstehenden Überspannungen hoch sind und einen Abbrand der Kontakte verursachen. Zur Löschung der Funken verwendet man entweder eine Kombination von Widerstand und Kapazität oder einen nichtlinearen (spannungsabhängigen) Widerstand.

III.5.2 Grundschaltungen

In Relais-Schaltungen werden die Symbole 0 und L nicht wie in elektronischen Schaltungen durch zwei verschiedene Spannungspegel dargestellt, sondern durch offene und geschlossene Stromkreise. L kennzeichnet eine Klemme, die niederohmig mit einer Stromquelle verbunden ist, und 0 eine Klemme, die abgetrennt ist und der daher keine eindeutige Spannung zugeschrieben werden kann.

In den Schaltschemata ist die Spannungsquelle durch ein Minuszeichen dargestellt. Relaisspulen sind mit großen Buchstaben und die dazugehörigen Kontakte mit entsprechenden kleinen Buchstaben bezeichnet; Klemmen sind durch große Buchstaben gekennzeichnet.

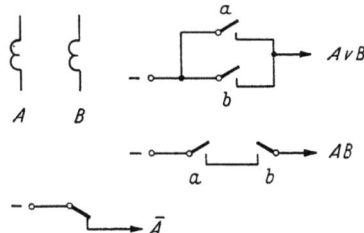

Abb. 126. Addition, Multiplikation und Negation mit Relais

132 III. Elektrische Grundschaltungen

Die logische Addition entsteht durch Parallelschaltung zweier Arbeitskontakte, die logische Multiplikation durch Serienschaltung, siehe Abb. 126. Hier ist zu beachten, daß eine Relaisschaltung zwei Sorten von Eingängen hat, nämlich einerseits die Spannungsquelle für die Spulen, anderseits die Quelle, welche die Kontakte unter Spannung setzt. Beispielsweise erzeugt die Schaltung von Abb. 127 den Ausdruck $(A \vee B)C$, wobei aber C nicht gleichberechtigt mit A und B ist. Für A und B muß die Verzögerung einer Schaltzeit in Rechnung gesetzt werden, während ein bei C eintretendes Signal praktisch zeitverzugslos am Ausgang erscheint. Diese Tatsache ist für Addierwerke von großer Wichtigkeit, wenn es gilt, einen Übertrag durch viele Stellen hindurchzuleiten.

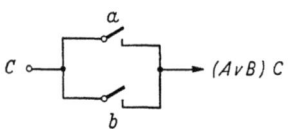

Abb. 127. Logische Verknüpfung, in der nur A und B mit der Verzögerung, die von der Anzugszeit herrührt, behaftet sind

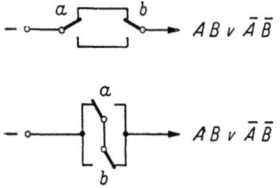

Abb. 128. Zwei Schaltungen für den Ausdruck „Äquivalenz"

Abb. 128 zeigt zwei Schaltungen für den Ausdruck „Äquivalenz" $AB \vee \bar{A}\bar{B}$.

III.5.3 Kompliziertere Verknüpfungen

Hier sind, als Beispiele, einige häufig verwendete Kombinationen von Kontakten angeführt. Sie sollen andeuten, in welcher Weise größere Anlagen aufgebaut werden.

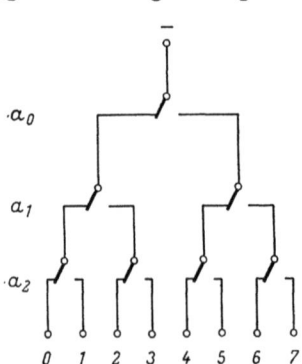

Abb. 129. Entschlüsselung einer dreistelligen Dualzahl mit den Stellen $A_2 A_1 A_0$. (Nebeneinanderliegende Kontakte haben jeweils die gleiche Bezeichnung)

Für die Entschlüsselung von n-stelligen Zahlen im Dualsystem wird die Schaltung von Abb. 129 verwendet. (Unter Entschlüsselung versteht man die Überführung der Darstellung im Dualsystem mit n Bits in die Darstellung durch 2^n Klemmen, von denen jeweils nur eine einzige unter Spannung ist, s. S. 8.) Diese Schaltung wird oft als „Pyramide" bezeichnet, in Verkennung ihrer geometrischen Form. Andere Autoren verwenden den Ausdruck „Tannenbaum". Die Pyramide hat höchstens 2^n Ausgänge und $2^n - 1$ Umschaltkontakte. Für die Entschlüsselung von verschlüsselten Dezimalzahlen ($n = 4$) ist die Anzahl von Ausgängen $a = 10$, also weniger als 2^n. In diesem Fall ist die Zahl von Umschaltkontakten gleich $a - 1$.

Abb. 130a zeigt eine einfache Schaltung für die Verschlüsselung von Aiken-Zahlen. Von 9 Relais A_1 bis A_9 ist jeweils eines geschaltet und gibt

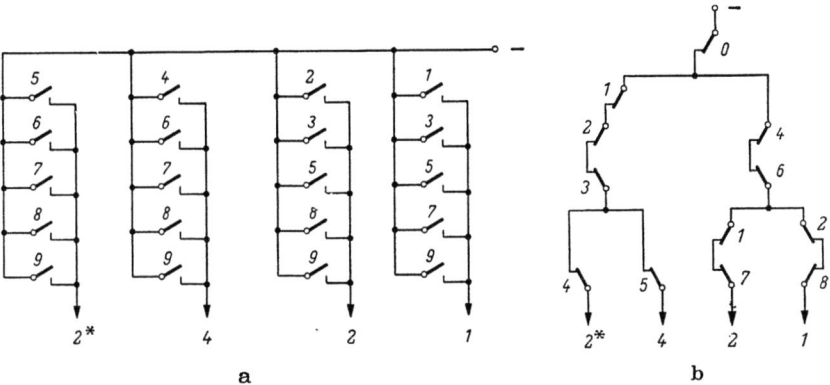

Abb. 130. Zwei Schaltungen für die Verschlüsselung von Aiken-Zahlen

an den Ausgangsklemmen die Aiken-Darstellung der betreffenden Zahl. (Der Aiken-Schlüssel ist auf S. 211 angegeben.) Hier werden 20 Kontakte gebraucht. Abb. 130b ist eine Schaltung, die dieselbe Aufgabe mit nur 12 Kontakten ausführt. (Der Kontakt 9 fehlt; wenn kein Relais geschaltet ist, so wird 9 angezeigt.) In dieser Schaltung sind die nicht spannungsführenden Ausgangsklemmen in gewissen Fällen untereinander verbunden, was unter Umständen ein Nachteil sein kann.

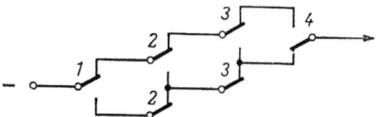

Abb. 131
Treppenschaltung, die anzeigt, daß von vier Relais eines und nur eines geschaltet ist

Die Treppenschaltung in Abb. 131 gibt ein Signal, wenn von einer Anzahl Relais eines und nur eines geschaltet ist. Abb. 132 zeigt zwei Schaltungen, die anzeigen, ob zwei Dualzahlen A und B gleich bzw. ungleich sind. Ähnliche Anordnungen lassen sich selbstverständlich auch

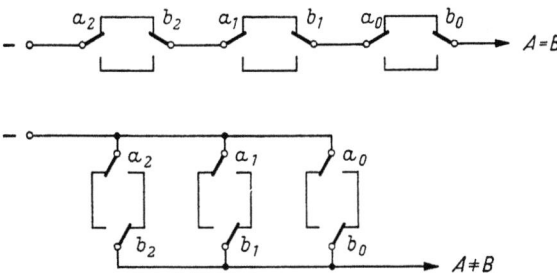

Abb. 132. Schaltungen, die zwei Dualzahlen A ($A_2 A_1 A_0$) und B ($B_2 B_1 B_0$) vergleichen

für das Dezimalsystem entwerfen; das gilt gleicherweise für die Schaltung in Abb. 133, die prüft, welche von zwei Zahlen größer ist.

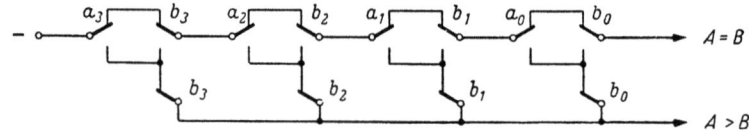

Abb. 133. Diese Schaltung prüft, welche der zwei vierstelligen Zahlen A ($A_3A_2A_1A_0$) und B ($B_3B_2B_1B_0$) größer ist

III.5.4 Vermaschte Schaltungen

Normalerweise wird ein Leitungszweig vom Signal immer in der gleichen Richtung durchflossen, unabhängig von der jeweiligen Schaltstellung. Hiervon gibt es jedoch Ausnahmen. Der mittlere Zweig in

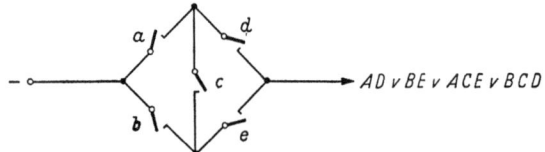

Abb. 134. Einfache vermaschte Schaltung

Abb. 128 (unten) kann in beiden Richtungen durchflossen werden. Abb. 134 zeigt eine weitere Schaltung dieser Art. Hier sind nicht nur in einem Zweig, sondern sogar in einem Kontakt beide Richtungen zulässig.

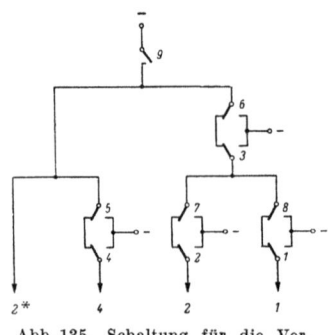

Abb. 135. Schaltung für die Verschlüsselung von Aiken-Zahlen

In einem solchen Fall spricht man von einer vermaschten Schaltung. Vermaschte Schaltungen ergeben reichhaltige Möglichkeiten für die Vereinfachung von Kontakt-Netzwerken; sie haben auf dem Gebiet der elektronischen Schaltungen kein Analogon von gleicher Flexibilität. Abb. 135 veranschaulicht eine überraschende Anordnung von STOCK für die Verschlüsselung von Aiken-Zahlen. Sie führt die gleiche Aufgabe aus wie Abb. 130, hat aber nur 9 Umschaltkontakte.

III.5.5 Addierwerke mit durchgehendem Übertrag

Bei der Addition zweier vielstelliger Dualzahlen ist zu berücksichtigen, daß sich unter Umständen ein Übertrag durch viele Stellen hindurch fortpflanzen kann. (Beispiel: LLL + L = L000.) Es ist nicht zulässig, daß dieser Übertrag an jeder Stelle ein Relais betätigen muß, da sonst die

Addition zu viel Zeit in Anspruch nehmen würde. Vielmehr muß der Übertrag direkt durch Kontakte weitergeleitet werden. Abb. 136 veranschaulicht eine von ZUSE verwendete Schaltung, die in drei Schritten arbeitet. Die Figur zeigt nur eine Stelle; von rechts kommt der Übertrag C, den die nächstniedrigere Stelle liefert, und nach links geht der Übertrag U zur nächsthöheren Stelle. A und B sind die Stellen der Summanden, welche im Schritt I gesetzt werden (ihre Spulen sind nicht gezeigt). Im Schritt II schaltet D dann, wenn $A + B = \mathrm{L}$, das heißt, wenn ein Übertrag unverändert durchgeleitet werden muß; gleichzeitig wird E geschaltet, falls von rechts her ein Übertrag kommt. Ebenfalls im Schritt II wird, wenn $A = B = \mathrm{L}$, ein Übertrag nach links geleitet, unabhängig davon, ob von rechts her ein solcher eintrifft. Im Schritt III wird der von rechts kommende Übertrag E zur Summe $A + B$ addiert und ergibt die Summenstelle S. Es ist zu beachten, daß im Schritt II der Pfad

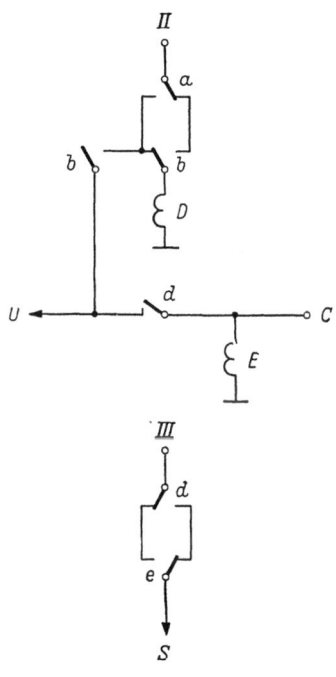

Abb. 136. Addierwerk nach ZUSE

für durchgehende Überträge bereitgestellt wird. Für die Weiterleitung des Übertrags sind keine zusätzlichen Relais mehr zu schalten; somit geschieht diese Weiterleitung zeitverzugslos (verglichen mit der Schaltzeit eines Relais).

Abb. 137 zeigt ein anderes Addierwerk, das in einem einzigen Schritt arbeitet und das in der Maschine Mark II [*10*] Verwendung fand.

A und B sind die Summenstellen. Hier ist neben der durchgehenden Übertragsleitung U auch eine solche für durchgehenden Nichtübertrag $\bar{U}$ erforderlich. S ist wiederum die Summenstelle. Dieses Addierwerk hat nur 8 Um-

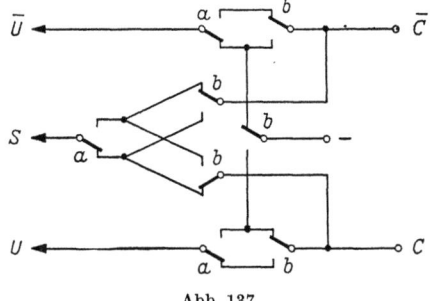

Abb. 137
Einschrittiges duales Addierwerk mit durchgehendem Übertrag. C und $\bar{C}$ sind Übertrag bzw. Nichtübertrag von der vorhergehenden Stelle; U und $\bar{U}$ gehen zur nächsthöheren Stelle. S ist die Summenziffer

schaltkontakte. Eine verwandte Schaltung mit elektronischen Elementen ist auf S. 104. beschrieben.

Die Addition von Dezimalzahlen vollzieht sich oft so, daß man zuerst die eine Dualsumme bildet und anschließend eine Korrektur anbringt,

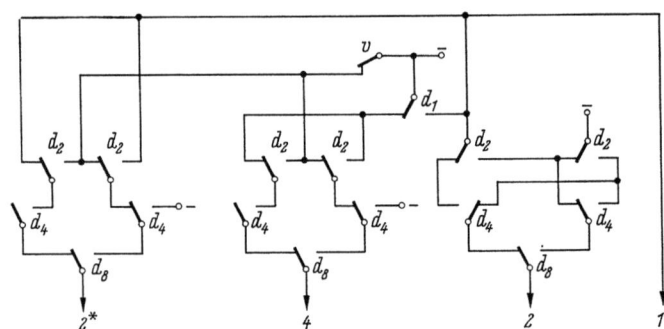

Abb. 138. Korrekturschaltung für ein dezimales Addierwerk im Aiken-Code. D_8, D_4, D_2, D_1 sind die vier Summenstellen, die aus dem dualen Addierwerk kommen; V ist der Übertrag, welcher, ebenfalls aus dem dualen Addierwerk, an die nächsthöhere Dezimale geht

s. S. 210. In Abb. 138 ist eine solche Korrekturschaltung von STOCK und BAREISS für Aiken-Zahlen gezeigt. D_8, D_4, D_2, D_1 sind die vier Summenstellen aus einem vierstelligen dualen Addierwerk, in welchem jede Stelle nach Abb. 137 gebaut ist. V ist ein Relais, das am Kontakt U der höch-

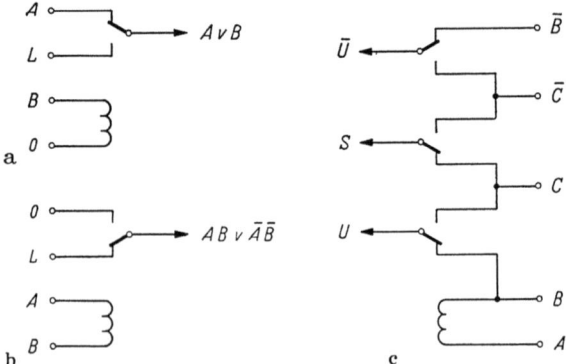

Abb. 139 a—c. Schaltungen nach GAZALE und GLAETTLI
a) logische Addition, b) Äquivalenz, c) duales Addierwerk mit durchgehendem Übertrag. In c) sind die Bezeichnungen gleich wie in Abb. 137; die Kontakte gehören jedoch alle zum einen Relais, dessen Spule gezeichnet ist

sten der vier Dualstellen angeschlossen ist; es zeigt also an, ob zur nächsthöheren Dezimalen ein Übertrag weitergeleitet wird. Vier duale Addierwerke nach Abb. 137 und die Schaltung von Abb. 138 bilden zusammen ein einstelliges dezimales Addierwerk. Mehrere solche können zu einem vielstelligen Addierwerk mit durchgehendem Übertrag zusammengefaßt werden.

Eine ganz andere Kategorie von Relais-Schaltungen entsteht, wenn 0 und L nicht, wie in allen bisher aufgeführten Beispielen, durch offene und geschlossene Stromkreise dargestellt werden, sondern durch zwei wohldefinierte Spannungswerte. Ihre Differenz muß gleich der Anzugs-Spannung der Relais sein. Abb. 139a u. b zeigen zwei Beispiele. Im Gegensatz zur konventionellen Relais-Technik sind beide Anschlüsse der Spule frei verfügbar, und die Spule kann in beiden Richtungen vom Strom durchflossen werden. Abb. 139c veranschaulicht ein duales Addierwerk mit Übertrag unter Verwendung von nur einem einzigen Relais mit zwei Umschaltkontakten [*61.10*]. Die Bezeichnungen sind analog zu Abb. 137. Es scheint, daß diese interessanten Schaltungen bislang nicht kommerziell verwendet wurden.

III.5.6 Zeitliche Abläufe

In der Telephonie wird in der Regel durch einen Relaiskontakt direkt der Stromkreis für ein weiteres Relais geschlossen. Der zeitliche Ablauf eines Schaltvorganges hängt damit direkt von der Schaltzeit der einzelnen Relais ab. Da die Kontakte unter Leistung ein- und ausgeschaltet werden, entsteht selbst bei bester Funkenlöschung ein gewisser Kontaktabbrand. In Datenverarbeitungsmaschinen strebt man den Zustand an, wonach sämtliche Kontakte nur stromlos geöffnet und geschlossen werden. Erst nachdem ein Kontakt vollständig geschlossen ist, wird der betreffende Stromkreis durch einen zentralen Impulsgeber unter Spannung gesetzt, und diese Spannung wird vor dem Öffnen des Kontaktes wieder unterbrochen. Damit erreicht man eine viel geringere Abnützung der Kontakte. Außerdem hängt der zeitliche Ablauf eines Schaltvorganges nur noch vom zentralen Impulsgeber ab, und es bietet daher keine Schwierigkeiten, verschiedene Teile einer größeren Anlage synchron zu betreiben. Die Aufgabe des Schließens und Unterbrechens von Strömen ist dem Impulsgeber überbunden, welcher mit kräftigen Kontakten ausgerüstet ist und meistens durch eine Nockenwelle mechanisch angetrieben wird. Der Impulsgeber der Maschine Mark II [*10*] enthält mehrere hundert Nocken mit Kontakten, welche Impulse verschiedener Dauer und Phase erzeugen. Durch die Verwendung einer größeren Anzahl von Kontakten am Impulsgeber lassen sich viele Relais einsparen.

Zusätzliche Literatur zu III.5: [*12*].

III.6 Verfahren in Entwicklung

In diesem Abschnitt werden Verfahren besprochen, die bis 1964 noch keine Verwendung in Anlagen, welche in regelmäßigem, praktischem Einsatz stehen, gefunden haben. Von den vielen Erfindungsgedanken, die im weitläufigen Gebiet der Datenverarbeitung aufgetaucht sind, sind nur jene aufgenommen, deren Entwicklung so weit gediehen ist, daß man den Beweis der praktischen Verwendbarkeit als erbracht betrachten kann. Ob ein kommerzieller Einsatz tatsächlich erfolgen wird, kann nicht vorausgesagt werden. Auch ist es sehr schwierig, die Vor- und Nachteile der verschiedenen Verfahren gegeneinander abzuwägen, da eine unerwartet auftauchende Schwierigkeit oder anderseits ein guter Gedanke für eine Verbesserung das Bild von Grund auf ändern kann. Wir verzichten daher auf die Formulierung von Vermutungen, welche dieser Erfindungen in fernerer Zukunft das Feld beherrschen wird.

Welcher Art sind nun die Fortschritte, die die heutige Forschung anstrebt? Es zeigt sich, daß die Anstrengungen in zwei verschiedenen Richtungen gehen. Erstens wird versucht, die Herstellungskosten der gegenwärtigen Rechenanlagen zu reduzieren, ohne ihre Leistungsfähigkeit wesentlich zu ändern. Eine wirklich bedeutende Verbilligung kann nicht einfach durch Verbesserung der Fabrikationsmethoden für die bestehenden Bauteile erfolgen, sondern nur durch die Einführung einer neuen Art von Elementen. Zweitens geht das Bestreben dahin, Maschinen zu bauen, die die jetzigen an Leistungsfähigkeit übertreffen.

Bevor auf einzelne Verfahren eingetreten wird, müssen wir die Gesetzmäßigkeiten aufzeigen, denen die Vergrößerung der Leistungsfähigkeit von Rechenmaschinen unterworfen ist. Unter ,,Vergrößerung der Leistungsfähigkeit" versteht man eine Erhöhung der Rechengeschwindigkeit, also eine Vermehrung der Anzahl von Aufgaben, die pro Zeiteinheit bewältigt werden. Dazu genügt es aber nicht, einfach die Geschwindigkeit des Rechenwerkes heraufzusetzen; auch die Zugriffszeit des Schnellspeichers muß verkürzt werden. Damit sich die Anpassung an die Randorgane (die nicht im gleichen Maße beschleunigt werden können) nicht übermäßig verschlechtert, muß der Schnellspeicher in seiner Kapazität vergrößert werden. Ungefähr 1964 sieht eine Rechenanlage großer Leistung etwa wie folgt aus: Alle logischen Schaltkreise arbeiten mit Transistoren und haben eine Verzögerung von 10 bis 20 ns pro logische Stufe; die Multiplikationszeit beträgt 0,5 bis 1 μs, die Additionszeit weniger; der Schnellspeicher (ein Magnetkernspeicher) enthält 50 000 bis 100 000 Worte mit einer Zykluszeit von 2 μs; umfangreiche Maßnahmen bewirken eine Anpassung des Speichers, der gegenüber dem Rechenwerk zu langsam ist; an vielen Teilen der Anlage können gleichzeitig Prozesse ablaufen, und Prioritätsregeln entscheiden über die Zuteilung der Organe; total finden gegen 200 000 Transistoren Verwendung; die Geschwindigkeit beträgt etwa 10^6 Operationen je Sekunde.

Durch Einzelverbesserungen wird es möglich sein, diese Werte noch weiter voranzutreiben. Als Fernziel werden aber Fortschritte angestrebt, die sich nach Größenordnungen bemessen. Wenn man sich überlegt, wie eine Anlage aussehen muß, die pro Sekunde 10^8 Operationen ausführt, so stößt man auf einige fundamentale Tatsachen, die in Berücksichtigung gezogen werden müssen. Signale können höchstens mit Lichtgeschwindigkeit übertragen werden. Diese Aussage gilt für eine gleichmäßige Leitung. Wenn Konfigurationen hinzutreten, die die Eigenschaft von konzentrierten Kapazitäten und Induktivitäten haben (wie etwa Löt- und Steckverbindungen), so ist die pro Zeiteinheit zurückgelegte Strecke noch wesentlich kürzer. In den angedeuteten Transistorschaltkreisen, die eine Verzögerung von 20 ns pro logische Stufe aufweisen, betragen die Abstände zwischen den Schaltelementen einige cm, und diese Längen müssen, wenn man die Schaltzeiten reduzieren will, fast im gleichen Maße verkürzt werden. Daraus ist ersichtlich, daß eine Beschleunigung um einen Faktor 10 nur mit der Technik der integrierten Schaltungen (s. S. 106ff.) möglich ist.

Schließlich ist zu beachten, daß ein Faktor 100 in der Gesamtgeschwindigkeit einer Anlage allein durch Beschleunigung der einzelnen Elemente nicht gewonnen werden kann; vielmehr muß man sich zunächst damit begnügen, wenn dieselbe einen Faktor 10 beisteuert, und muß versuchen, den verbleibenden Faktor 10 durch verbesserte Organisation (dazu gehört hauptsächlich eine gesteigerte Parallelität der Abläufe) zu erreichen. Dadurch erhöht sich die Anzahl von Elementen gewaltig. Damit der Preis noch in tragbaren Grenzen bleibt, müssen die Herstellungskosten pro Einheit stark reduziert werden. Darin liegt ein weiterer Grund, warum integrierte Elemente angestrebt werden.

Diese Überlegungen können wie folgt zusammengefaßt werden: Wegen der begrenzten Fortpflanzungsgeschwindigkeit der Signale müssen die Schaltkreise verkleinert werden; wegen der Kleinheit müssen sie weniger Leistung verbrauchen; wegen der hohen Anzahl, die aus Systemgründen nötig wird, müssen die Kosten pro Einheit reduziert werden. Die Forderung nach Kleinheit und nach niedrigen Kosten macht integrierte Schaltkreise nötig.

Die Technik der integrierten Schaltungen hat bereits einen hohen Stand erreicht und beginnt in die kommerzielle Praxis einzudringen. Sie ist deshalb in § III.2 beschrieben worden.

Was die Natur der verwendeten Schaltungen betrifft, so gewinnt man gegenwärtig den Eindruck, daß die Schaltkreise mit Transistoren und Dioden noch lange Zeit das Feld beherrschen werden; jedenfalls scheint es, daß kein aussichtsreicher Konkurrent in Sicht ist, außer den Tunneldioden, die in § III.6.1 zur Beschreibung gelangen.

Von Bedeutung ist schließlich noch die Frage, ob der Verkleinerung der Schaltkreise, die zu einer Verkürzung der Schaltzeiten führt, irgendwelche fundamentale Schranken gesetzt sind. WALLMARK et al. haben dieses Problem untersucht [*62.28*] und haben gezeigt, daß hauptsächlich die folgenden Effekte die Packungsdichte begrenzen: Statistische Variation in der Verteilung der Dotierung im Halbleitermaterial, Auflösungsvermögen der Herstellungsverfahren, Verlustleistung pro Volumeneinheit, Einfluß der kosmischen Strahlung. Die maximal zulässige Packungsdichte hängt von der Ausfallrate ab, die man während der Herstellung in Kauf nehmen will, und von der zulässigen Fehlerhäufigkeit im Betrieb. Unter gewissen Annahmen erhalten die Autoren eine Minimalgröße für ein Schaltelement von $(10\,\mu\mathrm{m})^3$.

III.6.1 Die Tunneldiode

Im Jahr 1958 ist die Tunneldiode (nach ihrem Erfinder auch ESAKI-Diode genannt) bekannt geworden [*58.7*]. Dieses Element eignet sich infolge seiner überraschenden Eigenschaften nicht nur als linearer Verstärker bis hinauf zu sehr hohen Frequenzen, sondern auch als digitales (binäres) Schaltglied mit großer Arbeitsgeschwindigkeit. Von allen Techniken, die für zukünftige Rechenanlagen in Betracht kommen, hat die Tunneldiode den Weg vom ersten Versuch bis zu einem im Laboratorium betriebsfähigen, kleinen Rechenwerk in der weitaus kürzesten Zeit durchlaufen.

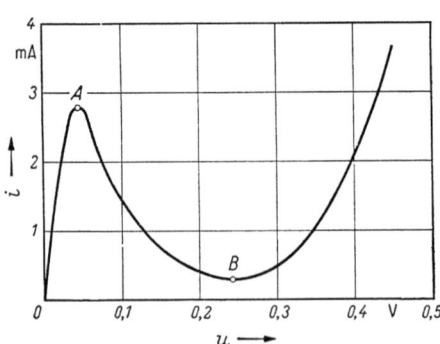

Abb. 140. Statische Charakteristik einer Tunneldiode

III.6.1.1 Die Eigenschaften von Tunneldioden.
Die Tunneldiode ist eine Halbleiterdiode, die aus einem schroffen pn-Übergang (Gesamtschichtdicke <100 Å) zwischen zwei sehr hoch (bis zur Entartung) dotierten Halbleiterzonen besteht. Es sind Tunneldioden sowohl aus Germanium als auch aus Galliumarsenid hergestellt worden; vorläufig sind hauptsächlich die ersteren bis zur Verwendungsreife entwickelt. Das hervorstechende Merkmal der Tunneldioden ist die statische Charakteristik, s. Abb. 140. Der Strom steigt vom Nullpunkt aus zuerst sehr rasch an und erreicht schon bei einer kleinen Spannung sein Maximum A. Dann wird der Strom kleiner und durchläuft ein breites Minimum B. Wird die Spannung weiter erhöht, so folgt ein neuer Stromanstieg, welcher ungefähr dem Verlauf in einer gewöhnlichen Diode entspricht. Zwischen A und B findet sich ein Gebiet negativen differentiellen Widerstandes. Der gezeichnete Teil der Charakteristik veranschaulicht den Vorwärtsstrom. In umgekehrter Richtung (also in jener,

die man bei gewöhnlichen Dioden als Sperrichtung bezeichnen würde) steigt der Strom stark an, stärker noch als im Stück zwischen dem Ursprung und A.

Diese interessante Charakteristik entsteht durch Überlagerung mehrerer Effekte: Einerseits treten Diffusion und Drift von Trägern auf, die eine normale Diodenkennlinie ergeben und die für den Teil oberhalb B verantwortlich sind. Anderseits ist der Verlauf zwischen dem Ursprung und B durch den Tunneleffekt bestimmt. Dieser quantenmechanische Effekt besteht in der „Durchtunnelung" einer hohen, dünnen Potentialschwelle durch Teilchen, deren Gesamtenergie geringer ist als zur Überwindung der Schwelle nötig wäre und die daher nach der klassischen Mechanik reflektiert werden müßten. Infolge der Überlappung der Energiebänder ist dieser Tunnelstrom bei A maximal und nimmt dann wieder ab [60.11].

Der Bereich negativen Widerstandes liegt bei fast allen Tunneldioden unter 0,5 V. Die Größe des Maximalstromes I_A im Punkt A läßt sich in weiten Grenzen variieren und kann weniger als 1 mA bis zu einigen Ampere betragen. Die für Rechenanlagen in Betracht kommenden Dioden haben ein I_A zwischen etwa 2 und 5 mA. Wichtig ist das Verhältnis I_A/I_B, das 40 oder sogar noch mehr betragen kann.

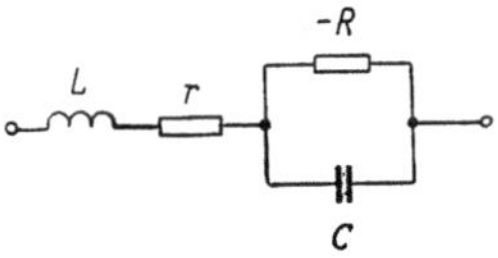

Wegen des hohen Gehaltes an Fremdatomen sind die Eigenschaften der Tunneldioden bedeutend unempfindlicher gegenüber Temperaturschwankungen als jene der Transistoren. Ein zulässiger Temperaturbereich zwischen -55 und $+150$ °C ist leicht zu erreichen.

Abb. 141. Ersatzschaltbild einer Tunneldiode

III.6.1.2 Das Ersatzschaltbild und der bistabile Schaltkreis. Im Bereich des negativen Widerstandes läßt sich die Tunneldiode durch das Ersatzschaltbild von Abb. 141 darstellen. Dieses Bild gilt zunächst nur für kleine Signale. Die einzelnen Elemente haben folgende Bedeutung: $-R$ ist der negative Widerstand, der im Bereich der Raumladungszone des pn-Widerstandes lokalisiert ist. Parallel zum negativen Widerstand liegt die Kapazität C der Raumladungszone. Im Serienwiderstand r sind alle Verlustwiderstände, wie Zuleitungswiderstand usw., vereinigt, und L stellt die Zuleitungsinduktivität dar. Die Tunneldiode kann als Oszillator verwendet werden, und es läßt sich zeigen, daß Schwingungen nur entstehen können, wenn L nicht zu groß ist, und daß es — unabhängig von den angeschlossenen äußeren Kreisen — eine maximale mögliche Frequenz ω_g der selbsterregten Schwingung gibt [60.19]. Es gilt:

$$L \leqq RCr \quad \text{und} \quad \omega_g \sim \frac{\sqrt{R/r}}{RC}.$$

142   III. Elektrische Grundschaltungen

Die Tunneldiode kann, wie jeder negative Widerstand, auch als Verstärker verwendet werden. Das erreichbare Produkt B von Verstärkung mal Bandbreite ist $B = 1/(2\pi RC)$.

Damit C nicht zu groß wird, macht man den Querschnitt des pn-Überganges sehr klein (Durchmesser 20 μm oder weniger). Man kommt so auf außerordentlich hohe Stromdichten, die 10000 A/cm² oder noch mehr erreichen können. Je kleiner dieser Querschnitt, desto höher ist die Impedanz der Diode, was im Hinblick auf die Anwendungen erwünscht ist, weil bei zu niedrigen Impedanzen die äußeren Schaltkreise

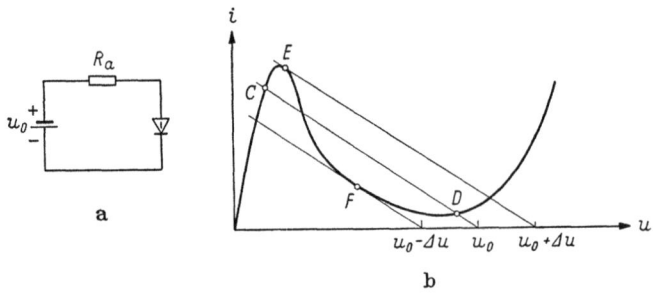

Abb. 142 a u. b
a) Bistabile Schaltung mit einer Tunneldiode, b) C und D: Schnittpunkte im Ruhezustand; E und F: Umschaltpunkte beim Anlegen des Steuerimpulses $\pm \Delta u$

nicht gut angepaßt werden können. Typische Werte für R und C sind $R = 50\,\Omega$, $C = 10$ pF. Das Produkt RC wird damit gleich 0,5 ns. Dieses Produkt bleibt bei Verkleinerung des Querschnittes unverändert und kann nur durch die Verwendung anderer Materialien beeinflußt werden, wobei es aber nicht nur auf den verwendeten Halbleiter ankommt, sondern in hohem Maße auch auf die Dotierung. Es sind Werte bis zu 10^{-11} s erreicht worden.

In digitalen Schaltkreisen werden allerdings die Tunneldioden so stark ausgesteuert, daß man nicht mehr von kleinen Signalen sprechen kann und daß das gezeigte Ersatzbild nicht mehr unbedingte Gültigkeit hat. Im Vordergrund steht die Erzeugung einer bistabilen Anordnung durch Zuschalten einer äußeren Spannungsquelle u_0 mit einem Widerstand R_a, s. Abb. 142. Falls $R_a > R$ ist[1], entstehen zwischen der Diodenkennlinie und der Geraden drei Schnittpunkte, von denen zwei stabil sind, nämlich C und D. Um den Kreis von einem Arbeitspunkt auf den andern umzuschalten, kann man mittels einer geeigneten Steuerschaltung an die Diode eine zusätzliche Spannung Δu legen. Wenn beispielsweise der Arbeitspunkt C im Betrieb ist, so wird eine positive Zusatzspannung, wenn sie die Größe Δu erreicht, die Schaltung auf E führen; eine be-

---

[1] r ist vernachlässigt, weil meistens $r \ll R$.

liebig kleine Vergrößerung über Δu hinaus bewirkt ein Überspringen auf den rechten Ast, und nach dem Verschwinden der Zusatzspannung ist D im Betrieb. Dieser bistabile Schaltkreis ist ein Spannungsverstärker, weil ein Steuerimpuls von der Größe Δu einen Spannungssprung hervorruft, der wesentlich größer als Δu ist. Je steiler die Gerade gelegt wird (je kleiner R_a), desto kleiner wird das zur Umschaltung nötige Δu, desto größer also die Verstärkung, doch führen dann schon kleine Veränderungen der Kennlinie (etwa infolge Temperaturschwankungen) zum Umschalten oder sogar zu einem Verlust der Bistabilität. Die erreichbare Verstärkung hängt also von der Konstanz der Kennlinie ab. Da in einer Rechenanlage die Dioden auswechselbar sein müssen (das heißt, alle Dioden eines bestimmten Typs müssen sich im zugehörigen Schaltkreis betriebsfähig verhalten), ist die Verstärkung in erster Linie durch die *Reproduzierbarkeit* der statischen Kennlinie begrenzt. Je gleichmäßiger die Fabrikation, desto höhere Verstärkung läßt sich erreichen; demgegenüber spielt die Form der Kennlinie eine geringere Rolle.

Obwohl das Ersatzschaltbild bei großen Signalen (also beim Verlassen des Bereichs mit negativem Widerstand) nicht mehr unbedingt gültig ist, läßt sich doch sagen, daß die Geschwindigkeit dieses Umschaltprozesses im wesentlichen vom Produkt RC abhängig ist; die Kleinheit dieses Produktes ist der Grund dafür, daß die Tunneldiode — wenigstens prinzipiell — die Möglichkeit zu sehr schnellen Schaltkreisen bietet. Die Nützlichkeit für digitale Schaltungen wird dadurch noch unterstrichen, daß die nötige Verlustleistung sehr klein ist; in der Diode von Abb. 140 werden an den Arbeitspunkten, die für den praktischen Betrieb in Betracht kommen, etwa $200\,\mu\text{W}$ in Wärme umgesetzt. Dagegen bildet die niedrige Impedanz eine Erschwerung, da es nicht einfach ist, Zuleitungen mit hinreichend niedriger Induktivität zu beschaffen.

III.6.1.3 Schaltkreise. Bislang sind zwei Systeme von digitalen Schaltkreisen mit Tunneldioden experimentell realisiert worden. Das erste, das den Namen „Zwillingsschaltung" erhalten hat, ist unabhängig von GOTO [*60.13*] und von LO [*59.39*] angegeben und beruht auf der folgenden Erscheinung: Wenn man zwei Tunneldioden in Serie schaltet und an eine feste Spannung legt, so verteilen sich die Teilspannungen ungleichmäßig über die beiden Dioden, s. Abb. 143. Von den drei möglichen Arbeitspunkten *1*, *2* und *3* sind nur *1* und *3* stabil, das heißt, fast der gesamte Spannungsabfall u_0 liegt an nur einer Diode. Die Verbindungsstelle der Dioden nimmt also (annähernd) die zwei Spannungen 0 oder u_0 an. u_0 beträgt etwa 0,5 V. In beiden Lagen ist der fließende Strom gleich groß. Welche der beiden Lagen eingenommen wird, hängt von der Vorgeschichte des Kreises ab. Insbesondere bestimmt im Augenblick, da u_0

eingeschaltet wird, eine kleine, zufällige Störung darüber, wie sich der Kreis einstellen wird. In diesem Augenblick läßt sich die Schaltung leicht beeinflussen, indem man an der Verbindungsstelle der Dioden einen Strom eingibt. Da dieser Strom viel kleiner ist als ein Strom, den man nachher entnehmen kann, wirkt diese Schaltung als Verstärker. Wenn die beiden Dioden genau gleiche Eigenschaften hätten, so wäre die erreichbare Verstärkung nur durch das thermische Rauschen begrenzt. Praktisch wird aber immer eine Unsymmetrie bestehen, und sie bestimmt die Größe des nötigen Eingangssignales.

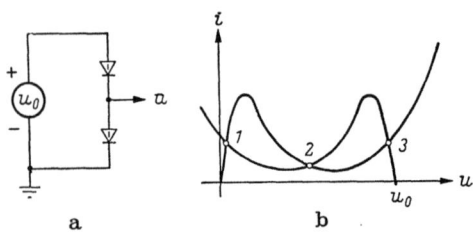

Abb. 143. Die Arbeitspunkte der Zwillingsschaltung

Es ist somit wünschenswert, paarweise möglichst gleichartige Dioden auszuwählen und zu Zwillingen zu kombinieren.

In einer digitalen Schaltung wird man für u_0 eine Impulsquelle verwenden. Jedesmal, wenn der Impuls eingeschaltet wird, wirkt der Kreis als Verstärker. Wegen der symmetrischen Eigenschaften der Schaltung erweist es sich als vorteilhaft, auch die Spannungsquelle symmetrisch auszulegen, s. Abb. 144. Der positive und der negative Impuls haben

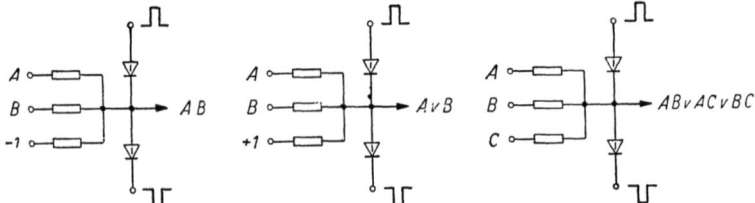

Abb. 144. Logische Verknüpfungen mit der Zwillingsschaltung

beide eine Amplitude von $u_0/2$, und die entstehenden Ausgangssignale betragen (angenähert) $\pm u_0/2$. Wegen dieses symmetrischen Aufbaues erweist es sich als nützlich, die beiden vorkommenden Werte der binären Variablen nicht mit 0 und L, sondern mit -1 und $+1$ zu bezeichnen, da diese Zahlen direkt als Spannungswerte gedeutet werden können. Die logischen Verknüpfungen erfolgen nun nach dem Prinzip der Schwellwertlogik, s. S. 21 ff. Der Ausgangswert hängt davon ab, ob die Mehrzahl der Eingänge -1 oder $+1$ aufweist. (Somit muß die Anzahl der Eingänge ungerade sein, damit kein unbestimmter Zustand entsteht.) Oft müssen Eingänge an eine Quelle geschaltet werden, die die konstante Information -1 oder $+1$ abgeben, was natürlich keine Schwierigkeit bietet. Abb. 114 zeigt drei Beispiele.

III.6 Verfahren in Entwicklung 145

Bezüglich der Zusammenschaltung der Elemente ist zu beachten, daß die Tunneldiode ein Zweipol ist. Wenn eine ihrer Klemmen an die Speisespannung geschaltet wird, so muß die andere Klemme sowohl als Eingangs- wie auch als Ausgangspol dienen. Im Gegensatz dazu stehen die heute in Rechenanlagen gebräuchlichen aktiven Elemente wie Transistoren (Dreipole) oder Relais (Vierpole), die eine Trennung von Eingang und Ausgang ermöglichen; der Entwurf von Schaltkreisen mit Zweipolen ist grundsätzlich schwieriger. In den Schaltungen von Abb. 144 sind Eingangs- und Ausgangsklemme identisch, aber ihre Funktionen sind zeitlich getrennt. Kurz bevor der Impuls der Spannungsquelle anzusteigen beginnt, muß das Eingangssignal angelegt werden, und zwar so lange, bis der Anstieg beendet ist. Dann kann das Ausgangssignal entnommen werden, bis der Impuls sein Ende findet. In der Zwischenzeit ist die Klemme sowohl als Eingang wie auch als Ausgang unwirksam.

Diese Identität von Eingangs- und Ausgangsklemme bringt es mit sich, daß auch die Informations-Flußrichtung durch den Schaltkreis selbst nicht bestimmt ist (außer wenn in die Verbindungsleitungen Dioden oder ähnliche nichtlineare Elemente geschaltet werden). Eine Fortpflanzungs-

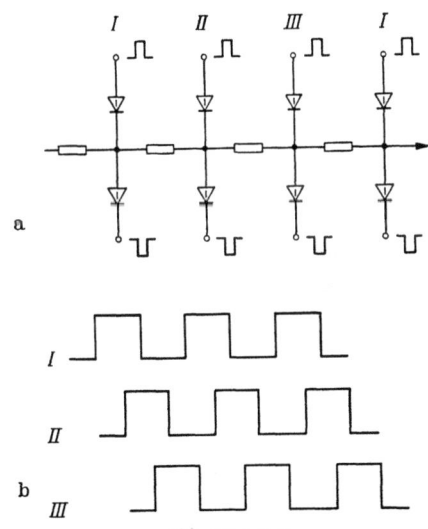

Abb. 145 a u. b
a) Schieberegister, b) Zeitliche Lage der Speiseimpulsserien I, II, und III. (Die unten an den Diodenpaaren angelegten Impulse haben umgekehrte Polarität und sind in b) nicht eingezeichnet)

richtung kann nur vorgegeben werden, indem das System der Uhrimpulse (die hier gleichzeitig die Energiequelle verkörpern) mindestens dreiphasig gemacht wird, s. S. 47. Abb. 145 zeigt ein dreiphasiges Schieberegister, dessen Flußrichtung nach rechts verläuft; pro Bit sind drei Zellen (Diodenpaare) nötig. Durch Kombination dieses Schieberegisters mit den logischen Verknüpfungen von Abb. 144 lassen sich logische Schaltkreise mit vorgegebenem, zeitlichem Ablauf aufbauen.

Dabei ist immerhin eine bedeutende Lücke geblieben, indem die Zwillingsschaltung keine Möglichkeit bietet, die Operation der Negation zu realisieren. Diese Schwierigkeit kann nur so umgangen werden, daß man an jeder Stelle der logischen Schaltung nebst der benötigten Variablen auch ihre Negation mitführt. Alle Leitungen werden also doppelt geführt; eine Ader führt A, die zweite $\bar{A}$, und die Negation entsteht dann einfach durch Vertauschung der Verbindungen. (Natürlich müssen am Eingang neben den einzugebenden Größen auch ihre Negationen vorhanden sein.) Durch diese Maßnahme wird der Aufwand an Gattern verdoppelt; denn beispielsweise zu jedem „mal"-Gatter, das $C = AB$ bildet, muß das duale Element $\bar{C} = \bar{A} \vee \bar{B}$ vorgesehen werden.

In der Zwillingsschaltung muß die Impulsquelle niedere Impedanz aufweisen. Da die Tunneldioden selbst sehr niederohmig sind, ist diese Bedingung bei hohen Taktfrequenzen schwierig zu erfüllen. Man kann

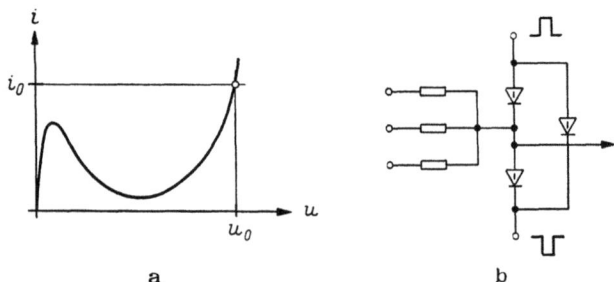

Abb. 146 a u. b
a) Eine Tunneldiode, durch die ein hinreichend großer Strom i_0 geleitet wird, wirkt als niederohmige Spannungsquelle mit der Spannung u_0. b) Über dem Zwilling wird die Spannung während des Impulses auf u_0 festgehalten

aber hier eine teilweise Abhilfe schaffen, indem man von der Tatsache Gebrauch macht, daß eine Tunneldiode selbst zu einer Spannungsquelle niedriger Impedanz wird, sofern man durch sie einen Strom leitet, der größer als I_A (in Abb. 140) ist, s. Abb. 146. Eine solche Diode, parallel zum Zwilling geschaltet, hält die Spannung über demselben konstant und gestattet es, die Speisung der Impulse mit einer Stromquelle (oder mit einer Spannungsquelle höherer Impedanz) zu vollziehen.

Die in der Zwillingsschaltung entstehenden Ausgleichsvorgänge sind von KAUPP et al. beschrieben worden [61.19], und den Einfluß der Toleranzen haben BRAYTON et al. studiert [63.5]. Wesentliche Verbesserungen können durch Einschalten von Induktivitäten in die Impulsleitungen erreicht werden [62.3].

Das zweite bekannt gewordene Schaltungssystem [59.39] verwendet eine unsymmetrische Anordnung und ist dadurch gekennzeichnet, daß die Impulsquelle eine Stromquelle (oder eine Spannungsquelle hinreichend hoher Impedanz) sein muß, was leichter zu realisieren ist als eine Spannungsquelle niederer Impedanz. Abb. 147a zeigt die Grundschaltung. Die Impulsquelle schickt durch die Diode einen Impulsstrom i_0. Bei diesem Strom sind zwei stabile Arbeitspunkte 0 und L

III.6 Verfahren in Entwicklung

möglich, die an der Ausgangsklemme die Spannung u' (entsprechend dem Funktionswert 0) oder die höhere Spannung u'' (entsprechend dem Funktionswert L) ergeben. Normalerweise wird beim Einschalten des Impulses die Stellung 0 eingenommen. Wenn jedoch von den Eingangsklemmen A, B und C her zusätzliche Ströme kommen, die hinreichend groß sind, so muß der Arbeitspunkt auf L überspringen und dort bleiben, solange der Impuls besteht, auch wenn die Zusatzströme verschwunden sind. Durch geeignete Regulierung von i_0 hat man es in der Hand, zu bestimmen, wie groß der zusätzliche Strom sein soll, der nötig ist, um den Arbeitspunkt auf L zu verbringen. Daher können logische Verknüpfungen nach dem Prinzip der Schwellwertlogik gebildet werden.

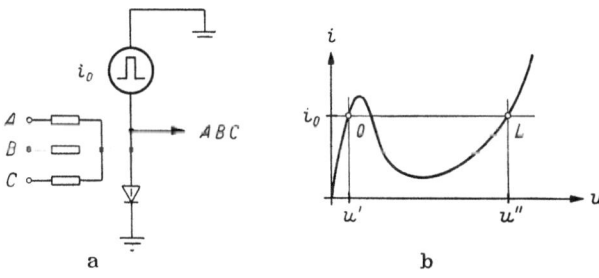

Abb. 147 a u. b
a) Logisches Gatter mit einer Tunneldiode (unsymmetrische Anordnung), b) Die beiden stabilen Zustände bei konstantem Strom i_0

In der Abbildung ist angenommen, daß der Arbeitspunkt L nur erreicht wird, wenn von A, B und C her gleichzeitig ein Strom kommt, was zur logischen Verknüpfung ABC führt. Nach dem Verschwinden des Impulses kehrt die Schaltung in den Ursprung zurück und ist damit für eine neue Operation bereit.

Wie bei der Zwillingsschaltung, so sind auch hier Eingangs- und Ausgangsklemme identisch, was auf die Notwendigkeit eines dreiphasigen Systems von Impulsen führt. Immerhin besteht ein gewisser Unterschied, indem das gezeigte Element nicht nur (wie der Zwilling) während des Anstiegs des Impulses verstärkende Eigenschaft besitzt, sondern während der ganzen Dauer des Impulses. Daher können mehrere logische Stufen hintereinandergeschaltet und am gleichen Impuls angeschlossen werden, was zu schnellerer Arbeitsweise führt.

Die Realisierung des Negators ist in Abb. 148 gezeigt. Eine Tunneldiode mit einem Widerstand in Serie (a), die — wie wir vorübergehend annehmen wollen — durch einen Impuls konstanter Spannung u_0 gespeist wird, hat zwei stabile Zustände 0 und L (b). 0 entspricht einem hohen Strom und wird daher an der Ausgangsklemme eine L ergeben, und umgekehrt. Beim Einschalten wird der Punkt 0 (also das Aus-

148 III. Elektrische Grundschaltungen

gangssignal L) eingenommen. Wenn nun erreicht werden kann, daß dann, wenn von der vorhergehenden Stufe her eine L ankommt, der Punkt L (also das Ausgangssignal 0) eingenommen wird, so ist die Funktion des Negators realisiert. Diese Schaltung ist in c gezeigt. Die Impulsquelle ist eine Stromquelle, und eine zusätzliche Diode D_2 erzeugt über der Kombination D_1-R die verlangte Spannung u_0. Beim Einschalten wird sich der Arbeitspunkt 0 einstellen. Wird aber die Spannung u_0 um einen hinreichenden Betrag erhöht, so springt der Arbeitspunkt

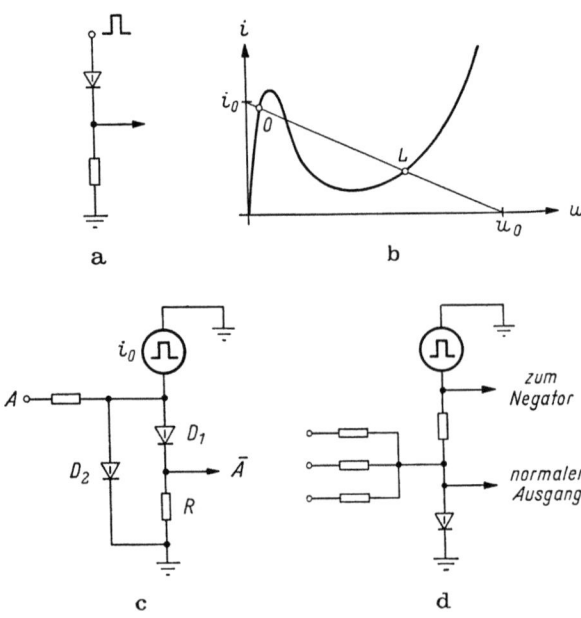

Abb. 148 a—d. Der Negator
a) Grundschaltung, b) Arbeitspunkte, c) Schaltung des Negators, d) Gatter mit einer speziellen Ausgangsklemme zum Anschluß an den Negator

auf L über. Diese Erhöhung geschieht durch einen von A herkommenden Zusatzstrom, der — da D_2, wie man aus Abb. 146 ersieht, an ihrem Arbeitspunkt zwar einen kleinen, aber doch endlichen Widerstand besitzt — eine Erhöhung von u_0 verursacht. Immerhin ist das Element von Abb. 147 nicht in der Lage, diesen Zusatzstrom zu liefern, da die von ihm im Zustand L abgegebene Spannung zuwenig hoch ist. Deshalb muß ein Glied, das einen Negator speisen soll, mit einem zusätzlichen Widerstand versehen werden (Abb. 148d), welcher das abgegebene Signal auf einen höheren Pegel hebt.

Über die mit Tunneldioden-Schaltkreisen erreichbaren Geschwindigkeiten kann nichts Abschließendes gesagt werden. Nach GOTO ist die höchste Impulsfrequenz f, die zur Anwendung kommen kann, mit dem

Produkt RC (vgl. Abb. 141) durch die Gleichung $1/(RCf) = 8\ldots 25$ verknüpft. Danach müßte, um $f = 1000$ MHz zu ermöglichen, $RC = 4 \ldots 12 \cdot 10^{-11}$ s werden, was für experimentelle Dioden sogar noch unterschritten wurde. Immerhin hängt die Realisierbarkeit einer so hohen Impulsfrequenz nicht nur von den Dioden selbst, sondern in hohem Maße auch von einem geeigneten Aufbau ab.
Weitere Literatur [64.3].

III.6.1.4 Schaltungen mit Tunneldioden und Transistoren. Der wichtigste Nachteil der bisher beschriebenen Schaltungen mit Tunneldioden ist, daß die Tunneldiode als Zweipol keine Fortpflanzungsrichtung bevorzugt. Eingangs- und Ausgangsklemme sind identisch und müssen daher zeitlich statt räumlich unterschieden werden. Das bedingt, daß die Energie in Form von Impulsen zugeführt werden muß, und bei den in Frage kommenden hohen Frequenzen bereitet es erhebliche Schwierigkeiten, die Impulse unverzerrt und in richtiger Phase einzuspeisen.

Dieser Nachteil wird durch gemischte Schaltungen mit Tunneldioden und Transistoren vermieden; ihnen kann die Energie als Gleichstrom

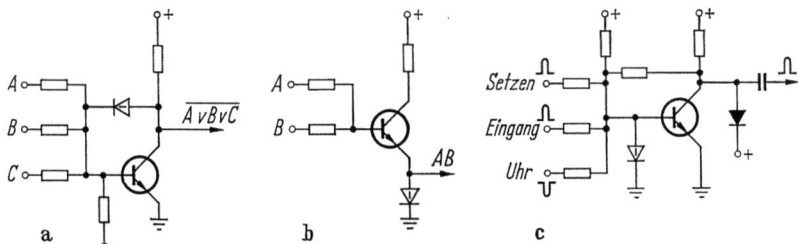

Abb. 149. Drei Schaltungen mit Transistoren und Tunneldioden

zugeführt werden. In der Anfangszeit der Tunneldioden schenkte man solchen Kombinationen keine Beachtung; denn wegen der wesentlich niedrigeren Grenzfrequenz der Transistoren hätte die den Tunneldioden innewohnende Geschwindigkeit nicht ausgenützt werden können. Seither haben sich die Eigenschaften der Transistoren wesentlich rascher verbessert als jene der Tunneldioden, und die Schaltzeiten der beiden Elemente liegen heute bei vergleichbaren Werten. Eine Zusammenschaltung ergibt daher einen lohnenden Gewinn.

Mannigfaltige Kombinationen von Transistoren und Tunneldioden sind möglich; Abb. 149 vermittelt vier Beispiele. a zeigt die Grundschaltung von Abb. 75; die Tunneldiode wird dazu verwendet, um sowohl Sättigung als auch Sperrung des Transistors zu vermeiden [62.25]. Wenn das Eingangssignal positiv ist (was zu Sättigung führen würde), so verhindert die Impedanz der Tunneldiode, die in der Gegend von 0,1 V sehr niedrig ist, daß der Kollektor in den Sättigungsbereich gelangt. Ist aber das Eingangssignal negativ, so steigt die Kollektorspannung und bringt die Tunneldiode in der Gegend von 1 V wieder in ein Gebiet niedriger Impedanz; es fließt der Basis ein Strom zu, der die Sperrung vermeidet. Dadurch wird der Transistor von den Arbeitsgebieten ferngehalten, die mit einer niedrigen Grenzfrequenz behaftet sind; infolge der sehr kurzen Schaltzeit der Tunneldiode entsteht dadurch ein echter Gewinn an Geschwindigkeit.

Abb. 149b zeigt einen Emitterfolger mit einer Tunneldiode als Belastungswiderstand [6, S. 106]. Die beiden Widerstände sind so dimensioniert, daß der Transistor gesperrt ist, wenn $A = B = 0$. Wenn eine der beiden Eingangsklemmen positiv wird, so fließt zwar ein Strom durch die Diode, aber die Spannung ist immer noch niedrig. Erst wenn beide Eingänge positiv werden, so springt der Diodenstrom über den Spitzenwert hinaus, und die Ausgangsspannung wird stark positiv. Diese Schaltung hat den Vorteil, die kurzen Anstiegszeiten des Emitterfolgers auszunützen und — infolge der Tunneldiode — gleichzeitig eine Spannungsverstärkung zu ermöglichen. Eine ähnliche Schaltung ist in [61.37] beschrieben.

Schließlich ist in Abb. 149c eine Registerzelle angegeben, also eine Schaltung, die wie ein Flipflop eine speichernde Wirkung hat [63.1]. Die Gegenkopplung vom Kollektor zur Tunneldiode bewirkt, daß die Schaltung zwei stabile Zustände hat. Der Zustand mit niedriger Tunneldiodenspannung (also hoher Kollektorspannung) wird O genannt, der andere L. Ein Uhrimpuls setzt die Zelle in den Zustand O; gleichzeitig entsteht am Ausgang dann ein positiver Impuls, wenn die Zelle vorher im Zustand L war. Dieser Impuls kann an die Eingangsklemme einer andern Zelle angeschlossen werden, wodurch ein Schieberegister entsteht.

Zusätzliche Literatur: Eine Übersicht über Tunneldiodenschaltungen findet sich in [61.33].

III.6.2 Feldsteuerungstransistoren

Nachdem die Tunneldiode 1958 erfunden worden war, dauerte es 5 Jahre — also eine überraschend lange Zeit — bis erstmals wieder ein neues Schaltelement auftauchte, das ernsthaft für den Bau von digitalen Rechenanlagen in Betracht gezogen werden konnte. Der Feldsteuerungstransistor an sich ist zwar so alt wie der Spitzen- und der Flächentransistor, doch wurden 1963 einige grundlegende Verbesserungen bekannt, welche ihn zu einem aussichtsreichen digitalen Schaltelement machen. Die wichtigste Neuerung ist, daß der Steuerkreis vom gesteuerten Kreis isoliert ist und nur durch sein elektrisches Feld wirkt. Dadurch entsteht eine Anordnung, die große Ähnlichkeit mit einer Elektronenröhre hat; im Besonderen erhält man eine hohe Eingangs-

III.6 Verfahren in Entwicklung 151

impedanz. Die folgende Erklärung stützt sich auf eine ausführliche Arbeit von HOFSTEIN et al. [63.14].

Der Feldsteuerungstransistor mit isoliertem Steuerkreis beruht darauf, daß der für die Leitung verfügbare Querschnitt (und damit also die Leitfähigkeit) eines Stabes aus Halbleitermaterial variiert wird, indem die von einer p-n-Sperrschicht herrührende Entleerungszone (depletion region) verschieden weit in den Stab hineinreicht.

Abb. 150 veranschaulicht einen schematischen Querschnitt durch den ursprünglichen, von SHOCKLEY beschriebenen Feldsteuerungstransistor, dessen Steuerkreis nicht isoliert ist, sondern aus zwei p-n-Sperrschichten besteht. Ein Germaniumstab vom n-Typ hat links und rechts einen Ohmischen Anschluß mit den Klemmen A und B. Zwischen diesen Klemmen mißt man eine bestimmte Leitfähigkeit, die aber, im Gegensatz zum konventionellen Transistor, nicht von Minoritäts-, sondern von Majoritätsträgern (im n-Germanium also Elektronen) herrührt. Daher vermeidet man die Namen „Emitter" und „Kollektor" und nennt die beiden Anschlüsse Quelle und Senke. Oben und unten befindet sich je eine p-n-Sperrschicht. Wenn diese Sperrschicht durch die Batterie in Sperrichtung vorgespannt wird, so entstehen zwei Entleerungszonen (schraffiert), in welchen sich keine Majoritätsträger (Elektronen) befinden. Dadurch

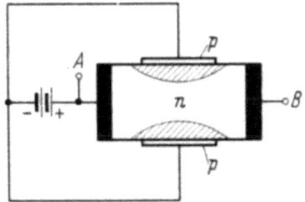

Abb. 150. Ursprünglicher Feldsteuerungstransistor
A Quelle, B Senke. Schwarz: Ohmische Kontakte; schraffiert: Entleerungszone

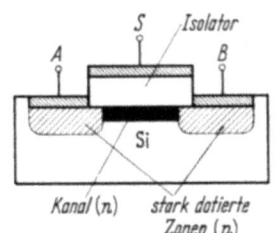

Abb. 151. Feldsteuerungstransistor mit isoliertem Steuerkreis
A Quelle, B Senke, S Steuerkreis. Eng schraffiert: Metallelektroden

wird der für die Leitung zwischen Quelle und Senke verfügbare Querschnitt eingeengt, die Leitfähigkeit also reduziert. Das Maß dieser Einengung hängt von der Batteriespannung ab.

Der Feldsteuerungstransistor mit isoliertem Steuerkreis unterscheidet sich von Abb. 150 dadurch, daß der Steuerkreis nicht aus p-n-Sperrschichten besteht, sondern aus einer Anordnung, die einem Kondensator gleicht, s. Abb. 151. Als Unterlage dient hochohmiges Silizium. Durch n-Dotation entsteht der leitende Kanal (schwarz), und die Anschlüsse an beiden Enden werden durch zwei stark n-dotierte Zonen mit Metallelektroden dargestellt. Der Steuerkreis S ist eine Metallelektrode, die vom Kanal durch eine Isolierschicht (Siliziumdioxyd) getrennt ist.

Die Funktion dieses Transistors beruht darauf, daß eine negative Spannung bei S eine Entleerung des Kanals von Elektronen bewirkt und dadurch seine Leitfähigkeit reduziert. Eine positive Spannung hingegen verursacht eine Anreicherung mit Elektronen, also eine Vergrößerung der Leitfähigkeit. Im Gegensatz zu Abb. 150 kann die Spannung des Steuerkreises beide Vorzeichen annehmen, ohne daß in ihm ein Strom fließt. Somit haben wir, ähnlich wie in einer Elektronenröhre, einen durch ein elektrisches Feld gesteuerten Widerstand vor uns.

Der Grund, weshalb man im Feldsteuerungstransistor ein vielversprechendes digitales Schaltelement erblickt, liegt in der einfachen Herstellung. Der ganze Aufbau kann in Form dünner Schichten realisiert werden, mit Schichtdicken in der Größenordnung von 0,1 μm. Da die Funktion auf Majoritätsträgern beruht, ist der Herstellungsprozeß viel weniger kritisch als bei Transistoren, womit der wichtigste Nachteil der integrierten Schaltung beseitigt ist. Auf einer Siliziumplatte lassen sich Hunderte oder sogar Tausende von Schaltelementen samt ihrer Verdrahtung gleichzeitig herstellen.

Anderseits besitzen die Feldsteuerungstransistoren begrenzte Schaltgeschwindigkeit. In einer Elektronenröhre ist die Grenz- (Kreis-) Frequenz (also die Frequenz, oberhalb der keine Verstärkung möglich ist) durch den Ausdruck S/C gegeben (S = Steilheit, C = Eingangskapazität). In etwas veränderter Form gilt dasselbe für den Feldsteuerungstransistor. Die gemessenen Werte liegen in der Gegend von $S = 2$ mA/V und $C = 10$ pF. Daraus errechnet sich eine Grenzfrequenz von $2\pi \cdot 30$ MHz, was weit hinter Transistoren zurückbleibt. Zur Zeit bestehen keine Anhaltspunkte dafür, daß in der Schaltzeit wesentliche Verbesserungen möglich sein werden. Man beachte, daß durch eine Veränderung der Dicke der Isolierschicht in Abb. 151 sowohl S als auch C im gleichen Sinn variiert werden; ihr Quotient bleibt unverändert.

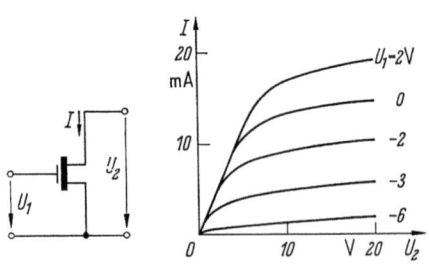

Abb. 152. Kennlinienfeld eines Feldsteuerungs-Transistors mit n-Kanal

Das Kennlinienfeld eines Feldsteuerungstransistors zeigt Abb. 152. Es besitzt, wie man leicht sieht, große Ähnlichkeit mit jenem einer Pentode; die Steilheit $\partial I/\partial U_1$ beträgt etwa 2 mA/V. Ein solches Element kann als Negator verwendet werden, ähnlich wie Abb. 50 (s. S. 74). Der Spannungsteiler ist unerläßlich; denn die Ausgangsspannung ist immer positiv, während es zur Sperrung des nachfolgenden Elements einer negativen Spannung bedarf.

III.6 Verfahren in Entwicklung

Die folgende, wichtige Modifikation gestattet es, die Notwendigkeit des Spannungsteilers zu umgehen: Im bisher betrachteten Element (Abb. 151) haben die stark dotierten Zonen, die den Kontakt mit dem n-Kanal herstellen, ebenfalls n-Dotation; daher ist der Kanal bei fehlendem Steuerfeld stark leitend. Eine andere Ausführung sieht einen *p-dotierten Kanal* vor, der mit den zwei n-Zonen in Berührung ist. Zwischen den Klemmen A und B liegen nun zwei gegeneinander gepolte Dioden, und der Durchgang ist gesperrt. Abb. 153 zeigt die U_1-I-Kennlinie, links für die Ausführung mit n-Kanal, rechts für die eben beschriebene *pnp*-Ausführung. Es ist ersichtlich, daß das *pnp*-Element für $U_1 = 0$ gesperrt ist. Das bedeutet, daß man Negatoren nach Abb. 154 in Reihe schalten kann, ohne daß ein Spannungsteiler nötig ist; es wird pro Stufe nur ein einziger Widerstand gebraucht.

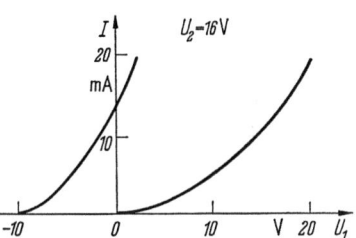

Abb. 153. U_1-I-Kennlinien (Bezeichnungen wie in Abb. 152). Linke Kurve: Ausführung mit n-Kanal; rechte Kurve: *npn*-Ausführung

Man kann noch einen Schritt weiter gehen und die Widerstände in Abb. 154 ebenfalls durch Feldsteuerungstransistoren mit einer geeigneten festen Steuerspannung ersetzen. Auf diese Art läßt sich ein ganzes logisches System bauen, das außer leitenden Verbindungen überhaupt nur eine einzige Art von Schaltelementen, eben den Feldsteuerungstransistor von *npn*-Typ, enthält. Es ist offensichtlich, daß diese Möglichkeit herstellungstechnisch von großer Tragweite sein kann.

Weitere Literatur: [64.6].

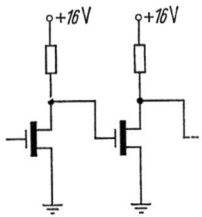

Abb. 154. Reihenschaltung mehrerer Negatoren

III.6.3 Hydraulische und pneumatische Rechenelemente

Angesichts der großen Fortschritte auf dem Gebiet der elektronischen Schaltungen mit Halbleitern und Magnetkernen dürfte die Tatsache, daß heute noch mehr als früher mechanische digitale Rechenelemente untersucht werden, nicht ohne weiteres verständlich sein. Die Rechtfertigung für solche Studien liegt hauptsächlich darin, daß in vielen Prozessen der Informationsverarbeitung die Daten in mechanischer Form anfallen, und daß die Resultate ebenfalls als mechanische Bewegungen verlangt werden. Beispiele dafür sind das Abtasten und Lochen von Karten oder Bändern, die Eingabe mittels einer Tastatur, die Ausgabe mittels eines Druckwerkes. In solchen Fällen kann, wenn die Verarbeitung der Daten mechanisch geschieht, die Umwandlung von mechanischen Signalen in elektrische und — was noch wichtiger ist — von elektrischen Signalen in mechanische erspart werden. Weiterhin ist es in den letzten Jahren gelungen, die Geschwindigkeit von hydraulischen und pneumatischen Rechenelementen bedeutend zu erhöhen, und schließlich ist zu erwähnen, daß ihre Lebensdauer groß ist und durch Versuche recht gut vorausgesagt werden kann, was im Interesse der Zuverlässigkeit liegt.

Was die Umwandlung von elektrischen in mechanische Signale betrifft, so muß man sich vergegenwärtigen, daß dieser Prozeß kostspielig und räumlich aufwendig ist. Da heute alle Datenverarbeitungsmaschinen mechanische Teile haben (man denke etwa an Kartenlocher und Plattenspeicher), kann diese Umwandlung nicht umgangen werden. Die Möglichkeit, logische Operationen im mechanischen statt im elektrischen Teil auszuführen, verschafft erhöhte Freiheit in der Wahl des Punktes, an welchem die Wandlung vorgenommen wird.

Die Zuverlässigkeit der hydraulischen logischen Elemente beruht auf der guten Schmierung der beweglichen Teile sowie darauf, daß sie gegenüber elektromagnetischen Feldern und ionisierenden Strahlungen unempfindlich sind und daß Temperaturschwankungen einen geringen Einfluß haben. Außerdem lassen sie sich für Betriebstemperaturen bauen, die weit höher gehen als die, welche für Transistoren zulässig sind.

Bezüglich wirtschaftlicher Massenherstellung stehen mechanische Teile nach wie vor in günstigem Licht, und es sind gerade auch neue Materialien und Herstellungsmethoden, die das stete Interesse auf diesem Gebiet wachhalten.

Die folgende Darstellung stützt sich auf zwei Arbeiten von GLÄTTLI, einen Zeitschriftenartikel [61.12] und ein Kapitel im Buch [1], in welchem sich auch ein ausführliches Literaturverzeichnis findet.

Bislang sind zwei ganz verschiedene Arten von flüssigkeitsmechanischen Rechenelementen untersucht worden. Die erste Art verwendet bewegliche Ventile und beruht im wesentlichen auf den Prinzipien der Hydrostatik. In der zweiten Art kommen (außer der Flüssigkeit oder dem Gas) keine beweglichen Teile vor; ihre Funktion begründet sich auf dynamischen Effekten wie Impulsaustausch, Turbulenz und Grenzschichten.

III.6.3.1 Logische Schaltungen mit Ventilen. Ventile, die durch Flüssigkeitsdruck betätigt werden und die ihrerseits Flüssigkeitskanäle öffnen und schließen, kommen seit Jahrzehnten in hydraulischen Steuerungen vor. Neu ist lediglich ihre Verwendung als digitale Elemente, also Elemente, in denen nur zwei verschiedene Zustände wesentlich sind.

Zahlenwerte und Grenzdaten. Wir betrachten zunächst die Anfangsbeschleunigung a. Bei einer Länge $l = 20$ cm und Dichte $\varrho = 10^3$ kg/m^3

III.6 Verfahren in Entwicklung

der zu beschleunigenden Flüssigkeitssäule ergibt sich bei einem angelegten Druck $p = 10$ at der Wert

$$a = \frac{p}{\varrho \cdot l} \approx 5 \cdot 10^3 \, \text{m/s}^2 \approx 500 \, g.$$

Hierbei ist stillschweigend vorausgesetzt, daß die Kolbenmasse gegenüber der Masse der Flüssigkeitssäule vernachlässigbar ist und daß keine äußere Last dazukommt. Eine solche Beschleunigung braucht nur kurze Zeit wirksam zu sein, um eine Verschiebung über die Strecke $s = 2{,}5$ mm zu bewirken, nämlich während

$$t = \sqrt{\frac{2s}{a}} \approx 10^{-3} \, s.$$

Nach Ablauf dieser Zeit besteht eine Endgeschwindigkeit von rund 5 m/s, die immer noch klein im Vergleich zur Grenzgeschwindigkeit

$$v_\infty = \sqrt{\frac{2p}{\varrho}} \approx 45 \, \text{m/s}$$

ist. Damit sind aber gerade die obigen Ausdrücke, die nichts anderes als erste Näherungen der exakten Lösungen der diese Vorgänge beschreibenden Differentialgleichungen darstellen, gerechtfertigt.

Daß auch relativ hochviskose Flüssigkeiten das Bild nicht wesentlich verändern, geht aus der Abschätzung der Druckverminderung Δp infolge der bei maximaler Strömungsgeschwindigkeit auftretenden Reibungsverluste hervor. Bei einer Viskosität $\eta = 10$ cP (dickes Maschinenöl) und einem Kanaldurchmesser $2\,r = 4$ mm erhält man

$$\Delta p = \frac{8 \eta v l}{r^2} \approx 0{,}2 \, \text{at}.$$

Die Reibungsleistung im Radialspalt zwischen Kolben und Zylinderwand kann je nach Spiel etwas größer sein, jedoch weniger als eine Größenordnung.

Als letzte Angabe diene die volumetrisch bedingte Betätigungsenergie E für eine Bohrung $2\,r = 4$ mm.

$$E = p \cdot s \cdot \pi \cdot r^2 \approx 30 \cdot 10^{-3} \, \text{Joule}.$$

Dieser Wert ist charakteristisch für das hohe Verhältnis Energie/Volumeneinheit in hydraulischen Anordnungen. — Zum volumetrisch bedingten Leistungsaufwand kommen natürlich noch Leckverluste von etwa derselben Größenordnung. Ihre starke Abhängigkeit von der Systemplanung gestattet keine genaueren Angaben.

Darstellung der Information und Beispiele von Grundelementen. Prinzipiell kann in einem hydraulischen System Information analog zur Elektronik durch Druck (Spannung) oder Strömung (Strom) dargestellt werden. Hierbei können Schieber ähnlich wie Relais als mechanische Indikatoren wirken.

156 III. Elektrische Grundschaltungen

Im folgenden entspricht grundsätzlich Hochdruck (h) einer logischen „1", Niederdruck (n) einer „0".

Es würde nun zu weit führen, den ganzen Katalog möglicher logischer Grundelemente hier aufzuzeigen. Ventilart und verwendetes Antriebsprinzip sind die bestimmenden Parameter.

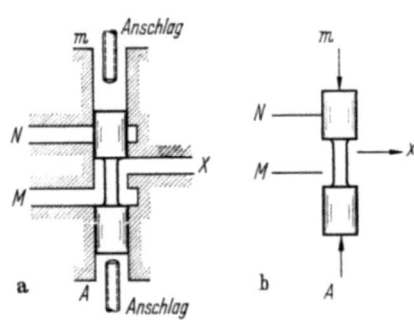

Abb. 155 a u. b Einfaches hydraulisches Verknüpfungselement:
a) halbschematisch, b) symbolisch

Abb. 155 zeigt eine der einfachsten Möglichkeiten eines logischen Verknüpfungselementes. Das Element ist in zwei verschiedenen Darstellungen gezeichnet: halbschematisch, um eine Ausführungsform und deren Funktionsweise anzudeuten; und symbolisch zum Zwecke der Definition und Überleitung zu den folgenden Beispielen.

Die Stellung des in Abb. 155 gezeichneten Ventils ist durch den Druck am Eingang A bestimmt: n bewirkt, daß das Ventil weiterhin durch den auf die obere Antriebsfläche wirkenden Mitteldruck m nach unten gedrückt wird, während h das Ventil nach oben treibt (Abb. 156a).

Der Druck am Ausgang X in Abb. 155 hängt somit je nach Stellung des Schiebers vom Druck am Eingang M oder N ab. In BOOLEscher Algebra lautet die entsprechende Gleichung

$$X = \bar{A}M \vee AN.$$

Vergleicht man diese Funktion mit dem, was sich mit einem Transistor oder einem Relais mit einem Umschaltkontakt logisch erreichen läßt, dann steht das Ventil zwischen diesen beiden Elementen.

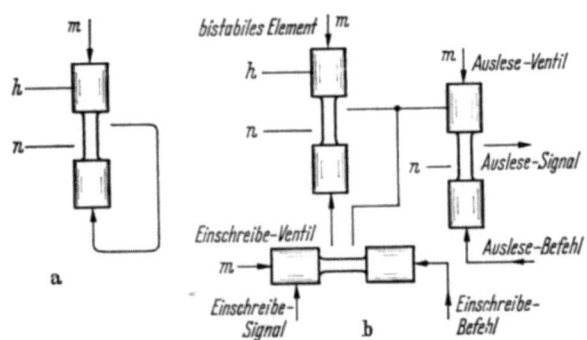

Abb. 156 a u. b Bistabiles Element
a) Prinzip der Rückkopplung, b) Schaltungen zum Einschreiben und Auslesen

III.6 Verfahren in Entwicklung

Durch eine geringfügige Änderung wird aus dem oben gezeigten Verknüpfungselement eine bistabile Zelle, wie sie in Abb. 156a dargestellt ist.

Prinzipiell könnte auch dem Element von Abb. 155 Gedächtnis zugesprochen werden, denn nach Abschalten des Mitteldruckes m und des Einganges A besteht scheinbar kein weiterer Anlaß mehr zum Platzwechsel. Die Tatsache aber, daß geringe Kräfte (Leck) oder auch Druckstöße die gespeicherte Information in wenig kontrollierbarer Weise zerstören können, macht eine solche Anwendung über die ganze Zeitskala praktisch illusorisch. Dieser Mangel ist durch die Bistabilität des Elementes nach Abb. 156a behoben. In dieser einfachen Form dürfte aber

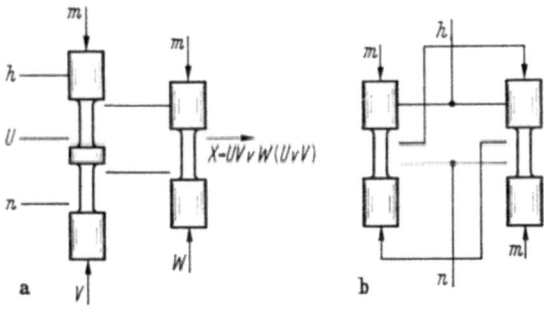

Abb. 157a u. b
a) Erzeugung des Übertrags im Bináraddierwerk, b) Einfacher Multivibrator

kaum eine Anwendungsmöglichkeit für diese Komponente bestehen. Abb. 156b zeigt deshalb die Ergänzung zur vollständigen Speicherzelle. Diese Zelle gestattet gleichzeitiges, unabhängiges Ein- und Auslesen. Ausfall der Druckspeisung kann Gedächtnisverlust bewirken.

Einfache Schaltungsbeispiele. Eine Schaltung zur Erzeugung des Übertrages in einem Bináraddierwerk mit drei Eingängen zeigt Abb. 157a. Dieser Block ist nur durch Kombination von Elementen nach Abb. 155 entstanden. Es sei noch speziell darauf hingewiesen, daß in der gezeigten Darstellung alle Kanäle in einer Ebene liegen.

Abb. 157b zeigt eine einfache Multivibratorschaltung. Auch hier müssen wiederum drei Druckpotentiale eingespeist werden. Symmetrieeigenschaften gestatten in diesem Beispiel eine Vertauschung des h- mit dem n-Anschluß. Ein von h und n unabhängiges Ausgangssignal läßt sich durch Einfügen eines weiteren Schaltgliedes in eines der beiden Ventile gewinnen.

Ausführungsformen. Neben Leistungsfähigkeit und der Möglichkeit wirtschaftlicher Herstellung spielt die zulässige Kleinheit der Ausführung eine immer wichtigere Rolle. Wie bereits weiter oben gesagt, kann man die Leistungsfähigkeit hydraulischer logischer Elemente wie folgt zusammenfassen: Die Ansprechzeit liegt im Gebiet von 1 bis 5 ms; die logische Verwendbarkeit ist vielseitiger als die des einfachen Transistors; der Ausgang jedes Elementes kann an den Eingang jedes andern Elementes angeschlossen werden; eine einzige Sorte von Elementen genügt für alle Funktionen.

Was die Möglichkeit wirtschaftlicher Herstellung betrifft, so ist festzuhalten, daß nur bei Verwendung neuerer Werkstoffe in Verbindung mit entsprechender Fertigungstechnik ein Erfolg zu erwarten ist. Besonders hoffnungsvoll erweisen sich die auf mannigfache Art formbaren Kunststoffe. Eine Idee besteht darin, kleine Blöcke warm zu pressen, um diese dann in Schichtbauweise zu größeren Einheiten zusammenzufügen. Dieses Verfahren hat eine gewisse Ähnlichkeit mit der Technik der gedruckten Schaltungen, wobei jedoch schwierigere topologische Probleme auftreten als in der Elektronik. Der Grund hierfür liegt in der Notwendigkeit möglichst kurzer Leitungen, denn bei der Verwendung von Flüssigkeiten spielt die Trägheit eine entscheidende Rolle, während beim pneumatischen System die Schallgeschwindigkeit eine wesentliche Begrenzung ist. Als erste Folge resultiert hieraus eine Komplikation innerhalb eines (möglichst nur in einer Ebene Kanäle und Bohrungen enthaltenden) Blockes selbst, als zweite kommt die Abstimmung der „gedruckten Karten" aufeinander hinzu. Diese Maßnahme ermöglicht nämlich bei Ausnutzung aller drei Dimensionen kürzeste Verbindungsleitungen unter den Blöcken.

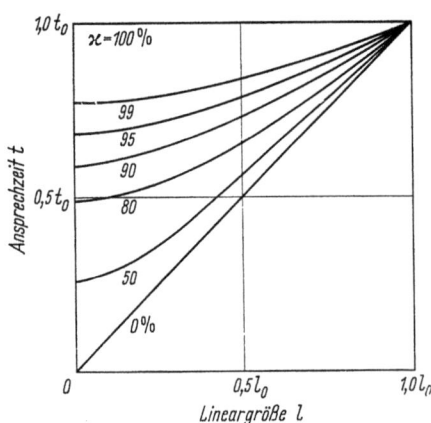

Abb. 158
Ansprechzeit t als Funktion der Lineargröße l

Die Frage nach der zulässigen Kleinheit der Ausführung kann auf Grund von Ähnlichkeitsbetrachtungen entschieden werden, sofern die Toleranzverhältnisse bekannt sind. Falls die Toleranzen ein konstanter Bruchteil einer repräsentativen Länge sind, läßt sich durch maßstäbliche Verkleinerung eine Reduktion der Ansprechzeit erreichen, wobei aber für die Größe Null ein von Null verschiedener Grenzwert besteht. Die graphische Darstellung in Abb. 158 beschreibt dieses Verhalten genauer.

Der Parameter $\varkappa$ ist das Verhältnis der bei einer Betätigung auftretenden Maximalgeschwindigkeit zu der durch Druck und Viskosität bestimmten Grenzgeschwindigkeit.

III.6 Verfahren in Entwicklung

In bezug auf ihren Absolutwert konstante Toleranzen können ein Minimum für endliche Werte von l erzeugen. Die Berücksichtigung von Erfahrungswerten zeigt aber, daß man im nutzbaren Bereich, das heißt für Bohrungen mit über 1 mm Durchmesser, mit linearen Verkleinerungen eine Herabsetzung der Ansprechzeit von derselben Größenordnung erhält, falls ein günstiger Viskositätsbereich gewählt wird. Allerdings widerspricht die hier bestehende Forderung nach geringer Viskosität jener, die aus der Tendenz zur Geringhaltung der Leckverluste resultiert. Trotzdem kann man sagen, daß im Gegensatz zur konventionellen Hydraulik dank kleiner Verschiebungsgeschwindigkeiten relativ hohe Viskositäten verwendet werden können.

III.6.3.2 Hydrodynamische Elemente. Dynamische digitale Elemente stellen die jüngsten Entwicklungen der hydraulischen Technik dar. Die

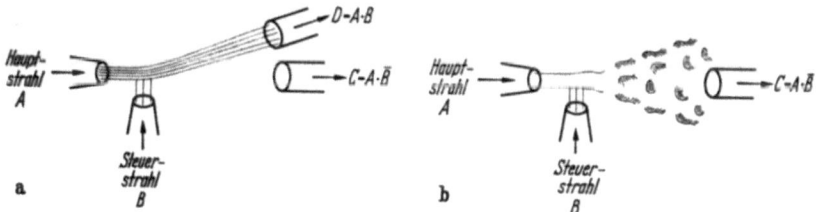

Abb. 159a u. b. Zwei flüssigkeitsmechanische Schaltprinzipien
a) Impulssteuerung, b) Turbulenzsteuerung

ihnen unterliegenden physikalischen Phänomene wie Turbulenz und Grenzschichteffekte sind allerdings seit Jahrzehnten bekannt und untersucht, und es ist überraschend, wie lange es dauerte, bis jemand auf den Gedanken kam, dieselben für die Zwecke digitaler Schaltungen auszuwerten.

Prinzipien. Abb. 159 zeigt zwei Anordnungen, die prinzipiell als aktive digitale Elemente betrachtet werden können. Im Strahlverstärker (*a*) tritt aus einer Düse ein Hauptstrahl aus, der normalerweise in den Ausgang C gelangt. Wenn jedoch ein Steuerstrahl eingeschaltet wird, so bewirkt die entstehende Summierung der Impulse eine Winkeländerung, und der Hauptstrahl wird in den Ausgang D geleitet. Diese Anordnung ist ein Verstärker; denn mittels der kleinen, im Steuerstrahl enthaltenen Leistung kann die viel größere Leistung des Hauptstrahles umgesteuert werden.

Der Turbulenzverstärker (Abb. 159b) wird mit einem „untergetauchten" Flüssigkeits- (oder Gas-) Strahl betrieben, das heißt, der Strahl verläuft innerhalb eines gleichartigen Mediums, also zum Beispiel als Wasserstrahl in Wasser. Hier wird die Strahlgeschwindigkeit so gewählt, daß der Hauptstrahl laminar in die Ausgangsdüse fließt, wo seine Energie aufgefangen und weitergeleitet wird. Der Steuerstrahl gestattet es, mit kleiner Leistung eine Turbulenz anzuregen, die die Energie des Hauptstrahls weit verstreut und in Wirbeln aufzehrt, so daß nur noch ein verschwindend kleiner Teil am Ausgang verfügbar ist.

Praktische Ausführungen. Die Mechanismen von Abb. 159 machen es anschaulich, wie mit Flüssigkeiten oder Gasen digitale Operationen ausgeführt werden können, sind aber in dieser einfachen Form nicht praktisch brauchbar. Abb. 160a zeigt ein Schaltelement, das auf der Beeinflussung von Grenzschichten beruht und das ausführlich untersucht wurde. Dieses Element kann (abgesehen vom Keil, der rechts die beiden Ausgänge voneinander trennt) als *zweidimensionaler Diffusor* betrachtet

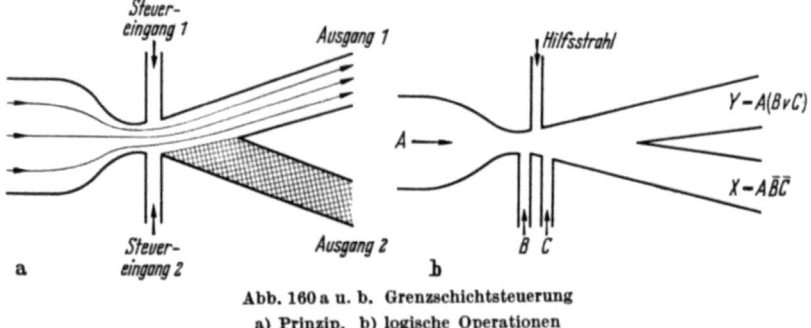

Abb. 160a u. b. Grenzschichtsteuerung
a) Prinzip, b) logische Operationen

werden, also als Leitungsstück mit einem Querschnitt, der in Strömungsrichtung stark zunimmt. Wenn der Diffusor unterkritisch ist (das heißt, wenn die Erweiterung des Querschnittes bei gegebener Strömungsgeschwindigkeit und Länge ein gewisses Maß nicht überschreitet), so ist der Fluß symmetrisch; der Keil teilt ihn in zwei gleiche Teile, und an den beiden Ausgängen rechts ist gleich viel Leistung verfügbar. Speist man nun in den untern Steuerkanal eine kleine Flüssigkeitsmenge ein, so verursachen die Flüssigkeitsteilchen, die mit kleiner Geschwindigkeit in den Hauptstrahl eintreten, eine Verdickung der Grenzschicht, die so weit gehen kann, daß sich der Hauptstrahl ganz von der Wand löst und nur noch oberhalb des Keils verläuft. Mit der kleinen Leistung des Steuerstrahls ist also die größere Leistung des Hauptstrahls geschaltet worden. Genau das Umgekehrte kann natürlich durch Eingabe von Flüssigkeit in die obere Steuerdüse bewirkt werden.

Ein zusätzliches, bemerkenswertes Phänomen entsteht, wenn man den Diffusor überkritisch macht, das heißt, wenn die Erweiterung des Querschnittes den kritischen Wert übersteigt. Dann entsteht auch ohne Steuerstrahl eine Ablösung von der einen Wand; der Hauptstrahl haftet nur noch an der andern Wand und tritt demgemäß nur aus einer der zwei Ausgangsöffnungen aus. Der in Abb. 160a gezeigte Zustand stellt sich also ein, ohne daß in die Steuereingänge etwas eingegeben wird, und bleibt erhalten. (Ob der Hauptstrahl beim Einschalten an der obern oder an der untern Wand anhaftet, hängt von zufälligen kleinen Unsymmetrien ab.) Somit hat man hier ein Speicherelement, das einem Flipflop entspricht, vor sich. Das Umschalten von einem solchen Zustand in den andern geschieht durch die kurzzeitige Eingabe eines Signals in einen der Steuereingänge.

Es ist leicht einzusehen, daß mit einem solchen Element logische Verknüpfungen möglich sind. Abb. 160b zeigt, wie man dazu einen Eingang für einen zusätzlichen Steuerstrahl vorsehen kann. Oben kommt ein immer vorhandener Hilfsstrahl H hinein, der bewirkt, daß der Hauptstrahl in die untere Stellung gebracht wird, wenn weder B noch C vorhanden sind; seine Wirkung ist aber so schwach, daß sie durch B oder C überdeckt wird. Es ist ersichtlich, daß logische Addition, logische Multiplikation und Negation ausgeführt werden, also alle Verknüpfungen, die für eine digitale Schaltung nötig sind.

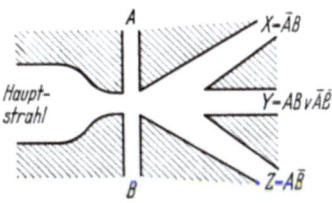

Abb. 161. Erzeugung von drei verschiedenen Verknüpfungen von A und B

Ein weiteres monostabiles Element (also ein solches mit unterkritischem Diffusor) zeigt Abb. 161. In der Ruhelage, also wenn $A = B = 0$, tritt der Hauptstrahl in der Mitte aus; dasselbe geschieht, wenn $A = B = L$, weil sich dann die Wirkungen von A und B gegenseitig aufheben. Der mittlere Ausgang verkörpert also die Funktion der Äquivalenz (Nr. 9 auf S. 15). Abb. 162 zeigt, wie aus solchen Elementen ein Volladdierwerk aufgebaut werden kann.

Die Effekte, auf denen die beschriebenen Schaltelemente beruhen, sind hydrodynamischer Art und hängen daher von den Strömungsgeschwindigkeiten v, der Dichte ϱ und der Viskosität η der Flüssigkeit oder des Gases ab, ferner von der Größe des Schaltelementes, die durch eine repräsentative Länge l beschrieben wird. Aus diesen Größen läßt sich der Quotient $R = \varrho \cdot v \cdot l/\eta$ bilden, der REYNOLDS-Zahl genannt wird und der das Verhältnis der Trägheitskräfte zu den Reibungskräften an-

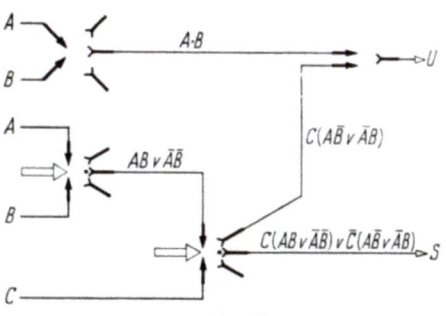

Abb. 162
Volladdierwerk aus Elementen nach Abb. 161
A, B: Summanden, C: ankommender Übertrag,
S: Summe, U: abgehender Übertrag

gibt. Experimente, die an geometrisch ähnlichen, aber verschieden großen Elementen mit verschiedenen Flüssigkeiten oder verschiedenen Geschwindigkeiten ausgeführt werden, geben den gleichen Strömungsverlauf, wenn die REYNOLDS-Zahlen gleich sind.[1] Wenn beispielsweise das Element verkleinert (l reduziert) wird, so muß man dafür die Geschwindigkeit erhöhen, was einer Vergrößerung der Leistung entspricht.

Grenzen. Von großer Wichtigkeit ist die Frage, wieweit die Schaltzeiten von flüssigkeitsmechanischen Elementen reduziert werden können. Zwei Aspekte sind von Bedeutung: Prinzipielle und herstellungstechnische Gesichtspunkte.

Die Notwendigkeit der Einhaltung einer minimalen Reynoldszahl sowie die Tatsache, daß oberhalb eines bestimmten Druckes bestimmte Betriebsarten unmöglich werden oder aber keinen Gewinn an Geschwindigkeit ergeben, führt zu einer theoretisch abschätzbaren Minimalgröße und Minimalansprechzeit für dynamische Elemente. Die Minimalgröße ist etwa dieselbe für Gase und viele Flüssigkeiten (0,01 bis 0,05 mm Düsenweite). Gase führen aber zu einer bedeutend kürzeren Minimalansprechzeit (etwa 4 bis 10 μs) als Flüssigkeiten (etwa 0,2 ms).

Herstellungsmäßig bestehen große Schwierigkeiten, den theoretischen Grenzen nahezukommen: Düsenweiten unter 0,2 mm sind bisher nur laboratoriumsmäßig möglich. Mangelnde Präzision stellt nur eines der noch zu lösenden Probleme dar; zusätzliche Schwierigkeiten entstehen beim Abdichten infolge des bei kleiner Elementgröße höheren Betriebsdruckes.

Ein umfassender Bericht über den Stand der Technik findet sich in [64.10].

IV. Rechenoperationen

IV.0 Allgemeines über den Aufbau von Rechenwerken

In Kap. IV werden die elektrischen Schaltelemente nur noch als logische Operatoren betrachtet. Ihre elektrischen Eigenschaften werden nicht mehr in Berücksichtigung gezogen, so daß ihre Zusammenschaltung sich auf ein mathematisches Problem reduziert, in dessen Formulierung keine physikalischen Gegebenheiten enthalten sind.

Wenn wir die Tab. 6 (S. 37) studieren, so wird ersichtlich, daß dieses Kapitel sich hauptsächlich mit der Zeile „Ablauf der einzelnen Operationen" befaßt. Es beschränkt sich auf das Rechenwerk. Fragen, die

---

[1] Das gilt allerdings nur unter der Voraussetzung, daß man mit der Geschwindigkeit nicht in die Nähe der Schallgeschwindigkeit gelangt, und daß keine Kavitation (Dampfblasenbildung in Flüssigkeiten wegen zu niederen Druckes) entsteht.

IV.0 Allgemeines über den Aufbau von Rechenwerken

die Zusammenarbeit des Rechenwerkes mit andern Organen betreffen, kommen in Kap. VIII zur Sprache.

IV.0.1 Zahlsysteme

Die Eigenschaften des Dualsystems wurden auf S. 4ff. dargelegt. Der Konstrukteur, der eine Maschine bauen will, findet die Wahl zwischen dem Dual- und dem Dezimalsystem nicht leicht, da sich die Vor- und Nachteile der beiden Systeme ungefähr die Waage halten. Wenn man davon ausgeht, daß in jedem Fall nur binäre Elemente verwendet werden, daß also auch Dezimalziffern durch Dualziffern dargestellt werden müssen, so findet man, daß zur Darstellung einer gegebenen ganzen Zahl N im Dualsystem $\log_2 N$ Bits gebraucht werden, im Dezimalsystem $4 \cdot \log_{10} N$ Bits (da zur Darstellung einer Dezimalen mindestens 4 Bits nötig sind). Das entspricht einem Mehraufwand von 20,5% im Dezimalsystem. Der Mehraufwand in der gesamten Anlage ist aber viel geringer. Oft verwendet man für eine Dezimale mehr als 4 Bits, in vielen Fällen bis zu 7, um durch diese Redundanz eine automatische Fehlerkontrolle zu ermöglichen (s. S. 250ff.), was den Unterschied noch mehr verwischt.

Von Wichtigkeit ist, daß das Dualsystem im Mittel die kleinsten Quersummen ergibt, was bei der Multiplikation und der Division zur Geltung kommt; denn die Dauer dieser Operationen ist durch die Quersumme des Multiplikators bzw. des Quotienten bestimmt. Daraus, daß jede Stelle eines B-albruches im Mittel $(B-1)/2$ zur Quersumme beiträgt und die zur Erreichung einer relativen Genauigkeit γ_0 notwendige Stellenzahl $\log\gamma_0/\log B$ ist, folgt, daß die mittlere zu erwartende Quersumme bei festem, vorgeschriebenem γ_0 proportional zu $(B-1)/\log B$ ist. Dieser Ausdruck ist für $B = 2$ am kleinsten, nämlich etwa 1,44, während sich für das Dezimalsystem etwa 3,9 ergibt [28]. Ferner ergibt das Dualsystem einfachere Schaltungen im Addierwerk.

Zu den Nachteilen des Dualystems muß die Notwendigkeit des Übersetzens gerechnet werden, ferner ist das Ziffernbild einer Zahl wenig differenziert, weil nur die Ziffern 0 und L auftreten. Es ist deshalb nicht leicht, eine Zahl mit einem Blick zu erfassen, um so mehr, als im Dualsystem wesentlich mehr Stellen notwendig sind, um die gleiche Genauigkeit zu gewährleisten; der Faktor beträgt $\log_2 10 = 3{,}32$mal mehr Stellen.

Wir sind davon ausgegangen, daß auch bei Verwendung des Dezimalsystems nur binäre Schaltelemente vorkommen. Nun sind immer wieder Vorrichtungen, die ihrer Natur nach dezimal sind (wie z. B. Gasröhren mit 10 Kathoden), vorgeschlagen worden, doch haben sie sich in elektronischen Datenverarbeitungsanlagen nie durchsetzen können. In diesem Buch betrachten wir daher nur inhärent binäre Glieder.

Allgemein läßt sich sagen, daß die Wahl des Zahlsystems zwar die Schaltungen einer Maschine ziemlich stark beeinflußt, daß sie sich aber auf Gesamtaufwand, Bedienung und Betriebssicherheit in überraschend geringem Maße auswirkt.

Ein ausführlicherer Vergleich der Zahlsysteme findet sich in [4].

IV.0.2 Parallel- und Serien-Arbeitsweise

Der Unterschied zwischen Serie und parallel besteht in der Reihenfolge, in der die Bits, aus denen ein Wort besteht, übermittelt und im Rechenwerk addiert werden. In Serienmaschinen erfolgt die Verarbeitung sequentiell, wobei zuerst das Bit mit dem niedrigsten Stellenwert genommen wird, und in Parallelmaschinen werden Gatter für alle Bits gleichzeitig geöffnet. Bei paralleler Arbeitsweise ist ein gesondertes, einstelliges Addierwerk für jede Stelle des Wortes nötig, während in der Seriendarstellung nur ein einziges Addierwerk verwendet wird, weil die einzelnen Stellen nacheinander verarbeitet werden können. Im ersteren Fall ergibt sich größere Rechengeschwindigkeit, im letzteren ein geringerer Materialaufwand. Die gegenseitige Abwägung dieser zwei Vorteile ist aber nicht einfach. Beispielsweise ist die Annahme nicht richtig, daß — bei n Stellen — eine Parallelmaschine immer n-mal schneller sei, noch ist ihr Materialaufwand n-mal größer. Eine allgemeine Aussage über das Verhältnis der beiden Ausführungsarten bezüglich Geschwindigkeit und Materialaufwand läßt sich nicht machen, doch ist der Faktor immer kleiner als n. Beispielsweise muß auch in einem parallelen Addierwerk ein durchgehender Übertrag weitergeleitet werden, und seine Zeit wächst mit der Stellenzahl in vielen Fällen sogar proportional. Der Aufwand an Schaltmitteln wird durch die Entscheidung Serie–Parallel nur in einzelnen Teilen der Maschine beeinflußt, während andere davon unberührt bleiben.

2^*	0	0	L	L	0
4	0	0	L	L	0
2	0	0	L	0	L
1	0	L	L	0	0
	0	1	9	6	2

Abb. 163. Darstellung einer fünfstelligen Dezimalzahl durch fünf in Serie geführte Tetraden, von denen jede aus vier parallelen Bits besteht. (Beispiel: 01962)

Die Wahl zwischen den beiden Ausführungsarten wird durch die verlangte Rechengeschwindigkeit, mindestens sosehr aber auch durch die Art des Speichers bestimmt, da sich gewisse Speicherwerke für die eine Arbeitsweise viel besser eignen als für die andere.

Sehr häufig ist die gemischte Darstellung, in der — wieder unter der Annahme eines Wortes mit n Bits — m Bits parallel geführt werden; zur Verarbeitung des ganzen Wortes sind dann n/m solcher Gruppen nötig, die sequentiell übermittelt werden. Besonders vorteilhaft ist diese Anordnung im Dezimalsystem. Abb. 163 veranschaulicht ein Beispiel für $n = 20$, $m = 4$, $n/m = 5$: Die Zahl 01962 ist im Aiken-Code (s. S. 211) dargestellt; die vier Bits, die eine Dezimale verkörpern, sind parallel geführt, während die fünf Dezimalen zeitlich gestaffelt sind. Eine solche Gruppe von vier Bits nennt man *Tetrade*; im Falle von sieben Bits spricht man von einer *Heptade*.

IV.0.3 Einfachste Kombinationen von logischen Elementen

In diesem Abschnitt fassen wir häufig vorkommende Kombinationen von logischen Elementen zusammen. Wir berücksichtigen nur die logisch notwendigen Glieder, während wir die mit der Regeneration zusammenhängenden Schaltmittel weglassen.

Die *Disvalenz* (Anzeige der Ungleichheit zweier Bits) kann durch verschiedene Formeln dargestellt werden; drei davon sind:

$$F = A\bar{B} \vee \bar{A}B \tag{5}$$

$$F = (\bar{A} \vee \bar{B})(A \vee B) \tag{6}$$

$$F = \overline{AB}(A \vee B) \tag{7}$$

Abb. 164 zeigt die entsprechenden Schaltungen. Die dritte ist hauptsächlich dann von Bedeutung, wenn die Negationen von A und von B

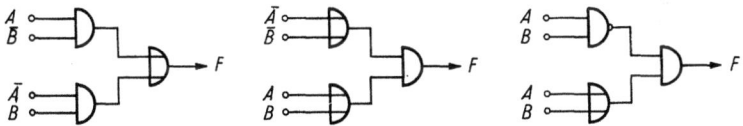

Abb. 164. Drei Schaltungen für Disvalenz (exklusives „oder"-Gatter)

nicht zur Verfügung stehen. Die Disvalenz wird in der Literatur oft auch als *exklusives „oder"-Gatter* bezeichnet, weil es sich um eine Abart der Verknüpfung „oder" handelt, die gleich 0 ist, wenn beide Variablen gleich L sind.

Die *Äquivalenz* (Anzeige der Gleichheit zweier Bits A und B) kann unter anderem durch folgende Formeln dargestellt werden:

$$F = AB \vee \bar{A}\bar{B} \tag{8}$$

$$F = AB \vee \overline{A \vee B} \tag{9}$$

$$F = (A \vee \bar{B})(\bar{A} \vee B) \tag{10}$$

Die Schaltungen sind völlig analog zur Disvalenz und sind daher nicht wiedergegeben.

Oft ist es nötig, die Gleichheit zweier Worte anzuzeigen. $A_n, \ldots, A_1, A_0$ und $B_n, \ldots, B_1, B_0$ seien die Worte. Die Gleichheit (*Koinzidenz*) liegt dann vor, wenn die Ziffern mit gleichem Stellenwert gleich sind; zum Beispiel ergibt Gl. (10) folgenden Ausdruck:

$$K = (A_n \vee \bar{B}_n)(\bar{A}_n \vee B_n) \ldots (A_1 \vee \bar{B}_1)(\bar{A}_1 \vee B_1)(A_0 \vee \bar{B}_0)(\bar{A}_0 \vee B_0). \tag{11}$$

Diese Formel führt auf eine Kaskade mit der Folge „oder"-„mal". Wünscht man aus schaltungstechnischen Gründen die umgekehrte

166   IV. Rechenoperationen

Reihenfolge, so ist es besser, den negierten Ausdruck zu bilden:

$$\bar{K} = A_n \bar{B}_n \vee \bar{A}_n B_n \vee \ldots \vee A_1 \bar{B}_1 \vee \bar{A}_1 B_1 \vee A_0 \bar{B}_0 \vee \bar{A}_0 B_0. \tag{12}$$

Diese Formel ist aus Gl. (5) hergeleitet. Abb. 165 zeigt die Schaltungen für Gl. (11) und (12).

Eine andere Sorte von Schaltungen stellen die *Ringe* dar. Sie werden verwendet, wenn nacheinander an einer Reihe von Anschlüssen S ein

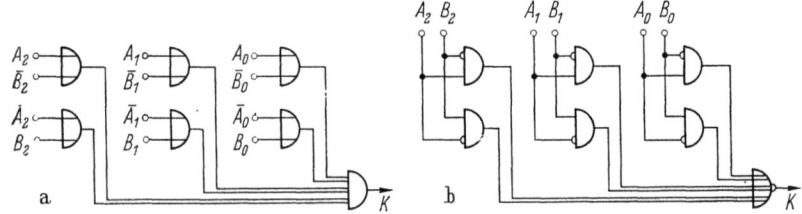

Abb. 165 a u. b. Schaltungen für die Anzeige der Gleichheit der dreistelligen Zahlen A und B
a) nach Gl. (8), b) nach Gl. (9)

Signal abgegeben werden soll, wobei das Fortschalten durch ein von außen in den Ring gegebenes Signal R geschieht, s. Abb. 166. Besonders in der Operationensteuerung kommen Ringe vor. Wichtig ist, daß die Folge der abgegebenen Signale S_1, S_2 ... zeitlich nicht gleichmäßig einzutreffen braucht, sondern in einem Rhythmus, der ausschließlich durch R bestimmt wird. Nach S_n kommt als nächstes wieder S_1. Ringe bestehen meistens aus Flipflops; Abb. 167 zeigt ein Beispiel mit 5 Flipflops. Man beachte, daß sich die Leitungen, die den Anfang mit dem Ende verbinden, überkreuzen. Diese Schaltung ist nicht mit einem Schieberegister zu verwechseln (s. S. 46). Im Ring werden alle Gatter durch den gleichen Impuls gespeist; es besteht also keine zweitaktige Arbeitsweise, und zwar deshalb, weil nicht jedes Flipflop ein unabhängiges Bit speichern kann. Vielmehr hat ein Ring mit n Flipflops $2n$ mögliche Stellungen; 5 Flipflops ergeben also 10 Stellungen, das heißt einen Dezimalzähler. Die Ausgangssignale S (Abb. 166) werden entweder direkt den Flipflops entnommen oder aber — je nachdem, über wie viele Stellungen des Ringes sie andauern müssen — durch logische Verknüpfungen der Flipflop-Ausgänge hergestellt [*11*]. Der Ring von Abb. 167 kann mit dem Transistor-Flipflop von Abb. 67 aufgebaut werden; die Klemmen A und $\bar{A}$ werden mit den Kollektoren des vorhergehenden Flipflops verbunden, und die Impulseingänge werden alle zusammengeschaltet.

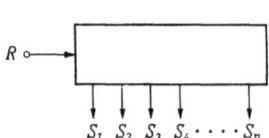

Abb. 166. Prinzip eines Ringes. Nacheinander erscheint ein Signal an den Klemmen $S_1, S_2, \ldots$

IV.0 Allgemeines über den Aufbau von Rechenwerken 167

Natürlich kann auch ein gewöhnliches Schieberegister wie ein Ring verwendet werden, etwa so, daß ein Bit gleich L, alle andern gleich 0 gesetzt werden. Durch eine geeignete Schaltung wird dafür gesorgt, daß zu jeder Zeit nur eines der Flipflops in der Stellung L, alle übrigen in der

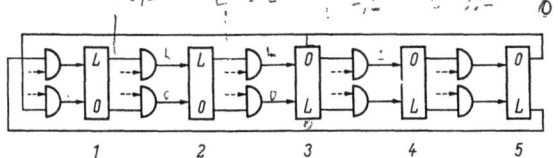

Abb. 167. Ring aus fünf Flipflops, der zehn Stellungen hat. Die gestrichelten Eingänge zu den Impulsgattern sind alle mit der gleichen Impulsquelle verbunden. Beim nächsten Impuls wird Flipflop Nr. 3 umschalten; alle übrigen bleiben stehen

Stellung 0 stehen. Solche Ringe benötigen gegenüber Abb. 167 den doppelten Aufwand (nämlich n Flipflops für n Stellungen), ohne einen Vorteil zu besitzen, und es ist überraschend, daß sie trotzdem oft verwendet werden. Es scheint, daß die Schaltung von Abb. 167 vielen Konstrukteuren unbekannt ist.

An Stelle eines Ringes kann auch ein Zähler (etwa im Dualsystem) und eine Entschlüsselungs-Schaltung (s. S. 61) treten.

Bezüglich der Verwendung von Zählern für arithmetische Zwecke ist folgendes zu beachten: Mechanische Rechengeräte (Tischrechenmaschinen, Registrierkassen) führen die Additionen nach dem Prinzip des Zählens aus. Wenn z. B. 3 + 5 addiert werden soll, so wird ein auf 3 stehender Zähler um 5 Stufen weitergetrieben; dann steht er auf 8. Es gibt auch elektronische Zähler, die eingehende Impulse im Dual- oder im Dezimalsystem zählen. Sie werden hauptsächlich in der Fabrikationsüberwachung und in der kernphysikalischen Meßtechnik verwendet. Es ist wichtig, hier festzuhalten, daß elektronische Rechenanlagen nicht nach diesem Verfahren arbeiten; die Additionen erfolgen nicht durch Zählen, sondern mittels eigentlicher Addierwerke, und die Operation des Zählers ist relativ selten. Wenn Vorgänge abgezählt werden sollen oder wenn ein Ring durch einen Zähler ersetzt wird, so verwendet man dazu meistens ein Register und ein Addierwerk, s. Abb. 168. Als erster Summand des Addierwerks wird der Register-Inhalt verwendet, als zweiter Summand die Zahl 1. Die Tatsache, daß der zweite Summand nur 1 oder 0 sein kann, vereinfacht das Addierwerk erheblich. Die in elektronischen Zählern sonst üblichen Flipflop-Schaltungen, die durch eine Folge von Impulsen abwechselnd auf die eine und die andere Seite gesetzt werden, finden in elektronischen Rechenanlagen nur sehr selten Anwendung.

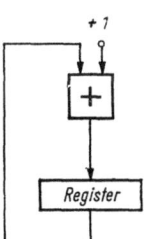

Abb. 168. Verwendung eines Registers und eines Addierwerkes als Zähler

IV.0.4 Umlaufregister

Wenn man in einem Schieberegister das Ende und den Anfang zusammenschaltet und eine dauernde Verschiebung ausführt, so entsteht ein Umlaufregister. An Stelle eines eigentlichen Schieberegisters kann hier auch eine Verzögerungsleitung gewählt werden; dieses Glied ist in Abb. 169 als Rechteck gezeichnet. Der Pfeil deutet die Fortpflanzungsrichtung an. Am Ausgang kann das Wort in Seriendarstellung dauernd abgelesen werden. Solche Umlaufregister eignen sich daher besonders für Serienmaschinen. Um zu löschen, wird der Impulsfluß während der Dauer eines Wortes unterbrochen. Während dieser Zeit kann ein neues Wort eingeschrieben werden.

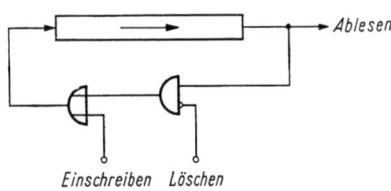

Abb. 169. Umlaufregister mit Gattern zum Einschreiben und Löschen

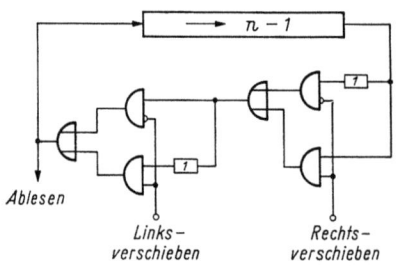

Abb. 170
Umlaufregister für eine Serienmaschine mit n Stellen. Die mit „1" bezeichneten Rechtecke sind Verzögerungsglieder für 1 Ziffernzeit

In Serienmaschinen müssen Register vorhanden sein, in denen die Zahlen dauernd umlaufen. Jeder Maschinenzeit entspricht ein Stellenwert, wobei die niederen Stellen am Anfang, die höheren am Ende erscheinen. Die Verschiebung einer Zahl nach rechts oder links ist somit ein zeitlicher Prozeß; eine Rechtsverschiebung ist eine Reduktion des Stellenwertes aller Zahlen, also eine zeitliche Vorverlegung, und eine Linksverschiebung ist eine zeitliche Verspätung. Um diese Verschiebungen auszuführen, muß man während eines Umlaufes das Register verkürzen bzw. verlängern. Die Verlängerung geschieht durch Einschalten einer zusätzlichen Verzögerung von 1 Ziffernzeit; die Verkürzung durch Wegnehmen einer solchen Verzögerung (Abb. 170). Da das Register selbst im allgemeinen nicht verkürzt werden kann, wählt man es von Anfang an um 1 Ziffernzeit kürzer und schaltet normalerweise eine Verzögerungseinheit hinzu, welche nach Bedarf überbrückt werden kann.

IV.0.5 Der Gesamtaufbau des Rechenwerkes

Die Grundlage des Rechenwerkes ist immer ein *Akkumulator*. Der Akkumulator ist ein Register, zu dessen Inhalt eine von außen kommende Zahl addiert werden kann; die Summe bildet den neuen Inhalt des Akkumulators. Abb. 171 illustriert eine solche Anordnung, die aus einem Re-

IV.0 Allgemeines über den Aufbau von Rechenwerken

gister und einem Addierwerk besteht. Bei E wird der Wert eingegeben, der zum Inhalt addiert werden soll; bei A kann der Akkumulator abgelesen werden. Wünscht man unabhängig vom früheren Inhalt eine bestimmte Zahl einzugeben, so muß der Akkumulator vorgängig gelöscht werden, das heißt, der Inhalt ist zu 0 zu machen.

Ein einzelnes Register genügt aber nicht für ein Rechenwerk. Die Multiplikation benötigt zwei Faktoren und ergibt ein Resultat doppelter Länge; somit sind vier n-stellige Zahlen beteiligt, wenn n die Anzahl Stellen der Wörter, die aus dem Speicherwerk kommen, bedeutet. Wir wollen nun annehmen, daß eine Multiplikation (wie überhaupt alle jene Operationen, für die die Operationensteuerung eingerichtet ist) ohne Zuhilfenahme des Speicherwerks ablaufen soll; das bedeutet, daß der Speicher nicht mehr beteiligt ist, nachdem ihm die beiden Operanden entnommen worden sind.

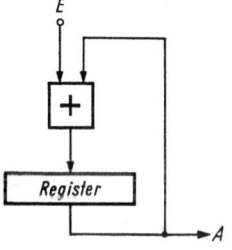

Abb. 171. Akkumulator
E Eingang, A Ausgang

Dann sind für die Multiplikation vier n-stellige Register nötig, die mit MD, MR, $AC1$ und $AC2$ bezeichnet seien. MD enthält den Multiplikanden, MR den Multiplikator, $AC1$ und $AC2$ das $2n$-stellige Produkt. In Abb. 181 und 195 wird $AC2$ mit MR kombiniert; dann ist der Multiplikator am Schluß der Operation nicht mehr verfügbar, was meistens in Kauf genommen werden kann. Das so entstehende Rechenwerk enthält die minimal nötige Anzahl von 3 Registern und stellt gleichzeitig den häufigsten Fall dar. In ihm werden alle Operationen ausgeführt.

Die Tatsache, daß durch die Multiplikation alle verfügbaren Register des Rechenwerkes beansprucht sind, auferlegt dem Programmablauf gewisse Einschränkungen, was sich bereits bei der Bildung des einfachen Ausdruckes $ab + cd$ bemerkbar macht. Nachdem ab gebildet ist, muß dieses Produkt gespeichert werden, damit das Rechenwerk für die Multiplikation cd frei wird; nachher wird ab wieder aus dem Speicher abgelesen und addiert. Da Operationenfolgen von der Art $ab + cd$ häufig sind, ist diese Zwischenspeicherung ein Nachteil, besonders bei Speichern mit langer Zugriffszeit. Ein zusätzliches Register, welches das Resultat der letzten Operation aufbewahrt und welches gestattet, eine Folge von Produkten zu akkumulieren, behebt diesen Mangel. Noch etwas weiter geht die Verwendung eines getrennten Rechenwerkes für Addition und Multiplikation. Ersteres hat die Form von Abb. 171, letzteres die von Abb. 181. Dann kann man im einen Werk beliebig viele Operationen ausführen, während das andere Werk das Resultat seiner letzten Operation aufbewahrt. Somit lassen sich auch Folgen wie $abc + def$ und $(a + b + c)(d + e + f)$ ohne Zwischenspeicherung bilden. In Serien-

maschinen verursacht eine solche Verwendung von zwei Werken keinen
großen Mehraufwand und ist daher durchaus vertretbar; in Parallelmaschinen dagegen, wo jeder zusätzliche Pfad zwischen zwei Registern
ein n-faches Gatter benötigt und wo die Addierwerke n Stellen haben,
muß man sorgfältig abwägen, ob ein solcher Aufbau gerechtfertigt ist.
In jedem Fall wirkt sich diese Anordnung auf das Befehlsverzeichnis
aus; es müssen zusätzliche Befehle vorhanden sein, welche den Verkehr
zwischen den Werken regeln.

Im Verlauf von Operationen müssen oft Komplemente gebildet werden; in einem Rechenwerk sind daher an verschiedenen Stellen Negatoren nötig. In Serienmaschinen sind die Negatoren einfach und können
daher überall eingestreut werden, wo es nützlich ist. Das Serien-Rechenwerk der ERMETH mit drei Registern und allen Negatoren und Gattern
ist in [54.1] aufgezeichnet und erklärt. In Parallelmaschinen ist jedoch
ein Negator kostspielig, und man muß die Abläufe so einrichten, daß man
mit möglichst wenig Negatoren auskommt.

Komplizierter sind die Rechenwerke mit beweglichem Komma (siehe
S. 233 ff.). Am übersichtlichsten ist es, wenn man für Exponent und Mantisse ein getrenntes Werk vorsieht (s. z. B. [10]). Das Exponentenwerk
braucht nur für Additionen eingerichtet zu sein; das Mantissenwerk führt
alle Operationen aus und muß Verschiebungen um viele Stellen ohne
großen Zeitaufwand auszuführen in der Lage sein. Komplizierter werden
die Abläufe dann, wenn nur ein einziges Rechenwerk vorhanden ist; Exponent und Mantisse befinden sich in den gleichen Registern und gehen
durch das gleiche Addierwerk hindurch. Dieser Gedanke führt zu einer
Ersparnis an Teilen und ermöglicht es, das Rechenwerk auch dann voll
auszunützen, wenn ausnahmsweise mit festem Komma gearbeitet wird;
die Zahl der verfügbaren Stellen wird dann erhöht, dadurch daß man
die Exponentenplätze mitverwendet. Ein solches Werk enthält die
ERMETH [54.1]. BLOCH [59.8] beschreibt ein Rechenwerk mit gleitendem Komma, das sowohl im Dual- als auch im Dezimalsystem arbeitet
und das für den gleichzeitigen Ablauf mehrerer Prozesse eine Anzahl von
Registern und Addierwerken enthält, die erheblich über das minimal
Nötige hinausgeht und dadurch eine hohe Rechengeschwindigkeit ermöglicht.

IV.0.6 Rechengeschwindigkeiten

Die Zeit, die eine Anlage braucht, um eine gegebene Aufgabe zu lösen,
hängt nicht nur von der Geschwindigkeit des Rechenwerkes ab, sondern
wird in entscheidendem Maß durch die Zugriffszeit der Speicherwerke
und durch das Zusammenspiel aller Teile der Maschine beeinflußt. Hat
der Arbeitsspeicher eine lange Suchzeit, so bestimmt dieser, und nicht
das Rechenwerk, die Schnelligkeit der Abläufe.

IV.0 Allgemeines über den Aufbau von Rechenwerken

Hier betrachten wir nur die Arbeitsgeschwindigkeiten des eigentlichen Rechenwerkes. Erwägungen, die die ganze Anlage betreffen — erst sie ermöglichen die Abschätzung der Rechenzeit für eine gegebene Aufgabe — finden sich auf S. 408ff.

Tabelle 8. *Richtwerte für die Rechenzeiten in Vielfachen von $\tau = 1/f$*

	Serie	Parallel
Addition	30	2
Multiplikation	200—1500	12—200
Division	400—2000	50—200

Wir gehen von der Grund-Impulsfrequenz f aus und setzen $1/f = \tau$. Die Stellenzahl im Dezimalsystem sei n. Um die gleiche Genauigkeit im Dualsystem zu erhalten, wären $3{,}32\,n$ Stellen nötig; da aber die Rechengeschwindigkeiten vom Zahlsystem nicht stark abhängen, beschränken wir uns auf das Dezimalsystem und setzen $n = 14$, was einem häufigen Wert entspricht. Ferner nehmen wir an, daß in Serien-Maschinen die Bits einer Dezimalziffer parallel geführt werden, so daß die Übermittlungszeit eines Wortes $n \cdot \tau$ beträgt. Tab. 8 gibt approximative Rechenzeiten in Vielfachen von τ. Die angegebenen Zahlen sind Richtwerte und hängen von den verwendeten arithmetischen Verfahren ab; es mag Anlagen geben, in denen diese Zeiten unter- oder überschritten werden. Die meisten Geräte, die heute im Betrieb sind, haben Frequenzen zwischen 100 kHz und 1 MHz. Für die Multiplikationszeit findet man am häufigsten einen Wert von einigen hundert Mikrosekunden; die kürzesten Zeiten betragen etwa 1 μs.

IV.0.7 Iterationsverfahren für den Reziprokwert und die Quadratwurzel

Oft verzichtet man darauf, in einer Rechenanlage die Division als eingebaute Operation vorzusehen. Dadurch erreicht man eine Einsparung an Teilen, weil die Operationssteuerung einfacher wird. In solchen Anlagen müssen Divisionen so ausgeführt werden, daß man zunächst mittels einer Iterationsformel den Reziprokwert des Divisors bildet und diesen dann mit dem Dividenden multipliziert. Dasselbe gilt in noch erhöhtem Maß für die Quadratwurzel. Da diese Operation relativ selten ist, verzichtet man meistens darauf, sie in die Operationssteuerung einzubauen[1].

---
[1] Immerhin findet man auch die umgekehrte Ansicht vertreten, nämlich daß nicht nur die Quadratwurzel, sondern sogar noch weitere Funktionen durch die Operationensteuerung — also ohne Verwendung eines Programmes — ausgeführt werden sollten. AKUSHSKY et al. haben die interessante Feststellung gemacht, daß eine ganze Anzahl von Funktionen (auch transzendente) auf diese Art erzeugt werden können [*59.1*], und Verfahren für Polynome gibt MEGGITT [*62.16, 63.20*].

IV. Rechenoperationen

Da die Iteration eine Frage der numerischen Analysis und der Programmierung ist, welche beide in diesem Buch nicht behandelt werden, streifen wir diese Prozesse nur kurz. Die einfachsten für Reziprokwert und Quadratwurzel brauchbaren Verfahren stützen sich auf die NEWTONsche Iterationsformel, welche nachfolgend erläutert wird.

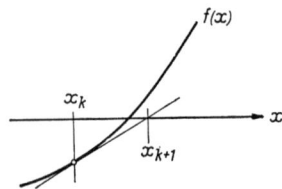

Abb. 172. Zur Newtonschen Iterationsformel für die Auffindung der Nullstelle der Funktion $f(x)$

Gegeben sei eine Funktion $f(x)$, gesucht ihre Nullstelle. Es sei eine Annäherung x_k an diese Nullstelle bekannt. Die folgende, aus Abb. 172 direkt ablesbare Formel ergibt eine verbesserte Annäherung x_{k+1}:

$$x_{+k_1} = x_k - \frac{f(x_k)}{f'(x_k)}.$$

Dieses Näherungsverfahren ist zweiter Ordnung, das heißt, die Anzahl der richtigen Stellen von x verdoppelt sich mit jedem Schritt. Sobald also für x ein einigermaßen genauer Wert gefunden ist, konvergiert das Verfahren sehr schnell.

Zur Ermittlung des Reziprokwertes der Zahl a setzt man $f(x) = 1/x - a$; denn diese Funktion wird zu Null, wenn $x = 1/a$. Man erhält dann für die Iteration:

$$x_{k+1} = x_k \cdot (2 - x_k \cdot a), \quad x_\infty = \frac{1}{a}.$$

Für die Quadratwurzel $x = \sqrt{a}$ setzt man $f(x) = x^2 - a$ und erhält:

$$x_{k+1} = \frac{1}{2}\left(x_k + \frac{a}{x_k}\right), \quad x_\infty = \sqrt{a}.$$

Diese Formel enthält eine Division. In Anlagen, welche die Division ebenfalls durch Iteration ausführen, wäre daher ihre Anwendung sehr zeitraubend. In solchen Fällen ist es besser, die reziproke Quadratwurzel $x = 1/\sqrt{a}$ zu bilden; mit $f(x) = 1/x^2 - a$ entsteht die folgende Iterationsformel, die keine Divisionen mehr enthält:

$$x_{k+1} = \frac{x_k}{2}(3 - x_k^2 a), \quad x_\infty = \frac{1}{\sqrt{a}}.$$

Am Schluß erhält man die Wurzel durch die einfache Multiplikation $\sqrt{a} = a \cdot 1/\sqrt{a}$.

Es gibt viele Formeln höherer Ordnung, die schneller konvergieren. Nachfolgend zwei Beispiele:

$$x_{k+1} = x_k[3(1 - a x_k) + a^2 x_k^2], \quad x_\infty = \frac{1}{a};$$

$$x_{k+1} = \frac{1}{8}\left(3x_k + \frac{6a}{x_k} - \frac{a^2}{x_k^3}\right), \quad x_\infty = \sqrt{a}.$$

Nicht alle aufgeführten Formeln konvergieren für beliebige Anfangswerte von x. Außerdem ist die Rechenzeit um so kürzer, je näher der gewählte Anfangswert beim richtigen Resultat liegt. Daher verwendet man für das Aufsuchen von x_0 oft Funktionstafeln, die entweder programmiert oder auch eingebaut [*11*] sind.

Die Iteration wird abgebrochen, wenn zwei aufeinanderfolgende Werte von x gleich groß sind. Dann ist das Resultat — im Rahmen der Stellenzahl der Maschine — exakt ermittelt. Oft bricht man die Iteration schon früher ab und ermittelt, sobald eine gewisse, vorgegebene Genauigkeit erreicht ist, die fehlenden Stellen mit einer andern Näherungsformel. Alle diese Prozesse werden durch Programmierung veranlaßt; die Verwendung solcher Formeln durch die eingebaute Operationssteuerung kommt nicht in Betracht.

Uneingeweihte glauben oft, Iterationen ergäben, im Gegensatz zu eingebauten Operationen, nur approximative Resultate. Das ist ein Irrtum. Zwar ist die Darstellung von Zahlen durch eine endliche Anzahl von Stellen in jedem Fall nur eine Approximation; im Rahmen der vorgesehenen Stellenzahl gibt aber eine Iteration schon nach einer endlichen Zahl von Schritten exakte Ergebnisse.

IV.1 Das Rechnen im Dualsystem

Über den Vergleich zwischen Dual- und Dezimalsystem s. S. 163. Die Rechtfertigung des Dualsystems liegt hauptsächlich in einem kleineren Materialaufwand für das Rechenwerk und das Speicherwerk, ferner in schnelleren Rechenabläufen, besonders bei der Multiplikation, der Division und der Quadratwurzel.

IV.1.1 Die Darstellung negativer Zahlen

Ziffern sind ihrem Wesen nach positiv. Sollen sie negative Werte kennzeichnen, so muß das durch ein Vorzeichen ausgedrückt werden. Normalerweise werden negative Zahlen so geschrieben, daß man ihren Absolutwert angibt und ein Minuszeichen hinzusetzt. So bedeutet -12 eine negative Zahl vom Betrag 12. Auch in Rechenmaschinen ist diese Darstellung häufig. Das Vorzeichen ist eine binäre Variable; daher genügt zu seiner Darstellung eine einzelne Dualziffer. Zweckmäßig stellt man $+$ durch 0, $-$ durch L dar.

Im folgenden werden wir als Beispiel ein duales Rechenwerk mit 4 Stellen und einem Vorzeichen, zusammen also 5 Stellen, betrachten. Wir nehmen an, das Dualkomma stehe am Schluß der Zahl, das heißt, wir behandeln nur ganze Zahlen. Die Ausdehnung auf gebrochene Zahlen bereitet keine Schwierigkeit. Bei der Darstellung negativer Zahlen als Absolutwerte mit Vorzeichen gilt also

+12 OLLOO
−12 LLLOO

Bei der Ausführung von Subtraktionen müssen Absolutwerte voneinander subtrahiert werden. Es ist jedoch unzweckmäßig, ein Rechenwerk zu bauen, das sowohl addieren als auch subtrahieren kann; besser ist es, die Subtraktionen auf Additionen zurückzuführen. Dazu dient die *Darstellung durch Komplemente*. Das Komplement der negativen Zahl x ist $\bar{x} = 2^n - 1 + |x|$, wo n die Stellenzahl einschließlich der Vorzeichenstelle ist; der Absolutwert von x hat also nur $n - 1$ Stellen. (Diese Formel definiert das 1-Komplement, im Gegensatz zum später behandelten 2-Komplement.) Negative Zahlen in komplementärer Form kann man als *konegative Zahlen* bezeichnen [28, 30]. Im 5stelligen Rechenwerk haben wir also in konegativer Darstellung:

+12 OLLOO
−12 LOOLL

Wichtig ist, daß das Komplement dadurch entsteht, daß man alle L in 0 vertauscht, und umgekehrt. Ein einfacher Negator kann also das Komplement bilden, und ein Durchgang durch arithmetische Schaltungen ist nicht nötig. Subtraktionen werden als Additionen negativer Zahlen in konegativer Darstellung aufgefaßt und ergeben das Resultat in der richtigen Darstellung.

Beispiel: 9   OLOOL
              −12   LOOLL
              ───   ─────
              − 3   LLLOO

LLLOO ist die konegative Form von −3.

Es kann aber sein, daß ein Übertrag über die Vorzeichenstelle hinaus entsteht; *dann muß eine L in der niedrigsten Stelle addiert werden*, und der Übertrag ist fallenzulassen. Man kann auch sagen, daß der über die höchste Stelle hinaus entstehende Übertrag zur niedrigsten Stelle zu addieren ist. Zwei Beispiele ($+7 -5 = +2$ und $-7 -5 = -12$) mögen das verdeutlichen:

OOLLL   (+7)   LLOOO   (−7)
LLOLO   (−5)   LLOLO   (−5)
─────   ─────
(L)OOOOL   (L)LOOLO
      L   L
─────   ─────
OOOLO   (+2)   LOOLL   (−12)

In einem Addierwerk bedeutet das, daß $C_0 = U_n$ wird (s. Abb. 173). Die so addierte L nennt man *Endübertrag*. In einem Parallel-Addierwerk

IV.1 Das Rechnen im Dualsystem

muß also auch die niedrigste Stelle zur Entgegennahme eines Übertrags eingerichtet sein; das Addierwerk wird damit zu einem ringförmigen Gebilde, in dem die niedrigste Stelle von der höchsten nicht mehr unterscheidbar ist. In einem Serien-Addierwerk muß der Endübertrag aufbewahrt und in einem zweiten Durchlauf durch das Rechenwerk addiert werden, da er ja erst dann in Erscheinung tritt, wenn die ganze Zahl bereits durchgelaufen ist; dann ist aber die niedrigste Stelle bereits im Register verschwunden. Hier bedeutet also das Rechnen mit 1-Komplementen einen Zeitverlust, immerhin nur dann, wenn das Resultat anschließend aus dem Rechenwerk entfernt werden muß. Sind aber mit dem Resultat weitere Operationen durchzuführen, so kann der Endübertrag beim nächsten Durchlauf bei C (s. Abb. 178) eingegeben werden; im Augenblick, da die niedrigste Stelle eintritt, ist ja C unbenützt. Dadurch wird jeder Zeitverlust vermieden. Das ist besonders bei jenen Multiplikations- und Divisionsverfahren wichtig, die negative Zwischenresultate ergeben, s. S. 187 und S. 197.

Nicht alle Additionen $a + b$ ergeben einen Endübertrag; die Bedingungen sind in nebenstehender Tabelle zusammengefaßt.

Zu beachten ist, daß die Vorzeichenstelle immer das Vorzeichen des Resultats richtig wiedergibt. Die Zweckmäßigkeit der Festsetzung $+ \to 0$, $- \to L$ wird dadurch evident.

Vorzeichen von a und b	Vorzeichen des Resultates	Endübertrag
+	+	0
ungleich	+	L
ungleich	−	0
−	−	L

Die Null kann auf zwei Arten dargestellt werden, entweder durch lauter 0 (positive Zahl) oder durch lauter L (negative Zahl). Entsteht sie durch Subtraktion zweier gleicher Zahlen, so ist sie negativ. Diese Zweideutigkeit führt zu keinen Schwierigkeiten; in beiden Formen wird die Null richtig verarbeitet.

Im Gegensatz zu den 1-Komplementen stehen die 2-Komplemente; es gilt $\bar{x} = 2^n + x$ für das 2-Komplement $\bar{x}$ der negativen Zahl x.

Beispiel: $+12$ OLLOO

-12 LOLOO

Das 2-Komplement entsteht, indem man zuerst das 1-Komplement bildet (also jede einzelne Ziffer negiert) und dann in der niedrigsten Stelle eine L addiert. Diese Addition — die selbstverständlich Überträge zur Folge haben kann — erfordert einen Durchgang durch das Addierwerk. Bei der Addition negativer Zahlen wird hier ein Übertrag, der über die Vorzeichenstelle hinaus entsteht, einfach abgeworfen, was wieder an den Beispielen $+7 - 5$ und $-7 - 5$ veranschaulicht sei:

OOLLL (+7)   LLOOL (−7)
LLOLL (−5)   LLOLL (−5)
(L)OOOLO (+2)   (L)LOLOO (−12)

Die Wahl zwischen 1- und 2-Komplementen ist nicht sehr wichtig. In Parallelmaschinen gibt man den ersteren, in Serienmaschinen manchmal den letzteren den Vorzug. Im Verlaufe von Multiplikationen und Divisionen müssen Additionen und Subtraktionen in rascher Folge ausgeführt werden, und oft erfolgen Komplementbildung und Addition gleichzeitig. Dann ist es manchmal schwierig zu sagen, ob eine in die niedrigste Stelle eingegebene L einen Endübertrag oder eine Ergänzung zum 2-Komplement verkörpert. In solchen Fällen verwischt sich der Unterschied zwischen 1- und 2-Komplementen [33].

IV.1.2 Addition und Subtraktion

Der in diesem Abschnitt besprochene Prozeß der Addition stellt die Grundlage aller arithmetischen Operationen (also auch von Multiplika-

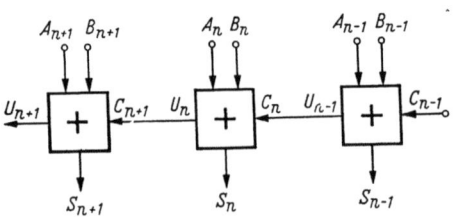

Abb. 173. Drei einstellige Addierwerke (+) in einem parallelen Rechenwerk. Dargestellt sind die Stellen $n+1, n, n-1$

tion, Division und Wurzelziehen) dar. Zuerst werden die Prinzipien des dualen Addierwerkes und der Weiterleitung von Überträgen behandelt; dann gelangen Subtraktion und Überlauf zur Diskussion.

A	B	C	S	U
0	0	0	0	0
0	L	0	L	0
L	0	0	L	0
L	L	0	0	L
0	0	L	L	0
0	L	L	0	L
L	0	L	0	L
L	L	L	L	L

IV.1.2.1 Die erste Form des einstelligen Addierwerkes. Ein einstelliges duales Addierwerk addiert zwei Dualziffern A und B, ferner einen Übertrag C, der von der vorhergehenden Stelle kommt; das Resultat ist eine zweistellige Dualzahl, die aus Summenstelle S und Übertrag U besteht. Abb. 173 zeigt, wie in einem Parallel-Rechenwerk drei solche einstelligen Addierwerke zusammengeschaltet werden. Nebenstehende Funktionstabelle beschreibt die Funktion des einstelligen Addierwerks.

IV.1 Das Rechnen im Dualsystem 177

Daraus lassen sich die Bedingungen für S und U direkt herausschreiben:

$$S = A\bar{B}\bar{C} \vee \bar{A}B\bar{C} \vee \bar{A}\bar{B}C \vee ABC*$$

$$U = \bar{A}BC \vee A\bar{B}C \vee AB\bar{C} \vee ABC$$

Der Ausdruck für U läßt sich aber noch vereinfachen (s. S. 14):

$$U = AB \vee AC \vee BC$$

Die Darstellung dieser Funktionen durch logische Elemente zeigt Abb. 174a, unter der Annahme, daß am Eingang außer A, B und C auch ihre Negationen vorhanden sind. Wenn das nicht der Fall ist, so müssen noch Negatoren dazugenommen werden. Nach den Regeln der BOOLEschen Algebra kann U auch so geschrieben werden (s. S. 11ff.):

$$\bar{U} = \bar{A}\bar{B} \vee \bar{A}\bar{C} \vee \bar{B}\bar{C}$$

Das führt zu Abb. 174b [57.12]. Da der Aufwand einer Schaltung ungefähr proportional zur Anzahl von Eingängen der „mal"- und „oder"-Gatter ist, erhält man einen brauchbaren Anhaltspunkt über die Güte einer Schaltung, indem man diese Eingänge abzählt. Abb. 174a hat 25, b hat 22 Eingänge. Eine Realisierung von U mit Dioden zeigt Abb. 41.

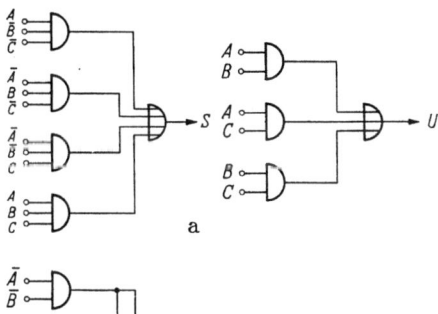

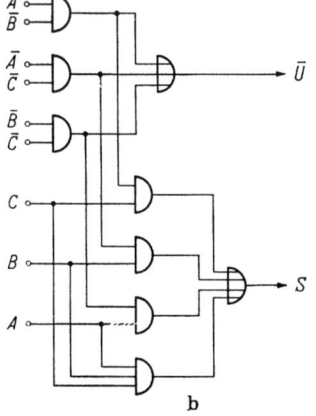

Abb. 174 a u. b. Zwei duale Addierwerke. Die „mal"- und „oder"-Gatter haben zusammen in a) 25, in b) 22 Eingänge

IV.1.2.2 Andere Darstellungen. Dazu gibt es nun verschiedene Vereinfachungen. Man kann so vorgehen, daß man zuerst A und B addiert, ohne C zu berücksichtigen. Die hierbei entstehende Summen- und Übertragsstelle bezeichnen wir mit S_1 und U_1. Zu S_1 wird nachher C addiert, was die gesuchte Summenziffer S ergibt, ferner einen neuen Übertrag U_2. Eine einfache Überlegung zeigt, daß für den gesuchten Übertrag U gilt

---

* Abb. 1 h zeigt die Darstellung dieses Ausdruckes im Zirkeldiagramm.

$U = U_1 \vee U_2$. Das führt zu einer Anordnung, die aus zwei gleichartigen Schaltungen besteht, die man als *Halbaddierwerke* bezeichnet. Jedes dieser Halbaddierwerke ist durch nebenstehende Tabelle beschrieben (die Bezeichnungen sind die, welche für das erste der zwei Halbaddierwerke Geltung haben). Das führt zu diesen Ausdrücken:

A	B	S_1	U_1
O	O	O	O
O	L	L	O
L	O	L	O
L	L	O	L

$$S_1 = A\bar{B} \vee \bar{A}B$$
$$U_1 = AB$$

S_1 kann auch so geschrieben werden:

$$S_1 = \overline{AB}\,(A \vee B)$$

Die Tatsache, daß das Produkt AB jetzt sowohl in S_1 als auch in U_1 vorkommt, gestattet eine Vereinfachung und führt zur Schaltung von Abb. 175a. Das zweite Halbaddierwerk ist genau gleich gebaut; es addiert S_1 und C. Das vollständige Addierwerk besteht aus zwei Halbaddierwerken und einem „oder"-Gatter für U, s. Abb. 175b. Es addiert nach diesen Beziehungen:

$$S = [((A \vee B)\,\overline{AB}) \vee C]\,\overline{(A \vee B)\,\overline{AB}\,C}$$
$$U = AB \vee (A \vee B)\,\overline{AB}\,C$$

Je nach den verwendeten Schaltelementen ist diese Anordnung, die nur 14-Gatter-Eingänge hat, vorteilhafter als jene von Abb. 174a oder b.

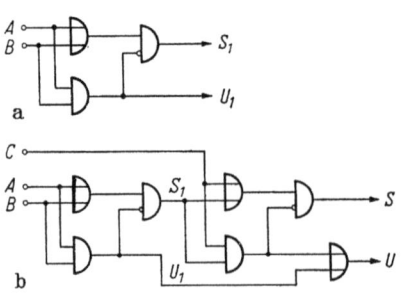

Abb. 175 a u. b
a) Halbaddierwerk, b) Addierwerk aus zwei Halbaddierwerken

Zu beachten ist, daß nur die positiven Eingangsvariablen, nicht aber ihre Negationen gebraucht werden. Dafür kommen zwei Glieder von der Funktion $\bar{X} \cdot Y$ vor. Wenn die verwendete Liste von Grundschaltungen keine solchen aufweist, so muß ein Negator eingesetzt werden; dann ist eventuell doch Abb. 174 vorzuziehen. Allgemein läßt sich sagen, daß die günstigste Form eines BOOLEschen Ausdruckes nicht definiert werden kann, wenn nicht gleichzeitig angegeben wird, welche Grundschaltungen zur Verwendung kommen. In diesem Zusammenhang ist auch folgende Feststellung von Bedeutung: S und U sind symmetrische Funktionen von A, B, C, das heißt, A, B, C sind gleichberechtigt. Abb. 175b behandelt aber C verschieden von A und B. Diese Schaltungen sind durch Intuition gefunden worden, und es ist

IV.1 Das Rechnen im Dualsystem

kein Verfahren bekannt, das den Ausdruck für minimalen Materialaufwand liefert und dabei auch solche Umformungen in Berücksichtigung zieht.

Abb. 176 zeigt noch eine Variante des Addierwerkes, die nur 21 Eingänge hat [25]. Sie benötigt sowohl die positiven als auch die negierten Eingangsvariablen. Abb. 177 benötigt nur die positiven Eingangsvariablen, hat einen Negator und nur 16 Gatter-Eingänge.

IV.1.2.3 Der durchlaufende Übertrag.

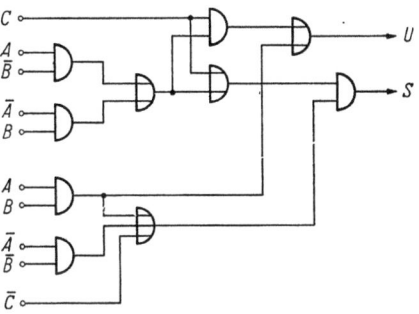

Abb. 176. Variante des Addierwerkes ohne Negator, mit 21 Gatter-Eingängen

Das einstellige duale Addierwerk erzeugt nicht nur eine Summenstelle S, sondern auch einen Übertrag U, der zur nächsthöheren Stelle hinzugezählt werden muß; um diese Addition zu ermöglichen, muß an jeder Stelle außer den Anschlüssen für die Summanden A und B noch ein Anschluß für den ankommenden Übertrag C vorhanden sein. Es gilt $C_i = U_{i-1}$, s. Abb. 173.

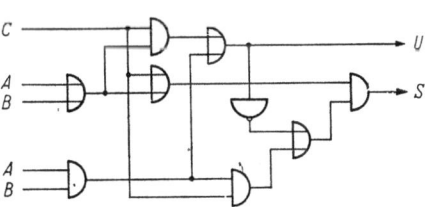

Abb. 177. Variante des Addierwerkes mit einem Negator und 16 Gatter-Eingängen

In einem Serien-Addierwerk ist der Übergang zur nächsthöheren Stelle gleichbedeutend mit einer Verzögerung um eine Ziffernzeit. Ein solches Addierwerk hat nur eine einzige Dualstelle, und die Übertragsleitung enthält eine Verzögerung, siehe Abbildung 178a. Bei der Verwen-

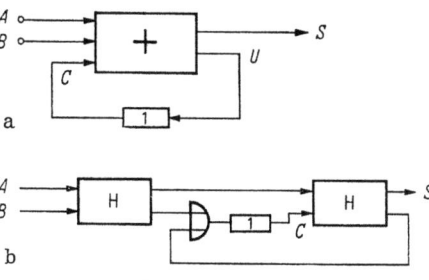

Abb. 178 a u. b. Übertragsleitung in einem Serien-Addierwerk. Das mit „1" bezeichnete Rechteck verursacht eine Verzögerung um 1 Ziffernzeit

a) Verwendung eines ganzen Addierwerkes (+),
b) Verwendung von zwei Halbaddierwerken (H)

dung von zwei Halbaddierwerken (s. Abb. 175) entsteht die Schaltung von Abb. 178b. Die zeitlichen Abläufe ergeben hier keine Schwierigkeiten; in der Zeit zwischen zwei Impulsen muß eine Addition ausgeführt werden, und in diesem Intervall ist es selbstverständlich auch möglich, den Übertrag zu verarbeiten.

IV. Rechenoperationen

Kritisch werden dagegen die Zeitabläufe bei einem Paralleladdierwerk, und zwar wegen des durchgehenden Übertrages. Die Summe an einer gegebenen Stelle kann nämlich von allen niedrigeren Stellen (oder, im Fall des eingeschalteten Endübertrages, überhaupt von allen Stellen) abhängen. Beispiel: LLLLL + L = L00000. In einem n-stelligen Addierwerk muß sich somit ein elektrisches Signal in gewissen Fällen durch $n-1$ Stellen fortpflanzen, bevor die Addition beendet ist, was die Arbeitsweise erheblich verlangsamt. Von Vorteil sind Anordnungen, die in jeder Stelle den Gang des Übertrages, im Vergleich zu den Summenziffern, möglichst vereinfachen, s. Abb. 175, 176 und 177. Hier geht der durchgehende Übertrag nur durch zwei Gatter; er wird nach dem Ausdruck $U = AB \lor C(A\bar{B} \lor \bar{A}B)$ bzw. $U = AB \lor C(A \lor B)$ gebildet, den man leicht durch Ausklammern aus der Formel $U = AB \lor AC \lor BC$ gewinnt. Die Ähnlichkeit des Übertrags-Mechanismus mit dem der Relais-Schaltung von Abb. 136 ist evident. In Parallel-Addierwerken muß immer versucht werden, im Addierwerk allen jenen Elementen, die sich mit der Weiterleitung der Überträge befassen, besonders kurze Schaltzeiten zu verleihen, auch wenn das auf Kosten der Geschwindigkeit in der Verarbeitung der Summanden-Stellen geht. (Siehe auch S. 103ff.)

Die Zeit, die ein Übertrag braucht, um sich durch m Stellen fortzupflanzen, ist nicht unbedingt proportional zu m, weil eine gegebene Stelle in gewissen Schaltungen an der Klemme U ein Signal aufzubauen beginnt, noch bevor das Signal an der Klemme C seinen Endwert erreicht hat. Daher ist die Dauer proportional zu einer Zahl, die, je nach Schaltung, zwischen $\sqrt{m}$ und m liegt; in den meisten Fällen liegt allerdings Proportionalität zu m vor.

In einem n-stelligen Addierwerk muß sich ein Übertrag maximal durch $n-1$ Stellen fortpflanzen. Dieser Fall tritt aber nur selten ein, und es wäre durchaus unzweckmäßig, wollte man für die Addition immer warten, bis diese Maximalzeit abgelaufen ist. Die Berechnung, wie weit sich ein an einer Stelle entstehender Übertrag im Mittel ausbreitet, ist eine schwierige Aufgabe der Wahrscheinlichkeitsrechnung. Eine Addition ist aber erst dann beendet, wenn sämtliche Überträge des Resultats ihren Durchlauf beendet haben. Die Frage stellt sich somit nicht nach der mittleren, sondern nach der *maximalen* Laufstrecke aller Überträge in einem gegebenen Wort; dieser Wert, über alle möglichen Additionen gemittelt („mittlere maximale Laufstrecke"), ergibt sich für $n = 40$ zu etwa 4,6 Stellen [60.29]. (Siehe auch [60.16]). Er ist in jedem Fall kleiner als $\log_2 n$. Wenn man ein Verfahren verwendet, welches das Ende des Durchlaufs aller Überträge anzeigt, so läßt sich eine mehr als achtfache Zeitersparnis erreichen. Eine solche Anordnung, die sich hauptsächlich für asynchrone Addierwerke (S. 48f.) eignet, ist nachfolgend beschrieben [55.5]. Der verwendete Mechanismus für den Übertrag ist der in Abb. 177

gezeigte, der $U = AB \text{ v } C(A \text{ v } B)$ berechnet. Zwei Maßnahmen ermöglichen die Anzeige, daß alle Überträge zu Ende gerechnet sind: 1. Außer dem Übertrag wird auch der Nicht-Übertrag $\overline{U} = \overline{A \text{ v } B} \text{ v } \overline{A B C}$ von Stelle zu Stelle geleitet, und 2. eine Inhibitionsschaltung sorgt dafür, daß die durchgehenden Überträge erst dann zu laufen beginnen, wenn die Verknüpfungen der Summanden A und B abgeschlossen sind; dadurch wird verhindert, daß im Verlauf von Ausgleichsvorgängen vorübergehende Fehler entstehen. Abb. 179 veranschaulicht die Glieder, die der Verarbeitung des Übertrages dienen. (Um zu verdeutlichen, daß die Überträge von niederen zu höheren Stellen laufen, sind die Eingänge rechts, die Ausgänge links gezeichnet.) Zuerst werden die Summanden A und B an die Additionsschaltung angelegt. Sobald die Verknüpfungen $A \text{ v } B$, AB und ihre Negationen gebildet sind, gibt die Inhibitionsschaltung den Übertragungsmechanismus frei. Am Ausgang jeder Stelle wird sich dann

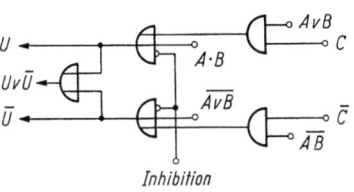

Abb. 170. Schaltung zur Anzeige, daß die Überträge fertig gerechnet sind. Das Kriterium hierfür ist $U \text{ v } \overline{U} = L$

entweder U oder $\overline{U}$ aufbauen, und das Kriterium, daß dieser Prozeß beendet ist, ist die logische Gleichung $U \text{ v } \overline{U} = L$ (die nicht erfüllt ist, solange die Überträge durch die Inhibition gesperrt sind). Das Merkmal, daß im Parallel-Addierwerk alle Überträge fertig gerechnet sind, entsteht dadurch, daß von jeder Stelle $U \text{ v } \overline{U}$ ein großes „mal"-Gatter geführt wird; dort erscheint erst dann eine L, wenn von jeder Stelle her eine L ankommt. Diese Schaltung hat Ähnlichkeit mit der Relais-Schaltung von Abb. 137. Mit ihr ist es gelungen, in einem 40stelligen Addierwerk mittlere Additionszeiten zu erhalten, die gleich der Fortpflanzungszeit des Übertrages durch 5,6 Stellen sind, was dem theoretisch möglichen Wert sehr nahe kommt.

IV.1.2.4 Zusammenfassung mehrerer Überträge. Ein anderes Mittel, die Additionszeit in einem Parallel-Addierwerk zu verkürzen, besteht darin, daß eine gegebene Stelle nicht nur den Übertrag von der vorhergehenden Stelle, sondern auch noch jene von früheren Stellen berücksichtigt. Für die 0-te (niedrigste) Stelle gilt:

$$U_0 = A_0 B_0.$$

Für die erste Stelle gilt:

$$U_1 = A_1 B_1 \text{ v } C_1 (A_1 \text{ v } B_1).$$

Da aber $C_1 = U_0$ (s. Abb. 173), kann U_1 auch als Funktion von A_1, B_1, A_0, B_0 ausgedrückt werden, ohne daß zuerst C_1 gebildet werden muß:

$$C_2 = U_1 = A_1 B_1 \text{ v } (A_1 \overline{B}_1 \text{ v } \overline{A}_1 B_1) A_0 B_0.$$

Wenn wir noch die Abkürzungen $S'_i = A_i \bar{B}_i \vee \bar{A}_i B_i$ und $U'_i = A_i B_i$ verwenden, so entstehen folgende Ausdrücke für ein 5stelliges Addierwerk:

$$C_1 = U_0 = U'_0$$
$$C_2 = U_1 = U'_1 \vee S'_1 U'_0$$
$$C_3 = U_2 = U'_2 \vee S'_2 U'_1 \vee S'_2 S'_1 U'_0$$
$$C_4 = U_3 = U'_3 \vee S'_3 U'_2 \vee S'_3 S'_2 U'_1 \vee S'_3 S'_2 S'_1 U'_0$$

Eine solche Anordnung zeigt Abb. 180. Die Rechtecke sind Halbaddierwerke. Zuerst werden die Summanden A und B eingeschaltet. Sobald

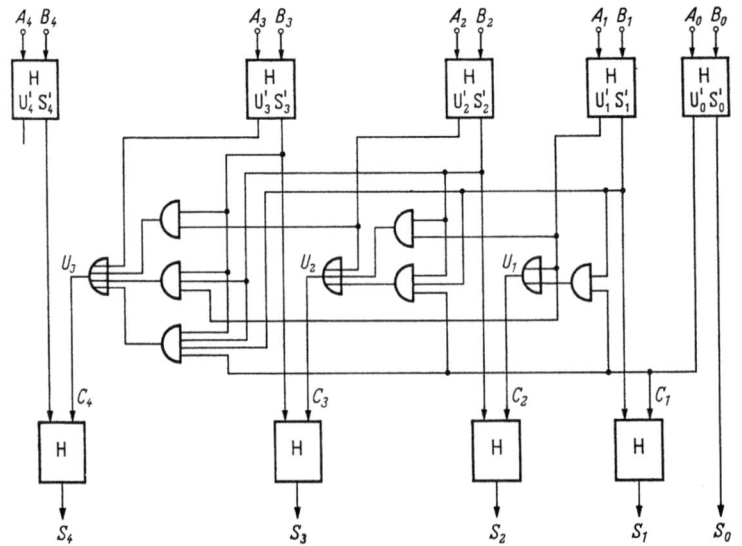

Abb. 180. Fünfstelliges Addierwerk mit momentaner Bildung aller Überträge. Die Rechtecke sind Halbaddierwerke; es bedeutet somit $S'_i = A_i B_i \vee \bar{A}_i B_i$ und $U'_i = A_i B_i$. Im übrigen sind die Bezeichnungen gleich wie in Abb. 173

die obere Reihe von Halbaddierwerken die Zwischenwerte U' und S' gebildet hat, kann die Errechnung der Überträge beginnen; der Leser kann leicht nachprüfen, daß in keinem Fall ein Signal durch mehr als eine einzelne „mal"-„oder"-Kette hindurchgehen muß. Wenn die Überträge gebildet sind, so wird die untere Reihe von Halbaddierwerken die Summenstellen S herstellen.

Die Additionszeit eines solchen Werkes ist also unabhängig von der Stellenzahl. Diesen Vorteil erkauft man mit einem großen Materialaufwand. Für die Bildung des Übertrages der m-ten Stelle sind m Gatter nötig mit einer Anzahl von Eingängen in der Größenordnung von m^2. Somit ist die Gesamtzahl der Gatter-Eingänge in einem n-stelligen Addierwerk (ohne Einrechnung der eigentlichen Halbaddierwerke) proportional zu n^3. Es kommt daher nicht in Betracht, ein 40stelliges Rechenwerk durchwegs so auszulegen. Man kann aber die gesamte Stellenzahl in Gruppen von z. B. 5 Stellen aufteilen, von denen jede nach Abb. 180 geschaltet ist.

Aus dem gleichen Prinzip lassen sich zahlreiche Variationen herleiten, die hier nicht beschrieben seien [*56.27*, *60.34*, *61.21*, *61.22*, *62.4*]. SLANSKY [*60.33*] und LEHMANN [*62.15*] haben Vergleiche der verschiedenen Verfahren dieser Art angestellt, indem Additionszeit und Materialaufwand gegeneinander abgewogen werden. Von Wichtigkeit ist die Feststellung, daß ein solcher Vergleich nur möglich ist, wenn man gleichzeitig die technischen Einschränkungen formuliert, denen die einzelnen Glieder unterworfen sind. Beispielsweise kann man festsetzen, daß alle „mal"- und „oder"-Gatter die gleiche Verzögerung verursachen, unabhängig von der Anzahl der Eingänge und von der Verzweigung am Ausgang. Damit hat man sich bereits auf eine bestimmte Sorte von elektrischen Schaltungen festgelegt. Eine andere Sorte würde vielleicht die Eigenschaft haben, daß die Verzögerung eines Gatters proportional ist zur Anzahl weiterer Gatter, die gesteuert werden müssen, und daß sie außerdem in Abhängigkeit der Anzahl von Eingängen nach einem logarithmischen Gesetz zunimmt. Diese zwei Sorten von Schaltungen führen zu ganz verschiedenen Lösungen für den besten Aufbau eines sehr schnellen Addierwerks.

IV.1.2.5 Verwendung von Tetraden. Eine Parallelmaschine mit n Stellen hat ein n-stelliges Rechenwerk und arbeitet schnell; eine Serienmaschine braucht nur ein einstelliges duales Addierwerk, arbeitet aber dementsprechend langsamer. Das Rechenwerk kann aber auch eine Anzahl m von Stellen haben, die zwischen 1 und n liegt, und für die Addition von zwei Summanden sind dann n/m Durchgänge durch dieses Addierwerk nötig. Selbstverständlich ist das m-stellige Rechenwerk als ein Parallelwerk zu bezeichnen, für das alle weiter oben gemachten Überlegungen zutreffen; zusätzlich muß aber der aus der höchsten Stelle austretende Übertrag verzögert und zur nächsten Ziffernzeit in die niedrigste Stelle wieder eingegeben werden. Mit einer solchen Anordnung erreicht man einen Kompromiß zwischen Aufwand und Geschwindigkeit. Häufig setzt man $m = 4$; eine solche Gruppe von 4 Stellen nennt man eine *Tetrade*.

IV.1.2.6 Subtraktion. Die meisten Rechenwerke können nur addieren, nicht subtrahieren. Eine Subtraktion wird also als Addition negativer Zahlen ausgeführt; die Komplementbildung geschieht mit einfachen Negatoren (s. S. 174). In einem Serien-Rechenwerk ist ein einziger Negator nötig, in einem n-stelligen Parallel-Rechenwerk n Negatoren. Bei einer Subtraktion ist zu unterscheiden zwischen dem Operationszeichen und dem Vorzeichen des Operanden; beispielsweise in $(-12) + (-7)$ ist das

Operationszeichen +, das Vorzeichen beider Operanden —. Für den Entscheid, ob Komplemente zu bilden sind, müssen alle Zeichen berücksichtigt werden.

IV.1.2.7 Anzeige des Überlaufs. Durch Addition kann die Kapazität (Stellenzahl) einer Maschine überschritten werden. Da dieser Fall bei der Erstellung des Programms nicht immer vorausgesehen werden kann, muß sich der Überlauf automatisch zur Anzeige bringen und die Anlage anhalten.

Bei positiven Zahlen wirkt sich der Überlauf so aus, daß über die vorgesehenen Stellen hinaus eine L als Übertrag entsteht. Um den Überlauf anzuzeigen, muß also das Rechenwerk eine zusätzliche Stelle enthalten, die zur Vorzeichenstelle hinzukommt. Etwas komplizierter wird die Anzeige, wenn auch negative Zahlen vorkommen. Das Kriterium für Überlauf ist, daß Überlauf- und Vorzeichenstelle ungleich sind. Bei positiven Zahlen sind sie 0L, bei negativen L0. Überläufe können nur entstehen, wenn beide Summanden gleiches Vorzeichen haben. Die zwei nachfolgenden Beispiele $+7 +12$ und $-7 -12$ betreffen ein Rechenwerk mit 4 bedeutsamen Stellen, einer Vorzeichen- und einer Überlaufstelle (in der Reihenfolge von rechts nach links aufgezählt). Die beiden letzteren sind durch einen Zwischenraum abgetrennt.

```
  OO OLLL     ( 7)           LL LOOO     (— 7)
  OO LLOO     (12)           LL OOLL     (—12)
  ─────────                  ─────────────
  OL OOLL     (19, Überlauf) (L)LO LOLL
                                      L
                             ─────────────
                             LO LLOO   (—19, Überlauf)
```

Dieses Beispiel ist für 1-Komplemente durchgeführt (s. S. 174). Bei der Verwendung von 2-Komplementen gelten für die Anzeige des Überlaufs die gleichen Regeln.

IV.1.3 Die Multiplikation

Das Produkt zweier n-stelliger Zahlen hat $2n$ Stellen. In den meisten Fällen kann aber nur mit n Stellen weitergerechnet werden; daher ist es nötig, n Stellen abzuwerfen. Dieser Prozeß läßt sich am leichtesten durchführen, wenn alle verwendeten Zahlen kleiner als Eins sind, das heißt, wenn das Komma vor der höchsten Stelle steht.

Beispiel: ,LOLO × ,LLOL = ,LOOO OOLO

abgerundet: ,LOOO

Im Abschnitt über Multiplikation lassen wir das Komma weg, nehmen aber immer an, es stehe vor der höchsten Stelle. Da beide Faktoren kleiner als Eins sind, ist das Produkt immer kleiner als die Faktoren und überschreitet somit die Kapazität der Maschine nicht. Außer auf S. 193f.

betrachten wir nur positive Zahlen; somit sind in unseren Beispielen weder Überlauf- noch Vorzeichenstelle nötig.

IV.1.3.1 Der konventionelle Ablauf. Das Einmaleins, das man für die duale Multiplikation beherrschen muß, reduziert sich auf die BOOLEsche Operation AB. Nach den Regeln des schriftlichen Rechnens, die in der Elementarschule für das Dezimalsystem gelehrt werden, müßte im Dualsystem das Produkt L0L0 × LL0L so errechnet werden:

$$\begin{array}{r} \text{L0L0} \times \text{LL0L} \\ \hline 0000 \\ \text{LOLL} \\ 0000 \\ \underline{\text{LOLL}} \\ \text{LOOOOOLO} \end{array}$$

L0L0 ist der Multiplikator (abgekürzt MR), LL0L der Multiplikand (MD). Zuerst werden die n Partialprodukte gebildet (n ist die Stellenzahl); nachher werden sie gesamthaft aufaddiert.

Ein Rechenwerk kann aber nur zwei Summanden addieren. Daher müssen die Partialprodukte nacheinander behandelt werden. Zur Aufbewahrung der zwei n-stelligen Faktoren und des $2n$-stelligen Produktes wären eigentlich vier n-stellige Register nötig, doch läßt sich diese Zahl auf drei reduzieren. (Obwohl die unteren n Stellen des Produkts meistens abgeworfen werden, ist es doch wünschenswert, sie zunächst zu bilden.)

Abb. 181 zeigt den Aufbau eines geeigneten Rechenwerks. Der Akkumulator (AC) ist so geschaltet, daß eine ins Addierwerk gegebene Zahl sich zur Zahl in AC addiert, und das Resultat geht wieder in AC. AC und MR sind Schieberegister. Diese Beschreibung gilt für Parallel- und für

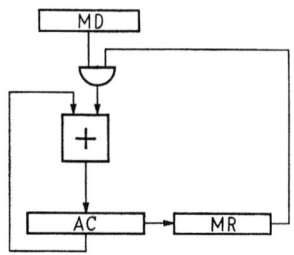

Abb. 181. Einfaches Rechenwerk für Multiplikation mit AC (Akkumulator), MR (Multiplikator), MD (Multiplikand). AC und MR sind Schieberegister; AC schiebt in MR hinein

Serien-Rechenwerke in gleicher Weise; im Falle des Parallel-Rechenwerkes sind alle Leitungen (auch das „mal"-Gatter) n-fach, außer den Verbindungen AC–MR und MR–„mal"-Gatter. Zu Beginn steht der Multiplikator in MR, der Multiplikand in MD, und AC enthält die Zahl 0. Dann wird die erste (niedrigste) Stelle von MR an das „mal"-Gatter gelegt; je nachdem, ob sie L oder 0 ist, wird MD zu AC addiert oder nicht addiert. Als nächster Schritt werden sowohl AC als auch MR um eine Stelle nach rechts verschoben; die niedrigste Stelle von AC fließt nach MR und nimmt dort den Platz der höchsten Stelle ein; die niedrigste

Stelle von MR wird abgeworfen. Das MR-Register enthält also während des Prozesses sowohl Teile des endgültigen Resultats als auch Teile des Multiplikators. Tab. 9 veranschaulicht den Prozeß.

Tabelle 9. *Ablauf der Multiplikation*

	MD	AC	MR
Beginn	LLOL	OOOO	LOLO
Addition		OOOO	LOL__O__
Verschiebung		OOOO	OLOL
Addition		LLOL	OLO__L__
Verschiebung		OLLO	LOLO
Addition		OLLO	LOL__O__
Verschiebung		OOLL	OLOL
Addition		LOOOO	OLO__L__
Verschiebung		LOOO	OOLO

(Ergibt das Resultat LOOO OOLO.)

Die MR-Stelle, die die Addition oder Nicht-Addition steuert, ist jeweils unterstrichen. In AC kann vorübergehend eine zusätzliche Stelle auftreten; das Resultat hat aber immer nur $2n$ Stellen. Die n niedrigen Stellen bauen sich, eine nach der andern, im Verlauf des Prozesses auf und werden in MR abgelegt; die n höheren Stellen entstehen auf einen Schlag durch die letzte Addition und bleiben in AC. Alle drei Register sind immer ganz beansprucht. Der Multiplikator verschwindet schrittweise.

Die Multiplikation benötigt n Additionen und n Verschiebungen. Wenn in einer Parallelmaschine die ersteren eine Zeit t_a, die letzteren t_v beanspruchen, so wird die Multiplikationszeit $t_m = n(t_a + t_v)$. In einer Serienmaschine, deren Impulszeit τ beträgt, dauert eine Addition $n \cdot \tau$ Sekunden. Die Verschiebung kann gleichzeitig mit dem Durchlauf durch das Rechenwerk geschehen und braucht keine zusätzliche Zeit. Die Multiplikationszeit wird somit $n^2 \cdot \tau$. Sie ist also in einer Parallelmaschine proportional zu n, in einer Serienmaschine proportional zu n^2*.

IV.1.3.2 Verschiebungen und Subtraktionen. Oben wurde gesagt, bei n-stelligem Multiplikator seien n Additionen nötig. Tatsächlich sind das entweder Additionen oder Nicht-Additionen, je nachdem, ob die augenblicklich verarbeitete Multiplikatorstelle L oder 0 ist. Auf die Ausführung der Nicht-Additionen kann verzichtet werden. Eine Verschiebung ist aber trotzdem nötig; in Serienmaschinen — in denen Addition und Verschiebung gleichzeitig ausgeführt werden — wird also durch Auslassen der Nicht-Additionen nichts gewonnen, es sei denn, es bestehe die Möglichkeit, in einem einzigen Umlauf eine Verschiebung um mehrere

---

* Genau betrachtet, ist allerdings auch in einer Parallelmaschine t_a abhängig von n. Das bewirkt, daß t_m stärker als proportional mit n ansteigt.

Stellen zu vollziehen, was sich meist nicht leicht vorsehen läßt. In Parallelmaschinen dagegen bringt der Verzicht auf die Abwartung der Zeit für Nicht-Additionen einen großen Gewinn, da t_a wesentlich größer als t_v ist. Die Anzahl der nötigen Additionen ist dann nicht mehr n, sondern gleich der Multiplikator-Quersumme, und diese ist im Mittel gleich $n/2$. In Relaismaschinen sieht man Schaltungen (Weichenstraßen) vor, die Verschiebungen bis zu n Stellen in einem einzigen Schritt ermöglichen. Dadurch kommt der Vorteil dieses Verfahrens voll zur Auswirkung.

Weitere Einsparungen lassen sich erzielen, wenn man außer Additionen auch Subtraktionen zuläßt; jede Folge von mehreren L im Multiplikator läßt sich so durch nur zwei Operationen darstellen, nach der Regel LLLL = L0000 − L. Beispielsweise wird der Multiplikator LL 0LL0 0LLL wie folgt umgeändert:

$$\begin{array}{c} \text{L L O L L O O L L L} \\ + 0\ 0 - 0 - 0 + 0\ 0 - \end{array}$$

+ und − geben an, ob an der betreffenden Stelle der Multiplikand zum Partialprodukt zu addieren oder davon zu subtrahieren ist. Hier wurde außerdem Gebrauch gemacht von der Regel −LO + L = − OL; somit kann die Folge − + durch die Folge O − ersetzt werden, was eine weitere Vereinfachung ergibt. Der dergestalt modifizierte Multiplikator — der durch eine geeignete Schaltung leicht gebildet werden kann — hat in gewissen Fällen links eine zusätzliche Stelle. Die Anzahl der nötigen Operationen wird dadurch höchstens $n/2$ und ist im Mittel $n/3$. Es leuchtet ein, daß hier negative Zwischenresultate auftreten können; das Addierwerk muß also in der Lage sein, solche richtig zu verarbeiten. Ob sie durch 1- oder 2-Komplemente dargestellt sind, ist von geringer Bedeutung, s. S. 176. Dieses schöne Verfahren scheint zuerst von BOOTH [3] publiziert worden zu sein, der auch eine algorithmische Darstellung für die Bildung des modifizierten Multiplikators gibt. (Die Methode wurde aber schon wesentlich früher von ZUSE in seine Maschine Z4 eingebaut.) Ausführliche Beschreibungen finden sich in [3, 29, 61.22].

IV.1.3.3 Die einschrittige Multiplikation. Da ein Produkt zweier n-stelliger Zahlen eine $2n$-stellige Funktion von $2n$ binären Variablen ist, muß es in einer Parallelmaschine — wenigstens theoretisch — möglich sein, dieses Produkt in einer einschrittigen Schaltung zu bilden, im Gegensatz zu den weiter oben beschriebenen Verfahren, die n Additionen von n-stelligen Zahlen erfordern. Beispielsweise kann man die n Partialprodukte paarweise in $n/2$ Parallel-Addierwerken addieren, was zu $n/2$ Partialsummen führt; diese können wieder paarweise zueinander addiert werden, wozu $n/4$ Addierwerke nötig sind, und so weiter, bis eine einzige Summe entsteht. Abb. 182 zeigt ein solches Multiplizierwerk für $n = 4$. Das 8-stellige Resultat erscheint in einem einzigen Schritt. Die Figur zeigt drei vollständige, vielstellige parallele Addierwerke. In Wirklichkeit sind am linken und rechten Rand gewisse (allerdings verglichen mit dem Gesamtaufwand bedeutungslose) Vereinfachungen möglich, weil an den Randstellen infolge der gegenseitigen Verschiebung der Summanden nur eine Summandenstelle vorliegt.

Die Anzahl der so benötigten Parallel-Addierwerke liegt in der Größenordnung n. Jedes hat zwischen n und $2n$ Stellen, so daß die Zahl der einstelligen Addierwerke die Größenordnung n^2 hat; die Zahl der „mal"-Gatter am Eingang ist von der Größenordnung n^2. Für $n = 40$ erhalten wir 1600 einstellige Addierwerke und 1600 „mal"-Gatter, ein sehr hoher Aufwand. Diese Zahlen geben nur Größenordnungen an, weil das beschriebene Prinzip viele Varianten erlaubt, die eine gewisse Materialersparnis bewirken. Beispielsweise könnte zur Partialsumme von B_0 und B_1 in einem zweiten Addierwerk das Partialprodukt von B_2 addiert werden und dazu in einem dritten Addierwerk das Partialprodukt von B_3; dadurch würde der Aufwand in den Addierwerken geringer, weil sie weniger Stellen haben, was aber auf Kosten der Rechenzeit geht, weil ein Signal längere Ketten von Gattern durchlaufen muß. Eine ganz erhebliche Beschleunigung entsteht, wenn man (nach dem Prinzip von Abb. 183) die Überträge nicht durchlaufen läßt, sondern als separates Wort weiterverarbeitet [*64.9*].

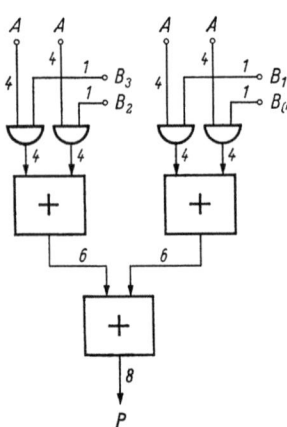

Abb. 182. Einschrittiges Multiplizierwerk für das Produkt $A \cdot B = P$ mit $n = 4$. B_3, B_2, B_1, B_0 sind die Stellen von B. Alle Leitungen (außer jenen der B-Stellen) sind Parallel-Übertragungen mehrerer Bits; die Zahlen deuten an, aus wie vielen parallelen Verbindungen die Leitungen bestehen. Alle gezeichneten „mal"-Gatter sind 4fach. Die zwei Eingänge der Addierwerke sind gegeneinander verschoben

Dieses Prinzip ist das schnellste bekannte Multiplikationsverfahren. Der große Materialaufwand läßt es nur dann wünschenswert erscheinen, wenn größte Rechengeschwindigkeit verlangt wird. Da aber die neuen, vollautomatisch hergestellten integrierten Bauteile eine wesentliche Kostensenkung der digitalen Schaltungen ergeben haben, liegt ein Multiplizierwerk von der beschriebenen Art durchaus im Bereich des Tragbaren.

Ein verwandtes Verfahren beschreibt GREEN [*59.32*].

IV.1.3.4 Abkürzungen durch dichtere Reihenfolge der Additionen in Parallelmaschinen. Die Multiplikation besteht im Dualsystem aus einer Folge von Additionen. Hier werden zwei Verfahren beschrieben, die von der Tatsache Gebrauch machen, daß jede dieser Additionen nicht ein-

IV.1 Das Rechnen im Dualsystem

zeln zu Ende geführt werden muß bevor die nächste beginnt, da nur das Schlußresultat von Bedeutung ist. Dadurch wird die Multiplikationszeit der Additionszeit etwas mehr angenähert.

In Parallel-Addierwerken spielt die Zeit, die ein Übertrag braucht, um durch viele Stellen hindurchzugehen, eine wichtige Rolle. Ein Verfahren gestattet es, eine neue Addition zu beginnen, bevor die Überträge durch alle Stellen hindurchgeeilt sind. Das verwendete Addierwerk hat einen Übertrags-Mechanismus, der nach Abb. 179 geschaltet ist, das heißt, es werden sowohl Überträge als auch Nicht-Überträge von Stelle zu Stelle geleitet. Diese beiden Variablen sind völlig symmetrisch; die Fortpflanzungsgeschwindigkeit eines über viele Stellen gehenden Übertrages ist gleich groß wie die eines über viele Stellen gehenden Nicht-Übertrages. Jetzt betrachten wir Abb. 181. Wenn MD zu AC addiert wird, so entstehen an verschiedenen Stellen Überträge (oder Nicht-Überträge), die durch mehrere Stellen hindurchlaufen müssen. Wenn wir die Zeit, die ein Übertrag pro Stelle braucht, mit τ bezeichnen, so sind die Prozesse an der niedrigsten Stelle nach τ Sekunden mit Sicherheit beendet; nach 2τ Sekunden an der zweitniedrigsten Stelle, und so weiter. Es ist nun eine wichtige Erkenntnis, daß man mit der nächsten Addition nicht zuwarten muß, bis alle Vorgänge beendet sind. Um das zu verstehen, braucht man sich nur zu überlegen, was geschieht, wenn man bereits nach τ oder 2τ Sekunden eine neue Addition beginnt. Dann eilen im Addierwerk verschiedene Überträge (oder Nicht-Überträge), die zu verschiedenen Additionen gehören, von Stelle zu Stelle. An jeder Stelle darf aber die neue MD-Ziffer erst dann angelegt werden, wenn die Prozesse von der früheren Addition beendet sind. Da die Fortpflanzungsgeschwindigkeit der Überträge konstant ist, kann man nach einem festen (von den Ziffern unabhängigen) Zeitplan vorgehen. Auf Grund dieser Überlegung gewinnt die Schaltung eine gewisse Ähnlichkeit mit Abb. 184, wobei aber alle Größen parallel, nicht in Serie übermittelt werden. Die Verzögerungen sind nicht als gesonderte Glieder eingebaut, sondern entstehen durch die Fortpflanzungszeit der Überträge. Nach der letzten Addition muß die Beendigung aller Vorgänge abgewartet werden. Dieses Verfahren eignet sich hauptsächlich für asynchrone Rechenwerke.

Ein anderer Ablauf verwendet ein überraschend einfaches Mittel, um Überträge, die durch viele Stellen gehen, überhaupt zu vermeiden; er findet ebenfalls in Parallel-Addierwerken Anwendung. Hier ist das Addierwerk, welches die Partialprodukte addiert, nicht mehr nach Abb. 173 geschaltet. Der Übertrag U, der in jeder Stelle entsteht, wird nicht der nächsthöheren Stelle zugeleitet, sondern wird in ein zusätzliches Register gegeben, welches, genau wie das AC-Register (s. Abb. 181), ebenfalls n Stellen hat. Abb. 183 veranschaulicht ein solches Rechenwerk. Die Überträge werden also zunächst nicht arithmetisch verarbeitet, sondern als ein n-stelliges Wort betrachtet, und kein Übertrag muß durch mehrere Stellen hindurchgehen. In der nächsten Addition wird nun dieses Wort gesamthaft in die Eingänge, die jetzt zur freien Verfügung stehen (vgl. Abb. 173), eingegeben, während A und B die neuen Summanden sind. (Natürlich ist das Übertragswort um eine Stelle nach links zu verschieben, so daß $U_n = C_{n+1}$.) Wieder entsteht ein Übertragswort U, das wieder bis zur nächsten Addition registriert und dann in C eingegeben wird. Erst am Schluß, wenn alle Summanden addiert sind, muß durch wiederholte Eingabe des Übertragswortes dafür gesorgt werden, daß durchlaufende Überträge sich so weit fortpflanzen können, als es arithmetisch nötig ist. (Eine andere, noch schneller arbeitende Lösung besteht darin, daß für diesen letzten Schritt ein getrenntes, konventionell arbeitendes Addierwerk vorgesehen wird [59.8]). Dieses Verfahren macht von der Tatsache Gebrauch, daß die Partialsummen im einzelnen nicht benötigt werden und daher nicht zu Ende berechnet werden müssen; lediglich das Schlußresultat wird verlangt. Der Mehraufwand besteht in einem n-stelligen Register. Interessant ist, daß die am Schluß entstehenden, durchgehenden Überträge im Mittel aller möglichen Produkte ebenfalls über maximal 4,6 Stellen gehen, falls 40stellige Zahlen verwendet werden [56.7].

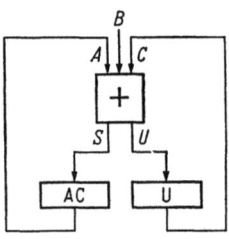

Abb. 183. Akkumulator mit Speicherung der Überträge (Variante von Abb. 181). „+" ist ein paralleles n-stelliges Addierwerk ohne durchgeschaltete Überträge. AC und U sind n-stellige Register

Es wurde auch der Vorschlag gemacht [59.43], am Schluß der Multiplikation auf die Addition des Übertragswortes zur unvollständigen Partialsumme überhaupt zu verzichten. Die n-stellige Zahl ist damit durch $2n$ Stellen repräsentiert, was einer hochgradigen Redundanz gleichkommt. Wenn es gelingt, alle Operationen (also auch Addition, Subtraktion und Division, einschließlich der Feststellung von Vorzeichen und Überlauf) mit solchen redundanten Wörtern auszuführen, so wird ein großer Gewinn an Rechengeschwindigkeit erzielt, da alle Operationen durch den Wegfall von durchgehenden Überträgen beschleunigt werden.

IV.1.3.5 Ein schnelles Multiplizierwerk für Serienmaschinen. In Serienmaschinen dauert die Multiplikation etwa $n^2 \cdot \tau$ Sekunden, wenn n die Stellenzahl und τ die Ziffernzeit ist. Gegenüber der Additionszeit $n \cdot \tau$ ist das ein großer Unterschied, und es taucht der Wunsch auf, die Dauer der beiden Operationen auf Kosten eines Mehraufwandes an Material einander etwas anzugleichen. Solche Verfahren wurden für Parallel-Rechenwerke auf S. 188f. beschrieben; hier ist ein Ablauf für Serienmaschinen gegeben [53.4]. Abb. 184 zeigt die Schaltung für $n = 4$. Der Multiplikator B muß in ein paralleles Register gegeben und während der ganzen Dauer der Operation an die Klemmen B_3, B_2, B_1, B_0 angelegt werden. Bei A tritt der Multiplikand in Serien-Darstellung ein; selbstverständlich kommt die niedrigste Stelle zuerst. Im gleichen Impuls-Intervall beginnt das Produkt bei P herauszufließen. Da das Produkt $2n$ Stellen hat, dauert die Multiplikation $2n$ Ziffernzeiten. Für n Stellen benötigt dieser Apparat n „mal"-Gatter, $n-1$ Serien-Addierwerke und $n-1$ Verzögerungsglieder. Sein Aufwand ist also etwa gleich wie der eines Parallel-Addierwerkes; die Zeitersparnis gegenüber der reinen Serien-Multiplikation ist sehr groß.

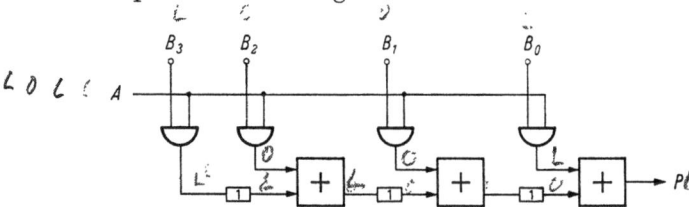

Abb. 184. Schnelles Multiplizierwerk für Serienmaschinen mit $n=4$. B_3, B_2, B_1, B_0 sind die Multiplikatorstellen. Die mit $+$ bezeichneten Rechtecke sind einstellige Serien-Addierwerke. „1" bedeutet eine Verzögerung um eine Ziffernzeit.

Eine Variante, die der Verwendung einer Einmaleins-Tafel entspricht, ist auf S. 192 beschrieben.

IV.1.3.6 Die Verwendung von Vielfachen des Multiplikanden. Das Einmaleins reduziert sich im Dualsystem auf die Produkte $0 \cdot 0$, $0 \cdot L$, $L \cdot L$ und wird somit durch ein „mal"-Gatter dargestellt. Einstellige Faktoren können nur einstellige Produkte ergeben. Durch Zusammenfassung von a Stellen kann eine n-stellige Dualzahl jederzeit als Zahl in einem System mit der Basis 2^a, die n/a Stellen hat, aufgefaßt werden. Beispielsweise kann man eine 40stellige Zahl im Dualsystem als 10stellige Zahl im Hexagesimalsystem (Basis 16) ansprechen. Für die Multiplikation ist es dann möglich, Einmaleins-Tafeln zu verwenden, also Schaltungen, die einschrittig die Produkte zweier Zahlen zwischen 0 und 15 ergeben, wodurch — wieder auf Kosten eines vergrößerten Materialaufwandes — eine Verkürzung der Rechenzeiten entsteht. Dieses Verfahren ist sowohl für Parallel- als auch für Serienmaschinen anwendbar. Es ist eng verwandt mit der Verwendung von Einmaleins-Tafeln im Dezimalsystem (siehe S. 221ff.), weshalb hier nicht weiter darauf eingegangen wird. Lediglich eine Ausführungsart für Serienmaschinen soll gezeigt werden, die eine Variante von Abb. 184 darstellt, s. Abb. 185. Durch Verzögerung von A um 1 Stelle entsteht $2A$, und durch Addition von $A+2A$ wird $3A$ gebildet. B wird in Gruppen von je 2 Stellen aufgeteilt, so daß Ziffern zur Basis 4 entstehen; jedes Paar von Bits kann die Werte 0, 1, 2 oder 3 annehmen. Die „mal"-Gatter veranlassen, daß dementsprechend die Vielfachen A, $2A$ oder $3A$ zur Partialsumme addiert werden. Da die erste (niedrigste) Produktstelle gebildet wird, sobald die erste Stelle von

A eintritt, und da das Produkt $2n$ Stellen haben muß, dauert auch hier — wie in Abb. 184 — die Multiplikation $2n$ Ziffernzeiten (das ist die kürzeste Zeit, die in Serienmaschinen möglich ist). Der Vorteil dieser Anordnung liegt in der Ersparnis von Material; es werden $n/2$ Addierwerke gebraucht, also ungefähr halb soviel wie in Abb. 184. Dagegen kommen einige Gatter hinzu. Selbstredend können auf analoge Art auch höhere Vielfache (z. B. bis $7A$) vorbereitet werden, doch dadurch wird kaum eine Materialersparnis erreicht, da der Aufwand an Gattern für die Auswahl der Vielfachen rasch wächst. Die Rechenzeit bleibt unverändert.

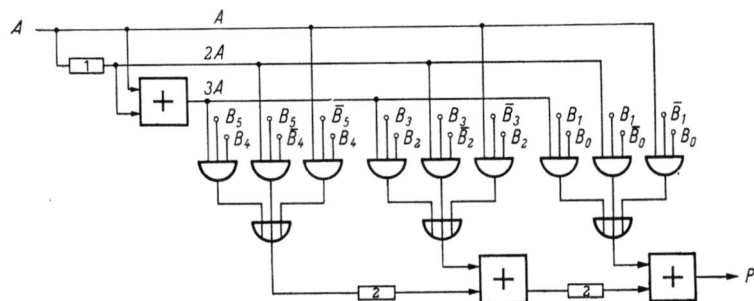

Abb. 185. Variante von Abb. 184 mit $n = 6$. Zuerst wird durch Addition von $A + 2A$ das Produkt $3A$ gebildet; dann werden die B-Ziffern paarweise betrachtet. Jedes Paar kann den Wert 0, 1, 2 oder 3 haben, und entsprechende Vielfache werden zur Partialsumme addiert. Die Bezeichnungen sind gleich wie in Abb. 184.

Dasselbe Prinzip läßt sich auch für Parallelmaschinen verwenden. Nachfolgend ist ein von BLOCH [*59.8*] angegebenes, extrem schnelles Multiplizierwerk beschrieben. Der Multiplikator wird zunächst in Teile von 12 Bits aufgeteilt, und jeder dieser Teile wird parallel verarbeitet. Zu diesem Zweck wird ein Teil in 4 Gruppen zu je 3 Bits aufgespalten. Jede dieser Gruppen kann die Werte 0 bis 7 annehmen. Vom Multiplikanden A werden die Vielfachen $2A$, $4A$, $6A$ und $8A$ bereitgestellt. $2A$, $4A$ und $8A$ entstehen durch bloße Stellenverschiebung, und lediglich $6A = 2A + 4A$ benötigt eine einzelne Addition. Damit sind alle geraden Vielfachen verfügbar. Um die ungeraden Vielfachen A, $3A$, $5A$, $7A$ zu erhalten, wird gleichzeitig mit der nächstniedrigeren Dreiergruppe $8A$ subtrahiert, was einer Reduktion um A in der betrachteten Dreiergruppe entspricht. Ein Beispiel soll das verdeutlichen: Die vier Dreiergruppen mögen die Werte 3, 6, 5, 2 haben. Die nötigen Additionen und Subtraktionen sind zunächst $4-1$, 6, $6-1$, 2. Die Verschiebung der -1 um eine Gruppe nach rechts, was einer Verwandlung in -8 entspricht, ergibt 4, -2, 6, -6; das sind die Vielfachen von A, die endgültig zu addieren sind. Abb. 186 zeigt nun den weiteren Verlauf, nach welchem die vier Dreiergruppen (also gesamthaft 12 Ziffern) des Multiplikators

IV.1 Das Rechnen im Dualsystem   193

gleichzeitig behandelt werden. Dazu sind 4 Parallel-Addierwerke nötig, die nach dem in Abb. 183 dargelegten Prinzip keine durchgehenden Überträge weiterleiten, sondern ein Summenwort S und ein Übertragswort U abgeben (demgemäß können sie drei Eingänge haben). Unten befinden sich Summen- und Übertragsregister, in denen das Produkt des ganzen Multiplikanden A mit 12 Stellen des Multiplikators in einem einzigen Schritt erscheint. Wenn 48stellige Zahlen verwendet werden, so sind für die Multiplikation vier Durchläufe durch das gezeichnete Werk, also vier Schritte nötig. Nach dem letzten Durchlauf werden in einem konventionellen Parallel-Addierwerk Summe und Überträge addiert und dadurch das endgültige Produkt gebildet. Nur in diesem einen Schritt braucht auf durchgehende Überträge gewartet zu werden; hier werden die Überträge von 4 Stellen zusammengefaßt, s. Abb. 180. Mit Transistor-Schaltkreisen von 10 MHz Taktfrequenz hat das beschriebene Werk eine Multiplikationszeit von 1,8 μs für 48stellige Zahlen; es enthält weit über 30000 Transistoren.

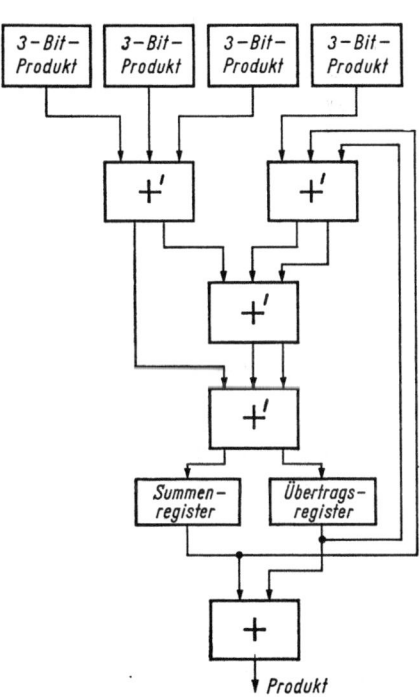

Abb. 186. Addition der 3-Bit-Produkte in einem extrem schnellen Multiplizierwerk. Für 48stellige Zahlen sind vier Schritte nötig. Mit $+'$ sind 48stellige Addierwerke ohne Übertrag bezeichnet; $+$ ist ein 96stelliges, gewöhnliches Addierwerk

IV.1.3.7 Negative Faktoren. Die Faktoren einer Multiplikation können selbstverständlich positiv oder negativ sein. Bisher wurde angenommen, daß sich der numerische Prozeß der Multiplikation mit Absolutwerten abspielt. Die Maschine muß also vorher die Vorzeichen abnehmen und aus ihnen nach den bekannten Regeln das Vorzeichen des Resultates bilden; gegebenenfalls ist das Resultat am Schluß in die konegative Form überzuführen. Da bei der Verwendung von 1-Komplementen (siehe S. 174) die Komplementbildung sehr einfach ist, bewährt es sich, die Multiplikation mit Absolutwerten durchzuführen. (Immerhin ist zu beachten, daß dann die Vorzeichen der Faktoren vor Beginn der Multiplikation bekannt sein müssen, was bei Serienmaschinen, in denen das Vorzeichen als letzte Stelle aus dem Speicher herauskommt, zu Schwierig-

Speiser, Digitale Rechenanlagen, 2. Aufl.   13

keiten Anlaß geben kann.) Sind aber im Speicherwerk 2-Komplemente gegeben, so sind die mit der Komplementbildung verbundenen Prozesse etwas komplizierter, und es lohnt sich eventuell, die Faktoren direkt in konegativer Form zu verarbeiten. Mit 2-Komplementen wird die negative Zahl x dargestellt durch $\bar{x} = 2 + x$. (x hat $n - 1$ bedeutsame Stellen; zusammen mit dem Vorzeichen ergeben sich n Stellen. Für diese Betrachtungen ist es am einfachsten, wir setzen das Komma vor die höchste bedeutsame Stelle, das heißt, wir betrachten nur Faktoren vom Betrag <1; dann ist auch der Betrag des Produktes <1. Links vom Komma steht die Vorzeichenstelle.) Wenn x und y beide negativ sind, so sind sie als $2 + x$ und $2 + y$ dargestellt, und die Maschine bildet als Produkt $2^2 + 2x + 2y + xy$. Richtig wäre aber xy; somit muß noch $2^2 + 2x + 2y$ subtrahiert werden. Da nun aber im gebräuchlichsten Multiplikationsverfahren der Multiplikator x im Verlauf der Produktbildung verlorengeht (s. S. 186), ist diese Korrektur nicht ohne weiteres möglich, da x nicht mehr vorhanden ist. Der folgende Ablauf vermeidet diese Schwierigkeit [29, S. 16 bis 18]. Nehmen wir zunächst an, x sei negativ, y positiv; dann ist x dargestellt als $2 + x$. Bei der Ausführung der Multiplikation werden jetzt nur die $n - 1$ bedeutsamen Stellen von x betrachtet, nicht aber das Vorzeichen; statt $(2 + x)y$ entsteht dadurch $(1 + x)y = y + xy$. Richtig wäre aber $2 + xy$, die konegative Darstellung der negativen Zahl xy. Die Korrektur wird erreicht durch die Addition von $-y$, was in der Maschinendarstellung $2 - y$ ist. Soweit kann also folgende Regel formuliert werden:

„Der Multiplikationsprozeß ist ablaufen zu lassen, bis $n - 1$ Verschiebungen ausgeführt sind. Wenn jetzt die Vorzeichenstelle 0 ist, so ist das Produkt beendet; ist sie L, so ist y zu subtrahieren."

Schwieriger ist der Fall des negativen y. Wir nehmen an, es sei $x > 0$ und betrachten die Zahl $1 + y$; das ist die Zahl, die entsteht, wenn man in der Maschinendarstellung von y das Vorzeichen zu 0 macht. Multiplikation mit x ergibt $x + xy$. Die naheliegende Korrektur (x subtrahieren) ist nicht möglich, da x nicht mehr vorhanden ist. Die Korrektur kann aber Bit für Bit während der Multiplikation ausgeführt werden. Es zeigt sich, daß es am einfachsten ist, die Korrektur $2 - x$ in zwei Schritten anzubringen, nämlich zuerst $1 - x - 2^{-(n-1)}$ im Verlauf der Multiplikation, und dann am Schluß noch $1 + 2^{-(n-1)}$. $1 - x - 2^{-(n-1)}$ ist leicht zu bilden; da

$$x = \sum_{1}^{n-1} 2^{-j} x_j, \quad \text{so ist} \quad 1 - x - 2^{-(n-1)} = \sum_{1}^{n-1} 2^{-j}(1 - x_j),$$

wenn x_j die einzelnen Stellen von x bedeuten (x_{n-1} ist die niedrigste, x_0 das Vorzeichen).

Jetzt betrachten wir den ersten Schritt bei der Bildung von $(1+y)x$. Wenn $x_{n-1} = L$ ist, so ist $1+y$ in den Akkumulator (AC, s. Abb. 181) zu addieren. Jetzt ist x_{n-1} noch vorhanden und kann für die Korrekturaddition verwendet werden; vor der Verschiebung muß also $L - x_{n-1}$ in die Vorzeichenstelle des Partialproduktes in AC addiert werden. Nach der zweiten Addition, aber vor der zweiten Verschiebung, ist an der gleichen Stelle $L - x_{n-2}$ zu addieren, und so weiter. Es kann gezeigt werden, daß keine dieser Additionen einen Übertrag über die Vorzeichenstelle hinaus zur Folge hat. Am Schluß ist noch 2^{n-1} in den Akkumulator zu addieren und die Vorzeichenstelle zu L zu machen, da ja das Produkt negativ ist; damit ist die Multiplikation beendet.

Wenn sowohl x als auch y negativ sind, so ist das nicht korrigierte Produkt
$$(1+x)(1+y) = y + xy + (1+x),$$
und der eben beschriebene Prozeß führt für $1 + x$ ebenfalls die richtige Korrektur durch. Am Schluß ist natürlich in diesem Fall die Korrektur für y durchzuführen, das heißt, man addiert $-y$.

Obwohl diese Abläufe gedanklich ziemlich kompliziert sind, braucht ihre Realisierung durch logische Schaltelemente einen geringen Aufwand. Etwas abweichende Verfahren sind in [55.11] und [59.25] beschrieben.

Zusätzliche Literatur zu § IV.1.3: MACSORLEY vermittelt eine Übersicht über die Multiplikationsverfahren nebst ihren Rückwirkungen auf die Ausgestaltung des Addierwerkes [61.22].

IV.1.4 Die Division

Gelegentlich wird darauf verzichtet, die Division als eingebaute Operation in einer Rechenanlage vorzusehen. Reziprokwerte und Quotienten müssen dann auf iterativem Weg unter Verwendung von Addition, Subtraktion und Multiplikation gebildet werden, wozu die numerische Analysis geeignete Methoden liefert, s. S. 171f. Der Zeitaufwand dieser Verfahren ist aber groß, da sie für eine einzige Division viele Operationen bedingen. Da es mathematische Aufgaben gibt, die viele Divisionen enthalten, lohnt es sich, diese Operation einzubauen, zumal das ohne großen Mehraufwand an Steuermitteln möglich ist.

IV.1.4.1 Der konventionelle Ablauf. Die Division ist der umgekehrte Prozeß der Multiplikation und ist daher eng mit diesem verwandt. Es wird gefragt, wievielmal der Divisor im Dividenden enthalten sei; das Resultat ist der Quotient, ferner entsteht ein Rest. Das Rechenwerk von Abb. 181 ist zur Ausführung dieser Operation geeignet, sofern es außer Additionen auch Subtraktionen ausführen kann. Wir betrachten nur positive Anfangswerte. Zu Beginn steht der Dividend in AC, der Divisor in MD, und MR enthält die Zahl 0. Jetzt wird der Divisor vom Dividenden subtrahiert, und zwar so oft, bis die Differenz negativ ist, was nach einer oder nach zwei Subtraktionen eintritt. Damit ist die erste (höchste)

Quotientenstelle bereits gebildet; war eine Subtraktion nötig, so ist sie 0, und im Fall von zwei Subtraktionen ist sie L. Diese Stelle geht rechts in MR. Dann erfolgt eine Korrekturaddition des Divisors zum so entstandenen Rest, womit dieser wieder positiv wird. Jetzt wird der Rest um eine Stelle nach links verschoben, wonach sich die Bestimmung der nächsten Quotientenstelle nach dem gleichen Rezept abspielen kann. Im Prozeß der Linksverschiebung entsteht kein Verlust an Information, da die linke (höchste) Stelle des Restes nach den erfolgten Subtraktionen immer gleich 0 ist. Da die ermittelte Quotientenstelle rechts in MR geht, und da AC und MR immer zusammen ihre Linksverschiebung erfahren, baut sich der Quotient in MR auf und steht dort am Schluß bereit; in AC steht der endgültige Rest, und in MD unverändert der Divisor. Tab. 10 veranschaulicht den Prozeß für die Division 13:10 mit vierstelligen Dualzahlen. (Negative Zahlen müssen selbstverständlich in konegativer Form dargestellt und verarbeitet werden. Für den Leser ist aber die Darstellung als Absolutwerte mit Minuszeichen anschaulicher, weshalb in der Tabelle diese Form gewählt wurde.)

Tabelle 10. *Konventioneller Ablauf der Division*
Bildung von LLOL : LOLO. Im Register MD steht während der ganzen Operation LOLO

	AC	MR
Beginn	LLOL	OOOO
Subtraktion von LOLO	OOLL	
Zweite Subtraktion von LOLO	−OLLL	
Korrekturaddition von LOLO	OOLL	OOO<u>L</u>
Verschiebung	OLLO	OOLO
Subtraktion von LOLO	−OLOO	
Korrekturaddition von LOLO	OLLO	OOL<u>O</u>
Verschiebung	LLOO	OLOO
Subtraktion von LOLO	OOLO	
Zweite Subtraktion von LOLO	−LOOO	
Korrekturaddition von LOLO	OOLO	OLO<u>L</u>
Verschiebung	OLOO	LOLO
Subtraktion von LOLO	−OLLO	
Korrekturaddition von LOLO	OLOO	LOL<u>O</u>

(Ergibt den Quotienten LOLO und den Rest OLOO.)
Die neugebildete Quotientenstelle ist jeweils unterstrichen.

Bezüglich der Stellung des Kommas sind einige Besonderheiten zu beachten. Wir haben hier angenommen, die Operanden seien ganze Zahlen, das heißt, das Komma stehe ganz rechts. Im Quotienten und im Rest steht dann das Komma nach der ersten Stelle, was aus den vorangegangenen Verschiebungen hervorgeht. Wir erhalten also:

$$LL0L : L0L0 = L{,}0L0; \quad \text{Rest } 0{,}L00.$$

Vor Beginn der Division müssen die Operanden „normalisiert" werden, das heißt, sie sind so weit nach links zu verschieben, bis ihre erste Ziffer eine L ist. (Wenn nämlich der Dividend mehr als doppelt so groß wäre wie der Divisor, so wären beim ersten Schritt mehr als zwei Subtraktionen nötig, bis der Rest negativ wird; dann würde die Quotientenziffer nicht richtig gebildet.) Der Quotient ist dann immer < 2 und hat somit das Komma nach der ersten Stelle. Natürlich muß die Maschine die durch die Normalisierung hervorgerufene Änderung des Quotienten um einen Faktor, der eine Potenz von 2 ist, in Berücksichtigung ziehen. Bei diesem Vorgang wird auch ein Überlauf (Überschreiten der Kapazität des Rechenwerkes) ermittelt und angezeigt.

Im gezeigten Beispiel waren die Zahlen von Anfang an normalisiert. Es war ferner $AC > MD$. Im Fall $AC < MD$ ergibt sich im Ablauf eine kleine Abweichung, von der sich der Leser an Hand eines Beispiels leicht vergewissern kann; in AC tritt vorübergehend eine zusätzliche Stelle auf.

Die hier vorkommenden negativen Zahlen können sowohl als 1- als auch als 2-Komplemente dargestellt werden; s. S. 171f. Dasselbe gilt für die in den folgenden Abschnitten behandelten Abläufe. Dagegen sind keine Verfahren bekannt, welche negative Operanden in der Art, die auf S. 194f. für die Multiplikation beschrieben ist, verarbeiten.

IV.1.4.2 Division ohne Rückstellung des Restes. In Tab. 10 wird der Divisor sooft subtrahiert, bis der Rest negativ wird, und dann erfolgt eine Korrekturaddition. Für jede Quotientenstelle müssen somit 2 oder 3 Operationen ausgeführt werden (die Verschiebungen nicht eingerechnet), im Mittel also 2,5, und jeweils zwei von diesen heben sich in ihrer Wirkung gegenseitig auf. Man kann nun auf die Rückstellung des Restes verzichten; wenn der Rest negativ geworden ist, so wird keine Addition ausgeführt, vielmehr schreitet man direkt zur nächsten Quotientenstelle, wo nun aber eine Addition, nicht eine Subtraktion des Divisors vollzogen wird. Auf diese Art braucht es pro Quotientenstelle überhaupt nur eine einzige Operation. Ist der Rest positiv, so wird subtrahiert, ist er negativ, so wird addiert. Durch jede Operation entsteht eine Quotientenstelle; bei positivem Rest ist sie L, bei negativem Rest 0. Tab. 11 führt das gleiche Beispiel 13:10 wie Tab. 10 durch.

Der am Schluß verbleibende Rest muß, wenn er negativ ist, noch durch Addition des Divisors korrigiert werden, falls man ihn überhaupt benötigt, was meistens nicht der Fall ist. Dieser Ablauf bedeutet einen großen Zeitgewinn gegenüber Tab. 10, ohne daß Nachteile in Kauf genommen werden müssen. In [28] ist auf S. 35 bis 36 eine algorithmische Darstellung des beschriebenen Verfahrens gegeben. Einige Besonderheiten, die sich aus der negativen Darstellung ergeben — die der Leser aber auch selbst ausarbeiten kann —, sind in [29, S. 26 bis 28] vermittelt.

Tabelle 11. *Division ohne Rückstellung des Restes*

	AC	MR
Beginn	LOLL	OOOO
Subtraktion von LOLO	OOLL	OOO<u>L</u>
Verschiebung	OLLO	OOLO
Subtraktion von LOLO	−OLOO	OOL<u>O</u>
Verschiebung	−LOOO	OLOO
Addition von LOLO	OOLO	OLO<u>L</u>
Verschiebung	OLOO	LOLO
Subtraktion von LOLO	−OLLO	LOL<u>O</u>

(Ergibt den Quotienten LOLO und den nicht korrigierten Rest −OLLO.)
Die neu gebildete Quotientenstelle ist jeweils unterstrichen.

IV.1.4.3 Gleichzeitige Ermittlung mehrerer Quotientenstellen. Nach den beiden vorigen Abschnitten wird die neue Quotientenstelle durch Betrachtung des Vorzeichens, das der Rest nach erfolgter Addition oder Subtraktion des Divisors besitzt, erhalten. Durch Vergleich von Rest und Divisor ist in gewissen Fällen schon vor der Addition oder Subtraktion ohne Schwierigkeit zu erkennen, ob die nächste Quotientenziffer 0 oder L sein wird; dadurch ist es möglich, zwei (unter Umständen sogar mehr) Additionen oder Subtraktionen zusammenzufassen. Wenn nämlich der Rest nach der Linksverschiebung links eine 0 hat, so ist sein Betrag kleiner als der Divisor (der normalisiert ist und daher links eine L aufweist). Somit wird die nächste Addition oder Subtraktion eine Änderung des Vorzeichens hervorrufen, und die kommende Quotientenstelle kann schon jetzt mit Sicherheit vorausgesagt werden. Hat anderseits der verschobene Rest links eine L, so wird das Vorzeichen des Resultates erst nach der Addition oder Subtraktion ersichtlich. Tab. 12 veranschaulicht den Ablauf des Beispiels 27:10 nach dieser Methode. Nach der ersten Subtraktion von LOLO ist der Rest positiv, also die erste Quotientenstelle L. Die zwei Nullen links im Rest deuten darauf hin, daß die nächste Quotientenstelle sicher 0 ist; somit kann der Rest sogleich um zwei Stellen nach links verschoben werden. Die nächste Sub-

Tabelle 12. *Division 27:10 mit gleichzeitiger Bildung mehrerer Quotientenstellen*

	Rest	Quotient
Beginn	LLOLL	
Subtraktion von LOLO	OOLLL	OOO<u>L</u>O
Verschiebung um 2 Stellen	LLLOO	
Subtraktion von LOLO	OLOOO	OOLO<u>L</u>
Verschiebung um 1 Stelle	LOOOO	
Subtraktion von LOLO	−OOLOO	LOL<u>OL</u>

(Ergibt den Quotienten L,OLOL; der Rest wird nicht ermittelt.)
Die neu gebildeten Quotientenstellen sind jeweils unterstrichen.

traktion ergibt die dritte, nicht aber eine vierte Quotientenstelle; denn der verschobene Rest hat links eine L und es ist daher nicht zu erkennen, ob er größer oder kleiner als L0L0 ist. Die dritte Subtraktion vermittelt wieder zwei neue Stellen, diesmal die Gruppe 0L. Als nächster Schritt müßte jetzt eine Addition von L0L0 folgen. Nach diesem Verfahren werden also pro Schritt eine, zwei oder sogar mehr Quotientenstellen ermittelt, so daß die Anzahl der Schritte jedenfalls kleiner als die Zahl der Quotientenstellen ist.

Durch Vergleich von Rest und Divisor in einer „Matrix" (also einer Tabelle mit zwei Eingängen) und durch Bereitstellung von Vielfachen des Divisors läßt sich der Prozeß noch bedeutend abkürzen. BLOCH gibt ein Beispiel eines Ablaufes, der 48 Quotientenstellen in 13 Schritten ergibt [*59.8*]. Dieses Verfahren hat große Ähnlichkeit mit der für das Dezimalsystem auf S. 228 beschriebenen Abschätzung der Quotientenziffer. Die theoretischen Grundlagen hat ROBERTSON dargelegt [*58.22*]. Siehe auch [*4*].

Eine Übersicht über verschiedene Divisionsverfahren gibt MACSORLEY [*61.22*], und FREIMAN vermittelt eine gründliche Analyse der statistischen Eigenschaften von mehreren, teilweise sehr hoch entwickelten Divisionsalgorithmen [*61.8*]. Weitere interessante Verfahren finden sich in [*61.30*] und [*61.40*].

IV.1.5 Die Quadratwurzel

Nur wenige Maschinen enthalten die Quadratwurzel als eingebaute Operation; meist wird sie durch iterative Anwendung der vier Spezies angenähert, wofür die numerische Analysis zahlreiche Methoden liefert, s. S. 171f. Das Bilden der Quadratwurzel ist aber im Dualsystem einfach und ohne wesentlichen Aufwand an Steuermitteln möglich, weshalb es hier beschrieben ist.

IV.1.5.1 Der konventionelle Ablauf. Um eine Wurzel zu ziehen, wird ganz ähnlich vorgegangen wie bei der Division. Der Radikand entspricht dem Dividenden; an Stelle des Divisors wird aber der jeweilige Aufbauwert des Resultates vom Rest subtrahiert. Bis der neue Rest negativ ist, muß ein- oder zweimal subtrahiert werden, was die neue Resultatstelle zu 0 oder L ergibt; eine Korrekturaddition macht den Rest wieder positiv.

Das Beispiel von Tab. 13 arbeitet mit ganzen Zahlen, das heißt, das Komma steht nach der letzten Stelle. (Der Übergang auf gebrochene Zahlen bereitet keine Schwierigkeiten.) Wir bilden $\sqrt{83} = 9$, Rest 2. Zuerst wird die Zahl von rechts nach links in Zweiergruppen eingeteilt; dann beginnt man mit dem Radizieren des höchsten dieser Paare. Es kann 0L, L0 oder LL sein; seine Wurzel ist daher immer L. Somit ist die erste Resultatstelle L. In jedem Schritt wird nun so vorgegangen, daß man an die bereits ermittelten Resultatstellen rechts 0L anhängt und prüft, ob die so entstandene Zahl ein- oder zweimal im Rest enthalten ist; pro Schritt rückt man daher um 2 Stellen nach rechts vor. Das Prinzip der Korrekturadditionen zur Rückstellung des Restes ist dasselbe wie für die Division in Tab. 10.

Um den Prozeß übersichtlicher zu veranschaulichen, haben wir in bezug auf die Verschiebungen die Zahlen hier so dargestelllt, wie man sie beim Handrechnen auf dem Papier aufschreiben würde, und nicht so, wie sie in den Registern auftreten. Vor Beginn des Radizierens muß der Radikand „normalisiert" werden, das heißt, er ist so weit nach links zu verschieben, bis das erste Stellenpaar $\neq$ 0 ist. Dann ist die erste Resultatstelle immer eine L. Die bei der Normalisierung hervorgerufene Änderung der Wurzel um einen Faktor, der eine Potenz von 2 ist, muß am Schluß in Berücksichtigung gezogen werden.

IV.1.5.2 Das Radizieren ohne Rückstellung des Restes. In Tab. 13 wird der jeweilige Aufbauwert der Wurzel unter Zusatz von 0L sooft

Tabelle 13. *Die konventionelle Bildung der Quadratwurzel*

	Operationen	Resultat
Radikand	L 0L 00 LL	
Subtraktion von L	L	
Rest positiv	0 0L 00 LL	
Zweite Subtraktion	L	
Rest negativ	−0 L0 LL 0L	
Korrekturaddition	L	
Neuer Rest	0 0L 00 LL	L
Subtraktion des Resultates mit 0L	L 0L	
Rest negativ	−0 LL LL 0L	
Korrekturaddition	L 0L	
Neuer Rest	0 0L 00 LL	L0
Subtraktion des Resultates mit 0L	L0 0L	
Rest negativ	−0 0L 00 0L	
Korrekturaddition	L0 0L	
Neuer Rest	0 0L 00 LL	L00
Subtraktion des Resultates mit 0L	L 00 0L	
Rest positiv	0 00 00 L0	
Zweite Subtraktion	L 00 0L	
Rest negativ	−0 00 LL LL	
Korrekturaddition	L 00 0L	
Rest	0 00 00 L0	L00L

(Ergibt die Wurzel L00L und den Rest L0.)
Die neu gebildete Resultatstelle ist jeweils unterstrichen.

IV.1 Das Rechnen im Dualsystem

subtrahiert, bis der Rest negativ wird, und dann erfolgt eine Korrekturaddition. Für jede Resultatstelle müssen somit 2 oder 3 Operationen ausgeführt werden (die Verschiebungen nicht eingerechnet), im Mittel also 2,5, und jeweils zwei von diesen heben sich in ihrer Wirkung gegenseitig auf. Man kann nun aber auf Rückstellung des Restes verzichten; wenn der Rest negativ geworden ist, so wird keine Addition ausgeführt, vielmehr schreitet man direkt zur nächsten Resultatstelle, wo nun aber eine Addition, nicht eine Subtraktion des Resultat-Aufbauwertes vollzogen wird. In diesem Fall ist dem Aufbauwert rechts nicht 0L, sondern LL anzuhängen. Auf diese Art braucht es pro Wurzelstelle überhaupt nur eine Operation. Ist der Rest positiv, so wird subtrahiert, ist er negativ, so wird addiert. Bei jeder Operation entsteht eine Resultatstelle; bei positivem Rest ist sie L, bei negativem Rest 0. Tab. 14 führt das gleiche Beispiel $\sqrt{83}$ wie Tab. 13 durch.

Tabelle 14. *Das Radizieren ohne Rückstellung des Restes*

	Operationen	Resultat
Radikand	L 0L 00 LL	
Subtraktion von L	L	
Neuer Rest, positiv	0 0L 00 LL	000$\underline{L}$
Subtraktion des Resultates mit 0L	L 0L	
Neuer Rest, negativ	−0 LL LL 0L	00L$\underline{0}$
Addition des Resultates mit LL	L0 LL	
Neuer Rest, negativ	−0 0L 00 0L	L0 0$\underline{0}$
Addition des Resultates mit LL	L 00 LL	
Rest, positiv	0 00 00 L0	L00$\underline{L}$

(Ergibt die Wurzel LL00 und den Rest L0.)
Die neu gebildete Resultatstelle ist jeweils unterstrichen.

Der am Schluß verbleibende Rest kann negativ sein; dann muß er durch eine Korrekturaddition zurückgestellt werden, falls man ihn überhaupt benötigt, was meistens nicht der Fall ist. Dieses schöne Verfahren wurde unabhängig durch ZUSE[1] und COUFFIGNAL [*49.1*] gefunden. In [*28*] findet sich auf S. 36 die algorithmische Darstellung und der Beweis.

IV.1.6 Bemerkung über die Verwendung von Zahlsystemen mit der Basis 2^a

Es sei betont, daß für das Rechnen im Dualsystem lange nicht alle Abläufe beschrieben sind, die möglich und sinnvoll wären. Es wurden lediglich jene ausgewählt, die eine gewisse praktische Bedeutung erlangt

---
[1] Verwendung in der Maschine Z 4.

haben. Im besonderen wurde wenig gesagt über das Verfahren, eine Dualzahl als Zahl zur Basis 2^a aufzufassen, indem man die Dualstellen in Gruppen zu je a Stellen zusammenfaßt. Auf diese Art können die Stellen nicht nur die Werte 0 und L, sondern noch andere Werte annehmen, und das ist gerade die Haupteigenschaft, die das Dezimalsystem vom Dualsystem unterscheidet. Somit werden viele der Verfahren von S. 219 ff. anwendbar. Die meisten davon wären allerdings nicht sinnvoll, da sie gegenüber dem Dualsystem nur eine Verschlechterung bringen würden. Doch gibt es im Dezimalsystem für die Multiplikation und die Division Abläufe, die weniger Zeit beanspruchen, als wenn die Operanden im Dualsystem dargestellt wären. Das gilt besonders für die Verwendung von Vielfachen von MD. Wenn größte Rechengeschwindigkeit angestrebt wird, so lohnt es sich, diese Methoden auch für das Dualsystem in Betracht zu ziehen; typische Beispiele sind auf S. 191 f. bereits erwähnt.

IV.1.7 Das Übersetzen zwischen den Zahlsystemen

Von einer Maschine, die im Dualsystem arbeitet, erwartet man selbstverständlich, daß die Anfangswerte und Resultate im Dezimalsystem übermittelt werden. Somit muß die Anlage das Übersetzen zwischen den Systemen selbst übernehmen. Die dazu gebräuchlichen Abläufe werden hier behandelt.

Wir erläutern die verschiedenen Verfahren an Hand von Zahlenbeispielen, aus welchen der Prozeß leicht zu ersehen ist. Eine algorithmische Darstellung wäre korrekter, gleichzeitig auch kürzer, stellt aber an die Abstraktionsfähigkeit eines mathematisch nicht geübten Lesers etwas zu hohe Anforderungen. Die Mathematiker mögen Nachsicht üben, wenn hier auf Kosten der Strenge an die Anschaulichkeit eine Konzession gemacht wird. Daher werden wir uns auch auf die Systeme der Basen 2 und 10 beschränken, die als einzige in unserem Zusammenhang von Bedeutung sind, obwohl die Übersetzungsverfahren natürlich zwischen beliebigen Basen anwendbar sind.

Das Übersetzen erfordert die Ausführung zahlreicher Rechenoperationen (Additionen, Multiplikationen, eventuell auch Divisionen). Diese können nach Wunsch entweder im Dezimal- oder im Dualsystem ausgeführt werden. Eine elektronische Rechenanlage, die bereits ein im Dualsystem arbeitendes Rechenwerk hat, wird natürlich bestrebt sein, alle Operationen in diesem System ablaufen zu lassen. Wer anderseits Zahlen mit Hilfe einer Tischrechenmaschine übersetzen will, wählt ein Verfahren, welches die numerischen Prozesse im Dezimalsystem durchführt. Ein Sonderfall liegt vor, wenn man ohne irgendwelche mechanischen Hilfsmittel, also nur mit Bleistift und Papier, umrechnen will. Dann muß man danach trachten, die einzelnen Schritte möglichst einfach zu machen,

IV.1 Das Rechnen im Dualsystem

auch wenn dadurch ihre Anzahl vergrößert wird, und die günstigste Methode hängt von der Lage des Kommas im Operanden ab, weil die Korrekturmultiplikationen möglichst vermieden werden sollen.

Wir bezeichnen die Umwandlung vom Dezimal- ins Dualsystem als *Übersetzen*, den umgekehrten Prozeß als *Rückübersetzen*. Das Zahlsystem, in dem der Operand gegeben ist, ist das *Quellsystem*, und das System, in welches er übergeführt werden soll, das *Zielsystem*. Wenn wir nun die Frage studieren, in welchem System die rechnerischen Operationen durchgeführt werden, so ist es am besten, wir unterscheiden das *Rechnen im Quellsystem* und das *Rechnen im Zielsystem*, weil dadurch die Verfahren nach ihrem mathematischen Ablauf klassifiziert werden. Wir erhalten damit 4 Fälle, die in Tab. 15 zusammengefaßt sind. Sie haben die Nummern 1 bis 4 und werden in § IV.1.7.1 bis 1.7.4 behandelt. Rechenanlagen verwenden Nr. 2 und 3; für dezimale Tischrechenmaschinen eignen sich 1 und 4, ebenso für das Rechnen mit Bleistift und Papier.

Die Umwandlung kann entweder in Form eines Unterprogramms programmiert werden, oder man kann sie als eingebaute Operation betrachten und durch die Operationssteuerung ablaufen lassen. Letzteres Verfahren ergibt kürzere Rechenzeiten, braucht aber mehr Material, besonders im Fall des beweglichen Kommas.

Auch die Dezimalzahl muß durch binäre Elemente dargestellt werden. Hierzu eignet sich weitaus am besten der binäre Code (s. S. 212), weil mit ihm die Darstellung der Zahlen 0 bis 9 in beiden Systemen identisch ist: daher wird die Umwandlung von einstelligen Dezimalzahlen trivial.

Tabelle 15. *Zur Umwandlung zwischen den Zahlsystemen*

	Rechnen im Quellsystem	Rechnen im Zielsystem
Übersetzen	1 (S. 203f.)	3 (S. 205f.)
Rückübersetzen	2 (S. 204f.)	4 (S. 206)

IV.1.7.1 Übersetzen, Rechnen im Dezimalsystem. Falls der Operand zwischen 1 und 2 liegt, übersetzt man durch wiederholte Anwendung der folgenden drei Schritte:
1. Ganzen Teil übersetzen[1],
2. Ganzen Teil abwerfen,
3. Gebrochenen Teil verdoppeln.

Tab. 16 veranschaulicht den Prozeß am Beispiel der Zahl 1,23. Es entsteht ein nicht abbrechender Dualbruch. Die letzte gewünschte Stelle ist durch Rundung zu korrigieren. Das Verfahren eignet sich gut zur

---

[1] Der ganze Teil ist der Teil, der vor dem Komma, der gebrochene Teil der, welcher hinter dem Komma steht.

Ausführung mit Bleistift und Papier. Mit einer Tischrechenmaschine wird man unter Schritt 3 nicht verdoppeln, sondern versechzehnfachen; der

Tabelle 16. *Übersetzen von 1,23*

Ganzen Teil übersetzen	Ganzen Teil abwerfen	Gebrochenen Teil verdoppeln
1,23	0,23	0,46
0,46	0,46	0,92
0,92	0,92	1,84
1,84	0,84	1,68
1,68	0,68	1,36
1,36	0,36	0,72
0,72	0,72	1,44
1,44		

Ergibt L,00LLL0L...
Die neu gebildeten Stellen sind jeweils unterstrichen.

zu übersetzende ganze Teil wird dann maximal 15, ist also eine vierstellige Dualzahl.

Ist der Operand wesentlich größer als 2, so muß zuerst mit 2^{-b} multipliziert werden, wobei b so zu wählen ist, daß er in die Größenordnung von 1 geführt wird. Diesen Prozeß bezeichnet man als *Korrekturmultiplikation*. Dann erfolgt die Übersetzung, und zum Schluß ist das Dualkomma um b Stellen nach rechts zu verschieben.

Tabelle 17. *Übersetzen der Zahl 314 durch Halbieren*

314 : 2 = 157 Rest 0
157 : 2 = 78 Rest 1
 78 : 2 = 39 Rest 0
 39 : 2 = 19 Rest 1
 19 : 2 =   9 Rest 1
  9 : 2 =   4 Rest 1
  4 : 2 =   2 Rest 0
  2 : 2 =   1 Rest 0
  1 : 2 =   0 Rest 1

Ergibt L 00LL L0L0.

Die Reste, von unten nach oben gelesen, ergeben die Dualziffern.

Mit Bleistift und Papier ist diese Korrekturmultiplikation sehr umständlich. Falls man ohne Hilfsmittel arbeiten muß, ist es — bei Operanden, die viel größer als 2 sind — besser, nur den gebrochenen Teil nach dem geschilderten Verfahren zu übersetzen, für den ganzen Teil aber die Methode des fortgesetzten Halbierens zu verwenden, wobei der Rest jeweils die nächsthöhere Dualziffer angibt. Der Prozeß wird erst abgebrochen, wenn der Operand durch sukzessives Halbieren auf 0, Rest 1 reduziert ist, s. Tab. 17.

IV.1.7.2 Rückübersetzen, Rechnen im Dualsystem. Dieses Verfahren ist eng verwandt mit Tab. 16. Falls der Operand zwischen 1 und 10 liegt, übersetzt man durch wiederholte Anwendung der folgenden drei Schritte:

1. Ganzen Teil übersetzen,
2. Ganzen Teil abwerfen,
3. Gebrochenen Teil mit L0L0 multiplizieren.

IV.1 Das Rechnen im Dualsystem

Tab. 18 veranschaulicht den Prozeß am Beispiel der Zahl LLL,0L0LL00L. Im Gegensatz zu Tab. 16 ergibt sich im Zielsystem ein abbrechender, nicht ein unendlicher Bruch.

Tabelle 18. *Rückübersetzen von* LLL,OLOL LOOL

	Ganzen Teil übersetzen	Ganzen Teil abwerfen	Gebrochenen Teil verzehnfachen
7	OLLL,OLOL LOOL	0,OLOL LOOL	OOLL,OLLL LOL
3	OOLL,OLLL LOL	0,OLLL LOL	OLOO,LLOO OL
4	OLOO,LLOO OL	0,LLOO OL	OLLL,LOLO L
7	OLLL,LOLO L	0,LOLO L	OLLO,LOOL
6	OLLO,LOOL	0,LOOL	OLOL,LOL
5	OLOL,LOL	0,LOL	OLLO,OL
6	OLLO,OL	0,OL	OOLO,L
2	OOLO,0	0,L	OLOL
5	OLOL	0,0	

Die neu gebildeten Stellen sind jeweils unterstrichen und sind von oben nach unten zu lesen; Resultat: 7,34705025.

Ist der Operand größer als 10, so ist analog zu S. 204 vor der Rückübersetzung eine Korrekturmultiplikation mit einer Potenz von L0L0, nachher eine Kommaverschiebung vorzunehmen.

IV.1.7.3 Übersetzen, Rechnen im Dualsystem. Ganze Zahlen werden durch wiederholte Anwendung der folgenden drei Schritte übersetzt:

1. Oberste Dezimalziffer wegnehmen und übersetzen,
2. Übersetzte Ziffer zum Partialresultat addieren,
3. Partialresultat verzehnfachen.

Tab. 19 veranschaulicht den Prozeß am Beispiel der Zahl 314. Im Gegensatz zum Rechnen im Quellsystem erscheint das Resultat erst am Schluß auf einen Schlag, nicht ziffernweise, während der Operand ziffernweise abgebaut wird.

Tabelle 19. *Übersetzen von 314*

	Oberste Dezimale zum Partialresultat addieren	Partialresultat verzehnfachen
3̱14	LL	L LLLO
	L LLLO	
1̱4	+L	
	L LLLL	L OOLL OLLO
	L OOLL OLLO	
4̱	+LOO	
	L OOLL LOLO (Resultat)	

Die neu verwendete Dezimalziffer ist jeweils unterstrichen.

Ist der Operand eine gebrochene Zahl, so wird zunächst das Komma nicht beachtet und nach der beschriebenen Regel verfahren. Am Schluß ist dann mit L0L0^{-b} zu multiplizieren, wobei b so zu wählen ist, daß die Kommalage richtig berücksichtigt wird. Die verschiedenen negativen Potenzen von L0L0 können in der Anlage als Konstanten gespeichert sein.

IV.1.7.4 Rückübersetzen, Rechnen im Dezimalsystem. Analog zu Tab. 19 werden ganze Zahlen durch wiederholte Anwendung der folgenden drei Schritte rückübersetzt:

1. Oberste Dualziffer wegnehmen und übersetzen,
2. Übersetzte Ziffer zum Partialresultat addieren,
3. Partialresultat verdoppeln.

Wie in Tab. 19 wird der Operand schrittweise abgebaut, während das Resultat auf einen Schlag entsteht, s. Tab. 20. Das Verfahren eignet sich gut zur Ausführung mit Bleistift und Papier. Mit einer Tischrechenmaschine wird man unter Schritt 1 jeweils 4 Dualziffern zugleich übersetzen, was Zahlen zwischen 0 und 15 ergibt, und dann unter Schritt 3 nicht verdoppeln, sondern versechzehnfachen.

Ist der Operand eine gebrochene Zahl, so wird zunächst das Komma nicht beachtet und nach der beschriebenen Regel verfahren. Am Schluß ist dann mit 2^{-b} zu multiplizieren. Beim Rechnen mit Bleistift und Papier ist dieser Prozeß umständlich, läßt sich aber nicht gut umgehen.

Eine andere, auf einem Kunstgriff beruhende Methode des Rückübersetzens beschreibt CARR [4, S. 218f.].

Tabelle 20. *Rückübersetzen von* L OOLL LOLO

	Oberste Dualziffer zum Partialresultat addieren	Partialresultat verdoppeln
L OOLL LOLO		
L̲	1	2
O̲	2 + 0 = 2	4
O̲	4 + 0 = 4	8
L̲	8 + 1 = 8	18
L̲	18 + 1 = 19	38
L̲	38 + 1 = 39	78
O̲	78 + 0 = 78	156
L̲	156 + 1 = 157	314
O̲	314 + 0 = 314 (Resultat)	

Die neu verwendete Dualziffer ist jeweils unterstrichen.

IV.1.7.5 Das Übersetzen mit beweglichem Komma. Das Umwandeln zwischen den Zahlsystemen in einer Anlage, die mit beweglichem Komma arbeitet (s. S. 232ff.), bietet einige Besonderheiten. Die Darstellung im Dezimalsystem sei $x = \alpha \cdot 10^\beta$, im Dualsystem $x = a \cdot 2^b$. α ist die Mantisse, β der Exponent, analog a bzw. b. Es ist nicht möglich, Mantisse und

Exponent getrennt zu übersetzen. Das Wesen des beweglichen Kommas besteht darin, daß der Exponent eine ganze Zahl ist; bei getrennter Übersetzung müßte das Verhältnis der Exponenten $\log_{10} 2 \approx 0{,}3010$, eine transzendente Zahl, sein.

Wir betrachten hier nur die Verfahren, die die Rechenoperationen im Dualsystem ausführen. Um vom Dezimalsystem ins Dualsystem zu übersetzen, wird zunächst die Mantisse α genommen und nach Tab. 19 übersetzt, wie wenn sie eine Zahl mit festem Komma wäre. Dann muß mit 10^β multipliziert werden, eine Operation, die durch das duale, mit beweglichem Komma arbeitende Rechenwerk leicht ausgeführt werden kann, falls alle vorkommenden Werte 10^β im Dualsystem gespeichert sind. Da der Bereich von β zweckmäßig recht groß gewählt wird (z. B. ± 100 oder sogar ± 1000), würde allerdings dadurch sehr viel Speicherraum beansprucht. Es empfiehlt sich daher, nur wenige Werte von 10^β zu speichern und die Multiplikation in mehreren Schritten auszuführen. So würde man, falls β den Bereich ± 100 umfaßt, 10^1, 10^2, 10^4, 10^{10}, 10^{20} und 10^{40} bereithalten und beispielsweise den Faktor 10^{78} durch das Produkt $10^{40} \cdot 10^{20} \cdot 10^{10} \cdot 10^4 \cdot 10^4$ darstellen.

Etwas schwieriger ist das Rückübersetzen der Zahl $a \cdot 2^b$. Hier muß man so vorgehen, daß man als erstes die Zahl mit einer solchen Potenz von 10 multipliziert, daß das Resultat zwischen 1 und 10 liegt, und dann nach Tab. 18 die Rückübersetzung besorgt, wie wenn es sich um eine Zahl mit festem Komma handeln würde.

Der Exponent β, der am Schluß zugefügt wird, bestimmt sich aus der zu Beginn ausgeführten Multiplikation. Die Schwierigkeit besteht darin, für diese Multiplikation die richtige Zehnerpotenz zu finden. Denkbar wäre eine gespeicherte Funktionstabelle, die für jeden Wert von b das zugehörige β angibt. Anderseits kann man davon Gebrauch machen, daß $2^{10} \approx 10^3$. Wenn man also in einem ersten Schritt $\beta = 0{,}3 b$ (gerundet auf die nächste ganze Zahl) setzt, so wird man der Bedingung, daß die resultierende Zahl zwischen 1 und 10 liegt, schon sehr nahekommen; eine weitere, nach der gleichen Regel unter Verwendung des neuerhaltenen b ausgeführte Multiplikation mit einer Potenz von 10 ergibt das endgültige β. Exakter ist es, von Anfang an $\beta = 0{,}3010 b$ (gerundet auf die nächste ganze Zahl) zu wählen.

PROEBSTER [56.22] vermittelt eine ausführlichere Beschreibung der Umwandlung mit beweglichem Komma.

IV.2 Das Rechnen im Dezimalsystem

Über den Vergleich zwischen Dual- und Dezimalsystem s. S. 163. Die Rechtfertigung für das Dezimalsystem liegt hauptsächlich im Wegfall des Übersetzens, ferner in einer Erleichterung für das Reparatur-

Personal, das nicht gezwungen wird, bei Funktionsprüfungen vielstellige Dualzahlen abzulesen und arithmetisch damit zu rechnen.

Da wir in elektronischen Rechenanlagen durchwegs mit Schaltelementen arbeiten, die inhärent binär sind, müssen alle Informationen (Zahlen, Buchstaben und andere Zeichen) auf Kombinationen von 0 und L zurückgeführt werden. Somit bauen sich viele Operationen im Dezimalsystem auf den Abläufen auf, die für das Dualsystem beschrieben wurden; der Leser wird daher eingeladen, sich vor dem Studium dieses Abschnittes mit § IV.1 vertraut zu machen.

IV.2.1 Die Darstellung von Dezimalzahlen

In dezimalen Rechenanlagen stellt sich die Aufgabe, Dezimalziffern durch Kombinationen von 0 und L darzustellen. Die hierzu vorhandenen Möglichkeiten sind mannigfaltig und sind noch nie systematisch studiert worden. Eine Zuordnung von zehn Kombinationen von Dualziffern zu den zehn Dezimalziffern 0 bis 9 nennt man einen *Code*. Praktische Bedeutung haben höchstens ein Dutzend Codes erlangt. Innerhalb dieser Gruppe ist die Auswahl eines Codes für eine zu entwerfende Maschine nicht von sehr großer Bedeutung. Zwar wird der Materialaufwand im Addierwerk durch die Art des Codes merklich beeinflußt, doch wirkt sich das auf die Anlage, gesamthaft betrachtet, sehr wenig aus. Dagegen wirkt sich der Code stark auf die Möglichkeiten der automatischen Fehlerkontrolle aus, worauf auf S. 248ff. näher eingetreten wird. LINSMAN vermittelt eine Zusammenfassung der Gesichtspunkte für die Auswahl eines Codes [56.17]. Eine größere Anzahl von Codes ist ferner in [25] aufgezählt.

Bei der Verwendung des Dezimalsystems ist die gemischte Parallel-Serien-Darstellung besonders häufig (s. S. 164); das heißt, die Bits, die eine Dezimalziffer kennzeichnen, werden parallel geführt, und die einzelnen Dezimalen eines Wortes folgen einander in Serie. Bei zwölfstelligen Dezimalzahlen im tetradischen Code braucht es somit zur Übermittlung vier Leitungen, und durch jede Leitung gehen nacheinander 12 Signale. Für die Erreichung größter Geschwindigkeit kommt auch die reine Parallel-Darstellung zur Verwendung. Dagegen wird die reine Serien-Darstellung selten verwendet, weil die Addition umständlich ist. Wir werden uns daher mit ihr nicht befassen.

IV.2.1.1 Prinzipien der tetradischen Codierung. Zur Darstellung von N Symbolen sind $\log_2 N$ Bits nötig. Da $\log_2 10 = 3{,}32$, und da keine gebrochene Anzahl von Bits vorkommen kann, braucht man in dezimalen Maschinen Gruppen von mindestens 4 Bits. Solche Gruppen nennt man *Tetraden*. Die Aufrundung von 3,32 auf 4 bedeutet eine Redundanz; mit 4 Bits kann man 16 verschiedene Ziffern darstellen, von denen nur 10 benötigt werden. Die 6 Kombinationen, die keiner Dezimale zugeordnet

IV.2 Das Rechnen im Dezimalsystem

sind, nennt man *Pseudodezimalen*. Sie können zur Fehlerkontrolle verwendet werden, indem ihr Auftreten darauf hinweist, daß ein Fehler unterlaufen ist. Allerdings führen lange nicht alle möglichen Fehler auf Pseudodezimalen. Diese Redundanz erkauft man damit, daß zur Darstellung einer Zahl gegenüber dem Dualsystem 21 % mehr Bits nötig sind als im Dualsystem, das die optimale Verzifferung verkörpert.

Um einen eindeutigen tetradischen Code zu definieren, muß man 10 von den 16 möglichen Tetraden den 10 Dezimalziffern zuordnen; dazu gibt es 16!/6! oder etwa $3 \cdot 10^{10}$ Möglichkeiten. Einige davon eignen sich besonders gut für Rechenanlagen. Allgemein lassen sich 7 Eigenschaften formulieren, die für einen tetradischen Code wünschenswert sind:

1. Der Code soll monoton wachsend sein, das heißt, der größeren Dezimalziffer soll auch der größere Dualwert der Tetrade entsprechen.

2. Die Addition von zwei Tetraden soll so vollzogen werden können, daß man sie zunächst als vierstellige Binärzahlen betrachtet und dementsprechend addiert, hernach eine Korrektur anbringt, die möglichst einfachen Regeln gehorchen soll.

3. Wenn sich zwei Ziffern auf 9 ergänzen, so sollen auch die zugeordneten Tetraden komplementär sein, also durch Vertauschung von 0 und L auseinander hervorgehen (das heißt, sich auf 15 ergänzen).

4. Gerade und ungerade Ziffern sollen leicht zu unterscheiden sein (zum Beispiel so, daß sie auch durch gerade beziehungsweise ungerade Tetraden dargestellt sind).

5. Es soll möglich sein, den vier Stellen der Tetrade Gewichte so zuzuordnen, daß daraus direkt die dargestellte Dezimalziffer entsteht.

6. Ziffern < 5 und $\geqq 5$ sollen leicht zu unterscheiden sein.

7. Der Code soll leicht zu memorieren sein. (Hierzu tragen alle übrigen aufgezählten Eigenschaften, außer vielleicht 2, bei.)

Die Eigenschaften sind in der ungefähren Reihenfolge ihrer Wichtigkeit aufgezählt.

Die meisten Codes, die verwendet werden, erfüllen Punkt 2 (Möglichkeit der dualen Addition). Wenn die 4 Bits einer Tetrade parallel geführt werden, so hat ein Addierwerk die in Abb. 187 gezeigte Form. $A_3A_2A_1A_0$ und $B_3B_2B_1B_0$ sind die Summanden, C der dezimale Übertrag, der von der vorhergehenden Stelle kommt. $S_3S_2S_1S_0$ ist die Summe; der Übertrag, der zur nächsthöheren Dezimalstelle geht, ist mit U bzw. U' bezeichnet. Zunächst enthält die gezeichnete Schaltung ein vierstelliges, paralleles, duales Addierwerk, das aus vier einstelligen Addierwerken besteht, die ihrerseits je drei Eingänge und zwei Ausgänge besitzen. Die so entstehende fünfstellige Zwischensumme $U'D_3D_2D_1D_0$ wird in ein Korrekturwerk geleitet, welches die Summe S und den Übertrag U bildet. Der Code ist so zu wählen, daß dieses Korrekturwerk möglichst einfach wird; ein guter Richtwert für seine Größe ist, daß die Anzahl Teile, die es enthält, etwa gleich groß ist wie die Anzahl der Teile in den vier dualen Addierwerken zusammen.

Beachtung verdient der Übertrag. Normalerweise liefert ihn das Korrekturwerk an der Klemme U (Abb. 187). Bei Codes, die monoton wachsend und komplementär sind, ist aber der dezimale Übertrag gleich dem dualen und kann bei U' entnommen werden. Dadurch wird in jedem Fall eine Ersparnis im Korrekturwerk erreicht. In Parallelmaschinen, in denen die Durchlaufszeit des Übertrages von großer Bedeutung ist, ist damit infolge des kürzeren Fortpflanzungsweges auch eine Beschleunigung verbunden. In Relais-Maschinen arbeitet ein solches Addierwerk

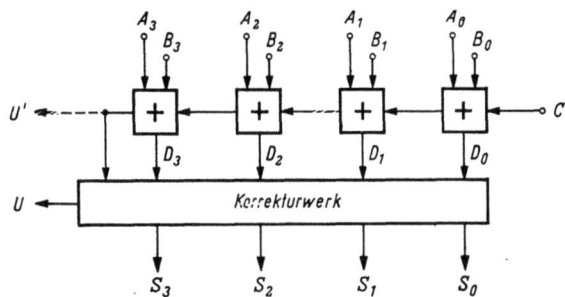

Abb. 187. Addierwerk für tetradische Codes. Mit „+" sind vollständige duale Addierwerke bezeichnet. Je nach dem verwendeten Code kann der dezimale Übertrag bei U oder U' entnommen werden

zweischrittig (s. S. 135f.), das heißt, in einem ersten Schritt werden durch die Dualsumme die Relais im Korrekturwerk angezogen, welches dann im zweiten Schritt die korrigierte Summe abgibt. Ein durchgeschalteter Übertrag ist hier unerläßlich, da es viel zuviel Zeit beanspruchen würde, wenn ein durch viele Stellen gehender Übertrag in jeder Stelle ein Relais schalten müßte. Symmetrische Codes lassen den Übertrag im ersten Schritt (bei U') durchgehen, s. Abb. 138. [10] gibt eine Relais-Schaltung, deren Übertrag bei U durchgeht, was größeren Aufwand braucht.

Alle tetradischen Codes, die wir hier behandeln, erfüllen die Bedingungen 1 (Monotonie), 2 (einfaches Addierwerk) und, je nach der geistigen Einstellung des Beobachters, in mehr oder weniger hohem Grade auch 7 (leichte Memorierbarkeit), und ihre Wahl hat auf eine Anlage, gesamthaft gesehen, einen sehr geringen Einfluß. Nicht besprochen werden die ebenfalls gelegentlich empfohlenen Codes mit den Gewichten 5 4 2 1 und 5 3 1 1, für die auf [12] verwiesen wird.

IV.2.1.2 Der Aiken-Code. Dieser Code hat die Gewichte 2 4 2 1. Zur Unterscheidung der zwei Stellen mit dem Gewicht 2 wird die erste mit einem Stern versehen. Der Code wurde zuerst von AIKEN [11] verwendet und hat diese Form:

	2*	4	2	1
0	O	O	O	O
1	O	O	O	L
2	O	O	L	O
3	O	O	L	L
4	O	L	O	O
5	L	O	L	L
6	L	L	O	O
7	L	L	O	L
8	L	L	L	O
9	L	L	L	L

Zahlen unter 5 sind direkt ins Dualsystem übersetzt; 5 bis 9 sind durch die Dualzahlen 11 bis 15, also um 6 vergrößert, dargestellt. Dieser Code erfüllt als einziger alle auf S. 209 aufgezählten Forderungen. Er ist komplementär; daher entsteht in Abb. 187 der Übertrag bei U'; gerade und ungerade Ziffern sind an der 1-Stelle erkenntlich; es sind Gewichte zugeordnet; Zahlen über 4 erkennt man an der 2*-Stelle. Die vierstellige Zwischensumme $D(D_3D_2D_1D_0)$ ist in vielen Fällen direkt gleich der endgültigen Summe S; in andern Fällen ist sie korrekturbedürftig. Dieser Code hat als einziger die bemerkenswerte Eigenschaft, daß eine Korrektur dann und nur dann nötig ist, wenn D eine Pseudodezimale ist. Diese Erkenntnis vereinfacht den Entwurf des Korrekturwerkes erheblich. Falls eine Korrektur angebracht werden muß, so ist von D eine duale 6 (0LL0) zu addieren

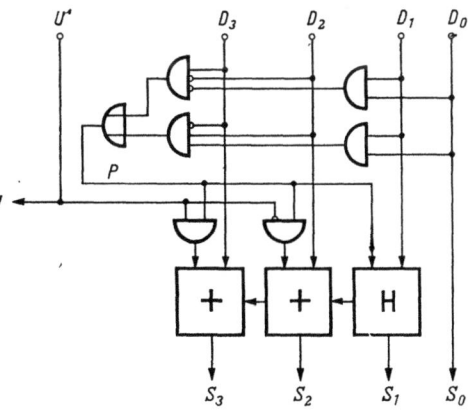

Abb. 188. Korrekturwerk für den Aiken-Code, bestehend aus zwei einstelligen dualen Volladdierwerken + und einem einstelligen Halbaddierwerk H. Die Leitung P zeigt an, ob die Zwischensumme D eine Pseudodezimale. ist. (Der Übertragsausgang des linken Addierwerkes wird nicht benötigt.)

oder zu subtrahieren, je nachdem, ob der zur nächsthöheren Dezimalstelle gehende Übertrag 0 oder L ist. Abb. 188 zeigt ein solches Korrekturwerk. Die oben gezeigten Gatter prüfen, ob D eine Pseudodezimale ist, und die Addierwerke addieren oder subtrahieren 0LL0. Abb. 138 zeigt eine Korrekturschaltung mit Relais.

IV.2.1.3 Der Überschuß-3-Code. In diesem Code werden die Dezimalziffern durch Tetraden dargestellt, die, als Dualzahlen betrachtet, einen um 3 größeren Wert ergeben:

0	OOLL
1	OLOO
2	OLOL
3	OLLO
4	OLLL
5	LOOO
6	LOOL
7	LOLO
8	LOLL
9	LLOO

Dieser Code erfüllt alle Eigenschaften außer 5 (Zuordnung von Gewichten). Immerhin können, falls man negative und komplementäre Gewichte zuläßt, auch hier Gewichte zugeordnet werden, nämlich 8 4 $\overline{-2}$ $\overline{-1}$. (Die komplementären Gewichte $\overline{-2}$ und $\overline{-1}$ bedeuten, daß 0 und L zu vertauschen sind.) Die Additionsregeln mit diesem Code sind sehr einfach: Wenn die Summe 10 erreicht oder überschreitet, so ist 3 zu addieren; andernfalls ist 3 zu subtrahieren. Das Kriterium hierfür ist der dezimale Übertrag U, der hier gleich U' ist, s. Abb. 187. Hier ist also die Dualsumme D immer korrekturbedürftig, aber die Regeln für die Korrektur sind einfach. Dieser Code ist eng verwandt mit dem Aiken-Code, und die Korrekturschaltung sieht daher ähnlich aus wie die in Abb. 188 gezeigte.

Interessant ist, daß die Tetraden 0000 und LLLL nicht vorkommen. Da man der Auffassung sein kann, daß gewisse technische Defekte vorzugsweise zur Bildung von lauter Nullen oder lauter Einsen führen, so läßt sich vermuten, daß durch die Anzeige von Pseudodezimalen in diesem Code eine erhöhte Wahrscheinlichkeit für die Aufdeckung von Fehlern gegeben ist.

IV.2.1.4 Der binäre Code. Die direkte Darstellung der Dezimalziffern im Dualsystem ist die nächstliegende und wurde daher auch am frühesten verwendet. Sie führt zu folgendem Code:

	8	4	2	1
0	0	0	0	0
1	0	0	0	L
2	0	0	L	0
3	0	0	L	L
4	0	L	0	0
5	0	L	0	L
6	0	L	L	0
7	0	L	L	L
8	L	0	0	0
9	L	0	0	L

Die Gewichte sind hier die Potenzen von 2, also 8 4 2 1. Dieser Code erfüllt die Forderungen 3 (Komplementierung) und 6 (leichte Erkenntlichkeit der Zahlen unter 5) nicht. Die fehlende komplementäre Eigenschaft ist ein Nachteil. Um das 9-Komplement zu bilden, genügt es im Aiken- und im Überschuß-3-Code, 0 und L zu vertauschen, was mit einem Negator für jede Ziffer getrennt geschehen kann; im binären Code ist dazu die logische Schaltung von Abb. 189 nötig. Abb. 190 zeigt das Korrekturwerk für die Addition (vgl. Abb. 187). Die gezeigte Schaltung addiert 6, falls die Dualsumme (die ja bis 18 gehen kann) ≥ 10 ist. Der Übertrag entsteht erst bei U, nicht bei U', was in Parallel-Rechenwerken ein zusätzlicher Nachteil ist.

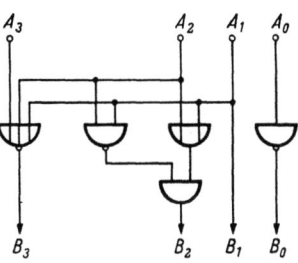

Abb. 189. Schaltung zur Bildung von 9-Komplementen im Binär-Code

Verschiedene Veränderungen, die auf eine Vereinfachung und eine Ersparnis von Material hinzielen, finden sich in [25].

IV.2.1.5 Ein 2-aus-5-Code. Im folgenden werden Fünf-Bit-Codes (pentadische Codes) betrachtet. Von besonderem Interesse sind jene, in denen jede Pentade genau zwei Einsen und drei Nullen hat. Solche Codes

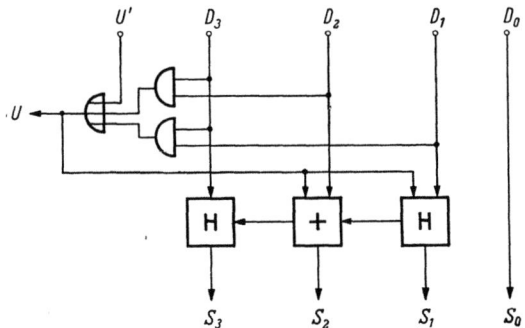

Abb. 190. Korrekturwerk für den Binär-Code, bestehend aus zwei dualen Halbaddierwerken H und einem dualen Volladdierwerk +. (Der Übertragsausgang des linken Halbaddierwerkes wird nicht benötigt)

ergeben konstante Quersummen; diese Tatsache kann zur Anzeige von Fehlern herangezogen werden, da jeder Fehler, falls er einzeln vorkommt, eine Änderung der Quersumme erzeugt (s. S. 250).

Zwei gleiche Elemente lassen sich auf 10 Arten an 5 Plätzen unterbringen; somit kann man mit Pentaden konstanter Quersumme genau 10 Ziffern darstellen. Die Zuordnung zu den 10 Dezimalen kann auf 10!

Arten geschehen. Davon ist die folgende besonders nützlich:

0	OOOLL
1	OOLOL
2	OOLLO
3	OLOLO
4	OLLOO
5	LOLOO
6	LLOOO
7	OLOOL
8	LOOOL
9	LOOLO

Wenn man von 0 über 9 wieder zu 0 fortschreitet, so verschieben sich die zwei L in einer Weise, die an eine Gehbewegung erinnert. (Daher wurde dieser Code auch als „walking code" bezeichnet.) Das wird besonders deutlich, wenn man die fünf Bits einer Pentade auf einem Kreis anordnet; beim Zählen von 0 bis 9 machen dann die beiden L abwechselnd einen Schritt in gleicher Richtung. Diese Eigenschaft ist verwendet worden, um einfache dezimale Zählwerke mit Magnetkernen zu bauen.

IV.2.1.6 Biquinäre und verwandte Codes. Die hier beschriebenen Codes haben 7 Bits, eine Zweier- und eine Fünfergruppe. In jeder Gruppe befindet sich immer genau eine L; somit hat jede Gruppe für sich eine konstante Quersumme. Das gibt die Möglichkeit einer Fehlerkontrolle, die sogar noch stärker ist als im Fall des 2-aus-5-Codes, weil in gewissen Fällen auch zwei gleichzeitig auftretende Fehler angezeigt werden (nämlich dann, wenn sie in verschiedenen Gruppen auftreten).

Drei der wichtigsten Codes sind in Tab. 21 wiedergegeben. Im biquinären Code zeigt die Zweiergruppe an, ob die Zahl < 5 oder $\geqq 5$ ist, und die Werte 0 bis 4 werden entschlüsselt dargestellt. Im quibinären Code sind die Werte 0, 2, 4, 6, 8 entschlüsselt dargestellt, und die Zweiergruppe gibt an, ob die Zahl gerade oder ungerade ist. Diesen Codes lassen

Tabelle 21. *Drei Sieben-Bit-Codes*

	Biquinär		Quibinär		Restklassen	
	0 5	0 1 2 3 4	0 1	0 2 4 6 8	0 1	0 1 2 3 4
0	L O	L O O O O	L O	L O O O O	L O	L O O O O
1	L O	O L O O O	O L	L O O O O	O L	O L O O O
2	L O	O O L O O	L O	O L O O O	L O	O O L O O
3	L O	O O O L O	O L	O L O O O	O L	O O O L O
4	L O	O O O O L	L O	O O L O O	L O	O O O O L
5	O L	L O O O O	O L	O O L O O	O L	L O O O O
6	O L	O L O O O	L O	O O O L O	L O	O L O O O
7	O L	O O L O O	O L	O O O L O	O L	O O L O O
8	O L	O O O L O	L O	O O O O L	L O	O O O L O
9	O L	O O O O L	O L	O O O O L	O L	O O O O L

IV.2 Das Rechnen im Dezimalsystem 215

sich Gewichte zuordnen, die am Kopf der Tabellen angegeben sind. Der Restklassen-Code gibt die Reste der Dezimalziffern modulo 2 bzw. modulo 5; die Zahlen am Kopf der Tabelle sind hier nicht Gewichte, sondern Reste.

Die Addition von Dezimalziffern erfolgt in allen Fällen nach einfachen Regeln, indem man zunächst die Zweier- und die Fünfergruppe getrennt addiert. Im biquinären und im quibinären Fall kommen zwischen den beiden Gruppen noch Überträge hinzu, s. z. B. [25]. Im Restklassen-Code dagegen muß man lediglich die erste Gruppe modulo 2 und die zweite Gruppe modulo 5 addieren, und die beiden Gruppen beeinflussen einander gegenseitig nicht.

Wenn solche Ziffern gespeichert werden, so läßt sich in beiden Gruppen die 0-Stelle weglassen; damit bleiben nur noch 5 Bits übrig, die die Dezimalziffer immer noch richtig kennzeichnen. Doch geht dadurch die Möglichkeit der Anzeige von Fehlern verloren.

IV.2.1.7 Alphanumerische Codes. Viele Datenverarbeitungsmaschinen verarbeiten nicht nur numerische, sondern auch alphabetische Daten. Da 10 Ziffern und 26 Buchstaben, ferner eine Anzahl von Symbolen — zusammen also etwa 45 Zeichen — dargestellt werden müssen, sind hierfür Gruppen mit 6 Bits (Hexaden) nötig. Solche Codes nennt man *alphanumerisch* (manchmal auch *alphamerisch*). Meistens sind die Hexaden so verwendet, daß die letzten vier Bits eine Dezimalziffer beispielsweise im Aiken-Code kennzeichnen, falls die ersten zwei Bits 00 sind; sind diese nicht 00, so kennzeichnet die Hexade einen Buchstaben oder ein Symbol. Ziffern werden in gewöhnlichen Rechenwerken verarbeitet, während Buchstaben und Symbole nicht ins Rechenwerk gehen, da ja bei ihnen eine arithmetische Verarbeitung nicht in Frage kommt.

IV.2.2 Addition und Subtraktion

IV.2.2.1 Dezimale Addierwerke. Die Schaltungen für die Addition im Dezimalsystem hängen sehr stark vom verwendeten Code ab; ihre Behandlung wurde daher in § IV.2.1 verlegt. Die Überlegungen, die die durchlaufenden Überträge in Parallel-Rechenwerken betreffen, sind dieselben wie im Fall des Dualsystems (s. S. 179 ff.). Es verbleibt hier nur noch eine Additionsschaltung zu beschreiben, deren Beschaffenheit völlig unabhängig vom verwendeten Code ist und welche auf dem Prinzip der Funktionstafel beruht. Zunächst werden die beiden Summanden entschlüsselt, das heißt, durch je 10 Leitungen dargestellt, von denen immer nur eine das Signal L, alle übrigen das Signal 0 aufweisen. Diese zwei Gruppen werden an die Eingänge einer Additionstafel angeschlossen. Deren Aufbau ist auf S. 221 ff. im Zusammenhang mit der Multiplikation, wo sie als Multiplikationstafel in Erscheinung tritt, näher beschrieben; Abb. 192 und 193 zeigen zwei Ausführungsformen. Im Falle der Additionstafel sind am Ausgang der „mal"-Gatter nicht die Produkte, sondern die Summen anzuschreiben. Solche Tafeln kommen hauptsächlich in Serienmaschinen vor [*59.3*].

IV.2.2.2 Die Darstellung negativer Zahlen. Die folgende Darstellung setzt die Kenntnis von § IV.1.1 voraus; sie lehnt sich eng an diesen an und ist daher relativ kurz gefaßt.

Das Vorzeichen ist seinem Wesen nach binär, so daß zu seiner Wiedergabe auch im Dezimalsystem eine Dualziffer genügen würde. Wenn negative Zahlen als Absolutwerte mit Vorzeichen aufgeführt werden, so gelangt man zu einer solchen Darstellung:

$$+25 \qquad 025$$
$$-25 \qquad L25$$

Für Subtraktionen eignen sich die Komplemente besser. Das Komplement der negativen Zahl x ist $x = 10^n - 1 + x$, wo n die Stellenzahl einschließlich der Vorzeichenstelle ist; der Absolutwert von x hat also nur $n - 1$ Stellen, und für das Vorzeichen ist eine volle Dezimale verwendet worden. (Diese Formel definiert das 9-Komplement, zum Unterschied gegenüber dem später zu behandelnden 10-Komplement.) Negative Zahlen in komplementärer Form kann man als konegative Zahlen bezeichnen [*28, 30*]. Im 4stelligen Rechenwerk haben wir also in konegativer Darstellung:

$$+234 \qquad 0234$$
$$-234 \qquad 9765$$

Hier bedeutet 0 das positive, 9 das negative Zeichen. Wichtig ist, daß das Komplement dadurch entsteht, daß man alle Ziffern (einschließlich des Vorzeichens) auf 9 ergänzt. Da diese Operation sehr häufig ist, bedeuten Codes, die diese Ergänzung durch einfache Vertauschung von 0 und L ergeben, einen großen Vorteil; denn eine solche Vertauschung benötigt nur einen Negator.

Subtraktionen werden als Additionen konegativer Zahlen ausgeführt. Ein Übertrag, der über die Vorzeichenstelle hinaus entsteht, ist in der niedrigsten Stelle zu addieren (Endübertrag).

Beispiele:

	0567	(+567)	9432	(−567)
	9654	(−345)	9654	(−345)
(1)	0221		(1) 9086	
	1		1	
	0222	(+222)	9087	(−912)

Auch hier gibt die Vorzeichenstelle das Vorzeichen des Resultates immer richtig wieder. Die Null kann auf zwei Arten dargestellt werden, entweder durch lauter 0 (positive Zahl) oder lauter 9 (negative Zahl).

Im Gegensatz zu den 9-Komplementen stehen die 10-Komplemente; es gilt $\bar{x} = 10^n + x$ für das Komplement $\bar{x}$ der negativen, $(n-1)$-stelligen Zahl x.

Beispiel: $\quad +234 \quad\quad 0234$
$\quad\quad\quad\quad\, -234 \quad\quad 9766$

Das 10-Komplement entsteht, indem man zuerst das 9-Komplement bildet und dann in der niedrigsten Stelle 1 addiert. Bei der Addition negativer Zahlen wird hier ein Übertrag, der über die Vorzeichenstelle hinaus entsteht, einfach abgeworfen, was an den gleichen Beispielen wie vorher illustriert sei:

$\quad\quad\quad 0567 \quad (+567) \quad\quad 9433 \quad (-567)$
$\quad\quad\quad 9655 \quad (-345) \quad\quad 9655 \quad (-345)$
$\quad\quad (1)\,\overline{0222} \quad (+222) \quad (1)\,\overline{9088} \quad (-912)$

Die Wahl zwischen 9- und 10-Komplementen ist nicht sehr wichtig. In Parallelmaschinen gibt man den ersteren, in Serienmaschinen manchmal den letzteren den Vorzug. Im Verlaufe von Multiplikationen und Divisionen müssen Additionen und Subtraktionen in rascher Folge ausgeführt werden, und oft erfolgen Komplementbildung und Addition gleichzeitig. Dann ist es manchmal schwierig zu sagen, ob eine in die niedrigste Stelle eingegebene 1 einen Endübertrag oder eine Ergänzung zum 10-Komplement verkörpert. In solchen Fällen verwischt sich der Unterschied zwischen 9- und 10-Komplementen.

Über die Anzeige des Überlaufs s. S. 184. Eine zusätzliche Stelle ist im Dezimalsystem nicht nötig, da die Vorzeichenstelle außer 0 und 9 noch andere Werte annehmen kann. Man kann leicht nachprüfen, daß sich der Überlauf in der Vorzeichenstelle bemerkbar macht; bei positiven Zahlen wird sie 1, bei negativen Zahlen 8. Das gilt sowohl für 9- als auch für 10-Komplemente.

Wir haben die Vorzeichenstelle immer als vollständige Dezimale geschrieben, obwohl zur Anzeige des Vorzeichens und des Überlaufs zwei Dualstellen genügen würden. In Parallelmaschinen kann man auf Grund dieser Tatsache eine kleine Einsparung erzielen, nicht aber in Serienmaschinen, die die Bits der einzelnen Dezimalziffern parallel führen, weil dann nur vollständige Dezimalziffern zur Darstellung gelangen können.

IV.2.3 Die Multiplikation

Aus Gründen, die auf S. 184 dargelegt sind, nehmen wir an, daß in den Faktoren das Komma vor der höchsten Stelle steht, lassen es aber im allgemeinen der Einfachheit halber in den geschriebenen Zahlen weg; ferner betrachten wir nur positive Zahlen. Somit brauchen wir weder Überlauf- noch Vorzeichenstelle. Mit MR bezeichnen wir den Multiplikator, mit MD den Multiplikanden.

IV. Rechenoperationen

IV.2.3.1 Der einfachste Ablauf. Wir gehen von Abb. 181 aus. Die Multiplikation ist so definiert, daß MD sooft zu AC zu addieren ist, wie die in MR stehende Zahl angibt. Im Gegensatz zum Dualsystem kommt hier ein eigentliches Einmaleins vor. Am einfachsten ist es, wenn das Einmaleins durch wiederholte Addition gebildet wird. Tab. 22 veranschaulicht diesen Ablauf am Beispiel $223 \times 567 = 126441$. Wenn beispielsweise die MR-Stelle 3 ist, so wird MD dreimal in AC addiert; dadurch entsteht das Partialprodukt 3 MD. Die Tabelle zeigt die Schreibweise, wie sie beim Handrechnen üblich ist. In einer elektronischen Rechenanlage mit den drei Registern MD, AC und MR muß etwas abweichend vorgegangen werden; das Prinzip ist dasselbe wie in Tab. 9, das heißt, AC und MR müssen einer Rechtsverschiebung fähig sein, und dabei geht die niedrigste Stelle von AC an den Platz der höchsten Stelle von MR. An Stelle des „mal"-Gatters in Abb. 181 tritt eine etwas kompliziertere Vorrichtung, die eine Addition so oft ausführt, als es die niedrigste Stelle im MR-Register angibt. Tab. 23 zeigt den Inhalt der Register in den verschiedenen Stadien für das gleiche Beispiel $223 \times 567 = 126441$. Die MR-Stelle, die die Anzahl der Additionen steuert, ist jeweils unterstrichen. In AC kann vorübergehend eine zusätzliche Stelle auftreten; das Resultat hat aber immer nur $2n$ Stellen. Die n niedrigen Stellen bauen sich, eine nach der andern, im Verlauf des Prozesses auf und werden in MR abgelegt; die n höheren Stellen entstehen auf einen Schlag durch die letzte Addition und bleiben in AC. Alle drei Register sind immer ganz beansprucht. Der Multiplikator verschwindet schrittweise, ist also nachher nicht mehr verfügbar.

Tabelle 22. *Einfachster Ablauf der Multiplikation*

223×567
$\overline{567}$
567
567
567
567
567
$\underline{567}$
126441

Tabelle 23. *Ablauf der Multiplikation innerhalb der drei Register*

	MD	AC	MR
Beginn	567	000	22<u>3</u>
3 mal 567 addieren		1701	22<u>3</u>
verschieben		170	122
2 mal 567 addieren		1304	12<u>2</u>
verschieben		130	412
2 mal 567 addieren		1264	41<u>2</u>
verschieben		126	441

(Ergibt das Resultat 126441.)

Da der Mittelwert einer Dezimalstelle 4,5 beträgt, benötigt dieses Verfahren für n-stellige Zahlen im Mittel $4{,}5n$ Additionen. (Dieser Wert ist 2,7mal so groß wie die Anzahl der Additionen, die nötig wäre, wenn die gleiche Zahl im Dualsystem dargestellt wäre, s. S. 163).

IV.2.3.2 Die Verwendung von Additionen und Subtraktionen. Die Tatsache, daß man beispielsweise die Zahl 8 auch darstellen kann als $10 - 2$,

IV.2 Das Rechnen im Dezimalsystem

gibt die Möglichkeit, die Anzahl der Additionen wesentlich zu vermindern. Wenn die zu verarbeitende MR-Ziffer 8 ist, so wird MD nicht 8mal addiert, sondern 2mal subtrahiert; in der nächsthöheren Stelle muß dann eine Addition mehr erfolgen. Vor Beginn der Multiplikation muß also MR zuerst so umgeschrieben werden, daß er positive und negative Ziffern, aber keine über 5 enthält. Beispielsweise wird 8629 zu 1 −1 −4 3 −1. Es ist ersichtlich, daß in gewissen Fällen über die höchste Stelle hinaus noch eine zusätzliche, einzelne Schlußaddition vorkommen kann. Auch muß beachtet werden, daß hier negative Partialprodukte auftreten, die richtig verarbeitet werden müssen. Ob man 9- oder 10-Komplemente verwendet, ist von geringer Bedeutung, s. S. 217. (Diese Frage ist in [33] ausführlicher behandelt.)

Die Anzahl der nötigen Additionen ist hier im Mittel $2,5n$ bei n-stelligen Zahlen. Gegenüber $4,5n$ auf S. 218 wurde also hier mit einfachsten Mitteln ein erheblicher Gewinn erzielt. Dieses Verfahren ist verwandt mit der auf S. 187f. geschilderten Methode.

IV.2.3.3 Die Verwendung von Vielfachen von MD. Wer mit Bleistift und Papier eine Multiplikation ausführt, macht von der Tatsache Gebrauch, daß ihm das „kleine Einmaleins" geläufig ist; wenn z. B. das Partialprodukt 4×7 gebraucht wird, so wird er nicht 4 mal die Zahl 7 zu sich selbst addieren, sondern er wird auf Grund auswendig gelernter Tabellen wissen, daß das Resultat 28 ist. Damit ist eine große Zeitersparnis verbunden.

Auch in Rechenanlagen bedeutet es eine Beschleunigung, wenn Vielfache von MD bereits vorhanden sind, da sich dann die wiederholte Addition, die in Tab. 22 zum Ausdruck kommt, erübrigt. Wenn beispielsweise das 2-, 3-, ... 9fache von MD jederzeit verfügbar ist, so braucht es pro MR-Stelle nur noch eine einzige Addition, total also n Additionen für eine vollständige Multiplikation, gegenüber $4,5n$ für den einfachsten Ablauf (S. 218) und $2,5n$, wenn man Subtraktionen zuläßt (S. 219f.).

Allerdings bedingt die Bereitstellung von 8 Vielfachen einen großen Materialaufwand, weshalb man einfachere Wege gesucht hat, die darin bestehen, daß man erstens nicht alle 8 Vielfachen bereitstellt, sondern beispielsweise nur das Doppelte und das Vierfache, und zweitens die Vielfachen nicht nur addiert, sondern auch subtrahiert.

In der folgenden Besprechung nehmen wir die verlangten Vielfachen von MD als vorhanden an; ihre Bildung wird auf S. 221 ff. geschildert. Als Beispiel betrachten wir den Fall, daß im Multiplizierwerk außer MD auch $2MD$ und $4MD$ verfügbar sind und daß sowohl addiert als auch subtrahiert werden kann. Die 10 möglichen MR-Ziffern werden dann nach Tab. 24 behandelt. Im Mittel sind hier pro MR-Ziffer 1,2 Additionen nötig. Auch andere Kombinationen sind denkbar, z. B. Bildung von $2MD$ und $3MD$.

Tab. 25 vermittelt eine Übersicht über die Anzahl der pro MR-Stelle im Mittel benötigten Additionen für einige der sich bietenden Möglichkeiten. Hier ist die Zeit, die für die Bereitstellung der Vielfachen gebraucht wird (s. S. 221) weggelassen, ebenso die Zeit für eine zusätzliche Addition am Schluß des Prozesses, wenn die letzte MR-Stelle >5 war (s. S. 219); denn diese Vorgänge kommen in einer Multiplikation nur einmal vor, und es kann daher nicht gesagt werden, wie sie sich auf den Zeitaufwand pro MR-Stelle auswirken, solange die Stellenzahl nicht bekannt ist. Ihr Anteil an der gesamten Multiplikationszeit ist aber in jedem Fall klein.

Tabelle 24. *Behandlung der MR-Ziffern, wenn $\pm MD$, $\pm 2MD$ und $\pm 4MD$ addiert werden kann*

MR-Ziffer	Zu addierende Vielfache von MD
0	0
1	$+1$
2	$+2$
3	$+2+1$
4	$+4$
5	$+4+1$
6	-4
7	$-2-1$
8	-2
9	-1

Tab. 25 zeigt, daß die Zahl der pro MR-Stelle benötigten Operationen bei der Bildung von 2 Vielfachen (z. B. $2MD$ und $3MD$) nur noch 1,2 beträgt, falls man Subtraktionen zuläßt. Der große Aufwand für die Bildung aller Vielfachen von 0 bis 9 in einer vollständigen Einmaleins-Tafel ist daher kaum gerechtfertigt. Den größten Gewinn bei kleinem Mehraufwand bringt in jedem Fall die Einführung der Subtraktionen.

Beim Vorhandensein aller Vielfachen (im Falle, daß Subtraktionen zugelassen sind, auch beim Vorhandensein nur der Vielfachen 2 bis 5)

Tabelle 25. *Anzahl der Additionen pro MR-Stelle bei verschiedenen Multiplikationsverfahren*

Verfügbare Vielfache von MD	Anzahl Operationen pro MR-Stelle	
	Nur Additionen	Additionen und Subtraktionen
1	4,5	2,5
1, 2	2,5	1,5
1, 2, 3	1,8	1,2
1, 2, 4	1,7	1,2
1, 2, 5	1,7	1,3
1, 2, 4, 5	1,4	1,1
1, 2, 3, 4, 5	1,3	0,9
1 bis 9	0,9	0,9

ist die Anzahl der Operationen pro MR-Stelle 0,9. Das rührt davon her, daß dann, wenn die MR-Stelle 0 ist, überhaupt keine Addition ausgeführt werden muß; von den zehn möglichen Ziffern 0 bis 9 geben also nur neun zu einer Operation Anlaß. Wenn am Anfang dieses Paragraphen

IV.2 Das Rechnen im Dezimalsystem

der Einfachheit halber bemerkt wurde, die Anzahl der Operationen pro MR-Stelle sei 1, so ist diese Aussage zu korrigieren.

Oft stellt sich die Frage, ob Multiplikationen im Dezimalsystem oder im Dualsystem schneller seien. Darüber sei auf Grund von Tab. 25 eine Betrachtung angestellt. Als Vergleichsbasis nehmen wir eine Anlage mit n-stelligen Dezimalzahlen. Im Dualsystem wären zur Erreichung der gleichen Genauigkeit $(\log_2 10)n = 3{,}32\,n$ Stellen nötig. Nun benötigt nach S. 187 die Multiplikation nach einem einfachen Ablauf pro Dualstelle im Mittel eine halbe Operation (die Verschiebungen nicht eingerechnet), auf unsere Vergleichsanlage bezogen also $(\log_2 10)n/2 = 1{,}66\,n$ Operationen. Somit lohnt es sich, alle Verfahren in Tab. 25, für die eine Zahl $<1{,}66$ angegeben ist, daraufhin zu überprüfen, ob sie sich auch für das Dualsystem eignen; die Verwendung müßte so erfolgen, daß nach S. 202 durch Zusammenfassung mehrerer Stellen ein Zahlsystem mit der Basis 2^a entsteht.

IV.2.3.4 Speicherung der Vielfachen in Registern. Die nach S. 220 benötigten Vielfachen von MD können vor Beginn der Multiplikation gebildet und in zusätzlichen MD-Registern bereitgehalten werden. Wenn beispielsweise außer MD noch $2\,MD$ und $4\,MD$ gebraucht wird, so sind insgesamt drei MD-Register nötig. Die Bildung von $2\,MD$ erfolgt durch das Addierwerk in der Form $MD + MD$, und $4\,MD$ wird durch Addition von $2\,MD + 2\,MD$ gewonnen; die dazu nötige Zeit ist gering gegenüber der Multiplikationszeit. Die zusätzlichen Register — die, wie MD, keine Schieberegister zu sein brauchen — bedingen bei Parallelmaschinen allerdings einen erheblichen Mehraufwand.

IV.2.3.5 Die Bildung der Vielfachen in Einmaleins-Tafeln. Der Aufwand für zusätzliche MD-Register zur Speicherung der Vielfachen von MD kann umgangen werden durch die Verwendung von Schaltungen, die diese Vielfachen laufend nach Bedarf bilden. Eine solche Schaltung nennt man *Einmaleins-Tafel*. Sie nimmt zwei Dezimalziffern entgegen und erzeugt daraus das Produkt, das eine zweistellige Zahl ist, die aus einer linken Einerstelle E und einer rechten Zehnerstelle Z besteht, s. Abb. 191. Jede der gezeichneten Leitungen übermittelt eine Dezimalziffer und besteht daher aus vier (oder mehr) Drähten, je nach dem verwendeten Code.

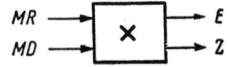

Abb. 191. Einmaleins-Tafel
MR und MD sind codierte Dezimalziffern; das Produkt besteht aus einer zweistelligen Dezimalzahl, die aus Einer- und Zehnerstelle besteht

Im folgenden geben wir einige Hinweise über den logischen Aufbau einer solchen Tafel. Das einfachste Vorgehen ist wie folgt: Die beiden Faktoren werden zuerst entschlüsselt, das heißt, durch je 10 Leitungen dargestellt, von denen immer nur eine das Signal L, alle übrigen das Signal 0 aufweisen. Diese zwei Gruppen von je 10 Leitungen werden dann kreuzweise übereinandergelegt, und an jedem Schnittpunkt wird ein „mal"-Gatter angeschlossen, s. Abb. 192. (Diese Anordnung wird oft als Matrix bezeichnet, ist aber von anderer Art als die auf S. 60 ff. beschriebenen Matrizen.) Das führt zu 100 Leitungen, die die 100 möglichen Produkte kennzeichnen. Eine Gruppe von „oder"-Gattern (in Abb. 192 nicht gezeichnet) verschlüsselt dann diese 100 Signale wieder in den verwendeten Code und ergibt die zwei Produktstellen E und Z. Eine voll-

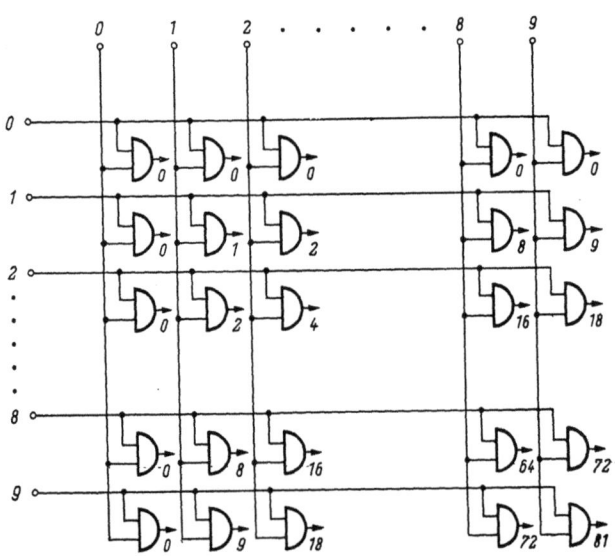

Abb. 192. Multiplikations-Matrix

ständige Einmaleins-Tafel besteht also aus drei Teilen, nämlich Entschlüsselung der Faktoren, Matrix, Wiederverschlüsselung der Produkte.

Der größte Aufwand liegt in der Matrix; sie hat 100 „mal"-Gatter. Durch Weglassen der Leitungen für 0 und 1 und durch den Kunstgriff der „Faltung" [11] läßt sich diese Zahl auf 28 reduzieren, s. Abb. 193. Die gefaltete Matrix hat nicht mehr 2 Gruppen von 10 Eingängen, sondern nur eine, und am Eingang müssen die beiden Faktoren mit „oder"-Gattern kombiniert werden. Die Verwendung dieser reduzierten Schaltung macht noch drei Anordnungen nötig, die in der Abbildung nicht gezeigt sind und die folgendes bewirken: Produkt = 0 setzen, wenn ein Faktor 0 ist; Produkt gleich einem Faktor setzen, wenn der andere 1 ist; erkennen, wenn beide Faktoren gleich sind, und Quadratzahl bilden.

Solche Einmaleins-Tafeln werden gebraucht, wenn alle Vielfachen von 2 bis 9 des Multiplikanden gebildet werden sollen. In Serienmaschinen ist das vertretbar; in n-stelligen Parallelmaschinen wären aber n Tafeln nötig, was einen sehr großen Aufwand zur Folge hätte. Man muß daher auf die auf S. 220 angegebenen Verfahren greifen, die nur ganz wenige Vielfache von MD benötigen. Die Matrix mit ihren Hilfsschaltungen vereinfacht sich dementsprechend. Unter Umständen ist es aber besser, die Einmaleins-Tafel jetzt als eine Kombination von Addierwerken und Gattern aufzufassen. Abb. 194 zeigt, wie mit zwei Addierwerken die Vielfachen 2 MD und 3 MD aufgebaut und mittels „mal"-Gattern durch die

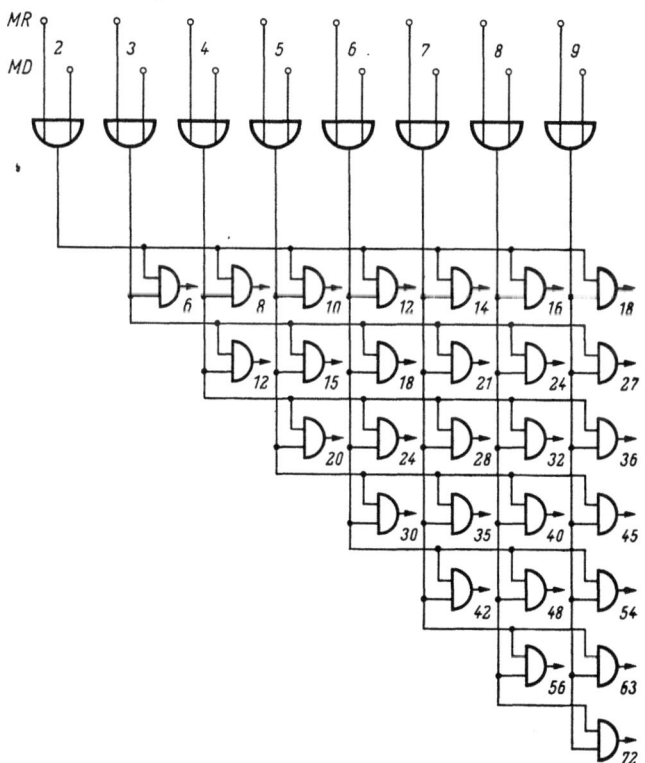

Abb. 193. Gefaltete Matrix

MR-Stelle ausgewählt werden können. (Der Einfachheit halber sind die mit dem Übertrag, das heißt, mit der Zweistelligkeit der Produkte einstelliger Zahlen zusammenhängenden Teile nicht eingezeichnet.) Man beachte, daß MD hier in der verschlüsselten Form belassen werden kann; somit bestehen alle gezeichneten Leitungen aus 4 (oder mehr) Drähten, je nach dem verwendeten Code, mit Ausnahme jener von $MR = 1, 2, 3$.

Die Zusammenstellung von Schaltungen zur Bildung von Vielfachen einer codierten Dezimalziffer ist ein dankbares Betätigungsfeld für einen geschickten Entwerfer. In [25, S. 253 bis 266] ist eine Anzahl solcher

224 IV. Rechenoperationen

Anordnungen für verschiedene Codes angegeben. Die vielen Verfahren zur Minimisierung logischer Schaltungen (s. S. 16ff.) lassen sich hier am ehesten anwenden. Je nach dem verwendeten Code fallen diese Schaltungen verschieden aus, und einzelne Codes haben gegenüber andern ausgesprochene Vorzüge. Unter Umständen eignen sich für Multiplikator und Multiplikand verschiedene Codes; das führt zu einer Umschlüsselung innerhalb der Maschine. Dieses Prinzip führt, konsequent durchgeführt, dazu, daß eine dezimale Maschine überhaupt keinen bestimmten Code verwendet, sondern an jeder Stelle in die für die betreffende Funktion günstigste Darstellung übergeht; doch ist davon nur wenig Gebrauch gemacht worden, da der Verlust an Übersichtlichkeit bei der Fehlersuche wahrscheinlich durch die Ersparnis an Material nicht wettgemacht wird.

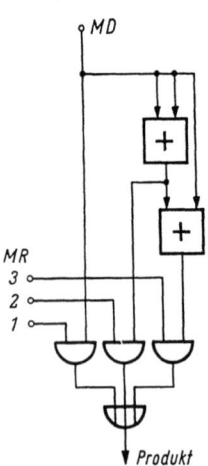

Abb. 194. Einmaleins-Tafel für die Vielfachen 2 und 3. MD und das Produkt sind verschlüsselt, MR entschlüsselt

Mit der Verwendung von Einmaleins-Tafeln nimmt ein Multiplizierwerk die Gestalt von Abb. 195 an. Die durch × gekennzeichnete Einmaleins-Tafel bildet die zwei Produktstellen einer Dezimalen, die mit E und Z bezeichnet sind; zu ihrer Addition und Akkumulation in AC sind zwei Addierwerke nötig. Die unterste Stelle von MR bestimmt, welche Vielfachen zu bilden sind; kann die Einmaleins-Tafel nicht alle Vielfachen bilden, so steuert diese Stelle außerdem die mehrfache Addition und den Übergang zur Subtraktion, s. Tab. 25.

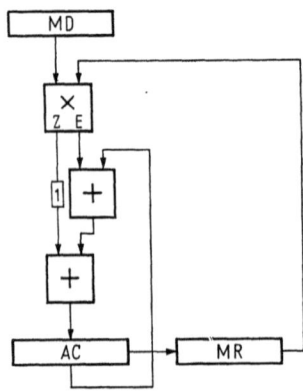

Abb. 195. Multiplizierwerk mit Einmaleins-Tafel (durch × gekennzeichnet). E und Z bedeuten die Einer- bzw. die Zehnerstelle des Produkts. Die mit „+" bezeichneten Einheiten sind einstellige dezimale Addierwerke. „1" bedeutet eine Verzögerung um eine Ziffernzeit und wird nur bei Serienmaschinen verwendet

Diese Gesamt-Anordnung gilt sowohl für ein Serien- als auch für ein Parallel-Rechenwerk. Im Fall einer Serienmaschine sind alle Leitungen dezimal einstellig, das heißt, sie bestehen aus vier (oder mehr) Drähten, je nach dem verwendeten Code; die Tafel und die beiden Addierwerke sind ebenfalls einstellig. Die linke Produktstelle Z muß mit einer Verzögerung von einer Ziffernzeit eingegeben werden, um zu berücksichtigen, daß sie gegenüber E ein zehnfaches Gewicht hat. Handelt es sich um eine Parallelmaschine, so sind Addierwerke und Tafel n-stellig, und das unterschiedliche Gewicht von E und Z

kommt durch eine räumliche Stellenverschiebung dieser Anschlüsse zum Ausdruck. In bezug auf die Durchleitung von Überträgen gelten alle auf S. 179 ff. angestellten Überlegungen. Der Aufwand eines solchen Werkes ist groß, und ganz besonders hier wird man es vorziehen, die Einmaleins-Tafel nur teilweise auszubauen.

IV.2.3.6 Die einschrittige Multiplikation. Wie im Dualsystem (s. S. 187 f.) muß es — wenigstens theoretisch — auch im Dezimalsystem möglich sein, in einer Parallelmaschine ein Produkt in einem einzigen

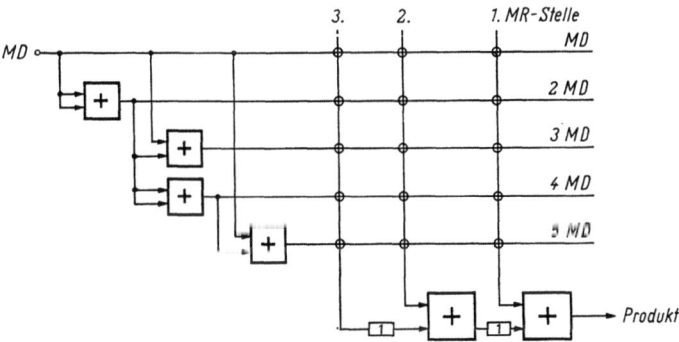

Abb. 196. Schnelles Multiplizierwerk für dreistellige Serienmaschinen. Alle Leitungen führen verschlüsselte Dezimalen. Mit „+" sind einstellige, dezimale Addierwerke gekennzeichnet, und mit „1" einstellige Verzögerungsglieder. Die kleinen Kreise sind Schalter und deuten an, daß jede MR-Stelle während der ganzen Operation ein Vielfaches von MD in das betreffende Addierwerk leitet. Die unteren Addierwerke können sowohl addieren als auch subtrahieren

Schritt zu bilden. Das Verfahren von Abb. 182 kann auch hier Anwendung finden, doch brauchen wir für jede MR-Stelle noch eine parallele (also n-stellige) Einmaleins-Tafel, insgesamt also n^2 einstellige Tafeln. Dieser Aufwand ist enorm, doch darf ein solches Vorgehen im Hinblick auf die Möglichkeit, daß billige Schaltkreise großer Kompliziertheit hergestellt werden können, nicht von der Hand gewiesen werden.

Auch Zwischenlösungen lassen sich denken, in denen das Produkt teilweise nach Abb. 182, teilweise nach Abb. 195 gebildet wird.

IV.2.3.7 Ein schnelles Multiplizierwerk für Serienmaschinen. Abb. 196 zeigt ein schnelles Multiplizierwerk für Serienmaschinen, das als die dezimale Ausführung von Abb. 184 betrachtet werden kann. Alle Leitungen führen ganze Dezimalen, sind also 4- (oder mehr-) drähtig, je nach dem verwendeten Code. MD tritt links oben in Serien-Darstellung ein. Zunächst wird mit Hilfe von vier Addierwerken das 2-, 3-, 4- und 5fache gebildet und auf 5 Leitungen gegeben. MR muß entschlüsselt in einem parallelen Register bereitgehalten werden; jede MR-Stelle öffnet eines der vereinfacht gezeichneten „mal"-Gatter und bestimmt ferner, ob das Addierwerk addiert oder subtrahiert. Die Abbildung zeigt die Anordnung für drei MR-Stellen.

Das Produkt fließt in Serie heraus. Da die erste Stelle sofort nach Eintritt der ersten MD-Stelle entsteht und da das Produkt $2n$ Stellen hat, dauert eine Multiplikation $2n$ Ziffernzeiten, also nur doppelt so lang wie eine Addition; diese Anordnung ist damit viel schneller als ein reiner Serien-Multiplikator. Außer den Gattern benötigt dieser Apparat $n+3$ Addierwerke, also etwa gleich viel wie ein paralleles Addierwerk.

IV.2.4 Die Division

Über die Bedeutung der Division s. S. 195.

IV.2.4.1 Der konventionelle Ablauf. Wie in Tab. 10 steht zu Beginn der Dividend in AC, der Divisor in MD, und MR enthält die Zahl 0 (vgl. Abb. 181). Jetzt wird der Divisor vom Dividenden subtrahiert, und zwar so oft, bis der Rest negativ ist; im Gegensatz zum Dualsystem können aber dazu im Dezimalsystem bis zu 10 Subtraktionen nötig sein. Die erste (höchste) Quotientenstelle ist jetzt gebildet. Sie ist um 1 kleiner als die Anzahl der ausgeführten Subtraktionen, und sie wird rechts in MR eingegeben. Dann erfolgt eine Korrekturaddition des Divisors zum entstandenen Rest, womit dieser wieder positiv wird. Jetzt wird der Rest um eine Stelle nach links verschoben, wonach sich die Bestimmung der nächsten Quotientenstelle nach dem gleichen Rezept abspielen kann. Da die ermittelte Quotientenstelle rechts in MR geht und da AC und MR ihre Linksverschiebung immer gleichzeitig erfahren, baut sich der Quotient in MR auf und steht dort am Schluß bereit; in AC steht der endgültige Rest, und in MD unverändert der Divisor. Der Dividend ist verschwunden. Tab. 26 veranschaulicht den Prozeß für die Division 534:432.

Tabelle 26. *Der konventionelle Ablauf der Division: Bildung von 534:432*

	MD	AC	MR
Beginn	432	534	000
1. Subtraktion		102	
2. Subtraktion		−330	
Korrekturaddition		102	00<u>1</u>
Verschiebung		1020	010
1. Subtraktion		588	
2. Subtraktion		156	
3. Subtraktion		−276	
Korrekturaddition		156	01<u>2</u>
Verschiebung		1560	120
1. Subtraktion		1128	
2. Subtraktion		696	
3. Subtraktion		264	
4. Subtraktion		−168	
Korrekturaddition		264	12<u>3</u>

(Ergibt den Quotienten 123 und den Rest 264.)
Die neu gebildete Quotientenstelle ist jeweils unterstrichen.

Bezüglich Kommastellung, Normalisierung und Komplemente s. S. 196f.
Im Mittel aller möglichen Fälle braucht dieses Verfahren 6,5 Additionen oder Subtraktionen pro Quotientenstelle, für einen n-stelligen Quotienten also $6,5n$ Operationen, die Verschiebungen nicht eingerechnet.

IV.2.4.2 Die Division ohne Rückstellung des Restes. In Tab. 26 wird der Divisor so oft subtrahiert, bis der Rest negativ wird, dann erfolgt eine Korrekturaddition. Wie in Tab. 11 für das Dualsystem beschrieben, so kann auch im Dezimalsystem auf die Korrekturaddition verzichtet werden. Man schreitet nach dem Negativwerden des Restes direkt zur Verschiebung, und die nächste Stelle wird durch die Ausführung von *Additionen* (statt Subtraktionen) bestimmt; es wird so lange addiert, bis der Rest wieder positiv wird, und die neue Quotientenstelle ist dann gleich $10 - a$, wenn a die Anzahl ausgeführter Additonen ist. Die erste Quotientenstelle wird also durch Subtraktionen bestimmt, die zweite durch Additionen, die dritte wieder durch Subtraktionen usw. Dadurch wird pro Quotientenstelle eine Operation erspart, und für n-stellige Quotienten sind noch $5,5n$ Operationen nötig. Gegenüber $6,5n$ ist das eine geringfügige Einsparung; der Verzicht auf die Rückstellung des Restes ist erst im Verein mit der Verwendung von Vielfachen lohnend.

IV.2.4.3 Die Verwendung von Vielfachen des Divisors. Ähnlich wie in der dezimalen Multiplikation entsteht auch bei der Division eine Zeitersparnis, wenn durch eine besondere Schaltung Vielfache des Divisors gebildet werden. Wir bezeichnen den Divisor mit MD. Wenn beispielsweise $5\,MD$ zur Verfügung steht, so wird man zuerst vom Rest $5\,MD$ subtrahieren, um nachher mit $1\,MD$ weiterzufahren, und zwar mit Subtraktionen oder Additionen, je nachdem, ob nach der Subtraktion von $5\,MD$ der Rest positiv oder negativ war. Dadurch wird die Zahl der Operationen pro Quotientenstelle auf 4,5 reduziert, wovon man sich überzeugt, wenn man sich die Abläufe für alle möglichen Quotientenziffern von 0 bis 9 vergegenwärtigt. Verzichtet man auf die Rückstellung des Restes, so reduziert sich diese Zahl auf 3,8.

Selbstverständlich können auch mehrere Vielfache von MD bereitgehalten werden. Falls die Maschine solche Schaltungen für die Multiplikation verwendet, stehen sie für die Division ohnehin zur Verfügung. Wenn beispielsweise $5\,MD$ und $2\,MD$ vorhanden sind, so wird man mit $5\,MD$ beginnen, und je nachdem, ob der Rest dann positiv oder negativ ist, $2\,MD$ subtrahieren oder addieren; das weitere Vorgehen hängt wiederum vom Vorzeichen des Restes ab, aber auch davon, ob vorher $2\,MD$ addiert oder subtrahiert wurde. Verzichtet man wieder auf die Rückstellung des Restes, so reduziert sich die Zahl der Operationen pro Quotientenstelle auf 3,4 [25, S. 274]. Weitere Verfeinerungen sind möglich, ergeben aber keinen großen Gewinn mehr.

IV.2.4.4 Vergleich von Rest und Divisor. Eine Schaltung, die zwei mehrstellige Zahlen vergleicht und angibt, welche größer ist, ist einfach zu bauen und verursacht einen geringen Aufwand. Eine solche Schaltung kann verwendet werden, um den Quotienten und den Rest zu vergleichen. Dadurch wird es möglich, im konventionellen Ablauf (Tab. 26) die Folge der Subtraktionen zu unterbrechen, sobald $AC < MD$; dadurch wird verhindert, daß der Rest negativ wird, und eine Korrekturaddition ist nicht nötig. Auf diese Art wird die Anzahl der Operationen um 2 reduziert und wird gleich 4,5 pro Quotientenstelle. Weitere Einsparungen ergeben sich durch die Kombination dieses Prinzips mit der Verwendung von Vielfachen.

Die größte Geschwindigkeit läßt sich erreichen, indem man alle Vielfachen des Divisors von 1 bis 9 bildet und gleichzeitig in 9 getrennten Vergleichs-Schaltungen prüft, welche Vielfachen größer und welche kleiner als AC sind. Damit wird die Quotientenstelle sofort erhalten, und für die Bildung des Restes ist nur eine einzige Subtraktion nötig.

Auch Zwischenlösungen sind denkbar, wonach z. B. zwei oder drei Vielfache des Divisors gebildet und mit dem Rest verglichen werden; Subtraktionen und Additionen dieser Vielfachen laufen dann nach einem vorbestimmten, für jede mögliche Quotientenstelle verschiedenen Programm ab. ROBERTSON [58.22] beschreibt einen solchen Prozeß, der die Vielfachen 2 und 5 bildet und im Mittel zu 1,67 Operationen pro Quotientenstelle führt.

IV.2.4.5 Die Abschätzung der Quotientenziffer. Wer mit Bleistift und Papier eine Division ausführt, ermittelt die Quotientenziffern zunächst durch Abschätzen; eine versuchsweise Berechnung des Restes zeigt dann, ob die Schätzung richtig war. Ähnlich kann eine Rechenanlage vorgehen. Um zu einer geschätzten Quotientenstelle zu gelangen, genügt es bereits, die höchste Stelle des Restes und die höchste Stelle des Divisors in Berücksichtigung zu ziehen. Jede Kombination der Ziffern von 1 bis 9 ergibt einen wahrscheinlichen Quotientenwert q, den die Maschine mit einer geeigneten Schaltung (Funktionstafel) ermittelt. Dann wird $q \cdot MD$ subtrahiert. Weitere Subtraktionen und Additionen bringen die nötige Korrektur an, falls die Schätzung nicht richtig war.

Die Betrachtung nur der höchsten Stelle von MD und AC kann immerhin zu großen Schätzungsfehlern führen, besonders wenn diese Ziffern klein sind. Ist die erste Ziffer 1, so kann die volle Zahl zwischen 1,0 und 1,99 ... liegen, was in einem ungünstigen Fall bedeuten könnte, daß die Quotientenziffer alle Werte von 5 bis 9 haben kann; dann wären unter Umständen mehrere Korrekturoperationen nötig. Es ist daher vorteilhafter, wenn man für die Abschätzung die ersten *zwei* Ziffern von MD und AC heranzieht, besonders dann, wenn die höchste Ziffer klein (1 oder 2) ist. Durch Unterteilung des Intervalls von 10 bis 99 in 23 ver-

IV.2 Das Rechnen im Dezimalsystem

schieden große Teile läßt sich die Quotientenziffer so abschätzen, daß der Fehler der Quotientenziffer nie größer als 1 ist [*25*, S. 278].

In gewissem Sinne kann man das Verfahren, das oben beschrieben wurde (gleichzeitiger Vergleich des Restes mit allen Vielfachen von MD), ebenfalls als Abschätzung der Quotientenziffer bezeichnen, wobei aber die Genauigkeit so weit getrieben ist, daß der Fehler der Abschätzung überhaupt verschwindet.

IV.2.4.6 Zusammenstellung. Tab. 27 vermittelt eine Zusammenstellung der besprochenen Verfahren nebst der Anzahl der pro Quotientenstelle im Mittel benötigten Operationen, die Verschiebungen nicht eingerechnet. Beim Vergleich mit allen Vielfachen des Divisors (s. S. 228) ist im Fall, daß die Quotientenstelle 0 ist, überhaupt keine Operation nötig, sondern man schreitet direkt zur Verschiebung. Die mittlere Zahl von Operationen über alle möglichen Quotientenstellen von 0 bis 9 wird daher nicht 1, sondern 0,9.

Tabelle 27. *Anzahl der im Mittel pro Quotientenstelle benötigten Additionen und Subtraktionen (ohne Einrechnung der Verschiebungen) mit den verschiedenen Verfahren zur Division*

Verwendete Vielfache	Mit Rückstellung des Restes	Ohne Rückstellung des Restes
1	6,5	5,5
1, 2	4,5	4,0
1, 5	4,5	3,8
1, 2, 5	3,9	3,4
Vergleich ob $AC<MD$	*	4,5
Vergleich mit den Vielfachen 1, 2, 5	*	1,67
Vergleich mit allen Vielfachen 1 bis 9	*	0,9
Abschätzung der Quotientenziffer	**	**

* Verfahren nicht sinnvoll.
** Die Anzahl Operationen hängt vom Schätzungsverfahren ab.

Oft stellt sich die Frage, ob Divisionen im Dezimalsystem oder im Dualsystem schneller seien. Darüber sei auf Grund von Tab. 27 eine Betrachtung angestellt. Als Vergleichsbasis nehmen wir eine Anlage mit n-stelligen Dezimalzahlen. Im Dualsystem wären zur Erreichung der gleichen Genauigkeit $(\log_2 10)n \approx 3{,}32n$ Stellen nötig. Nun beansprucht die Division ohne Rückstellung des Restes (Tab. 11) pro Dualstelle eine Operation (die Verschiebungen nicht eingerechnet), auf unsere Vergleichsanlage umgerechnet also $3{,}32n$ Operationen. Somit lohnt es sich, alle Verfahren in Tab. 27, für die eine Zahl $< 3{,}32$ angegeben ist, daraufhin zu überprüfen, ob sie sich auch für das Dualsystem eignen; die Verwendung müßte so erfolgen, daß durch Zusammenfassung mehrerer Stellen ein Zahlsystem mit der Basis 2^a entsteht (s. S. 201f.).

IV.2.5 Die Quadratwurzel

Wer nach dem bekannten Verfahren mit Bleistift und Papier eine Quadratwurzel zieht, ermittelt jeweils die nächste Wurzelstelle durch Abschätzen; eine versuchsweise Berechnung des Restes zeigt dann, ob die Schätzung richtig war. Rechenanlagen brauchen dagegen einen Algorithmus, der es gestattet, Schritt für Schritt nach einer einfachen Regel ablaufen zu lassen. Man verwendet dazu die Tatsache, daß die Folge der Summen der ungeraden Zahlen gleich der Folge der Quadratzahlen ist, also $1 = 1^2$, $1 + 3 = 2^2$, $1 + 3 + 5 = 3^2$, $1 + 3 + 5 + 7 = 4^2$ usw. Um die Wurzel aus einer Zahl zu ziehen, muß man also lediglich die ungeraden Zahlen in aufsteigender Folge, mit 1 beginnend, davon subtrahieren, solange es möglich ist, ohne den Rest negativ werden zu lassen; die Anzahl der ausgeführten Subtraktionen ist gleich der Wurzel. Als Beispiel sei gezeigt, wie $\sqrt{27}$ ermittelt wird: $27 - 1 - 3 - 5 - 7 - 9 = 2$. Es sind 5 Subtraktionen ausgeführt worden, also ist das Resultat 5, Rest 2.

Mit vielstelligen Radikanden muß man von Stelle zu Stelle vorrücken. Der Prozeß ist ähnlich wie bei der Division; der Radikand entspricht dem Dividenden, aber an Stelle des Divisors wird das Zwanzigfache des jeweiligen Aufbauwertes des Resultats vom Rest subtrahiert, wobei der Subtrahend in sukzessiven Operationen noch um 1, 3, 5 ... 19 vergrößert wird. Sobald der Rest negativ wird, muß die letzte Subtraktion wieder rückgängig gemacht werden. Die Anzahl der effektiv ausgeführten Subtraktionen ist dann gleich der Resultatstelle. Tab. 28 veranschaulicht die Bildung von $\sqrt{187191} = 432$, Rest 567. Um den Prozeß übersichtlicher zu veranschaulichen, haben wir in bezug auf die Verschiebungen die Zahlen hier so dargestellt, wie man sie beim Handrechnen auf dem Papier aufschreiben würde, und nicht so, wie sie in den Registern auftreten. Vor Beginn des Radizierens müssen die Stellen des Radikanden vom Komma ausgehend in Zweiergruppen eingeteilt werden. Dann muß man den Radikanden „normalisieren", das heißt, er ist um eine gerade Anzahl Stellen so weit nach links zu verschieben, bis das erste Stellenpaar $\neq 0$ ist. (Die bei der Normalisierung hervorgerufene Änderung der Wurzel um einen Faktor, der eine Potenz von 10 ist, muß am Schluß durch Verschiebung des Kommas wieder ausgeglichen werden.) Bei der Berechnung der Wurzel werden die Stellen paarweise, beginnend mit dem höchsten Paar, hinzugenommen.

Dieses Verfahren benötigt pro Stelle der Wurzel im Mittel 6,5 Subtraktionen oder Additionen, die Verschiebungen, Verdopplungen und

IV.2 Das Rechnen im Dezimalsystem

Tabelle 28. *Die Bildung der Quadratwurzel*

	Operationen	Resultat
Beginn	18 71 91	
1. Subtraktion	$\dfrac{-1}{17}$	
2. Subtraktion	$\dfrac{-3}{14}$	
3. Subtraktion	$\dfrac{-5}{9}$	
4. Subtraktion	$\dfrac{-7}{2}$	
5. Subtraktion	−9	
Rest negativ	$\overline{-7}$	
Korrekturaddition	9	
Neuer Rest	$\overline{2\ 71}$	4
1. Subtraktion (20 × Resultat + 1)	$\dfrac{-\ 81}{1\ 90}$	
2. Subtraktion	$\dfrac{-\ 83}{1\ 07}$	
3. Subtraktion	$\dfrac{-\ 85}{22}$	
4. Subtraktion	−87	
Rest negativ	$\overline{-65}$	
Korrekturaddition	87	
Neuer Rest	$\overline{22\ 91}$	43
1. Subtraktion (20 × Resultat + 1)	$\dfrac{-8\ 61}{14\ 30}$	
2. Subtraktion	$\dfrac{-8\ 63}{5\ 67}$	
3. Subtraktion	−8 65	
Rest negativ	$\overline{-2\ 98}$	
Korrekturaddition	8 65	
Endgültiger Rest	5 67	432

(Ergibt die Wurzel 432 und den Rest 567.)
Die neugebildete Resultatstelle ist jeweils unterstrichen.

Zufügung der ungeraden Zahlen nicht eingerechnet. Die Verwendung von abkürzenden Verfahren ist nicht bekannt geworden, wohl deshalb, weil das Radizieren eine relativ seltene Operation ist, so daß sich ein Mehraufwand an Material nicht lohnt; doch ist leicht einzusehen, daß einige der für die Division zulässigen Abläufe auch hier Gültigkeit haben. Mit einer Schaltung, die es anzeigt, sobald der Rest kleiner ist als der Subtrahend, kann verhindert werden, daß der Rest negativ wird; das erspart pro Stelle 2 Operationen und ergibt im Mittel 4,5, eine beträchtliche Verbesserung, die man sich in jedem Fall zunutze machen wird, wenn eine solche Schaltung für die Division bereits vorgesehen ist. Weitere Beschleunigungen müssen möglich sein, wenn man auf Grund der ersten Stelle von Rest und Resultat eine Abschätzung der neu zu bildenden Resultatstelle vornimmt, doch geben solche Abläufe bereits Anlaß zu beträchtlichem Mehraufwand an Teilen.

IV.3 Festes und bewegliches Komma

IV.3.1 Die Lage des festen Kommas

In § IV.1 und IV.2 wurde wenig darüber gesagt, wo das Dual- bzw. Dezimalkomma steht. Bei der Addition ist diese Frage, vom Rechenwerk aus betrachtet, bedeutungslos; es bleibt dem Gutdünken des Benützers überlassen, wo er sich das Komma denken will. Wichtig ist lediglich, daß nur solche Zahlen addiert werden, die das Komma an der gleichen Stelle haben.

Anders bei der Multiplikation. Das Produkt zweier n-stelliger Zahlen hat $2n$ Stellen. Meistens kann man nur mit n Stellen weiterrechnen. Welche von den $2n$ Resultatstellen weiter zu verwenden sind, hängt von der Stellung des Kommas in den Faktoren ab.

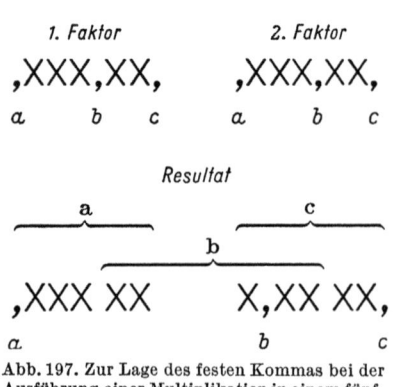

Abb. 197. Zur Lage des festen Kommas bei der Ausführung einer Multiplikation in einem fünfstelligen Rechenwerk
a Komma am Anfang (alle Zahlen <1), b Komma nach der dritten Stelle, c Komma am Ende (alle Zahlen sind ganz). Die in einem fünfstelligen Resultat zu verwendenden Stellen sind durch die Klammern angedeutet

Abb. 197 veranschaulicht drei Möglichkeiten für den Fall $n = 5$ (5stellige Faktoren, 10stelliges Produkt). Der häufigste Fall ist, daß das Komma am Anfang steht (a); dann sind Faktoren und Produkt alle <1 und die Kapazität der Maschine kann nie überschritten werden. Soll mit 5stelligen Resultaten weitergerechnet werden, so ist vom 10stelligen Produkt die linke Fünfergruppe zu nehmen; die abgeworfene hintere (rechte) Gruppe ist durch eine Rundung (s. S. 238f.) zu ersetzen. b in Abb. 197 zeigt die Stellung der Kommas in der Nähe der Mitte der Faktoren. Das 5stellige Resultat findet sich dann ebenfalls in der Mitte des 10stelligen Produktes. (Selbstverständlich ist die Reduktion des 10stelligen Produktes auf ein 5stelliges Resultat nur dann zulässig, wenn die auf der linken Seite abgeworfenen Ziffern 0 sind.) Mit c ist das Komma bezeichnet, das am Ende der Faktoren liegt. In diesem Fall rechnet die Maschine nur mit ganzen Zahlen, was bei der Lösung von zahlentheoretischen Aufgaben und anderen Problemen, die ihrer Natur nach nur ganze Zahlen enthalten, ein Vorteil ist.

Die verschiedenen möglichen Kommastellungen unterscheiden sich also nur durch die verschiedene Auswahl der n Stellen aus den $2n$-stelligen Produkten. Wie erwähnt wurde, ist a in Abb. 197 der häufigste Fall. Dadurch, daß man nach einer Multiplikation im Programm noch eine Linksverschiebung des Produktes befiehlt, kann man auf jede andere Kommastellung übergehen. Das Befehlsverzeichnis kann auch so eingerichtet sein, daß besondere Befehle es gestatten, nach der Multiplikation wahlweise die Gruppen a, b oder c des Resultats weiter zu verwenden [11].

IV.3.2 Das bewegliche Komma

In den meisten Rechenanlagen hat ein Wort 10 bis 12 Dezimalstellen (oder eine äquivalente Anzahl von Dualstellen). Da die Größenordnungen der Zwischenresultate in vielen mathematischen Problemen einen Bereich überstreichen, der größer als 10^{12} ist, müssen bei fester Lage des Kommas im Programm Vorkehrungen enthalten sein, die die erreichten Größenordnungen prüfen und nach Bedarf Maßstabsfaktoren einführen, welche die Zahlen in den Bereich der Anlage zurückführen. Unter Umständen können dadurch sowohl Programmierungsarbeit als auch Rechenzeit stark vergrößert werden. Dieser Nachteil wird vermieden, wenn die Maschine alle Größen in *halblogarithmischer Form* darstellt; man spricht dann vom *beweglichen Komma* oder vom *Gleitkomma*. Das bewegliche Komma wird nachfolgend an Hand von Beispielen im Dezimalsystem erläutert; die Anwendung auf das Dualsystem bereitet keine Schwierigkeiten. Der einzige Unterschied ist der, daß im Dualsystem, entsprechend der größeren Stellenzahl, das Komma mehr verschiedene Stellungen einnehmen kann und daß dementsprechend der Exponent in einem weiteren Bereich variiert.

In der halblogarithmischen Form werden die Zahlen wie folgt dargestellt:

$$x = a \cdot 10^b.$$

a bezeichnet man als *Mantisse*, b als *Exponent*; b ist immer eine ganze (positive oder negative) Zahl. Die Darstellung einer Zahl x durch ein Produkt ist allerdings an sich nicht eindeutig, außer wenn man eine zusätzliche Einschränkung formuliert. Meistens wird die Bedingung

$1 \leq a < 10$ gestellt, das heißt, in a steht das Komma nach der ersten Stelle, und diese Stelle ist immer $\neq 0$.

Beispiel:

Darstellung von 0,00314: $3,14 \cdot 10^{-3}$
Darstellung von 314000: $3,14 \cdot 10^{5}$

Da durch das bewegliche Komma eine bessere Ausnützung der Mantissen-Ziffern gewährleistet ist, genügen meistens weniger Stellen als bei festem Komma (nämlich etwa 10). Der Bereich des Exponenten soll nicht zu klein gewählt werden. Er sollte mindestens ± 50, besser ± 100 betragen, im Dualsystem entsprechend mehr.

Anlagen mit beweglichem Komma sind bedeutend leistungsfähiger, aber auch teurer, weil sie mehr Teile enthalten. Es ist sehr zweckmäßig, wenn sie nach Wunsch auch mit festem Komma zu rechnen in der Lage sind. Um das zu ermöglichen, kann man zwei getrennte Sätze von Befehlen vorsehen, einen für festes und einen für bewegliches Komma.

Die Rechenoperationen werden durch die Einführung des beweglichen Kommas zum Teil erheblich verkompliziert. STOCK [33] beschreibt diese Abläufe ausführlich und unter Berücksichtigung aller Einzelheiten. Im folgenden geben wir eine vereinfachte Darstellung, wobei wir als Beispiel dreistellige Mantissen wählen.

IV.3.2.1 Die Addition. Hier betrachten wir nur die Addition von zwei positiven Zahlen.

Zunächst ist klar, daß nur Zahlen mit gleichen Exponenten addiert werden können. Deshalb muß man zuerst die Differenz der Exponenten bilden und dann den Summanden mit dem algebraisch kleineren Exponenten um eine entsprechende Zahl von Stellen nach rechts verschieben (ausrichten), zum Beispiel

$$5,43 \times 10^{-4} \qquad 0,05 \times 10^{-2}$$
$$4,56 \times 10^{-2} \qquad 4,56 \times 10^{-2}$$

Korrekte halblogarithmische Summe $\qquad \overline{4,61 \times 10^{-2}}$

Nach der Addition kann aber auch $a \geq 10$ werden. Dann muß nachträglich ein Ausrichten nach rechts und eine Erhöhung des Exponenten um 1 stattfinden, zum Beispiel:

$$5,43 \times 10^{2}$$
$$6,51 \times 10^{2}$$
$$\overline{11,94 \times 10^{2}}$$

Korrekte halblogarithmische Summe $\qquad 1,19 \times 10^{3}$

In beiden Beispielen sind rechts Stellen abgeworfen worden, was eine Rundung erfordert, s. S. 238f.

IV.3.2.2 Die Subtraktion. Hier betrachten wir die Addition von zwei Zahlen mit ungleichen Vorzeichen. In diesem Fall kann es eintreten, daß

IV.3 Festes und bewegliches Komma

$a < 1$; dann ist nachträglich eine Verschiebung nach links und eine Verkleinerung des Exponenten um eine Zahl, die auch größer als 1 sein kann, erforderlich. Diesen Vorgang bezeichnet man als *Normalisierung* (Zurückführung von a in die Normalform), zum Beispiel:

$$\begin{array}{r} 4{,}68 \times 10^4 \\ -4{,}66 \times 10^4 \\ \hline 0{,}02 \times 10^4 \end{array}$$

Korrekte halblogarithmische Differenz $2{,}00 \times 10^2$

Jetzt erscheinen infolge der Stellenverschiebung nach links in der Mantisse eine Anzahl Nullen, welche eine nicht vorhandene Genauigkeit vortäuschen. Maschinen mit beweglichem Komma haben den großen Nachteil, daß sie den Genauigkeitsverlust, der bei der Subtraktion fast gleicher Zahlen entsteht, nicht erkennen. (Dieser Mangel kann teilweise gemildert werden, s. S. 237). Das führt auch zu der bedeutsamen Tatsache, daß die Addition keine assoziative Operation mehr ist. Davon kann sich der Leser überzeugen, indem er unter Annahme eines dreistelligen Mantissen-Rechenwerkes $(a + b) + c$ und $a + (b + c)$ berechnet, mit $a = 2{,}00 \cdot 10^{-1}$, $b = 5{,}01 \cdot 10^3$, $c = -5{,}00 \cdot 10^3$. Aus ähnlichen Gründen ist das distributive Gesetz nicht mehr gültig, was man in eindrücklicher Weise nachprüfen kann, indem man (mit den gleichen Zahlen) $a(b + c) = 2$, aber $ab + ac = 0$ errechnet. Daraus darf allerdings nicht geschlossen werden, daß Maschinen mit Gleitkomma weniger zuverlässige Resultate ergeben als Maschinen mit Festkomma. Der Genauigkeitsverlust liegt in der mathematischen Aufgabe, nicht in der Arbeitsweise des Rechenwerkes begründet.

Es ist ersichtlich, daß Addition und Subtraktion häufige Verschiebungen um viele Stellen nach links und nach rechts bedingen. Das Rechenwerk muß in der Lage sein, diese ohne großen Zeitverlust auszuführen.

IV.3.2.3 Die Multiplikation. Um zwei Zahlen zu multiplizieren, muß man die Exponenten addieren und die Mantissen multiplizieren. Dabei kann $a > 10$ werden; dann muß anschließend die Mantisse um eine Stelle nach rechts verschoben und der Exponent um 1 erhöht werden.

Im Gegensatz zur Addition und Subtraktion wird die Multiplikation durch Einführung des beweglichen Kommas nur unwesentlich verkompliziert.

IV.3.2.4 Die Division. Um zwei Zahlen zu dividieren, muß man die Exponenten subtrahieren und die Mantissen dividieren. Dabei kann $a < 1$ werden; dann muß anschließend die Mantisse um eine Stelle nach links verschoben und der Exponent um 1 erniedrigt werden.

IV.3.2.5 Die Quadratwurzel. Zum Radizieren muß zunächst der Exponent, wenn er ungerade ist, zur nächstkleineren geraden Zahl gemacht werden. Dazu ist die Verschiebung des Kommas in a um eine Stelle nach rechts nötig. Dann wird der Exponent halbiert und die Mantisse radiziert.

IV.3.2.6 Die Darstellung von 0 und das Rechnen mit Sonderwerten.
Wie beim festen Komma, so hat eine Maschine auch beim beweglichen Komma einen begrenzten Bereich und muß anhalten, sobald dieser überschritten ist. Durch die Bedingung $1 \leq a < 10$ entsteht nun aber eine bedeutende Lücke, indem der Wert 0 nicht dargestellt werden kann. Somit gibt es ein Überlaufen (und damit Anhalten) nicht nur nach oben, sondern auch nach unten. Trotzdem muß man einen Weg finden, um die 0 wiederzugeben und um zu gewährleisten, daß sie in arithmetischen Operationen richtig verarbeitet wird. Alle dazu vorgeschlagenen Lösungen sind mit Kompromissen behaftet. Die Darstellung durch 1×10^{-b}, wobei b den größten möglichen Wert hat, besitzt den Nachteil, daß diese Zahl durch Multiplikation mit einer andern, großen Zahl nicht mehr eine 0 ist. Besser ist es, für die Darstellung von 0 die Regel $1 \leq a < 10$ fallenzulassen und zu gestatten, daß $a = 0$ wird.

Die konsequenteste Lösung hat ZUSE[1] mit der Einführung der *Sonderwerte* angegeben und verwendet. Ein Wort kann nicht nur eine Zahl im normalen Bereich bedeuten, sondern auch einen von mehreren Sonderwerten, von denen 0, ∞ und ? (unbestimmt) besonders wichtig sind. 0 ist also ein besonderes Zeichen und nicht eine Zahl in halblogarithmischer Darstellung; dasselbe gilt für ∞ und ?. Für die Darstellung dieser Sonderwerte ist dem Wort ein zusätzliches Bit beizugeben, das als *Sonderzeichen* bezeichnet ist. Ist das Sonderzeichen eine L, so haben die übrigen Bits nicht mehr ihre gewohnte Bedeutung, sondern dienen zur Unterscheidung der verschiedenen Sonderwerte.

Für das Rechnen mit Sonderwerten kommen gewisse Regeln zur Anwendung, von denen die wichtigsten erwähnt seien:

Überlaufen des Bereiches nach unten ergibt 0.
Überlaufen des Bereiches nach oben ergibt ∞.
Für das Rechnen mit 0 gilt: $0 + x = x$, $\quad 0 \cdot x = 0$, $\quad x/0 = \infty$, $\quad 0/0 = ?$
Für das Rechnen mit ∞ gilt: $\infty + x = \infty$, $\quad \infty \cdot x = \infty$, $\quad 1/\infty = 0$, $\infty \cdot 0 = ?$, $\quad \infty \pm \infty = ?$, $\quad \infty/\infty = ?$

Alle Operationen, in denen ein Operand ? ist, ergeben ?.

Hier bedeutet x eine beliebige Zahl im regulären Bereich der Maschine. Die Möglichkeit, mit ∞ zu rechnen wie mit einer endlichen Zahl, ist ein bedeutender Vorteil. Beispielsweise kann es in einem Kettenbruch vorkommen, daß ein Teilnenner ∞ wird, während das Resultat endlich und sinnvoll ist. Nur eine Maschine mit Sonderwerten kann solche Aufgaben lösen.

---

[1] Verwendung in der Maschine Z 4.

Das Auftreten von ? bedeutet, daß kein sinnvolles Resultat ermittelt werden konnte. Bedingte Befehle gestatten es zu prüfen, ob dieser Zustand eingetreten ist.

IV.3.2.7 Der Verzicht auf die Normalisierung nach der Subtraktion.
Die auf S. 235 geschilderte Normalisierung führt auf der rechten Seite Nullen ein, die eine nicht vorhandene Genauigkeit vortäuschen. Bei Aufgaben, in denen Differenzen fast gleicher Zahlen häufig sind, kann es vorkommen, daß das Resultat einer Berechnung infolge der Rundungsfehler überhaupt keine einzige richtige Ziffer enthält; es gibt kein Mittel, um zu erkennen, ob dieser Fall eingetreten ist. Die Überlegung, daß es sinnlos ist, ein Resultat mit 10 Stellen weiter zu verwenden, obwohl z. B. nur 6 davon bedeutsam, die übrigen aber bedeutungslos sind, hat dazu geführt, daß man in gewissen Anlagen auf eine Normalisierung (Linksverschiebung) nach der Subtraktion überhaupt verzichtet. (Damit muß natürlich die Bedingung $a \geqq 1$ fallengelassen werden.) Dadurch ist die Gewähr geboten, daß die Maschine immer nur mit Stellen rechnet, die mit keinem Rundungsfehler behaftet sind. Die konsequente Durchführung dieses Prinzips kann allerdings in ungünstigsten Fällen dazu führen, daß man als Resultat einer längeren Rechnung $0 \cdot 10^b$ (mit hohem b) erhält. Das ist die Manifestation der Tatsache, daß die Rundungsfehler, wenn sie sich in jeder Stufe im ungünstigsten Sinn akkumulieren, das Resultat einer hinreichend langen Berechnung vollständig verfälschen können. Die konsequente Anwendung eines Verfahrens, das nur Ergebnisse anzeigt, die ganz sicher richtig sind, ist somit nicht immer möglich. Der Verzicht auf die Normalisierung nach der Subtraktion muß daher gemildert werden. Stock [*33*) macht den Vorschlag, dafür nach der Multiplikation das Produkt teilweise zu normalisieren, und zwar so, daß die unterste bedeutsame Stelle gerade noch gerettet wird, daß jedoch am Anfang (links) noch immer einige Nullen stehen dürfen. Das bedeutet, daß das Produkt um so viel Stellen nach links zu verschieben ist, als der Multiplikand oder der Multiplikator auf der linken Seite Nullen haben, je nachdem, welche Anzahl kleiner ist. Als andere Möglichkeit kann nach der Multiplikation vollständig normalisiert werden.

Die Auswahl unter diesen Verfahren ist von erheblicher Bedeutung. Sie hängt teilweise davon ab, welcher Art die zu lösenden Aufgaben sind. Der Verzicht auf die Normalisierung nach der Subtraktion hat den zusätzlichen Vorteil, daß die Darstellung von 0 keine Schwierigkeiten bereitet, da die Mantisse ohne weiteres zu 0 werden kann. Der Wert des Exponenten zeigt in diesem Fall an, welche Genauigkeit die dargestellte Null besitzt.

Samelson und Bauer [*53.5*] geben einen Vergleich der verschiedenen Verfahren; Gray und Harrison [*59.31*] schlagen vor, jeder Zahl noch eine Ziffer beizugeben, die angibt, wie viele Stellen als bedeutsam zu betrachten sind.

IV.4 Die Rundung

Mehrere Fälle sind besprochen worden, in denen von einer Zahl auf der rechten Seite Stellen abgeworfen werden müssen, nämlich:

bei einer Rechtsverschiebung eines ganzen Wortes
vor der Addition mit beweglichem Komma, wenn ein Ausrichten nötig wird
nach der Addition mit beweglichem Komma, wenn in der Mantisse links vom Komma zwei statt nur eine Stelle erscheinen
nach der Multiplikation, wenn das $2n$-stellige Produkt auf n Stellen zurückgeführt werden muß.

Aus Gründen der beschränkten Stellenzahl muß ferner die Division (auch das Radizieren) abgebrochen werden, bevor das richtige Resultat —

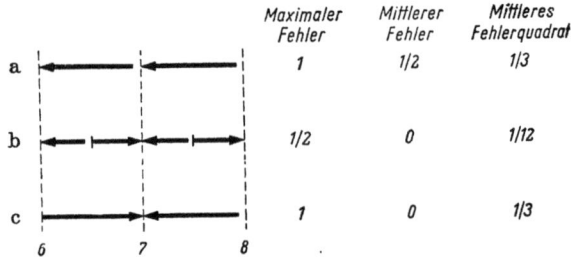

Abb. 198. Rundungsverfahren und ihre Auswirkung im Bereich der Werte 6 bis 8 für die letzte behaltene Dezimalstelle

das im allgemeinen aus unendlich vielen Stellen bestehen würde — ermittelt ist. Diese Prozesse führen zu einer Verfälschung der Ergebnisse, die durch eine *Rundung* der verbleibenden Zahl möglichst klein gehalten werden muß.

Die hier gegebene Darstellung stützt sich auf RUTISHAUSER [*28*]. Nachfolgend erläutern wir die drei hauptsächlich im Gebrauch befindlichen Verfahren. Wir verwenden das Dezimalsystem und nehmen an, die letzte Ziffer, die noch mitgenommen werden soll, sei 6 oder 7. Die zu rundende Zahl ist also etwa 356,XXX oder 357,XXX; die mit X bezeichneten Stellen sind abzuwerfen, die übrigen zu behalten. Abb. 198 zeigt, daß die letzte Stelle zu 6 oder 7 oder 8 werden kann. Die drei Verfahren sind:

a) Die überschüssigen Stellen fallen einfach weg.

b) Die letzte nicht weggelassene Stelle wird um 1 erhöht, falls der weggelassene Teil $\geq 1/2$ ist, das heißt, man addiert zuerst $1/2$ und handelt dann nach a.

c) Die letzte nicht weggelassene Stelle wird, falls sie gerade ist, um 1 erhöht; sonst wird sie unverändert gelassen. In dualen Maschinen (bei der Verwendung gewisser Codes auch in dezimalen Maschinen) heißt das, daß die letzte Dualziffer zu L zu machen ist, ohne Rücksicht darauf, ob sie 0 oder L war; alle andern bleiben unverändert.

IV.4 Die Rundung

Die wichtigste Forderung ist, daß die Rundung symmetrisch sei, das heißt, daß der mittlere Fehler verschwindet. Infolgedessen scheidet a für die meisten Zwecke aus. Am häufigsten wird b verwendet. Die Addition von 1/2 ist allerdings eine Operation, die Überträge durch die ganze Zahl hindurch auslösen kann; auch muß für die Anwendung dieses Verfahrens die oberste Stelle des abgeworfenen Teils bekannt sein. Bei der Division macht das die Ermittlung einer zusätzlichen Ziffer nötig.

Am leichtesten anzuwenden ist c, weil es sich hier um eine ganz einfache logische Operation handelt, die zudem nur ein einziges Bit betrifft. Neben dem schlechteren mittleren Fehlerquadrat und maximalen Fehler hat diese Methode den Nachteil, daß ein Resultat, das exakt 0 ist, zu 1 wird. Es empfiehlt sich daher, die Regel so zu ergänzen, daß die Aufrundung unterbleibt, wenn der abgeworfene Teil genau 0 ist.

Eine zweckmäßige Kombination ist die, daß man nach der Division c, in allen übrigen Fällen b anwendet.

Hier ist immerhin eine Einschränkung anzubringen, die von Erbauern und Benützern der Maschinen oft übersehen wird: Die Überlegungen von Abb. 198 gelten nur dann, wenn vor dem Runden viele Stellen abgeworfen worden sind, und nicht nur eine einzige. Abb. 198 geht nämlich davon aus, daß innerhalb des Intervalls von 6 bis 8 eine kontinuierlich verteilte und gleichmäßige Wahrscheinlichkeitsverteilung für das exakte Resultat besteht. Diese Bedingung ist tatsächlich erfüllt, wenn man die Multiplikation und die Division betrachtet, nach welcher beispielsweise 10 Dezimalstellen abgeworfen und durch eine Rundung ersetzt werden müssen. Ganz anders aber liegen die Verhältnisse bei Maschinen mit beweglichem Komma. Dort entstehen Stellenverschiebungen, die unter Umständen nur eine einzige Stelle ausmachen. Wenn zudem die Maschine im Dualsystem arbeitet, so bedeutet das, daß zwischen den punktierten Linien in Abb. 198 nicht eine kontinuierliche Verteilung von Werten, sondern überhaupt nur ein einziger Wert vorkommen kann, und die angegebenen Zahlen für den mittleren Fehler und das mittlere Fehlerquadrat stimmen nicht mehr. Keines der drei Verfahren ist mehr symmetrisch. Es gibt nur sehr wenige Maschinen, die diesen Fall der Rundung richtig (das heißt symmetrisch) lösen.

Für konegative Zahlen wird das Runden etwas komplizierter, so daß man die Rundung meist am Absolutwert vollzieht.

Die Tatsache, daß in einer Rechenanlage fast nach jeder Operation Stellen abgeworfen werden müssen, ist von größter Bedeutung. Sie bedeutet, daß die Arithmetik einer Maschine vollständig verschieden ist von der Arithmetik der klassischen Mathematik. Wenn dieser Unterschied auch bei der Bearbeitung einfacher Aufgaben nicht in Erscheinung tritt, so kann er in größeren Rechnungen nicht vernachlässigt werden, worauf HOUSEHOLDER [56.11] hingewiesen hat (s. S. 237).

IV.5 Die Steuerung der Operationsabläufe

Bevor wir beschreiben, wie die Abläufe der Operationen gesteuert werden, ist es nötig, *Operationensteuerung* und *Leitwerk* voneinander abzugrenzen. Erstere gehört zum Rechenwerk, letzteres ist ein selbständiger Teil der Anlage. Das Leitwerk regelt den Verkehr zwischen allen Anlageteilen. Ein Wort wird nur dann dem Rechenwerk zugeleitet, wenn an ihm eine arithmetische Operation ausgeführt werden soll. Die verschiedenen Schritte, aus denen dieser Ablauf besteht, führt das Rechenwerk autonom aus; gleichzeitig ist das Leitwerk für andere Aufgaben frei. Im besonderen ist zu beachten, daß die Operationensteuerung mit den Adressen in den Befehlen nichts zu tun hat; diese werden durch das Leitwerk verarbeitet.

Abb. 181 veranschaulicht — stark vereinfacht — ein Rechenwerk. Nicht gezeichnet sind die verschiedenen Gatter, die die einzelnen Wege nach Bedarf öffnen und schließen, und die Negatoren, die an den erforderlichen Stellen Komplemente bilden. Um eine Operation ablaufen zu lassen, muß die Operationensteuerung die verschiedenen Gatter und Negatoren in richtiger zeitlicher Folge ein- und ausschalten.

IV.5.1 Die Entschlüsselung des Befehls

Das Leitwerk interpretiert den Befehl, der aus zwei Teilen besteht, nämlich einerseits aus einer oder mehreren Adressen, anderseits aus einer Gruppe von Bits, die die auszuführende Operation kennzeichnen. Für die Operationensteuerung ist nur dieser zweite Teil von Interesse; er muß zunächst entschlüsselt werden, das heißt, für jede mögliche Operation muß eine gesonderte Leitung vorhanden sein, und ein Signal auf dieser Leitung besagt, daß die betreffende Operation ablaufen soll. Ob die Matrix, die diese Entschlüsselung besorgt, ins Leitwerk oder ins Rechenwerk verlegt wird, ist ohne Bedeutung.

IV.5.2 Steuerung mit Schieberegistern

Abb. 199 zeigt ein Schieberegister, das zur Steuerung einer Operation verwendet werden kann. Wenn die Operation ablaufen soll, so erscheint vom Leitwerk her bei „Op" ein Signal, das das erste Flipflop setzt. Nach Wartezeiten, die von d_1 und d_2 abhängen, erscheinen bei G_1 bis G_4 Signale, die zur Betätigung der Gatter und Negatoren dienen können. Diese Signalformen können sich teilweise überdecken, wie am Beispiel von G_3 gezeigt ist. Viele Operationen, wie z. B. die Multiplikation, erfordern die wiederholte Ausführung der gleichen Folge. Zu diesem Zweck ist G_4 wieder zum Anfang der Kette zurückgeführt; damit wiederholt sich das Spiel von neuem, so lange, bis ein vom Rechenwerk kommendes Zeichen R den Abschluß markiert. R kann gleichzeitig ans Leit-

IV.5 Die Steuerung der Operationsabläufe

werk gehen, um mitzuteilen, daß jetzt das Rechenwerk zur Entgegennahme weiterer Aufträge bereit ist.

Oft muß ein solcher wiederholter Ablauf n-mal repetiert werden, wenn n die Stellenzahl der Maschine ist. Daher muß in der Operationensteuerung noch ein Zähler vorhanden sein, der n Umläufe der Kette abzählt und danach abbricht. Es besteht allerdings die Möglichkeit, auf diesen Zähler zu verzichten, falls das Rechenwerk in seinem Akkumulator einige Stellen hat, die bei der betreffenden Operation nicht benützt

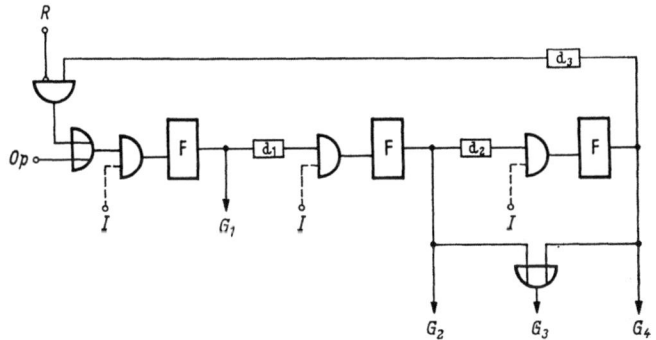

Abb. 199. Schieberegister zur Steuerung einer Operation
Bei Op wird das Operationssignal eingegeben; G_1 bis G_4 betätigen die verschiedenen Gatter. Mit F sind Flipflops, mit d Verzögerungsleitungen bezeichnet. I sind die Uhrimpulse, und R ist ein Schlußsignal, das aus dem Rechenwerk kommt

werden. Dann kann man bei jedem Umlauf in diese Stellengruppe eine 1 addieren, was gleichbedeutend mit der Verwendung eines Zählers ist [33].

Abb. 199 wird auch als elektronischer Schrittschalter bezeichnet, in Anlehnung an die mechanischen Schrittschalter, die in den Telephonschaltkreisen üblich sind. Wenn d_1, d_2 und d_3 verschieden sind, so hat dieser Schrittschalter eine variable Geschwindigkeit des Fortschaltens. Grundsätzlich ist für jede Operation ein solcher Schrittschalter nötig. Es zeigt sich aber, daß die Steuerungen für verschiedene Operationen miteinander kombiniert werden können, falls man in geeigneter Weise zusätzliche Gatter vorsieht. Der Entwurf einer solchen kombinierten Operationensteuerung und Umformung für kleinsten Materialaufwand erfordert Geduld und Geschicklichkeit. — An Stelle des Schieberegisters läßt sich oft auch ein „Ring" nach Abb. 167 verwenden, der einen kleineren Materialaufwand ergibt.

IV.5.3 Steuerung mit Zähler und Matrix

Abb. 199 ist geeignet, wenn das Schieberegister nicht mehr als etwa 10 Glieder hat; sonst wird der Aufwand zu groß, und es empfiehlt sich, einen elektronischen Schrittschalter durch Kombination eines Zählers und einer Entschlüsselungs-Matrix aufzubauen, s. Abb. 200. Ein Dualzähler mit m Stellen kann eine Entschlüsselungsmatrix mit maximal 2^m Ausgängen betätigen. Der Zähler wird durch die Uhrimpulse angetrieben und läuft daher gleichmäßig weiter; ungleichmäßige Zeitabläufe erhält man, indem man von den 2^m möglichen Ausgängen jene auswählt, an denen zu den verlangten Zeiten ein Signal entsteht.

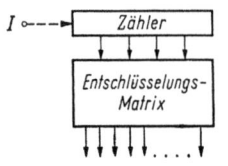

Abb. 200. Elektronischer Schrittschalter aus einem Zähler mit m Dualstellen. Die Matrix hat maximal 2^m Ausgänge, von denen aber nicht alle benützt sind. Der Zähler wird durch die Uhrimpulse I gleichmäßig angetrieben

IV.5.4 Eine flexiblere Anordnung

Die Steuerungen von S. 241f. müssen vor dem Bau der Maschine sorgfältig entworfen werden. Wenn die Anlage fertiggestellt ist, so ist es nicht mehr leicht, neue Befehle einzubauen oder den Ablauf vorhandener Befehle zu verändern.

WILKES et al. [53.7, 58.29] machten einen Vorschlag, die Operationensteuerung flexibler zu gestalten. Dieser Gedanke ist deshalb wichtig, weil er erstmals den fundamentalen Begriff der Mikroprogrammierung verwirklicht. Abb. 201 vermittelt die einfachste Form einer solchen Anordnung. Links unten befindet sich eine Entschlüsselungsschaltung, die der

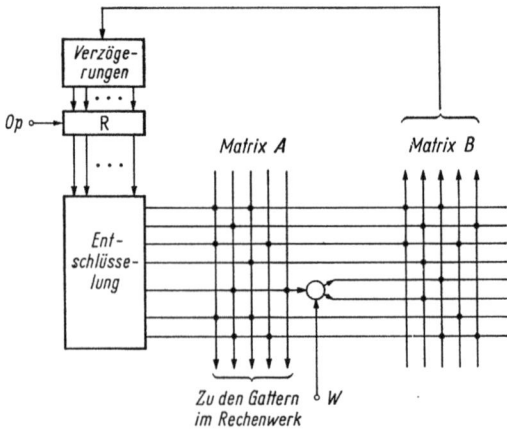

Abb. 201. Flexibles Operationssteuerwerk. A und B sind Gruppen von „oder"-Gattern

Matrix von Abb. 200 entspricht und die durch das Register R gespeist wird; im Gegensatz zu Abb. 200 müssen R und diese Matrix allerdings bedeutend mehr Stellen haben. A und B sind Matrizen mit Dioden oder Magnetkernen, die nichts anderes sind als eine übersichtlich gezeichnete Gruppe von „oder"-Gattern. Die Punkte deuten an, welche der hori-

IV.5 Die Steuerung der Operationsabläufe

zontalen Leitungen durch die Operation „oder" zusammengefaßt und in die vertikalen Leitungen gegeben werden. Die Ausgänge von Matrix A gehen zu den verschiedenen Gattern und Negatoren im Rechenwerk, deren Betätigung den Operationsablauf bewirkt.

Um eine Operation ablaufen zu lassen, wird zunächst in R durch den mit Op gezeichneten Eingang eine entsprechende Dualzahl gegeben. Die Entschlüsselungsschaltung wird eine horizontale Leitung unter Spannung setzen, wonach durch Matrix A ein oder mehrere Gatter betätigt werden. Damit ist der erste Schritt der Operation eingeleitet. Für den nächsten Schritt wird durch Matrix B nach einer bestimmten Verzögerungszeit das Register R auf einen neuen Wert gesetzt, und das Spiel beginnt von neuem, bis die Operation beendet ist. Matrix A besagt, was in jedem Schritt getan werden soll, und Matrix B bestimmt den nächsten Schritt. Da die Operationsabläufe oft vom Inhalt des Rechenwerkes abhängen (z. B. bei der Multiplikation, in welcher die Anzahl der Additionen durch die Multiplikator-Ziffer bestimmt ist), muß das Rechenwerk auf die Reihenfolge der Schritte einen Einfluß nehmen können. Das geschieht durch einen oder mehrere Anschlüsse W, die vom Rechenwerk herkommen und die die Auswahl des nächsten Schrittes durch Matrix B beeinflussen.

Die Bedeutung dieser Anordnung ist evident. Die Schaltung von Abb. 201 kann zur Steuerung von allen denkbaren Operationen ausgelegt werden. Wenn eine neue Operation zugefügt oder eine bestehende geändert werden soll, so braucht man nur die Dioden (oder Kerne) in den Matrizen A und B anders anzuordnen; alle andern Teile bleiben unberührt. Da es nicht schwierig ist, diese Matrizen so einzubauen, daß nachträgliche Änderungen kurzfristig vorgenommen werden können, hat man hier die Möglichkeit, das Befehlsverzeichnis einer Anlage laufend den auftretenden Bedürfnissen anzupassen.

Die Signale, die von der Matrix A zu den Gattern des Rechenwerkes gehen, kann man als *Mikrobefehle* bezeichnen. Ihre Anzahl ist begrenzt, und jede denkbare Operation läßt sich in eine Folge von Mikrobefehlen aufspalten. Daher kann man Abb. 201 auch als *Mikro-Programmsteuerwerk* bezeichnen. Ein solches Steuerwerk braucht etwas mehr Teile als eine konventionelle Operationensteuerung. In der Geschwindigkeit der Rechenabläufe besteht kein Unterschied zwischen den zwei Verfahren.

Die Anzahl von Ausgängen des Entschlüßlers, also die Zahl der horizontalen Leitungen in Abb. 201, ist recht hoch; sie ist gleich der Zahl von Mikro-Befehlsschritten, die in allen Makrobefehlen (Maschinenbefehlen) zusammen vorkommen. Nimmt man an, daß die Maschine in ihrem Befehlsverzeichnis 60 verschiedene Befehle enthält und daß jeder dieser Befehle zu seiner Ausführung im Mittel 10 Mikrobefehle benötigt, so kommt man auf 600 solche Leitungen.

Die Schaltung von Abb. 201 läßt sich besonders schön mit Magnetkernen realisieren; Abb. 202 zeigt, wie die logischen Verknüpfungen mit Magnetkernen es gestatten, die gleiche Funktion wie Abb. 201 mit nur 10 Kernen zu verwirklichen. Hier ist die gleiche Darstellungsart für die Kerne wie auf S. 117 ff. gebraucht: Die vertikalen, kräftigen Linien kennzeichnen die Kerne und können als seitliche Ansicht derselben aufgefaßt werden; die kleinen diagonalen Striche geben an, ob die betreffende horizontale Leitung mit dem Kern verknüpft ist oder nicht, das heißt, ob der Draht durch den Kern hindurchgesteckt ist oder neben ihm vorbei führt.

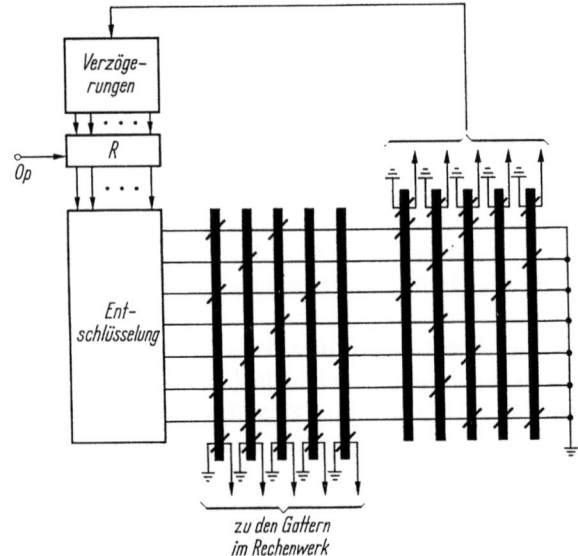

Abb. 202. Ausführung von Abb. 201 mit 10 Magnetkernen

Zur praktischen Ausführung von Abb. 202 ist folgendes zu bemerken: Die Anzahl der horizontalen Drähte ist, wie oben erläutert wurde, viel größer als gezeichnet, nämlich etwa 600. Die Zahl der Leitungen zu den Gattern und zu den Verzögerungen ist zusammen etwa 50; das ist gleichzeitig die Zahl der Magnetkerne. Diese Kerne werden, genau wie in der Zeichnung, nebeneinander angeordnet. Jeder der 600 Drähte läuft dieser Reihe entlang und wird bei jedem Kern entweder durch die Öffnung gesteckt oder daneben vorbei geführt. Damit diese Anordnung bequem gebaut werden kann, muß man ziemlich große Kerne (etwa 2 cm Innendurchmesser) nehmen. Auf diese Weise ist es jederzeit leicht möglich, einen beliebigen der 600 Drähte herauszunehmen und mit verändertem Verlauf wieder einzuziehen, so daß eine Änderung der Mikroprogramme auch nach Fertigstellung einer Anlage durchgeführt werden kann. — Die relativ großen Abmessungen der Kerne begrenzen die erreichbare

Geschwindigkeit auf etwa 2 μs pro Mikrobefehl. — Eine andere Ausführungsart, die U-förmige Kerne mit einem darübergelegten Joch verwendet, ist in [64.7a] eingehend analysiert. Anstelle von Drähten ist eine gedruckte Verdrahtung vorgesehen, was die Herstellungskosten verringert.

IV.5.5 Mikroprogrammierung

Oben wurde gezeigt, wie jede Operation in eine Folge von Mikrobefehlen aufgespalten werden kann, und es wurde eine Schaltung beschrieben, welche solche Folgen erzeugt. Diese Folgen bezeichnet man als *Mikroprogramme*. Eine Operationensteuerung ist also ein Schaltwerk, das den Ablauf von Mikroprogrammen regelt. Es ist naheliegend, die Aufgabe, die Abb. 202 erfüllt, dem Leitwerk zu übertragen. Damit verzichtet man überhaupt auf eine Operationensteuerung. Das Rechenwerk kann keine Rechenoperationen, wie ganze Additionen oder Multiplikationen, sondern nur noch Mikro-Operationen, wie Verschiebung oder Addition von L, ausführen. Ihre Folge wird vom Leitwerk im Rahmen des normalen Programms gesteuert. Diesen Prozeß bezeichnet man als *Mikroprogrammierung*.

Es stellt sich die Frage, ob die Mikroprogrammierung im Rahmen des Rechenwerkes (Kap. IV) oder des Leitwerkes (Kap. V) besprochen werden soll. Falls das Mikroprogramm in einem gesonderten Speicher aufbewahrt ist, kann man seinen Ablauf als eine autonome Operationensteuerung betrachten und dem Rechenwerk zuordnen; falls die Mikrobefehle aber im normalen Befehlsspeicher sitzen, so ist der Ablauf des Mikroprogramms nicht mehr unterscheidbar vom Ablauf des gewöhnlichen (Makro-) Programms, und es kann mit Recht gesagt werden, die Anlage besitze überhaupt keine Operationensteuerung. Der Unterschied zwischen diesen beiden Fällen ist so gering, daß sich eine getrennte Behandlung nicht rechtfertigt; vielmehr wurde die Mikroprogrammierung in §V.5 verlegt.

Man beachte, daß der Schritt von Abb. 202 zur eigentlichen Mikroprogrammierung nur klein ist. Auch die Magnetkernschaltung von Abb. 202 kann als Mikroprogrammspeicher aufgefaßt werden, immerhin mit dem Unterschied, daß es zur Veränderung des Speicherinhalts der Neuverlegung eines Drahtes bedarf.

Schon hier sei aber mit Nachdruck betont, daß eine mikroprogrammierte Anlage nicht schwieriger zu programmieren ist als eine konventionelle. Die Aufstellung des Mikroprogramms — sei es nun verdrahtet oder gespeichert — ist Sache des Herstellers, und der Benützer braucht sich von der Tatsache, daß eine Anlage mikroprogrammiert ist, überhaupt keine Rechenschaft zu geben.

Weitere Schaltungen für das Mikroprogrammsteuerwerk finden sich in [32], und VAN DER POEL gibt in [14] zahlreiche Mikroprogramme an.

IV.6 Das Rechnen mit mehrfacher Genauigkeit

Die meisten Rechenanlagen verwenden etwa $n = 12$ Dezimalstellen (oder etwa 40 Dualstellen). Oft ist eine höhere Genauigkeit nötig, etwa in zahlentheoretischen Aufgaben (wie z. B. das Aufsuchen von großen Primzahlen) oder bei der Anwendung numerischer Verfahren, in denen Differenzen fast gleicher Größe gebildet werden müssen. In solchen Fällen kann man mehrere Zahlen zusammenfassen und als eine einzige Zahl mit entsprechend mehr Stellen betrachten. Diesen Vorgang nennen wir *Rechnen mit mehrfacher Genauigkeit*.

Speicherung und Übertragungen bereiten keine Schwierigkeiten, da man jeden n-stelligen Teil einer mit mehrfacher Genauigkeit darzustellenden Zahl als unabhängiges Wort behandeln kann. Bei Rechenoperationen ist das jedoch nicht möglich. Nachfolgend führen wir die Addition und die Multiplikation an Beispielen durch. Da es sich hier um eine Angelegenheit der Programmierung handelt, die voraussetzungsgemäß in diesem Buch weggelassen wird, ist die Darstellung ganz kurz gefaßt. Die Operanden sind a und b, das Resultat c. Wir wählen die doppelte Genauigkeit; jede Zahl besteht also aus zwei n-stelligen Teilen, die wir mit a_1, a_2 bzw. b_1, b_2 und c_1, c_2 bezeichnen.

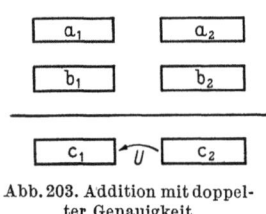

Abb. 203. Addition mit doppelter Genauigkeit

Abb. 203 verdeutlicht die Addition. Man bildet zwei Summen, nämlich $a_1 + b_1 = c_1$ und $a_2 + b_2 = c_2$. Selbstverständlich darf c als ganzes die Kapazität der $2n$ Stellen nicht überschreiten, das heißt, in c_1 darf über die höchste Stelle hinaus kein Übertrag auftreten. Die gleiche Einschränkung kann aber für die Teilsumme c_2 nicht gemacht werden. Von c_2 nach c_1 muß ein Übertrag zulässig sein. Das bedeutet, daß c_2 in der Lage sein muß, die Kapazität der Maschine um 1 zu überschreiten, ohne daß die Rechnung unterbrochen wird. Um das zu ermöglichen, braucht es zusätzliche Befehle. Beispielsweise kann ein besonderer Additionsbefehl vorgesehen werden, der die Eigenschaft hat, daß ein Überlauf die Maschine nicht stoppt; der Überlaufwert geht in ein besonderes Register, welches zu einer späteren Zeit — wieder mit einem speziellen Befehl — zu c_1 addiert werden kann. Eine andere Möglichkeit ist die, daß man für a_2, b_2 und c_2 nur mit $n - 1$ Stellen rechnet; die oberste Stelle ist die Übertragsstelle und ist identisch mit der untersten Stelle von a_1, b_1 bzw. c_1. Dann muß nach der Addition geprüft werden, ob in der obersten Stelle von c_2 eine 1 aufgetreten ist, und diese ist zu c_1 zu addieren. Obwohl auf diese Art mit den vorhandenen Befehlen gearbeitet werden kann, ist es besser, einen besonderen, für diesen Zweck geschaffenen Befehl einzubauen.

IV.6 Das Rechnen mit mehrfacher Genauigkeit

Die Multiplikation ist in Abb. 204 erläutert, unter der Annahme, daß das ganze ($4n$-stellige) Produkt gebildet werden soll. Im ganzen sind vier einzelne Multiplikationsbefehle auszuführen; diese können in der normalen Weise — also wie beim Rechnen mit einfacher Genauigkeit — ablaufen. Jedes besteht aus zwei Teilen mit je n Stellen; der niedrigere (rechte) Teil ist durch einen Strich-Index gekennzeichnet. Dann werden die vier Teilprodukte addiert, wobei wieder Überträge von einem Wort zum nächsten entstehen können. — Oft wird man nur mit $2n$ Stellen statt mit $4n$ Stellen weiterrechnen wollen, das heißt, die unwesentlichen Stellen des Schlußresultates werden nicht gebraucht. Damit vereinfacht sich die Produktbildung etwas. Zu beachten ist aber, daß beim Teilprodukt

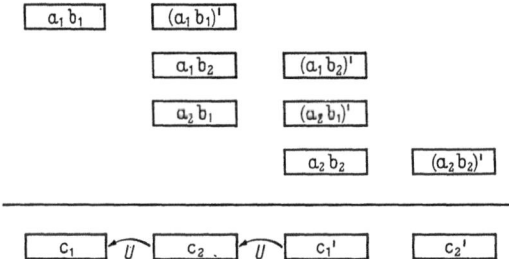

Abb. 204. Multiplikation mit doppelter Genauigkeit und Bildung aller Stellen. Der Strich-Index kennzeichnet die niederen (unwesentlichen) Stellen der Teilprodukte bzw. Produkte

$a_1 b_1$ die niedrigere (rechte) Stellengruppe trotzdem benötigt wird. Es ist demnach grundsätzlich unmöglich, mit einer Maschine, die nach einem abgekürzten Verfahren rechnet und nur n Stellen als Produkt zweier n-stelliger Zahlen liefert, mehrfache Genauigkeit anzuwenden. Deshalb sind fast alle elektronischen Rechenanlagen so eingerichtet, daß die Multiplikation alle $2n$ Stellen ergibt.

Die einzige konstruktive Maßnahme, die für das Rechnen mit mehrfacher Genauigkeit vorgesehen sein muß, besteht in einigen einfachen, zusätzlichen Befehlen für die Verarbeitung des Übertrages von einer Stellengruppe zur andern bei der Addition. Alles übrige ist Sache der Programmierung.

Die Division ist nicht direkt durchführbar. Sie muß durch eine programmierte Iteration, die aus Additionen und Multiplikationen besteht und die den Reziprokwert einer Zahl bildet, ersetzt werden, s. S. 171 f. Die erste Approximation für diesen Reziprokwert wird durch gewöhnliche Division erhalten; dann sind nur noch wenige Iterations-Schritte nötig, die natürlich mit doppelter Genauigkeit auszuführen sind. Am Schluß wird der so gefundene Reziprokwert des Divisors mit dem Dividenden multipliziert.

In Maschinen mit beweglichem Komma ist das Rechnen mit mehrfacher Genauigkeit sehr schwierig, da die automatisch eintretenden Verschiebungen stören. Am besten ist es, solche Anlagen mit einer zusätzlichen Gruppe von Befehlen, die das Rechnen mit festem Komma ermöglichen, zu versehen.

Die mehrfache Genauigkeit erhöht die Rechenzeit stark. Das Ausmaß dieser Verlängerung hängt von der Häufigkeit der Additionen, Multiplikationen und Divisionen in einer gegebenen Aufgabe ab. Für doppelte Genauigkeit kann man etwa eine 8fache Rechenzeit erwarten, für 3fache Genauigkeit bedeutend mehr.

IV.7 Die automatische Fehlerüberwachung

Wie auf S. 422 dargelegt wird, ist die zulässige Fehlerhäufigkeit eines einzelnen Teils in einer digitalen Rechenanlage außerordentlich klein. Ein Fehler auf 10^{10} Schaltoperationen wäre absolut unzulässig; 10^{15} ist eine Zahl, die wohl näher bei der Wirklichkeit liegt. Trotzdem kann man ein Resultat nie ohne Kontrolle als richtig hinnehmen, mit anderen Worten, jedes Resultat ist zunächst als falsch zu betrachten, bis der Beweis für das Gegenteil erbracht ist. Am zuverlässigsten sind programmierte Kontrollen, die auf mathematischen Eigenschaften der bearbeiteten Aufgabe beruhen, da sie auch Fehler im Programmablauf erfassen. Sie bedingen aber eine Mehrarbeit für die Programmierer und erhöhen die Rechenzeit. Eine durch die Maschine automatisch besorgte Überwachung der Übermittlungen von Worten von einem Anlageteil zum andern und der arithmetischen Operationen vereinfacht die Anforderungen an die programmierten Kontrollen erheblich und wird daher oft verwendet. Es ist aber zu betonen, daß auf programmierte Kontrollen nie ganz verzichtet werden kann.

Die automatische Fehlererkennung gibt Anlaß zu schönen mathematischen Theorien; deshalb existiert über dieses Gebiet eine umfangreiche Literatur. In geschlossener Weise läßt sich aber immer nur ein Teilgebiet — wie z. B. die selbstkorrigierenden Dezimal-Codes — behandeln, und bislang ist keine Studie bekannt geworden, die in kritischer und systematischer Weise alle Möglichkeiten der automatischen Fehlererkennung in Berücksichtigung ziehen würde.

In diesem Buch beschränken wir uns auf die Aufzählung der gebräuchlichsten Methoden. Ferner verzichten wir ganz darauf, quantitative Vergleiche zwischen den verschiedenen Verfahren anzustellen, da über die Eigenschaften der Maschine und ihrer Elemente so viele willkürliche Annahmen gemacht werden müßten, daß solchen Überlegungen eine allgemeine Gültigkeit abginge. Die nachfolgenden Darlegungen sollten für die Erfordernisse des Praktikers genügen, wenn auch ihre Kürze in keinem Verhältnis zur Kompliziertheit der Materie steht. Mit der Überwachung ist immer auch ein Mehraufwand an Teilen verbunden, und zwar meist etwa 10 bis 20%, wenn man von einigen Ausnahmefällen absieht. Auch die zusätzlich eingebauten Teile haben eine endliche Fehlerwahrscheinlichkeit, und es ist angemessen, sie als gleich groß wie die der übrigen Elemente zu veranschlagen. Durch diesen Mehraufwand wird die Wahrscheinlichkeit, daß ein Fehler entsteht, vergrößert, und zwar eben um den erwähnten Betrag von 10 bis 20%. Diese Verminderung der Betriebssicherheit nimmt man in Kauf, weil dafür die Wahrscheinlichkeit, daß ein Fehler entsteht und doch nicht zur Anzeige gelangt, sehr stark reduziert wird. Etwas anders liegen die Verhältnisse bei der automatischen Fehlerkorrektur (s. S. 251).

Dagegen kann die Wahrscheinlichkeit unentdeckter falscher Resultate nie auf Null reduziert werden. Immer ist eine Kombination mehrerer Fehler denkbar, welche bewirkt, daß die Fehlererkennung umgangen wird. Es liegt im Wesen der automatischen Überwachung, daß sie die Möglichkeit der unentdeckten Störungen zwar um große Faktoren reduzieren, aber nie ganz beseitigen kann. *Die Wirkung einer gegebenen Anordnung zur Fehlerüberwachung ist um so stärker, je betriebssicherer die einzelnen Schaltelemente sind.*

IV.7.1 Die Arten der Fehlerüberwachung

Man unterscheidet *Übermittlungs-Kontrollen* und *arithmetische Kontrollen*. Erstere kontrollieren, ob ein Wort im Zug einer Übermittlung von einem Anlageteil zum andern, auch einer Speicherung und Ablesung, eine Veränderung erlitten hat, was auf einen Fehler hinweisen würde; letztere überprüfen, ob die arithmetischen Operationen richtig ausgeführt wurden. Übermittlungs-Kontrollen bedingen, daß die Worte eine redundante Darstellung haben, daß sie also über die minimal nötige Anzahl hinaus zusätzliche Bits enthalten, während arithmetische Kontrollen mit oder ohne Redundanz möglich sind. Die zusätzlichen Bits können entweder zum Wort als ganzes hinzugefügt werden, oder aber — in dezimalen Maschinen — zu jeder Dezimalziffer einzeln; damit wird jede Ziffer für sich geprüft, was einer stärkeren Kontrolle gleichkommt. (Dieses Verfahren ist grundsätzlich auch im Dualsystem möglich, s. S. 202).

Einen Sonderfall stellt die doppelte Ausfertigung der ganzen Anlage, oder großer Anlageteile, dar. Beide Exemplare rechnen voneinander unabhängig, wenn auch im gleichen Zeitablauf, und vergleichen ihre Resultate. Wegen des großen Materialaufwandes wird aber diese Methode nur selten verwendet.

IV.7.2 Selbstprüfende Dezimal-Codes

Für die Darstellung einer Dezimalziffer sind 4 Bits nötig; dadurch entsteht aber bereits eine Redundanz, da mit 4 Bits nicht nur 10, sondern 16 Kombinationen möglich sind. Die 6 unbesetzten Kombinationen haben wir als Pseudodezimalen bezeichnet. Eine bescheidene Fehlerkontrolle entsteht bereits dadurch, daß man an verschiedenen Stellen prüft, ob eine Pseudodezimale aufgetreten ist. Dadurch kann man hoffen, daß häufig vorkommende oder konstante Fehler nach einiger Zeit zur Anzeige gelangen, wenngleich diese Kontrolle relativ schwach ist.

Von einem eigentlichen selbstprüfenden Code muß man allerdings verlangen, daß jeder einzeln auftretende Fehler angezeigt wird. Die verwendeten Codes dieser Art beruhen darauf, daß alle Dezimalen von 0 bis 9, wenn sie durch Dualziffern dargestellt sind, die gleiche Quersumme haben. Beispielsweise hat im 2-aus-5-Code von S. 214 jede Pentade die Quersumme 2, das heißt, überall stehen genau zwei L. Nun ist es leicht, eine Schaltung zu entwerfen, die anzeigt, ob die Quersumme einer Pentade (also einer 5stelligen Dualzahl) gleich 2 ist. Wenn solche Schaltungen an allen Übertragungsleitungen vorgesehen werden, so erhält man eine Anzeige, sobald ein Fehler unterlaufen ist; denn ein Fehler kann nur darin bestehen, daß eine L in eine 0 vertauscht wird, oder umgekehrt, was dazu führt, daß die Quersumme entweder 1 oder 3 wird. Das gilt für *einzeln* auftretende Fehler; ihre Anzeige versagt nur dann, wenn in der Anzeigevorrichtung selbst eine Störung vorhanden ist. Es kann aber auch vorkommen, daß in einer Pentade zwei Fehler zugleich entstehen, derart, daß die resultierende Quersumme wieder gleich 2 ist. Dieser Fall gelangt nicht zur Anzeige; er ist aber — falls die beiden Fehler in ihrer Ursache unabhängig sind — sehr viel weniger wahrscheinlich.

Auch die biquinären und verwandten Codes (Tab. 21) haben eine konstante Quersumme von 2; sie können daher auf die gleiche Art geprüft werden. Bei ihnen ist aber auch eine noch stärkere Kontrolle möglich, indem sich eine Dezimale in eine Zweier- und eine Fünfergruppe aufspalten läßt; in jeder muß sich genau eine L befinden, das heißt, in jeder muß die Quersumme gleich 1 sein. Wenn man diese Quersummen getrennt kontrolliert, so werden unter Umständen auch doppelte Fehler entdeckt, nämlich dann, wenn sie sich in verschiedenen Gruppen befinden.

Eine ähnliche Kategorie von selbstkontrollierenden Codes entsteht, indem man von einer der gebräuchlichen tetradischen Verschlüsselungen ausgeht und zu jeder Tetrade ein zusätzliches Bit hinzufügt, welches anzeigt, ob die Quersumme der Tetrade gerade oder ungerade ist. Dieses Bit nennt man *Paritätsstelle*. In Tab. 29 ist als Beispiel der Aiken-Code aufgeführt; die Paritätsstelle ist L, wenn die Quersumme der Tetrade

IV.7 Die automatische Fehlerüberwachung 251

gerade ist. Das bewirkt, daß die Quersumme der so entstehenden Pentaden immer ungerade ist. Jeder einzeln vorkommende Fehler macht die Quersumme gerade, was mit einer einfachen Schaltung angezeigt werden kann. Man beachte, daß eine Pentade, die aus lauter Nullen besteht, als Fehler erkannt wird. Das ist der Grund, weshalb die Paritätsstelle so gewählt wurde, daß alle Quersummen ungerade sind; denn man kann der Auffassung sein, daß das vollständige Ausfallen aller Signale unbedingt angezeigt werden sollte, obwohl es sich um einen mehrfachen, nicht einen einfachen Fehler handelt. (Falls man aus irgendeinem Grund erwartet, das fälschliche Entstehen von lauter L sei wahrscheinlicher als das Entstehen von lauter 0, so ist es zweckmäßiger, die Paritätsstells so zu wählen, daß die Pentaden gerade Quersumme haben.)

Tabelle 29. *Aiken-Code mit Paritätsstelle.* Jede der so entstandenen Pentaden hat eine ungerade Quersumme

0	0000 L
1	000L 0
2	00L0 0
3	00LL L
4	0L00 0
5	L0LL 0
6	LL00 L
7	LL0L 0
8	LLL0 0
9	LLLL L

Abb. 205 zeigt eine Schaltung, die anzeigt, ob eine Pentade eine ungerade Quersumme hat. Sie besteht aus vier Gliedern für das „exklusive oder" (Disvalenz), also für die Funktion $X\bar{Y} \vee \bar{X}Y$.

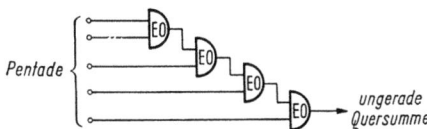

Abb. 205. Schaltung für die Anzeige einer ungeraden Quersumme in einer Pentade. Die mit EO bezeichneten Glieder erzeugen das „exklusive oder", also die Funktion $X\bar{Y} \vee \bar{X}Y$

IV.7.3 Selbstkorrigierende Codes

Eine weitere Stufe der Betriebssicherheit ergibt sich, wenn Fehler nicht nur erkannt und angezeigt, sondern gleichzeitig auch richtiggestellt werden. Im Telegrammverkehr, bei welchem gelegentlich ungenaue Übermittlung entsteht, macht man von solchen Verfahren schon seit Jahrzehnten Gebrauch: Es existieren für häufig vorkommende Meldungen international vereinbarte Code-Wörter, die so beschaffen sind, daß die Änderung eines einzelnen Buchstabens ihre Verständlichkeit nicht beeinträchtigt.

Bis jetzt haben selbstkorrigierende Codes in Rechenanlagen nur wenig Verwendung gefunden und werden daher hier nicht behandelt. Der selbstkorrigierende Dezimal-Code ist ohnehin nur ein ganz enger Spezialfall des großen und komplizierten Problemkreises der Erhöhung der Fehlersicherheit durch Redundanz, s. S. 412ff.

Für die automatische Korrektur brauchen wir nicht nur den Hinweis, daß ein Fehler unterlaufen ist, sondern auch noch eine Angabe, an welcher Stelle der falschen Zahl er sich befindet. Dann muß das an dieser Stelle befindliche Bit komplementiert werden, womit der Fehler richtiggestellt ist. Eine erste und gleichzeitig ausführliche Behandlung selbstkorrigierender Codes hat HAMMING vermittelt [*50.1*]. Weitere wichtige Beiträge sind [*59.42, 59.48, 59.55, 59.59, 60.3*].

IV.7.4 Die Übermittlungskontrolle für ganze Worte

In § IV.7.2 wurde jede Dezimalziffer gesondert kontrolliert. Gegenüber der sparsamsten (tetradischen) Codierung ist dazu pro Dezimalziffer mindestens ein zusätzliches Bit erforderlich, was einen beträchtlichen Mehraufwand bedeutet; dafür ist die Kontrolle sehr stark, indem innerhalb eines Wortes auch zwei- oder mehrfache Fehler angezeigt werden, sofern pro Dezimale nicht mehr als ein Fehler vorliegt. Man kann der begründeten Auffassung sein, daß Fehler an sich schon ein seltenes Ereignis sind und daß der Fall, daß in einem Wort zwei Fehler auftauchen, nicht in Berücksichtigung gezogen zu werden braucht. Dann wird man das Wort als Ganzes dadurch kontrollieren, daß man ihm eine oder mehrere Paritätsstellen zufügt und an möglichst vielen Orten der Anlage kontrolliert, ob diese mit dem Wort übereinstimmen.

Es gibt viele verschiedene Regeln, nach denen die Paritätsstellen ermittelt werden können. Die einzige notwendige Bedingung für das zu wählende Verfahren ist, daß jeder einzeln auftretende Fehler angezeigt werden soll. Ferner ist es wünschenswert, daß die Schaltungen zur Bildung der Paritätsstellen einfach seien. Falls nur ein einzelnes Paritäts-Bit geführt werden soll, so ist die einzige Möglichkeit die, es so zu wählen, daß die Quersumme des ganzen Wortes, einschließlich des Paritäts-Bits, ungerade (oder gerade, was aber seltener getan wird) ist. Die zugehörige Schaltung veranschaulicht Abb. 205.

Im Interesse einer größeren Sicherheit verwendet man aber meistens zur Kontrolle eines Wortes mehrere Bits, eventuell eine ganze Dezimalziffer, und macht von den *Kongruenzen* Gebrauch. Die Kongruenz $a \equiv b \pmod{r}$ (sprich „a ist kongruent b modulo r") bedeutet, daß a und b, durch r dividiert, beide den gleichen Rest ergeben. Beispielsweise gilt $10 \equiv 7 \pmod{3}$. Nun gilt für die Quersumme Q irgendeiner Zahl Z, die im Zahlsystem mit der Basis B dargestellt ist, die wichtige Beziehung $Q \equiv Z \bmod (B-1)$. (Im Dezimalsystem bezeichnet man ja die Quersumme auch als „Neunerrest".) Die Quersumme kann nun als Paritätskontrolle verwendet werden, was besonders wegen ihrer arithmetischen Invarianz-Eigenschaften (S. 255 ff.) wichtig ist. Beispielsweise wird in der vierstelligen Zahl 4711 die Quersumme wie folgt gebildet: $4 + 7 + 1 + 1 = 13$, $1 + 3 = 4$. 4 ist gleichzeitig der Rest, der entsteht, wenn man die

Zahl durch 9 dividiert. Es ist ersichtlich, daß die Quersumme mehr als eine Stelle haben kann. Dann ist von diesen Stellen wieder die Quersumme zu bilden; als andere Möglichkeit kann man die Addition der Stellen modulo 9 durchführen. Dieser Prozeß ist einfach zu realisieren, da ein einstelliges, dezimales Addierwerk mit durchgeschaltetem Endübertrag (s. S. 216) modulo 9 addiert. Somit ist es, besonders in Serienmaschinen, einfach, den Neunerrest zu bilden, und er eignet sich daher gut zur Kontrolle. — In diesem Verfahren ist das Ausfallen einer Ziffer 9 ein Fehler, der nicht angezeigt wird. Das scheint im Widerspruch zu stehen mit der Forderung, daß jeder einzelne Fehler gemeldet werden soll. Unter einem „einzelnen Fehler" muß aber das Ausfallen eines einzelnen Bits, nicht einer ganzen Dezimale, verstanden werden.

Leider kann die Kongruenz $Q \equiv Z \bmod (B - 1)$ im Dualsystem, wo $B - 1 = 1$ wird, nicht gebraucht werden, da die Kongruenz modulo 1 trivial ist. Man kann aber die Quersumme bilden und mit einem zusätzlichen Paritäts-Bit zu einer ungeraden Zahl machen, was weiter oben beschrieben wurde.

Anderseits kann jede Dualzahl auch als Zahl zur Basis 2^a betrachtet werden, indem man a Stellen zusammenfaßt; beim Bilden der Quersumme muß man dann die einzelnen Bits noch mit Gewichten versehen. Besonders einfach wird dieses Verfahren mit der Basis $B = 4$; die Stellen haben dann abwechselnd das Gewicht 1, 2, 1, 2, ... und die Addition erfolgt modulo 3, das heißt, man schreitet nach der Regel 0, 1 2, 0, 1, 2, ... fort. Da die Kongruenzen auch für negative Zahlen gelten, kann man ebensogut sagen, die Gewichte seien L, — L, L, — L ... und man schreitet nach der Regel 0, L, — L, 0, L, — L, ... fort. Man erhält so den Rest der Zahl nach Division durch 3, wobei zu beachten ist daß — 1 kongruent 2 ist. Die Paritätsstellen können die drei Werte — L, 0, L, annehmen; zu ihrer Darstellung sind zwei Bits nötig. Als Beispiel bilden wir den Dreierrest einer 16stelligen Zahl im Dualsystem:

0 L 0 0   L L 0 L   0 0 0 L   0 0 0 L
— + — +   — + — +   — + — +   — + — +

L — L + L + L + L + L = L, gezählt nach der Regel 0, L, —L, 0, ...

Der Dreierrest dieser Zahl ist also gleich + L; diese zwei Bits (Vorzeichen und eine Dualstelle) werden zum Wort hinzugefügt. (Man beachte, daß hier vom Dreierrest des Wortes *ohne Einschluß der Kontrollstellen* die Rede ist.)

In dezimalen Maschinen können, wie oben erwähnt, die Paritätsstellen mit Hilfe eines dezimalen Addierwerkes gebildet werden. Anderseits kann man auch — für den Zweck der Kontrolle — die Gesamtheit der Bits einer Dezimalzahl gleich behandeln, wie wenn es sich um eine

Zahl im Dualsystem handeln würde. Im allgemeinen geht natürlich dadurch die Invarianz gegenüber Rechenoperationen verloren. Es gibt aber Codes, in denen das nicht der Fall ist, was als Vorteil betrachtet werden muß. Die Gewichte des Aiken-Codes (2 4 2 1 s. S. 211) und des Binär-Codes (8 4 2 1, s. S. 212) haben nämlich modulo 3 genommen, die Werte —L, L, —L, L, und das ist die gleiche Folge, die wir oben für ein Zahlsystem mit der Basis 4 erhielten. Als Beispiel bilden wir nach dieser Regel den Dreierrest der Zahl 4711, dargestellt im Aiken-Code:

```
   4        7        1        1
O L O O  L L O L  O O O L  O O O L
— + — +  — + — +  — + — +  — + — +
```

$L - L + L + L + L + L = L$, gezählt nach der Regel O, L, —L, O ...

+1 ist also der Rest, der entsteht, wenn man die Zahl 4711 durch 3 dividiert. Eine nützliche Modifikation dieses Verfahrens besteht darin, die Paritäts-Bits so zu wählen, daß das ganze Wort, einschließlich der Paritäts-Bits, kongruent 1 modulo 3 wird. Dadurch wird bewirkt, daß ein Wort, welches aus lauter 0 besteht, als falsch erkannt wird [33].

Dezimal-Codes, in denen ein Bit das Gewicht 3 oder 6 hat, können auf diese Art nicht geprüft werden, da das Wegfallen dieses Bits die Zahl modulo 3 unverändert lassen würde.

Es sei nochmals daran erinnert, daß der Grund, warum man den Dreierrest bildet und nicht einfach mittels einer zusätzlichen Stelle die gesamte duale Quersumme ungerade macht, der ist, daß dadurch eine Invarianz der Paritätsstellen gegenüber Rechenoperationen entsteht, was Kontrollen nach Abb. 206 ermöglicht.

Eine allgemeinere Darlegung der Paritätskontrolle durch Kongruenzen findet sich in [58.10].

IV.7.5 Die zweidimensionale Anwendung von Paritätsstellen zur Fehlerkorrektur

Wenn man es einrichten kann, daß ein Fehler nicht nur eine einzelne, sondern mehrere Anzeigen bewirkt, die so beschaffen sind, daß aus ihrer Kombination das fehlerhafte Bit genau lokalisiert werden kann, so ist damit gleichzeitig auch eine automatische Korrektur gegeben. Ein sehr einfaches Verfahren dieser Art, angewendet auf eine 6stellige Dezimalzahl im Aiken-Code, veranschaulicht Tab. 30. 6 Bits kontrollieren die Zeilen, indem sie die Quersumme ungerade machen, und 4 Bits kontrollieren die Kolonnen in analoger Weise. Die Stelle rechts unten kontrolliert sowohl die Zeile als auch die Kolonne der Paritäts-Bits. (Falls das verwendete Wort aus einer ungeraden Zahl von Dezimalziffern besteht, ist hier eine kleine Änderung nötig.) Jeder einzelne auftretende Fehler, sei es in den Informations-Bits oder den Paritäts-Bits, wird das Versagen der Paritätskontrolle in einer Zeile und einer Kolonne zur Folge haben. Damit ist der Fehler durch seine Koordinaten eindeutig lokalisiert und kann richtiggestellt werden. Wenn zwei Fehler zugleich auftreten, so wird diese Tatsache ebenfalls richtig erkannt, aber eine Korrektur ist nicht in allen Fällen möglich. Drei gleichzeitige Fehler können unter Umständen unentdeckt bleiben. Zusammenfassend läßt sich also sagen, daß einzelne Fehler korrigiert und doppelte entdeckt, aber nicht korrigiert werden. Dieses Verfahren ist sehr einfach zu verstehen und zu handhaben, braucht aber mehr Kontroll-Bits, als nach HAMMING [50.1] minimal nötig wären.

Tabelle 30. *Paritätsstellen, die die Quersummen ungerade machen, sowohl in den Zeilen als auch in den Kolonnen. Das Beispiel zeigt die Zahl 846735, dargestellt im Aiken-Code*

8	LLLO	O
4	OLOO	O
6	LLOO	L
7	LLOL	O
3	OOLL	L
5	LOLL	O
	LLOO	L

IV.7.6 Arithmetische Kontrollen

In den vorigen Abschnitten haben wir nur Übermittlungskontrollen behandelt, also Verfahren, die anzeigen, ob ein Wort richtig übermittelt oder gespeichert wurde. Oft wünscht man aber, daß auch die Richtigkeit von Rechenoperationen kontrolliert wird.

Wir betrachten zunächst Dezimalmaschinen, in denen jede Dezimalziffer gesondert kontrolliert wird, entweder durch die Eigenschaft konstanter Quersumme oder durch eine Paritätsstelle. Die Eigenschaft konstanter Quersumme läßt sich in Addierwerken so verwenden, daß ein im Verlauf der Addition entstehender Fehler sich in jedem Fall auf die Quersumme des Resultats auswirkt. Dabei muß auch der Übertrag in die Kontrolle einbezogen werden. Wenn die Multiplikation als fortgesetzte Addition abläuft, so ist zu beachten, daß das kontrollierte Addierwerk nur die Richtigkeit der Partialsummen überprüft, nicht aber die Frage, ob die Operationensteuerung den Multiplikanden sooft, als es nötig war, zur Addition gebracht hat. Wenn anderseits die Multiplikation mittels Einmaleins-Schaltungen vollzogen wird, so ist dadurch eine bessere, wenn auch immer noch nicht vollständige Überwachung gegeben, falls die Einmaleins-Schaltung selbstkontrollierende Eigenschaft hat. Geeignete Schaltungen für Addition und Multiplikation finden sich in [25].

Während die Prüfung jeder einzelnen Dezimale für Speicherungs- und Übermittlungszwecke gut geeignet ist, läßt sich eine Kontrolle der arithmetischen Operationen besser mit Hilfe von Paritätsstellen, die dem ganzen Wort zukommen, durchführen. Die Kontrollrechnungen werden dann in einem separaten Rechenwerk ausgeführt, so daß wirklich die Gewähr besteht, daß ein im Hauptrechenwerk auftretender Fehler nicht auch die Paritätsstellen beeinflußt; denn sonst wird die Kontrolle in ihrer Nützlichkeit stark beeinträchtigt.

Abb. 206a veranschaulicht ein Rechenwerk mit arithmetischer Kontrolle durch Paritätsstellen. P, Q und R sind die Operanden bzw. das Resultat; durch den Index k sind die Paritätsstellen gekennzeichnet. RW ist das normale Rechenwerk, und RW_k ist die Schaltung, die die analoge Operation mit den Paritätsstellen ausführt. Mit k ist eine Anordnung bezeichnet, die aus dem Resultat die ihm zukommenden Paritätsstellen ermittelt; diese werden mit dem aus RW_k kommenden Resultat verglichen, und die Ungleichheit zeigt einen Fehler an. Hier wurde angenommen, daß die Wörter in der ganzen Anlage ihre Paritätsstellen immer mit sich führen, so daß dieselben sowohl zur Übermittlungskontrolle als auch zur arithmetischen Kontrolle dienen. Abb. 206b zeigt, wie ein kontrolliertes Rechenwerk auch für Zahlen, die von sich aus keine Kontrollstellen haben, verwendet werden kann. Die Paritätsstellen müssen in diesem Fall vor dem Eingang ins Rechenwerk noch gebildet werden.

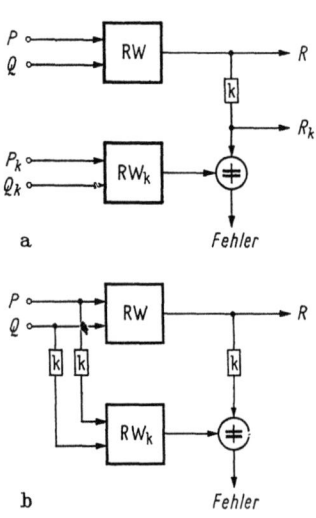

Abb. 206. Rechenwerke mit arithmetischer Kontrolle

RW Normales Rechenwerk, RW_k Kontrollrechenwerk, P, Q Operanden, R Resultat, k Bildung der Paritätsstellen

a) Operanden und Resultat sind mit Paritätsstellen behaftet, b) die Paritätsstellen müssen zuerst gebildet werden

Nun stellt sich die Frage, nach welchen Regeln die Paritätsstellen ermittelt werden sollen. Nicht jedes Verfahren, das für die Übermittlungskontrolle verwendet wird, eignet sich auch zur Kontrolle der Rechenoperationen. PETERSON [58.21] beweist, daß eine Prüfung nach Abb. 206 nur dann möglich ist, wenn zur Kontrolle eine Zahl verwendet wird, die dem Operanden kongruent modulo einer festen Zahl Z ist. Am einfachsten ist es, als Kontrollzahl den Rest zu nehmen, der entsteht, wenn die Zahl durch Z dividiert wird. Dann gilt für die Kontrolle der Addition $R_k \equiv P_k + Q_k \pmod{Z}$, und für die Multiplikation $R_k \equiv P_k \cdot Q_k \pmod{Z}$, das heißt, RW_k in Abb. 206 führt mit den Kontrollstellen Additionen bzw. Multiplikationen modulo Z aus. Da die Kontrollzahlen sehr viel weniger Stellen haben als die Operanden, ist RW_k viel einfacher und kleiner als RW.

IV.7 Die automatische Fehlerüberwachung

Die Bildung der Kontrollstellen in den mit k bezeichneten Schaltungen darf nicht zu kompliziert sein. Praktisch kommt nur die Bildung einer Quersumme nach S. 253f. in Betracht. In Dezimalmaschinen führt das zu $Z = 3$ oder $Z = 9$, in Dualmaschinen zu $Z = 2^a - 1$. Mit $Z = 9$ entspricht dieses Verfahren der bekannten, beim Handrechnen oft verwendeten Neunerprobe. In der Literatur finden sich Beispiele für $Z = 3$ in [33] und $Z = 31$ in [48.1].

Bis hier wurde nur von der Addition und der Multiplikation gesprochen. Zur Kontrolle der Division $P/Q = R + S/Q$ muß noch der Rest S in Berücksichtigung gezogen werden; wenn das Resultat richtig ist, so muß $R_k Q_k + S_k = P_k \pmod{Z}$ gelten.

HSIAO et al. beschreiben ein selbstkontrollierendes Addierwerk [63.15], welches seine eigenen Rechenoperationen kontrolliert, ohne explizit von Verfahren nach Abb. 206 Gebrauch zu machen.

Merkliche Komplikationen treten ein, wenn Stellen abgeworfen und durch eine Rundung ersetzt werden, was nach der Multiplikation und der Division der Fall ist. Bei Operationen mit beweglichem Komma werden die Schwierigkeiten einer lückenlosen arithmetischen Kontrolle fast unüberwindlich.

IV.7.7 Die Wirkung einer Fehleranzeige

Es ist naheliegend, eine Rechenanlage so auszulegen, daß die automatisch erfolgte Entdeckung eines Fehlers den Programmablauf unterbricht und eine Warnvorrichtung betätigt. Von großem Wert für die Behebung von Störungen ist es, wenn darüber hinaus angezeigt wird, an welcher Stelle der Maschine der Fehler entdeckt wurde.

Nun gibt es aber Fehler, die nicht auf einen Defekt in der Anlage zurückzuführen sind. Dazu gehören die Auswirkungen von äußeren elektromagnetischen Feldern, die, wenn sie besonders stark sind, zu Störimpulsen Anlaß geben. In einem solchen Fall hat es keinen Sinn, nach einem defekten Teil zu suchen. Wenn der Fehler automatisch korrigiert wird, so kann einfach weitergerechnet werden. Andernfalls muß die Maschine im Programm so weit zurückgehen, als es nötig ist, um die Rechnung richtig fortzuführen. Das kann wie folgt erreicht werden: Ein Fehler bewirkt, daß ein Flipflop gesetzt wird, unterbricht aber die Rechnung nicht. Im Programm muß am Ende jedes Schrittes ein besonderer bedingter Befehl vorgesehen sein, der die Wiederholung des ganzen Schrittes veranlaßt. Dieser Befehl gelangt nur dann zur Ausführung, wenn das Flipflop gesetzt ist; dasselbe wird durch den Befehl wieder gelöscht. (Unter „Schritt" verstehen wir hier irgendein Intervall im Programm, das wiederholt werden kann, wenn in ihm ein Fehler entstanden ist.) Auf diese Art können auch bei fehlerhafter Funktion richtige Resultate geliefert werden. Jedoch müssen für den Fall, daß der

Fehler häufig auftritt oder sogar konstant ist, Vorkehrungen getroffen sein. Der gleiche Schritt darf sich nicht mehr als zwei- oder dreimal wiederholen, sonst muß die Maschine anhalten, was sich durch Programmierung erreichen läßt.

Gewisse Fehler lassen sich allerdings auf diese Art nicht richtigstellen. Ein unrichtiger Programmablauf kann die Maschine unwiderruflich verwirren, beispielsweise dann, wenn sie fälschlicherweise auf eine andere Aufgabe überspringt. Fehler im Ablauf des Programms sollten deshalb die Anlage in jedem Fall sofort anhalten [35].

Auch wenn Fehler automatisch richtiggestellt werden, sollte es nach der Lösung einer Aufgabe möglich sein, festzustellen, wenn viele Fehler entstanden sind, weil das ein Hinweis auf einen allmählich ausfallenden Bauteil sein kann.

Zusätzliche Literatur zu Kap. IV: [5, 21, 25]. NETHERWOOD [59.45] vermittelt eine ausführliche, sowohl alphabetisch als auch nach Sachgruppen geordnete Bibliographie mit fast 800 Titeln.

V. Das Leitwerk und die Befehle

Das Leitwerk ist, ähnlich wie Rechenwerk und Speicher, einer der wichtigen selbständigen Anlageteile. Seine Aufgaben können wie folgt zusammengefaßt werden:

Ablesung der Befehle aus dem Speicher in der verlangten Reihenfolge;
Änderung der Adressen unter Berücksichtigung der Indexregister;
Erzeugung von Signalen, welche in Rechenwerk, Speicher, Eingabe und Ausgabe die Ausführung der Befehle auslösen;
Verarbeitung der Bedingungen bei bedingten Befehlen;
Überwachung, daß kein Maschinenteil eine Aufgabe erhält, solange er noch mit einer früheren Aufgabe besetzt ist.

Meistens betrachtet man die Indexregister ebenfalls als Bestandteil des Leitwerkes. Es ist wichtig, daß Leitwerk und Operationensteuerung richtig unterschieden werden; letztere ist ein Teil des Rechenwerkes. Wenn beispielsweise eine Multiplikation ausgeführt werden soll, so gibt das Leitwerk nur ein einzelnes Signal an das Rechenwerk. Die Operationensteuerung (S. 240ff.) übernimmt es dann, die vielen Gatter, die am Ablauf des Prozesses beteiligt sind, im richtigen Augenblick zu öffnen und zu schließen.

V.1 Das gespeicherte Programm

Befehle sind Anweisungen an das Leitwerk. In dieser Eigenschaft sind sie völlig verschieden von *Zahlen*, die den Gegenstand numerischer Verarbeitung im Rechenwerk bilden; denn in einer ersten, einfachsten Kon-

V.1 Das gespeicherte Programm

:eption einer Rechenanlage werden die Befehle vom Mathematiker niedergeschrieben und durch das Leitwerk in der gleichen Reihenfolge und ohne Änderung zur Ausführung gebracht. Danach können die Befehle auf einem Lochstreifen oder Magnetband festgehalten werden, von wo sie das Leitwerk abtasten kann.

Von Neumann hat den großartigen Gedanken formuliert, wonach auch die Befehle, ähnlich wie die Zahlen, einer numerischen Veränderung unterzogen werden können. Damit verwischt sich der Unterschied zwischen diesen beiden Kategorien von Daten, und man bezeichnet sie gesamthaft als *Worte*. Es ist dann nicht mehr sinnvoll, Zahlen und Befehle voneinander getrennt aufzubewahren; vielmehr gibt man sie gemeinsam in das einzige Speicherwerk einer Anlage und verzichtet sogar darauf, einzelne Teile davon für Zahlen, andere für Befehle zu reservieren. Das ist der Begriff des *gespeicherten Programms*, der als der weitaus wichtigste Gedanke bezeichnet werden darf, der auf dem Gebiet der Rechenanlagen konzipiert worden ist. Auf Grund dieser Organisation lassen sich einerseits Befehle als Zahlen betrachten und im Rechenwerk arithmetisch verändern, anderseits können Zahlen, die das Resultat einer Berechnung sind, als Befehle verwendet werden, was zum Prozeß der automatischen Programmierung führt.

Das gespeicherte Programm gibt auch die Möglichkeit, die Befehle in einer andern als der ursprünglich niedergeschriebenen Reihenfolge zur Ausführung zu bringen. Nur so ist es möglich, Sprungbefehle und zyklische Programme ausgiebig zu verwenden. Diese Vorteile konnten aber erst ausgenützt werden, als hinreichend große Speicherwerke mit kurzer Zugriffszeit verfügbar waren. Die vor 1949 gebauten Maschinen hatten Speicherwerke für 10 bis 100 Worte; damit ließ sich das gespeicherte Programm nicht verwirklichen, da ein Programm auch in einfachsten Fällen aus etwa 100 Befehlen besteht. Man mußte daher die Programmsteuerung durch Lochstreifen oder durch Steckbretter vollziehen, wodurch der Möglichkeit von Sprüngen (bei Lochstreifen) bzw. der Länge der Programme (bei Steckbrettern) enge Grenzen gezogen waren.

Das gespeicherte Programm bringt die Notwendigkeit mit sich, dem Leitwerk mitzuteilen, in welcher Reihenfolge die Worte aus dem Speicher abzulesen und als Befehle zur Ausführung zu bringen sind. Die nächstliegende Lösung ist die, daß die Zellen in der Reihenfolge ihrer Numerierung abgelesen werden. Das bedingt die Notwendigkeit eines *Befehlszählers*, der einen wichtigen Bestandteil des Leitwerks darstellt. Er enthält eine Nummer, die der Adresse des zuletzt abgelesenen Befehls entspricht. Nach Beendigung der Operation wird sein Inhalt um 1 erhöht und bestimmt dann die Adresse des nächsten Befehls, der zur Ablesung und Ausführung kommen soll. Vor Beginn einer Rechnung muß dieser

Zähler durch geeignete Maßnahmen auf die Zahl gestellt werden, die die Adresse des ersten auszuführenden Befehls ist.

Abweichungen von der normalen Reihenfolge müssen durch *Sprungbefehle* veranlaßt werden, welche die Wirkung haben, daß sie den Inhalt des Befehlszählers ändern.

Eine andere Möglichkeit zur Kennzeichnung der Reihenfolge der abzulesenden Befehle ist die, daß jedem Befehl eine zusätzliche Adresse beigegeben wird, welche besagt, in welcher Zelle der nächste Befehl zu finden ist. Damit hat jeder Befehl außer seiner normalen Wirkung auch die Eigenschaft eines Sprungbefehls, und ein Befehlszähler erübrigt sich. Das ist die Arbeitsweise der Maschinen mit Zwei- oder Vieradreß-Befehlen.

V.2 Der Aufbau der Befehle

V.2.1 Die Teile eines Befehls

Ein Befehl weist die Rechenanlage an, eine Handlung vorzunehmen, und muß daher spezifizieren:

>Gegenstand der Handlung,
>Art der Handlung.

Diese Handlung ist meistens entweder eine arithmetische Operation oder ein Transfer (Übermittlung eines Wortes von einem Anlageteil zu einem andern ohne Veränderung). Im ersten Fall kommen als Gegenstand der Handlung ein oder zwei Operanden in Betracht. Nach der Ausführung des Befehls muß dem Leitwerk mitgeteilt werden, wie weiterzufahren ist; diese Angabe kann im Befehl oder im Befehlszähler enthalten sein.

Die in den meisten Anlagen verwendeten Befehle haben die folgende Form:

Operation	Adresse(n)	Index	Zusätze

Nachfolgend wird die Bedeutung dieser Teile einzeln erläutert. Obwohl sich die gezeigte Befehlsstruktur weitgehend eingebürgert hat, ist doch zu betonen, daß es sich damit nicht um die einzig mögliche Form handelt, insbesondere nicht um die minimal notwendige Größe.

Der Informationsgehalt dieser vier Teile variiert sehr stark. Wir betrachten zunächst die Darstellung der Operation. Mit n Bits lassen sich höchstens 2^n Operationen kennzeichnen. Falls funktionelle Bits vorkommen (s. S. 277f.), wird der Platz, den der Operationsteil im Befehl beansprucht, noch etwas größer, da mit n Bits nur n Operationen dargestellt werden können. Es gibt auch Anlagen, die eine Zwischenlösung verwenden, indem eine erste Gruppe von Bits den Grundcharakter der

V.2 Der Aufbau der Befehle

Operation anzeigt, während einige weitere Bits verschiedene Ausführungsformen unterscheiden, z. B. mit welchem Vorzeichen die Operation auszuführen ist oder ob eine Rundung verlangt wird.

Die Operationsbits können als Zahl im Dual- oder Dezimalsystem aufgefaßt werden. Für den Programmierer, der ein Programm zu Papier bringen muß, ist es aber oft praktischer, die Operation durch eine Buchstabengruppe oder ein Symbol (etwa +, × usw.) zu notieren; an diese Darstellung werden wir uns hier halten.

Die Anzahl der im Operationsteil enthaltenen Bits schwankt zwischen etwa 5 und 20. Die Adresse muß, entsprechend der Größe des Arbeitsspeichers, 10 bis 15 Bits enthalten, wobei ein Befehl bis zu 4 Adressen aufweist. Für den Index und die Zusätze kommen je 2 bis 4 Bits in Betracht. Somit kann der Umfang eines Befehls etwa zwischen 20 und 80 Bits liegen. Die Frage stellt sich nun, wie die Befehle in den Speicherzellen unterzubringen sind. Eine Zahl besteht im allgemeinen aus 40 bis 50 Bits, wodurch die Größe einer Speicherzelle bestimmt wird. Falls der Befehl gleich groß ist, findet er ebenfalls in einer Zelle Platz. Ist er etwas kleiner, so muß man einige unbenützte Bits in den Befehlen in Kauf nehmen. Ist ein Befehl halb so groß wie eine Zahl, so finden in einer Speicherzelle zwei Befehle Platz; ein Wort ist dann entweder eine Zahl oder ein Doppelbefehl. Bei Anlagen mit sehr großen Befehlen müssen umgekehrt für die Unterbringung derselben zwei Zellen beansprucht werden.

V.2.2 Die Anzahl Adressen

Es gibt Ein-, Zwei-, Drei- und Vieradreß-Maschinen. Nachfolgend ist die dazugehörige Struktur der Befehle erläutert, wobei der Einfachheit halber der Index und die Zusätze weggelassen sind. Aus Gründen der leichteren Verständlichkeit sind ferner in den Beispielen die Operationszeichen als Symbole, nicht als Zahlen geschrieben.

V.2.2.1 Einadreß-Maschinen. Ein Einadreß-Befehl hat die Form „*Op Adr*". Beispielsweise bedeutet „+ 6" folgenden Auftrag: „Addiere die Zahl in Speicherzelle 6 zur Zahl, die sich im Rechenwerk befindet; das Resultat bleibt, an Stelle der ursprünglichen Zahl, im Rechenwerk". Um eine Zahl ohne rechnerische Verarbeitung vom Speicher ins Rechenwerk zu geben, ist ein Ablesebefehl A nötig; „A 6" bedeutet: „Gib die Zahl in Speicherzelle 6 ins Rechenwerk". Der Speicherbefehl „S 6" bewirkt, daß die Zahl im Rechenwerk in die Speicherzelle 6 eingegeben wird, gleichzeitig aber im Rechenwerk stehenbleibt. Es ist ersichtlich, daß sich im Rechenwerk jederzeit eine Zahl befindet, die das Ergebnis der vorhergehenden Operation darstellt; sie bildet bei Operationen mit zwei Operanden den ersten Operanden, während der zweite aus dem Speicherwerk kommt. Es gibt auch Operationen mit nur einem Operanden, beispielsweise das Bilden des Absolutbetrages. Diese werden an der Zahl im Rechenwerk ausgeführt. Ein solcher Befehl hat keine Adresse, bzw. seine Adressenstellen sind bedeutungslos.

Einadreß-Maschinen benötigen einen Befehlszähler (s. S. 259), und ihr Befehlsverzeichnis muß einen Sprungbefehl enthalten, damit die Möglichkeit besteht, in der Ablesung der Befehle aus dem Speicher von der normalen Reihenfolge abzuweichen.

V.2.2.2 Zweiadreß-Maschinen. Zweiadreß-Befehle haben einen Operationsteil und zwei Adressen. Operationsteil und erste Adresse haben die gleiche Bedeutung wie auf S. 261; die zweite Adresse gibt an, aus welcher Zelle der nächste Befehl abzulesen ist. Dadurch erspart man die Notwendigkeit eines Befehlszählers; ferner brauchen keine Sprungbefehle vorgesehen zu werden, weil jeder Befehl die Möglichkeit eines Sprunges in sich schließt. Diese Betriebsart findet man hauptsächlich bei Anlagen, deren einziger Speicher eine Magnettrommel ist und deren Rechenzeiten wesentlich kürzer als die Umlaufzeit der Trommel sind. Durch geschicktes Placieren der Befehle auf dem Umfang der Trommel kann es der Programmierer so einrichten, daß die Wartezeiten auf ein Minimum reduziert werden, woraus ein großer Gewinn an Rechengeschwindigkeit resultiert. Eine solche Art der Programmierung wird als „optimale Programmierung" bezeichnet; sie verursacht eine Mehrarbeit und lohnt sich daher nur für solche Programme, die sehr viele Male durchgerechnet werden. (Es besteht allerdings auch die Möglichkeit, daß die Maschine ein gegebenes Programm selbst in die optimale Form umrechnet.) Mit Einadreß-Maschinen ist eine optimale Programmierung nicht möglich, da man in der Zuteilung der Adressen nur bezüglich der Zahlen frei ist, während die Befehle gezwungenermaßen nebeneinandergelegt werden müssen.

Als Nachteil des Zweiadreß-Systems ist ein größerer Aufwand an Speicherkapazität zu nennen, da ein Zweiadreß-Befehl naturgemäß mehr Bits aufweist.

V.2.2.3 Dreiadreß-Maschinen. Dreiadreß-Befehle haben die Form „$\pm Adr\,Op \pm Adr = Adr$". Beispielsweise bedeutet „$+5 + (+6) = 7$" folgende Anweisung: „Addiere die Zahlen in Zelle 5 und 6; gib das Resultat in Zelle 7". Gegenüber Einadreß-Maschinen ergibt dieses System Programme, die wesentlich weniger Befehle haben, weil jeder Dreiadreß-Befehl sowohl Ablesung als auch Speicherung in sich schließt und weil von jeder abgelesenen Zahl das Vorzeichen nach Wunsch umgekehrt werden kann, was Multiplikationen mit -1 überflüssig macht. (Allerdings ist der Faktor der Verkürzung nicht, wie es den Anschein haben mag, gleich 3; er ist etwas weniger als 2. Um beispielsweise eine lange Reihe von Zahlen zu addieren, sind sogar in beiden Systemen gleich viel Befehle nötig.) Weiterhin verkürzt sich die Befehlsliste der Maschine; denn Speicher- und Ablesebefehl entfallen, ebenso die Subtraktion, da sie durch Umkehrung der Vorzeichen bei der Ablesung in eine Addition verwandelt wird. Die Reihenfolge der Befehle wird durch einen Befehlszähler bestimmt; demgemäß muß auch ein Sprungbefehl vorgesehen werden.

Dreiadreß-Befehle verursachen einen erheblichen Mehraufwand im Speicher, da die vermehrte Anzahl von Bits pro Befehl durch die Verkürzung der Programme nicht wettgemacht wird. Man findet dieses System — wie auch die Vieradreß-Befehle — heute nur noch selten.

V.2.2.4 Vieradreß-Maschinen. Vieradreß-Befehle haben einen Operationsteil und vier Adressen. Operationsteil und drei Adressen haben die gleiche Bedeutung wie in Dreiadreß-Maschinen; die vierte Adresse gibt an, aus welcher Zelle der nächste Befehl abzulesen ist. Bezüglich der Konsequenzen einer solchen Adresse gilt das bei den Zweiadreß-Maschinen Gesagte.

Vieradreß-Befehle beanspruchen meistens mehr Platz als eine Zahl, so daß für ihre Speicherung zwei Zellen nötig sind. Maschinen mit solchen Befehlen sind selten.

V.2.3 Der Index

Der Index dient dazu, eines von mehreren Indexregistern zu kennzeichnen. Seine Funktion ist auf S. 265ff. näher erläutert.

V.2.4 Die Zusätze

Außer Operation, Adresse und Index kommen oft in den Befehlen noch Zusätze vor. Diese dienen den verschiedensten Zwecken; die Varietät der Ideen für solche Zusätze, die im Laufe der Zeit bekannt geworden sind, ist enorm, und hier kann nur ein kleiner Teil aufgezählt werden. Gewisse Zusätze sind außerordentlich leistungsfähig und gestatten es, die Länge eines Programms erheblich zu reduzieren; andere wieder haben mehr den Charakter von Finessen. Die Ansichten der Autoren über die Wünschbarkeit von Befehlszusätzen gehen auseinander. Es darf aber wohl gesagt werden, daß die Befehle grundsätzlich so einfach als möglich sein sollen und nur solche Zusätze enthalten dürfen, die eine große Vereinfachung des Programmierens bedeuten. Zusätze, die nur selten einen Vorteil vermitteln, lohnen sich nicht. Es ist klar, daß eine solche Beurteilung stark vom Charakter der zu lösenden Aufgaben abhängt. So wird ein Autor, der von der Integration gewöhnlicher Differentialgleichungen ausgeht, zu andern Schlüssen kommen, als einer, der hauptsächlich Aufgaben im Auge hat, in deren Mittelpunkt der Prozeß des Sortierens steht.

V.2.4.1 Das Befehlszeichen. Das Befehlszeichen besteht aus einem Bit, welches angibt, ob das betrachtete Wort eine Zahl oder ein Befehl ist.

Damit kann eine gewisse Kontrolle über die Richtigkeit des Programmablaufes ausgeübt werden. Bekanntlich sind die Fehler, die zu einer falschen Ablesung von Befehlen aus dem Speicher führen, die gefährlichsten, weil sie kaum mehr automatisch richtiggestellt werden können. Beispielsweise kann die Anlage irrtümlich auf eine andere, ebenfalls im Speicher bereitliegende Aufgabe überspringen. Eine Unterscheidung von Zahlen und Befehlen durch ein Zeichen vermittelt davor einen gewissen Schutz, indem die Anlage anhält, wenn sich ein als Zahl ins Rechenwerk geleitetes Wort als ein Befehl erweist, und umgekehrt. Immerhin sind, wenn man diese Kontrolle konsequent durchführen will, zusätzliche Befehle nötig, die es gestatten, im Verlauf einer Rechnung ein Wort „umzutaufen", sonst wären die arithmetische Veränderung von Befehlen und die automatische Programmierung nicht möglich.

V.2.4.2 Die Verwendung eines zweiten Befehlszählers. Ein- und Dreiadreß-Maschinen haben einen Befehlszähler, der angibt, in welcher Adresse der folgende Befehl zu suchen ist. Ein Sprung bewirkt, daß in diesen Zähler eine andere Zahl eingegeben wird. Oft wünscht man nach einem solchen Sprung wieder an die ursprüngliche Adresse zurückzukehren. Dazu muß im allgemeinen der Inhalt des Befehlszählers gespeichert, nachher wieder abgelesen werden. Statt dessen kann man zwei Befehlszähler vorsehen. Ein zusätzliches Bit im Befehl zeigt an, welcher von beiden gebraucht werden soll; sein Inhalt wird um 1 vergrößert und bestimmt die Ablesung des nächsten Befehls, während der andere stehen bleibt. Dadurch wird die Rückkehr von Sprüngen erleichtert.

V.2.4.3 Ein Mittel zur relativen Adressierung. Die relative Adressierung (das heißt das Verfahren, wonach der Programmierer den Worten zunächst nur provisorische Adressen zuweist, die erst bei der Eingabe des Programms oder sogar erst im Lauf der Rechnung endgültig festgelegt werden) ist von größter Wichtigkeit. Meistens werden dazu die Indexregister verwendet, s. S. 265ff. Es besteht ein Vorschlag, der einen gewissen Ersatz für das Fehlen eines Indexregisters vermittelt. Ein zusätzliches Bit im Befehl zeigt an, ob die Adresse im Befehl absolut oder relativ zu verstehen ist. „Absolut" bedeutet hier die normale Bedeutung, wonach die Adresse direkt anzeigt, in welcher Zelle sich der abzulesende oder zu speichernde Operand befindet; „relativ" bedeutet, daß diese Adresse zur Adresse, in der sich der ausgeführte Befehl befindet, zu addieren ist; diese Summe ist dann die endgültige Adresse des Operanden. In Mehradreß-Befehlen sind für dieses Zeichen mehrere Bits vorzusehen.

V.2.4.4 Das Dekrement. Das Dekrement verursacht eine Änderung eines der Indexregister. Seine Funktion ist auf S. 268f. näher beschrieben.

V.2.4.5 Die Extraktion. Unter Extraktion versteht man den Prozeß, wonach von einem Wort nur einzelne Teile gebraucht werden, während die andern gleich Null zu setzen sind. Diese Operation ist sehr häufig;

beispielsweise ist das Bilden des gebrochenen oder des ganzen Teils einer Zahl eine Extraktion. Ein Zusatz ermöglicht es, mit jedem Befehl gleichzeitig eine Extraktion auszuführen. In einer zehnstelligen Anlage muß dieser Zusatz aus zwei Dezimalziffern bestehen. Beispielsweise würde „25" bedeuten, daß vom Wort die zweite bis fünfte Stelle zu wählen sind; alle übrigen sind zu Null zu machen. Dadurch wird es möglich, in einer Speicherzelle mehrere kleine Worte zu speichern, sofern ihre gesamte Stellenzahl die Größe der Zelle nicht überschreitet, was eine Einsparung an Speicherkapazität bedeutet.

In Befehlen, wo die gleichzeitige Ausführung einer Extraktion nicht sinnvoll oder nicht nötig ist, können diese zwei Stellen für andere Zwecke verwendet werden, beispielsweise um das Ausmaß einer Verschiebung anzugeben oder um Änderungen in einem Indexregister vorzunehmen.

V.2.4.6 Das Q-Zeichen. Das auf S. 273 beschriebene Q-Zeichen, das es gestattet, im ganzen Speicher zwei verschiedene Sorten von Worten zu unterscheiden, findet nicht nur auf Zahlen, sondern auch auf Befehle Anwendung und kann für gewisse Kunstgriffe im Programmablauf verwendet werden; doch kommt seine Bedeutung in erster Linie bei Zahlen zum Ausdruck.

V.2.4.7 Bedingungen. Dem Begriff des bedingten Befehls kommt größte Bedeutung zu, s. S. 273. Seine Ausführung hängt von gewissen Eigenschaften (beispielsweise dem Vorzeichen) einer Zahl ab. Meistens sind nur die Sprungbefehle bedingt. Es ist jedoch auch denkbar, in allen Befehlen die Möglichkeit einer bedingten Ausführung vorzusehen. Dazu ist im Befehl ein zusätzliches Bit vorzusehen. Falls dasselbe gleich L ist, darf die Anlage den Befehl nur ausführen, wenn die Bedingung erfüllt ist; wenn sie nicht erfüllt ist, so ist er zu übergehen und es ist mit dem nächsten Befehl weiterzufahren. Es ist auch vorgeschlagen worden, mehrere solcher zusätzlicher Bits zu verwenden, so daß die Ausführung eines jeden Befehls gleichzeitig von mehreren Bedingungen abhängig gemacht werden kann.

V.2.4.8 Die Übermittlungskontrolle. Sofern eine Anlage mit automatischer Fehlerprüfung oder automatischer Fehlerkorrektur versehen ist, so werden selbstverständlich auch die Befehle einbezogen und erhalten als Zusätze eine oder mehrere Prüfstellen, wie auf S. 248 ff. näher dargelegt wurde.

V.3 Indexregister

Dadurch, daß man Befehle wie Zahlen ins Rechenwerk geben kann, entsteht die Möglichkeit, an denselben — besonders an ihren Adressen — beliebige Änderungen vorzunehmen. Insbesondere können die Adressen um einen verlangten Betrag erhöht oder erniedrigt oder durch eine andere

Zahl ersetzt werden. Damit lassen sich alle Aufgaben der relativen Programmierung lösen. In der Praxis zeigt es sich nun, daß solche Operationen überaus häufig sind, ja, daß Adreßänderungen vor der Ausführung fast an jedem Befehl vollzogen werden müssen. Dadurch würde die Rechenzeit um ein Mehrfaches verlängert, wenn nicht die Möglichkeit geschaffen würde, solche Änderungen in einem getrennten, speziell dafür eingerichteten Teil des Leitwerks auszuführen, währenddem gleichzeitig im Rechenwerk arithmetische Prozesse ablaufen. Die für die Adreßänderung nötigen Größen sind in den *Indexregistern*, die einen Bestandteil des Leitwerks bilden, aufbewahrt.

Aus dem Dargelegten dürfte hervorgehen, daß die Indexregister keine fundamental neuen Abläufe ermöglichen und daß daher ihre grundsätzliche Bedeutung nicht mit jener des gespeicherten Programms oder der bedingten Befehle zu vergleichen ist, daß aber ihre praktische Tragweite infolge der resultierenden Vereinfachung in der Programmierung und der Verkürzung der Rechenzeiten sehr groß ist. Daher sind fast alle Anlagen heute mit Indexregistern versehen.

Die Anzahl der Indexregister in einer Maschine schwankt zwischen 1 und 100; am häufigsten findet man deren 3. Vom Standpunkt des Programmierers läßt sich sagen, daß mindestens so viele Indexregister wünschenswert sind, wie in einem Programm Zyklen und Unterzyklen vorkommen. Mit der Zahl 10 dürfen damit alle Fälle erfaßt sein. Mit 100 Indexregistern kann der Programmierer eine große Anzahl von weiteren, über den ursprünglichen Begriff der Adreßänderung hinausgehenden Kunstgriffen einführen. Die Anzahl Bits in einem Indexregister ist gleich groß wie die in einer Adresse.

In diesem Abschnitt sind die Indexregister rein vom Standpunkt des Entwerfers einer Rechenanlage behandelt, das heißt, es wird gezeigt, welche Möglichkeiten für die Wirkung der Indexregister bekannt geworden sind. Die Begründung dieser Funktionen würde weit in die Theorie der Programmierung hineinführen und bildet nicht Gegenstand dieses Buches.

Alle folgenden Erläuterungen beziehen sich auf Einadreß-Maschinen. Sie sind ebenfalls anwendbar auf Zweiadreß-Maschinen; in diesem Fall betrifft die Adreßänderung die Operanden-Adresse, während die Adresse des nächsten Befehls unverändert bleibt. In Drei -und Vieradreßanlagen sind die Indexregister dreifach auszulegen, da in diesen beiden Fällen jeweils drei Adressen geändert werden müssen.

Bei der Beschreibung der Wirkung von Indexregistern sind die folgenden vier Gesichtspunkte der Benützung zu unterscheiden:

1. Wirkung der Indexregister auf die Adresse im Befehl (S. 267f.).
2. Erhöhung und Erniedrigung des Inhaltes der Indexregister um vorgegebene Beträge (S. 268f.).

3. Bedingte Befehle in Abhängigkeit der Indexregister (S. 269).
4. Setzen und Ablesen der Indexregister (S. 269).

Eine ausführlichere Übersicht über diesen Fragenkreis nebst Begründungen vermittelt BLAAUW [59.7].

V.3.1 Wirkung der Indexregister auf die Adresse im Befehl

Der häufigste Fall ist, daß die Adresse eines Befehls vor der Verwendung um den im Indexregister gespeicherten Betrag erhöht wird. Das mag an Hand eines Beispiels verdeutlicht werden. Die Befehle sollen die Form $Op\ n\ i$ haben. Op kennzeichnet die Operation, n die Adresse, i die Nummer des gewählten Indexregisters (oder kurz den Index). i muß genügend Stellen haben, um ein Indexregister aus der vorhandenen Anzahl zu kennzeichnen. Dieser Befehl wird schlußendlich mit der Adresse $n + [i]$ zur Ausführung kommen[1]. Man nennt das die additive Arbeitsweise. Wünscht man einen Befehl unverändert zur Ausführung zu bringen, so muß man dafür sorgen, daß im betreffenden Indexregister die Zahl 0 enthalten ist. Zu beachten ist, daß diese Adreßänderung nur für die augenblickliche Ausführung des Befehls Gültigkeit hat; der Befehl selbst bleibt im Speicher unverändert mit der Adresse n und dem Index i. Die Addition $n + [i]$ erfolgt modulo N, wo N die Anzahl der Speicherzellen ist; somit existiert das Problem des Überlaufes nicht.

Eine Variante besteht darin, daß die effektive Adresse nicht $n + [i]$, sondern $n - [i]$ ist. Der Unterschied zwischen den beiden Methoden ist nur gering, da die eine in die andere übergeht, indem man $[i]$ durch sein Komplement ersetzt.

Eine grundsätzlich andere Betriebsart läßt als Adresse des Befehls bei seiner Ausführung die Größe $[i]$ wirksam werden, das heißt, die im Befehl ursprünglich enthaltene Adresse wird durch den Inhalt des Indexregisters substituiert und hat demnach überhaupt keine Wirkung. Man nennt das die substituierende Wirkungsweise. Hier sind besondere Vorkehren nötig für den Fall, daß man den Befehl unverändert (das heißt mit seiner eigenen Adresse) zur Ausführung bringen will. Meistens wird dies durch Einsetzen des Index 0 zum Ausdruck gebracht.

Eine dritte, raffiniertere Art der Verwendung der Indexregister ist dadurch charakterisiert, daß die veränderte Adresse nicht direkt zur Kennzeichnung des gesuchten Operanden verwendet wird, sondern erst die *Adresse der Adresse* darstellt; das heißt, die gesuchte Adresse ist die in Zelle $n + [i]$ befindliche Zahl. (Dabei muß festgesetzt werden, welche Stellen dieser Zahl als Adresse zu betrachten sind.) Also ist die Adresse, mit der der Befehl schließlich ausgeführt wird, gleich $[n + [i]]$. Man nennt

---

[1] Mit eckigen Klammern bezeichnen wir den Inhalt eines Registers oder einer Speicherzelle. $[i]$ bedeutet also die Zahl, die im Indexregister mit der Nummer i aufbewahrt ist.

das das Prinzip der iterierten Adressen. Es lassen sich leicht auch höhere Ordnungen der Iteration denken. Diese Betriebsart geht auf SCHECHER zurück [*57.14*].

Welche der drei Arbeitsweisen gewählt wird, hängt vom Entwerfer einer Anlage ab. Oft werden alle drei Typen vorgesehen, und ein Zusatz in jedem Befehl gestattet es dem Programmierer, den jeweils gewünschten Typ zu spezifizieren.

Die Nummer des Indexregisters, das wirksam werden soll, wird durch den Index, der ein Teil des Befehls ist, eindeutig gekennzeichnet. Der Index 0 bedeutet, daß der Befehl unverändert zur Ausführung kommen soll. Ferner wird oft der Befehlszähler gleich wie ein Indexregister behandelt in dem Sinn, daß ihm wie den Indexregistern ein Index zugeordnet wird. Dadurch kann er zur Adreßänderung herangezogen werden und läßt sich seinerseits durch die Verfahren von S. 269 und 273f. beeinflussen.

Es gibt Anlagen, die die Möglichkeit bieten, mehrere Indexregister gleichzeitig zur Wirkung kommen zu lassen. (In diesem Fall muß im Indexteil des Befehls für jedes Indexregister ein gesondertes Bit vorhanden sein, was nur möglich ist, wenn die Zahl der Indexregister nicht zu groß ist.) Die Kombination der in den wirksamen Indexregistern gespeicherten Zahlen erfolgt dann so, daß Stelle für Stelle die logische Summe gebildet wird.

Die Adreßänderungen erfordern die Ausführung von Additionen. Dazu wird im Leitwerk ein besonderes Addierwerk vorgesehen, welches völlig unabhängig vom Rechenwerk arbeitet.

Die Befehle, bei denen die Adreßänderung durch ein Indexregister sinnvoll ist und daher durchgeführt wird, heißen indizierbar. Nicht alle Befehle sind von dieser Art. In den übrigen können die frei werdenden Indexstellen zu andern Zwecken verwendet werden.

V.3.2 Veränderung des Inhalts der Indexregister

Natürlich muß die Möglichkeit bestehen, den Inhalt der Indexregister zu verändern. Weitaus am häufigsten ist der Fall, daß man den Inhalt um einen gewissen Betrag vergrößern will. Dazu kann ein besonderer Befehl verwendet werden, der etwa $E\ n\ i$ heißen mag und der bewirkt, daß der Inhalt des Indexregisters mit der Nummer i um n erhöht wird. (Auch die Bedeutung, daß die Erhöhung um $[n]$ erfolgt, kommt vor.) Die Erhöhung erfolgt modulo N, wo N die Kapazität des Indexregisters kennzeichnet. Auch eine Erniedrigung statt einer Erhöhung läßt sich denken und kommt vor; der Unterschied der beiden Deutungen ist sehr gering.

Diese Operation ist so häufig, daß es sogar Anlagen gibt, in denen jeder Befehl einen als Inkrement (oder Dekrement) bezeichneten Zusatz erhält, der bewirkt, daß der Inhalt des verwendeten Indexregisters, nachdem er seine normale Wirkung ausgeübt hat, um den Wert dieses

Zusatzes erhöht (oder erniedrigt) wird. Durch diesen Zusatz läßt sich die Zahl der Befehle in einem Programm erheblich reduzieren.

V.3.3 Bedingte Befehle in Abhängigkeit der Indexregister

Die auf S. 268 geschilderte Erhöhung des Inhaltes eines Indexregisters wird meistens wiederholt vollzogen, und es müssen Vorkehren getroffen werden, um den Programmablauf aus dieser Iteration heraus zu steuern, sobald die nötige Anzahl von Wiederholungen beendet ist. Es erweist sich als merkliche Einsparung an Rechenzeit, wenn man einen bedingten Sprungbefehl vorsieht, dessen Ausführung vom Inhalt eines Indexregisters abhängt, beispielsweise davon, ob der Inhalt 0 ist oder ob bei der letzten Erhöhung der Bereich überschritten wurde. Eine andere Bedingung, die ebenfalls vorkommt, ist das Kriterium, ob der Inhalt des angesteuerten Indexregisters größer (oder gleich groß, oder kleiner) ist als das im Befehl enthaltene Inkrement.

V.3.4 Setzen und Ablesen der Indexregister

Die beschriebenen Abläufe gestatten eine Erhöhung oder Erniedrigung des Inhaltes eines Indexregisters; sie gestatten es aber nicht, eine bestimmte Größe einzugeben, unabhängig vom Wert, der vorher enthalten war. Dazu ist ein zusätzlicher Befehl nötig, der etwa die Form $Si\ n\ i$ hat und bewirkt, daß $[n]$ in das Indexregister mit der Nummer i eingegeben wird. Auch andere Formen kommen vor.

Ein Weg zur direkten Ablesung aus den Indexregistern ist nicht prinzipiell nötig, doch erweist er sich als wünschenswert, schon nur deshalb, weil man jederzeit im Verlauf des Programms die Möglichkeit haben sollte, zu kontrollieren, ob in den Indexregistern und den mit ihnen zusammenhängenden Berechnungen keine Fehler entstanden sind. Daher sollte ein Befehl etwa von der Form $Ai\ n\ i$ vorgesehen werden, der bewirkt, daß der Inhalt des Indexregisters mit der Nummer i ins Rechenwerk verbracht wird (n ist bedeutungslos).

V.4 Das Befehlsverzeichnis

Die Liste der Befehle, die eine Anlage auszuführen imstande ist und die dem Mathematiker für die Erstellung des Programms zur Verfügung stehen, nennt man Befehlsverzeichnis. Die Anzahl der Befehle, die dieses Verzeichnis umfaßt, ist sehr verschieden; sie schwankt zwischen etwa 8 und mehreren Hundert. Die Ansichten der Autoren über die zweckmäßige Größe dieser Liste gehen stark auseinander. VON NEUMANN bevorzugte ein relativ kurzes Befehlsverzeichnis; in einem solchen Fall sind kompliziertere Operationen aus einer Folge von einfachen Operationen aufzubauen. Andere Autoren sind der Ansicht, daß ein umfangreiches

Befehlsverzeichnis zweckmäßig sei, in welchem der Programmierer wie in einem Wörterbuch für jeden vorkommenden Fall den richtigen Befehl finden kann. Dadurch wird das Programm kürzer, was die Arbeit des Programmierens zwar nicht gedanklich vereinfacht, aber doch verkürzt. Ein Beispiel mag erläutern, was hier gemeint ist: Oft wünscht man Operationen auszuführen, in denen von einem Operanden der Absolutwert zu nehmen ist. Zu diesem Zweck kann die Anlage mit einem einzigen zusätzlichen Befehl „bilde den Absolutwert" versehen werden; vor der eigentlichen Operation wird dieser Befehl erteilt. Damit wird das Programm um einen Befehl verlängert. Eine andere Möglichkeit wäre es, zusätzlich zu den Befehlen für Addition, Subtraktion und Multiplikation im Befehlsverzeichnis noch die Befehle Addition des Absolutwertes, Subtraktion des Absolutwertes und Multiplikation mit dem Absolutwert vorzusehen. Dadurch wird das Befehlsverzeichnis umfangreicher, das Programm aber kürzer.

Ein längeres Befehlsverzeichnis bewirkt, daß der Programmierer eine größere Anzahl von verschiedenen Befehlen im Gedächtnis haben muß. Da die Erlernung des Programmierens ein gewisses Maß an geistiger Beweglichkeit voraussetzt, ist es wohl nicht zuviel verlangt, wenn damit die Notwendigkeit verknüpft ist, etwa 50 bis 100 verschiedene Befehle zu überblicken. Im Falle der automatischen Programmierung (das heißt, wenn die Anlage ihr eigenes Programm erstellt) ist der Umfang des Befehlsverzeichnisses ohnehin ohne Bedeutung.

Es läßt sich zeigen, daß die minimal nötige Zahl an Befehlen im Befehlsverzeichnis nur 1 oder 2 beträgt; doch ist diese Feststellung vorwiegend von theoretischem Interesse, da mit nur 2 verschiedenen Befehlen die Programme — und damit die Rechenzeiten — viel zu lang werden.

Die nun folgende Darlegung der Kategorien von Befehlen ist, ähnlich wie der Abschnitt über die Indexregister, vom Standpunkt des Entwerfers einer Anlage aus abgefaßt, und es ist nicht möglich, im Rahmen dieses Buches auf das Gesamtproblem der Programmierung einzutreten. Zweck dieses Abschnittes ist es nicht sosehr, ein empfehlenswertes Befehlsverzeichnis für eine zu bauende Anlage zusammenzustellen, als vielmehr die möglichen Arten von Befehlen in ihrer Bedeutung zu beschreiben. Die Befehlsverzeichnisse mehrerer verschiedener Rechenanlagen sind in [9] in übersichtlicher Weise zusammengefaßt. [64.1] vermittelt ein umfangreiches Befehlsverzeichnis, das gemeinsam für eine ganze Reihe von Anlagen, die im Dual- und Dezimalsystem und mit Fest- und Gleitkomma arbeiten, Gültigkeit hat.

Man kann die Befehle in 6 Klassen einteilen:

Arithmetische Operationen,   Ablaufbefehle,
Logische Operationen,   Indexbefehle,
Verschiebungen,   Eingabe- und Ausgabebefehle.

Wir beschränken uns auf Einadreß-Systeme, doch sind diese Überlegungen auch auf Zweiadreß-Systeme anwendbar. Hier kommt hauptsächlich der Operationsteil der Befehle zur Diskussion, während der Index und die Zusätze bereits behandelt wurden.

V.4.1 Arithmetische Operationen

Um die Bedeutung der arithmetischen Operationen zu verstehen, muß man sich auf einen Aufbau des Rechenwerkes festlegen. Wir wählen die in Abb. 181 veranschaulichte Struktur. Nach jeder Operation befindet sich das Resultat in AC; im Falle einer Multiplikation befinden sich die höheren Stellen in AC, die niedrigeren in MR.

Einen unumgänglichen Grundbestand an arithmetischen Operationen bilden die vier Spezies; ihre Befehle sind wie folgt definiert:

$+ n$ Addiere $[n]$ zu $[AC]$, $\times n$ Multipliziere $[n]$ mit $[AC]$,
$- n$ Subtrahiere $[n]$ von $[AC]$, $: n$ Dividiere $[AC]$ durch $[n]$.

Nur in den seltensten Fällen wird auf die Division verzichtet, in welchem Fall die Iterationen von S. 171f. verwendet werden müssen.

Alle weiteren arithmetischen Befehle stellen eine nicht unbedingt notwendige Vereinfachung in der Programmierung dar. Vier neue Befehle können eingeführt werden, die statt $[n]$ jeweils dessen Absolutwert, und zwei weitere, die (im Fall von $\times$ und :) den negativen Absolutwert nehmen. Wieder zwei Befehle können bei $\times$ und : das negative Resultat ergeben.

Die arithmetischen Operationen können zu einem Überlauf (Überschreiten der Stellenzahl des Rechenwerkes) führen. Im allgemeinen muß dann die Anlage anhalten. Besondere Befehle können Abweichungen davon bewirken. So kann ein erster Divisionsbefehl im Fall eines Überfließens die Maschine anhalten, ein zweiter in diesem Fall einfach auf die Ausführung der Operation verzichten und im Programm weiterfahren.

In Maschinen, die mit gleitendem Komma arbeiten können, ist es zweckmäßig, zwei vollständig getrennte Sätze von arithmetischen Befehlen vorzusehen, den ersten für festes, den zweiten für gleitendes Komma.

Nach der Multiplikation und der Division wird im allgemeinen gerundet. Gelegentlich (beispielsweise bei zahlentheoretischen Aufgaben) ist es wünschenswert, diese Rundung unterbleiben zu lassen, was zu einem weiteren Satz von Befehlen für „Multiplikation ohne Rundung" und „Division ohne Rundung" Anlaß gibt. Ein zusätzlicher, selbständiger Rundungsbefehl bewirkt eine Erhöhung der letzten Stelle von AC, falls MR (in Einheiten dieser Stelle ausgedrückt) $\geq 1/2$ ist.

Der Speicherbefehl $S\,n$ bringt $[AC]$ in die Zelle n. Auch dieser Befehl kann mit Änderung des Vorzeichens oder Bildung des Betrages oder des negativen Betrages kombiniert werden, was zu vier verschiedenen Speicherbefehlen führt. Ferner ist es oft wünschenswert, nur Teile des in AC befindlichen Wortes zu speichern, beispielsweise das Vorzeichen oder (falls es sich um einen Befehl handelt) die Adresse, den Index oder einen Zusatz, beispielsweise das Inkrement (s. S. 268). Für jeden dieser Fälle kann ein gesonderter Speicherbefehl vorgesehen werden. Völlig analog ist der Ablesebefehl $A\ n$, der $[n]$ nach AC bringt.

Drei Befehle können in $[AC]$ das Vorzeichen umkehren, den Absolutwert bilden oder beides zugleich bewirken.

V.4.2 Logische Operationen

Drei Befehle für die logische Addition, die logische Multiplikation und die Negation gestatten es, Rechnungen nach den Regeln der BOOLEschen Algebra durchzuführen. Diese Operationen sind zunächst nur mit Zahlen, die die Werte 0 oder 1 haben, sinnvoll; doch läßt sich ihre Definition erweitern, indem man festsetzt, daß in mehrstelligen Zahlen jede Dualziffer für sich als BOOLEsche Variable aufgefaßt wird. Dann wäre beispielsweise LL00 v L00L = LL0L, ferner $\overline{\text{LL00}}$ = 00LL. Unter Verwendung der logischen Multiplikation ist auf diese Art die Operation der Extraktion leicht durchzuführen. (Unter Extraktion versteht man das Auswählen einzelner Teile aus einem Wort, während die übrigen zu Null gemacht werden.)

V.4.3 Verschiebungen

Ein Satz von Befehlen veranlaßt, daß der im Rechenwerk befindliche Operand nach rechts oder nach links um eine bestimmte Stellenzahl verschoben wird. Da diese Operation keine Speicherzelle betrifft, braucht der zugehörige Befehl auch keine Adresse; daher stehen die Adressen-Stellen zur Verfügung, um das Maß und die Richtung der Verschiebung zu kennzeichnen. Weiterhin muß der Verschiebungsbefehl ausdrücken, ob die Verschiebung nur AC oder auch MR betrifft und ob die bei Rechtsverschiebung verlorenen Stellen durch eine Rundung zu ersetzen sind. Diese Varianten können entweder durch verschiedene Operationszeichen oder durch die Adressen oder durch Zusätze unterschieden werden. Die Tatsache, daß die wirksam werdende Adresse auch hier durch die Indexregister beeinflußt wird, ist von besonderer Bedeutung.

Eine besondere Art der Verschiebung ist die Normalisierung. Sie besteht darin, daß eine Zahl so weit nach links verschoben wird, bis die erste Ziffer $\neq$ 0 ist. Dafür muß ein gesonderter Befehl vorhanden sein. Das Ausmaß der Verschiebung — das ja in diesem Fall erst im Augenblick der Ausführung bekannt wird — muß in einem Register, etwa in MD, gespeichert werden.

V.4.4 Ablaufbefehle

Die Ablaufbefehle beeinflussen den Programmablauf. Der Befehl „Stop" bewirkt, daß die Maschine anhält, und wird am Ende einer Aufgabe eingesetzt; er braucht keine Adresse. Der Sprungbefehl ist nur in Ein- und Dreiadreß-Maschinen sinnvoll und veranlaßt, daß das Leitwerk in der Ablesung der Befehle die normale Reihenfolge unterbricht und an die durch die Sprungadresse gekennzeichnete Speicherzelle geht. Dadurch werden Unterprogramme und geschlossene Zyklen ermöglicht.

Hier spielt der Begriff des bedingten Befehls eine besonders wichtige Rolle. Zwar könnten an sich auch andere Befehle als die Ablaufbefehle mit Bedingungen versehen werden, doch ist der häufigste Fall der, daß nur die Sprung- (eventuell auch die Stop-) Befehle bedingt sind. Ist die Bedingung erfüllt, so wird der Sprungbefehl ausgeführt; andernfalls wird der nächste Befehl genommen. Obwohl theoretisch nur eine einzige Bedingung, also ein einziger bedingter Befehl, nötig ist, sieht man meistens mehrere vor, weil dadurch das Programm kürzer gemacht werden kann. Zunächst können die fünf Fälle $[AC] < 0, [AC] \leq 0, [AC] > 0, [AC] \geq 0$, $[AC] = 0$ Anlaß zu fünf bedingten Sprungbefehlen geben. Weiter gibt die Frage, ob $[AC]$ den zugelassenen Bereich überschritten hat, Anlaß zu einer Bedingung. Bedingungen, die mit den Indexregistern zusammenhängen, sind auf S. 269 erwähnt worden. Alle diese Möglichkeiten geben Anlaß zu 20 oder mehr verschiedenen Sprungbefehlen, die dem Programmierer in der Gestaltung der Programme eine große Freiheit vermitteln.

Eine Besonderheit bildet das sogenannte Q-Zeichen. Das ist ein aus einem Bit bestehender Zusatz zu allen Worten (also sowohl Zahlen als auch Befehlen), der es gestattet, in der ganzen Anlage Worte von zwei verschiedenen Arten zu unterscheiden. Beispielsweise kann das Ende einer Zahlenreihe durch eine Zahl mit Q-Zeichen kenntlich gemacht werden, oder es kann das Q-Zeichen imaginäre Zahlen bedeuten. Die Auswirkung erfolgt durch einen bedingten Sprungbefehl, der nur dann ausgeführt wird, wenn $[AC]$ eine Q-Zahl ist.

Alle bisher behandelten Sprungbefehle lassen das Programm auf eine Zelle springen, deren Nummer im Adreßteil des Befehls angegeben ist. Es gibt eine abweichende Art, die bewirkt, daß im Programm ein (oder zwei) Befehle übersprungen werden; in solchen Befehlen ist der Adreßteil unbenützt und kann für einen andern Zweck verwendet werden. Beispielsweise kommt folgende Möglichkeit für einen bedingten Befehl praktisch vor: $Cs\,n$ bedeutet „Überspringe den nächsten Befehl, wenn $[n] < [AC]$".

V.4.5 Indexbefehle

Die mit dem Indexregister zusammenhängenden Befehle sind auf S. 268f. behandelt worden. Eine erste Kategorie erhöht den Index um einen vorgegebenen Betrag, eine zweite Kategorie bewirkt Setzen und Ablesen des Indexregisters. Die Zahlen, die ins Indexregister gehen sollen, können entweder durch den Adreßteil des Befehls oder durch sein Inkrement (s. S. 268) gekennzeichnet sein.

V.4.6 Eingabe- und Ausgabebefehle

Die Art der Eingabe- und Ausgabebefehle hängt vollständig davon ab, wie die Eingabe- und Ausgabeeinheiten organisiert sind. Der Operationsteil gibt die Art des auszuführenden Transfers an, während der Adreßteil (der sich hier nicht auf den Speicher bezieht) kennzeichnet, um welche Ausgabeeinheit es sich handelt. Im Falle von Magnetbandeinheiten hat man je einen Befehl für Schreiben, Ablesen und Zwischenraum. Einige weitere Befehle regeln die Maßnahmen, die ergriffen werden müssen, wenn die Bandrolle erschöpft ist, sowie das Rückspulen.

Wenn eine Hierarchie von Speicherwerken vorliegt (s. S. 401), so werden die Befehle, die den Verkehr zwischen den Speichern regeln, meistens zu den Eingabe- und Ausgabebefehlen gerechnet.

V.5 Mikroprogrammierung

V.5.1 Beschreibung

Auf S. 240ff. wurde darauf hingewiesen, daß die Steuerung des Ablaufes einer Operation, beispielsweise der Multiplikation, darin besteht, daß eine Anzahl von Gattern im Rechenwerk in einer gewissen Reihenfolge geöffnet und geschlossen werden. Diese Vorgänge werden durch ein einzelnes, vom Leitwerk kommendes Signal ausgelöst, und ihr Ablauf wird im einzelnen durch die Operationensteuerung veranlaßt. Die Folge dieser Steuervorgänge, welche gesamthaft den Ablauf einer einzelnen Operation bewirken, kann man auch als ein aus Befehlen bestehendes Programm betrachten, doch handelt es sich hier nicht um Befehle, die der Programmierer bei der Vorbereitung einer Aufgabe einzeln niederschreiben muß, sondern um solche, die der Erbauer der Anlage ein- für allemal in Form der Verdrahtung festgelegt hat. Um keine Verwechslung entstehen zu lassen, bezeichnet man die Befehle, welche nur einzelne Gatter betätigen, nicht aber eine ganze Operation ablaufen lassen, als *Mikrobefehle*.

In Abb. 201 ist eine Anordnung zur Operationensteuerung gezeigt, die man als Mikro-Programmsteuerwerk bezeichnen kann und die in übersichtlicher Weise gestattet, beliebige Mikroprogramme ablaufen zu lassen. Auf S. 243 wurde darauf hingewiesen, daß diese Art der Operationensteuerung etwas mehr Teile braucht als der konventionelle Typ und daß in der Geschwindigkeit der Abläufe kein Unterschied besteht.

Eine Änderung der Mikroprogramme bedeutet eine Änderung der Verdrahtung, die zwar einfach und übersichtlich auszuführen ist, die aber doch einen Eingriff in den Bau der Anlage darstellt.

Von hier ist noch ein weiterer Schritt möglich. Er besteht darin, daß man die Aufgabe, die Folge der Mikrobefehle an das Rechenwerk zu vermitteln, dem Leitwerk überbindet, welches seinerseits diese Folge nicht aus einer Verdrahtung, sondern aus einem Speicherwerk übernimmt. Dieser Schritt ist überaus naheliegend, und doch ist er von fundamentaler Bedeutung. Er bewirkt nämlich, daß das Befehlsverzeichnis (also die Gesamtheit der Befehle, die eine Anlage ausführen kann) jederzeit durch Änderung eines Speicherinhalts, also ohne Eingriff in den Bau der Anlage, erweitert oder geändert werden kann. Die Schaltungen zur Operationensteuerung entfallen, was eine erhebliche Einsparung an Bauteilen bewirkt. Die Wirkung dieses Schrittes kann durch das Schlagwort *„Ersatz von Bauteilen durch Speicherkapazität"* gekennzeichnet werden. Selbst für ein umfangreiches und kompliziertes Befehlsverzeichnis bleibt die Steuerung einfach und übersichtlich. Das ist besonders im Lichte der automatischen Programmierung wichtig, wo das wünschenswerte, große Befehlsverzeichnis ohne prohibitiven Materialaufwand verwirklicht werden kann.

Diese Definition der Mikroprogrammierung als Weiterentwicklung von Abb. 201 entspricht dem historischen Ablauf der Gedankengänge und eignet sich gut für die Einführung des Begriffes, weil sie leicht verständlich ist. Das gegenwärtige Denken wird aber besser und in seinen Konsequenzen anschaulicher wiedergegeben, indem man folgende Umschreibung verwendet: Eine mikroprogrammierte Maschine enthält eine Hierarchie von Leitwerken. Das Mikroprogramm-Leitwerk interpretiert Operationen und Adressen, die ihm vom Hauptleitwerk zugestellt werden; die beiden Werke sind im Prinzip getrennt, können aber in der Praxis gemeinsame Teile haben.

V.5.2 Der Mikroprogramm-Speicher

Ob die für jeden Befehl benötigten Mikroprogramme im Hauptspeicher oder in einem gesonderten Speicher unterzubringen sind, hängt von verschiedenen Fragen ab. Die Anforderungen, die an den Mikroprogrammspeicher zu stellen sind, sind nicht unbedingt dieselben wie für den Hauptspeicher. Die Zugriffszeit für das Ablesen muß kurz sein, während eine Speicherung im Rahmen des Programmablaufs überhaupt nicht nötig ist. An sich könnte die Speicherung gänzlich fest sein, etwa in der Art eines Festwertspeichers (s. S. 321), doch bietet eine veränderliche Speicherung Vorteile, da dann von einem Befehlsverzeichnis auf ein anderes übergegangen werden kann. Es hat allerdings keinen Zweck, die Änderung des Befehlsverzeichnisses innerhalb des Programmablaufes sich automatisch vollziehen zu lassen, da sie nur nötig wird, wenn auf eine ganz andere Kategorie von Aufgaben übergegangen wird. Diese Frage hängt letzten Endes von der für das Mikroprogramm zur Verfügung stehenden Speicherkapazität ab. Am einfachsten ist es, wenn dieselbe groß genug ist, um die für sämtliche voraussehbaren Klassen von Aufgaben benötigten Befehle aufzunehmen. Eine Speicherkapazität von 10^4 bis 10^5 Bits ist wünschenswert; dies entspricht etwa 250 konventionellen Befehlen. Die Zugriffszeit sollte etwas kürzer sein als die Zeit, die es braucht, um ein Wort innerhalb der Anlage zu transferieren. Wenn der Hauptspeicher diese Anforderungen erfüllt, so kann er auch zur Aufnahme des Mikroprogramms verwendet werden, doch ist es oft (auch vom Kostenstandpunkt aus) von Vorteil, einen andern Speicher vorzusehen. Dieser Entscheid ist von geringer grundsätzlicher Bedeutung, hat aber doch erhebliche praktische Konsequenzen, da die Haupt- und Mikroprogramm-Speicher, wenn sie getrennt sind, gleichzeitig und unabhängig arbeiten können.

V.5.3 Der Standpunkt des Benützers

Besonders wichtig ist nun die Frage, wie sich die Mikroprogrammierung für den Benützer einer Anlage auswirkt. Grundsätzlich ist zu sagen, daß sich der Programmierer über die Tatsache, daß eine Anlage mikroprogrammiert ist, überhaupt keine Rechenschaft zu geben braucht. Die Mikroprogrammierung ist Sache des Erbauers, nicht des Benützers. Der Programmierer hat also ein Verzeichnis von Befehlen in üblicher Art vor sich, aus denen er ein Programm aufbauen kann. Diese Befehle werden, zum Unterschied der Mikrobefehle, als *Makrobefehle* bezeichnet. Immerhin gestattet es die Mikroprogrammierung, eine Anlage vielseitiger zu gestalten. Während man normalerweise Anlagen für wissenschaftliche Zwecke und solche für Datenverarbeitung unterscheidet, lassen sich die beiden Eigenschaften vereinen, ja, es läßt sich z. B. sogar erreichen, daß sich eine Maschine ähnlich wie eine digitale Integrieranlage verhält.

V.5.4 Das Verzeichnis der Mikrobefehle

Auf S. 274 wurde gesagt, daß die Betätigung eines einzelnen Gatters als Mikrobefehl aufgefaßt werden kann. Im Verlauf der Entwicklung der Theorie der Mikrobefehle zeigt es sich, daß es besser ist, als Bausteine des Mikroprogramms andere, etwas kompliziertere Abläufe zu wählen. Die richtige Auswahl der Mikrobefehle, von denen etwa 12 nötig sind, ist für die gute Ausnützung des Mikroprogramms von entscheidender Bedeutung, und für das Studium dieser Frage ist sehr viel Zeit aufgewendet worden.

Ein Mikrobefehl muß die Anweisung enthalten, welche Gatter zu betätigen sind, ferner die Bedingungen, an die seine Ausführung geknüpft

V.5 Mikroprogrammierung   277

ind, und schließlich die Anweisung, welcher Mikrobefehl als nächster zu nehmen ist. BILLING und HOPMANN [55.2] geben folgendes Verzeichnis von 8 Mikrobefehlen, die für den Aufbau von Addition und Multiplikation benötigt werden:

Ablesung vom Speicher nach MD,   Rechtsverschiebung von MD um eine Stelle,
Addition $[MD] + [AC]$,   Linksverschiebung von MR um eine Stelle,
Transfer $[AC] \to [MR]$,   Abfrage, ob $[MR] = 0$,
Abfrage der höchsten Stelle von MR,   Ende des Makrobefehls.

Die Bezeichnungen beziehen sich auf Abb. 181.

Hier kommen neben einfachsten Operationen, wie Abfragen einer einzelnen Stelle oder Verschiebungen, auch kompliziertere Vorgänge wie Additionen als Mikrobefehle vor. Eine noch weitere Vereinfachung der Bedeutung der Mikrobefehle gestattet eine weitere Einsparung an Teilen, geht aber in hohem Maß auf Kosten der Rechengeschwindigkeit [58.3]. Dasselbe gilt auch für die Reduktion der Anzahl der Mikrobefehle; im Minimum ist überhaupt nur ein einziger Befehl nötig, s. S. 414.

V.5.5 Funktionelle Bits im Mikrobefehlswort

Bei der Mikroprogrammierung ist es besonders wichtig, daß Abläufe, die sich gleichzeitig abspielen dürfen, gleichzeitig und nicht nacheinander vor sich gehen, da sonst wertvolle Zeit verlorengeht. Das Prinzip der funktionellen Bits im Befehlswort geht davon aus, daß sich die Operationen aus Schritten aufbauen, die zur gleichen Zeit durchgeführt werden können. Dieser Gedanke ist sowohl auf Mikro- wie auch auf Makrobefehle anwendbar. Er besteht darin, daß jedem dieser Schritte im Operationsteil des Befehls ein gesondertes Bit zugeordnet ist, und daß jedes dieser Bits unabhängig gleich 0 oder gleich L gesetzt werden kann. Dadurch wird die Zahl der Bits auf etwa 10 erhöht, was aber nur einen unwesentlichen Mehraufwand an Speicherkapazität bedeutet.

Als Beispiel, wie dieser Gedanke verwirklicht werden kann, wird nachfolgend ein Vorschlag von VAN DER POEL wiedergegeben [59.50]. Der Operationsteil eines Befehls besteht aus 10 Bits, die wie folgt bezeichnet sind:

$$A \; K \; Q \; L \; R \; I \; B \; C \; D \; E$$

Die Maschine hat einen Schnellspeicher und einen Trommelspeicher, deren Verbindungen Abb. 207 zeigt. Jeder Befehl enthält sowohl eine Schnellspeicher- als auch eine Trommelspeicheradresse. Das Rechenwerk besteht im wesentlichen aus einem Akkumulator, der in einen linken und einen rechten Teil zerfällt; diese Teile können nach Wunsch getrennt werden.

Jetzt beschreiben wir die Bedeutung der 10 Bits im Operationsteil des Befehls. A und K kennzeichnen die Stellung der Umschalter in

278   V. Das Leitwerk und die Befehle

Abb. 207. Wenn diese Bits 0 sind, so haben die Umschalter die gezeichnete Stellung. Es ergeben sich vier Möglichkeiten:

$AK = 00$: Ein neuer Befehl kommt von der Trommel ins Leitwerk, gleichzeitig verkehrt das Rechenwerk mit dem Schnellspeicher.

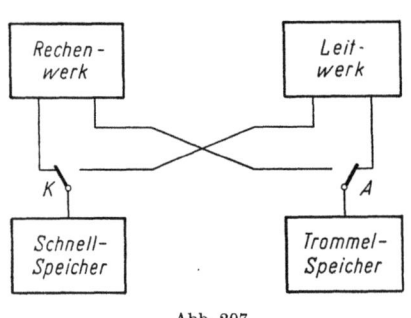

Abb. 207
Anordnung der Anlage nach VAN DER POEL

$AK = 0L$: Beide Speicher verkehren mit dem Leitwerk. Ein Wort im Schnellspeicher wird verwendet, um einen Befehl im Trommelspeicher zu modifizieren. Dadurch wird die Funktion des Indexregisters realisiert.

$AK = L0$: Beide Speicher verkehren mit dem Rechenwerk und liefern Operanden (oder nehmen solche entgegen).

$AK = LL$: Die Trommel verkehrt mit dem Rechenwerk, der Schnellspeicher jedoch mit dem Leitwerk, wo er die Ausführung eines Sprunges veranlaßt, indem er den Befehlsinhalt des Speichers ändert.

D und E kennzeichnen die Flußrichtung der Informationen in Abb. 207. D betrifft die Trommel, E den Schnellspeicher. Für diese Bits bedeutet 0 Ablesen und L Speichern.

Die weiteren Bits haben folgende Bedeutung, wenn sie L sind:

B: Verwende nur den rechten Teil des Akkumulators, nicht aber den linken.
C: Lösche den rechten Teil des Akkumulators vor dem Speichern oder nach der Addition
Q: Addiere L in der untersten Stelle.
I: Subtraktion statt Addition.
L: Linksverschiebung in beiden Teilen des Akkumulators.
R: Rechtsverschiebung in beiden Teilen des Akkumulators.

Mit dieser einfachen Befehlsstruktur lassen sich Mikroprogramme aufbauen, die gleichzeitig eine Hierarchie von zwei Speicherwerken richtig einsetzen.

Zusätzliche Literatur zu Kap. V.5: [*52.1, 53.7, 58.29*].

V.6 Gesamtaufbau des Leitwerkes

In noch höherem Maße als beim Rechenwerk findet man beim Leitwerk eine Vielfalt von Arten des Gesamtaufbaus. Die Aufgaben des Leitwerks sind weniger präzise umschrieben als jene des Rechenwerks, weshalb eine größere Varietät von verschiedenen Lösungen möglich ist. Ein Beispiel, das sich an STOCK [*33*] anlehnt, ist in Abb. 208 wiedergegeben. Die Befehle, die aus dem Speicher kommen, werden im Befehlsregister bereitgestellt und anschließend in Adresse und Operationsteil aufgespalten. Der Operationsteil geht direkt in OR, von wo aus die im Rechenwerk befindliche Operationensteuerung angesteuert wird. Der Adreßteil geht in das Addierwerk des Leitwerks, welches den Inhalt des befohlenen Indexregisters dazu addiert; das Resultat wird ins Adreßregister eingegeben, das die Auswahl der verlangten Speicherzelle besorgt. Sobald der Befehl ausgeführt ist, wird der Inhalt des Befehlszählers um 1 erhöht und geht dann in AR, um die Ablesung des nächsten Befehls einzuleiten. Sprungbefehle und Indexbefehle bewirken eine Änderung von BZ bzw. IR, was durch die eingezeichneten Verbindungen ebenfalls möglich ist. Eine Verbindung von AR zum Rechenwerk gestattet es, den Inhalt des Befehlszählers oder eines Indexregisters ins Rechenwerk zu geben.

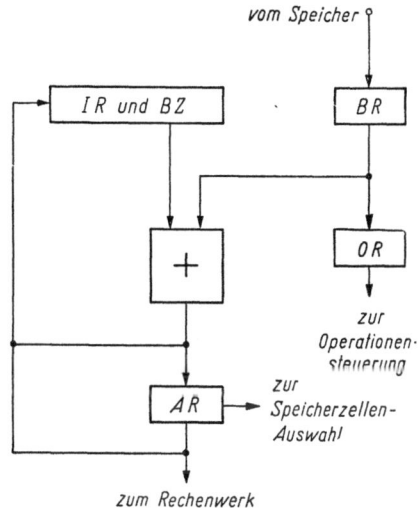

Abb. 208. Vereinfachter Aufbau eines Leitwerkes
IR Indexregister, BZ Befehlszähler, BR Befehlsregister, AR Adreßregister, OR Operationsregister

Zusätzliche Literatur zu Kap. V: BECKMANN et al. vermitteln eine Zusammenfassung über die Entwicklungstendenzen auf dem Gebiet der Struktur des Leitwerks [61.2].

VI. Speicherwerke

VI.0 Allgemeines

Das Speicherwerk dient zur Aufbewahrung größerer Datenmengen und muß demzufolge aus Teilen bestehen, deren Verhalten von ihrer Vorgeschichte abhängt. Ferromagnetische Materialien eignen sich hierzu besonders gut; deshalb sind die zur Zeit verwendeten Speicher fast ausschließlich magnetischer Art. Der Speicher bildet neben Rechenwerk und Leitwerk einen selbständigen Anlageteil; er nimmt Daten entgegen und gibt sie auf Verlangen zu einem späteren Zeitpunkt wieder ab, führt aber mit denselben keine Verarbeitung aus.

Auch in Rechenwerk und Leitwerk kommen speichernde Elemente vor, besonders in Form von Registern, die die Aufgabe haben, einzelne Worte für die logische Verarbeitung bereitzuhalten. Diese werden —

obwohl sie sich im Grunde von einem Speicher nur durch ihre Kapazität unterscheiden — nicht dem Speicher zugerechnet, und es wird zwischen Register und Speicher fast immer eine deutliche Unterscheidung gemacht. (Immerhin gibt es spezielle Anordnungen, wonach einzelne Speicherzellen wahlweise als Register verwendet werden können.) Beim Ausschalten einer Anlage sollte der Speicherinhalt wenn möglich erhalten bleiben, während die Register gelöscht werden dürfen.

VI.0.1 Einteilung der Speicherverfahren

Entsprechend den großen Datenmengen, die ein Speicher aufnehmen muß (in Frage kommen 10^3 bis 10^8 und mehr Bits) spielt die geometrische Anordnung der einzelnen speichernden Elemente eine wichtige Rolle. Man unterscheidet:

Eindimensionale Anordnung (zum Beispiel Ultraschalleitung),
Zweidimensionale Anordnung (zum Beispiel Oberfläche einer Magnettrommel),
Dreidimensionale Anordnung (zum Beispiel Kernspeicher).

Ferner ist die Unterscheidung wichtig, wie die einzelnen Bits voneinander abgegrenzt sind; es bestehen die folgenden zwei Möglichkeiten:

Speicherung in einem kontinuierlichen Medium (zum Beispiel Oberfläche einer Magnettrommel),
Speicherung in diskret hergestellten Elementen (zum Beispiel Magnetkerne).

Es ist klar, daß das letztere Verfahren bedeutend höhere Herstellungskosten verursacht, daher steht der Verwendung von Magnetkernspeichern größter Kapazität hauptsächlich der hohe Preis im Wege.

Schließlich können die Speicherarten nach dem physikalischen Prinzip, das ihnen zugrunde liegt, klassifiziert werden. Es gibt unzählige physikalische Phänomene, die zu einem Speichervermögen Anlaß geben, und dementsprechend ist in der Vergangenheit ein bunter Katalog von neuen Speichern vorgeschlagen worden, von denen sich aber nur die wenigsten als nützlich erwiesen haben. Die heute in Betracht kommenden physikalischen Phänomene sind:

Ferromagnetismus (zum Beispiel Kernspeicher, Trommelspeicher),
Elektrostatische Ladung (Speicherröhren),
Ausbreitung von Schallwellen (Verzögerungsleitungen),
Supraleitung.

Ferner geben fast alle aktiven, nicht linearen elektrischen Zwei-, Drei- und Vierpole nach dem Prinzip des Flipflops Anlaß zu einer bistabilen (und damit speichernden) Schaltung, unabhängig vom Mechanismus, der ihnen zugrunde liegt, also Röhren, Transistoren, Tunneldioden, dann auch weniger konventionelle Elemente wie etwa solche, die auf Elektrolumineszenz beruhen; diese Anordnungen sind aber im allgemeinen zu kostspielig, als daß sie in einem großen Speicher gebraucht werden könnten. Daher ist ihre Verwendung auf Register beschränkt.

VI.0 Allgemeines

Vor der Entwicklung geeigneter magnetischer Speicherkerne boten einzig die *elektrostatischen Speicherröhren* eine Möglichkeit zur Speicherung von Daten mit einer Zugriffszeit von einigen Mikrosekunden. Verschiedene Versionen (Williams-Röhre, Trenngitter-Röhre, Selectron) sind bekannt geworden und haben teilweise ausgiebige Verwendung gefunden. Zur Zeit werden keine Datenverarbeitungsanlagen mit Speicherröhren hergestellt, weshalb auf eine Behandlung hier verzichtet wird. Der interessierte Leser findet Beschreibungen und Literaturhinweise in den Büchern von RICHARDS [26], SMITH [29] und KNOLL und KAZAN [17]; eine neuere Arbeit stammt von GRAHAM et al. [59.30].

VI.0.2 Das Prinzip der Selektion

Die Aufgabe, einen Speicher zu bauen, ist unzertrennlich verknüpft mit dem Problem der Selektion. Darunter versteht man den Vorgang der Ansteuerung des gewünschten Bits unter der großen vorhandenen Anzahl. Wenn beispielsweise ein Speicher aus Transistoren-Flipflops gebaut würde, so müßten zur Ansteuerung zusätzliche Matrizen oder ähnliche Anordnungen vorgesehen werden, deren Aufwand in einem größeren Speicher jenen der Flipflops erreichen oder sogar übersteigen würde. Die zur Selektion dienenden Teile eines Speichers dürfen nicht einen zu großen Anteil am ganzen beanspruchen. In allen Speicherverfahren, die praktisch mit Erfolg verwendet wurden, finden wir daher, daß (wie bei den Magnetkernen) das speichernde Element selbst einen wesentlichen Anteil an der Selektion übernimmt oder daß sogar (wie in den Speicherröhren) Selektionsmechanismus und Speicherung eine unteilbare Einheit verkörpern. Darin liegt der Hauptgrund dafür, daß von den unzähligen physikalischen Phänomenen, die bistabiles Verhalten zeigen und die daher Anlaß zu Speicherzellen bieten könnten, nur ganz wenige für den Bau eines Speichers brauchbar sind.

Weil Speicherung und Selektion so eng miteinander verknüpft sind, ist man in der geometrischen Anordnung der Speicherzellen nicht frei. So ist beispielsweise die gegenseitige Lage von Magnetkernen durch die geradlinigen Selektionsleitungen bindend vorgeschrieben, und die Frage, ob ein Speicher in räumlicher Hinsicht eine, zwei oder drei Dimensionen hat, hängt vom Mechanismus der Selektion ab. Dadurch ist auch die Anzahl der Leitungen bestimmt, die in den Speicher hineingehen. Bei einer zweidimensionalen Anordnung ist diese Anzahl proportional zu $\sqrt{N}$, bei einer dreidimensionalen proportional zu $\sqrt[3]{N}$, wenn N die Zahl der Bits im Speicher ist. Anderseits hat eine Adresse, die eine Zelle in einem N-zelligen Speicher kennzeichnet, $\log_2 N$ Dualstellen (falls sie im Dualsystem dargestellt ist). Diese Zahl ist kleiner als $\sqrt{N}$ oder $\sqrt[3]{N}$. Daher muß zwischen der Adressen-Darstellung und den Selektionsleitungen noch eine Umschlüsselung stattfinden, die meistens durch eine Matrix vollzogen wird.

Etwas anders liegen die Verhältnisse, wenn durch einen Bewegungsvorgang eine räumliche Dimension der Speicherung in eine zeitliche verwandelt wird. (Diese Bewegung kann entweder durch die Fortbewegung von Materie zustande kommen, wie im Fall der rotierenden Magnettrommel, oder durch die Fortpflanzung einer Welle, wie im Laufzeitspeicher.) Dann ist der Selektionsvorgang teils räumlich, teils zeitlich. Für die zeitliche Selektion wird ein elektronischer Schrittschalter verwendet, wie er im Zusammenhang mit der Operationensteuerung beschrieben wurde (s. S. 242).

VI.0.3 Zugriff und Adressierung

Die zwei Größen, die einen Speicher kennzeichnen, sind *Kapazität* und *Zugriffszeit*. Unter der Kapazität versteht man die Anzahl Bits, die gespeichert werden können, und unter der Zugriffszeit die Wartezeit, die verstreicht, bis eine Zelle angesteuert ist. Bei Speichern, die eine Zeitselektion besitzen (wie Magnettrommeln und Laufzeitspeicher) hängt die Zugriffszeit vom Zeitpunkt, in dem die Ansteuerung erfolgt, ab. Man muß dann eine maximale und eine mittlere Zugriffszeit unterscheiden, die meistens um einen Faktor 2 verschieden sind.

Die Zugriffszeit muß in einem vernünftigen Verhältnis zur Geschwindigkeit des Rechenwerkes stehen; dieser Zustand ist dann gegeben, wenn sie ungefähr gleich der mittleren Dauer einer einzelnen Rechenoperation ist. Bei starken Abweichungen von dieser Regel sind entweder Rechenwerk oder Speicherwerk schlecht ausgenützt.

Im allgemeinen ist die Zugriffszeit um so größer, je größer die Speicherkapazität. Erwünscht ist eine kurze Zugriffszeit T und eine große Speicherkapazität K. Man kann eine Art von Gütefaktor $G = T/K$ definieren, der möglichst klein sein soll. RAJCHMAN [62.20] hat gezeigt, daß die heutigen Kernspeicher alle einen G-Wert zwischen 1 und 100 ps/Bit (Picosekunden pro Bit) haben, und äußert die Vermutung, daß mit magnetischen Speichern irgendwelcher Art eine Reduktion auf $G = 0{,}1$ ps/Bit grundsätzlich nicht mehr möglich ist. Tunneldiodenspeicher liegen in der Gegend von 1 ps/Bit; supraleitende Speicher gestatten — wenigstens prinzipiell — eine Reduktion auf 0,01 ps/Bit oder sogar noch weniger bei sehr großen Kapazitäten (10^9 Bits, 10 μs).

Infolge der mit wachsender Kapazität steigenden Zugriffszeit ist es nicht möglich, das gesamte Datenvolumen, das dem Rechenwerk zur Verfügung stehen muß, mit der erwünschten Zugriffszeit bereitzuhalten. Daher sieht man meistens eine Hierarchie von zwei oder sogar drei Speichern vor, wovon derjenige, der dem Rechenwerk unmittelbar benachbart ist, die kürzeste Zugriffszeit und dementsprechend die kleinste

Kapazität hat; er verkehrt seinerseits mit einem größeren und langsameren Speicherwerk. Zwischen den einzelnen Speichern werden nicht einzelne Worte, sondern ganze Blocks von Worten gleichzeitig übermittelt. Durch geschickte Programmierung läßt es sich erreichen, daß in einer solchen Anlage der Gesamtablauf fast so schnell ist, wie wenn die gesamte Datenmenge mit der Zugriffszeit des Schnellspeichers zur Verfügung stünde. Immerhin stellt diese Organisation für die Programmierung eine erhebliche Erschwerung dar, und daher kommt den Anstrengungen, in automatischen Programmierungsmethoden auch diesen Aspekt einzubeziehen, größte Bedeutung zu.

Im Verlauf der Entwicklung von Rechenanlagen haben die Geschwindigkeiten von Rechenwerk und Speicherwerk gewaltige Fortschritte gemacht. Es ist interessant zu beobachten, daß die Perioden, während derer sich die Speicherwerke gegenüber den Rechenwerken im Hintertreffen befinden, bei weitem in der Überzahl sind; daher ist man gezwungen worden, Methoden auszuarbeiten, die die Stellung eines zu langsamen Speichers verbessern. Eine sehr wirksame, wenn auch aufwendige Lösung stellt das Prinzip des virtuellen Speichers dar, s. S. 401 ff.

Bis jetzt wurde immer angenommen, das Speicherwerk gestatte wahlweisen Zugriff zu jeder Zelle, ohne daß zuerst andere nicht gewünschte Zellen durchgangen werden müssen. Dieses oft mit „random access" bezeichnete Prinzip ist für kleine Speicher eine Selbstverständlichkeit, ist aber bei größten Kapazitäten schwieriger zu verwirklichen. Beispielsweise bietet ein Magnetband die Möglichkeit des wahlweisen Zugriffs nicht; um aus ihm eine verlangte Angabe abzulesen, muß man im ungünstigsten Fall die ganze gespeicherte Datenmenge durchlaufen[1].

VI.0.4 Massenspeicher

In der Datenverarbeitung von zunehmender Wichtigkeit sind die *Massenspeicher*. Dieser Begriff kennzeichnet ein Speicherwerk, das, im Gegensatz zum Arbeitsspeicher, eine größere Menge gespeicherter Daten enthält, die nur relativ selten abgelesen und verändert werden müssen. Dementsprechend ist eine längere Zugriffszeit erlaubt, doch ist ein wahlweiser Zugriff unumgänglich. Ein Speicher kann als Massenspeicher in diesem Sinne bezeichnet werden, wenn er 10^7 oder mehr Bits enthält. Bislang wird diese Bedingung nur durch Magnetplatten erfüllt; ihre Zugriffszeit beträgt 0,1 oder mehr Sekunden. Für die Aufgabe der Speicherung wissenschaftlicher Information — also die Mechanisierung einer Bibliothek — besteht der dringende Wunsch nach

---

[1] Strenggenommen vermitteln auch Magnettrommeln nicht wahlweisen Zugriff zu jedem Wort, indem nur die Auswahl der Spur wahlweise, die Ablesung innerhalb einer Spur jedoch sequentiell erfolgt; doch rechnet man sie — wie auch die Plattenspeicher — trotzdem zu dieser Kategorie.

erheblich größeren Massenspeichern, beispielsweise mit 10^{11} Bits (entsprechend einer Bibliothek mit 20000 Bänden), wobei eine Zugriffszeit von mehreren Sekunden tragbar wäre; doch ist bis zu einer technischen Realisierung eines so großen Speichers noch ein weiter Weg zu gehen.

Es ist ganz klar, daß so große Datenmengen nicht mehr in einem Speicher untergebracht werden können, in dem für jedes Bit ein diskretes Materialstück vorgesehen ist. Nur die Speicherung in einem kontinuierlichen Medium kommt in Betracht, und zwar stehen magnetische Oberflächen im Vordergrund. Auch photographische Schichten bilden eine Grundlage für Massenspeicher. Solche Schichten gestatten es allerdings nicht, eine einmal eingeschriebene Information zu löschen, doch ist zu bedenken, daß diese Unmöglichkeit die erfolgreiche Verwendung als Massenspeicher nicht ausschließt. Das mag am Beispiel einer Bibliothek veranschaulicht werden: Niemand empfindet das Bedürfnis, in einer Bibliothek einzelne Seiten oder einzelne Bücher zu entfernen.

Der Zugriff zu so großen Datenmengen ist nach dem heutigen Stand der Technik nur durch einen mechanischen Bewegungsablauf möglich. Alle Massenspeicher haben daher bewegte Teile. Das bedeutet, daß die Zugriffszeit kaum unter 0,1 s reduziert werden kann. Es bleibt abzuwarten, ob auf der Basis der supraleitenden Schaltelemente nichtmechanische Massenspeicher verwirklicht werden können.

Obwohl heute alle Speicher in Zellen aufgeteilt sind, von denen jede mittels einer Adresse aufgerufen werden kann, muß man sich doch vergegenwärtigen, daß das nicht die einzige mögliche Organisation ist. Die aufzurufende Zelle könnte nämlich auch so gekennzeichnet werden, daß man dem Speicher das gesuchte Wort (oder Teile davon) mitteilt. Diese Konzeption wird als „assoziativer Speicher" bezeichnet, s. S. 374ff.

VI.0.5 Die automatische Fehlerüberwachung

In einer Anlage, die sich durchgehend selbst kontrolliert, muß verlangt werden, daß auch im Speicher geprüft wird, ob jedes abgelesene Wort mit dem gespeicherten übereinstimmt. Die auf S. 248ff. geschilderten Überlegungen sind daher auch auf Speicher anwendbar, insoweit sie sich auf Übermittlungskontrollen beziehen. (Arithmetische Kontrollen finden dagegen in Speichern keine Anwendung.) Somit können jedem Wort Kontrollstellen beigegeben werden, die eine Anzeige vermitteln, sobald ein Fehler entsteht. Dies bedingt eine entsprechende Erhöhung der Speicherkapazität.

Die Kontrolle auf Richtigkeit wird unmittelbar nach der Ablesung vollzogen; ein Fehler, der beim Speichern entstanden ist, wird also erst aufgedeckt, wenn die betreffende Zelle abgelesen wird, was ein Nachteil ist, da man aus naheliegenden Gründen einen Fehler möglichst frühzeitig erkennen möchte. Bei Speichern, deren Inhalt dauernd regeneriert wird (wie Quecksilberleitungen oder Speicherröhren), kann die Prüfung im Zuge der Regeneration vollzogen werden und vermittelt somit eine schnelle Fehleranzeige. In Speicherröhren ist folgendes Verfahren verwendet worden: Im Speicherfeld, das in quadratischer Anordnung eine Anzahl Bits enthält, ist zu jeder Zeile und zu jeder Kolonne noch ein Prüfbit beigefügt, das die Quersumme ungerade macht. Entsteht nun ein Fehler, so werden seine Koordinaten angezeigt, und er kann automatisch richtiggestellt werden. In Kernspeichern, die nicht systematisch regeneriert werden, ist diese Methode nicht anwendbar.

Alle bisher geschilderten Prüfverfahren beziehen sich auf den Datenfluß, nicht aber auf Steuerungsvorgänge. Insbesondere erfolgt keine Anzeige, wenn der Selektionsmechanismus versagt und eine falsche Zelle ansteuert. Um solche Fälle ebenfalls zu erfassen, können in jeder Speicherzelle einige Bits fest (also als Konstante) gespeichert werden, die als Prüfstellen für die Adresse wirken und die bei der Ablesung mit der verlangten Adresse verglichen werden.

VI.1 Magnetkernspeicher

Magnetkerne sind zur Zeit die dominierenden Speicherelemente für Zugriffszeiten im Bereich von einigen Mikrosekunden. Mit Zugriffszeiten dieser Größenordnung lassen sich leicht Speicherwerke für viele tausend Worte bauen, und einer wesentlichen Vergrößerung der Speicherkapazität über etwa 10^7 Bits stehen nur die hohen Kosten im Weg. Anderseits können Magnetkerne auch für kleine Speicher mit beispielsweise 100 Bits Fassungsvermögen rationell eingesetzt werden, ebenso für verschiedene Sonderanwendungen wie Pufferspeicher.

VI.1.0 Die Eigenschaften von Magnetkernen

VI.1.0.0 Die Arten von Magnetkernen. In Speichern und Rechenschaltungen gibt es zwei grundsätzlich verschiedene Arten von Magnetkernen, nämlich solche aus Metall und solche aus Ferrit. Die *Metallkerne* bestehen, um Wirbelstromverluste klein zu halten, aus einem Band von Permalloy oder einer ähnlichen Legierung, das so dünn als möglich ausgewalzt ist (3 bis 30 μm) und in vielen Lagen zu einem Ring gewickelt wird. Der so entstehende Kern wird in einen Isolierkörper eingelegt; sein Außendurchmesser beträgt meist 5 mm oder mehr. Solche Kerne haben eine Sättigungsinduktion von 0,5 bis 2 Vs/m^2 und eine Koerzitivkraft von 0,01 bis 0,25 A/cm. Die *Ferritkerne* bestehen heute meistens aus Magnesium-Mangan- oder Kupfer-Mangan-Ferrit. Durch Verändern der Temperbedingungen kann die Koerzitivkraft in recht weiten Grenzen variiert werden, doch läßt sich die Schaltkonstante S (s. S. 290) nur wenig beeinflussen; sie liegt immer zwischen etwa 0,2 und $0,6 \cdot 10^{-6}$ As/cm.

(Dieser Wert gilt auch für Metalle.) Ferritkerne lassen sich bedeutend kleiner und auch billiger herstellen als Metallkerne. Die gegenwärtig am häufigsten verwendeten Kerne haben einen Außendurchmesser von 1,25 mm, und die kleinsten Kerne werden mit einem Außendurchmesser von 0,75 mm und einem Innendurchmesser von 0,5 mm hergestellt. Als Vergleich mag dienen, daß ein i-Punkt in diesem Text 0,4 mm groß ist; ein solcher Punkt hat also gerade in der Öffnung der kleinsten Kernsorte Platz. — Die Sättigungsinduktion liegt meistens bei 0,1 Vs/m².

Die wichtigen Charakteristiken der magnetischen Materialien hängen von der Temperatur ab, und zwar um so stärker, je niedriger die Curie-Temperatur ist. Daher ist eine hohe Curie-Temperatur, möglichst über

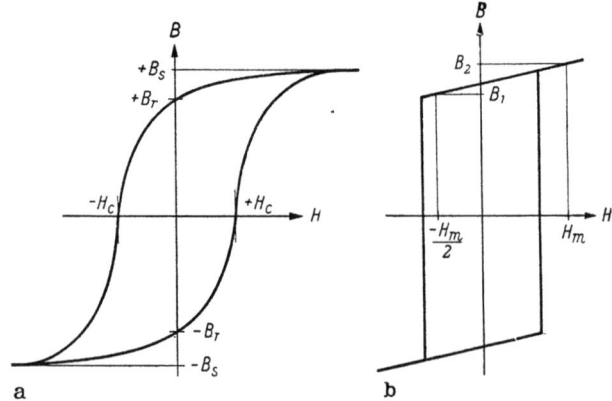

Abb. 209 a u. b

a) Hystereseschleife mit Sättigungsinduktion B_s, Remanenz B_r und Koerzitivkraft H_c, b) Definition des Rechteckigkeitsverhältnisses $R = B_1/B_2$

200 °C, erwünscht. Trotzdem ist es meistens nötig, die zulässige Umgebungstemperatur für einen Speicher auf einen Bereich von ± 10 °C zu beschränken.

Magnetkerne weisen eine ausgezeichnete Stabilität auf; ihr Material durchläuft im Verlauf der Zeit keine Veränderungen. Gegenüber Erschütterungen sind Ferritkerne weitgehend unempfindlich, während Metallkerne Strukturänderungen erleiden können.

In den eigentlichen Speicherzellen verwendet man heute wegen ihrer Kleinheit und der niedrigeren Kosten ausschließlich Ferritkerne; in den Wählerschaltungen kommen sowohl Metall- als auch Ferritkerne vor.

Ausführlichere Angaben über die Eigenschaften von Metall- und Ferritkernen, ferner eine Übersicht über die erhältlichen Typen vermittelt [32].

VI.1.0.1 Die Hysteresekurve. Abb. 209 a illustriert die Hysteresekurve eines Ferromagnetikums und definiert die Koerzitivkraft H_c, die remanente Induktion B_r und die Sättigungsinduktion B_s. Ein Ringkern

VI.1 Magnetkernspeicher

us einem solchen Ferromagnetikum kann als Speicherelement verwendet werden, indem man dem Wert 0 den unteren Remanenzzustand $-B_r$, dem Wert L den oberen Remanenzzustand $+B_r$ zuordnet. Da alle Kernspeicher auf dem Prinzip der Stromkoinzidenz beruhen, ist es erwünscht, daß beim Durchlaufen der Hysteresekurve die Induktion als Funktion der Feldstärke eine möglichst ausgeprägte Diskontinuität aufweist, und daß die Induktion außerhalb dieser Diskontinuität möglichst unabhängig von der Feldstärke ist. Diese Forderung ist um so besser erfüllt, je mehr die Kurve einem Rechteck gleicht. Als Gütemaß ist das „Rechteckigkeitsverhältnis" R eingeführt worden, das an Hand der idealisierten Hysteresekurve von Abb. 209b erläutert ist. H_m ist die in einem Versuch vorkommende Maximalfeldstärke. Es gilt $R = B(-H_m/2)/B(H_m)$. R ist für verschiedene Werte von H_m verschieden, und es ist daher jeweils anzugeben, bei welcher Feldstärke R ermittelt wird. In jedem Fall muß $H_m/2 < H_c < H_m$. Erwünscht ist ein Wert für R, der über einem großen Feldstärkebereich möglichst nahe bei 1 liegt; 0,9 ist ein häufiger Wert.

Die Kurven in Abb. 209a werden durchlaufen, wenn die Feldstärkeamplitude hinreichend groß ist. Von besonderer Bedeutung ist der Verlauf der Induktion bei kleinen Feldstärkeänderungen. In Kernspeichern kommen besonders häufig Feldstärken von $\pm H_m/2$ vor, wobei wir unter H_m die zum vollständigen Umschalten angelegte Feldstärke verstehen. Die dabei sich abspielenden Vorgänge sind vereinfacht in Abb. 210 veranschaulicht. Wenn an einen Kern, der sich im Remanenzzustand L befindet, zuerst ein Feld $-H_m/2$, dann $+H_m/2$ angelegt wird, so durchläuft er nacheinander die Punkte 11, 12, 13, 14. Ein von neuem angelegtes Feld $-H_m/2$ führt ihn an einen Punkt, der auf der Zeichnung mit 11 zusammenfällt. In Wirklichkeit sind die Verhältnisse komplizierter, indem diese Unterschleife nicht geschlossen ist, doch wird hier im Interesse der Klarheit an dieser Darstellung festgehalten; eine eingehendere Analyse findet sich in [53.3]. Wenn man vom Punkt 0 ausgeht, so führen Feldstärken von $+H_m/2, -H_m/2, +H_m/2$ in dieser Reihenfolge auf die Punkte 01, 02, 03, 04, 01, 02. Die Feldstärke $-H_m$ führt von dort aus auf 05.

Daraus ist ersichtlich, daß ein Kern im praktischen Betrieb nicht nur zwei, sondern — in der vereinfachten Darstellung von Abb. 210 — sechs verschiedene Remanenzzustände haben kann. Die beim Übergang zwischen benachbarten Punkten entstehenden, kleinen Flußänderungen sind störend und haben große praktische Bedeutung, wie auf S. 398f. gezeigt werden wird. 12 und 14 bezeichnet man als „gestörte L", 02 und 04 als „gestörte 0". Bei der Prüfung von Kernen in bezug auf ihre Eignung für ein Speicherwerk spielen die Formen der in Abb. 210 gezeigten Unterschleifen eine wichtige Rolle; um sie zu beobachten, werden bestimmte

Impulsprogramme angelegt, wobei verlangt wird, daß die Flußänderung vorgegebene Werte nicht überschreitet [53.3, 56.6].

Die beschriebenen Prozesse sind alle *irreversibel*, das heißt, nach dem Ende des Feldimpulses bleibt eine Flußänderung übrig. (Allerdings wird in der Literatur über Kernspeicher das Durchlaufen der Unterschleifen als reversibel bezeichnet, weil die entstandenen Änderungen durch Felder von der Größe $\pm H_m/2$ rückgängig gemacht werden können. Wir werden uns ebenfalls an diese Terminologie halten.) Wenn sich jedoch der Kern am Punkt L befindet und ein magnetisches Feld von der Größe $+H_m$ erfährt, so wird der Fluß nach 15 wandern; verschwindet das Feld wieder, so tritt der Zustand L wieder ein. Gesamthaft hat keine Flußänderung stattgefunden. Dieser Vorgang ist *reversibel* im eigentlichen Sinn. Zwar ergibt das Kurvenstück L — 15 einen Flußzuwachs und damit in einer Wicklung eine induzierte Spannung; doch wird das Voltsekundenintegral durch den genau umgekehrten Betrag, der beim Durchlaufen von 15 — L entsteht, zu Null gemacht. Dasselbe gilt für einen Impuls von der Größe $H_m/2$, ebenso für negative Impulse, die angelegt werden, wenn der Kern im Remanenzzustand 0 ist.

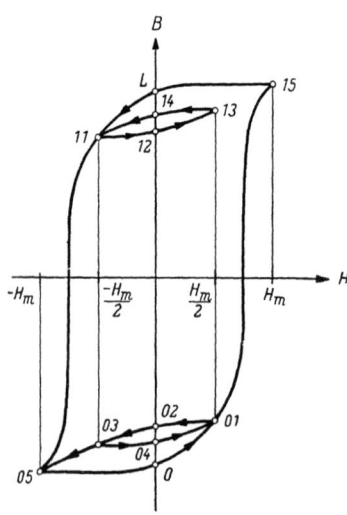

Abb. 210. Die Unterschleifen, die bei Feldern von $\pm H_m/2$ durchlaufen werden, führen zur gestörten 0 (02, 04) und zur gestörten L (12, 14)

VI.1.0.2 Die induzierten Spannungen. Wenn ein Kern vom Remanenzzustand L zum Remanenzzustand 0 umgeschaltet wird, so entsteht eine Flußänderung $2FB_r$, wenn F die Querschnittsfläche des Kerns ist. In einem typischen Ferrit-Speicherkern ist dieser Wert gleich 10^{-7} Voltsekunden. Dauert der Umschaltvorgang beispielsweise 1 μs, so ist die in einer einzelnen Windung induzierte mittlere Spannung 0,1 V. Es ist von Wichtigkeit, den zeitlichen Verlauf dieser Spannung zu kennen. In Abb. 211 sind die Ergebnisse eines Versuches aufgezeichnet, der mit einem 2-mm-Ferritkern ausgeführt werden kann. Der Kern wird durch einen Strom in einer einzelnen Windung umgeschaltet, und in einem Oszillographen werden die Signalformen, die in einer einzelnen Sekundärwindung entstehen, beobachtet. Nach jeder Messung wird der Kern in seinen ursprünglichen Remanenzzustand zurückgeschaltet. Die Anstiegszeit des Stromimpulses muß vernachlässigbar kurz sein (< 20 ns). Diese Kurven zeigen einen von der klassischen Vorstellung, wonach ein

VI.1 Magnetkernspeicher

magnetisches Feld zeitverzugslos eine Flußänderung hervorruft, völlig abweichenden Verlauf, indem die Dauer der Ummagnetisierung — und damit auch die Höhe der induzierten Spannung — von der Größe des Feldes abhängt.

In den gezeichneten Kurven (außer jener für große Schaltströme) treten zwei Maxima auf. Sie rühren davon her, daß die Flußänderung auf zwei verschiedene Mechanismen zurückzuführen ist [*55.9*]. Die anfängliche, steile Spitze stammt von der reversiblen Flußänderung, die beim Durchlaufen der Hystereseschleife vom Remanenzpunkt bis zum Knie

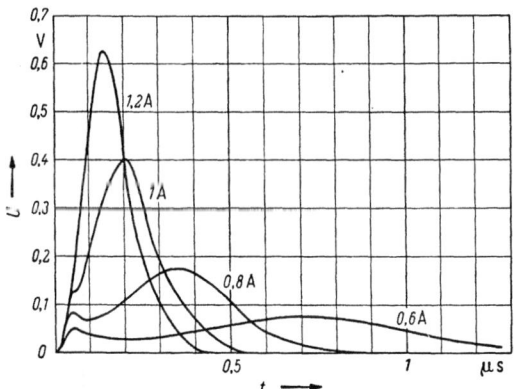

Abb. 211. Signalformen, die durch einen 2-mm-Ferritkern beim Umschalten mit verschiedenen Stromstärken induziert werden

auftritt. Dabei handelt es sich teils um Drehungen des Magnetisierungsvektors der WEISSschen Bezirke um kleine Winkel, teils um elastische Ausbauchungen der an den Störstellen haftenden BLOCH-Wände. Beide Prozesse sind schwach gedämpft, so daß die Anstiegsgeschwindigkeit des erregenden Stromimpulses im wesentlichen die Dauer und Amplitude dieses Vorgangs bestimmt. Von der Amplitude des Stromimpulses ist er nur schwach abhängig.

Das zweite Maximum entsteht während der irreversiblen Flußänderung. Die Dauer dieses Vorgangs hängt vom angelegten Feld ab. Diese Dauer ist allerdings nicht genau definiert. Wir bezeichnen mit τ die Zeit, die vergeht, bis die Flußänderung zu 90% vollzogen ist. (Ein anderes, ebenfalls verwendetes Merkmal wäre das Abklingen des Spannungs-Impulses auf 10% seines Spitzenwertes.) Trägt man $1/\tau$ als Funktion des angelegten Feldes auf, so findet man eine Kurve nach Abb. 212. Für kleine H findet kein Schalten statt ($1/\tau = 0$). Oberhalb H_c besteht eine annähernd lineare Beziehung zwischen $1/\tau$ und H, die durch die Gleichung $(H - H_c) \cdot \tau = S$ dargestellt wird. Diese Gleichung ist von fundamentaler Bedeutung für alle Kernspeicher. Sie besagt, daß in allen Schaltungen, wo Stromkoinzidenz vorkommt, wo also H kleiner als $2H_c$ bleiben muß, die Schaltzeit nicht unter S/H_c verkürzt werden kann. Daher beherrscht die Gleichung den ganzen Bau von Kernspeichern. Die *Schaltkonstante* S liegt für alle derzeit verwendeten Ferrite zwischen 0,2 und $0,6 \cdot 10^{-6}$ As/cm, und es ist noch nicht gelungen, sie weiter zu verkleinern. Für schnelles Schalten ist es also in einem Kernspeicher mit Stromkoinzidenz nötig, ein Material mit hoher Koerzitivkraft zu wählen. Es kommen H_c-Werte von 1 bis 4 A/cm vor.

Die Gleichung $(H - H_c) \cdot \tau = S$ stellt allerdings eine Vereinfachung der wirklichen Verhältnisse dar; das ist schon daraus ersichtlich, daß in Abb. 212 das untere Stück der Kurve gekrümmt verläuft. In Wirklichkeit besteht die Ummagnetisierung aus mehreren verschiedenen Vorgängen,

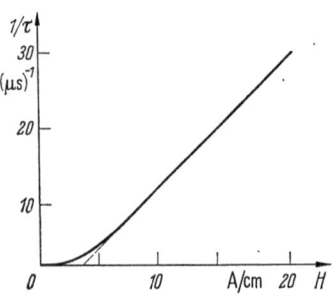

Abb. 212
Abhängigkeit von angelegtem Feld H und Schaltzeit τ in einem Magnetkern.
$H_c = 4$ A/cm, $S = 0,5 \cdot 10^{-6}$ As/cm

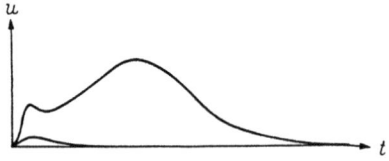

Abb. 213. Induzierte Spannung bei der Ablesung eines Kerns durch Anlegen eines Feldes $-H_m$. Obere Kurve: Punkt L in Abb. 210, untere Kurve: Punkt 02 (gestörte 0)

von denen jeder seine eigene Schaltkonstante hat, und diese Konstanten sind zudem nicht unabhängig vom angelegten Feld [59.56].

Bei der Ermittlung von H aus einer gegebenen Durchflutung ist zu beachten, daß in einem Ringkern der innere Durchmesser nicht gleich dem äußeren ist, und daß daher Flußpfade verschiedener Länge vorkommen. Bei gegebener Durchflutung werden also einzelne Teile schneller, andere langsamer schalten, was sich gesamthaft als Verlängerung des Umschaltvorganges auswirkt. Somit ist es wünschenswert, die Dicke des Kerns in radialer Richtung möglichst klein zu halten.

Die Gleichung für die Schaltzeit τ gilt nur für vollständige Ummagnetisierung. Nun gibt es für einen Kern nicht nur die „ungestörten" Remanenzzustände 0 und L, s. Abb. 210, sondern auch die gestörten Zustände. Somit entsteht auch dann eine Flußänderung, wenn etwa eine gestörte 0 (Punkt 02) durch Anlegen eines negativen Feldes $-H_m$ abgelesen wird. Es ist wichtig festzustellen, daß dieser Prozeß schneller als die vollständige Flußänderung verläuft, s. Abb. 213. Dadurch wird es beim Auswerten möglich, die beiden Vorgänge zeitlich zu trennen. Die reversiblen Flußänderungen, die beim Durchlaufen von $L - 15 - L$, bzw. $0 - 05 - 0$

entstehen, spielen sich ebenfalls bedeutend schneller als die vollständige Umschaltung ab [*57.6*].

Die Tatsache, daß die Ummagnetisierungszeit von der angelegten Feldstärke abhängt, bewirkt, daß für verschiedene Frequenzen verschiedene Hysteresekurven entstehen. Die Kurve von Abb. 209a gilt nur für langsame Feldänderungen. Bei höheren Frequenzen führt das Nacheilen des Flusses zu einer Verbreiterung der Hysteresekurve, also zu einer scheinbaren Erhöhung der Koerzitivkraft.

Bis hierher wurde immer angenommen, daß der angelegte Impuls so lange dauert, bis der Umschaltprozeß vollständig abgelaufen ist. Von besonderer Art sind die Zustände, die sich ergeben, wenn die Dauer des angelegten Feldimpulses kürzer als die Schaltzeit ist. Das Material wird dann nur teilweise ummagnetisiert. Davon kann in gewissen Fällen Gebrauch gemacht werden (s. S. 317f.) [*58.20, 59.54*]. Neuere Messungen deuten darauf hin, daß es möglich sein muß, sehr kurze Schaltzeiten zu erreichen, indem man sich auf die reversiblen Prozesse beschränkt und den Feldimpuls so kurz macht, daß die irreversible Ummagnetisierung gar nicht stattfinden kann [*59.56*].

VI.1.1 Die Selektion mit idealen Kernen

In § VI.1.1—VI.1.4 behandeln wir die gebräuchlichste Anordnung des Kernspeichers, über die Abb. 237 einen Überblick gibt; andere Organisationsarten der Kernebene werden in § VI.1.5 beschrieben.

Im vorliegenden Paragraphen betrachten wir die Kerne als ideal, das heißt, sie sollen vollkommen rechteckige Hystereseschleife haben.

Abb. 214 zeigt die Hystereseschleife. Die beiden Remanenzzustände $-B_r$ und $+B_r$ eines Ringkerns eignen sich zur Speicherung der beiden Werte 0 und L. Wir ordnen dem negativen Remanenzzustand $-B_r$ den Wert 0, dem positiven $+B_r$ den Wert L zu. Ein elektrischer Strom in einem durch den Ringkern geführten Leiter verursacht ein zirkuläres Magnetfeld, dessen Richtung von der Stromrichtung in diesem Leiter abhängig ist. Man kann also mit einem solchen Magnetisierungsstrom wechselnder Richtung den Remanenzzustand des Speicherkerns ändern. Mit H_c bezeichnen wir die Koerzitivkraft.

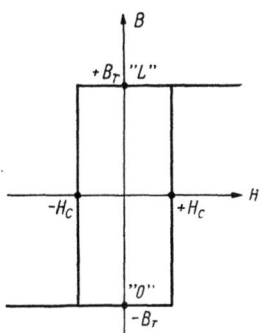

Abb. 214. Idealisierte Hystereseschleife eines Magnetkerns

VI.1.1.1 Stromkoinzidenz. Der Remanenzzustand eines idealen Speicherkerns mit einer Hystereseschleife nach Abb. 214 ändert sich nur dann, wenn die Amplitude der angelegten Feldstärke H den Wert H_c

überschreitet. Dieser zur vollständigen Ummagnetisierung nötige Strom I_t kann aus zwei Teilströmen $I_p = I_t/2$ zusammengesetzt werden (t = total, p = partial). Alle Speicher mit Ringkernen beruhen auf diesem Prinzip der Aufteilung in Teilströme. Eine Umschaltung kommt nur zustande, wenn die Teilströme gleichzeitig fließen, weshalb man von *Stromkoinzidenz* spricht. Damit die Umschaltung vom Vorhandensein einer Stromkoinzidenz abhängig ist, muß $I_t/2 < I_c < I_t$ sein, wie man leicht aus Abb. 215 ersieht. Mit I_c bezeichnen wir den Strom, der nötig ist, um ein Feld H_c zu erzeugen.

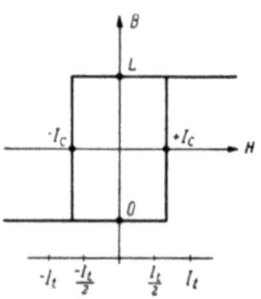

Abb. 215
Zur Größe von I_t und I_c. I_c ist der Strom, der nötig ist, um ein Feld H_c zu erzeugen

VI.1.1.2 Speicher- und Lesevorgang in der einfachsten Matrix. Auf Grund der Stromkoinzidenz läßt sich eine Gruppe von n^2 Magnetkernen in Form einer quadratischen Matrix anordnen und mit n Zeilenleitungen und n Kolonnenleitungen verdrahten, s. Abb. 216. Diese Leitungen seien gesamthaft als „Selektionsleitungen" bezeichnet. Sie werden in gerader Linie durch die Kerne hindurchgesteckt, das heißt, ein Draht stellt für jeden Kern nur eine einzige Windung dar. Aus Kostengründen wäre es nicht möglich, einen Draht mehrmals um jeden Kern herumzuführen. Für einen Speicher mit n^2 Bits sind also hier $2n$ solcher Leitungen nötig. Soll nun der doppelt schraffierte Kern etwa in den obern Remanenzzustand übergeführt werden, das heißt, soll in ihm eine L gespeichert werden, so wird der dazu nötige Magnetisierungsstrom I_t durch zwei gleichzeitig auftretende Teilströme der Größe $I_p = I_t/2$ aufgebracht. Ein Teilstrom I_{px} fließt in dem dem Kern zugehörigen Zeilendraht, der andere I_{py} im Kolonnendraht. Die einfach schraffierten Kerne erfahren eine Durchflutung $I_p = I_t/2$ und ändern ihren Magnetisierungszustand wegen

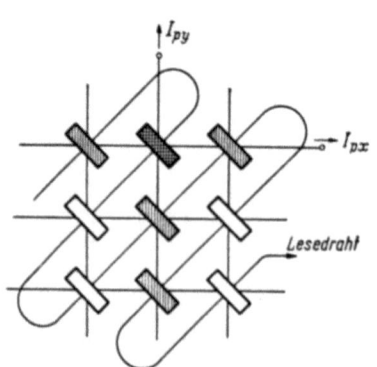

Abb. 216. Einfachster Matrixspeicher mit Schreib- und Leseleitungen. Die angegebenen Teilströme speichern eine L im doppelt schraffierten Kern

der Rechteckförmigkeit ihrer Hystereseschleife nicht. Wir bezeichnen diese nur mit I_p erregten Kerne als „teilerregt". (Die Teilerregung spielt bei der Betrachtung von nicht-idealen Kernen eine wichtige Rolle, s. S. 298f.) Die nicht schraffierten Kerne werden überhaupt nicht erregt. Im doppelt schraffierten Kern ist eine L gespeichert worden, und zwar unabhängig davon, ob er vorher eine 0 oder eine L enthielt. Im ersteren Fall ist mit der Speicherung eine Flußänderung des betreffenden Kerns verbunden, im letzteren nicht. Die Speicherung einer 0 geschieht dadurch, daß beide Teilströme in umgekehrter Richtung eingegeben werden. Der gewählte Kern wird dadurch in den Zustand 0 verbracht, wiederum unabhängig vom Zustand, den er vorher innehatte. Die die Zeilen- und Kolonnenleitungen versorgenden Impulsverstärker müssen also in der Lage sein, Impulse beider Richtungen zu liefern.

Der *Lesevorgang* wird eingeleitet durch eine Speicherung von 0 im ausgewählten Kern, das heißt, durch Teilströme, die die umgekehrte Richtung der in Abb. 216 eingezeichneten haben. Wie in Abb. 217 angedeutet ist, entsteht im betreffenden Kern, falls in ihm eine L gespeichert war, eine Flußänderung; falls eine 0 gespeichert war, bleibt die Flußänderung aus. In einer Leseleitung, die den Fluß aller Kerne umfaßt, kann somit die Anwesenheit oder Abwesenheit einer Spannung $U = F \cdot dB/dt$ festgestellt werden; B ist die Induktion im Kern, F seine Querschnittsfläche. Das induzierte Voltsekundenintegral ist $2FB_r$ für die Ablesung einer L und Null für die Ablesung einer 0.

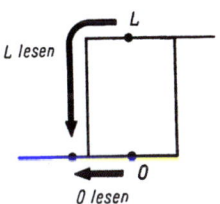

Abb. 217. Erläuterung des Lesevorganges. Beim Lesen von L entsteht eine Flußänderung, beim Lesen von 0 nicht

Man beachte, daß der ausgewählte Kern nach dem Lesevorgang immer eine 0 enthält. Es ist eine fundamentale Eigenschaft aller Ringkernspeicher, daß die gespeicherte Information durch die Ablesung zerstört wird, im Gegensatz zu den Verhältnissen, die beispielsweise bei Magnettrommeln vorliegen. An sich ist dieses Verhalten unerwünscht; man wird daher Maßnahmen vorsehen, um unmittelbar nach dem Lesevorgang die gelesenen Stellen wieder einzuspeichern.

Da in einer Matrix nach Abb. 216 immer nur ein einzelner Kern zugleich gelesen wird, genügt eine einzige Leseleitung, die so verdrahtet sein muß, daß sie mit dem Fluß aller Kerne verkettet ist. Die gezeichnete Leitung verläuft diagonal, um die Wirkung des Übersprechens, das von den Selektionsleitungen herkommt, klein zu halten. Wäre die Leseleitung horizontal oder vertikal, so bestünde eine starke Kopplung, die in der Leseleitung sowohl auf induktivem wie auch auf kapazitivem Wege störende Spannungen hervorrufen würde. Diese Effekte werden durch den Zwischenwinkel von 45° zwar nicht eliminiert, aber doch sehr viel schwächer gemacht. Da die Leseleitung hin- und hergeführt wird, erfolgt eine gewisse Kompensation der Spannungen, die in ihr durch den Impuls der Selektionsleitungen induziert werden; diese Kompensation ist um so besser, je mehr Sorgfalt auf die exakte Verlegung der Drähte verwendet wird.

294 VI. Speicherwerke

In größeren Matrizen spielen die in den Endschleifen der Leseleitung induzierten Störspannungen eine zunehmende Rolle, und es zeigt sich, daß diese Spannungen in der Anordnung der Kerne nach Abb. 218 besser kompensiert werden. Hier ist ein Teil der Kerne nach rechts, ein Teil nach links geneigt, und der Lesedraht ist entsprechend eingelegt. Dann entsteht zu jeder Endschleife eine zweite, die in bezug auf die Selektionsleitungen symmetrisch liegt, aber Störspannungen umgekehrter Polarität aufnimmt; diese Tatsache ist allerdings in der Figur nicht sichtbar und kommt erst bei größeren Matrizen zum Ausdruck. Die zur Speicherung einer L in den Selektionsleitungen erforderliche Stromrichtung ist durch Pfeile angedeutet. Für kleine und mittelgroße Matrizen sind die Anordnungen von Abb. 216 und 218 praktisch äquivalent, und wir werden in den folgenden Abschnitten bald die eine, bald die andere wählen. In beiden Fällen bewirkt die Verlegung der Leseleitung, daß bei der Ablesung einer L für gewisse Kerne ein positiver, für andere ein negativer Impuls induziert wird. Die Leseschaltung muß daher die empfangenen Signale zuerst gleichrichten. Dieses Verhalten ist für die Kompensation der von den teilerregten Kernen herrührenden Signale unerläßlich, s. S. 398f.

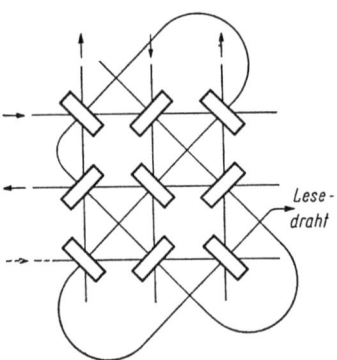

Abb. 218. Eine andere Anordnung der Kerne, die eine bessere Kompensation der in den Endschleifen der Leseleitung induzierten Spannung ergibt. Die Pfeile deuten die Stromrichtung in den Selektionsleitungen zur Speicherung einer L an

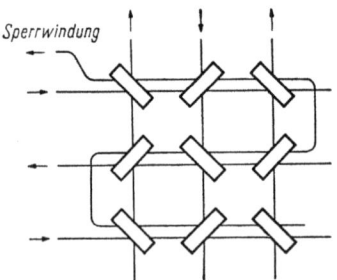

Abb. 219. Unterscheidung von 0 und L beim Speichern mittels einer Sperrwindung. Die Pfeile bei den Selektionsleitungen deuten die Stromrichtung beim Speichern an; fließt in der Sperrwindung ebenfalls ein Strom, so wird die Speicherung einer L verhindert. Die Leseleitung ist nicht eingezeichnet

Es ist erwähnt worden, daß die Speicherung von 0 durch die Koinzidenz von Strömen vollzogen wird, die umgekehrte Richtung wie bei der Speicherung von L haben. Hier ist auf eine andere, häufigere Art der Speicherung von 0 hinzuweisen. Die Ablesung — die immer vor dem Speichern ausgeführt wird — setzt den gewählten Kern auf 0. Ist anschließend eine 0 zu speichern, so kann der Kern unverändert belassen werden. Man kann aber auch eine Stromkoinzidenz in L-Richtung verursachen, wenn eine dritte, durch alle Kerne gehende Leitung, die einen umgekehrten Strom führt, das Schalten verhindert, s. Abb. 219. Diese

Leitung bezeichnet man als *Sperrwindung*. Sie ermöglicht es, daß die Folge Lesen–Speichern in den Selektionsleitungen immer einen negativ-positiven Doppelimpuls benötigt, was im Hinblick auf die induktive Ankopplung dieser Leitungen an ihre Quellen ein großer Vorteil ist.

In großen Speicherebenen (16 000 Kerne) ist noch eine andere Art der Anordnung der Leitungen verwendet worden, s. Abb. 220. Zunächst wird die Ebene in vier gleich große Felder eingeteilt; obere und untere Halbebene haben getrennte Sperrwindungen und getrennte Leseleitungen, was sich auf die Störspannungen günstig auswirkt. Die Leseleitung wird nicht diagonal, sondern horizontal geführt, und die Kompensation der Störspannungen kommt dadurch zustande, daß zwischen dem linken und dem rechten Quadranten ein Sprung um eine Zeile vorkommt. Diese Anordnung ergibt eine kürzere Drahtlänge und ist leichter herzustellen. Außerdem läuft nun sowohl zu den x- als auch zu den y-Selektionsleitungen ein zweiter Draht parallel, was die

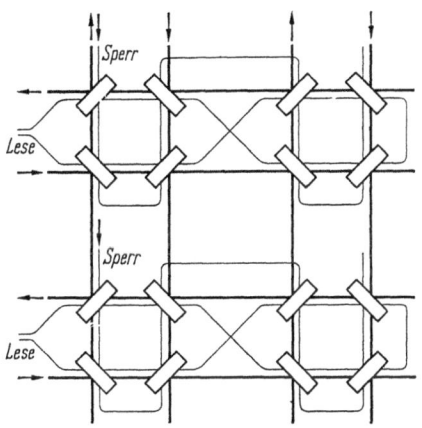

Abb. 220. Aufteilung einer großen Kernebene in vier Felder. Die Selektionsleitungen sind fett, die Lese- und Sperrwindungen dünn gezeichnet

elektrischen Eigenschaften dieser Leitungen einander gleich macht. Weitere Merkmale dieser Verdrahtungsart sind in [*61.1*] beschrieben, und Tsui et al. beschreiben eine verwandte Anordnung [*61.36*].

Das auf der Stromkoinzidenz beruhende Auswahlverfahren weicht völlig von den in andern Speicherarten verwendeten Prinzipien ab. Auf ihm beruht die außerordentliche Leistungsfähigkeit der Magnetkernspeicher und ihre Anpassungsfähigkeit an verschiedene Aufgaben. Von der Stromkoinzidenz konnte erst Gebrauch gemacht werden, als Kerne erhältlich wurden, deren Hystereseschleife der Rechteckform hinreichend nahekommt.

VI.1.1.3 Allgemeines über dreidimensionale Anordnungen. Die in Abb. 216 gezeigte Matrix läßt sich leicht auf drei Dimensionen erweitern. Man erhält dann eine Anordnung mit n^3 Kernen, die n Zeilen, n Kolonnen und n Ebenen hat. Die Leseleitung durchläuft alle n^3 Kerne. In bezug auf die Selektionsleitungen läßt sich aber die einfache Anordnung, wonach jeder Draht geradlinig verläuft und n Kerne erfaßt, nicht mehr durchführen; denn man würde im dreidimensionalen Fall in jeder Richtung n^2 Drähte, total also $3\,n^2$ Anschlüsse erhalten. Diese Zahl ist für

296 VI. Speicherwerke

einen rationellen Betrieb viel zu groß, da die Treiberschaltungen zu kompliziert würden. Für einen Speicher mit 10^6 Bits ($n = 100$) ergäben sich beispielsweise 30000 getrennt anzuschließende Selektionsleitungen. Obwohl sich dadurch ein Selektionsverhältnis von $3:1$ ergibt, das an sich sehr erwünscht wäre, ist man gezwungen, eine bessere Lösung zu suchen. Noch zwei weitere Gründe verhindern die Verwendung von Selektionsleitungen in drei unabhängigen Richtungen: Erstens würde eine Leseleitung, die durch alle n^3 Kerne geht, bezüglich der Kompensation der Störspannungen unüberwindliche Schwierigkeiten bieten, und zweitens wäre es herstellungsmäßig sehr schwierig, eine räumliche Anordnung von Kernen in dieser Weise zu verdrahten, denn man ist darauf angewiesen, die Ebenen einzeln durch Einziehen von x- und y-Drähten aufzubauen. Dann werden die Ebenen aufeinander gestapelt und Verbindungen werden nur noch am Rand angebracht, während Drähte in z-Richtung durch die

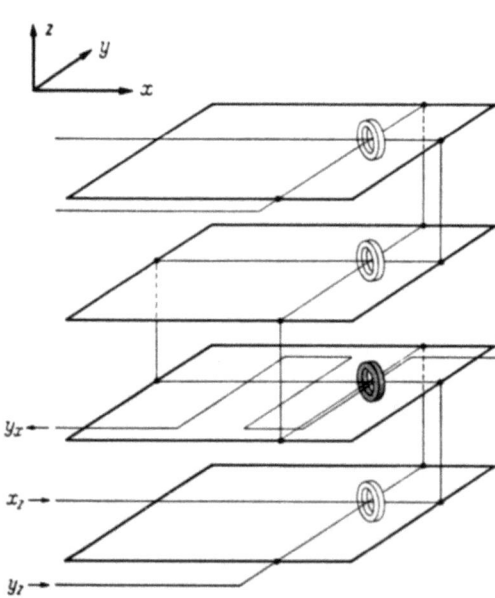

Abb. 221. Dreidimensionales Speicherwerk mit vier Ebenen. Von drei der vier möglichen orthogonalen Leitungsführungen ist je ein Vertreter eingezeichnet. Bei der Verwendung als Parallelspeicher übernimmt y_x die Rolle der Sperrwindung

Kerne selbst eingezogen werden können. Alle Verbindungen, die in den nachfolgend beschriebenen Speicherwerken von einer Ebene zur andern gehen, verlaufen daher am Rand.

Die Anzahl der unabhängigen Selektionsleitungen kann aber dadurch reduziert werden, daß man mehrere in der gleichen Richtung verlaufende Drähte in Serie schaltet, so daß sie vom gleichen Strom durchflossen werden. Ein Kern wird hier nicht mehr durch den Schnittpunkt von zwei (oder drei) Geraden, sondern durch den Schnittpunkt dreier Ebenen gekennzeichnet. Abb. 221 illustriert ein dreidimensionales Speicherwerk mit vier Ebenen, die übereinander liegen. Wir definieren eine x-, y- und z-Richtung in der angegebenen Weise. Die in Serie geschalteten Scharen von Leitungen werden durch Buchstaben nach folgender Regel charakterisiert: x_y bedeutet eine Schar von Drähten, die in x-

Richtung verlaufen; die Verbindung vom einen Draht zum nächsten verläuft in y-Richtung. Es gibt 6 mögliche orthogonale Leitungsführungen, nämlich x_y, x_z, y_x, y_z, z_x, z_y. Aus herstellungstechnischen Gründen müssen, wie erwähnt, z_x und z_y ausgeschlossen werden, so daß praktisch noch 4 Möglichkeiten verbleiben. Davon sind drei in Abb. 229 angegeben. Von jeder Schar ist nur ein Vertreter eingezeichnet, ebenso in jeder Ebene nur ein einzelner Kern. Ein Strom in Pfeilrichtung verursacht in den Kernen ein positives Feld.

In dieser Anordnung genügen drei Scharen, um jeden einzelnen Kern anzusteuern. Wenn der Speicher n^3 Kerne besitzt, so ergeben sich $3n$ unabhängige Selektionsleitungen, beispielsweise bei 10^6 Kernen 300.

VI.1.1.4 Ansteuerung von ganzen Worten in dreidimensionalen Anordnungen. Mit Magnetkernspeichern wünscht man meistens parallele Arbeitsweise, das heißt, sämtliche Stellen eines Wortes sollen gleichzeitig abgelesen oder gespeichert werden können. Dazu eignet sich der Speicher von Abb. 221.

Zunächst muß die Anordnung der Worte im Speicher besprochen werden. Die Anzahl Kerne in x-, y- und z-Richtung sei n_x, n_y und n_z. Es ist zweckmäßig, die Bits eines Wortes in z-Richtung anzuordnen. Die Anzahl Bits in einem Wort ist dann n_z, oder umgekehrt, der Speicher braucht ebenso viele Ebenen, wie ein Wort Bits enthält. Diese Zahl beträgt etwa 50, ein für die Konstruktion günstiger Wert. Somit ist ein Wort durch ein x, y-Koordinatenpaar gekennzeichnet, und die Kapazität des Speichers beträgt $n_x \cdot n_y$ Worte.

Wir studieren jetzt den Speichervorgang an Hand von Abb. 221. Ein Wort wird durch die Auswahl je einer Leitung aus der x_z- und der y_z-Schar charakterisiert. Die eingezeichneten x_z- und y_z-Leitungen bestimmen das Wort, das aus den vier sichtbaren Kernen besteht. Während aber in Abb. 216 die Speicherung von 0 und L durch die Richtung der Selektionsströme unterschieden wurde, ist dieses Verfahren hier nicht mehr anwendbar; denn diese Ströme sind in jedem Kern des zu speichernden Wortes dieselben, so daß die einzelnen Bits auf diese Art nicht unterschieden werden können. Dazu kann aber die y_x-Leitung herangezogen werden, die in diesem Fall den Namen „Sperrwindung" erhält. Die Schar dieser Leitungen hat n_z Anschlüsse, die den n_z Bits eines Wortes zugeordnet sind. Der Speichervorgang spielt sich nun so ab, daß durch die x_z- und die y_z-Leitung, die dem gewünschten Wort zugeordnet sind, je ein Strom von $+I_t/2$ geschickt wird. Dadurch werden die vier in der Abbildung sichtbaren Kerne angesteuert. Außerdem erhält die Sperrwindung in allen jenen Ebenen, in denen eine 0 gespeichert werden soll, einen Strom von $-I_t/2$, der die Durchflutung in den Kernen, die er durchläuft, auf $+I_t/2$ reduziert, während sie in den übrigen Kernen des angesteuerten Wortes I_t beträgt. Im Beispiel der Abbildung, wo dieser

Strom nur in der zweituntersten Ebene fließt, würde also (von unten nach oben) das Wort L0LL gespeichert. Die teilerregten Kerne erfahren eine Durchflutung von $\pm I_t/2$; somit beträgt das Selektionsverhältnis 2:1.

Dieses Verfahren gestattet nicht die Speicherung einer 0 in einem Kern, der eine L enthält. Daher müssen vor dem Speichern durch einen Lesevorgang alle Kerne des betreffenden Wortes auf 0 gesetzt werden. Überhaupt werden Magnetkernspeicher immer in der Reihenfolge „Lesen–Speichern" betrieben.

Die Ablesung geschieht wiederum durch Auswahl des dem gesuchten Wort entsprechenden x_x-y_z-Paares; durch diese zwei Leitungen wird ein Strom von $-I_t/2$ geschickt. Nun enthält jede Ebene eine getrennte Leseleitung, die alle Kerne dieser Ebene diagonal nach Abb. 216 oder 218 durchläuft. Wir haben somit n_z Ausgangsklemmen, an denen ein Impuls erscheint, wenn im betreffenden Kern eine Flußänderung stattfindet, das heißt, wenn in ihm eine L gespeichert war. Nachher stehen alle Kerne des Wortes auf 0.

Der Leser wird bemerkt haben, daß sowohl die Sperrwindung als auch die Leseleitung alle Kerne einer Ebene durchlaufen und daß sie nie gleichzeitig gebraucht werden. Daher taucht die Frage auf, ob man auf eine der beiden Leitungen verzichten kann. Dies ist nicht möglich, weil sonst beim Ablesen die unerläßliche Kompensation der Störsignale, die sowohl von den Treiberleitungen (s. S. 293) als auch von den teilerregten Kernen (s. S. 299) herrühren, nicht gegeben wäre.

Der hier beschriebene Aufbau eines Kernspeichers ist derjenige, welcher in der Praxis weitaus am häufigsten anzutreffen ist. Oft wird er sogar in Serienmaschinen gebraucht; dann gelangen die abgelesenen Bits parallel auf eine Reihe von Verzögerungsleitungen, die sie im richtigen Takt serienmäßig an das Rechenwerk weitergibt. Beim Speichern spielt sich der umgekehrte Vorgang ab.

VI.1.2 Die Ablesung von realen Kernen

Bisher ist angenommen worden, daß die Magnetkerne eine ideale Hystereseschleife nach Abb. 214 aufweisen. Tatsächlich hat sie gekrümmte Form, s. Abb. 209a, und die teilerregten Kerne durchlaufen Unterschleifen, s. Abb. 210. Während sich diese Tatsache beim Speichern nicht auswirkt, hat sie auf den Vorgang des Lesens einen tiefgreifenden Einfluß, und zwar infolge der Tatsache, daß auch in den teilerregten Kernen Flußänderungen auftreten. Wir betrachten als Beispiel eine Matrix-Ebene mit n^2 Kernen, aus denen nach Abb. 216 durch Stromkoinzidenz einer ausgewählt wird; durch Beobachtung der Spannung in der Leseleitung soll festgestellt werden, ob dieser Kern eine L oder eine 0 enthält. Ein Impuls deutet auf eine L hin. Aber auch die teilerregten

Kerne erfahren Flußänderungen; deren Spannungsspitzen haben etwa 10% der Höhe, die eine L verursacht. In einer Matrix mit n^2 Kernen werden $2(n-1)$ Kerne teilerregt. Würden sich ihre Spannungen in der Leseleitung alle addieren, so würde dadurch das gewünschte Signal vollständig überdeckt. Daher muß die Leseleitung immer so verlegt werden, daß bei einer Flußänderung in einer gegebenen Richtung die Hälfte der Kerne eine positive, die andere Hälfte eine negative Spannung induziert, so daß sich die Anteile der teilerregten Kerne kompensieren können. Die Verdrahtung von Abb. 216 und 218 erfüllt diese Bedingung.

Allerdings genügt diese Maßnahme noch nicht, um das Störsignal in der Leseleitung — das oft als Delta-Signal bezeichnet wird — kleiner als das Nutzsignal zu machen. Ein Blick auf Abb. 210 zeigt, daß ein Kern — in der vereinfachten Betrachtungsweise — 6 unterscheidbare Remanenzzustände haben kann. Die Flußänderung, die beim Anlegen von $-H_m/2$ entsteht, ist nicht für alle diese Zustände gleich groß; sie ist Null für die Punkte 0, 04, und 12 und ist maximal für L. Ein mittlerer Wert entsteht, wenn von 02 oder 14 ausgegangen wird. Bei der Berechnung der induzierten Störspannung ist von der ungünstigsten Verteilung dieser Zustände auf die verschiedenen, die Leseleitung positiv bzw. negativ beeinflussenden Kerne auszugehen, und es zeigt sich, daß sich in großen Matrizen die aufgezeigten Differenzen zu unzulässig hohen Störspannungen summieren. Es sind drei Verfahren im Gebrauch, um diese Schwierigkeit zu beseitigen: Die Nach-Teilerregung, die Integration und das Ausblenden.

VI.1.2.1 Die Nach-Teilerregung. Nach Abb. 210 sind für 0 und L je drei verschiedene Remanenzzustände möglich. Die Nach-Teilerregung bezweckt, vor Beginn einer Leseoperation alle Kerne eines Speichers entweder auf den Punkt 04 oder den Punkt 12 zu setzen. Die Leseoperation, die in den teilerregten Kernen einen Feldimpuls von $-H_m/2$ verursacht, kann dann in denselben nur noch eine verschwindend kleine Flußänderung hervorrufen. Wenn die Darstellung von Abb. 210 exakt wäre, so wäre die irreversible Flußänderung überhaupt Null, da man vom Punkt 12 nach Anlegen von $-H_m/2$ wieder auf 12 zurückkommt, ähnlich bei Punkt 04. Tatsächlich sind, wie früher erwähnt wurde, diese Unterschleifen nicht ganz geschlossen. Die verbleibenden Flußänderungen werden aber dadurch, daß sie sich für die Hälfte der Kerne positiv, für die andere Hälfte negativ auswirken, genügend kompensiert.

Man kann sich leicht überzeugen, daß durch Anlegen der Impulsfolge $+H_m/2$, $-H_m/2$ jeder Kern entweder auf den Punkt 04 oder den Punkt 12 gesetzt wird. Der Impuls $+H_m/2$ entsteht in den teilerregten Kernen während der Speicheroperation, und die Einschaltung von $-H_m/2$ bezeichnet man als Nach-Teilerregung (post-write-disturb). Wie das im Rahmen des Impulsprogramms geschieht, ist in Abb. 225 gezeigt.

VI.1.2.2 Die Integration über einen ganzen Zyklus. Bisher wurde angenommen, daß die Leseoperation durch Anlegen eines Feldimpulses $-H_m$ geschieht. Eine Flußänderung (das heißt, ein Spannungsimpuls in der Leseleitung) zeigt, daß die gespeicherte Information eine L war. Der Kern enthält nachher eine 0. Man kann auch zuerst H_m, dann $-H_m$ anlegen, und die Ausgangsspannung über die Zeit integrieren. Wenn der Kern vorher eine Null enthielt, so ist das Voltsekundenintegral ebenfalls Null, andernfalls ist es gleich dem umgeschalteten Fluß des Kerns. Die Auswertung dieser Spannung erfolgt nach Beendigung der Integration. Auch hier steht der Kern nachher auf 0. Dadurch ist nun erreicht worden, daß die Anteile der teilerregten Kerne weitgehend verschwinden; denn diese Kerne durchlaufen die Unterschleifen von Abb. 210, die nahezu geschlossen sind. Dieses Verfahren ist in [53.3] ausführlich geschildert.

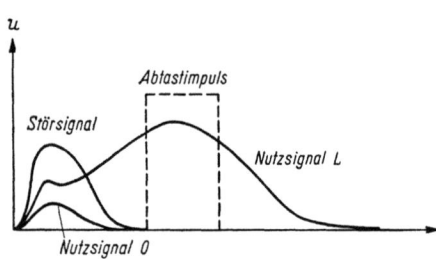

Abb. 222. Störsignal und Nutzsignal getrennt aufgezeichnet. Beide werden gemeinsam in der Leseleitung induziert. Das Ausblenden geschieht durch den Abtastimpuls

VI.1.2.3 Das Ausblenden. In der Leseleitung wird nicht nur das vom gewählten Kern herrührende Nutzsignal induziert, sondern gleichzeitig auch die Störsignale, die durch die teilerregten Kerne geliefert werden. Diese beiden Anteile sind in Abb. 222 getrennt aufgezeichnet. Es wäre durchaus unzweckmäßig, die Auswertung durch Prüfen des Spitzenwertes vorzunehmen. In Anwesenheit des Störsignals könnte dadurch zwischen 0 und L kaum mehr unterschieden werden. Dagegen kann man davon Gebrauch machen, daß die Störsignale von reversiblen Prozessen herrühren und daher viel schneller abklingen als die Spannung, die durch das vollständige Umschalten eines Kerns erzeugt wird. Durch Anbringen eines Abtastimpulses, der bestimmt, wann die Auswertung der induzierten Spannung vorzunehmen ist, läßt sich der Einfluß des Störsignals weitgehend eliminieren.

Diese Methode wird sehr häufig angewendet. Sie kann mit der Nach-Teilerregung oder der Integration kombiniert werden.

VI.1.2.4 Der Leseverstärker. Der Leseverstärker muß, um die abwechselnd positive und negative Verkettung der Kerne mit der Leseleitung zu berücksichtigen, eine Zweiweg-Gleichrichtung vollziehen. Ferner muß er die Signale, die eine Größe von etwa 100 mV haben, verstärken und mittels eines Abtastimpulses ausblenden.

Hier sind zwei Beispiele von Leseverstärkern, die sich im praktischen Betrieb befinden, beschrieben. Abb. 223 zeigt den ersten Verstärker [59.46]. Der Transistor T_1 verstärkt in Basisschaltung die aus dem Lese-

raht kommenden Spannungsstöße. Der Übertrager liefert gegenphasige
pannungen für die Zweiweg-Gleichrichtung durch die beiden Dioden.

)er Emitter von T_2 ist
egenüber der Basis um
inen bestimmten Betrag
egativ vorgespannt; er
vird dann leitend, wenn
in verstärkter Spannungs-
toß den Schwellwert über-
chreitet. Wird nun auf
ie Basis von T_3 ein nega-
iver Abtastimpuls ge-
;eben, so wird er mit der
\nstiegsflanke dieses Im-
iulses leitfähig, die an-
;esammelten Ladungsträ-
;er im Basisraum von T_2
können abgeführt werden

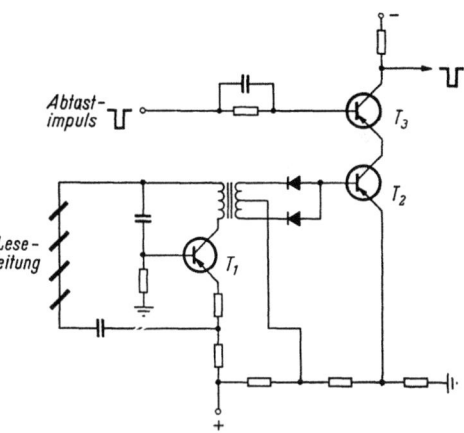

Abb. 223. Leseschaltung mit Ausblendung

ind es fließt ein Kollektorstrom, der ein Ausgangssignal erzeugt,
velches seinerseits ein Flipflop setzt.

Einen Leseverstärker, der für eine Kernebene mit 32000 Kernen, also
:in sehr großes Speicherwerk verwendet wird, zeigt Abb. 224 [57.4].
Hier hat es sich als nötig erwiesen, den Lesedraht in insgesamt 8 Teile

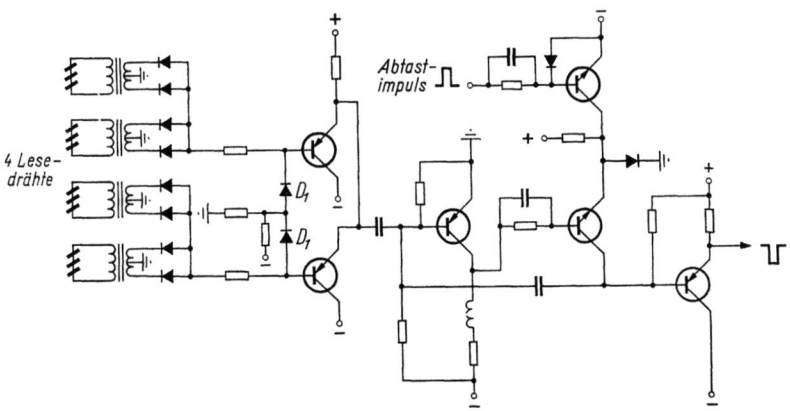

Abb. 224. Leseschaltung mit Ausblendung für eine Kernebene mit 32000 Kernen

zu unterteilen; jeder Teil durchläuft 4000 Kerne und führt auf einen
Übertrager. Diese Übertrager sind unter Verwendung von Dioden, die
gleichzeitig die Zweiweg-Gleichrichtung besorgen, paarweise zusammengefaßt. Jedes Paar führt auf einen Emitterfolger; die zwei Emitter
sind wiederum parallelgeschaltet.

Es folgt eine weitere Verstärkerstufe, deren Frequenzgang durch eine Induktivität in der Kollektorleitung verbessert ist. Das folgende Paar von Transistoren wirkt als Impulsgatter, und das abgetastete Signal gelangt schließlich auf einen Emitterfolger. Die Ausgänge zweier solcher Verstärker werden parallelgeschaltet, um das kombinierte Signal von 8 Leseleitungen, also 32000 Kernen zu erhalten. In einer so großen Matrix übersteigt der Störimpuls die Amplitude des Nutzimpulses bei weitem, vgl. Abb. 222. Um eine Sättigung des Verstärkers, die über den Zeitpunkt des Abtastimpulses hinaus andauern würde, zu vermeiden, erfolgt durch die Dioden D_1 eine beidseitige Begrenzung auf 0,2 V.

Weitere Literatur zu Kap. VI.1.2: [*56.18, 57.18, 61.36, 62.8, 62.27, 63.17, 64.8*].

VI.1.3 Die Speisung der Selektionsleitungen

VI.1.3.1 Die Selektionsströme. Entsprechend der Größe der am meisten verwendeten Speicherkerne, die einen äußeren Durchmesser von etwa 1—2 mm haben, ist für die Durchflutung $I_t/2$ (s. Abb. 215) ein Strom von etwa 500 mA nötig, je nach dem verwendeten Kernmaterial. Das Selektionsverhältnis 2:1 ist nur dann gegeben, wenn dieser Strom genau eingehalten wird; schon bei einer Toleranz von $\pm 5\%$ wird das praktisch verwertbare Verhältnis um 10%, das heißt, auf 1,8:1 reduziert. Diese Toleranz darf daher nicht überschritten werden, was eine ziemlich scharfe Anforderung bedeutet; denn die induktive und ohmische Last, die die Selektionsleitung darstellt, ist nicht konstant, sondern hängt bis zu einem gewissen Grad davon ab, wieviel 0 und L in den betreffenden Kernen gespeichert sind. Daher muß der Impulserzeuger eine Stromquelle sein, das heißt, er muß hohe Impedanz haben. Die Gegenspannungen, die die reversiblen Prozesse in den Kernen bei einer Stromänderung erzeugen, können sich zu beträchtlichen Werten summieren. Pro Kern muß man mit etwa 5 mV rechnen; der Wert hängt von der Anstiegszeit ab. In einem sehr großen Speicher durchläuft eine Leitung Tausende von Kernen, so daß diese Spannung recht hoch wird. Die Anstiegszeit muß etwa 0,4 μs betragen, die Impulsdauer etwa 1 μs. Toleranzen in diesen Zeiten wirken sich so aus, daß für sicheres Schalten mehr Zeit eingeräumt werden muß, das heißt, die Zugriffszeit wird vergrößert.

Für große Matrizen muß die Fortpflanzungszeit der Impulsfront entlang dem Selektionsdraht in Berücksichtigung gezogen werden. Infolge der verteilten Induktivitäten und Kapazitäten wirkt dieser Draht als Leitung, und wenn seine Laufzeit vergleichbar wird mit der Anstiegszeit der Impulse, so wird es schwierig, eine befriedigende Stromkoinzidenz zu erhalten. Mit Kernen von 1,25 mm Außendurchmesser muß man pro Kern mit einer Laufzeit von etwa $1,5 \cdot 10^{-11}$ s rechnen, und der Wellenwiderstand der so entstehenden Leitung beträgt etwa 100 bis 200 Ω. Dieser Effekt macht sich besonders bemerkbar bei der Sperrwindung, die durch alle Kerne einer Ebene geht, ferner bei den x- und den y-Selektionsdrähten, falls sie nach Abb. 221 durch viele Ebenen gehen; beim Durchlaufen von weniger als 1000 Kernen kann er vernachlässigt werden.

VI.1.3.2 Das Impulsprogramm und die zeitlichen Abläufe. Ein vollständiger Zyklus besteht immer aus einer Lese- und einer Speicheroperation. Falls die Rechenanlage eine Ablesung befiehlt, so wird die verlangte Adresse angesteuert und abgelesen; anschließend wird die Information nicht nur an das Rechenwerk weitergegeben, sondern gleichzeitig wieder gespeichert, da ja die Ablesung mit einer Löschung verbunden ist.

Abb. 225 veranschaulicht das Impulsprogramm für ein Speicherwerk, das aus vielen Ebenen besteht und mit einer Sperrwindung arbeitet. Das Ablesen geschieht durch Stromkoinzidenz von x und y; der Abtastimpuls wertet die in der Leseleitung induzierte Spannung aus, sobald die reversiblen Prozesse abgeklungen sind. Das Speichern bedingt eine Stromkoinzidenz von x und y, welche eine L einschreibt. Wenn 0 eingeschrieben werden soll (das heißt, wenn der Kern im Zustand, den er nach

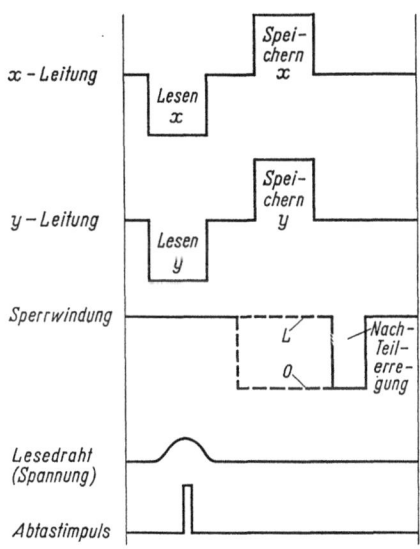

Abb. 225. Impulsprogramm eines Speichers mit Sperrwindung. Nach unten gezeichnete Impulse setzen die Kerne auf 0, und umgekehrt. Die Stromamplitude ist $I_t/2$

dem Lesen hat, belassen werden soll), so liefert die Sperrwindung eine zusätzliche Durchflutung von $-I_t/2$, die zusammen mit dem x- und dem y-Draht eine Durchflutung von $+I_t/2$ ergibt, was keine Ummagnetisierung verursacht. Damit der Sperrimpuls den Schreibimpulsen zuverlässig entgegenwirkt, muß er etwas früher beginnen und etwas später enden. Daraufhin erfolgt die Nach-Teilerregung (s. S. 299), die sich direkt an den Sperrimpuls anschließt. Dieser Vorgang dauert weniger lang als das Lesen oder das Schreiben, da nur reversible (also schnelle) Prozesse abgewartet werden müssen.

Je nach Größe des zu treibenden Speichers haben die Lese- und Schreibimpulse eine Dauer von 1 bis 2 μs. Zusammen mit den Anstiegs- und Abfallzeiten und den Wartezeiten, die für Toleranzen eingeräumt werden müssen, dauert der ganze Zyklus im allgemeinen zwischen 5 und 12 μs, wobei der letztere Wert für größte Speicherwerke zutrifft. Von

304   VI. Speicherwerke

Wichtigkeit ist, daß der zeitliche Mittelwert des Stromes in den x- und den y-Leitungen gleich Null ist; somit können diese Leitungen transformatorisch mit den treibenden Schaltungen gekoppelt sein oder durch Rechteckkerne gespeist werden. Dasselbe gilt nicht für die Sperrwindung.

Ein anderes Beispiel eines Impulsprogramms für einen Speicher, der aus einer einzelnen Ebene besteht, zeigt Abb. 226. Hier erfolgt die Ablesung nach S. 300, das heißt, der zu lesende Kern wird zuerst auf L,

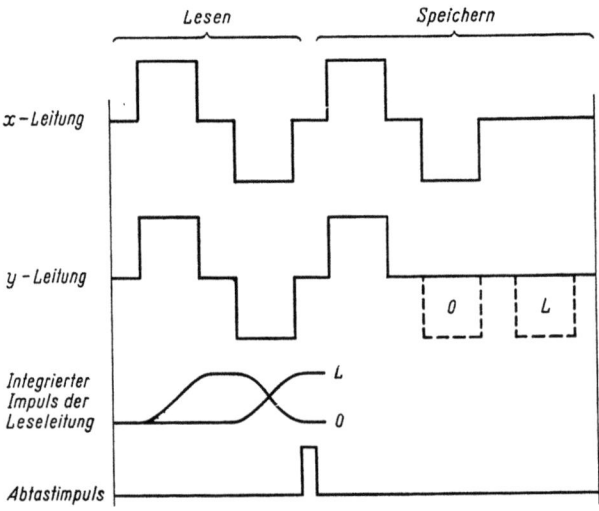

Abb. 226
Impulsprogramm eines Speichers ohne Sperrwindung und mit Integration des abgelesenen Signals

dann auf 0 gesetzt, und die Lesespannung wird integriert und nach Schluß dieses Vorgangs abgetastet. Um die Bedingung, daß der zeitliche Mittelwert der x- und y-Ströme verschwindet, zu erfüllen, muß der Schreibvorgang ebenfalls aus zwei Schritten bestehen. Zuerst wird durch Stromkoinzidenz L gespeichert; dann erfolgen in x und y negative Impulse. Sind diese gleichzeitig, so erfolgt die Speicherung einer 0, andernfalls bleibt die L erhalten. Dieses Impulsprogramm dauert länger als jenes von Abb. 225.

Maßgebend für die Geschwindigkeit eines Kernspeichers ist die Dauer eines solchen Programms, denn sie bestimmt, wie viele Speicher- und Leseoperationen pro Sekunde durchgeführt werden können. Diese Dauer kennzeichnet die Zugriffszeit. Mit einem 5-μs-Speicherwerk lassen sich pro Sekunde 200000 Zyklen ausführen.

Durch Kombination aller bekannten beschleunigenden Maßnahmen ist es möglich, die Dauer eines vollständigen Zyklus auf nur 2 μs zu reduzieren, also pro Sekunde 500000 Speicheroperationen durchzuführen

61.1]. Zu diesem Zweck werden sehr kleine Kerne verwendet, die einen Außendurchmesser von nur 1,25 mm haben; ihre Koerzitivkraft ist hoch und liegt bei 4 A/cm. Durch die Verwendung eines lastverteilenden Schalters (s. S. 311 f.) wird das Störsignal reduziert, und das ganze Speicherwerk ist in Öl von konstant gehaltener Temperatur getaucht, um eine Überhitzung der Kerne zu vermeiden und um die temperaturbedingten Veränderungen in den Eigenschaften der Kerne möglichst klein zu halten.

VI.1.3.3 Die Steuerung mit Transistoren. Geeignete Schaltungen müssen in der Lage sein, Impulse mit der geforderten Anstiegszeit und den strengen Toleranzen an die Selektionsleitungen abzugeben. Abb. 227

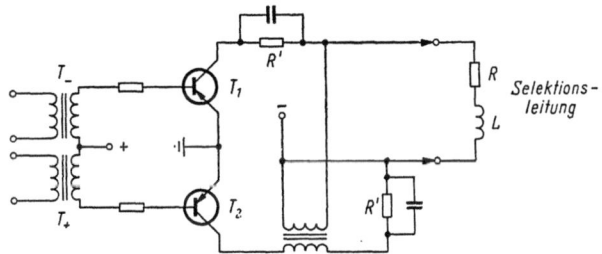

Abb. 227. Prinzipschaltbild eines Transistorverstärkers für die Steuerung einer Selektionsleitung

veranschaulicht die Prinzipschaltung eines geeigneten Impulsverstärkers mit Transistoren nach [59.46]. Im Ruhezustand sind beide Transistoren durch eine kleine Vorspannung gesperrt. Gelangt nun ein Impuls auf den oberen Übertrager T_-, so erhält die Selektionsleitung einen negativen (Lese-) Impuls. Die Leitung ist durch R und L nachgebildet. Da die Zeitkonstante L/R länger als die geforderte Anstiegszeit ist, wird zusätzlich ein Widerstand R' in Serie geschaltet, der die Zeitkonstante verkürzt und gleichzeitig dazu dient, den Strom konstant zu halten. Gelangt ein Impuls auf den unteren Übertrager T_+, so wird T_2 leitend, und über einen zusätzlichen Übertrager erhält die Selektionsleitung einen positiven (Schreib-) Impuls.

Da von vielen Selektionsleitungen immer nur eine im Betrieb ist, ist es nicht nötig, für jede Leitung einen gesonderten Verstärker vorzusehen. Der Übergang von einer geringen Zahl von Verstärkern auf eine größere Zahl von Selektionsleitungen geschieht meistens mit magnetischen Matrizen, s. S. 306 ff. Seltener kommt eine Anordnung, die die Gestalt einer Diodenmatrix hat, zur Anwendung, s. Abb. 228. Im Gegensatz zu einer konventionellen Matrix mit Dioden muß diese Schaltung in der Lage sein, an den Ausgängen Impulse beider Polaritäten abzugeben; daher sind die horizontal eingezeichneten Verbindungen doppelt vorhanden, die oberen für negative, die unteren für positive Impulse [24, 32]. Diese Art von Matrix gestattet schnellere Impulse als eine magnetische

Matrix und wird daher hauptsächlich im Zusammenhang mit dem wortorganisierten Speicher, der ja an sich ein schnelleres Arbeiten gestattet, verwendet, s. S. 315f. Braucht man nur Impulse einer Richtung (etwa für einen Konstanten-Speicher), so kann von den zwei Dioden jeweils eine wegfallen.

VI.1.3.4 Das Prinzip der magnetischen Steuermatrix.

In einem großen Speicher ist die Anzahl der Selektionsleitungen sehr hoch, für eine Ebene mit $n^2 = 10000$ Kernen wird sie bereits $2n = 200$. Zu einer gegebenen Zeit sind aber nur zwei davon im Betrieb. Es ist daher unwirtschaftlich, für jede Leitung einen gesonderten Röhren- oder Transistoren-Verstärker vorzusehen. Man hat daher versucht, für die Speisung der Selektionsleitungen ebenfalls Magnetkerne vorzusehen, welche allerdings wesentlich größer als die Speicherkerne sein müssen. Diese als _Wählerkerne_ bezeichneten Schaltelemente werden in matrizenähnlicher Anordnung ausgelegt und helfen mit, die Zahl der erforderlichen aktiven Elemente weiter zu reduzieren. Deren Anzahl, die bei der direkten Speisung der Selektions-

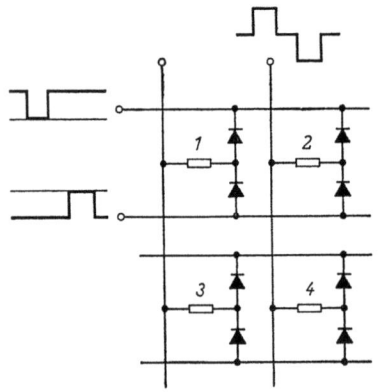

Abb. 228. Diodenmatrix für den Betrieb von vier Selektionsleitungen (die hier symbolisch als Widerstände dargestellt sind). Die eingezeichneten Signalformen wählen die Leitung 2 aus und verursachen in ihr zuerst einen nach rechts, dann einen nach links fließenden Strom. Alle übrigen Leitungen bleiben stromlos

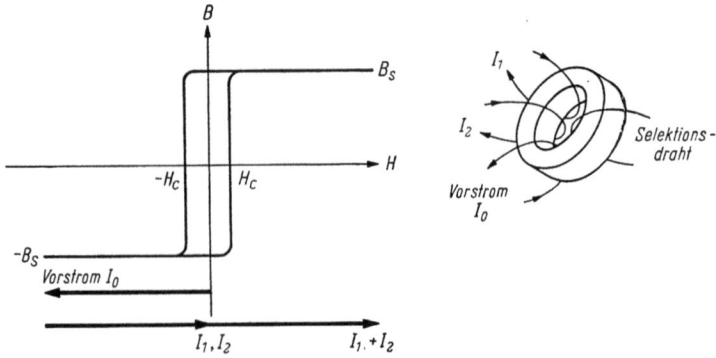

Abb. 229. Wirkungsweise eines Wählerkerns

leitungen proportional zu n ist, wird bei den Steuermatrizen erster Art proportional zu $\sqrt{n}$, bei denen zweiter Art proportional zu $\log n$, wenn wir wieder mit n^2 die Zahl der Speicherkerne in einer Ebene bezeichnen.

Da die Wählerkerne nicht als Speicher, sondern als Schalter wirken müssen, weicht ihre Betriebsweise von jener der Speicherkerne ab, siehe Abb. 229. Der Wählerkern erfährt dauernd eine Durchflutung, welche von einem Vorstrom I_0 herrührt. In zwei weiteren Wicklungen können Ströme I_1 und I_2 fließen, welche dem Vorstrom entgegengesetzt sind und ungefähr die Größe I_0 haben. Solange diese Ströme nicht eingeschaltet sind, beträgt die Magnetisierung $-B_s$, womit wir die Sättigungsmagnetisierung bezeichnen. I_1 oder I_2 vermögen, jeder für sich, keine Flußänderung hervorzurufen; erst wenn sie beide gleichzeitig auftreten, wird die resultierende Durchflutung so stark positiv, daß die Magnetisierung auf $+B_s$ überspringt. Nach dem Verschwinden dieser Ströme geht sie wieder auf $-B_s$ zurück. Das Verhalten hängt nicht von der Vorgeschichte ab, somit haben wir kein speicherndes Element vor uns. Diese Betriebsweise ist auf S. 118 als „Durchgangsfunktion" bezeichnet worden und entspricht allgemein dem Begriff der Schwellwertlogik (s. S. 21f.). Mit dem Verzicht auf die speichernde Eigenschaft ist die sehr wichtige Tatsache erkauft worden, daß — obwohl das Umschalten auf Stromkoinzidenz beruht — die verfügbaren Felder nicht auf $2H_c$ beschränkt sind. Die Felder können beliebig groß gemacht werden und hängen nicht von H_c ab. Damit kann man schnellere Schaltzeiten erreichen. Ferner entstehen keine merklichen Flußänderungen in einem teilerregten Kern.

Der Kern von Abb. 229 kann als logisches Gatter aufgefaßt werden; die Bedingung für eine Flußänderung, also für einen Impuls in der Ausgangsleitung — die die Selektionsleitung der Speichermatrix ist — ist das logische Produkt der Signale I_1 und I_2. Durch geeignete Vergrößerung des Vorstromes kann ein solcher Kern auch als mehrfaches Gatter ausgebaut werden, das nur dann schaltet, wenn alle Signalströme gleichzeitig fließen. In gewissem Sinn ähnelt diese Anordnung den Gattern von Abb. 33, mit dem Unterschied, daß hier Ströme, nicht Spannungen vorkommen.

Beim Überspringen auf $+B_s$ entsteht im Selektionsdraht ein positiver, beim Zurückgehen auf $-B_s$ ein negativer Spannungsimpuls. Das Voltsekundenintegral nach dem Durchlaufen eines solchen Zyklus ist immer Null; es ist also nicht möglich, beispielsweise eine Folge von positiven Impulsen zu entnehmen. Darauf ist bei der Formulierung des Impulsprogramms (Abb. 225 und 226) Rücksicht zu nehmen.

Da solche Kerne größere Spannungen abgeben müssen, genügt eine einzelne Windung nicht; es sind mehrere Windungen erforderlich. Wenn mehrere Wicklungen, die auf Kernen angebracht sind, welche räumlich in einer geraden Linie angeordnet sind, in Serie geschaltet werden sollen, so geht man zweckmäßig nach Abb. 230 vor; diese Anlage der Drähte ist leichter herzustellen, als wenn jeder Kern einzeln bewickelt würde, und die entstehende Flußverkettung ist die gleiche. In den folgenden Figuren ist der Einfachheit halber nur eine einzelne Windung gezeichnet (also ein geradlinig durch den Kern gehender Draht), obwohl Wählerkerne immer mit mehreren Windungen versehen sind.

Abb. 230. Art der Serienschaltung von Wicklungen, die aus mehreren Windungen bestehen

Es ist nötig, hier den zeitlichen Verlauf des Stromes, den der Wählerkern in der Selektionsleitung induziert, zu betrachten. Eine ausführlichere Darlegung dieser Zusammenhänge vermittelt CARTER [60.5].

Abb. 231a veranschaulicht einen solchen Kern mit Primär- und Sekundärwicklung von je n Windungen (diese Annahme schränkt die Allgemeinheit nicht ein). Die Selektionsleitung ist durch L und R dargestellt; das ist dann zulässig, wenn die Gruppenlaufzeit hin und zurück durch eine Selektionsleitung kleiner als die Anstiegszeit eines Selektionsstromimpulses ist. Zur Zeit $t = 0$ soll der Primärstrom von 0 auf den Wert i steigen.

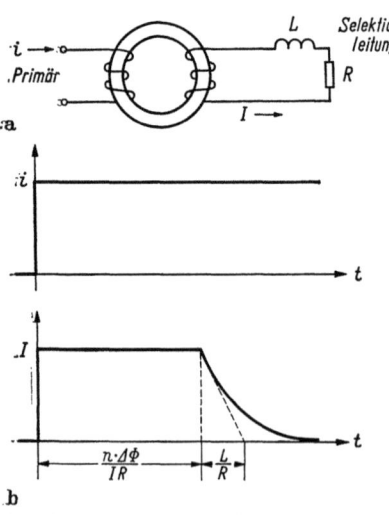

Abb. 231. Die Vorgänge bei der Steuerung durch einen Wählerkern

Dadurch wird in der Sekundärwicklung ein Strom I induziert, der — abgesehen vom Magnetisierungsstrom des Kernes — gleich groß wie der Primärstrom ist, und die Flußänderung im Kern beträgt $n \cdot \Delta \Phi_0 = L \cdot I$. Der Spannungsabfall in R wird durch fortlaufende, weitere Flußänderung aufgebracht: $IR = n \cdot d\Phi/dt$. Das Ende des Impulsdaches ist erreicht, wenn der Wählerkern gesättigt ist. Danach stellt er für die Last einen Kurzschluß dar, und die in L gespeicherte Energie wird mit der Zeitkonstante L/R vernichtet, s. Abb. 231b. Diese Zeitkonstante bestimmt die Impuls-Abfallzeit. Um sie kurz zu machen, wird R durch Zuschalten eines Widerstandes erhöht; L ist vorgegeben und kann nicht verkleinert werden. Bei konstanter Impulsdauer (die durch die Eigenschaften der Speicherkerne vorgegeben ist) gelingt das nur, falls die Flußverkettung $n \cdot \Delta \Phi$ des Wählerkerns gleichzeitig erhöht wird, was zwangsläufig auch den Anteil, den dieser Kern an L liefert, erhöht. ($\Delta \Phi$ ist definiert als $\Delta \Phi = 2\Phi_r - \Delta \Phi_0$; Φ_r ist der remanente Fluß.) Es zeigt sich, daß der Verkürzung der Impuls-Abfallzeit durch Vergrößerung von R eine Grenze gesetzt ist. Außerdem steigt die aufzuwendende Treiberleistung mit wachsendem R auf ohe Werte an. Die Notwendigkeit, einen Ohmschen Widerstand in Serie zur Treiberleitung zu schalten, ist ein prinzipieller Nachteil der gewöhnlichen Kernwähler.

VI.1.3.5 Matrizen erster Art. Abb. 232

zeigt eine Wählermatrix erster Art. Sie arbeitet ähnlich wie eine Speicherkernebene, das heißt, ein Kern wird durch Stromkoinzidenz eines horizontalen und eines vertikalen Drahtes angesteuert. Um diese zwei Richtungen nicht mit der x- und der y-Richtung in der gesteuerten Speicherebene zu verwechseln, sind die Koordinaten mit ξ und η bezeichnet. Wenn in der gezeichneten Matrix zwei Ströme I_ξ und I_η fließen, so überwinden sie in Kern Nr. 5 die Vormagnetisierung, und es wird im Selektionsdraht, der diesen Kern umfaßt, ein Impuls induziert; alle übrigen Kerne bleiben unberührt. In Abb. 233

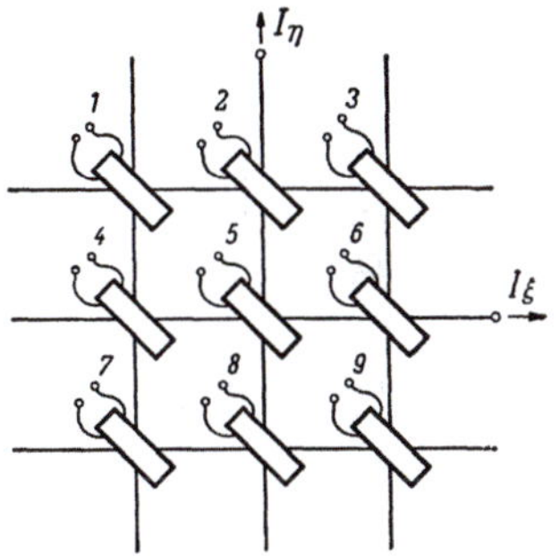

Abb. 232. Matrix erster Art für $n = 9$ Selektionsleitungen, die mit 1 bis 9 numeriert sind. Die angegebenen Ströme erzeugen in der Leitung Nr. 5 ein Impulspaar. Die Wicklungen für die Vormagnetisierung, die alle Kerne umfassen, sind nicht eingezeichnet

ist schematisch gezeigt, wie sowohl für die x-Schar als auch für die y-Schar einer Speicherebene eine Wählermatrix erster Art vorzusehen ist. Zur Ansteuerung einer Speicherebene mit n^2 Kernen sind also zwei Matrizen mit je n Kernen erforderlich, und die Anzahl der Zuleitungen ist

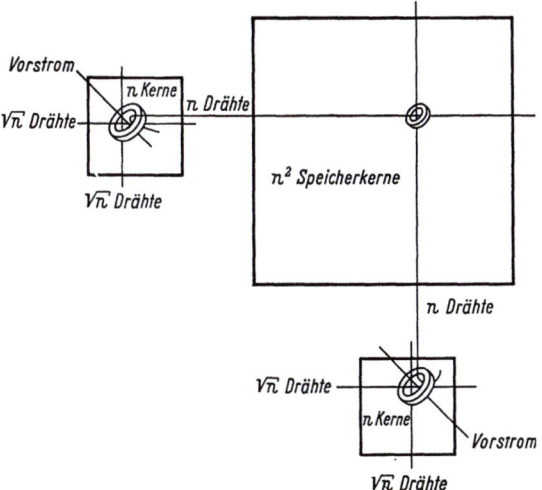

Abb. 233. Zwei Wählermatrizen mit je n Wählerkernen für eine Speicherebene mit n^2 Speicherkernen

gleich $4\sqrt{n}$, also für $n^2 = 10000$ beispielsweise 40 Zuleitungen. Der Aufwand, für jede dieser Klemmen einen Verstärker einzubauen, wird damit

310   VI. Speicherwerke

durchaus erträglich, da die Anzahl Verstärker nur mit der vierten Wurzel der Speicherkapazität ansteigt.

Hier wurde stillschweigend angenommen, die Speichermatrix habe quadratische Form, und auch n sei eine Quadratzahl. Diese Annahme ist nicht nötig. Selbstverständlich können sowohl in der Speichermatrix als auch in der Wählermatrix die zwei Seiten verschieden lang sein.

VI.1.3.6 Matrizen zweiter Art. Die nachfolgend beschriebenen Wähler werden in der Literatur ebenfalls als Matrizen bezeichnet, obwohl sie mit

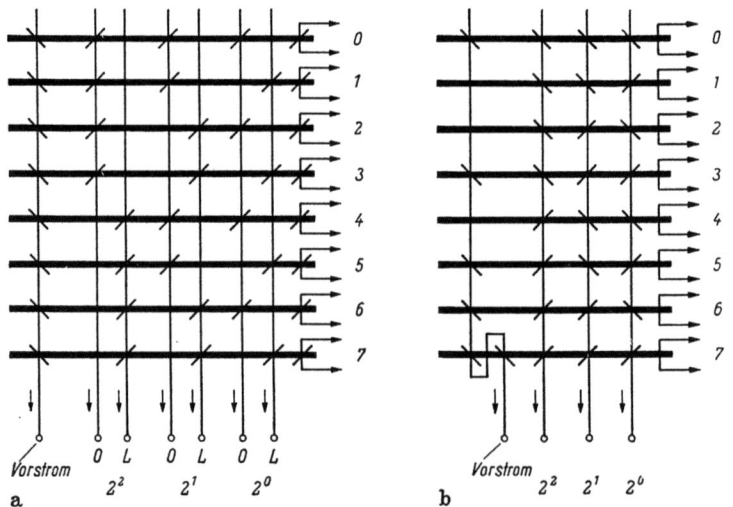

Abb. 234. Zwei Wählermatrizen zweiter Art für acht Selektionsleitungen, deren Anschlüsse rechts mit 0 bis 7 numeriert sind

dem mathematischen Matrix-Begriff noch weniger zu tun haben als Speichermatrizen oder Wählermatrizen erster Art. Ihre Funktion beruht wieder auf dem Prinzip von Abb. 229, wonach ein Vorstrom im Wählerkern eine negative Durchflutung hervorruft, die so dimensioniert ist, daß sie durch zwei (oder eine höhere, vorbestimmte) Anzahl von Steuerströmen umgekehrt werden kann. Abb. 234 zeigt zwei solche Matrizen, mit welchen $n = 8$ Selektionsleitungen gesteuert werden können. Hier haben wir für die Kerne und ihre Wicklungen eine häufig anzutreffende und sehr praktische Schreibweise gewählt. Die horizontalen, kräftigen Linien kennzeichnen die Kerne und können als seitliche Ansicht derselben aufgefaßt werden; die vertikalen Linien sind die Wicklungen und ihre Verbindungsleitungen. Die kleinen diagonalen Striche geben an, in welcher Richtung die Verkettung erfolgt. Man kann sie sich als kleine Spiegelchen vorstellen. Ein in Richtung des Stromes entlang dem Draht fallender Lichtstrahl wird nach links oder nach rechts reflektiert, je nach der Stellung des Spiegels, und gibt dadurch an, ob der Strom im Kern eine positive oder eine negative Durchflutung hervorruft. Das Fehlen eines diagonalen Striches bedeutet, daß der betreffende Draht mit dem Kern überhaupt nicht verkettet ist. — Diese Schreibweise ist nicht zu verwechseln mit der Darstellung der Kerne etwa nach Abb. 232. Die kleinen schrägen Striche sind nicht Kerne, sondern Symbole.

Die Matrizen beruhen auf der Entschlüsselung einer im Dualsystem dargestellten Zahl. In Abb. 234a sind für jede Dualziffer zwei Leitungen vorhanden; die eine führt Strom, wenn die Ziffer L ist, die andere, wenn sie 0 ist. In b ist diese Verdoppelung durch einen Kunstgriff vermieden. Hier wird angenommen, daß sich die Wählerkerne zu Beginn alle im untern Remanenzzustand befinden (vgl. Abb. 229). Schaltet man alle Ströme zugleich ein, so entsteht nur im gewählten Kern eine Flußänderung, die durch eine nach links gerichtete Durchflutung verursacht wird. Oft wünscht man, zuerst die Signalströme (2^2, 2^1 und 2^0) einzuschalten, und erst nachher die eigentliche Aussteuerung zu veranlassen. Das wird durch eine zusätzliche Leitung, die zusammen mit dem Vorstrom ein geeignetes Impulsprogramm durchmacht, bewirkt. Die Speisung der Signalleitungen kann nach dem Prinzip der Stromsteuerung aus einer einzigen Impulsquelle erfolgen, s. Abb. 112.

Die Matrix von Abb. 234b hat (vom Vorstrom abgesehen) für n Selektionsleitungen $\log_2 n$ Eingänge. Für eine Speicherebene sind nach dem gleichen Prinzip, das in Abb. 233 erläutert wurde, zwei solche Matrizen nötig; also braucht es für eine Ebene mit n^2 Kernen $2\log_2 n = \log_2 n^2$ Eingangsleitungen. Das ist die minimale Anzahl von Klemmen, die nötig ist, um aus n^2 Kernen einen zu kennzeichnen. Abb. 234a hat doppelt so viele Eingänge.

VI.1.3.7 Lastverteilende Wähler. Alle bisher beschriebenen Wähler haben die ungünstige Eigenschaft, daß viele Transistoren als Impulsquellen vorhanden sein müssen, von denen immer nur ganz wenige zugleich im Betrieb sind. Das entspricht einer schlechten Ausnützung kostspieligen Materials. Der lastverteilende Wähler hat den großen Vorteil, daß bei jedem Speichervorgang *alle* impulserzeugenden Schaltungen ein Signal liefern, das entweder O oder L ist. Dadurch verteilt sich die zu liefernde Energie auf viele Transistoren, die entsprechend kleiner dimensioniert werden können. Dieser Wähler hat, besonders in großen Speichern, weite Verbreitung gefunden.

Abb. 235 veranschaulicht einen lastverteilenden Wähler für vier Selektionsleitungen. Zur Steuerung braucht er vier Leitungspaare A, B, C, D. Jedes Paar besteht aus zwei Zweigen, die mit 0 bzw. L angeschrieben sind. Wenn die betreffende Ziffer 0 ist, führt der Zweig 0 einen Impuls, und wenn die Ziffer L ist, führt der Zweig L einen Impuls. $A\ B\ C\ D$ kann als vierstellige Dualzahl aufgefaßt werden; in einer Selektionsleitung wird dann ein Impuls induziert, wenn diese Dualzahl den in der

Abbildung rechts angegebenen, zugehörigen Wert annimmt. Dieser Wähler hat zwei wichtige Vorteile: Erstens wird die aufzubringende Leistung gleichmäßig auf vier Treiberquellen verteilt, so daß als Treiber relativ kleine Verstärker verwendet werden können, und zweitens erfahren alle nicht angesteuerten Kerne eine Durchflutung, die genau gleich Null ist. Dank dieser Tatsache brauchen an die Rechteckigkeit der Hystereseschleife der Wählerkerne nur geringe Anforderungen gestellt zu werden, ja, es lassen sich sogar lineare Übertrager verwenden; eine Nichtlinearität hilft aber, die Effekte abzuschwächen, die infolge einer Ungleichheit der Amplituden der steuernden Ströme entstehen.

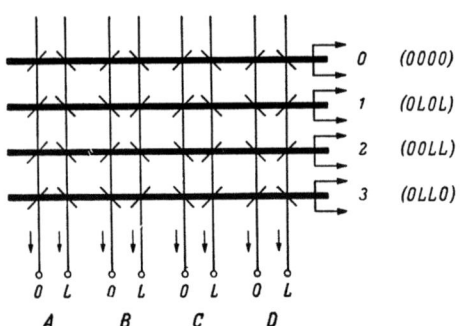

Abb. 235. Lastverteilender Wähler für vier Selektionsleitungen; ihre Ansteuerung erfolgt, wenn $ABCD$ die rechts angegebenen Werte hat

Diesem Vorteil steht der Nachteil gegenüber, daß die Zahl der Eingangsleitungen, also auch die Zahl der Treiber, gegenüber den vorher beschriebenen Wählern größer ist. Daher ist eine umfangreiche Umschlüsselung (Verwandlung der Adresse in die Form, die zur Ansteuerung der Treiber geeignet ist) nötig; doch können hier, entsprechend dem geringen Leistungsbedarf der Eingangsleitungen, die in logischen Schaltungen üblichen, niederen Spannungs- und Strompegel zur Anwendung kommen.

Die Eigenschaften dieses Wählers bringen es mit sich, daß die an der Lesewicklung des Speichers entstehenden Störsignale besonders klein sind, da sich verschiedene Beiträge kompensieren. Der lastverteilende Wähler hat daher für große und sehr schnelle Speicher erhebliche Bedeutung erlangt.

Der Entwurf von lastverteilenden Schaltern bietet interessante mathematische und technische Probleme, und es ist über diesen Gegenstand eine umfangreiche Literatur entstanden. Einige Hinweise sind: [58.4, 60.6, 60.7, 62.18, 62.24].

VI.1.3.8 Treiberschaltungen für Wählermatrizen. Die Speisung von Wählermatrizen stellt etwas höhere Anforderungen an die Treiberschaltungen als die direkte Speisung der Selektionsleitungen des Speichers; denn zusätzlich zur Spannung der teilerregten Speicherkerne sind noch die Spannungen zu überwinden, die die teilerregten Wählerkerne einem Stromanstieg entgegensetzen. Immerhin hat man als frei wählbare Größe die Windungszahl der Wählerkerne, die mit mehreren Windungen versehen werden können, was im eigentlichen Speicherwerk nicht möglich ist.

Dadurch hat man es in der Hand, Strom und Spannung den Eigenschaften des treibenden Elementes anzupassen. Der Strombedarf beträgt etwa 400 mA, die Spannung etwa 5 mV pro Speicherkern, den die Selektionsleitungen durchlaufen; dazu kommen die von den teilerregten Wählerkernen herrührenden Spannungsanteile. Abb. 236 zeigt das Prinzip-Schaltbild eines Transistoren-Treibers für kleine Speicher [57.19]. Ein positiver Impuls an der Basis von T_1 treibt T_2 ins Sättigungsgebiet; der Strom durch die Last wird dann praktisch nur durch die Speisespannung und durch R bestimmt. Während des Impulses baut sich ein Strom durch L auf, der dem Kollektor von T_2 entzogen wird, jedoch nicht in dem Maße, daß T_2 das Sättigungsgebiet verläßt. Das Ende des Impulses läßt den Kollektor von T_1 wieder auf Erdpotential zurückgehen, und der

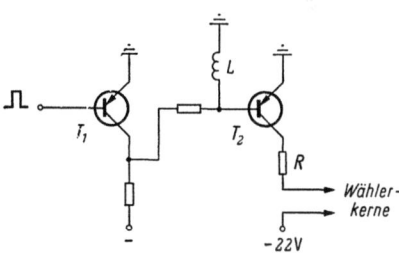

Abb. 236
Eine Treiberschaltung für Wählermatrizen

durch L weiterfließende Strom sorgt dafür, daß die gespeicherten Ladungsträger beschleunigt aus dem Basisraum von T_2 entfernt werden.

Weitere Treiberschaltungen sowie allgemeinere Betrachtungen über die Anforderungen, die diese Verwendung an Transistoren stellt, vermitteln [24, 57.1, 60.15].

VI.1.4 Übersicht über den ganzen Kernspeicher

Die meisten großen Kernspeicher sind nach Abb. 237 organisiert. Im Mittelpunkt stehen die eigentlichen Matrizen, die eine Breite von m Kernen und eine Länge von n Kernen haben; es liegen b solcher Ebenen übereinander. Jedem Kern in einer Ebene entspricht ein Wort. Die Speicherkapazität beträgt demnach $m \cdot n$ Worte, und jedes Wort hat b Bits; die Zahl der Kerne beträgt $m \cdot n \cdot b$, und die Bits eines Wortes werden alle gleichzeitig (parallel) gelesen oder gespeichert. Die Verdrahtung ist in Abb. 221 gezeigt. Die eigentlichen Selektionsleitungen bestehen aus m Drähten vom Typ x_z und n Drähten vom Typ y_z. Die Zahl der durchlaufenen Kerne beträgt pro Draht $n \cdot b$ für die x_z-Drähte, $m \cdot b$ für die y_z-Drähte. Ferner bestehen b Sperrwindungen vom Typ y_x, von denen jede die $m \cdot n$ Kerne einer Ebene durchläuft. Schließlich hat der Speicher b Lesedrähte (in Abb. 221 nicht gezeigt), die ebenfalls alle Kerne einer Ebene umfassen, aber in anderer Folge als die Sperrwindungen.

Für die Speisung der x-Selektionsleitungen ist in Abb. 237 ein x-Wähler gezeigt, der m Wählerkerne besitzt. Er wird seinerseits durch eine Anzahl von Treibern gesteuert; ihre Zahl ist proportional zu $\sqrt{m}$ oder zu $\log m$, je nachdem, ob die Wähler-Matrizen von der ersten oder der zweiten Art sind. Ferner ist sowohl für die positiven wie auch die negativen Impulse ein Satz von Treibern nötig, da dieselben nur Signale einer Polarität abgeben können. Die Auswahl der Treiber hängt von der Adresse des verlangten Wortes ab und vollzieht sich durch eine geeignete Umschlüsselungs-Schaltung, die meistens konventionelle Schaltelemente (Röhren, Dioden, Transistoren) enthält. Entsprechendes gilt für den y-Wähler, der n Kerne aufweist.

Für jede der b Sperrwindungen ist ein getrennter Treiber vorgesehen, da sie ja beim Speichern alle gleichzeitig gebraucht werden; sie unter-

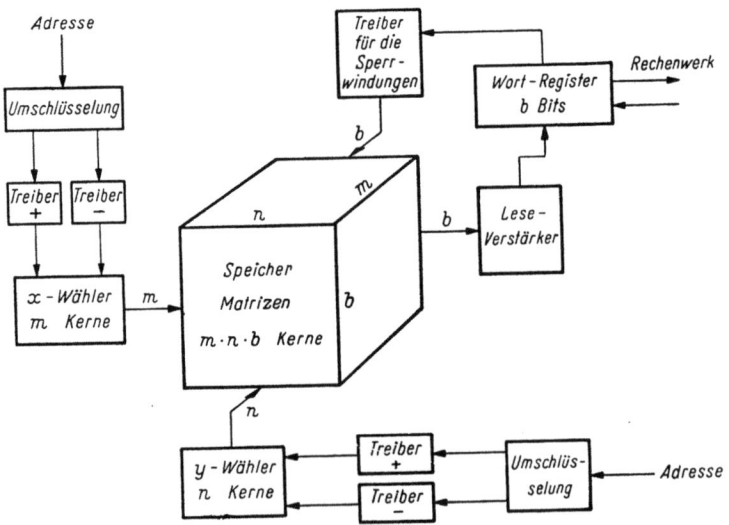

Abb. 237. Organisation eines Speichers für $m \cdot n$ Worte mit je b Bits

scheiden zwischen dem Speichern einer 0 und einer L und werden durch das Wortregister gesteuert. Diese Lesewicklungen führen zu b getrennten Leseverstärkern, die ihrerseits das Wortregister steuern.

Über die Größe der Zahlen m, n und b ist folgendes zu sagen: Die Zahl der Bits b pro Wort liegt meist zwischen 35 und 72. Die Anzahl $m \cdot n$ der Kerne in einer Ebene kann etwa 16000 erreichen. Bei noch größeren Ebenen, die gebaut werden (64000 Kerne), werden die Störspannungen auf der Leseleitung zu groß; die Leseleitung ist dann zu unterteilen und auf mehrere Leseverstärker zu führen. Besonders günstig ist es, die Ebene in eine Anzahl von Quadraten zu unterteilen und die Leseleitungen von Feldern, die entlang Diagonalen liegen, zusammenzufassen; denn dann erhält ein Leseverstärker nur aus demjenigen Feld, in dem der gewählte Kern liegt, Störsignale [56.19]. Häufig sind auch kleinere Ebenen mit 1024 ($= 2^{10}$) oder 2048 ($= 2^{11}$) Kernen. Da eine quadratische Matrix — bei gegebenem Produkt $m \cdot n$ — auf die geringste Zahl von Selektionsleitungen führt, wählt man meistens m und n ungefähr gleich groß, doch findet man auch ein Verhältnis $m:n = 1:2$, besonders wenn die Leseleitung in zwei Teile unterteilt ist.

VI.1.5 Die Wort-organisierte Speicherebene

Die bisher behandelte Speicherebene (s. Abb. 216) nennt man *Bitorganisiert*; das deutet darauf hin, daß man in einer Ebene gleichzeitig nur ein einziges Bit speichert oder abliest. Für Parallelbetrieb muß man viele Ebenen übereinanderschichten.

Demgegenüber gibt es die *wortorganisierte* Ebene, in welcher die auf einem Selektionsdraht nebeneinander aufgereihten Kerne zusammen ein

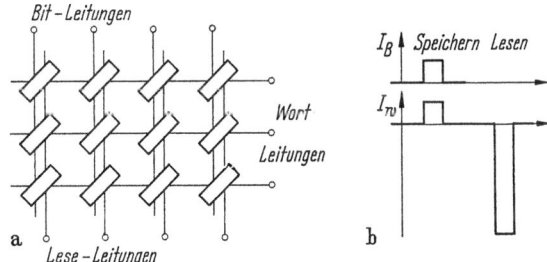

Abb. 238 a u. b
a) Wort-organisierte Speicherebene, b) Signalformen beim Speichern und Lesen. I_B: Bitstrom, I_W: Wortstrom

Wort darstellen. Sie hat zwei Vorteile: Erstens kann der Ablesevorgang schneller gemacht werden, und zweitens ist die Anordnung für kleine Speicher (bis zu einigen hundert Worten) ökonomischer.

Es ist zu beachten, daß im wortorganisierten Speicher die Selektion des Wortes nicht in der Kernebene selbst erfolgt; für n Worte gehen n Drähte in den Speicher, im Gegensatz zu $2\sqrt{n}$ bei der Bit-Organisation, und die Selektion muß außerhalb des Speichers erfolgen. Der Aufwand an äußeren Schaltmitteln ist also größer und ist für sehr große Speicherkapazitäten überhaupt nicht mehr tragbar. Für die Selektion der Wortleitungen kommen die gleichen Schaltungen in Betracht, die für den Bit-organisierten Speicher beschrieben wurden, s. S. 302 ff.

VI.1.5.1 Die einfache Wortorganisation. Abb. 238a zeigt eine wortorganisierte Ebene mit 3 Worten zu je 4 Bits. Die horizontalen Drähte stellen die Wortleitungen dar, von denen jede ein Wort enthält. Die vertikalen Drähte kennzeichnen die Bits. Die Bit-Leitungen dienen zum Speichern, die Leseleitungen zum Lesen.

Die Speicherung geschieht so, daß im Wort-Draht, der dem gewählten Wort entspricht, ein Strom in der Größe $I_t/2$ fließt. An allen jenen Stellen, wo eine L zu speichern ist, wird im Bit-Draht ebenfalls ein Strom von $I_t/2$ erzeugt. Das führt dazu, daß in den betreffenden Kernen eine Durchflutung I_t entsteht, was der Speicherung einer L entspricht. In den übrigen Kernen des Wortes ist die Durchflutung $I_t/2$, und es erfolgt keine Flußänderung.

Die Ablesung geschieht durch die Erzeugung eines negativen Stromimpulses in dem gewünschten Wort-Draht. Dadurch werden alle Kerne des Wortes auf 0 gesetzt. In allen jenen Kernen, die eine L enthielten, entsteht eine Flußänderung, die einen Impuls im zugeordneten Lesedraht induziert. Von großer Bedeutung ist hier, daß für die Ablesung nur ein einziger Draht von Strom durchlaufen wird; der Lesevorgang beruht also nicht auf Stromkoinzidenz. Die zwei wichtigen Folgen davon sind, daß es erstens keine teilerregten Kerne und daher keine durch sie erzeugten Störspannungen gibt, und daß zweitens der Steuerstrom beliebig stark sein kann, was ein schnelleres Schalten ermöglicht. In diesem Speicher ist also die Leseoperation bedeutend schneller als das Speichern, was von großer praktischer Bedeutung ist. Lesezeiten von 0,5 μs sind leicht zu erreichen. Dem steht der Nachteil der engen Kopplung zwischen Bit- und Leseleitung gegenüber. Beim Schreiben induziert der Strom, der im Bit-Draht fließt, im Lesedraht einen starken Impuls, der den Leseverstärker weit übersteuert, und diese Übersteuerung kann eine lang andauernde Blockierung des Leseverstärkers zur Folge haben. Es braucht besondere Maßnahmen, um zu verhindern, daß dadurch nicht der Gewinn an Geschwindigkeit wieder verlorengeht.

VI.1.5.2 Der Wort-organisierte Zweikern-Speicher. Der normale Wort-organisierte Speicher hat beim Speichern ein Selektionsverhältnis von 2:1. Durch Verwendung von zwei Kernen pro Bit läßt sich dieses Verhältnis auf 3:1 erhöhen, was kürzere Speicherzeiten ergibt. Abbildung 239 zeigt die Anordnung eines einzelnen Bits nach BEST [57.1]. Vor der Speicherung sind beide Kerne gelöscht, was von einem nach links fließenden Strom in der Wortleitung herrührt. Der Speichervorgang spielt sich so ab, daß in der Wortleitung nach rechts ein Strom $2I_t/3$

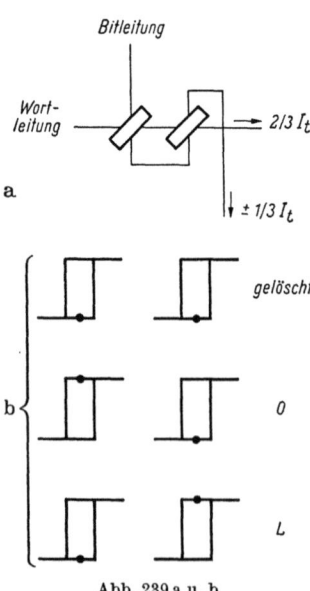

Abb. 239 a u. b
a) Ein Bit des Wort-organisierten Zweikernspeichers. Die eingezeichneten Ströme kennzeichnen den Speichervorgang. b) Die drei möglichen Zustände des Kernpaares

fließt; dazu kommt ein Strom $I_t/3$ in der Bitleitung, der die eine oder die andere Richtung hat, je nachdem, ob 0 oder L gespeichert werden soll. Damit erfährt ein Kern eine Durchflutung I_t und wird daher gesetzt; je nach der gespeicherten Dualziffer handelt es sich dabei um den linken oder rechten Kern, während der andere mit der Durchflutung $I_t/3$ im gelöschten Zustand verbleibt. b zeigt die nach dem Speichern vorliegenden Remanenzzustände. Die Ablesung geschieht durch einen Strom, der in der Wortleitung nach links fließt und der beliebig stark sein kann. Dadurch werden die Kerne zurückgesetzt und in der Bitleitung wird ein negativer oder ein positiver Spannungsimpuls induziert, der die abgelesene Ziffer anzeigt. Eine interessante Eigenschaft dieses Speichers ist die Tatsache daß die Impedanz der Leitungen unabhängig von der gespeicherten Information ist.

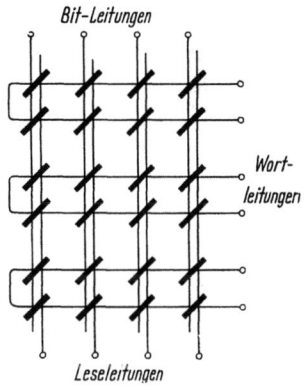

Abb. 240
Wort-organisierte Zweikern-Speicherebene mit 3 Worten zu je 4 Bits

Abb. 240 veranschaulicht die Verdrahtung einer Zweikern-Speicherebene. Im Gegensatz zu Abb. 239 ist hier nicht die Bitleitung, sondern die Wortleitung gefaltet, was aber den gleichen Effekt ergibt.

Die Anordnung von Abb. 240 läßt sich auch für einen bedeutend schnelleren Speicher verwenden, der auf dem Prinzip des teilweisen Schaltens beruht. Wie auf S. 291 kurz angedeutet wurde, entstehen besondere magnetische Remanenzzustände, wenn der an einen Kern angelegte Impuls zwar stark, aber von so kurzer Dauer ist, daß das Material keine

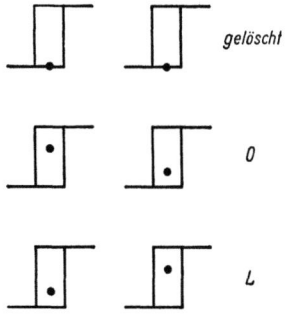

Abb. 241. Die drei Remanenzzustände des Speichers nach QUARTLY

Zeit hat, vollständig umzuschalten. Dann wird nur ein Teil des Flusses umgekehrt. Die Vorgänge im Kernpaar von Abb. 240 sind dann wie folgt: Zunächst wird der gelöschte Zustand hergestellt. Beim Speichern fließen die Ströme in der besprochenen Richtung, doch ist der Strom in der Wortleitung bedeutend stärker, so daß schon er allein ein Feld erzeugt, das die Koerzitivkraft überschreitet. Beide Kerne werden beginnen umzuschalten, der eine schneller, der andere langsamer. Nach etwa 100 ns sind die Impulse beendet; Abb. 241 zeigt die entstehenden Remanenzzustände. Zum Ablesen werden die Kerne durch die Wortleitung zurückgesetzt, und es entsteht in der Bitleitung ein Spannungsimpuls, dessen Vorzeichen anzeigt, ob 0 oder L gespeichert war. Von QUARTLY [*59.51*] ist ein solcher Speicher beschrieben worden, der eine totale Zykluszeit von nur 0,5 μs aufweist. Die Erhitzung der Kerne infolge der Hystereseverluste ist um so geringer, je geringer der Fluß ist, der umgeschaltet wird. Praktisch dürfte es möglich sein, diesen Anteil sehr klein zu machen.

Weitere Zweikern-Speicher sind beschrieben in [*60.8, 60.26*]. Ein großer Speicher (74000 Bits), der nach Abb. 241 arbeitet und 0,7 μs Zykluszeit aufweist, ist in [*61.29*] mit vielen Einzelheiten angegeben. Siehe ferner [*24*].

VI.1.6 Ein Mehrpfad-Speicherelement

Das hier beschriebene magnetische Speicherelement [*56.14*] stellt eine Weiterentwicklung des Flußkoinzidenz-Speichers von HUNTER und BAUER [*56.12*] dar. Das Element, das die Aufgabe von Selektion und Speicherung in sich vereinigt, ist in Abb. 242 gezeigt. Es ist ein Ferritplättchen, dessen magnetischer Weg vier Schenkel besitzt, die mit A, B, C und D bezeichnet sind. Ein Vorstrom I_v magnetisiert den Schenkel A nach unten, B nach oben. Die Selektionsströme I_x und I_y sind so bemessen, daß jeder für sich allein die Wirkung des Vorstromes nicht überwinden kann und daher auch nicht in der Lage ist, in C und D eine Flußänderung hervorzurufen, weil Flußlinien immer geschlossen sein müssen.

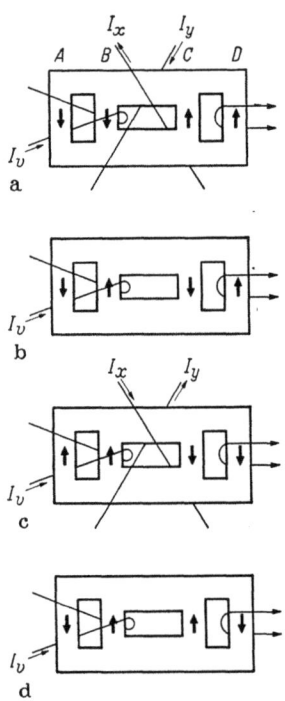

Abb. 242 a–d. Betrieb des Mehrpfad-Speicherelementes.

a) Schreiben einer L; b) geschriebene L; c) Lesen einer L und Schreiben einer 0; d) gespeicherte 0. Die Lesewicklung umfaßt den Schenkel D

Beide zusammen überdecken jedoch die Vormagnetisierung, genau wie in der Wählermatrix Abb. 232.

In Abb. 242 zeigt a, wie eine L geschrieben wird. Die gemeinsame Wirkung der Selektionsströme setzt den Fluß in A und B nach unten, in C und D nach oben; nach Beendigung der Selektionsströme wird der Vorstrom den Fluß in B umkehren. Da die Flußlinien immer geschlossen sein müssen, und da von B der Weg zu C kürzer als zu D ist, wird sich auch der Fluß in C umkehren. In D bleibt er unverändert; die nach oben weisende Flußrichtung in diesem Schenkel bedeutet, daß jetzt im Kern eine L gespeichert ist. Die Ablesung einer L (gleichzeitig die Speicherung einer 0) zeigt c. Die Selektionsströme haben jetzt umgekehrte Richtung und setzen den Fluß in A und B nach oben, in C und D nach unten. Die Flußänderung in D erzeugt in der Leseleitung einen Impuls, der anzeigt, daß eine L abgelesen wurde. (Bei der Ablesung einer 0 findet in D keine Flußänderung statt.) Sobald die Selektionsströme verschwunden sind, muß sich unter der Wirkung des Vorstromes der Fluß in A umkehren, was gleichzeitig eine Umkehrung in C (nicht aber in D) zur Folge hat; es entsteht das Bild der gespeicherten 0, siehe d. Wenn das Speicherwerk in der Art von Abb. 221 ausgelegt werden soll, so kann die Vorstromleitung gleichzeitig die Funktion der Sperrwindung übernehmen; beim Speichern einer 0 muß dann in der betreffenden Ebene vorübergehend der Vorstrom so stark erhöht werden, daß sogar I_x und I_y gemeinsam seine Wirkung nicht überwinden können.

Obwohl hier die Selektion auf dem Prinzip der Stromkoinzidenz beruht, können die Teilströme I_x und I_y beliebig stark sein, vorausgesetzt, daß auch der Vorstrom entsprechende Größe hat. Somit ist ein schnelles Schalten des Kernes möglich. In einer Ausführung kommen Kerne mit den äußeren Maßen 1,8 × 3,3 mm zur Verwendung; I_x und I_y betragen je 625 mA mit 8 Windungen, also 5 Amperewindungen. In dieser Weise hat der Kern eine Schaltzeit von 0,1 µs, was einen Speicher mit einer Zykluszeit von 0,5 µs ermöglicht.

Im Zusammenhang mit diesem Speicherelement sind besondere Ferrite entwickelt worden, deren Schaltkonstante bis zu $0,2 \cdot 10^{-6}$ As/cm reduziert werden konnte [59.21].

Eine verwandte Anordnung ist in [59.2] beschrieben und weitere Mehrpfadelemente finden sich in [61.28 und 62.14].

VI.1.7 Gelochte Ferritplatten als Speicher

Die Tatsache, daß die Herstellung und Prüfung einzelner Ringkerne und ihre Verdrahtung zu Matrix-Ebenen recht kostspielig ist, hat den Gedanken aufkommen lassen, an Stelle einer Ebene von Kernen eine Ferritplatte mit Bohrungen zu verwenden [57.9, 58.13, 58.16, 58.23]. Der remanente Fluß um jede dieser Bohrungen speichert ein Bit. Es ist kein Übersprechen zwischen den einzelnen Plätzen zu befürchten; denn bei einem gegebenen, durch die Öffnung fließenden Strom nimmt das magnetische Feld umgekehrt proportional zum Abstand ab und wird in einer gewissen Entfernung kleiner als die Koerzitivkraft. Der Zwischenraum zwischen den Bohrungen muß doppelt so groß wie dieser Wert sein. Eine solche Platte kann in einem einzigen Arbeitsgang hergestellt werden; ferner ist es möglich, auf dem Ferrit — das ein Isolator ist — Leitungen direkt aufzubringen (zu „drucken") und dadurch einen Teil der Verdrahtung des Speicherwerkes einzusparen. Solche Platten können aufeinander gestapelt werden, so daß ihre Bohrungen alle in Linie liegen; die erforderlichen Drähte werden dann hindurchgesteckt. Die verschiedenen, für Kerne beschriebenen Arten der Organisation können auch hier Verwendung finden. Es ist über Platten mit $16 \times 16 = 256$ Löchern berichtet worden, die einen Durchmesser von 0,6 mm und einen Abstand (zwischen den Mittelpunkten) von 1,25 mm haben. Die Schaltzeit beträgt 1,5 μs [*61.28*].

VI.1.8 Nichtlöschende und Festwert-Speicher

Die Tatsache, daß die Operation der Ablesung bei allen Magnetkernspeichern gleichzeitig mit einer Löschung der gespeicherten Informationen verbunden ist, wird gelegentlich als Nachteil empfunden, und es sind Vorschläge für Speicher gemacht worden, die die Ablesung eines Wortes beliebig oft ohne Wiedereinspeichern ermöglichen. Solche Anordnungen nennt man *nichtlöschende Speicher*.

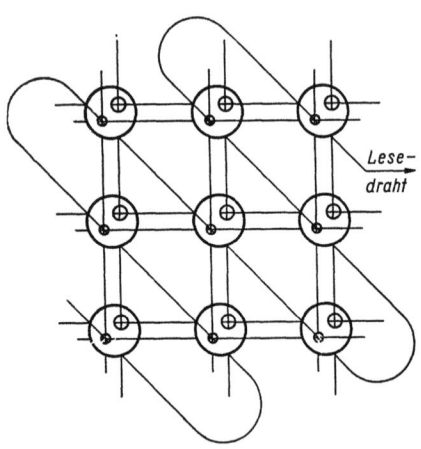

Abb. 243. Transfluxor-Speicherebene mit neun Kernen. Die Selektionsleitungen für die Speicherung gehen durch die großen Öffnungen, jene für die Ablesung durch die kleinen Öffnungen der Transfluxoren

Von den nichtlöschenden Speichern zu unterscheiden sind *Festwertspeicher*. Sie gestatten überhaupt nur eine Ablesung, nicht eine Speicherung; die gespeicherte Information ist entweder bei der Fabrikation in Form einer Verdrahtung festgelegt worden oder wird von Hand (etwa mit Stekkern) eingegeben.

VI.1.8.1 Nichtlöschende Speicher. Der auf S. 123 beschriebene Transfluxor gibt Anlaß zu einer nichtlöschenden Speicherebene nach Abb. 243. Speicherung und Ablesung benötigen je eine getrennte Schar von x- und y-Selektionsleitungen.

Das Parametron gibt, da es die Signale mittels einer Trägerfrequenz darstellt, Anlaß zu einem nichtlöschenden Speicher mit gewöhnlichen Ringkernen, siehe BILLING et al. [*59.6*]. Er ist nach dem Prinzip der Wort-Organisation aufgebaut, s. S. 315f., das heißt, es handelt sich um eine Matrix mit einer Schar von Wortleitungen und einer Schar von Bitleitungen. Zum Einschreiben eines Wortes wird in jede Bitleitung ein (von einem Parametron herrührender) Strom der Frequenz f und in die Wortleitung ein (von einer konstanten Quelle herrührender) Strom der Frequenz $f/2$ geschickt. Durch einen einzelnen dieser Ströme möge keine

VI.1 Magnetkernspeicher

Änderung der Magnetisierungsrichtung hervorgerufen werden, da die Ströme symmetrisch sind und eine hinreichend kleine Amplitude haben. In dem ausgewählten Kern addieren sich in ihrer Wirkung die beiden Ströme zu einem unsymmetrischen Stromverlauf, der im Kern durch die einseitigen Stromspitzen einen bestimmten Remanenzzustand erzwingen kann. Die Richtung der Stromspitzen ist von der Phase des steuernden Parametrons abhängig.

Das Lesen aus dem Speicher geschieht ohne Zerstörung des Inhaltes. Durch die Wortleitung wird ein Strom der Frequenz $f/2$ geschickt, der nicht ausreicht, um irreversible Magnetisierungsänderungen hervorzurufen. Doch das Durchlaufen einer inneren Hysteresekurve in der Nähe des einen oder anderen Remanenzpunktes bringt eine gewisse quadratische Nichtlinearität mit sich, so daß das in der Bitleitung induzierte Signal eine Komponente der Frequenz f enthält. Die Phase dieser Komponente ist für die beiden Remanenzzustände um 180° verschieden. Da für die Speisung der Parametrons ein Träger der Frequenz $2f$ benötigt wird, kommen hier drei Frequenzen vor, nämlich $2f$, f und $f/2$.

Zusammenfassend ist zur Frage der nichtlöschenden Speicher zu sagen, daß die Notwendigkeit des Wiedereinspeicherns nach der Ablesung bei den konventionellen Kernspeichern nur einen geringen Nachteil verkörpert und daß es sich nicht lohnt, für den Bau eines nichtlöschenden Speichers einen erheblichen Mehraufwand in Kauf zu nehmen.

Einen auf dem Biax-Element beruhenden nichtlöschenden Speicher beschreibt WEMPER [63.25].

VI.1.8.2 Festwertspeicher. Ein Festwertspeicher enthält Worte, die ein- für allemal festgelegt sind. Er kann für die Mikroprogrammsteuerung gebraucht werden, ferner für Zahlen, die als mathematische Konstanten oder häufig benötigte Unterprogramme immer verfügbar sein müssen. Gegenüber einem nichtlöschenden Speicher besteht der Vorteil, daß eine irrtümliche Löschung nicht vorkommen kann.

Der einfachste Festwertspeicher entsteht aus der wortorganisierten Ebene von Abb. 238, indem man nur dort einen Kern einsetzt, wo eine L zu speichern ist; die übrigen Kerne werden weggelassen. Natürlich können die Bitleitungen wegfallen; nur die Wort- und die Leseleitungen sind nötig, und es ist schnelles Schalten möglich, weil keine Stromkoinzidenz vorkommt.

Die so entstehende Schaltung kann aber noch erheblich vereinfacht werden, indem für jedes Wort überhaupt nur ein einziger Kern nötig ist, s. Abb. 244. Alle Kerne müssen durch einen Vorstrom in einer Richtung vormagnetisiert sein. Die Leseleitungen sind entweder durch die Kerne hindurchgesteckt oder führen neben ihnen vorbei; die symbolische Aufzeichnung dieser Anordnung wurde auf S. 310 erklärt. Um ein Wort abzulesen, wird in die betreffende Wortleitung ein Impuls gegeben, und

322 VI. Speicherwerke

in den Leseleitungen wird daraufhin ein Impuls für L, jedoch kein Impuls für O induziert. Die Ähnlichkeit mit Abb. 202 ist evident.

Oft ist ein Festwertspeicher erwünscht, dessen Inhalt von Hand mit einfachen Mitteln geändert werden kann. Dann muß man auf die Wortorganisation von Abb. 238 zurückgreifen und eine Maßnahme finden, die es gestattet, jeden Kern nach Wunsch unwirksam zu machen. Abb. 245 zeigt zwei Möglichkeiten. In a sind die Kerne durch kleine Zylinder aus Ferrit ersetzt, welche mit der Pinzette herausgenommen werden können [60.21]; in b werden die fest verdrahteten Ringkerne durch einen kleinen Permanentmagneten aus Stahl, den man von Hand einsetzen kann, gesättigt und dadurch unwirksam gemacht [24].

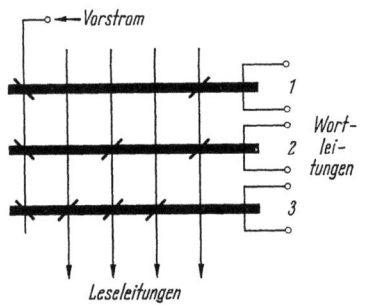

Abb. 244. Festwertspeicher mit 3 Worten zu je 4 Bits. Die gespeicherten Worte sind: 000L, 0L0L, LLL0

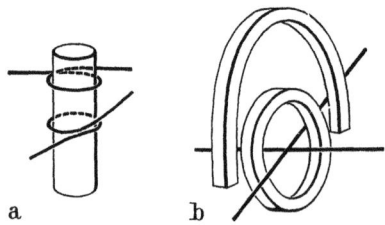

Abb. 245 a u. b. Verwendung der Speicherebene von Abb. 238 als Festwertspeicher a) Ersatz des Kerns durch einen Ferritstab, der herausgenommen werden kann. b) Sättigung des Kerns durch einen einsetzbaren Permanentmagneten

Weitere Festwertspeicher beschreibt SCHAEFER [61.31], und TAUB et al. vermitteln eine kommerziell verwendete Ausführungsform mit linearen Transformatoren anstatt Kernen [64.7a].

Zusätzliche Literatur zu Kap. VI.1: [19, 24, 32, 60.17, 62.29]. Die Bibliographie von MORGAN [59.44] enthält 400 Titel über den gleichen Gegenstand, die sowohl nach Sachgruppen als auch nach Autoren geordnet sind.

VI.2 Trommelspeicher

Magnettrommeln waren bis etwa 1956 die wichtigsten Speicher für große Datenmengen mit wahlweisem Zugriff, indem sie eine Kapazität in der Größenordnung von 10^6 Bits bei einer Zugriffszeit in der Größenordnung von 20 ms aufbringen konnten. Seither ist aber ihre Bedeutung durch Kernspeicher einerseits, durch Plattenspeicher anderseits zunehmend eingeschränkt worden. Kernspeicher ergeben heute fast gleich große Kapazitäten, wenn auch zu etwas höheren Kosten; Plattenspeicher besitzen Kapazitäten, die um mehrere Zehnerpotenzen größer sind, allerdings mit längerer Zugriffszeit. Daher ist heute die Bedeutung der Magnettrommel wesentlich geringer als vor 10 Jahren, und es ist anzunehmen,

aß mit der zunehmenden Entwicklung der Kern- und Plattenspeicher
ie Trommeln schließlich nur noch in Sonderanwendungen vorkommen
erden. Wenn hier das Prinzip der Aufzeichnung und Ablesung trotzdem in
niger Ausführlichkeit beschrieben wird, so geschieht das deshalb, weil
iese Grundlagen in gleicher Weise für Trommeln wie für Platten Gültigeit haben.

VI.2.1 Das Prinzip des Magnettrommelspeichers

Der Magnettrommelspeicher beruht auf dem gleichen Prinzip wie die
Iagnettonbänder. Mittels eines Magnetkopfes wird auf einer ferromagne-
ischen Oberfläche, die sich in bezug auf den Kopf bewegt, eine Folge
on Signalen aufgezeichnet. Die Ablesung geschieht dadurch, daß die
ewegten Dipole, die sich auf der Schicht gebildet haben, im gleichen
oder einem andern) Magnetkopf eine Flußänderung hervorrufen, die in
iner passend angebrachten Wicklung Spannungen induziert.

VI.2.1.1 Der Aufbau. Abb. 246 zeigt schematisch den Aufbau eines
Trommelspeichers. Die Trommel rotiert in Pfeilrichtung. Im Verlauf

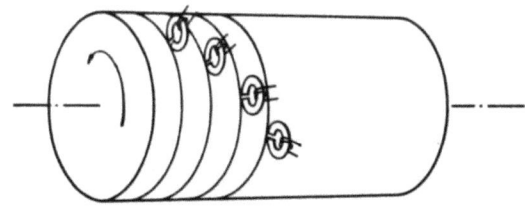

Abb. 246
Schematisches Bild einer Magnettrommel mit vier eingezeichneten Spuren und vier Köpfen

ler Rotation magnetisiert jeder Magnetkopf eine kreisförmige Bahn, die
ils *Spur* bezeichnet wird. Damit die Montage keine Schwierigkeiten bereitet, sind benachbarte Köpfe in tangentialer Richtung gegeneinander
versetzt, so daß die Gesamtheit der Köpfe in einer Schraubenlinie um
lie Trommel herum angeordnet ist. Auf einer Spur können auch mehrere
Köpfe angeordnet sein. Speicherung und Ablesung können durch den
gleichen oder durch verschiedene Köpfe vollzogen werden.

Aus Gründen der Abnützung darf der Kopf, im Gegensatz zu der bei
Magnetbändern üblichen Betriebsweise, die Trommeloberfläche nicht
berühren. Man ist aber bestrebt, den Abstand möglichst klein zu halten.
Er beträgt in den meisten Anlagen etwa 20 bis 50 μm. Dadurch werden
sehr scharfe Anforderungen an die mechanischen Toleranzen gestellt;
denn dieser Spalt darf im Verlauf einer Umdrehung und auch bei verschiedenen Temperaturzuständen um nicht mehr als etwa $\pm 50\%$ seines
Sollwertes variieren.

VI.2.1.2 Die Anordnung der Speicherzellen. Die einem Wort zugehörigen Bits können auf eine oder auf mehrere Spuren verteilt werden. Abb. 247 zeigt drei Möglichkeiten. In a sind die Bits eines Wortes auf einer einzigen Spur nacheinander aufgezeichnet und werden somit durch einen einzelnen Kopf geschrieben und gelesen; diese Anordnung eignet sich für eine Serienmaschine. Einer Parallelmaschine besser angepaßt ist b; hier wird jedes Bit durch einen getrennten Kopf geschrieben und abgelesen. Das führt zu einem größeren Materialaufwand, da eine Vielzahl von Lese- und Schreibverstärkern nötig ist, während in der Anordnung nach a nur je ein einziger benötigt wird, der von Kopf zu Kopf umgeschaltet werden kann. Eine kombinierte Darstellung ist in c gezeigt; hier ist ein Wort auf 4 Spuren verteilt, und auf jeder wird eine Reihe von Plätzen beansprucht. Diese Art der Aufzeichnung ist die häufigste. Sie eignet sich besonders für dezimale Anlagen, in denen die Dezimalen in Serie, die Bits einer Tetrade dagegen parallel geführt werden.

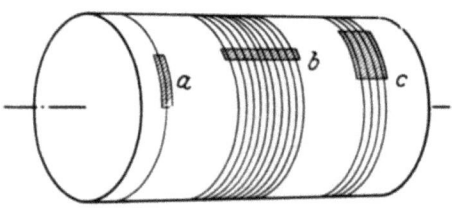

Abb. 247a–c. Die Anordnung eines Wortes auf der Trommel
a) Serie, b) parallel, c) Serie-parallel

Natürlich hat die Art der Anordnung der Speicherzellen weder auf die Speicherkapazität einer Trommel noch auf die Zugriffszeit einen Einfluß. Dagegen beeinflußt sie die Art der Adressierung. Entsprechend der zweidimensionalen Verteilung der Bits besteht das Aufsuchen eines Wortes aus zwei Schritten, nämlich erstens aus der Auswahl des richtigen Kopfes (oder der richtigen Köpfe) durch Umschaltung, und zweitens Einschaltung der Übermittlung im Zeitmoment, der der richtigen Winkelstellung der Trommel entspricht. Dazu muß der Anlage jederzeit die Stellung der Trommel bekannt sein. Das kann auf zwei verschiedene Arten geschehen. Eine Taktspur kann eine gleichmäßige Folge von Impulsen abgeben; auf dem Umfang mögen sich N Impulse befinden. Diese Impulse treiben einen Zähler, der modulo N zählt. Dann gibt der Zähler jederzeit die Stellung der Trommel an. Beim Einschalten der Anlage muß Phasengleichheit hergestellt werden, was durch einen einzelnen, auf einer gesonderten Spur aufgezeichneten Impuls geschieht, der den Zähler in jeder Umdrehung auf 0 stellt. Als andere Möglichkeit kann aus einer Reihe von Spuren dauernd eine mehrstellige Zahl abgelesen werden, die in jedem Augenblick anzeigt, in welcher Stellung sich die Trommel befindet; hier entfällt die Notwendigkeit, Phasengleichheit herzustellen. Auch eine Kombination beider Verfahren kommt vor.

VI.2 Trommelspeicher

Die räumliche und zeitliche Selektion wird durch die Adresse des gesuchten Wortes gegeben. Es ist wichtig, daß sich der anzusteuernde Kopf und die verlangte Winkelstellung in einfacher Weise aus den Ziffern der Adresse erkennen lassen. Um das zu illustrieren, betrachten wir als Beispiel eine Trommel mit 10000 Worten [*57.12*]. Die Aufzeichnung geschieht nach Abb. 247c auf 50 tetradischen (also 200 dualen) Spuren. Auf einer Spur befinden sich somit 200 Worte, wobei jeweils 10 ineinandergeschachtelt sind. Die Ziffern sind im Aiken-Code dargestellt. Die vier Dezimalen der Adresse wirken sich nun auf die Auswahl der Speicherzelle wie folgt aus:

$$\underbrace{2^* \ 4 \ 2 \ 1}_{\text{Nummer der Spur}} \ \underbrace{2^* \ 4 \ 2 \ 1}_{\substack{\text{Stellung} \\ \text{auf der Spur}}} \ \underbrace{2^* \ 4 \ 2 \ 1 \quad 2^* \ 4 \ 2 \ 1}_{\substack{\text{Stellung} \\ \text{innerhalb} \\ \text{der Schachtelung}}}$$

VI.2.1.3 Die Zugriffszeit. Im Augenblick, da die Anlage die Speicherung oder Ablesung eines Wortes verlangt, befindet sich die Trommel in einer beliebigen Stellung, und es kann im ungünstigsten Fall eine ganze Umdrehungszeit dauern, bis sich der verlangte Platz unter dem Magnetkopf befindet. Daher schwankt die Zugriffszeit zwischen Null und einer vollen Umdrehungszeit. Folgen sich die Adressen in regelloser Weise, so ist die mittlere Zugriffszeit gleich der halben Umdrehungszeit.

Diese Zeiten sind lang gegenüber den Rechenzeiten der meisten Maschinen. In Anlagen, die außer der Trommel keinen andern Arbeitsspeicher besitzen, bilden die Wartezeiten einen beträchtlichen Teil der Abläufe überhaupt. Durch geschickte Programmierung einer Aufgabe läßt es sich erreichen, daß diese Wartezeiten ganz erheblich reduziert werden. Diese Art der Programmierung stellt eine fühlbare Mehrarbeit dar, lohnt sich aber, wenn eine Aufgabe oft durchgerechnet werden muß.

Die Zugriffszeit läßt sich dadurch reduzieren, daß man auf einer Spur 2 oder 4 gleichmäßig verteilte Köpfe anbringt. Ein besonderer Mechanismus wählt immer den Kopf, der im gegebenen Augenblick die kürzeste Wartezeit besitzt. Dadurch wird die mittlere Zugriffszeit um einen Faktor 2 oder 4 verkleinert. An die Genauigkeit der Justierung der Köpfe werden hohe Anforderungen gestellt.

VI.2.1.4 Zahlenwerte. Typische Zahlenwerte für praktisch vorkommende Trommeln sind: Umfangsgeschwindigkeit 50 m/s, Impulsdichte 30/cm, Dichte der Spuren 7/cm, Impulsfrequenz 150 kHz. Durchmesser und Umdrehungszahl schwanken in weiten Grenzen. Häufige Werte sind: Durchmesser 20 cm, Umdrehungszahl 4500 U/min.

VI.2.2 Der Magnetkopf

VI.2.2.1 Aufzeichnung und Ablesung. Abb. 248 veranschaulicht einen Magnetkopf aus einem ringähnlichen, ferromagnetischen Kern mit zwei

Wicklungen, eine für die Speicherung und eine für die Ablesung. In b sind die Polschuhe vergrößert gezeichnet und es ist angedeutet, wie ein Teil des Flusses durch die magnetisierbare Oberfläche der Trommel geht. Nachdem sich die betreffende Stelle der Trommeloberfläche vom Kopf entfernt hat, bleibt ein Dipol übrig, dessen Kraftlinien sich durch den Außenraum schließen, s. Abb. 248c. Wenn nun der gleiche oder ein anderer Kopf in die Nähe dieses Dipols gebracht wird, so wird ein Teil dieser Linien durch den Kopf, der einen niedrigeren magnetischen Widerstand als der Außenraum hat, verlaufen, was Anlaß zu einer induzierten Spannung gibt, die proportional zur Oberflächengeschwindigkeit der Trommel ist.

VI.2.2.2 Die Form des Magnetkopfes. Obwohl topologisch alle vorkommenden Kopfformen mit Abb. 248 gleichbedeutend sind, variieren die Ausführungsarten untereinander stark. Je nach der Anordnung der Spulen hat der Kern mehr kreisförmige, elliptische, rechteckige oder quadratische Gestalt. Er besteht aus

Abb. 248 a—c
Prinzip der Aufzeichnung auf einer Magnettrommel
a) Magnetkopf mit zwei Wicklungen und Trommeloberfläche. Der Pfeil deutet die Fortbewegungsrichtung an, b) Feldverlauf während dem Stromfluß im Kopf, c) Feldverlauf des auf der Schicht verbleibenden Dipols

mehreren Lamellen hochpermeablen Materials, deren Ebene in der Zeichnungsebene liegt. Eine andere Form [56.16] verwendet Lamellen senkrecht zur Zeichnungsebene, die gebogen werden. Auch Magnetköpfe aus Ferrit kommen vor.

Die Anzahl der Windungen hat auf den Feldverlauf keinen Einfluß, vorausgesetzt, daß die Durchflutung konstant gehalten wird. Es gibt Konstruktionen, die nur eine einzige Windung haben, wobei ein Übertrager mit dem Kopf zu einer Einheit zusammengebaut ist [55.3]. Sowohl Kopf als auch Übertrager sind hier aus Ferrit.

Der Spalt zwischen den Polschuhen, der Abstand zwischen Kopf und Schicht sowie die Schichtdicke sind ungefähr gleich groß zu wählen und betragen meistens etwa 20 μm. Je kleiner diese Längen sind, desto dichter lassen sich die Impulse packen; doch kann der Abstand zwischen Kopf und Schicht aus konstruktiven Gründen kaum unter diesen Betrag reduziert werden, außer in der Schwebekonstruktion (s. S. 328). Die

Schichtdicke wird — im Rahmen der zulässigen Impulsauflösung — möglichst groß gewählt, da dadurch auch die induzierte Spannung groß wird. Dasselbe gilt für den Spalt zwischen den Polschuhen des Kopfes; je größer er ist, desto mehr Fluß tritt nach außen, aber desto schlechter wird die räumliche Auflösung.

Die Breite des Kopfes (also die Ausdehnung senkrecht zur Fortbewegungsrichtung der Trommeloberfläche) ist ebenfalls das Resultat eines Kompromisses. Je größer die Breite, desto höher sind die induzierten Spannungen und damit auch der Störabstand, aber desto größer wird die Induktivität der Wicklung, was beim Schreiben hohe Spannungen nötig macht.

VI.2.2.3 Der Feldverlauf. Durch zweckmäßige Konstruktion des Magnetkopfes kann sowohl die erreichbare Impulsdichte als auch der Wirkungsgrad beträchtlich erhöht werden (unter Wirkungsgrad kann man das Verhältnis von Schreibstrom zu abgelesener Spannung bei gegebener Trommelgeschwindigkeit verstehen), doch genügen rein qualitative Überlegungen nicht, um gute Resultate zu erzielen. Vielmehr ist es nötig, sich über den Verlauf des Feldes in der Umgebung der Polschuhe ein quantitatives Bild zu machen. Dies kann entweder analytisch [*56.16*], graphisch [*56.10*] oder mit Hilfe von Widerstandsnetzwerken als Analogien [*58.15*] vollzogen werden. Kleine Unterschiede in der Form der Polschuhe können einen großen Einfluß haben. Diese Polschuhe dienen dazu, das Feld an den gewünschten Ort zu konzentrieren und dürfen daher nicht gesättigt werden. — Oft wird in den Spalt zwischen den Polschuhen eine leitende Folie eingelegt [*56.16*]. Die darin induzierten Wirbelströme drängen das Feld aus dem Spalt heraus und verstärken den Anteil, der durch die Schicht geht.

Durch die Anwesenheit der Schicht wird das Feld des Kopfes nur wenig verzerrt, da dieselbe eine Permeabilität hat, die nur wenig über 1 liegt. Im allgemeinen soll die Schicht vollständig gesättigt werden, so daß das Dipolmoment von Schwankungen im Schreibstrom und im Luftspalt sowie von der Vorgeschichte der Schicht unabhängig ist; doch gilt das nur für die Zone, die unmittelbar zwischen den Polschuhen liegt, während die Randgebiete des Dipols nicht gesättigt werden können. Daher ist eine vollständige Unabhängigkeit der abgelesenen Spannung von den erwähnten Einflüssen nicht zu erreichen.

Die Form des Dipols auf der Schicht hängt davon ab, ob sich die Trommeloberfläche während dem Fließen des Schreibstromes um einen merklichen Betrag fortbewegt. Bei 50 m/s Umfangsgeschwindigkeit und Schreibimpulsen von 1 μs Dauer ist das (verglichen mit einer Länge der Dipole von 0,3 mm) nicht der Fall. Beim Ablesen verursacht der bewegte Dipol im Ablesekopf einen Fluß, dessen zeitlichen Verlauf Abb. 249a zeigt. Die induzierte Spannung ist der Differentialquotient dieser Funktion und ist in b aufgezeichnet. Jeder Dipol verursacht also einen Doppelimpuls, dessen Voltsekunden-Integral gleich Null ist.

VI.2.2.4 Schwebende Magnetköpfe. Die genaue Einhaltung des Spaltes zwischen Kopf und Trommel stellt an die mechanische Konstruktion, auch an die Halterung der Köpfe, hohe Anforderungen. Ein Weg, diese Schwierigkeiten zu verkleinern, besteht darin, daß die Magnetköpfe nicht starr befestigt werden, sondern auf einem Luftkissen schweben. Dasselbe wird durch die Grenzschicht, welche die bewegte Trommeloberfläche mitführt, erzeugt [*59.41*]. Der Kopf ist in der Richtung senkrecht zur Trommel frei beweglich; ein leichter Anpreßdruck bewirkt, daß der Spalt etwa 10 bis 20 μm beträgt. Dadurch werden die Anforderungen an die Genauigkeit der Halterung und die Rundheit der Trommel sehr stark reduziert. Immerhin ist diese Art der Lagerung nicht ganz einfach zu verwirklichen; denn die Lage des Magnetkopfes muß stabil sein, das heißt, bei kleinen Verschiebungen in bezug auf die Trommeloberfläche müssen rückstellende Kräfte von der richtigen Größe wirksam werden, und es dürfen keine Schwingungen auftreten. Das ist nur mit Magnetkopf-Formen möglich, die von der üblichen völlig abweichen. Insbesondere ist eine tragende Fläche, unter der sich das Luftkissen bildet, von etwa 1 cm² nötig, und die Masse des Kopfes muß klein sein. Das führt zu einem Neuentwurf des magnetischen Kreises, der, obwohl er topologisch gleichwertig mit Abb. 248 ist, eine ganz andere Form aufweist. Die Lagerung muß so beschaffen sein, daß sich das Luftkissen in Richtung des Luftstromes keilförmig verengert. Diese Keilform muß sich automatisch einstellen, daher muß der Kopf um eine Achse, die parallel zur Trommelachse liegt, eine kleine Drehbewegung ausführen können. Der Ort des Momentanzentrums dieser Rotation, die wirksamen Federkräfte sowie die aerodynamische Ausgestaltung der Randzone sind kritisch.

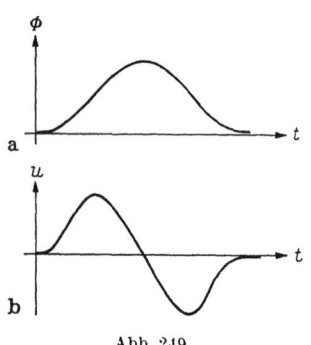

Abb. 249
Fluß und Spannung im Lesekopf bei Ablesung eines einzelnen Dipols

VI.2.3 Die Arten der Aufzeichnung

Die Speicherung von digitalen Informationen auf einer Magnettrommel hat, oberflächlich gesehen, große Ähnlichkeit mit der Tonaufzeichnung auf Magnetband, doch sind die bei der Aufzeichnung verwendeten Verfahren durchaus verschieden. Das rührt hauptsächlich davon her, daß bei der Speicherung digitaler Daten die Linearität der Wiedergabe keine Bedeutung hat, daß aber anderseits die Wiederverwendung einer Speicherzelle ohne vorhergehende Löschung möglich sein muß.

VI.2 Trommelspeicher   329

Zur Aufzeichnung der digitalen Signale 0 und L sind vorwiegend vier verschiedene Verfahren im Gebrauch, die als Impulsschrift, Dauerstromschrift, modifizierte Dauerstromschrift und Wellenschrift bezeichnet

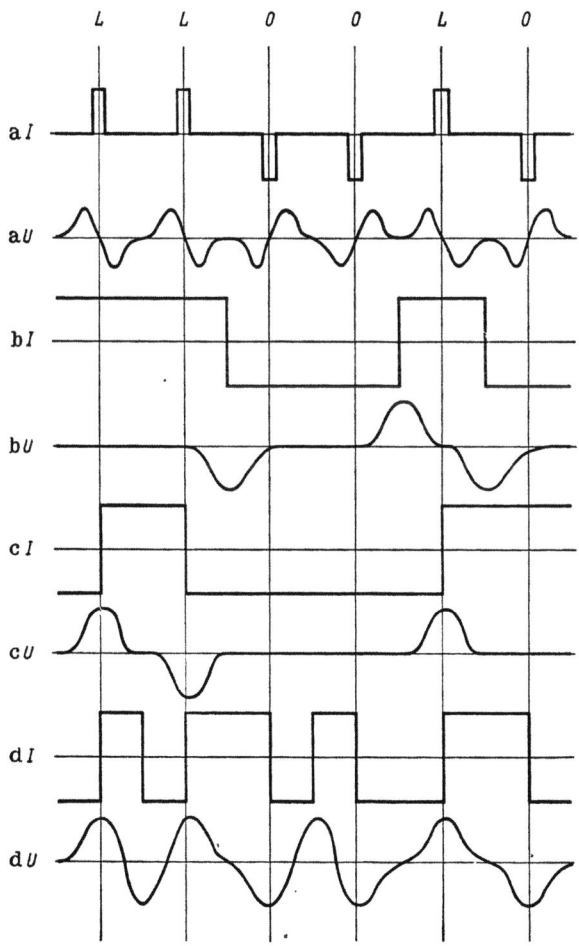

Abb. 250 a—d. Die vier Arten der Aufzeichnung
a) Impulsschrift, b) Dauerstromschrift, c) modifizierte Dauerstromschrift, d) Wellenschrift.
Die Kurven I beschreiben den Schreibstrom, die Kurven U die Lesespannung. Horizontal ist die Zeit (oder auch der Weg entlang einer Spur) aufgetragen. Die vertikalen Linien kennzeichnen den Sitz der Speicherung der sechs aufgezeichneten Bits

werden können; diese Namen kennzeichnen allerdings die Verfahren nicht durchwegs treffend.

Die vier Schriften sind in Abb. 250 zusammengestellt; als Beispiel ist die Folge LL00L0 gewählt. Der Deutlichkeit halber sind folgende idealisierende Voraussetzungen gemacht: Die Schreibströme haben verschwindende Anstiegs- und Abfallzeiten; die Frequenzbandbreite des Ablesekopfes ist unbegrenzt; die räumliche Dichte der Impulse auf der Trommel ist so klein, daß sich benachbarte Plätze nur unwesentlich beeinflussen; in allen vier Fällen ist die gleiche Kopfform vorausgesetzt. Qualitativ läßt sich sagen, daß die Lesespannung immer ungefähr gleich verläuft wie der Differentialquotient des Schreibstromes, doch führt die endliche Länge der Dipole auf der Trommel zu einer Verbreiterung („Verschmierung") der abgelesenen Impulse. Insbesondere wird ein einzelner Schreibimpuls, auch wenn er beliebig kurz ist, im abgelesenen Signal zu einer Doppelzacke von konstanter Breite führen, siehe Abbildung 249 b.

In der Impulsschrift (a) werden 0 und L durch kurze, negative oder positive Impulse gekennzeichnet; in den Pausen fließt kein Strom. In der Dauerstromschrift (b) ist ebenfalls 0 durch einen negativen, L durch einen positiven Schreibstrom gekennzeichnet, doch geht dieser Strom zwischen zwei aufeinanderfolgenden Signalen nicht auf Null. Folgen sich viele gleichartige Bits, so fließt während längerer Zeit ein Gleichstrom. Die modifizierte Dauerstromschrift (c) besteht ebenfalls aus einem Dauerstrom; er wechselt sein Vorzeichen bei einer L und bleibt unverändert bei einer 0. Zu Beginn der Folge kann er willkürlich entweder positiv oder negativ sein. Die Wellenschrift schließlich ist dadurch gekennzeichnet, daß der Schreibstrom bei einer 0 von + auf −, bei einer L von − auf + springt. Falls sich zwei gleichartige Bits folgen, so muß der Strom in den Intervallen einen zusätzlichen Sprung ausführen.

Alle vier Schriften haben die geforderte Eigenschaft, daß man eine neue Folge einschreiben kann, ohne zuerst die alte zu löschen. (Diese Eigenschaft wäre nicht gegeben, wenn eine 0 durch die Abwesenheit, eine L durch die Anwesenheit eines Impulses gekennzeichnet wäre.) Im Fall a müssen die neuen Impulse genau an die gleiche Stelle wie die alten geschrieben werden.

Zum Schreiben der Folgen nach diesen vier Verfahren sind keine weiteren Kommentare nötig; dagegen muß auf die Deutung der abgelesenen Signale näher eingegangen werden. Einige allgemeine Betrachtungen zu den Fragen der Aufzeichnung vermittelt HOAGLAND [61.17].

VI.2.3.1 Die Impulsschrift. In Abb. 251a ist eine Folge von 10 Impulsen aufgezeichnet, die den zeitlichen Verlauf des Schreibstroms darstellen. Bei geringer Impulsdichte entsteht als abgelesenes Signal für jeden Impuls eine selbständige Doppelzacke, siehe b. Die Frage stellt sich nun, wie die gespeicherte Information aus dieser Signalform herausgelesen werden soll. An sich müßte durch Integration eine Signalform ähnlich der Funktion a entstehen, da ja b durch Differentiation des

Flusses entstanden ist; doch zeigt es sich, daß die Integration keine gute Unterscheidung von 0 und L liefert. Ebensowenig vermittelt die Differentiation von b befriedigende Resultate, besonders wegen der Empfindlichkeit gegenüber hochfrequenten Störungen, die eine differenzierende Schaltung notwendigerweise haben muß. Eine befriedigende Auswertung ermöglicht nur das Prinzip des Abtastens. Aus der Abbildung ist ersichtlich, daß die abgelesene Signalform kurz vor einer 0 immer negativ, kurz

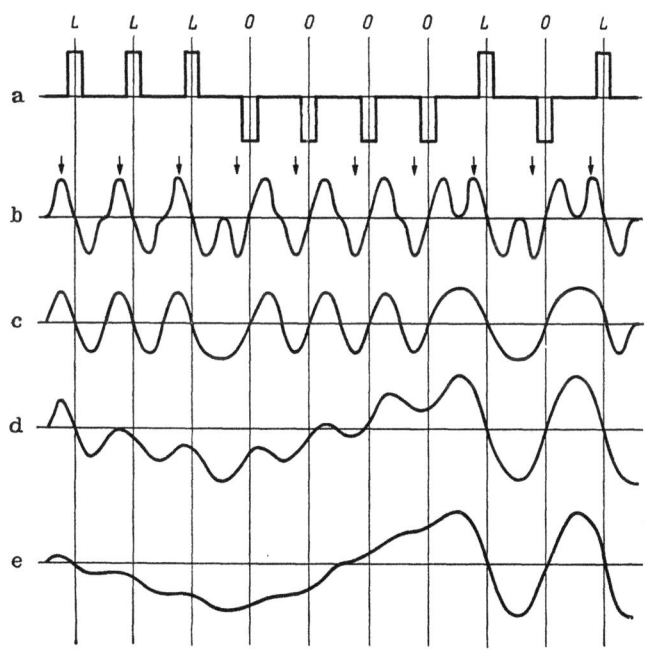

Abb. 251 a–e. Eine Folge von zehn Bits, aufgezeichnet in Impulsschrift
a) Schreibimpulse, b) bis e) abgelesene Spannung bei zunehmender Impulsdichte, wobei der horizontale Maßstab jeweils auf gleichen Impulsabstand korrigiert ist. Die senkrechten Linien deuten den eigentlichen Sitz der Bits an. Die Pfeile in b) kennzeichnen die zum Abtasten geeigneten Augenblicke

vor einer L immer positiv ist. Ein Taktimpuls, der gegenüber den Schreibimpulsen um ein passendes Zeitintervall vorgelegt ist, kann mittels eines Gatters die Ausblendung dieses Augenblicks vollziehen und ein Flipflop setzen. Diese Zeitpunkte sind in Abb. 251 durch Pfeile angedeutet. Dadurch wird vom Momentanwert der abgelesenen Spannung nur das Vorzeichen, nicht aber die Amplitude ausgewertet, so daß sich Schwankungen im Abstand des Kopfes von der Trommel nicht nachteilig bemerkbar machen.

Hier wurde angenommen, daß der Leseverstärker so breitbandig ist, daß er die Signalform unverändert verstärkt. Tatsächlich ist das nicht nötig. Es zeigt sich, daß der Verstärker beträchtliche lineare Verzerrungen (auch Phasenfehler) verursachen darf, und daß es immer noch möglich ist, durch Abtasten in einem geeigneten Zeitmoment 0 und L durch das Vorzeichen der Spannung zu unterscheiden.

Bisher wurde angenommen, daß die Impulse auf der Trommel so weit voneinander entfernt sind, daß sie sich gegenseitig nicht beeinflussen. Tatsächlich ist diese Forderung viel zu streng, und durch ihren Wegfall lassen sich bedeutend größere Impulsdichten erzielen. In Abb. 251c bis e ist die abgelesene Signalform bei zunehmender Dichte aufgezeichnet. (Der horizontale Maßstab ist dabei so korrigiert, daß in den Kurven der Impulsabstand immer derselbe ist.) In e sind die einzelnen Bits kaum noch unterscheidbar; jedenfalls vermittelt der Momentanwert des Vorzeichens keinen Anhaltspunkt darüber, ob eine 0 oder eine L vorliegt. Dagegen ist ersichtlich, daß die Signalform am Sitz einer 0 immer eine steigende, am Sitz einer L eine fallende Tendenz aufweist. (Als Sitz der Bits gelten die durch die senkrechten Linien gekennzeichneten Augenblicke.). Diese Tatsache kann zur Ablesung herangezogen werden. — Es sei noch bemerkt, daß bei so großer Dichte der Unterschied zwischen Impulsschrift (Abb. 250a) und Dauerstromschrift (Abb. 250b) praktisch verschwindet.

Weitere Literatur: [55.7, 61.17].

VI.2.3.2 Die Dauerstromschrift. Das abgelesene Signal in der Dauerstromschrift zeigt Abb. 250b U. Ein negativer Impuls bedeutet den Übergang von L auf 0, ein positiver den Übergang von 0 auf L. Auch hier ist das Abtasten die beste Methode der Auswertung. Das Vorzeichen wird hier in den Augenblicken, die in der Mitte zwischen den eigentlichen Speicherzeiten (die durch die senkrechten Linien angedeutet sind) liegen, abgetastet. Ist die Momentanspannung kleiner als ein vorgegebener Schwellwert, so ist das abgelesene Bit gleich wie das vorhergehende.

Mit zunehmender Impulsdichte verwischt sich der Unterschied zwischen der Dauerstrom- und der Impulsschrift; für geeignete Ableseverfahren ist daher auf S. 331f. verwiesen.

VI.2.3.3 Die modifizierte Dauerstromschrift. Die in Abb. 250c U gezeigte, bei der Ablesung entstehende Signalform wird am besten vor der weiteren Verarbeitung gleichgerichtet, das heißt, die negativen Impulse werden im Vorzeichen umgekehrt. Dann wird eine 0 durch die Abwesenheit, eine L durch die Anwesenheit eines Impulses gekennzeichnet. Dieses Verfahren wird hauptsächlich bei Magnetbändern verwendet, wo zum Ausblenden keine Taktimpulse verfügbar sind, die in genau vorgegebener zeitlicher Beziehung zu den aufgezeichneten Informationsimpulsen stehen, s. S. 392f.

VI.2.3.4 Die Wellenschrift. Aus Abb. 250d U ist ersichtlich, daß die abgelesene Signalform am Sitz der Speicherung ein negatives oder ein positives Maximum hat, je nachdem, ob das betreffende Bit 0 oder L ist. Eine an dieser Stelle vorgenommene Ausblendung gestattet daher die eindeutige Unterscheidung der zwei Möglichkeiten. Andere Maxima, die zwischen zwei gleichartigen Bits auftreten, sind bedeutungslos und stören nicht, da sie durch die Ausblendeschaltung gar nicht erkannt werden.

Die Wellenschrift hat als einzige die wichtige Eigenschaft, daß der mittlere Schreibstrom immer gleich Null ist. Das ist von großer Bedeutung, wenn der Schreibkopf durch einen Übertrager am treibenden Transistor angeschlossen ist, weil die auf den Schreibimpuls folgenden Ausgleichsvorgänge weniger stören. Damit hängt auch zusammen, daß es — wiederum nur bei der Wellenschrift — keine Bitfolgen gibt, die das abgelesene Signal während längerer Zeit zu Null werden lassen.

VI.2.3.5 Die Uhrimpuls-Spur. Für das Schreiben und Lesen sind Uhrimpulse nötig. Anlagen mit einer Magnettrommel verwenden die durch die Trommel erzeugten Uhrimpulse für den Betrieb der ganzen Maschine, da dann kleine Änderungen in der Trommeldrehzahl keine Störungen im Synchronismus hervorrufen. Somit muß eine Spur vorhanden sein, die Uhrimpulse abgibt. Die Art der Aufzeichnung ist von geringer Bedeutung, da es sich um eine ununterbrochene Folge gleichartiger Bits handelt; auch eine Sinuswelle kann verwendet werden, da es leicht ist, mittels einer elektronischen Schaltung eine Sinusspannung in Impulse zu verwandeln.

Die Synchronisation einer ganzen Anlage von einer Trommel aus ist nicht möglich, wenn mehrere Trommeln vorhanden sind, die unabhängig angetrieben sind. Dann müssen entweder bei der Ablesung Pufferregister verwendet werden, oder eine Steuerung muß die Trommeln in genauem Synchronismus halten.

Die erstmalige Aufzeichnung der Uhrimpuls-Spur ist schwierig, da die Anzahl der Impulse, die mehrere Tausend betragen kann, genau stimmen muß, und da die Abstände völlig gleichmäßig sein müssen. BRAUN und KAYSER [*59.11*] beschreiben ein Verfahren, wonach die Trommel mit einem möglichst genauen Zahnrad gekoppelt wird. Dieses induziert in einer Spule eine Spannung, deren Frequenz in einem Frequenzvervielfacher erhöht wird und einen Oszillator steuert, welcher seinerseits über eine Schreibschaltung die Aufzeichnung vollzieht.

VI.2.4 Der Schreibverstärker

Abb. 252 zeigt das von LEILICH [*56.16*] angegebene Ersatzschema für einen Magnetkopf mit 60 Windungen. Die approximativen Werte bei 500 kHz sind:

$$R_{cu} = 0{,}75\,\Omega \qquad L_s = 28\,\mu\text{Hy},$$
$$L_{fe} = 50\,\mu\text{Hy}, \qquad L_p = 1\,\mu\text{Hy}.$$

L_{fe} ist die Eiseninduktivität, L_s die Induktivität des Streufeldes und L_p die Induktivität des äußeren Polschuhfeldes, also des Feldes, das für den Schreibprozeß wirksam wird. L_s ist durch Einlegen einer Schirmfolie (s. S. 327) verkleinert worden. Da dieser Effekt von Strömen herrührt, die in der Folie induziert werden, ist L_s stark frequenzabhängig.

Die Anzahl der verwendeten Windungen hängt von den Platzverhältnissen im Kopf ab. Da ein Kopf meistens im Zusammenhang mit einem Übertrager verwendet wird, dessen Übersetzungsverhältnis frei wählbar ist, kommt dieser Zahl keine große Bedeutung zu. — Um eine Trommel zu beschreiben, sind bei den meisten Kopfkonstruktionen 10 bis 20 Amperewindungen nötig. Der Anstieg des Schreibstromes erfolgt mit der Zeitkonstante L/R, wobei L die totale Induktivität des Kopfes, R der Widerstand des Verstärkers ist. L/R versucht man klein zu machen. L kann durch Verkleinern der Windungszahl reduziert werden, doch erhöht sich damit der Strombedarf; somit ist durch die Stromergiebigkeit des Verstärkers eine Grenze gesetzt. R kann durch Zuschalten eines

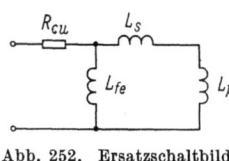

Abb. 252. Ersatzschaltbild eines Magnetkopfes

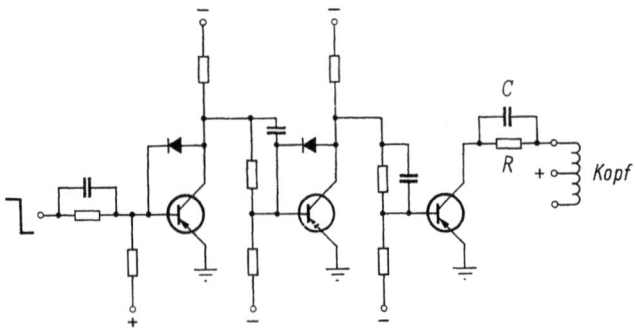

Abb. 253. Eine Hälfte eines Schreibverstärkers mit Transistoren für die Dauerstromschrift

Widerstandes so weit vergrößert werden, als es die zulässige Sperrspannung des Schreibverstärkers gestattet.

Einen Schreibverstärker für die Dauerstromschrift mit Transistoren zeigt Abb. 253 [59.11]. In der Dauerstromschrift kann kein Übertrager verwendet werden; daher hat der Kopf zwei Wicklungen, eine für 0 und eine für L, und es sind zwei gleichartige Verstärker nötig. R erhöht den Widerstand des Verstärkers und beschleunigt daher den Stromanstieg; C kompensiert die Kopfinduktivität teilweise und trägt weiter zur Verkürzung der Anstiegszeit bei. Der Strom beträgt 0,6 A. Im Dauerstromverfahren muß der Endtransistor in der Lage sein, diesen Strom dauernd zu liefern. Beide Arbeitspunkte (Sperrung und Leitung) müssen also

nerhalb der Verlusthyperbel liegen. Die Verbindungslinie dieser beiden
｢nkte überschreitet die Hyperbel; daher muß das Ein- und Ausschalten
｢nreichend schnell ablaufen.

VI.2.5 Die Leseschaltung

Die abgelesene Spannung ist proportional zur Oberflächengeschwin-
ɡkeit der Trommel und umgekehrt proportional ungefähr zur zweiten
｢tenz des Abstandes zwischen Kopf und Schicht. Bei den mittleren vor-
mmenden Geschwindigkeiten kann man im Sinne eines groben Richt-
｢rtes sagen, daß der Scheitelwert der im Kopf induzierten Spannung
wa 0,2 mV pro Windung beträgt. In einem gegebenen Speicher schwankt
｣se Spannung in Abhängigkeit des Abstandes, der Qualität der Schicht
.d der Streuung zwischen den verschiedenen Köpfen. Der Leseverstär-
r muß daher Amplituden, die mindestens im Verhältnis 1:3 variieren,
htig verarbeiten. Da bei den meisten Leseverfahren nur das momen-
ɪe Vorzeichen, nicht aber die Größe der abgelesenen Spannung aus-
wertet wird, läßt sich diese Bedingung dadurch leicht realisieren, daß
ɪn das vom Kopf gelieferte Signal verstärkt und anschließend so stark
grenzt, daß praktisch eine Rechteckspannung entsteht, die mit dem
ɡnal nur noch die Nulldurchgänge gemeinsam hat. Falls man das Aus-
｣nde-Verfahren verwendet, so kann man auch ohne Begrenzung aus-
mmen, indem man das abgelesene Signal mit reichlichem Überschuß
f ein Impulsgatter gibt, dessen Impulseingang die Ausblendung be-
·gt.

VI.2.6 Die Kopfumschaltung

Eine Magnettrommel hat 200 oder mehr Spuren und ebenso viele
ɪpfe. Es muß die Möglichkeit bestehen, den gewünschten Kopf aus-
ʋählen und anzusteuern, wobei noch zu berücksichtigen ist, daß Schrei-
ɪ und Lesen meistens durch denselben Kopf vollzogen werden.

Die gewöhnlichen Gatter, die in logischen Schaltungen zur Verwen-
ɪg kommen, können nicht zur Ein- und Ausschaltung von Magnet-
ɔfen gebraucht werden, da die Spannungen beim Ablesen zu klein,
m Schreiben zu groß sind. Beim Ablesen entstehen nur Bruchteile
ɪ einem Volt, und die logischen Gatter sind für die Übermittlung sol-
｣r Signale nicht gut geeignet; beim Schreiben anderseits müssen hohe
ɪnnungen und Ströme geschaltet werden, was wiederum Sonderschal-
ɪgen erfordert. Am einfachsten ist es, jeden Kopf mit einer Schreib-
l einer Leseschaltung zu versehen. Die Eingänge der Schreibschal-
ɪgen und die Ausgänge der Leseschaltungen verarbeiten Signale
'maler Größe, so daß es jetzt möglich ist, die Umschaltung mit den

konventionellen logischen Gattern zu vollziehen. Eine Schwierigkeit entsteht lediglich dadurch, daß am Kopf gleichzeitig eine Schreib- und eine Leseschaltung angeschlossen ist. Damit das zu keinen Störungen führt, muß die Schreibschaltung im Ruhezustand eine so hohe Impedanz haben, daß sie die abgelesenen Signale nicht merklich dämpft. Während des Schreibens anderseits darf die Ableseschaltung dem Kopf nur einen kleinen Anteil des Schreibstromes entziehen; außerdem darf sie durch die hohe Spannung, die an ihren Klemmen entsteht, weder beschädigt noch auch nur für längere Zeit blockiert werden. Nicht jeder Breitbandverstärker erfüllt diese Anforderungen. Dieses Problem wird auch durch die nachfolgend zu beschreibenden Verfahren der Kopfumschaltung nicht beseitigt, da in den meisten Fällen Schreib- und Leseverstärker direkt miteinander verbunden sind; auch wenn sie mittels eines Gatters wechselweise angeschlossen werden, bleibt infolge der unvollkommenen Sperrung, die das Gatter unvermeidlicherweise aufweist, eine Übersteuerung des Leseverstärkers bestehen.

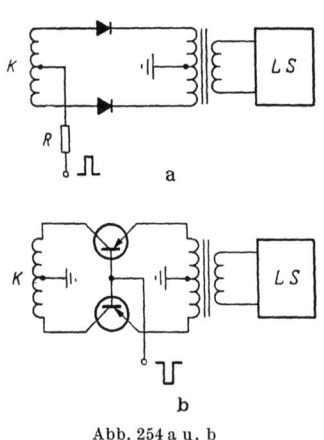

Abb. 254 a u. b
a) Kopfumschalter. K ist der Magnetkopf oder ein zum Magnetkopf führender Übertrager; LS ist die Lese- und die Schreibschaltung. b) Variante mit Transistoren

Der Aufwand, der dadurch nötig wird, daß jeder Kopf eine eigene Schreib- und Leseschaltung hat, ist sehr groß. Der Wunsch, denselben zu reduzieren, hat zur Entwicklung besonderer Kopfgatter geführt. Alle elektronischen Kopfumschalter, die bisher erfolgreich verwendet wurden, lassen sich auf die gleiche Grundschaltung zurückführen, die nachfolgend beschrieben ist.

Abb. 254a illustriert einen Schalter, der einen Kopf sowohl für das Lesen als auch für das Schreiben ein- und ausschalten kann. Der unten gezeichnete Impuls kennzeichnet die Schalt-Wellenform. Ist sie negativ, so sind die Dioden gesperrt, und der Schalter ist ausgeschaltet; ist sie positiv, so fließt ein durch R bestimmter Strom, und die Dioden sind leitend. Die Schaltung ist symmetrisch, das heißt, sie übermittelt Signale nicht nur in beiden Richtungen, sondern ist auch unabhängig von ihrer Polarität.

Für die Ablesung genügt eine kleine Sperrspannung und ein kleiner Vorwärtsstrom. Zu beachten ist, daß beim Einschalten infolge der unvermeidlichen Unsymmetrie ein Störsignal auf den Leseverstärker gelangt, das wesentlich stärker ist als ein normales Lesesignal. Die Anordnung muß so getroffen sein, daß der Verstärker dadurch nicht zu lange blockiert wird und daß diese Spannung nicht mit abgelesener Information verwechselt wird.

Für das Schreiben sind zwei verschiedene Betriebsarten möglich. Nach der ersten Art wird im eingeschalteten Zustand durch beide Dioden ein Strom geleitet, der mindestens so groß wie der Schreibstrom ist. Der Schreibimpuls wird dann in einer Diode den Strom vergrößern, in der andern verkleinern. Nach der zweiten Art (Anordnung von SCHLAEPPI [57.12]) werden, um den Kopf einzuschalten, die Dioden auf 0 V vorgespannt, und zwar mittels einer Spannungsquelle, das heißt, R muß sehr klein sein. Der Schreibstrom fließt dann nur durch je eine Hälfte der beiden angezapften Wicklungen. Um den Kopf auszuschalten, muß in beiden Betriebsarten an die Dioden eine negative Spannung, die mindestens so groß wie die Schreibspannung ist, angelegt werden. Daraus ergibt sich, daß die Dioden eine zulässige Sperrspannung gleich der Schreibspannung und einen zulässigen Strom gleich dem Schreibstrom

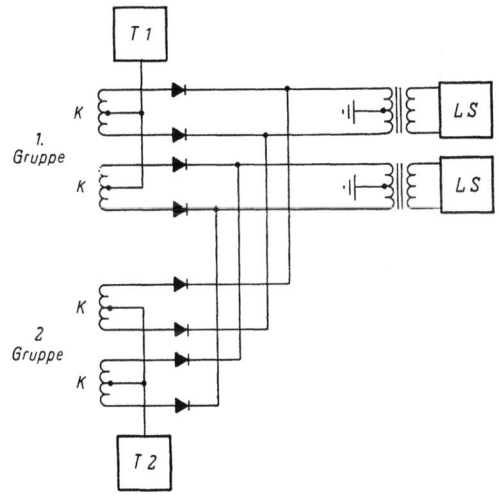

Abb. 255. Schaltung von zwei Kopfgruppen mit dem Kopfgatter von Abb. 254a. T sind die Treiber

aufweisen müssen. Das Produkt dieser Größen liegt in der Gegend von 10 VA und kann weder durch die Windungszahl des Kopfes noch durch das Übersetzungsverhältnis der Übertrager geändert werden. An die Dioden werden daher hohe Anforderungen gestellt; ebenso muß die Quelle für den Schaltimpuls, die in der Folge als „Treiber" bezeichnet wird, in der Lage sein, diese Ströme und Spannungen abzugeben. Für jeden Kopf ist ein Treiber nötig. Es gibt auch Anordnungen, wo mehrere Köpfe gleichzeitig angesteuert werden müssen; beispielsweise wird bei tetradischer Codierung, wenn die vier Bits einer Tetrade parallel geführt sind, jeweils eine Gruppe von vier Köpfen an vier Verstärker geschaltet. Für eine solche Gruppe wird nur ein einziger Treiber gebraucht. Abb. 255 zeigt, wie zwei Gruppen von je zwei Köpfen an zwei Verstärker geschaltet werden.

Der Treiber kann aus einem einzelnen Transistor bestehen, falls nur ein Lesekopf zu schalten ist [59.11]. Falls auch geschrieben werden soll, werden höhere Anforderungen gestellt; ein Beispiel findet sich in [57.12]. Eine Variante des Kopfgatters mit Transistoren statt Dioden zeigt Abb. 254b [59.11].

Die Verwendung eines getrennten Treibers für jeden Kopf kann umgangen werden, wenn die Köpfe in der Art einer Matrix angeordnet werden, s. Abb. 256. Ein gegebener Kopf wird nur dann angesteuert, wenn die seiner Kolonne zugeordneten Treiber einen positiven Impuls abgeben. Auch hier braucht jeder Kopf zwei Dioden; die Zahl der übrigen Schaltelemente ist nur noch proportional zur Wurzel der Anzahl Köpfe.

Der Leser kann sich überzeugen, daß Abb. 256 identisch ist mit Abb. 255, außer daß die Übertrager weggelassen sind; der betriebliche Unterschied besteht darin, daß in der Matrizenform sich die Lese- und Schreibverstärker nicht gleichzeitig, sondern wahlweise im Betrieb befinden. SEADER [58.24] beschreibt eine Schaltung, die es gestattet, in diesem Fall überhaupt nur einen einzigen Lese- und Schreibverstärker vorzusehen, der mittels Transistoren an das jeweils gebrauchte horizontale Leitungspaar angeschaltet wird, s. Abb. 257. Auch die Treiber für die vertikalen Leitungen bestehen nur aus je einem Transistor.

Oft geschieht die Umschaltung von Magnetköpfen mit Hilfe von Relais. Dieses Verfahren ist viel

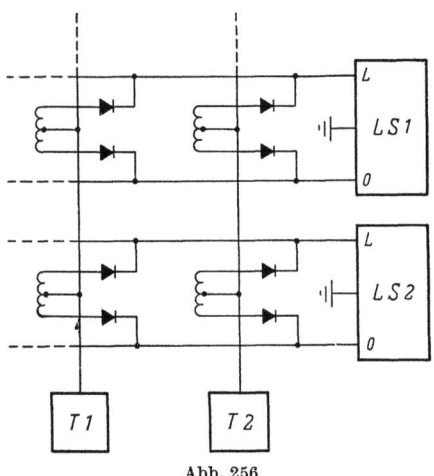

Abb. 256
Matrix für die Umschaltung von vier Köpfen

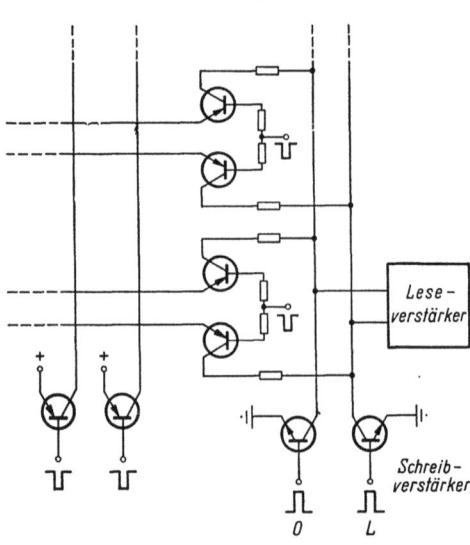

Abb. 257
Matrix nach Abb. 256 mit nur einem Lese- und Schreibverstärker (Der Einfachheit halber sind die Köpfe und ihre Dioden nicht eingezeichnet)

weniger kostspielig als die beschriebene elektronische Umschaltung und beseitigt die meisten Schwierigkeiten infolge Übersprechens. Die Zugriffszeit wird um den Betrag der Relaisschaltzeit, die einige Millisekunden beträgt, verlängert. Bei langsamen Trommeln bedeutet das keine ins Gewicht fallende Verschlechterung, und es kann gesagt werden, daß die Kopfumschaltung mittels Relais ein sehr vorteilhaftes Verfahren darstellt, vorausgesetzt, daß dieser Anlageteil fachgemäß konstruiert ist, was einige Erfahrung voraussetzt. Gelegentlich werden elektronische Umschaltung und Relais kombiniert [59.11]. Auch eine mechanische Verschiebung der Köpfe von einer Spur zur andern ist beschrieben worden [56.5, 56.15, 56.28].

Weitere Literatur: [9, 11, 55.10, 59.41, 59.47].

VI.3 Plattenspeicher

Speicher mit Magnetplatten haben in den letzten 10 Jahren einen großen Aufschwung erfahren und sind heute die wichtigsten Datenträger für große Speichermengen, zu denen wahlweiser Zugriff verlangt wird. Die nachfolgende Darstellung baut teilweise auf die Beschreibungen im Abschnitt über Magnettrommeln auf; besonders die Angaben über Magnetkopf (S. 326f.), Aufzeichnungsarten (S. 328ff.) und Kopfumschaltung (S. 335ff.), die im Zusammenhang mit Magnettrommeln gegeben wurden, haben auch für Platten Gültigkeit.

Die Realisierung des Plattenspeichers wurde erst möglich, nachdem es gelungen war, einen Magnetkopf zu konstruieren, der auf einem Luftkissen gleitet und seinen eigenen Abstand von der Speicherschicht stabil hält. Der luftgelagerte Magnetkopf muß daher als die wichtigste Erfindung auf dem Gebiet der digitalen Massenspeicher bezeichnet werden.

VI.3.1 Prinzip des Plattenspeichers

Die Speicherkapazität einer Magnettrommel ist proportional zu ihrer Oberfläche. Da anderseits die mechanischen Schwierigkeiten der Konstruktion von der Masse (und damit vom Volumen) abhängen, stehen der Erhöhung der Speicherkapazität über einige Millionen Bits bei schnellrotierenden Trommeln unüberwindliche Schwierigkeiten entgegen. Der Plattenspeicher hingegen hat eine Kapazität, die nicht proportional zur Oberfläche, sondern zum Volumen des rotierenden Teils ist. Abb. 258a veranschaulicht das Prinzip. Der erstmals von NOYES et al. [57.7] beschriebene Plattenspeicher besteht aus 50 Platten von 60 cm Durchmesser, die auf einer senkrechten, 50 cm langen, rotierenden Achse angebracht sind. Die Platten sind beidseitig mit Eisenoxydschicht überzogen. Speicherung und Ablesung erfolgen mittels eines Paares von Köpfen, die durch einen geeigneten Mechanismus zunächst auf die der gewünschten Platte entsprechenden Höhe gebracht werden und sich hernach horizontal entlang einem Plattenradius bis zur verlangten Spur bewegen. Eine andere Ausführungsform (Abb. 258b) sieht ebenso viele Köpfe wie Plattenseiten vor. Diese Köpfe sind auf einem Gestell montiert, das nur in einer Richtung, also horizontal, beweglich ist. Die Auswahl der gewünschten Plattenseite erfolgt hier durch elektrische Umschaltung

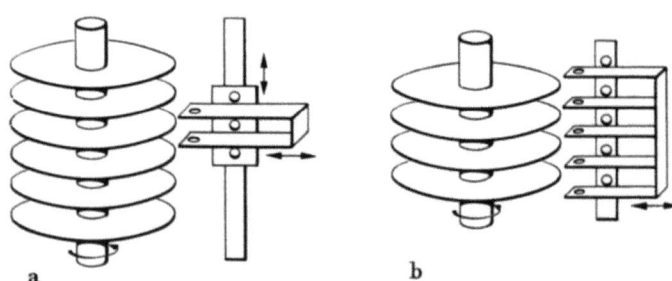

Abb. 258 a u. b. Plattenspeicher
a) Ausführung mit zwei Magnetköpfen, die vertikal und horizontal beweglich sind. b) Ausführung mit einem Magnetkopf für jede Plattenseite; die 8 Köpfe sind auf einem Gestell montiert, das horizontal beweglich ist.

der Zuleitungen zu den Köpfen. Diese Ausführungsart ergibt kürzere Zugriffszeiten, da nicht zwei, sondern nur eine Bewegung nötig ist; die größere Zahl der Magnetköpfe bedingt aber höhere Kosten.

An Stelle von Platten kommen gelegentlich auch biegsame Folien vor [61.25, 62.5].

VI.3.1.1 Aufbau. Wenngleich das in Abb. 258 dargestellte Prinzip sehr einfach aussieht, waren doch bis zu seiner Realisierung einige bedeutende mechanische und elektrische Probleme zu lösen. Das wichtigste von ihnen hängt damit zusammen, daß es aus Gründen der mechanischen Festigkeit ganz unmöglich ist, in dieser Konstruktion einen Magnetkopf so zu befestigen, daß er vermöge seiner Halterung seinen Abstand von der Platte mit einer Genauigkeit von $\pm\,10\ \mu m$ einhält. Die Verbiegungen der Platte und des Armes, der den Kopf trägt, sowie die Ungenauigkeiten in der vertikalen Positionierung betragen ein Vielfaches von diesem Wert. Der Kopf muß daher so gelagert werden, daß er gegen die Platte gepreßt wird und durch das Luftkissen, welches sich infolge der Bewegung ergibt, den vorgeschriebenen Abstand stabil einhält. Dieses Luftkissen kann durch das Einblasen von Preßluft zusätzlich gestützt werden (Abb. 259), doch gestattet es eine geeignete Formgebung des Kopfes, auch ohne Preßluft auszukommen. Die damit zusammenhängenden Fragen sind sehr sorgfältig studiert worden [59.14], s. auch S. 344f. Der Magnetkopf muß in ein flaches Plättchen eingebaut werden, das eine Größe von 1 bis 2 cm besitzt. Die der Magnetplatte zugewendete Seite ist icht konvex gewölbt; dadurch entsteht eine Luftschicht, die sich in trömungsrichtung keilförmig verengt. Für die Stabilität entscheidend it die Art der Lagerung; der Kopf muß elastisch befestigt sein, und

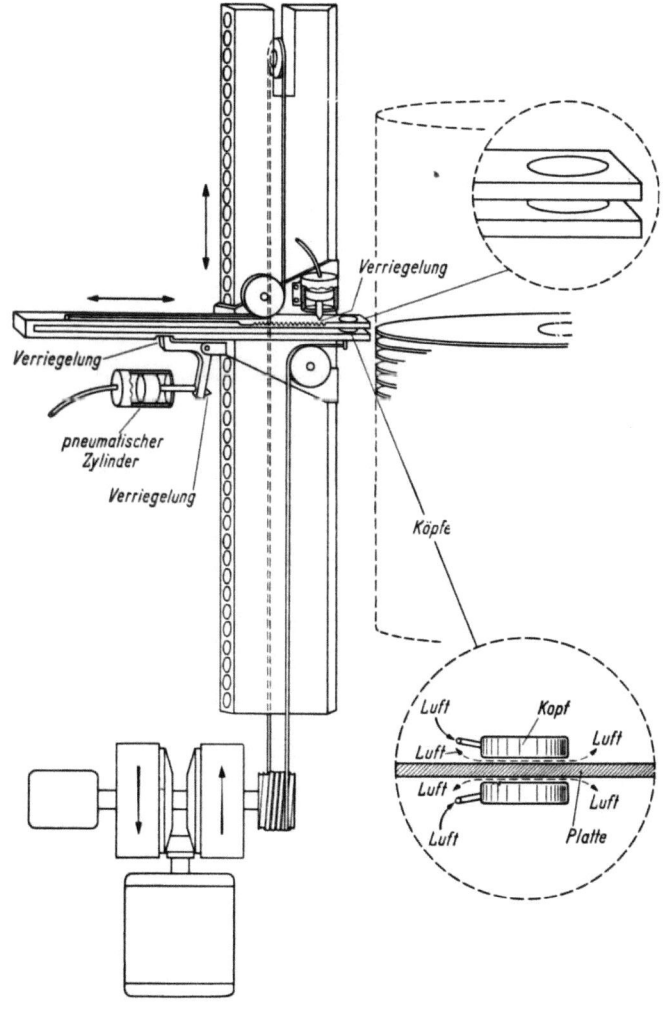

Abb. 259. Darstellung der Mechanik, die das Paar von Köpfen vertikal und horizontal bewegt

die bei einer kleinen Auslenkung wirksam werdenden Rückstellkräfte entscheiden über die Stabilität.

VI.3.1.2 Positionierung der Magnetköpfe. Der Mechanismus zum Antrieb des Armes ist in Abb. 259 veranschaulicht. (Der gezeigte Arm trägt zwei Magnetköpfe und entspricht damit der Form von Abb. 258a.) Sowohl die vertikale als auch die horizontale Bewegung kann mittels einer pneumatisch gesteuerten Vorrichtung verriegelt werden. Eine Saite, die durch einen Elektromotor über eine Kupplung angetrieben wird, veranlaßt zuerst die vertikale, dann die horizontale Positionierung. Die Betätigung der Kupplung geschieht durch eine Servosteuerung, deren Fehlersignal gleich der Differenz zwischen einem Sollwert und einem Istwert ist. Der Sollwert kommt durch Verwandlung der verlangten Adresse in eine Analog-Gleichspannung zustande. Der Istwert entsteht dadurch, daß die beweglichen Teile einen Schleifkontakt tragen, der auf einem Widerstandsstreifen gleitet. Die genaue, endgültige Positionierung erfolgt allerdings nicht durch die Servosteuerung, sondern durch die mechanischen Verriegelungen [*57.7, 57.15*]. Wenn die Dichte der Spuren weiter gesteigert und die Zugriffszeit weiter gesenkt werden soll, so muß allerdings auf die Verriegelung verzichtet und eine Servosteuerung hoher Präzision verwendet werden. [*61.16*].

VI.3.1.3 Anordnung der Speicherzellen. Die Impulsfolgen auf einer Speicherplatte sind ähnlich angeordnet wie die Rillen auf einer Grammophonplatte (immerhin mit dem Unterschied, daß sie nicht Spiralen, sondern exakte Kreise sind, da der Kopf beim Schreiben und Lesen stillsteht). Die zu einem Wort gehörenden Impulse werden nacheinander aufgezeichnet, s. Abb. 260. Im Gegensatz zu Magnettrommeln (vgl. Abb. 247) kommt es nicht vor, daß ein Wort unter Verwendung mehrerer Magnetköpfe in Parallel- oder Serien-Parallel-Darstellung aufgezeichnet wird; denn es wäre nicht möglich, die gegenseitige Lage mehrerer Köpfe genügend genau einzuhalten.

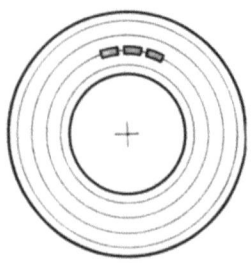

Abb. 260. Die Lage von drei aufeinanderfolgenden Worten (schraffiert) auf einer Speicherplatte

VI.3.1.4 Die Zugriffszeit. In einem Speicher nach Abb. 258a müssen zwischen zwei Ablesungen (oder Speicherungen) vier gesonderte Operationen abgewartet werden: 1. Der Arm muß von der Spur, auf der er sich befindet, weggezogen werden, so daß er sich vertikal bewegen kann. 2. Er muß sich vertikal zur verlangten Platte bewegen. 3. Er muß horizontal bis zur verlangten Spur gehen. 4. Die Platte muß sich so weit drehen, bis das verlangte Wort unter dem Kopf vorbeigeht.

Der ungünstigste Fall tritt dann ein, wenn der Arm von der innersten Spur der untersten Platte zur innersten Spur der obersten Platte gehen muß, und wenn dazu noch eine ganze Umdrehung der Platte abgewartet werden muß. Die Zugriffszeit ist wesentlich geringer, wenn von einer Speicherzelle zu einer andern Speicherzelle, die auf der gleichen Platte liegt, übergegangen wird, weil dann die vertikale Bewegung überhaupt nicht eingeschaltet werden muß. Es ist daher ein Vorteil, wenn die Programmierung so eingerichtet werden kann, daß ein Wechsel der Platten möglichst nicht bei jeder Operation vorkommt; doch widerspricht gerade diese Forderung dem Prinzip des wahlweisen Zugriffs.

Die Anordnung von Abb. 258b ist bezüglich der Zugriffszeit ganz wesentlich vorteilhafter; denn statt drei Bewegungen (von denen jede mit einer Beschleunigung und einer Verzögerung verbunden ist) ist nur noch eine einzige nötig. Hinzu kommt auch hier die Umdrehungszeit der Platten.

VI.3.1.5 Auswechselbare Plattensätze. Die Flexibilität eines Plattenspeichers wird beträchtlich erhöht, wenn die Plattensätze von Hand auswechselbar gemacht werden können. Auswechselbare Plattensätze kommen nur in der Vielkopf-Ausführung (Abb. 258b) vor. Sie konnten erst realisiert werden, nachdem eine Reihe von konstruktiven Problemen gelöst war, von denen die wichtigsten nachfolgend angedeutet werden.

Ein auswechselbarer Plattensatz hat nur einen Sinn, wenn die in einem Satz enthaltene Speichermenge hinreichend groß (mindestens 10^7 Bits) ist. Anderseits muß der Satz handlich sein und darf daher in Ausmaß und Gewicht gewisse Grenzen nicht überschreiten, damit er auch durch weibliches Personal bedient werden kann. Somit mußte die Dichte der Impulsaufzeichnung erheblich vergrößert werden. Dadurch werden aber die Toleranzprobleme verschärft; denn je größer die Spurendichte ist, desto genauer muß der Kopf positioniert werden. Außerdem addieren sich die Toleranzen von Plattensatz einerseits und Kopfanordnung anderseits, indem jeder Plattensatz in jeder Maschine verwendbar sein muß. Ferner muß für möglichst staubdichten Verschluß der Platten auch bei der Aufbewahrung außerhalb der Anlage gesorgt werden, da bei den kleinen Zwischenräumen zwischen Platte und Kopf ein Staubteilchen zu Störungen Anlaß geben kann.

Ein kommerziell erhältlicher Speicher (IBM 1311) enthält Plattensätze mit 10 Plattenseiten (6 Platten) von 35 cm Durchmesser; ein Satz wiegt weniger als 5 kg und speichert etwa 20 Millionen Bits.

VI.3.1.6 Die Magnetschicht. Als Schicht für die Aufzeichnung der Impulse verwendet man ein Pulver von γ-Fe_2O_3, welches mittels eines organischen Bindemittels in einer Dicke von etwa 10 μm auf der Aluminiumplatte aufgetragen wird. Die entstehende Schicht hat eine Koerzitivkraft von etwa 300 Oersted und eine remanente Induktion von etwa 2000 Gauß. Die Anforderungen an die Gleichmäßigkeit dieser Schicht sind außerordentlich hoch. Zunächst muß die Oberfläche eben sein, damit mit dem luftgelagerten Kopf keine Berührungen entstehen. Die Dicke muß an allen Stellen gleich groß sein; denn sonst würde die Amplitude des abgelesenen Signals zu stark schwanken. Mikroskopische Unregelmäßigkeiten, verursacht durch Staubteilchen, die während der Herstellung vorhanden sind, oder kleinste Kratzer ergeben bei der großen Impulsdichte bereits Fehler.

VI.3.1.7 Übersicht über einige Zahlenwerte. Die Vielfalt der hergestellten Plattenspeicher ist groß, und ihre Merkmale variieren in weiten Grenzen. Es ist daher nicht sinnvoll, für die verschiedenen Eigenschaften Minimal- und Maximalwerte anzugeben. Die nachfolgenden Zahlen stellen häufig vorkommende Größen oder Bereiche von Größen dar.

Durchmesser	30 bis 60 cm
Anzahl Platten	5 bis 50
Umdrehungszahl	1500 U/min
Anzahl Impulse pro mm	4 bis 40
Impulsfrequenz	100 bis 700 kHz
Anzahl Spuren pro mm	1 bis 4
Anzahl Spuren pro Plattenseite	100
Gesamtkapazität (Bits)	10^7 bis 10^9
Luftspalt zwischen Platte und Kopf	5 bis 25 μm

Da man in einem Speicher die Impulsfrequenz für alle Spuren gleich groß machen möchte, ist — wegen der verschiedenen Bewegungsgeschwindigkeit — die räumliche Impulsdichte auf der innersten Spur größer als auf der äußersten. Wenn die zulässige größte Impulsdichte gegeben ist, so kann man auf einer Plattenseite dann ein Maximum an Information speichern, wenn die Radien der beiden Randspuren sich wie 1:2 verhalten, was aus einer einfachen Rechnung hervorgeht.

Die Zugriffszeit beträgt bei der Ausführung von Abb. 258a für den ungünstigsten Fall etwa 0,5 s. In der Vielkopf-Konstruktion von Abb. 258b kann die Zeit für die Bewegung der Köpfe auf etwa 60 ms reduziert werden; dazu kommt noch der Anteil infolge der Plattendrehung, der (bei 1500 U/min) im Maximum 40 ms, im Mittel 20 ms beträgt.

VI.3.2 Der Magnetkopf

Aufbau und Feldverlauf des Magnetkopfes in einem Plattenspeicher sind im Prinzip gleich wie bei der Magnettrommel, s. Abb. 248. Hingegen kommen drei Forderungen hinzu, die gegenüber einem Kopf in einem Trommelspeicher eine wesentliche Erschwerung bedeuten. Erstens ist die Bauhöhe beschränkt auf weniger als 1 cm, damit der Kopf zwischen zwei Platten Platz findet. Zweitens muß die äußere Form so beschaffen sein, daß das Prinzip der Luftlagerung Anwendung finden kann. Die dritte Forderung rührt davon her, daß der Kopf beweglich ist und daß daher seine Stellung auf der Spur mit einer gewissen Ungenauigkeit behaftet ist. Eine einmal geschriebene Spur muß aber zu einem späteren Zeitpunkt vollständig gelöscht werden können, auch wenn der Kopf in radialer Richtung etwas verschoben ist. Dazu ist ein Doppelkopf erforderlich, der für das Löschen einen getrennten magnetischen Kreis besitzt, der etwas breiter ist als der Kreis für Schreiben und Lesen.

Abb. 261a zeigt diese Anordnung; die elektrische Schaltung ist in b erläutert. Die Spule 1 befindet sich auf dem Löschkopf, Spulen 2 und 3 auf

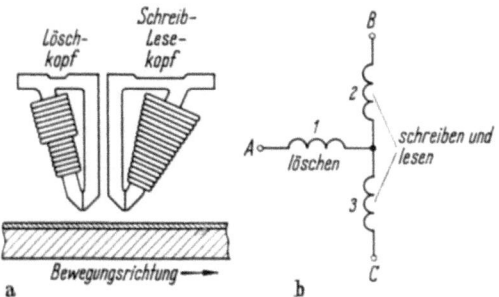

Abb. 261. Doppelmagnetkopf im Plattenspeicher. Der Löschkopf ist breiter (in Richtung senkrecht zur Zeichnungsebene) als der Schreib-Lesekopf

dem Lese- und Schreibkopf. Der Schreibstrom geht von A nach B oder von A nach C, je nach der verlangten Magnetisierungsrichtung; durch Spule 1 fließt während der ganzen Schreibzeit ein Gleichstrom und löscht

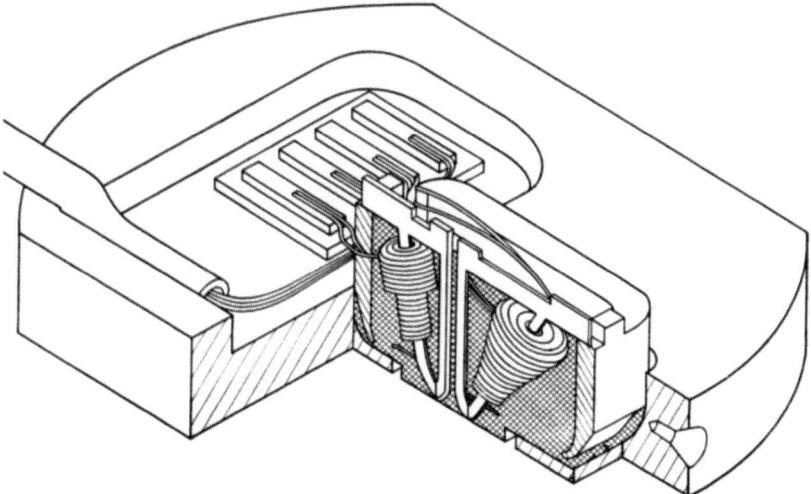

Abb. 262. Magnetkopf von Abb. 261, eingebaut in ein Gehäuse für die Luftlagerung (Gesamthöhe etwa 7 mm)

dadurch die Trommeloberfläche unmittelbar vor dem Schreiben. Das Löschen besteht darin, daß die Schicht in einer Richtung vollständig magnetisiert wird. Der Leseverstärker ist zwischen den Klemmen B und C angeschlossen. Abb. 262 zeigt den Einbau dieses Kopfes in ein Gehäuse, welches die für die Luftlagerung richtige aerodynamische Form besitzt.

VI.3.3 Die Aufzeichnung

Die Aufzeichnungsart ist die modifizierte Dauerstromschrift (Abb. 250c, S. 329), die darin besteht, daß der magnetische Fluß im Schreibkopf überall dort, wo eine L aufzuzeichnen ist, sein Vorzeichen wechselt. Im Lesesignal kennzeichnet ein Impuls eine L, das Fehlen eines Impulses eine O. Die Impulse sind entweder positiv oder negativ; durch Gleichrichtung können sie alle positiv gemacht werden.

Auf die wichtige Frage, welches die größte zulässige räumliche Impulsdichte ist, kann hier nicht eingegangen werden; eine ausführliche Behandlung findet sich in [*61.17*].

Weitere Literatur: [*35, 62.9, 63.2, 63.22, 63.23*].

VI.3.4 Die Ablesung

Zwei wesentliche Merkmale unterscheiden die Ableseschaltung in einem Plattenspeicher von jener in einem Trommelspeicher. Das erste ist die große Variabilität der Spannung der im Kopf induzierten Signale. Zwischen der innersten und der äußersten Spur besteht ein Unterschied in der Bewegungsgeschwindigkeit, die die Amplitude des Signals beeinflußt. Weitere Schwankungen rühren von Toleranzen im Magnetkopf und von Veränderungen in der Dicke der Magnetschicht und des Luftkissens her. Gesamthaft muß mit Schwankungen der Signalamplitude im Verhältnis 1:8 gerechnet werden; die Schaltungen müssen in der Lage sein, Signale in diesem großen Bereich richtig zu verarbeiten. Das zweite Merkmal besteht in der Unmöglichkeit, feste Uhrimpulse für die Abtastung der aus dem Kopf kommenden Signalformen zu verwenden; denn infolge der mechanischen Beweglichkeit des Kopfes und der hohen Impulsdichte besteht keine hinreichend genaue zeitliche Beziehung zwischen den Maschinenimpulsen und den von der Platte abgelesenen Signalen.

Die Interpretation der abgelesenen Signale muß daher ohne äußere Uhrimpulse vollzogen werden. Dafür sind zwei verschiedene Verfahren im Gebrauch, die in Abb. 263 und 264 aufgezeichnet sind. Im ersten Verfahren (Abb. 263) wird das vom Kopf abgelesene Signal (a) gleichgerichtet (b). Gezeigt ist als Beispiel die Folge LLOOLO. Der erste Impuls dient dazu, einen schwach gedämpften Schwingkreis anzustoßen (c), der Sinusschwingungen erzeugt, deren Frequenz möglichst genau gleich der Bitfrequenz auf der Platte ist. Aus dieser Sinusschwingung werden gleichmäßige Impulse abgeleitet (d). Die Signale b und d werden alsdann in ein Impulsgatter geleitet und geben die Impulsfolge e, die den logischen Schaltungen zugeführt wird. Wichtig ist, daß der Schwingkreis seinen Synchronismus mit dem Plattensignal nicht verliert; durch jedes weitere, von einer Eins herrührende Signal aus dem Magnetkopf wird er neu synchronisiert. Die Aufzeichnung auf der Platte muß in einem solchen Code erfolgen, daß in Abständen von nicht mehr als etwa 5 Stellen immer wieder eine Eins eintritt (da eine Null nichts zur Synchronisation beiträgt).

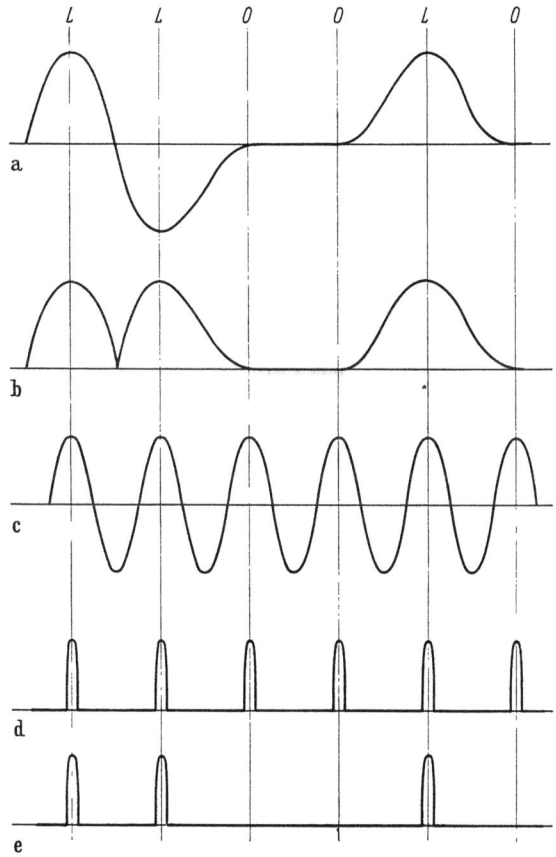

Abb. 263 a — e. Ablesung der Platte mittels des synchronisierten Schwingkreises (Folge LL00L0)
a) Kopfsignal, b) dasselbe gleichgerichtet, c) Sinusschwingung des synchronisierten Schwingkreises, d) daraus abgeleitete Impulse, e) logisches Produkt von b) und d)

Das zweite Verfahren veranschaulicht Abb. 264. Es unterscheidet sich vom vorherigen dadurch, daß die Zeitmarken nicht durch einen Schwingkreis, sondern durch das Kopfsignal selbst erzeugt werden. Das Kopfsignal (a) wird gleichgerichtet (b) und in einen Diskriminator geleitet, der nur die Teile des Signals, die über dem gestrichelten Pegel liegen, verstärkt und begrenzt. Das führt zur Signalform c. In einem andern Zweig wird das gleichgerichtete Signal b differenziert (d) und dann verstärkt und begrenzt, unter gleichzeitiger Umkehrung des Vorzeichens (e). Die zwei Signale c und e werden nun weiter verwendet. c markiert die Impulsspitzen des Kopfsignals; e kennzeichnet, da es durch Differentiation zustande gekommen ist, die fallende Flanke. Leitet man die beiden in

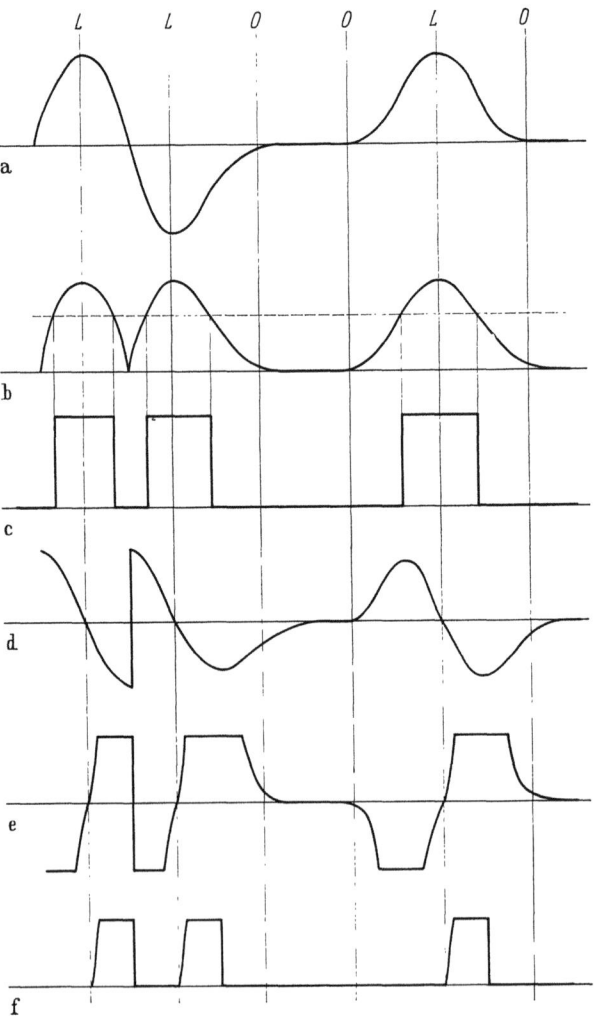

Abb. 264 a—f. Ablesung der Platte durch Diskriminieren und Differenzieren (Folge LL00L0) a) Kopfsignal, b) dasselbe gleichgerichtet, c) Schwellwertbildung und Begrenzung, d) Differentiation von b), e) Verstärkung, Umkehrung und Begrenzung von d), f) logisches Produkt von c) und e)

ein Impulsgatter (das heißt, bildet man das logische Produkt), so entstehen Informationsimpulse (f), die sich in genau richtiger zeitlicher Lage befinden.

Zusätzliche Literatur [35 S. 331 ff., *57.16, 61.6*].

VI.4 Laufzeitspeicher

VI.4.0 Prinzip

Jede Verzögerungsleitung kann grundsätzlich als Speicher Verwendung finden, indem eine einmal eingegebene Impulsfolge beim Austritt verstärkt, regeneriert und wieder eingegeben wird. Abb. 265 veranschaulicht die Grundschaltung. Die aus der Leitung herauskommende Impulsfolge wird verstärkt und — da sie verformt worden ist — in einem Impulsgatter regeneriert und in die zeitlich richtige Lage gebracht. Durch zwei Gatter erfolgt die Wiedereinspeisung in die Leitung. Solange dieser Kreis geschlossen ist, zirkuliert die Information unverändert und ist daher gespeichert. Die Löschung geschieht durch Unterbrechung des Kreislaufes.

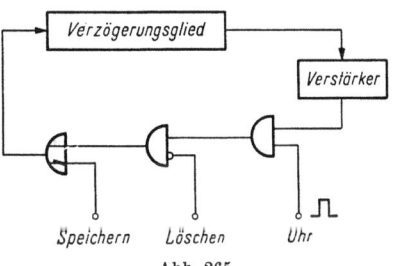

Abb. 265
Prinzipschema eines Laufzeitspeichers

Wenn die Impulsfrequenz mit f und die Laufzeit der Leitung mit T bezeichnet wird, so können in einer solchen Anordnung $T \cdot f$ Bits gespeichert werden. Die maximale Zugriffszeit beträgt T, die mittlere $T/2$. Aus diesen Beziehungen geht hervor, daß in einer einzelnen Leitung nur wenig Information gespeichert werden kann, wenn die Zugriffszeit klein bleiben soll. Für größere Datenmengen sind viele Leitungen mit den zugehörigen Verstärkern und Gattern erforderlich. Sie haben zudem den bedeutenden Nachteil, daß ihr Inhalt beim Ausschalten der Stromquellen gelöscht wird. Seit dem Auftreten der Magnetkerne haben daher die Laufzeitspeicher ihre Bedeutung weitgehend verloren.

Als Verzögerungsglied kann eine elektrische Laufzeitkette verwendet werden, doch wird dadurch die Kapazität auf 20 bis 30 Bits beschränkt, so daß diese Ausführung nur als Register in Rechenwerken gebraucht werden kann. Dagegen hat sich die Umwandlung der elektrischen Impulse in akustische Schwingungen, die als Ultraschallwellen in einem flüssigen oder festen Medium (Quecksilber bzw. Nickel) fortgepflanzt werden, bewährt.

VI.4.1 Quecksilberleitungen

Die Schallgeschwindigkeit in flüssigem Quecksilber beträgt etwa 1500 m/s. In einer Säule von 1,5 m Länge lassen sich also bei einer Impulsfrequenz von 1 MHz 1000 Impulse speichern. Wegen der Dispersion und der Dämpfung läßt sich die Speicherkapazität einer Einheit nicht wesentlich über diesen Wert erhöhen. Abb. 266 zeigt einen Längsschnitt durch ein solches Rohr. Es besteht aus Stahl und ist mit flüssigem Quecksilber gefüllt; an jedem Ende ist ein Piezoquarz montiert. Der eine wirkt als Sender, der andere als Empfänger. Ihre Resonanzfrequenz beträgt etwa 10 MHz. Die Impulse werden vor der Eingabe einem Trägersignal von dieser Frequenz als Modulation aufgedrückt; 0 wird durch die Abwesenheit, L durch die Anwesenheit eines Impulses, der aus einem Paket von Trägerschwingungen besteht, dargestellt. Empfängerseitig ist dementsprechend eine Demodulation (Gleichrichtung) nötig.

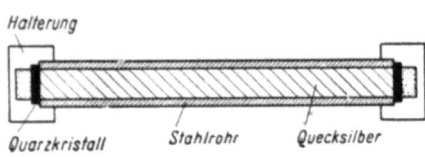

Abb. 266
Längsschnitt durch einen Quecksilberspeicher

Die Dämpfung besteht aus einem Anteil, der vom Übergang Quarz-Quecksilber-Quarz herrührt und 50 db beträgt, sowie einem Anteil der Fortpflanzung in der Flüssigkeit in der Höhe von etwa 5 db/m.

Die Temperaturabhängigkeit der Schallgeschwindigkeit in Quecksilber erfordert größte Aufmerksamkeit. Sie beträgt etwa $0,3^0/_{00}/°C$. Wenn also in einem Rohr 1000 Impulse gespeichert sind, so darf die Temperatur vom Sollwert um nicht mehr als 1 °C abweichen, sonst geht der Synchronismus der austretenden Impulse mit der Uhr verloren. Zwar ist es möglich, die Uhrfrequenz entsprechend der sich ändernden Temperatur zu variieren, doch muß dann wenigstens verlangt werden, daß sich die Temperaturen aller verwendeten Rohre um nicht mehr als diesen Betrag voneinander unterscheiden.

RICHARDS [26] gibt eine ausführlichere Darstellung der Ultraschallspeicher mit mehreren Literaturhinweisen.

VI.4.2 Nickelleitungen

Nickeldrähte haben als Ultraschall-Verzögerungsleitungen besonders in England Aufmerksamkeit gefunden. Gegenüber Quecksilber haben sie den Vorteil billigerer Herstellung, kleineren Volumenbedarfs und geringerer Temperaturabhängigkeit der Laufzeit. Anderseits ist infolge größerer Dispersion und Dämpfung die Speicherkapazität eines Drahtes geringer als die einer Quecksilbersäule. Abb. 267 zeigt schematisch den Aufbau einer Nickelleitung. Ein Strom in der Senderspule erzeugt im Nickeldraht vermöge der Magnetostriktion eine Kontraktion in Feldrichtung. Diese Kontraktion wandert als Schallwelle mit Schallgeschwindigkeit sowohl nach links als auch nach rechts. Die nach links

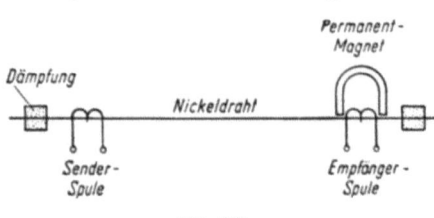

Abb. 267
Prinzipschema einer Magnetostriktionsleitung

ehende Welle wird durch eine Dämpfung absorbiert; die nach rechts geende gelangt am andern Ende der Leitung in das Feld eines Permanentmagneten, dessen Fluß, wiederum infolge der Magnetostriktion, eine Änderung erfährt, die in der Empfängerspule eine Spannung induziert. Wenn die Länge der Spulen klein gegenüber der Wellenlänge der betrachteten Vorgänge ist, so ist die momentane Dichteänderung im Nickel proportional zur zeitlichen Ableitung des Senderstromes, und die induzierte Spannung in der Empfängerspule ist proportional zur zeitlichen Ableitung der Dichteänderung. Also ist diese Spannung durch die zweite Ableitung des Senderstromes bestimmt.

Die Schallgeschwindigkeit in Nickel beträgt etwa 5000 m/s. Die Wellenlänge der höchsten Frequenz, die übermittelt werden kann, ist größer als die Länge der Spulen; deshalb ist man im allgemeinen auf etwa 100 kHz begrenzt. Die Impulse werden direkt, also ohne Modulation eines Trägers, eingegeben. Es kommen Speicher für einige Hundert Impulse vor. Der verwendete Draht hat eine Dicke bis zu etwa 1 mm und kann beliebig aufgewickelt werden, so daß der Platzbedarf klein bleibt. Die Laufzeit hat eine Temperaturabhängigkeit von etwa $0{,}15^0/_{00}/°C$; bei der Speicherung von weniger als 500 Impulsen sind daher Temperaturabweichungen von mehreren °C zulässig.

Ausführlichere Angaben über die akustischen Vorgänge und die zugehörigen Schaltungen vermitteln [*56.8, 56.25*].

VI.5 Magnetschichtspeicher

Magnetschichtspeicher kleiner Kapazität finden seit einiger Zeit in kommerziellen Rechenanlagen Verwendung. Bis jetzt (1964) sind noch keine größeren Speicher (10^6 oder mehr Bits) bekannt geworden, doch ist anzunehmen, daß die damit zusammenhängenden technischen Probleme bald gelöst werden.

VI.5.1 Eigenschaften von Magnetschichten

Dünne magnetische Schichten sind dem Physiker schon seit langem bekannt. Der Anreiz, sie auf ihre Eignung als Rechenmaschinenelemente zu untersuchen, ging von der Vorstellung aus, die Wirbelstromverluste im magnetischen Material durch Reduktion der Dicke zu verringern; doch fand man bald neue, vorteilhafte Eigenschaften, insbesondere die Einbezirksstruktur und das Rotationsschalten.

Eine dünne Magnetschicht ist eine Folie von weniger als 1000 Å Dicke ($1 Å = 10^{-10}$ m). Diese Dicke entspricht etwa 300 Atomlagen. Man stellt sie hauptsächlich durch Bedampfen auf eine geeignete Unterlage, meistens Glas, her, indem das Ausgangsmaterial im Vakuum zum Verdampfen gebracht wird. Andere Herstellungsverfahren sind elektrolytisches Abscheiden und chemisches Ausfällen.

Die Ausbildung einer „Einbezirksstruktur" ist Voraussetzung für alle praktischen Anwendungen. Sie liegt dann vor, wenn die Magnetisierungsvektoren an allen Stellen gleichgerichtet sind und in die gleiche Richtung weisen. (Magnetisches Blockmaterial, also Material, das nicht in Form einer dünnen Schicht vorliegt, hat bekanntlich viele magnetische Bezirke, die im allgemeinen in verschiedenen Richtungen magnetisiert sind.)

Dünne Schichten verhalten sich bezüglich der Entmagnetisierung völlig verschieden von magnetischem Blockmaterial. Beispielsweise entstehen an einem Stabmagneten an den Enden magnetische Pole; diese erzeugen einen Fluß, der nicht nur außerhalb, sondern auch innerhalb des Stabes verläuft und dadurch den Magneten schwächt (teilweise entmagnetisiert). Daher kommen für viele Anwendungen, unter anderem auch für Speicherkerne, nicht stabförmige, sondern nur ringförmige Magnete in Betracht, an denen sich keine Pole ausbilden. Bei dünnen Schichten ist, falls das Verhältnis von Länge zu Dicke wesentlich mehr als 10000 beträgt, die Entmagnetisierung so schwach, daß man sie vernachlässigen kann. Der durch die Schicht erzeugte Fluß kann sich ohne Schwierigkeiten durch den Außenraum schließen und benötigt daher keinen ununterbrochenen Pfad aus magnetischem Material. Anderseits bewirkt die Entmagnetisierung, die in der Richtung senkrecht zur Schichtebene entsteht, daß der Magnetisierungsvektor immer in der Schichtebene verlaufen muß. Die Verteilung der Magnetisierung in einer dünnen Schicht kann daher als zweidimensional angesehen werden.

Wichtig ist ferner das Entstehen einer Vorzugsachse, wenn man die Bedampfung in Gegenwart eines magnetischen Gleichfeldes vollzieht. Die Vorzugsachse ist eine bevorzugte Richtung, in der sich die Magnetisierung der Schicht einzustellen sucht. Die genauen physikalischen Ursachen für deren Entstehen sind noch nicht bekannt. Als Legierung für das Schichtmaterial wählt man eine Zusammensetzung von 80% Ni, 20% Fe.

Der große Vorteil der Magnetschichten besteht darin, daß die Ummagnetisierung außerordentlich schnell und mit kleinem Energieaufwand verläuft. Die Gründe dafür sind: Geordnete Drehung der Magnetisierung, kleines Materialvolumen und vernachlässigbare Wirbelströme. Die geordnete Drehung bedeutet, daß die Ummagnetisierung dadurch erfolgt, daß sich die gesamte Magnetisierung der Schicht um 180° in der einen oder andern Richtung dreht. Abb. 268 veranschaulicht einige Eigenschaften dieser kohärenten Rotation. Ohne äußeres Feld liegt die Magnetisierung in der Vorzugsachse und weist entweder nach rechts oder nach links

$\vec{I}_0$ oder $\vec{M}'_0$). Wird ein Feld angelegt, so kann die sich einstellende ichtung der Magnetisierung ermittelt werden, indem man in die H_x-H_y-bene den Endpunkt des Feldvektors einzeichnet und von dort die Tan-

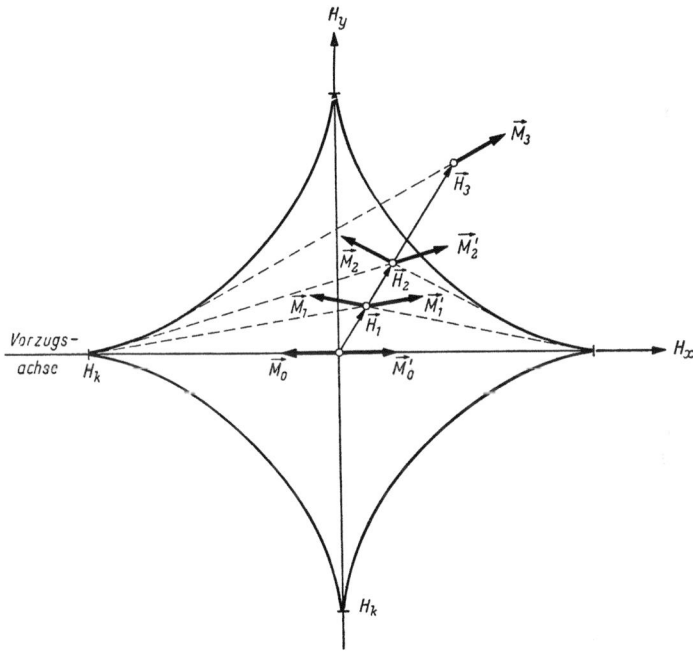

bb. 268. Kritische Kurve (Astroide) und Ermittlung der Magnetisierungsrichtung in Abhängigeit der Feldstärke in einer Magnetschicht. Für die Felder 0; $\vec{H}_1$; $\vec{H}_2$; $\vec{H}_3$ ist die Magnetisierung $\vec{M}_0$ oder $\vec{M}'_0$; $\vec{M}_1$ oder $\vec{M}'_1$; $\vec{M}_2$ oder $\vec{M}'_2$; $\vec{M}_3$. Der Betrag von $\vec{M}$ ist konstant

ente an die gezeigte Kurve legt. Diese Kurve wird als „kritische Kurve" ezeichnet; sie ist eine Astroide und genügt somit der Gleichung

$$H_x^{2/3} + H_y^{2/3} = H_k^{2/3}.$$

In der Abbildung sind drei Beispiele verschiedener Felder eingezeichnet. Für Felder, die innerhalb der Astroide liegen, sind zwei Magnetisierungsrichtungen möglich, für solche außerhalb nur eine. Beim Überchreiten der Kurve kann — je nach der vorher eingenommenen Lage — ine sprunghafte Drehung eintreten. Wenn im feldfreien Zustand die Magnetisierung $\vec{M}$ — deren Betrag als konstant anzusehen ist — in der Abbildung nach links zeigt, so wird sie beim Anlegen des Feldes $\vec{H}_1$ die Richtung $\vec{M}_1$ annehmen und beim Feld $\vec{H}_2$ die Richtung $\vec{M}_2$. Sobald das Feld die kritische Kurve überschreitet, so dreht sich die Magnetisierung sprunghaft und erreicht bei $\vec{H}_3$ den Wert $\vec{M}_3$. Wenn anderseits zu Beginn $\vec{M}$ nach rechts deutet, so werden nacheinander die Werte $\vec{M}'_1$, $\vec{M}'_2$ und — ohne Sprung — $\vec{M}'_3$ angenommen. H_k ist eine Konstante und nimmt praktisch den Wert von etwa 3 A/cm an; die zum Umschalten theoretisch nötige Feldstärke liegt, je nach ihrer Richtung, zwischen $H_k/2$ und H_k.

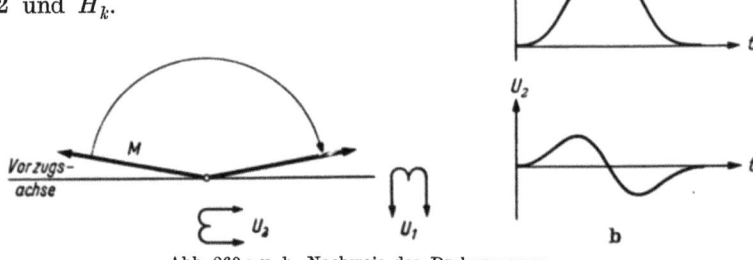

Abb. 269 a u. b. Nachweis des Drehprozesses
a) Anordnung der Spulen in bezug auf die Vorzugsachse, b) induzierte Spannungen

Die Drehung der Magnetisierung in Schichtebene kann auch experimentell nachgewiesen werden, indem man an die Schicht ein sehr schnell ansteigendes Feld anlegt. Voraussetzung für das Experiment ist ein gewisser Minimalwinkel zwischen Feld und Vorzugsachse und eine ausreichende Überschußfeldstärke über das kritische Feld. Die Anordnung zeigt schematisch Abb. 269. In einer Spule, deren Achse senkrecht zum angelegten Feld liegt, wird ein Doppelimpuls U_2 induziert, der beweist, daß eine Drehung stattfindet, und der gleichzeitig deren Richtung anzeigt. Die Drehung findet im Zeitbereich von 1 ns statt. Diese kurze Umschaltzeit bewirkt, daß trotz dem kleinen Volumen einer Magnetschicht beträchtliche Spannungen induziert werden. Beispielsweise mißt man bei einer 1000 Å dicken Schicht von 1 cm Breite in einer Spule mit 1 Windung eine Spannung von nahezu 1 V.

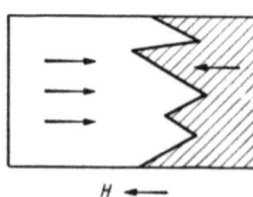

Abb. 270. Prozeß des Wandschaltens. Beim Ablesen des Feldes H vergrößert sich der schraffierte Bezirk auf Kosten des nicht schraffierten, indem die Wände wandern

Neben der schnellen Drehung der Magnetisierung gibt es noch einen zweiten Ummagnetisierungsprozeß, das Wandschalten (Abb. 270). Dieser Vorgang läuft beträchtlich langsamer ab und behindert oft den Einsatz des schnellen Drehschaltens. Wandschalten entsteht hauptsächlich, wenn ein Feld an die Schicht angelegt wird, das kleiner ist als das kritische Feld, aber größer als die Koerzitivkraft H_c. Dann entstehen z. B. an Störstellen kleine Bezirke umgekehrter Magnetisierung. Diese Bezirke sind von Wänden umgeben, die unter dem Einfluß des äußern

VI.5 Magnetschichtspeicher

:ldes über die Schicht laufen, und so die ummagnetisierten Gebiete
)er die ganze Schicht ausbreiten. Das Wandschalten kann als Serien-
·ozeß betrachtet werden, im Gegensatz zum Parallelprozeß der Drehung.
ie Geschwindigkeit des Wandschaltens ist gering, die Schaltzeiten liegen
)licherweise bei etwa $1\,\mu s$. Sowohl das Wandschalten als auch das
rehschalten verlaufen um so schneller, je höher die Überschußfeld-
ärke ist, und in einem gewissen Bereich existiert eine angenäherte
:oportionalität zwischen dieser Überschußfeldstärke und der reziproken
:haltzeit, ein Verhalten, das auch für Ferritkerne gilt, s. S. 289.

Außer der kohärenten Drehung und dem Wandschalten gibt es noch
ne dritte Art des Umschaltens, die inkohärente Drehung. Bei diesem

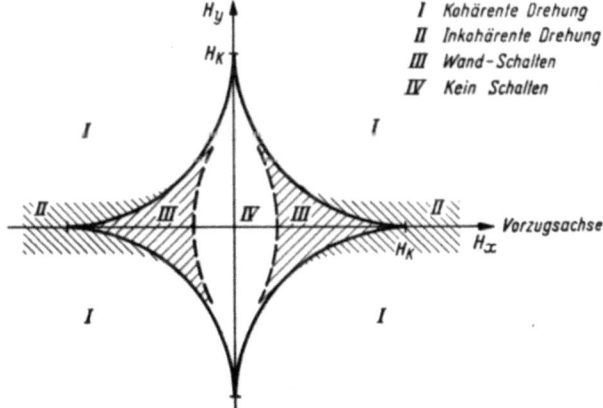

Abb. 271. Bereiche verschiedener Schaltvorgänge

·rozeß, der ein Gemisch von Wandschalten und Drehschalten darstellt,
paltet sich die Schicht in mehrere Bereiche auf. Die inkohärente Drehung
ihrt zu einem blockierten Zustand, der das weitere Schalten behindert.
)as Eintreten dieses Zustandes muß vermieden werden, was an die Im-
ulsprogramme besondere Anforderungen stellt.

Die verschiedenen Arten des Umschaltens sind in Abb. 271 in die
I-Ebene eingetragen. Diese Ebene fällt mit der Schichtebene zusammen;
- und y-Achse kennzeichnen die x- und y-Richtung des magnetischen
'eldes. Die x-Richtung ist die Vorzugsachse, also die „leichte Richtung"
er Magnetisierung. Ins gleiche Diagramm ist die kritische Kurve einge-
:ragen. — Die Grenze zwischen Nichtschalten und Wandschalten ist die
'eldstärke, die man gemeinhin (also sowohl in Schichten als auch im
3lockmaterial) als *Koerzitivkraft* bezeichnet.

VI.5.2 Aufbau eines Speichers

Da die Magnetisierung in einer Magnetschicht, die eine Vorzugsrich-
ung besitzt, zwei stabile Lagen einnehmen kann, eignet sich eine solche

Schicht als Speicherelement für ein Bit. Die Selektion geschieht auf dem Matrixprinzip, ähnlich wie bei Kernspeichern; der wesentliche Unterschied gegenüber einem Speicher mit Ringkernen liegt in der ebenen Form der Schichten, die zwei wichtige Konsequenzen hat. Erstens kann der magnetische Fluß nicht nur wie in einem Kern seinen Betrag und sein Vorzeichen ändern, sondern er ist als Vektor aufzufassen und kann sich über 360° drehen. Demgemäß können Felder verschiedener Richtungen zur Anwendung gelangen. Zweitens ist die einfache Anordnung, nach der ein Draht durch einen Ringkern gesteckt wird, nicht mehr anwendbar.

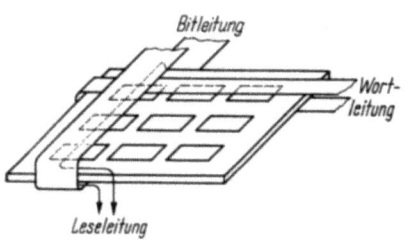

Abb. 272. Aufbau eines Wortorganisierten Speichers mit 3 Worten zu je 3 Bits

Um ein homogenes Feld zu erzeugen, muß vielmehr ein Bandleiter über die Schicht gelegt werden.

Die Technik der Schichtspeicher ist noch nicht so gefestigt wie jene der Kernspeicher, und ihre Grenzen bezüglich Geschwindigkeit und Größe sind unsicher. Wir müssen uns daher darauf beschränken, die Ausführungsform zu beschreiben, die zur Zeit die aussichtsreichste scheint. Die Zahlenangaben beziehen sich auf die von PROEBSTER [62.19] beschriebene Ausführung.

Die derzeitigen Bemühungen der meisten Autoren konzentrieren sich auf den Wort-organisierten Speicher mit orthogonalen Feldern. Die Wort-Organisation ist für einen Kernspeicher in Abb. 238a erläutert worden. Für jedes Wort ist eine Wortleitung vorhanden, und für jedes Bit eine Bitleitung (zum Einschreiben) und eine Leseleitung (zum Lesen). Die Ausführung mit Schichtspeicher ist analog, s. Abb. 272. Wortleitung und Bitleitung müssen in der Schicht ein möglichst homogenes Feld erzeugen und sind daher als Bandleiter, der die ganze Schicht überdeckt, ausgeführt. Die Leseleitung dagegen muß lediglich mit dem gesamten Fluß der Schicht verkettet sein und darf daher beliebig schmal sein.

Von wesentlicher Bedeutung ist nun der Mechanismus der Selektion. In Abb. 273a ist die H-Ebene mit der kritischen Kurve nochmals aufgezeichnet. Ferner ist das durch die Wortleitung erzeugte Feld H_W und das durch die Bitleitung erzeugte Feld H_B eingetragen. Die beiden Felder stehen senkrecht aufeinander und sind außerdem nach ihrem Betrag verschieden groß. Wie man durch Vergleich mit Abb. 271 erkennt, genügt H_B für sich allein nicht, um ein Schalten der Schicht hervorzurufen, weder durch Drehung noch durch Wandbewegung. Beide Felder zusammen jedoch führen aus der kritischen Kurve heraus und verbringen die Magnetisierung in eine eindeutige Lage. Abb. 273b zeigt den Zeitplan der Imulse. Man beachte, daß, um beim Speichern O und L zu unterscheiden, ur H_B sein Vorzeichen umkehren muß, während H_W unverändert eiben kann. Es ist ein großer Vorteil, daß der größere der beiden Impulse nur in einer von beiden Richtungen benötigt wird. Dadurch vernfachen sich die Verstärkerschaltungen erheblich. Dementsprechend itiert die Magnetisierung in Abb. 273a nur in der obern Halbebene.

Das Lesen geschieht durch Anlegen eines Wortimpulses. Je nachdem, o O oder L gespeichert war, rotiert die Magnetisierung nach rechts oder ach links, und in der Leseleitung entsteht ein negativer oder ein positiver

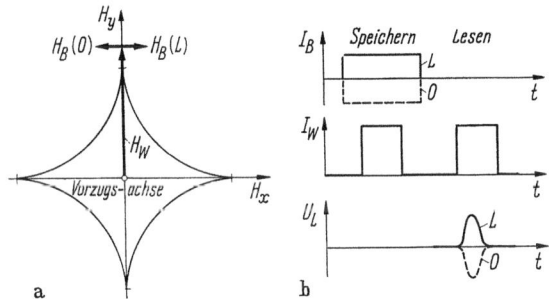

Abb. 273 a u. b
) Prinzip der Speicherung mit orthogonalen Feldern, b) Impulsprogramm beim Speichern und Ablesen. J_B Bitstrom, J_W Wortstrom, U_L Spannung in der Leseleitung

mpuls. Nach Ende des Wortimpulses klappt die Magnetisierung weder ach links noch nach rechts, da keine der beiden Drehungen bevorzugt st; vielmehr entsteht eine Aufspaltung in Streifen, die in x-Richtung verlaufen, und deren Magnetisierung abwechselnd nach links und nach echts zeigt. Diese Aufspaltung wird durch einen Speichervorgang wieder ückgängig gemacht. Die gespeicherte Information wird also durch das Lesen gelöscht. — Infolge der Wortorganisation wird durch einen Impuls n der Wortleitung ein ganzes Wort (das in Abb. 272 aus 3 Bits besteht) auf einmal angesteuert. Es handelt sich also um eine Speicherung und Ablesung im Parallelbetrieb.

Der Betrieb jedes Matrixspeichers wird erschwert durch verschiedene Arten von Störspannungen. Im Speicher von Abb. 272 bedeutet hauptsächlich das Signal, welches der Bitstrom während des Schreibvorganges in der Leseleitung induziert, eine große Erschwerung; denn seine Amplitude ist ein Vielfaches von der Nutzspannung des abgelesenen Signals. Zwar tritt dieser Effekt während dem Speichern und nicht während dem Lesen auf; doch wird durch die hohe Überspannung der empfindliche Leseverstärker so stark gesättigt, daß er relativ lange Zeit braucht, um sich zu erholen. Dieser Effekt ist eine der wichtigsten Beschränkungen für die Arbeitsgeschwindigkeit eines Schichtspeichers.

Die in [62.19] beschriebene Ausführung hat folgende Merkmale: Die Bits sind rechteckig, haben eine Größe von 0,3 mm × 0,6 mm und eine Dicke von 800 Å. Sie sind auf einer Silberplatte, über der eine Schicht von SiO liegt, angebracht. Ihre Koerzitivkraft beträgt etwa 1,5 A/cm. Alle Leitungen sind durch einen Ätzprozeß aus einer Epoxy-Faserglasfolie, die mit Kupfer überzogen ist, hergestellt. Die Leitungen sind in Längsrichtung geschlitzt, sie bestehen also in Wirklichkeit aus mehreren parallellaufenden feinen Leitern mit etwa 50 μm Breite und 50 μm Zwischenraum. Dadurch wird das Auftreten von Wirbelströmen, die sonst durch das Drehschalten der Schicht verursacht werden, vermieden. Diese Leitungen verlaufen nur oberhalb der Bits; im Gegensatz zu Abb. 272 dient die metallene Unterlage als gemeinsame Rückleitung für alle drei Scharen. Der Wortstrom beträgt etwa 400 mA, der Bitstrom 150 mA, und das in der Leseleitung induzierte Signal hat eine Amplitude von 1 mV und eine Dauer von etwa 10 ns.

Der Entwurf der Transistorschaltungen für die Speisung der Wort- und Bitleitungen und für die Verstärkung des abgelesenen Signals bei den verlangten kurzen Anstiegszeiten ist eine schwierige Spezialaufgabe [62.12]. Die Selektion der Wortleitungen geschieht nach Abb. 228, doch sind, da der Wortstrom nur in einer Richtung zu fließen braucht, pro Wortleitung nicht zwei, sondern nur eine Diode nötig, was eine Vereinfachung bedeutet. Von den Bitleitungen braucht, da sie alle gleichzeitig anzusteuern sind, jede einen eigenen Verstärker. Das gleiche gilt für die Leseleitungen.

Zu den erreichbaren Schaltzeiten ist folgendes zu bemerken: Für einen mittleren Speicher (z. B. 20000 Bits) muß man für jeden Impuls, der entsteht, eine Anstiegs- und Abfallzeit von mehreren ns rechnen. Dazu kommt eine in den Verstärkern entstehende Verzögerung von mehreren ns. Auch die Laufzeit der Signale entlang den Streifenleitern ist nicht zu vernachlässigen. Schließlich liefert die Sättigung des Leseverstärkers durch den Bit-Schreibimpuls einen wesentlichen Beitrag. Eine weitere Beschränkung entsteht durch die Erwärmung in den Transistorverstärkern für die Speisung der Wortleitungen. Wenn nicht nur eine einzelne Ablesung und Speicherung, sondern eine ununterbrochene Folge ausgeführt werden soll, so findet man, daß die derzeitig verfügbaren Verstärker infolge der höchstzulässigen mittleren Leistung eine gewisse Taktfrequenz nicht zu überschreiten gestatten. Die Summierung aller dieser Effekte bewirkt, daß einer Reduktion der Zykluszeit (also der zeitlichen Dauer der Folge Lesen-Speichern bei wiederholter Ausführung) unter 100 ns erhebliche Schwierigkeiten im Wege stehen. Anderseits liegt die Umschaltzeit, zu der eine Magnetschicht fähig ist, bei 1 ns. Die Geschwindigkeit dieses Speichers ist also nicht durch das Speicherelement, sondern durch die zugehörigen Schaltungen begrenzt.

Eine Übersicht über Schichtspeicher mit reichhaltigem Literaturverzeichnis
[h]aben PROEBSTER [60.28] und KAYSER [62.11] gegeben; den Zustand der Blockie-
[r]ung beschreibt FELDTKELLER [61.7]. Weitere Literatur: [62.6, 63.18 (mit Schal-
[t]ungen)]. BILLING [63.4] und RÜDIGER [64.7] berichten über Stufenschichten, also
[M]agnetschichten, die aus Streifen verschiedener Dicke bestehen.

VI.5.3 Nichtlöschende Speicher

Den Bemühungen, nichtlöschende Speicher mit Magnetschichten zu
[b]auen, kommt aus folgendem Grund erhebliche Bedeutung zu: Wieder-
[h]oltes Lesen ohne Wiedereinspeichern kann ganz wesentlich schneller
[a]usgeführt werden als die abwechselnde Folge Lesen-Speichern, weil die
[S]ättigung des Leseverstärkers unterbleibt. Da in einer digitalen Rechen-
[a]nlage im allgemeinen die Leseoperation viel häufiger vorkommt als
[d]ie Speicheroperation, werden die Abläufe bedeutend beschleunigt, wenn
[d]ie Notwendigkeit des Wiedereinspeicherns nach jeder Ablesung be-
[s]eitigt werden kann.

Für das zerstörungsfreie Ablesen sind viele Vorschläge gemacht wor[-]
den, die aber meistens am nicht idealen Verhalten der Schichten, und
[z]war an ihrer Tendenz, in Bereiche aufzuspalten, scheitern. Dieses Auf-
[s]palten kann nämlich unter gewissen Bedingungen auch in Gebieten, die
[i]n Abb. 271 nicht schraffiert sind, entstehen, was in einer Arbeit von
MIDDELHOEK [62.17] ausführlich beschrieben ist.

Eine naheliegende Lösung ist, das Verfahren von Abb. 273 so zu
[m]odifizieren, daß das Wortfeld H_w verkleinert wird, bis es kleiner als H_k
wird; das heißt, die Spitze des H_k-Vektors liegt innerhalb der Astroide.
Dann verursacht das Anlegen des Wortfeldes allein eine Drehung um
weniger als 90°, und die Magnetisierung kehrt nachher in die ursprüngliche Lage zurück. Aber gerade dieser Prozeß führt bei wiederholtem
Ablauf zu einer Blockierung der Magnetisierung infolge Aufspaltens in
viele Bereiche.

Ein nichtlöschender Speicher mit Doppelschichten ist in [61.26] beschrieben. Er beruht auf der Kombination einer hart- und einer weich-
magnetischen Schicht, was bewirkt, daß der Lesevorgang wesentlich
schneller als der Schreibvorgang ablaufen kann.

VI.6 Verfahren in Entwicklung

Die auf S. 138 niedergelegten Bemerkungen über die Berücksichtigung neuer Entwicklungen gelten auch hier, indem bei den Speichern
wie bei den logischen Schaltkreisen nur solche Erfindungen und Verfahren beschrieben werden, deren Entwicklung so weit gediehen ist, daß
man den Beweis ihrer praktischen Verwendbarkeit als erbracht betrachten kann.

Die Anstrengungen gehen auf dem Gebiet der Speicherwerke hauptsächlich dahin, die Zugriffszeiten zu verkürzen und die Kapazität zu erhöhen. Schnellere Rechenwerke erfordern entsprechend schnellere Speicherwerke bei annähernd unveränderter Kapazität, während die Erschließung neuartiger Anwendungsgebiete der Datenverarbeitung eine enorme Erhöhung der Speicherkapazität bei einer Beibehaltung der heute mit Massenspeichern möglichen Suchzeit wünschenswert erscheinen läßt.

Die Erhöhung der Geschwindigkeit ist den Gesetzmäßigkeiten unterworfen, die auf S. 138f. für logische Schaltkreise dargelegt wurden. Eine wesentliche Verkürzung der Zugriffszeit kann wegen der fundamental begrenzten Fortpflanzungsgeschwindigkeit von elektrischen Signalen nur unter gleichzeitiger räumlicher Verkleinerung erzielt werden. Sobald aber die Größe eines Bits so weit reduziert wird, daß die linearen Abmessungen 0,5 mm oder noch weniger betragen, ist eine einzelne Herstellung und Montierung der Bits (wie etwa im Magnetkernspeicher) aus fertigungstechnischen Gründen nicht mehr möglich, sondern es müssen größere Teile des Speichers als integrierte Elemente (s. S. 106f.) in einem einzigen Arbeitsgang gebaut werden. Deshalb sind dünne Schichten besonders aussichtsreich, und die Entwicklung von Speichern mit ferromagnetischen und mit supraleitenden Schichten wird tatkräftig gefördert.

Mit Nachdruck ist hier zu betonen, daß ein Speicher nicht nur die Aufgabe hat, die Bits zu speichern, sondern auch den Zugriff zu ihnen ermöglichen muß, und daß die Aufgabe der Selektion viel schwieriger zu lösen ist als die der Speicherung. Es gibt in der Physik unzählige Phänomene, die bistabiles Verhalten oder Hysterese aufweisen und die daher speichernde Eigenschaften besitzen, doch ist die Auswahl derer, die auch eine Selektion ermöglichen, beschränkt. Am aussichtsreichsten ist das Prinzip der Selektion durch die zeitliche und räumliche Koinzidenz von zwei Strömen in der Nähe des gesuchten Bits. Dieses Verfahren führt zu Matrizen ähnlich den bekannten Magnetkern-Matrizen.

Gelegentlich entsteht der Wunsch, in einer Rechenanlage zusätzlich zum Arbeitsspeicher einen *Konstantenspeicher* zu haben, also einen Speicher, dessen Inhalt bei der Herstellung ein für allemal festgelegt wird und der nur die Operation der Ablesung, nicht aber die der Speicherung gestattet. Ein solcher Konstantenspeicher kann etwa dazu dienen, um Mikroprogramme oder oft gebrauchte Zahlenwerte aufzunehmen. Seine Verwendung ist nur dann sinnvoll, wenn er gegenüber einem andern Speicher entweder billiger oder schneller ist; denn an sich kann auch jeder gewöhnliche Speicher als Konstantenspeicher betrieben werden. Es ist bemerkenswert, daß bislang nur wenige Konstantenspeicher vorgeschlagen wurden, die gegenüber gewöhnlichen Speichern wirklich bedeutende Vorteile haben. Diese Tatsache bestätigt die Feststellung, daß

VI.6 Verfahren in Entwicklung 361

das dominierende Problem beim Bau eines Speichers nicht in der Speicherung, sondern in der Selektion liegt; und da auch ein Konstantenspeicher zur Ablesung einer Selektionsvorrichtung bedarf, ist der Schritt von ihm zu einem normalen Speicher klein.

Anders liegen die Verhältnisse in der Zukunftsentwicklung von *Massenspeichern*. Die hier zu überwindenden Hindernisse sind weniger fundamentaler Natur als im Fall der Schnellspeicher. Der einzige Weg, der zur Zeit gangbar erscheint, besteht darin, daß man eine große Oberfläche für magnetische (eventuell photographische) Aufzeichnung bereitstellt und den Zugriff durch geeignete Bewegungsmechanismen möglichst schnell besorgen läßt. Die Verbesserungen, die durch geschickte mechanische Konstruktionen und durch Erhöhung der Anzahl Bits pro Flächeneinheit des Trägers möglich sind, sind noch lange nicht ausgeschöpft. Während es nicht ausgeschlossen ist, daß ein grundsätzlich neuer Weg zur Massenspeicherung gefunden wird, ist doch zur Zeit kein anderes Verfahren in Sicht, dessen Verwendbarkeit bewiesen wäre.

Wenn im Zusammenhang mit den Schnellspeichern festgestellt wurde, daß die Einführung eines Konstantenspeichers wenig Vorteile bietet, so hat diese Aussage für Massenspeicher keine Gültigkeit, indem photographische Schichten ausgezeichnete Träger für die Speicherung von Konstanten sind. Auch ist im Bereich der Massenspeicher das Bedürfnis nach einem Konstantenspeicher — in dem eine Löschung von Daten nicht möglich ist — viel größer, s. S. 284. Auf S. 313f. sind zwei photographische Massenspeicher angedeutet.

VI.6.1 Der Twistor

Der Twistor gestattet es, einen ferromagnetischen Draht als Informationsspeicher zu benützen [*57.2*]. Abb. 274 zeigt einen Permalloydraht, der um einen isolierten Kupferdraht gewickelt ist; er schließt mit den Mantellinien einen Winkel von 45° ein. Um diese Anordnung ist ferner eine kleine Spule gelegt. Die Kombination von Strömen I_d durch den Kupferdraht und I_s durch die Spule erzeugt ein magnetisches Feld in der Richtung des Permalloydrahtes. Derselbe ist unter Zugspannung aufgewickelt und besitzt daher eine starke Anisotropie, die sich so auswirkt, daß die Hystereseschleife (in Längsrichtung des Drahtes aufgenommen) rechteckig ist. Durch Stromkoinzidenz von I_d und I_s läßt sich also eine Umkehr der Magnetisierung vollziehen. Ähnlich wie bei Magnet-

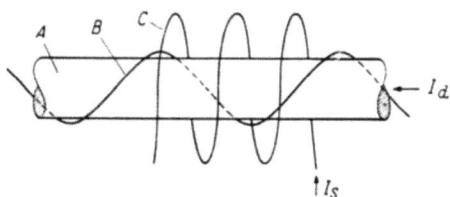

Abb. 274. Twistor-Speicherelement
A Kupferdraht, *B* Permalloydraht, *C* Spule

kernspeichern sind dabei verschiedene Anordnungen möglich. Abb. 275 zeigt als Beispiel einen Wort-organisierten Speicher [59.53]. Die Twistordrähte stellen die Bitleitungen dar; die Feldanteile in axialer Richtung werden hier nicht durch Spulen, sondern durch bandförmige Leiter erzeugt. Jedes Band entspricht einem Wort, und der Strom in ihm wird durch einen Magnetkern induziert. Die Selektion des Kerns (also des Wortes) geschieht nach dem Prinzip von Abb. 232; somit laufen durch jeden Kern ein x-Draht, ein y-Draht und ein Draht mit Gleichstrom für die Vormagnetisierung. Der Strom im Band ist stark genug, um die Twistoren, die er umfaßt, umzuschalten. Wenn eine L gespeichert war,

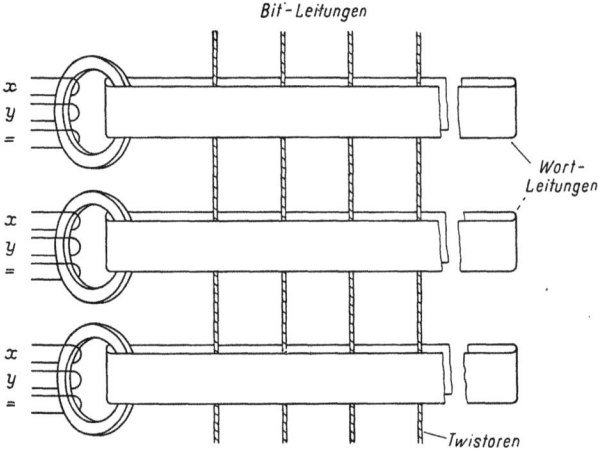

Abb. 275. Wort-organisierter Speicher nach dem Twistor-Prinzip

so wird im Kupferdraht eine Spannung induziert, die in den Leseverstärker geleitet wird. Dadurch, daß der Permalloydraht den Kupferdraht im Bereich des Wort-Bandes mehrere Male umfaßt, wird diese induzierte Spannung vervielfacht, eine einzigartige Eigenschaft dieser Anordnung. Wenn eine 0 gespeichert war, so entstehen im Permalloydraht nur reversible Flußänderungen, die eine bedeutend kleinere Spannung zur Folge haben. Das Speichern geschieht durch Koinzidenz eines Stromes im Kupferdraht und im Band. Der Kupferdraht hat einen Durchmesser von 75 μm, der Permalloydraht einen solchen von 25 μm; er wird vor dem Aufwickeln auf eine Dicke von 8 μm flachgedrückt. Der Strom in den Bändern beträgt einige Ampere, derjenige in den Bitdrähten einige hundert mA; die induzierte Spannung hat eine Größe von einigen mV. Die erreichbaren Zeiten sind etwa gleich groß wie in einem Magnetkernspeicher. Der Vorteil des Twistor-Speichers wird hauptsächlich in niederen Herstellungskosten erblickt.

VI.6 Verfahren in Entwicklung   363

Der ursprüngliche Vorschlag für Twistorspeicher sah vor, daß der Permalloydraht nicht auf einen Kupferdraht aufgewickelt wird, sondern geradlinig verläuft und unter äußere Zug- und Torsionsspannung gesetzt wird. Dadurch entsteht eine schraubenförmige Vorzugsrichtung. Es zeigte sich aber, daß die Art von Abb. 274 leichter zu realisieren ist. Ein vollständiger Twistor-Speicher für 12000 Bits mit einer Zykluszeit von 5 µs ist in [61.9] beschrieben.

VI.6.2 Speicher mit Tunneldioden

Da Tunneldioden in gewissen Schaltungen bistabiles Verhalten zeigen, können sie zur Informationsspeicherung verwendet werden. Allerdings ist ein Speicher mit Tunneldioden ziemlich aufwendig; pro Bit ist nicht

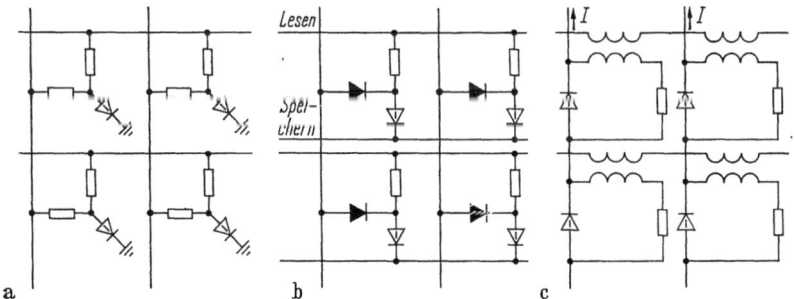

Abb. 276. Drei Speichermatrizen mit Tunneldioden. Alle sind Wort-organisiert und haben zwei Worte zu je zwei Bits; die Wortleitungen verlaufen waagerecht, die Bitleitungen senkrecht

nur eine Tunneldiode, sondern noch ein oder zwei Widerstände, in gewissen Ausführungsarten auch noch eine (gewöhnliche) Diode oder ein Übertrager nötig. Die Kosten sind also viel höher als für einen Kernspeicher. Das Anwendungsgebiet, das man für Tunneldioden erblickt, sind Arbeitsspeicher für 50—100 Worte mit einer Zykluszeit von weniger als 50 ns. Solche Zeiten lassen sich gegenwärtig weder mit Magnetkernen noch mit Magnetschichten erreichen, und man muß sich mit Registern aus Transistor-Flipflops behelfen. Gegenüber diesen kann nun eine Tunneldioden-Matrix eine merkliche Kostenersparnis erbringen.

Es sind mehrere Verfahren zur Selektion bekannt geworden; fast alle verwenden die Wort-Organisation, die für Kernspeicher in Abb. 238a erläutert worden ist. Abb. 276 zeigt drei Anordnungen. Die erste (a) beruht auf dem bistabilen Kreis von Abb. 142. Je eine Tunneldiode stellt ein Speicherelement dar und ist durch zwei Widerstände, die mit Wort- und Bit-Leitungen verbunden sind, gespeist; alle Leitungen haben eine positive Spannung gegen Erde, und im Normalzustand sind die Betriebsbedingungen so gewählt, daß jede Diode zwei verschiedene Arbeitspunkte haben kann, die beide stabil sind. Um nun in einer Diode eine 0 einzuschreiben, wird in der zugehörigen Wort- und Bit-Leitung vorübergehend die Spannung soweit reduziert, daß in der angesteuerten Diode der dem Ursprung der Charakteristik näherliegende Arbeitspunkt, der der Information 0 entspricht, eingenommen wird. Der Spannungsimpuls darf nur so groß sein, daß in den übrigen, „teilerregten" Dioden kein Umschalten des Arbeitspunktes vorkommt. Das Speichern einer L geschieht umgekehrt durch Erhöhung statt Erniedrigung der Spannungen. Zum Ablesen sind Leseleitungen vorgesehen (in der Abbildung nicht eingezeichnet), die kapazitiv oder durch Widerstände angekoppelt sind. Der beim Speichern von 0 in dieser Leitung entstehende Impuls zeigt an, ob vorher in der angesteuerten Diode 0 oder L gespeichert war [59.52, 60.24].

— In dieser Schaltung wird den Selektionsleitungen eine erhebliche Leistung entnommen; außerdem hängt der Strom, der durch die Treiber dauernd aufgebracht werden muß, von der gespeicherten Information ab. Somit müssen die Treiber sehr niedrige Impedanz haben, was bei den gewünschten kurzen Schaltzeiten nicht leicht zu erreichen ist.

Eine Verbesserung zeigt Abb. 276b; hier ist die Bitleitung mittels einer gewöhnlichen Diode angekoppelt, was die Anforderungen an die Toleranzen vermindert [61.4]. c zeigt eine Ausführung, in der die Tunneldioden in der Bitleitung in Serie geschaltet sind [63.10]. Jedes Bit braucht einen Übertrager, der als gedruckte Schaltung ausgeführt ist und daher keine großen Kosten verursacht. Durch die Bitleitung fließt ein konstanter Strom I, so daß über jeder Tunneldiode entweder eine niedrige oder eine hohe Spannung als stabiler Zustand möglich ist. Um zu lesen, wird in die Wortleitung ein Impuls gegeben, der durch die Übertrager alle Dioden des betreffenden Wortes auf 0 (niedere Spannung) setzt. Die Dioden, die vorher eine L enthielten, erzeugen in ihrer Bitleitung einen Spannungsimpuls, der durch einen Verstärker abgenommen werden kann. Nach dem Lesen stehen alle Dioden des abgelesenen Wortes auf 0. Um nun zu schreiben, wird durch die Wortleitung ein umgekehrter Impuls gegeben, der aber für sich allein nicht stark genug ist, um die Dioden auf L zu setzen; dazu wird überall dort, wo eine L eingelesen werden soll, der Strom in den Bitleitungen kurzzeitig verstärkt. Dieser verstärkte Strom, zusammen mit dem durch den Übertrager gelieferten Impuls, setzt die Diode auf L.

Hinweise auf weitere Literatur finden sich in [61.28, 61.33, 63.10].

VI.6.3 Kryotron-Speicher

Das Kryotron[1] beruht auf der Supraleitung. Durch die Erfindung des Kryotrons rückt für dieses seit 1911 bekannte Phänomen, das von hoher wissenschaftlicher Bedeutung ist und das sowohl theoretisch als

---

[1] κρύος = Frost

auch experimentell ausgiebig untersucht wurde, erstmals eine praktische Anwendung in Sicht.

VI.6.3.1 Prinzip. Es ist bekannt, daß in der Nähe des absoluten Nullpunktes gewisse Stoffe ihren elektrischen Widerstand sprunghaft verlieren, d. h. supraleitend werden. Die Behauptung, daß der Widerstand wirklich zu Null wird, läßt sich zwar experimentell nicht überprüfen; immerhin ist anläßlich eines Versuches in einem supraleitenden Bleidrahtring ein Strom von mehreren hundert Ampere induziert worden, an dem während 3 Jahren keine meßbare Abnahme beobachtet werden konnte. Daraus geht hervor, daß der Ring einen Widerstand von weniger als 10^{-21} Ω haben muß. Dieser Wert unterscheidet sich vom Widerstand bei Zimmertemperatur um einen Faktor etwa 10^{13} und vom Widerstand bei der niedrigsten Temperatur, bei der noch Normalleitung vorliegt, um einen Faktor etwa 10^{11}. — Die Temperatur, bei der Supraleitung eintritt, heißt kritische Temperatur.

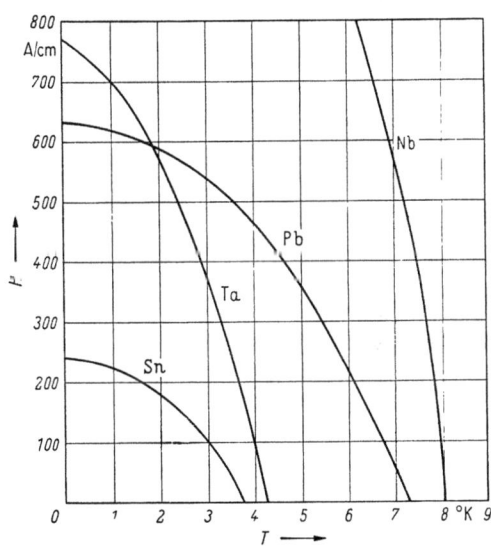

Abb. 277. Die Grenzen zwischen Supraleitung und Normalleitung bei verschiedenen Magnetfeldern für vier Elemente

Weiter ist bekannt, daß der supraleitende Zustand durch Anlegen eines genügend großen Magnetfeldes zerstört werden kann, ohne daß die Temperatur verändert würde. Dabei ist es gleichgültig, ob dieses Magnetfeld von außen angelegt ist oder durch den Stromfluß im Supraleiter selbst entsteht. Je näher die Temperatur beim kritischen Wert ist, desto kleiner ist hierzu das nötige Magnetfeld. Abb. 277 zeigt das erforderliche Feld für die vier Elemente Sn, Ta, Pb, Nb. Für jedes dieser Elemente gilt, daß die Punkte links von der Kurve dem supraleitenden, die Punkte rechts dem normalleitenden Zustand entsprechen.

Stoffe, die bei einer betrachteten Temperatur nur ein kleines Magnetfeld benötigen, um normalleitend zu werden, bezeichnet man als „weiche" Supraleiter; solche, die die Supraleitung erst bei einem großen Feld verlieren, als „harte" Supraleiter. Die Experimente werden in flüssigem Helium ausgeführt; sein Siedepunkt beträgt bei Atmosphärendruck 4,2 °K, und während die Flüssigkeit verdampft, bleibt ihre Temperatur auf diesem Wert konstant. Bei 4,2 °K ist Tantal supraleitend; es wirkt als weicher Supraleiter und wird schon bei magnetischen Feldern in der Größenordnung von 100 A/cm normalleitend, während Niob selbst bei Feldern von weit über 1000 A/cm die Supraleitung nicht verliert.

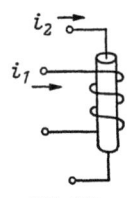

Abb. 278
Aufbau eines Drahtkryotrons

Das ursprüngliche von BUCK vorgeschlagene Kryotron [56.4] veranschaulicht Abb. 278. Um ein Stück Tantaldraht von etwa 1 cm Länge und etwa 0,2 mm Durchmesser werden 100 Windungen eines Niobdrahtes mit einer Dicke von etwa 0,1 mm Durchmesser gewickelt. Der Tantaldraht, den wir als Gatter bezeichnen wollen, ist der gesteuerte Stromkreis; er ist zunächst supraleitend. Wenn aber ein hinreichend großer Strom (Größenordnung 1 A) durch den Niobdraht (den steuernden Stromkreis) geleitet wird, so wird das Gatter normalleitend. Zwar beträgt in diesem Zustand sein Widerstand nur etwa $0{,}01\,\Omega$, doch entspricht das einer Widerstandserhöhung um einen Faktor von mindestens 10^{11}. Das Kryotron ist damit der vollkommenste Schalter, der gebaut werden kann, und hat somit mehrere Eigenschaften, die es als Bauelement für Rechenanlagen bestens geeignet erscheinen lassen, nämlich das Vorkommen von zwei stark verschiedenen Betriebszuständen, das Verhalten als echter Vierpol (Eingangs- und Ausgangskreis sind vollständig getrennt), kleines Volumen (wenige mm³), kleiner Leistungsverbrauch (im stationären Zustand ist die Leistungsaufnahme gleich Null) und die Aussicht auf niedere Herstellungskosten. Dagegen ist die Schaltgeschwindigkeit in dieser Form noch ganz ungenügend, worauf weiter unten eingegangen wird.

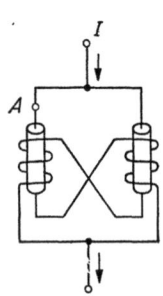

Abb. 279
Kryotron-Flipflop

Das Kryotron verhält sich wie ein Relais mit Ruhekontakt: Wenn die Spule durchflossen ist, so öffnet sich das Gatter; Spule und Gatter sind voneinander isoliert. Abb. 279 zeigt, wie zwei Kryotrons zu einem Flipflop zusammengeschaltet werden können. Die Speisung erfolgt durch einen konstanten Strom I. Man kann leicht überprüfen, daß der ganze Strom I entweder durch das eine oder das andere Gatter geht; denn wenn der Strom beispielsweise das linke Gatter durchläuft, so muß er durch die rechte Spule gehen; damit wird das rechte Gatter normalleitend. Nun sind ein normalleitender und ein supraleitender Zweig parallelgeschaltet, was zur Folge hat, daß der gesamte Strom durch den supraleitenden Zweig fließt. Kryotron-Schaltkreise müssen immer so aufgebaut werden, daß der Quellenstrom mehrere Wege zur Verfügung hat, wovon einer und nur einer supraleitend ist. Der Strom darf nie gezwungen werden, durch ein normalleitendes Gatter zu fließen. Diese Anordnung, zusammen mit der Tatsache, daß die Steuerwicklungen immer supraleitend sind, bewirkt, daß die Leistungsaufnahme einer beliebig großen Schaltung im stationären Zustand gleich Null ist.

Nun soll der Umschaltvorgang betrachtet werden. In Abb. 279 sei das linke Kryotron supraleitend, das heißt, der Strom I fließe durch das linke Gatter und die rechte Spule. Um das Flipflop umzuschalten, kann man die Verbindung bei A unterbrechen. Dann wird der Strom gezwungen, durch das rechte Gatter zu fließen, das — da der Strom durch die Spule aufgehört hat — supraleitend wird. Dieser Zustand bleibt erhalten, auch wenn man die Verbindung bei A wieder schließt. Praktisch unterbricht man den Strom im Punkt A nicht vollkommen, sondern durch ein dort eingeschaltetes Kryotron, dessen Gatter im normalleitenden Zustand den Widerstand R hat. Dieser Widerstand ist in Serie geschaltet mit der Spule des rechten Kryotrons im Flipflop mit der Induktivität L. Der Strom durch diese Induktivität kann nicht augenblicklich unterbrochen werden; vielmehr klingt er mit der Zeitkonstanten L/R ab. L und R beziehen sich auf zwei verschiedene Kryotrons; da aber alle verwendeten Kryotrons gleichartig sein müssen, ist die Zeit L/R eine charakteristische Eigenschaft eines Kryotrons. Sie hängt von der Geometrie ab, ebenso (wegen R) vom Gattermaterial, und begrenzt prinzipiell die erreichbare Schaltgeschwindigkeit. Eine Vergrößerung der Länge des Kryotrons ändert nichts, da sowohl L (bei gleichbleibender Dichte der Windungen) als auch R proportional zur Länge sind. Für das beschriebene Drahtkryotron liegt L/R zwischen 0,1 und 1 ms. Die gesamte Umschaltzeit ist ein Mehrfaches dieser Zeitkonstanten und liegt daher in der Größenordnung der Schaltzeit eines Relais.

Während der Umschaltung fließt kurzzeitig ein Strom durch ein normalleitendes Gatter und erzeugt dort Wärme. Die aufgezehrte Arbeit ist gleich der magnetischen Energie in L, beträgt also $I^2L/2$. Somit wird, falls $L = 1\,\mu\mathrm{H}$ und $I = 1$ A, bei jeder Umschaltung $0{,}5\,\mu$ Joule in Wärme umgesetzt. Im stationären Zustand dagegen besteht kein Leistungsverbrauch.

Das Kryotron ist ein Stromverstärker, indem ein gegebener Strom in der Spule einen stärkeren Strom im Gatter schalten kann. Immerhin ist der geschaltete Strom in seiner Größe begrenzt, da er selbst im Gatter ein Magnetfeld erzeugt, welches die Tendenz hat, die Supraleitung zu zerstören. Der höchste zulässige Strom ist der, der ein Feld erzeugt, das gerade noch unter dem kritischen Wert liegt. Wenn eine einlagige Spule aus Draht mit dem Durchmesser d besteht und dicht gewickelt ist, wenn ferner der Gatterdraht den Durchmesser D hat, so ist die erreichbare Stromverstärkung $\pi D/d$. Praktisch ist etwa 7 erreicht worden. In der Arbeit von BUCK sind diese Zusammenhänge näher erläutert [56.4].

VI.6.3.2 Das Schichtkryotron. Da das oben beschriebene Drahtkryotron mit seiner großen Schaltzeit als Rechenmaschinenelement kaum in Betracht kommt, mußte nach einer Verbesserung gesucht werden. Die Schaltzeit, die von L/R abhängt, kann sowohl durch die Verkleinerung von L als auch durch die Vergrößerung von R verkürzt werden, wobei sich die beiden Effekte erfreulicherweise multiplizieren. Das in Abb. 280 gezeigte Schichtkryotron beeinflußt beide Größen in der erwünschten Richtung. Auf einer supraleitenden Grundplatte sind als dünne Schichten (also in einer Dicke von einigen 1000 Å; 1 Å = 10^{-10} m) aufgebracht eine Isolierschicht, die gesteuerte Schicht (Gatter) aus dem weichen Supraleiter Zinn, eine weitere Isolierschicht und schließlich die steuernde

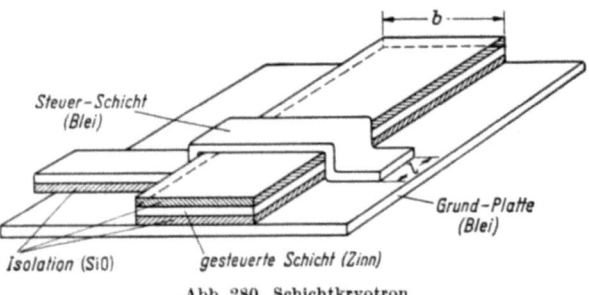

Abb. 280. Schichtkryotron

Schicht aus dem harten Supraleiter Blei. Infolge des viel geringeren Querschnittes ist nun der Widerstand des Gatters im normalleitenden Zustand höher. Die Induktivität anderseits ist, da der Strom des Steuerkreises in der Grundplatte einen entgegengesetzten Suprastrom verursacht, stark reduziert; denn das Magnetfeld wird auf ein sehr kleines Volumen begrenzt. Mit einer Breite von $b = 50\,\mu\mathrm{m}$ für das Gatter und $l = 12{,}5\,\mu\mathrm{m}$ für den Steuerkreis wurde experimentell eine Zeitkonstante von 10 ns gefunden. Infolge der geringen Breite des Steuerkreises ist der zum Schalten erforderliche Strom nur noch etwa 100 mA. Bei einer Induktivität von 10^{-11} H werden pro Schaltung $0{,}5 \cdot 10^{-13}$ Joule in Wärme umgesetzt, ein außerordentlich kleine Energiemenge. — Da die kritische Temperatur von Zinn unterhalb 4 °K liegt, muß zur Erzeugung einer Arbeitstemperatur von etwa 3,5 °K der Siedepunkt des Heliums durch Betrieb in einem entsprechenden Vakuum herabgesetzt werden.

Die theoretische Stromverstärkung ist gleich dem Verhältnis der Leitungsbreiten von Gatter und Steuerkreis, beträgt im Beispiel also $b/l = 4$. Im Interesse großer Stromverstärkung müßte man somit b groß und l klein wählen. Beides wirkt sich aber im Sinne einer Reduktion von R, die Verkleinerung von l ferner als Erhöhung von L aus, und wir begegnen dem aus der Verstärkertechnik bekannten Verhalten, wonach die Erhöhung der Verstärkung auf Kosten der Frequenzbandbreite geht. Die praktisch erreichbare Stromverstärkung ist sogar noch kleiner als b/l, aus Gründen, die mit den Schichtkanten und der Eindringtiefe des Stromes zusammenhängen, worauf noch eingegangen wird. Anderseits läßt sich die Stromverstärkung dadurch erhöhen, daß man durch einen getrennten Leiter ein Vormagnetisierungsfeld erzeugt; der Steuerkreis muß dann nur noch ein zusätzliches, schwächeres Feld beitragen.

Bei der Weiterentwicklung der Kryotrons bis zur Betriebsreife sind noch einige wichtige Tatsachen in Berücksichtigung zu ziehen, die hier nur gestreift werden können. Eine davon ist die Feststellung, daß sich die Umschaltung eines Materials in den normalleitenden Zustand nicht zeitverzugslos vollzieht; vielmehr breitet sich, von der Oberfläche ausgehend, eine Grenzfläche nach innen aus, die durch Wirbelströme gebremst wird und deren Geschwindigkeit vom magnetischen Feldüberschuß abhängt. Bei Drahtkryotrons liegen die Laufzeiten in der Gegend von 10^{-6} s; bei dünnen Schichten sind sie sehr viel kürzer und befinden sich mit 10^{-10} s gerade an der Meßgrenze. Eine weitere Einschränkung liegt in der Tatsache, daß Supraströme, die bekanntlich an der Oberfläche fließen, doch eine endliche Eindringtiefe δ besitzen, für Zinn z. B. 500 Å. Daher kann die Induktivität durch Verkleinern der Isolierschicht im Zwischenraum nicht beliebig reduziert werden. Macht man den Leiter selbst dünner als δ, so steigt die Stromdichte, was zu einer Verkleinerung des kritischen Stromes führt, weil die Supraleitung beim Überschreiten einer bestimmten kritischen Stromdichte zerstört wird.

Technologisch von Bedeutung ist, daß die kritische Feldstärke um so höher wird, je dünner die Schicht ist. Daher muß verlangt werden, daß das Gatter konstante Schichtdicke hat und daß insbesondere die Kanten scharf abfallen. Sonst bleiben nämlich die Kanten — wegen ihrer geringeren Dicke — selbst bei höheren Feldern noch supraleitend, während die übrigen Teile des Gatters schon normalleitend sind, und der Übergang zur Normalleitung vollzieht sich nicht sprunghaft, sondern allmählich innerhalb eines gewissen Bereiches des Steuerstromes, was unerwünscht ist. Alle diese Effekte zusammen bewirken, daß die volle Stromverstärkung l/b überhaupt nie ausgenützt werden kann und daß der wirklich erreichbare Wert erheblich darunterliegt.

Die Schaltgeschwindigkeit ist nicht nur durch L/R begrenzt, sondern auch durch die Wärmeentwicklung am Kryotron. Sie beträgt pro Schaltoperation $I^2 L/2$, und diese Wärmemenge muß durch das flüssige Helium aus der unmittelbaren Umgebung des Kryotrons weggeführt werden. Je näher man die Betriebstemperatur an die kritische Temperatur heranrückt, desto kleiner läßt sich I machen; doch steigt damit auch die Eindringtiefe, was sich auf L ungünstig auswirkt. Die Gesamtheit der in der Anlage vorhandenen, wärmeerzeugenden Kryotrons verursacht eine Verdampfung des Heliums, und das entstehende Gas muß wieder verflüssigt werden.

370   VI. Speicherwerke

Außer dem in Abb. 280 gezeichneten Kryotron, in welchem steuernde und gesteuerte Leitung zueinander senkrecht stehen, gibt es noch eine andere Ausführung, die die beiden Leitungen parallel führt; sie ermöglicht kürzere Zeitkonstanten [*63.6*, *63.7*].

Eine kritische, quantitative Abschätzung des Verhaltens von Kryotrons hat ADAMS gegeben [*62.1*].

VI.6.3.3 Schaltkreise. Die bisher beschriebenen Eigenschaften des Kryotrons lassen es als ideales Schaltelement für digitale Anlagen erscheinen, und in den Jahren nach seiner Erfindung setzte man große Hoffnungen auf die Möglichkeit supraleitender Rechenwerke. Inzwischen haben aber die Transistor-Schaltkreise außerordentliche Fortschritte gemacht; gleichzeitig hatte die Technik des Kryotrons gegen große

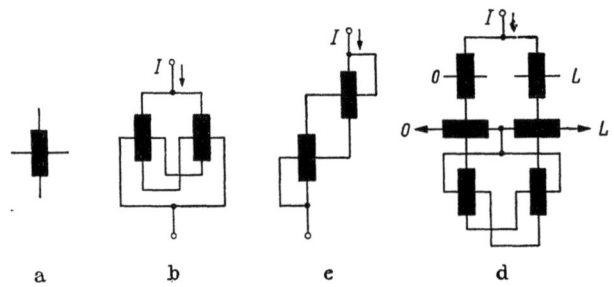

Abb. 281 a—d. Einfache Kryotron-Schaltkreise
a) Symbol, b) und c) Flipflops, d) Flipflop mit Eingabe und Ausgabe

Schwierigkeiten in den Herstellungsverfahren zu kämpfen. Zur Zeit erblickt man die Zukunft des Kryotrons hauptsächlich in der Anwendung als Massenspeicher ($>10^7$ Bits) mit einer Zugriffszeit in der Größenordnung von μs; dafür gibt es heute keine befriedigende Lösung, weil Magnetkerne zu kostspielig sind. Besonders interessant sind die Arbeiten, die auf einen assoziativen Speicher hinzielen.

Von den vielen Kryotron-Schaltkreisen, die beschrieben worden sind, betrachten wir nur solche, die für den Bau von Speichern eine Bedeutung haben. Die wichtigen Eigenschaften des Kryotrons sind nicht nur das kleine Volumen, der niedrige Leistungsverbrauch und die kurze Schaltzeit, sondern auch seine Vierpoleigenschaften, nämlich die Trennung von Steuerkreis und Gatter sowie das hohe Schaltverhältnis. Nicht nur können — wie bei Relais-Schaltkreisen — beliebig viele Gatter parallel oder in Serie geschaltet werden; vielmehr ist es auch zulässig, viele Steuerkreise in Serie zu schalten, eine Möglichkeit, die bei Relais nicht existiert.

Das Symbol, das sich für das Schichtkryotron eingebürgert hat, zeigt Abb. 281a. Das ausgefüllte Rechteck kennzeichnet das Gatter, die quer hindurchgehende Linie den Steuerkreis. Dadurch wird zum Ausdruck gebracht, daß $b > l$, s. S. 368. Abb. 281b veranschaulicht das weiter oben

VI.6 Verfahren in Entwicklung

beschriebene Flipflop unter Verwendung des neuen Symbols. Abb. 281c illustriert ein anderes Flipflop mit genau derselben Wirkungsweise und zeigt, daß in Kryotron-Schaltkreisen die Reihenfolge, in der ein Strom die Gatter und Steuerkreise durchfließt, beliebig vertauscht werden kann. Alle Schaltkreise werden durch einen konstanten Strom I gespeist. In Abb. 281d ist gezeigt, wie die Eingangs- und Ausgangskreise eines Flipflops geschaltet werden können. Die zwei unteren Kryotrons stellen das Flipflop dar, und die zwei oberen Kryotrons dienen dazu, dieses zu setzen. Ein Strom durch eine der Leitungen 0 oder L unterbricht den einen oder den andern Zweig und zwingt das Flipflop in die gewünschte Stellung, die auch dann erhalten bleibt, wenn dieser Strom wieder verschwindet. (Es muß aber ausgeschlossen werden, daß bei den beiden Eingängen 0 und L gleichzeitig ein Strom fließt; sonst würde der Flipflop-Strom durch einen normalleitenden Zweig geleitet, was nicht zulässig ist.) Die beiden mittleren Flipflops stellen die Ausgangskreise dar. Eines ist normalleitend, das andere supraleitend, und der Strom I wird nach links oder nach rechts geleitet, je nach der Stellung des Flipflops. In diesem Beispiel ist der Steuerstrom gleichzeitig auch als Ausgangsstrom verwendet worden, doch hätte für den Ausgangskreis auch eine getrennte Stromquelle angeschlossen werden können.

An dieser Stelle ist zu erwähnen, daß es beim Schichtkryotron-Flipflop möglich ist, die Rückkopplung wegzulassen. Man gelangt so zu einem andern bistabilen Element, das auf dem Prinzip des nicht abklingenden Suprastromes beruht, s. Abb. 282. Der Strom I hat zwei Pfade zur Verfügung, einen linken und einen rechten. Man kann die in dieser Schaltung fließenden Ströme auch als die Überlagerung von drei Teilströmen betrachten, nämlich zwei Anteile $I/2$, in die sich I spaltet, und ein Kreisstrom $I/2$, der — wenn der linke Zweig stromführend, der rechte stromlos ist — im Gegenuhrzeigersinn verläuft. Die Schleife, in der er fließt, besitzt eine Induktivität, und daher wird dieser Strom, wenn er einmal vorhanden ist, beliebig lange Zeit erhalten bleiben. Somit ist

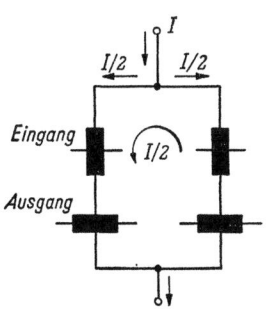

Abb. 282. Bistabile Schaltung auf Grund der Tatsache, daß ein Suprastrom nicht abklingt

diese Schaltung tatsächlich ein Flipflop. Um es zu setzen, muß man lediglich (mittels der oberen Kryotrons) die eine oder die andere Seite kurzzeitig normalleitend machen. Der Strom wird dann auf die Gegenseite umgeleitet und verbleibt in diesem Pfad.

Für den Entwurf von Schaltkreisen ergeben sich einige Regeln, die, verglichen mit den Verhältnissen bei konventionellen Schaltelementen, durchaus ungewohnt sind. Die Speisung erfolgt durch einen Strom, nicht eine Spannung; somit sind die verschiedenen Teile einer Schaltung in Serie, nicht parallel, zu schalten. Wenn sich die Strombahn verzweigt, so muß zu jeder Zeit ein und nur ein Zweig supraleitend sein. Signale können nur in Form von Strömen, nicht in Form von Spannungen übermittelt werden, da (im stationären Zustand) überhaupt nirgends Spannungen vorkommen.

VI.6.3.4 Speicher. Abb. 283 zeigt einen von BEESLEY [*61.3*] angegebenen Speicher. Der Speicher ist Wort-organisiert (vgl. Abb. 238a), und die gezeichnete Schaltung veranschaulicht die drei Kryotrons, die zusammen ein Bit verkörpern. Die Wortleitungen verlaufen horizontal, die Bitleitungen vertikal. Jedes Wort braucht zwei Wortleitungen, eine zum Schreiben und eine zum Lesen, und jede Stelle braucht zwei Bitleitungen, ebenfalls eine zum Schreiben und eine zum Lesen. Die Speicherung erfolgt durch einen Suprastrom, der in der fett ausgezogenen Schleife im Gegenuhrzeigersinn zirkuliert und nicht abklingt, solange das Kryotron K supraleitend bleibt. Ein Strom in dieser Schleife bedeutet L, kein Strom bedeutet 0.

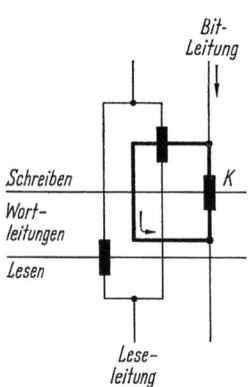

Abb. 283
Ein Bit eines Kryotron-Speichers. Die Speicherung erfolgt durch einen Strom in der fett ausgezogenen Schleife

Entsprechend der Wort-Organisation werden alle Bits eines Wortes zugleich eingegeben oder gelesen. Um zu speichern, wird durch die Schreib-Wortleitung ein Strom geleitet, der das Kryotron K normalleitend macht und den Strom in der fett gezeichneten Speicherschleife unterbricht. Nun wird, falls eine L gespeichert werden soll, in die Bitleitung ein Strom in Pfeilrichtung geleitet, der (wegen des gesperrten Kryotrons K) in Pfeilrichtung durch die Speicherschleife fließen muß. Schließlich wird nacheinander zuerst der Wortstrom und dann der Bitstrom ausgeschaltet; der gespeicherte Strom zirkuliert jetzt durch das Kryotron K.

Um zu lesen, wird mittels eines Stromes durch die Lese-Wortleitung das auf ihr befindliche Kryotron normalleitend gemacht. Die Leseschaltung prüft alsdann, ob der Durchgang durch die Leseleitung supraleitend ist (was 0 bedeutet) oder normalleitend (was L bedeutet). Diese Ablesung ist nichtlöschend, das heißt, sie zerstört die gespeicherte Information nicht.

VI.6.3.5 Konstruktive Fragen. Alle Schaltkreise mit Schichtkryotrons müssen durch Bedampfung im Vakuum hergestellt werden. Die Leiter werden durch Schablonen aufgedampft, die die Form der Leiteranordnungen haben. Die verschiedenen Lagen von Leitern sind durch Isolierschichten getrennt, und der Wechsel der Schablonen und der Bedampfungsquellen muß im Vakuum erfolgen. Es ist ein kompliziertes topologisches Problem, eine Schaltung derart auszulegen, daß sie mit möglichst wenig voneinander isolierten Lagen hergestellt werden kann. Die Notwendigkeit, supraleitende Schaltkreise in einem Bad flüssigen Heliums zu betreiben, scheint zunächst ein fast unüberwindliches Hindernis für den praktischen Einsatz von Kryotron-Anlagen zu bieten. Tatsächlich ist ein Heliumverflüssiger — absolut gesehen — ein kostspieliger Apparat; doch beträgt sein Preis nur einen kleinen Bruchteil der Kosten einer großen elektronischen Rechenanlage, so daß vom wirtschaftlichen Gesichtspunkt aus gegen einen solchen Apparat nichts einzuwenden ist. Für die Zukunft ist noch mit einer erheblichen Verbilligung und räumlichen Verkleinerung zu rechnen, und es ist ein Verflüssiger bekannt geworden, der eine Wärmemenge von 1 W bei 4 °K abführen kann, die Größe etwa eines Schreibtisches besitzt und nur 3 kW Eingangsleistung erfordert. Unter der Annahme, daß ein Kryotron beim Umschalten 10^{-13} Joule Wärme erzeugt, genügt also dieser Verflüssiger für eine Anlage, in der pro Sekunde 10^{13} Schaltungen vorkommen. Diese Zahl würde beispielsweise erreicht in einer Anlage, die 10^6 Kryotrons enthält und mit 100 MHz Impulsfrequenz arbeitet, unter der Annahme, daß bei jedem Uhrimpuls 10% aller Kryotrons schalten. Eine solche Anlage würde einen kleinen Bruchteil eines Kubikmeters Raum einnehmen, so daß auch die benötigte Heliummenge in durchaus vernünftigen Grenzen bleibt.

VI.6.4 Massenspeicher

Unter einem Massenspeicher verstehen wir einen Speicher mit 10^7 oder mehr Bits, der einen wahlweisen Zugriff gestattet. Er wird hauptsächlich in der Datenverarbeitung gebraucht, ferner in nicht numerischen Anwendungen, wie z. B. automatische Übersetzung von Sprachen oder Speicherung einer Bibliothek. Entsprechend seiner Verwendung ist eine Zugriffszeit von 0,1 s oder sogar 1 s zulässig.

Für die Zukunft kommt den Massenspeichern zweifellos große Bedeutung zu, und wenn es gelingt, Speicher mit einer Kapazität von 10^{10} oder sogar 10^{15} Bits zu bauen, so werden den Datenverarbeitungsmaschinen ganz neue und sehr wichtige Gebiete erschlossen. (Es sei daran erinnert, daß die größte Bibliothek der Welt etwa 10^{14} Bits enthält.) Für die Erreichung dieses Ziels kommt sowohl die photographische als auch die magnetische Aufzeichnung in Betracht. Es ist gezeigt worden, daß auf photographischem Weg 10^4 Bits/mm² gespeichert werden können [58.25], und einer Erhöhung dieser Zahl um einen Faktor 100 stehen keine grundsätzlichen Schwierigkeiten im Weg. Auf magnetischen Oberflächen dürfte die erreichbare Dichte 10^2 bis 10^3 Bits/mm² betragen, wenn zum Schreiben und Lesen ein Magnetkopf verwendet wird. (Magnetisch aufgezeichnete Information kann jederzeit gelöscht und durch neue Daten überschrieben werden, photographische dagegen nicht, doch ist für einen Massenspeicher die Nichtlöschbarkeit nicht als großer Nachteil zu bewerten.)

Je nach Verfahren können also auf einer Fläche von 1 m² zwischen 10^8 und 10^{12} Bits untergebracht werden, woraus hervorgeht, daß rein räumlich (bzw. flächenmäßig) betrachtet ein Massenspeicher keine unlösbaren Probleme aufwirft. Dagegen müssen neue Wege für die Selektion gefunden werden. Eine Möglichkeit besteht darin, daß man die Daten photographisch auf eine Platte in kreisförmigen Spuren aufzeichnet. Die Platte rotiert und führt so alle Teile ihrer Oberfläche an der abtastenden Optik vorbei; die Auswahl der Spur geschieht durch die Steuerung des Lichtfleckes einer Kathodenstrahlröhre, die die abzutastende Stelle beleuchtet [58.25]. Aus praktischen Gründen ist aber die Oberfläche einer solchen Platte auf einige dm² beschränkt, und für wesentlich größere Oberflächen wird man eine andere Anordnung wählen müssen, die darin bestehen kann, daß die Information auf Streifen von einigen cm Breite und z. B. 20 cm Länge aufgezeichnet wird. Diese Streifen werden übereinandergelegt und in einem oder mehreren Behältern gestapelt. Eine geeignete mechanische Vorrichtung wählt aus allen Streifen den gewünschten aus, zieht ihn aus seinem Behälter heraus und führt ihn in die optische Ablesevorrichtung ein; nach der Ablesung wird er automatisch wieder in den Behälter zurückgelegt. LITZ beschreibt einen solchen Speicher mit 10 000 Streifen, von denen jeder 10^5 alphanumerische Zeichen enthält; gesamthaft sind also 10^9 Zeichen gespeichert [59.40]. Die photographische Aufzeichnung kann nicht gelöscht werden, doch können immerhin die Streifen einzeln durch neue ersetzt werden. Auf dem gleichen Prinzip ist auch ein magnetischer Speicher möglich, indem die Streifen wie Magnetbänder eine magnetisierbare Oberfläche haben und durch Magnetköpfe beschrieben und abgelesen werden, wobei dann natürlich eine Löschung möglich ist. Möglicherweise ist das der aussichtsreichste Weg für einen Massenspeicher.

VI.6.5 Assoziative Speicher

Alle bisher beschriebenen Speicher führen den Aufruf einer Speicherzelle mittels einer *Adresse* durch. Die Adresse ist eine Nummer, die jeder Zelle fest zugeordnet ist; sie kennzeichnet einen Platz im Speicher, hat aber im übrigen keine Beziehung zur gespeicherten Information. Nach diesem Prinzip sind alle derzeitigen Speicher mit wahlweisem Zugriff organisiert.

Man muß sich darüber klar sein, daß das nicht die einzig mögliche Organisation ist. Sogar die konventionellen Datenträger, die schon lange vor den Digitalrechnern existierten, sind anders organisiert: Etwa im Sachverzeichnis, das in diesem Buch auf S. 447 ff. zu finden ist, hängt der Platz, der einem „gespeicherten" Wort zugeordnet wurde, von seinen Anfangsbuchstaben ab, also von Eigenschaften, die in ihm selbst liegen.

VI.6 Verfahren in Entwicklung

Um ein Wort aufzusuchen, nimmt man als Merkmal eben diese Anfangsbuchstaben, und nicht irgendeine willkürlich zugeordnete Adresse. In der Datenverarbeitung ist die Aufgabe, in einem großen Speicher ein Wort, das bestimmte vorgegebene Eigenschaften hat, abzulesen, von großer Wichtigkeit. Ein Beispiel soll das verdeutlichen: Ein Speicherwerk möge ein Personenverzeichnis enthalten, wobei in jeder Zelle Name, Geburtsjahr, Beruf und Wohnort einer Person enthalten sind. Nun wird die Frage gestellt, ob das Verzeichnis einen im Jahre 1930 geborenen Chemiker enthält; wenn ja, ist sein Name und sein Wohnort anzugeben. Nach der konventionellen Organisation müßten sämtliche Zellen abgelesen und außerhalb des Speichers geprüft werden, um die gewünschte Antwort zu erhalten. Ein assoziativer Speicher nimmt die Prüfung gleichzeitig und in den Zellen selbst vor. Die vorgegebenen Merkmale (hier Geburtsjahr und Beruf) bezeichnet man als *Kennung*. Eine andere Frage an den Speicher könnte beispielsweise Geburtsjahr und Beruf einer in Zürich wohnenden Person mit dem Namen STÜRZLI verlangen. Ein voll ausgebauter assoziativer Speicher muß *beliebige Teile eines gespeicherten Wortes* als Kennung zulassen (in unseren Beispielen zuerst Geburtsjahr und Beruf, das zweite Mal Name und Wohnort).

Bislang sind nur Laboratoriumsmodelle von kleinem Speicherinhalt gebaut worden. Das Auslesen aus einem assoziativen Speicher verlangt die gleichzeitige Ausführung einer sehr großen Zahl von Operationen. Dazu ist das Kryotron besonders gut geeignet, da es wegen seines großen Schaltverhältnisses (Verhältnis der Widerstände im ausgeschalteten und eingeschalteten Zustande) die Serienschaltung von beliebig vielen Schaltern gestattet. Dementsprechend beruhen die ersten Vorschläge, die für assoziative Speicher gemacht wurden, auf der Supraleitung [56.26]. Abb. 284 zeigt die Aufrufschaltung für einen Speicher mit den drei Worten 1, 2 und 3. Die Kennung für jedes Wort besteht aus 3 Stellen, die nebeneinander gezeichnet sind. Für die Speicherung dieser Bits dienen Kryotron-Flipflops, die die Form von Abb. 281d (S. 370) haben; in Abb. 284 sind sie nur als Rechtecke mit dem Buchstaben F angedeutet. Die Funktion ist wie folgt: Die Kennung wird in die Abfrageleitung eingegeben; in jeder der drei Stellen wird ein Strom entweder in Leitung O oder in Leitung L eingegeben. Außerdem fließt von der Klemme A zur Klemme B ein konstanter Strom I. Man kann leicht nachprüfen, daß der Strom I normalerweise von A bis B einen durchwegs supraleitenden Pfad vorfindet. Nur wenn in einer Zeile die in den Flipflops gespeicherte Kennung mit der in die Abfrageleitung eingegebenen Kennung in allen drei Bits übereinstimmt, ist die supraleitende Verbindung unterbrochen, und es entsteht über eines der Elemente V_1, V_2, V_3 eine elektrische Spannung. Diese Spannung wird zum Abfragen einer zugeordneten Zelle (die nicht eingezeichnet ist) verwendet. — Die Ähnlichkeit mit Abb. 165b (S. 166) ist evident.

Im Beispiel von Abb. 284 können allerdings nicht beliebige Stellen des gespeicherten Wortes als Kennung verwendet werden; nur die drei gezeichneten Bits sind zugelassen. In einem voll ausgebauten assoziativen Speicher ist diese Einschränkung nicht zulässig; vielmehr müssen für den

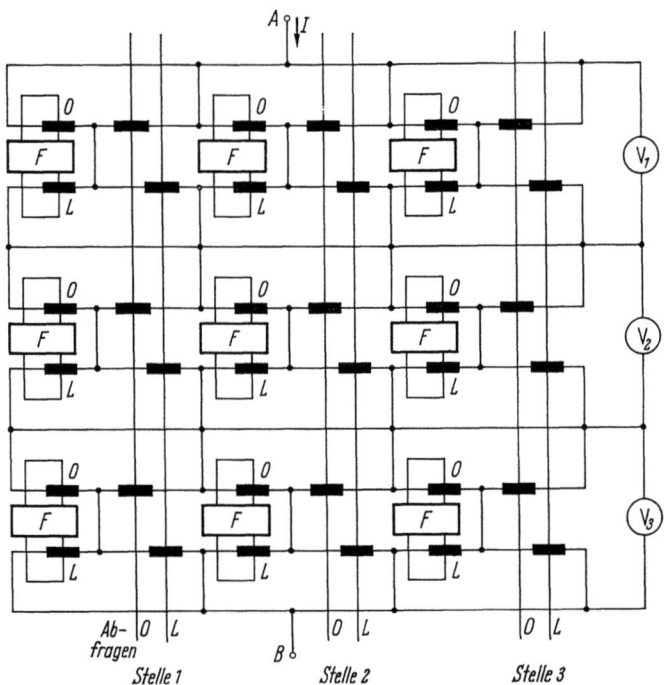

Abb. 284. Aufrufschaltung für einen assoziativen Speicher mit drei Worten. Die Kennung hat drei Stellen und ist in den Flipflops F gespeichert

Aufruf sämtliche Stellen ansteuerbar sein. Wenn ein Wort aufgerufen werden soll, so muß man zunächst spezifizieren, welche Stellen als Kennung verwendet werden sollen, und dann muß der Inhalt der Kennung angegeben werden. Das führt zu wesentlich komplizierteren Schaltungen. Beispiele finden sich in [*61.20, 62.21, 63.19*], wo auch Hinweise auf weitere Literatur gegeben sind.

VII. Eingabe und Ausgabe

Die ersten elektronischen Rechenanlagen dienten vorwiegend der Lösung gewöhnlicher Differentialgleichungen, deren Lösungskurven in Tabellenform gewünscht war. Für die Erstellung solcher Tabellen genügte eine elektrische Schreibmaschine. Die Erhöhung der Rechen-

VII. Eingabe und Ausgabe

eschwindigkeiten und der Übergang zu Aufgaben der Datenverarbeiung hat die Anforderungen an die Eingabe- und Ausgabeapparate (geamthaft als „Randorgane" bezeichnet) gewaltig gesteigert, und heute önnen in einer großen Anlage die Gestehungskosten der Randorgane ene der übrigen Teile erreichen oder sogar weit überschreiten. Von einer weckmäßigen Ausgestaltung der Randorgane hängt die Wirtschaftlich:eit einer Maschine in entscheidendem Maße ab, und die besten logischen ind elektronischen Schaltungen vermögen eine sorgfältige Konstrukion und richtige Eingliederung insbesondere von Magnetbandeinheiten ind Druckwerken nicht zu ersetzen. Konstruktion und Entwicklung

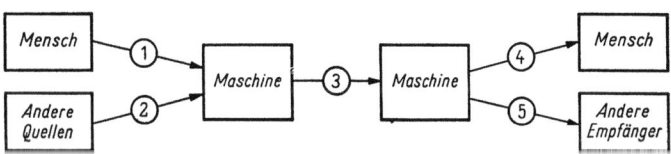

Abb. 285. Die fünf Aufgaben der Randorgane

lieser Apparate erfordern mehr Erfahrung und beanspruchen mehr Zeit ıls der Bau von elektronischen Schaltungen.

Über die Randorgane verkehrt der elektronische Teil der Anlage mit ler Außenwelt (entweder mit dem Menschen oder mit andern, nicht als {echenanlagen aufzufassenden Apparaten). Die Randorgane können ,uch die Zwischenspeicherung auf Magnetbändern und Lochkarten ver,nlassen; zwischengespeicherte Daten werden später in die Maschine oder eine andere Maschine) eingegeben. Schließlich können mittels der 'ernübermittlung von Daten zwei Maschinen miteinander verkehren.)ie sich ergebenden 5 Verbindungsmöglichkeiten sind in Abb. 285 schenatisch angedeutet.

1. Als Verbindung vom Menschen zur Maschine kommt hauptsächich eine Tastatur in Betracht. Daneben spielt die Ablesung von hand;eschriebenen Zeichen eine zunehmende Rolle.

2. Als andere Quellen kommen hauptsächlich Meßinstrumente in Beracht, die physikalische Werte in digitale Form umwandeln. Bei der {teuerung von Fabrikationsprozessen und von Flugkörpern nehmen olche Vorrichtungen eine zentrale Stellung ein. Die dabei verwendeten \nalog-Digitalumwandler sind in diesem Buch nicht behandelt. Einen \briß über dieses Gebiet vermittelt RICHARDS [26], und eine ausführichere Monographie stellt das Buch von SUSSKIND dar [34]. Siehe auch '16].

3. Der Verkehr von Maschine zu Maschine (wobei zwei getrennte oder ıuch ein und dieselbe Maschine gemeint sind) erfolgt hauptsächlich über

Zwischenspeicher in Form von Lochstreifen, Lochkarten oder Magnetbändern. In diesem Zusammenhang muß auf die Bedeutung von Apparaten hingewiesen werden, die (unabhängig von einer Rechenanlage) Daten von einer in die andere Form überführen, also etwa den Inhalt von Lochkarten auf Magnetbänder übertragen. Ähnliche Apparate werden nötig, wenn man Magnetbänder, die eine Anlage aufgezeichnet hat, auf einer Anlage eines andern Typs weiterverarbeiten will. KNOWLES et al. haben die sich daraus ergebenden Probleme studiert [*59.36*]. Der Verkehr zwischen zwei Maschinen kann sich auch durch Fernübermittlung abspielen. In allen diesen Fragen — besonders aber in der Fernübermittlung — spielen Normungsfragen eine wichtige Rolle; denn durch die Verschiedenheit von Systemen wird der Nutzeffekt einer bestehenden Anlage ernstlich reduziert. Die Bemühungen zur Schaffung von Normen verdienen daher größte Unterstützung.

4. Die Vermittlung von Daten von der Maschine zum Menschen kann durch optische Anzeige oder in gedruckter Form erfolgen. Auch die Aufzeichnung von Kurven durch digitale Anlagen ist oft wünschenswert, doch sind die wenigsten Maschinen mit dieser Möglichkeit ausgerüstet.

5. Unter der Vermittlung von Daten an andere Empfänger versteht man die Beeinflussung von Fabrikationsprozessen oder die Steuerung von Flugkörpern auf dem Umweg über Digital-Analog-Umwandler. Die Verbindung mit dem gesteuerten Vorgang kann so weit gehen, daß die digitale Rechenanlage Bestandteil eines geschlossenen Regelkreises wird und in ihrem zeitlichen Programmablauf an die Vorgänge im Regelkreis gebunden ist. Dieser Fall liegt beispielsweise bei einem digitalen automatischen Piloten vor. Man nennt das „Realzeitbetrieb".

VII.1 Optische Anzeige

Selbst in großen Anlagen, die mit schnellen Druckwerken versehen sind, ist eine optische Anzeigemöglichkeit unerläßlich. Sie dient dem Unterhaltspersonal und dem Programmierer zur Ablesung einzelner Register und Speicherzellen. Maschinen für Sonderzwecke, wie etwa für die Buchung von Flugplätzen oder die militärische Luftraumüberwachung, beruhen sogar in ihrem normalen Betrieb auf optischer Ausgabe der ermittelten Daten.

Für die Anzeige von Ziffern (gegebenenfalls auch von Buchstaben) existieren ungezählte Vorrichtungen. An eine ideale optische Anzeigevorrichtung stellt man folgende Anforderungen:

1. Hohe Betriebssicherheit
2. Anzeige in Dezimalziffern und nicht in einem Code
3. Formschöne Ziffern

VII.1 Optische Anzeige   379

4. Die Ziffern einer mehrstelligen Zahl sollen alle in gleicher Höhe erscheinen (also nicht wie in Abb. 286)
5. Höhe der Ziffern ca. 10 mm
6. Zwischenraum zwischen den Ziffern klein gegenüber ihrer Breite
7. Keine störenden Einschränkungen im Blickwinkel
8. Helligkeit und Kontrast hinreichend gut
9. Umschaltzeit zwischen zwei Anzeigen $\leq$ 0,5 s
10. Geräuschloses Arbeiten
11. Platzbedarf hinter der Frontplatte nicht zu groß
12. Niedriges Gewicht
13. Nicht zu hohe Kosten

Keine der bis heute bekannten Anzeigevorrichtungen erfüllt alle diese Bedingungen.

Mechanisch bewegte Räder ergeben ein gutes Ziffernbild, sind aber teuer und arbeiten langsam. Optische Projektionen auf eine Mattscheibe beanspruchen viel Platz und ergeben in hellen Räumen ungenügenden Kontrast. Andere Verfahren ergeben schlecht leserliche Ziffern oder sind mit störenden Einschränkungen im Blickwinkel behaftet. Die Entwicklung einer in jeder Hinsicht befriedigenden Zeichenanzeige ist daher eine dringliche Aufgabe in der Datenverarbeitung.

Die heute am meisten vorkommenden Anzeigefelder verwenden gewöhnliche kleine Glühlampen, die die Dezimalziffern in einem Code wiedergeben. Pro Dezimalstelle sind also, je nach dem verwendeten Code, 4, 5 oder 7 Lampen erforderlich, und vom Personal wird erwartet, daß es sich mit dem Code vertraut macht. Nach einer andern Möglichkeit ist für jede Stelle eine vertikale Kolonne von 10 Lampen vorgesehen, denen durch Beschriftung die Werte 0 bis 9 zugeordnet sind, s. Abb. 286. Da die Ziffern nicht nebeneinander, sondern in wechselnder Höhe erscheinen, kann ein solches Lampenfeld nicht als ideale Ziffernanzeige bezeichnet werden. Für alphabetische Angaben läßt sich das Verfahren nicht gut verwenden. Zur Betriebssicherheit von Glühlampen beachte man das auf S. 80f. Gesagte.

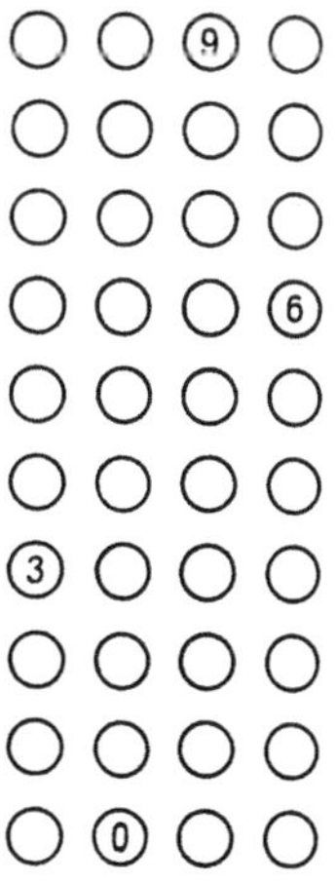

Abb. 286
Anzeige der Zahl 3096 in einem dezimalen Lampenfeld

Oft verwendet man Glimmlampen mit zehn Kathoden, die aus dünnen Drähten bestehen und in Form der Ziffern von 0 bis 9 gebogen sind. Eine geeignete Schaltung sorgt dafür, daß immer nur eine dieser Kathoden brennt; sie überzieht sich dann mit einem rot leuchtenden Plasma, das eine gute Anzeige ergibt. Die Kathoden sind dicht hintereinander angebracht, so daß die zehn Ziffern fast genau am gleichen Ort erscheinen, was Punkt 4 und 7 in obiger Aufzählung erfüllt.

VII.2 Schreibmaschinen

Der Betrieb einer Schreibmaschine ist eine einfache und wohlfeile Art der Ausgabe von Daten in gedruckter Form. In Betracht kommen elektrische Schreibmaschinen, die in der Lage sind, pro Sekunde etwa 10 Zeichen zu drucken. Besondere Zugmagnete, die ihrerseits durch Relais-Schaltkreise gesteuert sind, betätigen die Tasten. Elektrische Schreibmaschinen mit eingebauten Zugmagneten sind kommerziell erhältlich, so daß sich ein Benützer mit dem Entwurf dieses Mechanismus, der nicht ganz einfach ist, nicht zu befassen braucht. Die Geschwindigkeit einer solchen Kombination ist hauptsächlich durch die Repetition (das mehrmalige Anschlagen der gleichen Taste) begrenzt; wenn keine Repe-

		0	1	2	3
1000	000	00000	04343	08685	13027
1001		43408	47746	52084	56422
1002		86772	91106	95440	99773
1003	001	30093	34423	38752	43081
1004		73371	77697	82022	86346
1005	002	16606	20927	25248	29568
1006		59798	64115	68431	72747
1007	003	02947	07260	11572	15883
1008		46053	50361	54669	58977
1009		89117	93421	97724	*02027

Abb. 287. Ausschnitt aus einer Logarithmentafel, wie sie direkt durch das Schreibwerk einer Rechenanlage erstellt wurde

titionen vorkommen, ist eine höhere Kadenz zulässig. Gesamthaft läßt sich daher die Geschwindigkeit erhöhen, indem man die Steuerung so auslegt, daß die Wartezeit bei einer Repetition etwas länger ist als bei wechselnden Zeichen, oder indem man für jedes Zeichen zwei Tasten vorsieht, die bei Wiederholungen abwechselnd betätigt werden.

Fast alle Anlagen — auch solche, die mit schnellen Druckwerken versehen sind — besitzen eine Schreibmaschine, die zum Niederschreiben vereinzelter Resultate und für Kontrollzwecke verwendet wird. Kleinere Rechenanlagen, die hauptsächlich für wissenschaftliche Zwecke verwendet werden, können auf schnelle Druckwerke überhaupt verzichten, da die Daten in solchen Aufgaben mit verhältnismäßig geringer Geschwindigkeit anfallen. In diesen Fällen ist auf die Ausgestaltung des *Druckschemas* großes Gewicht zu legen. Es ist ungenügend, wenn die Schreibmaschine auf einen Druckbefehl hin einfach sämtliche Stellen eines Wortes ausschreibt. Vielmehr muß der Programmierer die Möglichkeit haben, über folgende Fragen frei zu entscheiden: Wie viele und welche Stellen des Wortes zu drucken sind; ob das positive oder das negative Vorzeichen, oder beide, wegzulassen sind; wo das Komma gesetzt werden soll; ob links Nullen zu unterdrücken sind (wenn ja, so muß das Vorzeichen eingerückt werden); ob nach dem Komma Nullen zu unterdrücken sind; wie groß der Zwischenraum zur nächsten Zahl sein soll. Ferner muß die Möglichkeit bestehen, Sterne und einige andere Zeichen zu setzen, auch wenn im übrigen auf das Alphabet verzichtet wird. Wenn die Druckschemata sorgfältig ausgearbeitet sind, so lassen sich Zahlentafeln erstellen, die direkt auf photographischem Weg reproduziert und gedruckt werden können; damit ist der bedeutende Vorteil verbunden, daß die Möglichkeit von Druckfehlern beim Setzen ausgeschaltet wird. Abb. 287 zeigt einen Ausschnitt einer Logarithmentafel, wie sie direkt durch die Maschine ERMETH geschrieben wurde [56.13].

Auch das Schriftbild verdient Beachtung. Die Ziffern von Abb. 287 sind in ihrer Größe und in ihrer Stellung in bezug auf die Zeilenhöhe stark differenziert, was die Leserlichkeit bedeutend erhöht.

VII.3 Zeilendrucker

Die großen Datenmengen, die eine Rechenanlage produziert, können nur dann in nützlicher Zeit niedergeschrieben werden, wenn jeweils eine ganze Zeile zugleich gedruckt wird. Die meisten Druckwerke dieser Art drucken Zeilen in der Breite von 100 oder mehr alphanumerischen Zeichen[1]. Je nach dem Verwendungszweck werden dabei sehr hohe Leistungen verlangt, und selbst die von nichtmechanischen Druckwerken erreichte Geschwindigkeit in der Größenordnung von 100 Zeilen pro Sekunde läßt noch Wünsche offen.

In diesem Zusammenhang ist zu betonen, daß die maximale Zahl der pro Sekunde gedruckten Zeilen noch kein hinreichendes Maß darstellt, um zwei verschiedene Druckwerke in bezug auf ihre Eignung für einen bestimmten Zweck zu vergleichen. Von großer Wichtigkeit ist die Fähigkeit, Leerzeilen mit wenig Zeitverlust zu überspringen. Viele Druckaufgaben bestehen im Beschriften von Formularen, wo viel leerer Raum zu überspringen ist, und ein Druckwerk, das diesen Prozeß nicht mit einer gegenüber dem normalen Druckvorgang stark erhöhten Schnelligkeit vollzieht, arbeitet unwirtschaftlich. Schnellste Anlagen gestatten es, bei leerem Raum das Papier mit einer Geschwindigkeit von etwa 2 m/s vorzuschieben. — Auch die Frage, wie viele Kopien gleichzeitig erstellt werden können, verdient Beachtung. Nichtmechanische Druckwerke können im allgemeinen nur ein einziges Exemplar herstellen.

---

[1] „Alphanumerische Zeichen" bedeutet Buchstaben, Zahlen und spezielle Symbole, total etwa 50 verschiedene Zeichen.

VII.3.1 Mechanische Druckwerke

Mechanische Druckwerke arbeiten mit ruckweisem Papiervorschub; der Druckvorgang erfolgt, während das Papier in Ruhe ist. Man unterscheidet zunächst *Stangen-* und *Raddrucker*. Erstere erreichen eine Geschwindigkeit von etwa $1^1/_2$ Zeilen, letztere eine solche von etwa $2^1/_2$ Zeilen pro Sekunde. In den Stangendruckern ist für jeden Platz der Zeile eine Stange vorgesehen, auf deren Front (übereinander angeordnet) Typen für alle vorkommenden Zeichen angebracht sind. In einem ersten Schritt werden die Stangen gehoben, bis die gewünschte Type dem Papier gegenübersteht, und im zweiten Schritt schlägt ein Satz von Hämmern alle Stangen zugleich an und besorgt dadurch unter Vermittlung eines Farbbandes den Druckvorgang. Abb. 288 zeigt ein Beispiel eines Stangendruckers. Während des Einstellvorganges wird die Typenstange T gleichförmig nach oben bewegt. Der Zeitpunkt des elektrischen Impulses, der den Magnet M erregt, ist für die Auswahl des zu schreibenden Zahlzeichens entscheidend. Wird der Magnet erregt, so zieht sein Anker an und gibt die Stoppklinke S frei, die unter Wirkung der Zugfeder F in eine Raste an der Typenstange einfällt und diese festhält, so daß der Hammer H das ausgewählte Zahlzeichen gegen die Schreibwalze W drücken kann. Bei der weiteren Aufwärtsbewegung des Typenstangenantriebes werden lediglich die Zugfedern Z ausgedehnt, während sich der Rückführbügel R vom Hebel A abhebt.

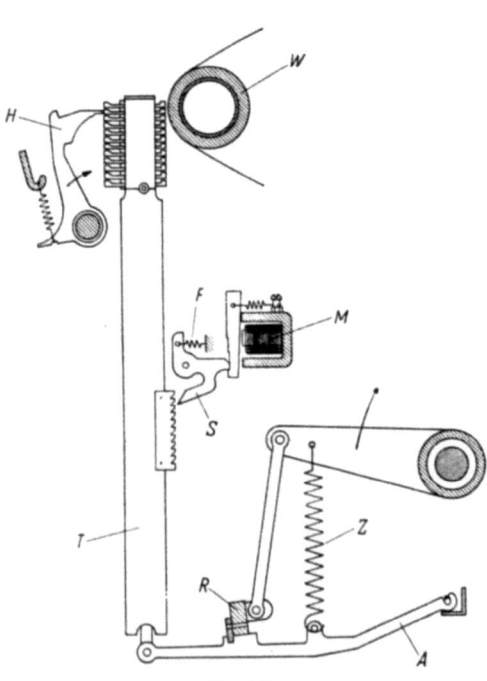

Abb. 288
Numerischer Stangendrucker (IBM 405) (aus [32])

In einem *Raddrucker* treten Räder an Stelle der Stangen, was — auf Kosten einer teureren Herstellung — schnellere Kadenzen ermöglicht. Abb. 289 veranschaulicht einen Raddrucker für alphanumerische Zeichen. Das zu druckende Zeichen wird hier durch die zeitliche Lage *zweier* elektrischer Impulse gekennzeichnet. Für die Eingabe eines Zeihens stehen hier zwölf zeitliche Unterabschnitte oder Punkte zur Verfügung, denen hier die Bezeichnungen *9, 8, 7, 6, 5, 4, 3, 2, 1, 0, 11* und *12* gegeben wurden, entsprechend den zwölf Zeilen der als Eingabe dienenden Lochkarten, die synchron hierzu abgefühlt werden.

Der eine der beiden Impulse für ein Alphabetzeichen kommt immer zur Zeit *9, 8* oder *7*. Während dieser Zeit bewegt sich der Sektorenriegel S gleichförmig nach oben, so daß der ihm unter Federzug folgende Zahn-

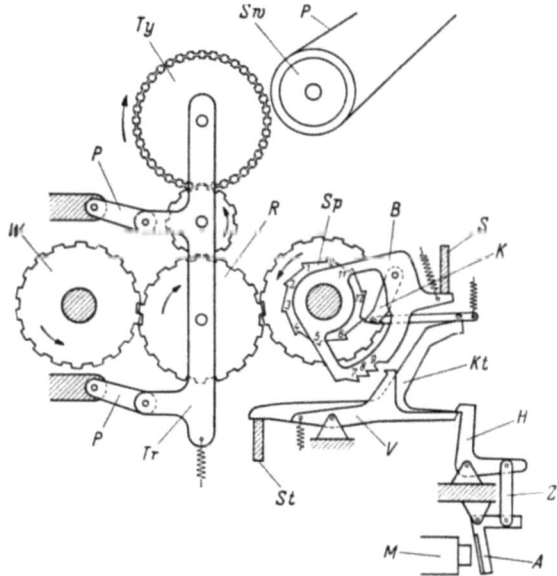

Abb. 289. Alphanumerischer Raddrucker (Bull 6010) (aus [32])

bogen B von der Voreinstellklinke V in einer der drei Rasten *9, 8* oder *7* festgehalten wird, wenn der Magnet M einen Impuls zur Zeit *9, 8* oder *7* erhält und dadurch über den Anker A, Zughebel Z und Haken H die Voreinstellklinke einfallen läßt. Dieser Vorgang, die sogenannte Zonung, dient hier lediglich dazu, die Höhenlage der Klinke K einzustellen. Wenn der Magnet während der Zeiten *9, 8* und *7* keinen Impuls erhält, bewegt sich der Sektorenriegel S mit dem Zahnbogen B noch um einen vierten Schritt weiter bis in seine Endstellung.

Der Antrieb des Schreibwerks erfolgt gleichförmig und für alle Schreibstellen gemeinsam von der durchgehenden gezahnten Steuerungswelle W über das für jede Stelle einzeln vorhandene Hauptzahnrad R und das mit einem weiteren Zahnrad fest verbundene Sperrad Sp. Wenn nun an einem der Zeitpunkte *6, 5* bis *12* der zweite Kombinationsimpuls vom Magnet M kommt, hat die Steuerungsstange St sich inzwischen nach unten bewegt, so daß beim neuerlichen Abrücken des Hakens H der Klinkenträger Kt die Sperrklinke K in den entsprechenden Zahn des Sperrades Sp einfallen läßt. Hiermit ist die Einstellung beendet, und der eigentliche Druckvorgang läuft ab, indem das Hauptzahnrad infolge der weiterlaufenden Antriebswelle W und des festgehaltenen Zahnrades des Sperrades Sp nach oben wandert und gegen die Schreibwalze Sw drückt. Hierbei wird die Drehbewegung des Typenrades mit der Aufwärtsbewegung des Trägers Tr im Augenblick des Anschlagens so kompensiert, daß die Type radial auf die Schreibwalze auftrifft und somit einen sauberen Abdruck ergibt.

Die Teilung der Sperrzähne am Sperrad Sp ist so groß, daß auf jeden Zahn vier Typen des Typenrades entfallen. Die engere Auswahl unter diesen vier Typen geschieht durch die vorher erfolgte Einstellung der Höhenlage der Sperrklinke K in die vier verschiedenen Stellungen.

Wenn kein zweiter Kombinationsimpuls kommt, dreht sich das Sperrad Sp bis in eine Endstellung, in der die Sperrklinke mechanisch eingedrückt wird, und am Typenrad wird eine *9, 8* oder *7* eingestellt.

Zur Erleichterung der Übersicht wurde die Darstellung stark vereinfacht, und es wurden alle Mechanismen weggelassen, die der Rückstellung der einzelnen Glieder dienen.

In dem bedeutend schnelleren *Kettendrucker* sind die Typen an einer Kette befestigt, die sich vor dem Farbband vorbeibewegt. Abb. 290 veranschaulicht eine Ausführungsform des Kettendruckers. Die Typen *10* sind auf der Kette, die sich gleichförmig bewegt, aufgereiht. An jeder Stelle der Zeile befindet sich ein Hammer *11*. Zwischen Hammer und Type sind Papier *12* und Farbband *13* angeordnet. Die Hämmer sind normalerweise durch Federn *14* vom Papier abgehoben. Jeder Hammer wird durch einen Elektromagneten *15* in dem Augenblick angeschlagen, da die gewünschte Type an der betreffenden Stelle steht. Das zeitliche Eintreffen dieses Schlages muß sehr genau sein, weil davon die richtige Zentrierung des Zeichens auf dem Papier abhängt; auch darf die Berührung — da sich die Kette bewegt — nur ganz kurze Zeit dauern. Die Steuerung der Hämmer geschieht durch eine elektronische Schaltung. Mit einem solchen Druckwerk lassen sich etwa 10 alphanumerische Zeilen pro Sekunde drucken. Im Gegensatz zu den vorher beschriebenen Systemen führt der Kettendrucker den Druckvorgang aus, während die Typen in Bewegung sind; somit müssen die Typen selbst nicht beschleunigt werden, sondern nur die Hämmer, die eine kleine Masse besitzen. Dadurch wird die Konstruktion leichter, betriebssicherer und weniger teuer.

Ein *Raddrucker mit gleichförmig rotierendem Typenrad* ist in Abb. 291 gezeigt. Seine Funktion ist völlig analog zum Kettendrucker, und auch die erreichbaren Geschwindigkeiten sind ähnlich. Der Raddrucker hat

en Nachteil, daß er viel Platz beansprucht und daß das Papier in
'orm einer Zylinderfläche gebogen werden muß.

Eine andere Sorte von Raddrucker verwendet eine Reihe von Rädern,
ie auf einer gemeinsamen Achse sitzen, *welche in Zeilenrichtung ver-
iuft*. Für jede zu druckende Stelle ist ein Rad vorgesehen. Am Umfang

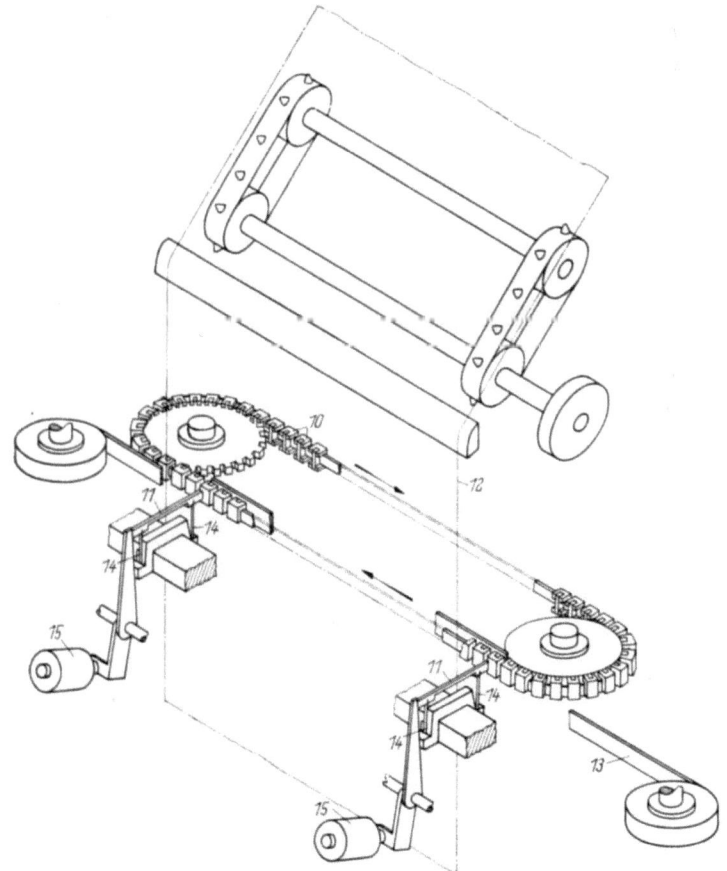

Abb. 290. Kettendrucker

jedes Rades sind die Typen aufgebracht, und der Druckvorgang erfolgt
durch Hämmer ähnlich wie beim Kettendrucker; die Geschwindigkeit
der beiden Verfahren ist etwa gleich [62.26].

Noch schneller sind die *Drahtdrucker*, von denen Abb. 292 eine
Ausführung zeigt. Bei diesen werden die Schriftzeichen aus 5×7
Elementen aufgebaut. 35 feine Drähte sind in einem Rechteck von
Buchstabengröße an jeder Schreibstelle angeordnet. Die für ein Schrift-
zeichen benötigten Drähte werden bei der Einstellung etwas nach vorn

386   VII. Eingabe und Ausgabe

herausgeschoben, worauf der ganze Schreibkopf gegen das Farbband und das Papier gedrückt wird.

Die Einstellung geschieht kurz beschrieben wie folgt: Der ankommende Nachrichteninhalt wird in einem 6-Kanal-Binär-Code geliefert. In einem 7. Kanal werden Prüfzeichen übertragen. Die Impulse der 6 Kanäle führen zu 6 Einstellmagneten M je Schreibstelle. Die durch eine Kurvenscheibe E_1 auf- und abbewegte Zahnstange Z_1 nimmt die Klinke K mit

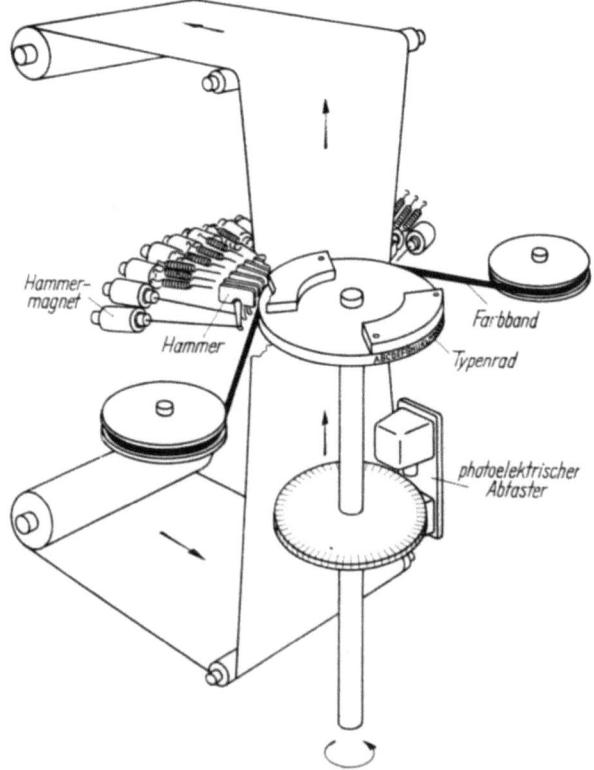

Abb. 291. Raddrucker mit gleichförmig bewegtem Typenrad (aus [4])

nach unten, sobald ein Einstellmagnet M erregt wird und durch Anziehen des Ankers den Winkelhebel W freigibt, der unter Federzug die Klinke K gegen die Zahnstange drückt. An der Klinke K ist der doppelarmige Hebel H_1 angelenkt, der über ein Zugband T_1 auf einen Keil des Keilschubes KS_1 wirkt. Zusammen mit den von zwei andern Einstellmagneten her betätigten weiteren zwei Keilen ergibt sich je nach der Kombination der gezogenen Keile durch Summierung eine Auslenkung des Winkelhebels H_2 um 0 bis 7 Schritte. Die Einstellkeile bewirken nämlich für sich allein eine Verschiebung um 1, 2 bzw. 4 Schritte. Am

VII.3 Zeilendrucker

Hebel H_2 ist ein weiteres Zugband T_2 befestigt, welches eine Zahnstange Z_2 bewegt, in die das lange Ritzel R eingreift. Von den drei restlichen Einstellmagneten dieser Schreibstelle her werden entsprechend die Keile des Keilschubgebietes KS_2 betätigt und über den Hebel H_3 und das Band T_3 eine Auf- und Abbewegung des Ritzels R ebenfalls um 0 bis

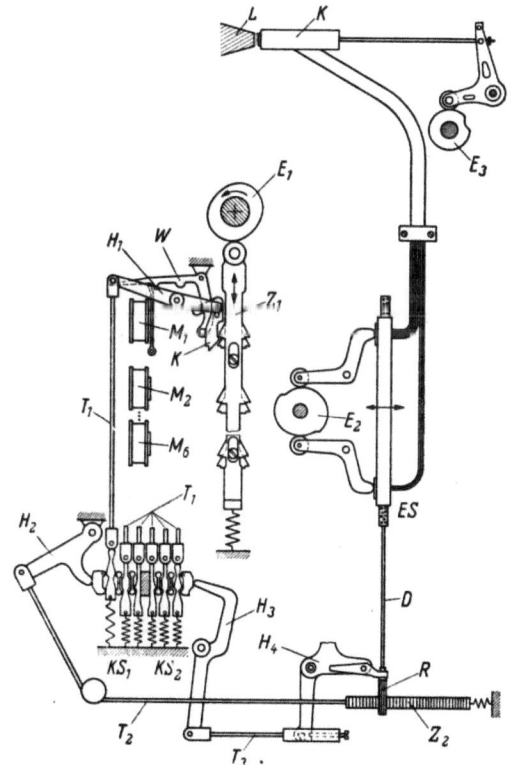

Abb. 292. Drahtdrucker (IBM 719) (aus [32])

7 Schritte erzeugt. Am Ritzel R ist durch den steifen Draht D die Einstellstange ES befestigt. Die Enden der 35 das Schriftzeichen bildenden Drähte sind in einer Reihe längs dieser Stange angeordnet. Die Stange weist eine Vielzahl von Bohrungen auf. Sie wird durch die Kurvenscheibe E_2 gegen die Drahtenden gedrückt. Finden diese in der Stange eine Bohrung vor, so können sie in diese eintreten. Wo dies nicht der Fall ist, erfolgt eine Verschiebung des betreffenden Drahtes. Die 35 Drähte der Schreibstelle sind durch dünne Rohre geführt und laufen in dem Schreibkopf K zusammen. Die jeweils vorgeschobenen Drähte formen dort das Bild des gewünschten Schriftzeichens. Durch Verschieben des Schreibkopfes K gegen die Schreibleiste L erfolgt der Abdruck des Zeichens in

388 VII. Eingabe und Ausgabe·

Punktschrift. Die Bohrungen auf der Einstellstange sind so angeordnet, daß je nach der Verdrehung bzw. Hebung der Stange diejenigen Drähte eine Bohrung vorfinden, deren Verschiebung bei der Bildung des Schriftzeichens unterbleiben soll.

Der besseren Übersicht und Verständlichkeit wegen sind sämtliche Rückführeinrichtungen für die mechanisch bewegten Teile in der Darstellung und Beschreibung weggelassen.

VII.3.2 Nichtmechanische Druckwerke

In den im letzten Abschnitt beschriebenen mechanischen Anordnungen bedingt das Drucken jeder Zeile eine Reihe von Beschleunigungen und Verzögerungen, und die beteiligten Massen können aus Festigkeitsgründen nicht beliebig klein gemacht werden. Daher stellen sich einer Steigerung der Geschwindigkeit über 50 Zeilen pro Sekunde fast unüberwindliche Schwierigkeiten entgegen, falls eine Anlage verlangt wird, die sich im praktischen Betrieb bewähren soll. Diese Einschränkungen entfallen, wenn der Druckvorgang auf nichtmechanischem Weg besorgt werden kann. In solchen Apparaten sind die einzigen vorkommenden Bewegungen gleichförmige Rotationen, und die erreichbare Druckgeschwindigkeit ist daher nicht mehr durch mechanische Phänomene begrenzt, sondern nur noch durch die dem Druckvorgang zugrunde liegenden physikalischen oder chemischen Prozesse.

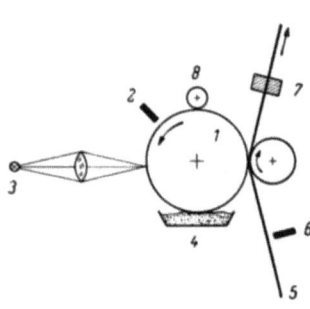

Abb. 293
Xerographisches Druckwerk
1 Trommel mit einer photoleitenden Schicht, 2 und 6 Korona-Elemente, 3 Lichtquelle, die die zu druckenden Zeichen projiziert, 4 Farbpulver, 5 Papier, 7 Heizung, 8 Reiniger

Man unterscheidet drei Kategorien von Prozessen, die zu einem Druckvorgang Anlaß geben können und die praktisch verwendet werden: Xerographie, Magnetographie und Elektrographie. (Die konventionelle Photographie muß wegen der Notwendigkeit einer Entwicklung und Fixierung ausscheiden, ausgenommen für Sonderzwecke.)

Am weitesten verbreitet ist die *Xerographie*[1] (Trockenschrift), die auch als Elektrophotographie bezeichnet werden kann. Sie besteht darin, daß Lichteindrücke auf einer elektrisch geladenen Oberfläche festgehalten und weitergeleitet werden, s. Abb. 293. Der Hauptteil ist eine Trommel (*1*), die mit einem photoleitenden Material (etwa Selen) überzogen ist und die sich mit einer Oberflächengeschwindigkeit, die gleich der Vorschubgeschwindigkeit des Papiers ist, dreht. Unmittelbar vor der Be-

---

[1] ξηρός = trocken.

lichtung wird die Trommel durch ein Korona-Element (2) elektrisch aufgeladen die; Belichtung besteht darin, daß eine Lichtquelle (3) die zu druckenden Bilder auf die Oberfläche projiziert. Die belichteten Stellen werden leitend und verlieren ihre Ladung durch Ableitung auf die Unterlage. Anschließend wird die Trommel mit Farbpulver, dessen Teilchen mit umgekehrtem Vorzeichen geladen sind, in Berührung gebracht (4); die Teilchen bleiben an der Trommel kleben. Schließlich wird die Trommeloberfläche auf das Papier (5), das vorher durch ein weiteres Korona-Element (6) ebenfalls aufgeladen wurde, gepreßt. Dabei gehen diejenigen Pulverteilchen, die sich an belichteten Stellen befinden, von der Trommel auf das Papier über, wo sie durch Aufheizen desselben in einer Heizung (7) fixiert werden. Eine Vorrichtung (8) reinigt die Trommel und macht die Oberfläche für die weitere Verwendung bereit. Mit einem solchen Druckwerk lassen sich mit Leichtigkeit 50 und mehr Zeilen pro Sekunde schreiben. Als Lichtquellen, die die zu druckenden Zeichen auf die Trommel projizieren, verwendet man Kathodenstrahlröhren, deren Elektronenstrahl auf dem Leuchtschirm die anzuzeigenden Ziffern aufschreibt. Die Zeichenformen werden entweder durch Ablenkung des Elektronenstrahls erzeugt, indem der Strahl wie ein Bleistift das Zeichen aufschreibt, oder durch elektronenoptische Abbildung einer in der Röhre befindlichen Schablone auf den Schirm. Die Schablone enthält alle darzustellenden alphanumerischen Zeichen als Ausschnitte, von denen jeweils einer ausgewählt werden kann; solche Röhren sind unter dem Namen „Charactron" bekannt [32,56.9].

Die *Magnetographie* verwendet magnetische Materialien. Auf einem Stahlband werden durch besondere Magnetköpfe Magnetisierungen in Form der zu schreibenden Zeichen aufgebracht. Ein an das Band herangebrachtes magnetisches Pulver bleibt an den magnetisierten Stellen haften und wird durch Berührung anschließend auf das Papier übertragen, das eine Wachsschicht aufweist, welche in erwärmtem Zustand die Pulverteilchen festhält; die Fixierung erfolgt durch Abkühlung.

In der *Elektrographie* wird die Oberfläche des Papiers durch eine auf dasselbe übergehende Funkenentladung verändert, etwa derart, daß der Funke an der Übergangsstelle die helle Oberfläche zerstört und eine darunterliegende dunkle Schicht in Erscheinung treten läßt. Durch geeignete zeitliche Steuerung der Funken am kontinuierlich vorbeilaufenden Papier lassen sich Zahlen und Buchstaben als Punktbilder aufzeichnen, wobei sehr hohe Geschwindigkeiten möglich sind. — Eine andere Art der Elektrographie verwendet chemische Prozesse, die durch Ströme, welche das Papier an den gewünschten Stellen durchfließen, eine Farbveränderung hervorrufen.

Eine ausführliche Zusammenstellung von Druckwerken findet sich in [32].

VII.4 Lochstreifen

Die in Rechenanlagen verwendeten Lochstreifen entsprechen jenen, die in Fernschreibmaschinen vorkommen. Ein solcher Streifen hat, je nach Ausführung, 5, 7 oder 8 nebeneinanderliegende Reihen (Kanäle) von Löchern. Das Stanzen geschieht mechanisch und erfolgt im allgemeinen mit etwa 10 bis 20 Zeichen (Lochgruppen) pro Sekunde, doch erreichen schnellste Locher bis zu 300 Zeichen pro Sekunde; die gleichen Zahlen gelten für das mechanische Abtasten. Die Abtastung kann aber auch photoelektrisch erfolgen; dann kommen nur noch gleichförmig bewegte Teile vor, und es werden Geschwindigkeiten bis zu 1000 Zeichen pro Sekunde erreicht.

In [32] findet sich eine Übersicht über Konstruktion und Eigenschaften von Lochstreifen-Apparaturen.

VII.5 Lochkarten

Gemessen an der Häufigkeit der Verwendung gehören die Lochkarten zu den wichtigsten Trägern von Daten im Verkehr mit Rechenanlagen, und die mechanischen und elektromechanischen Maschinen haben in einer Entwicklung, deren Anfänge ins letzte Jahrhundert zurückreichen, einen hohen Grad von Vollkommenheit erreicht. Fast alle Karten haben eine Größe von 83 × 187 mm und enthalten 80 oder 90 alphanumerische Zeichen in Form von runden oder rechteckigen Löchern nach einem bestimmten Code. Das Stanzen geschieht mechanisch mit einer Geschwindigkeit, die etwa 2 bis 4 Karten pro Sekunde beträgt. Die Abtastung erfordert weniger bewegliche Teile und kann daher mit Geschwindigkeiten von bis zu 15 Karten pro Sekunde erfolgen. Einer der bedeutenden Vorteile, den die Lochkarten gegenüber allen andern Datenträgern haben, besteht in der Möglichkeit des Sortierens und des Mischens, also in einer Änderung der Reihenfolge der Daten. Für beide Zwecke existieren besondere Maschinen, und Sortiermaschinen verarbeiten bis zu 33 Karten pro Sekunde. Eine Übersicht über Lochkartenmaschinen ist in [32] gegeben.

VII.6 Magnetbänder

Unter allen Eingabe- und Ausgabemitteln ermöglichen die Magnetbänder weitaus die größten Übermittlungsgeschwindigkeiten. Der enorme Aufschwung, den die Rechenanlagen in den vergangenen zehn Jahren erfahren haben, wäre ohne das Medium der Magnetbänder ganz undenkbar gewesen, besonders auf dem Gebiet der kommerziellen Datenverarbeitung. Ihnen kommt für die Lagerung von Programmen und von großen Datenmengen eine Schlüsselstellung zu. Eine Datenverarbeitungsanlage besitzt meistens eine größere Anzahl von Magnetbandeinheiten (5 oder sogar 10), worauf in erster Linie die hohen Kosten des Eingabend Ausgabeteils zurückzuführen sind. Die Entwicklung von leistungsfähigen und betriebssicheren Magnetbandeinheiten erfordert einen sehr großen Aufwand an Zeit und Mitteln.

VII.6.1 Das eigentliche Magnetband

Die zur Zeit verwendeten Magnetbänder bestehen aus einer Basis von Zellulose-Azetat oder Polyester („Mylar", Schutzmarke von DuPont) mit einer Dicke von etwa 40 μm. Sie sind mit einer Schicht bedeckt, die etwa 5 μm dick ist und die aus einer Suspension von Eisenoxyd-Partikeln in einem geeigneten Träger bestehen. Eine Spule enthält etwa 750 m Bandlänge, und die am häufigsten vorkommende Breite beträgt 12,5 mm. Ausführlichere Angaben über Gewichte, Festigkeiten, Abhängigkeiten von äußeren Einflüssen u. a. vermitteln GRABBE et al. [9, S. 20.34].

VII.6.2 Der Magnetkopf

Die Prinzipien der Aufzeichnung auf Magnetband sind die gleichen wie jene, die in Trommel- und Plattenspeichern zu finden sind. Daher wird hier nur auf diejenigen Einzelheiten und Ausführungsformen eingegangen, in denen sich die Magnetbandanlagen von den Trommel- und Plattenspeichern unterscheiden. Diese Unterschiede rühren daher, daß der Kopf direkt auf dem Magnetband aufliegt. Der Wegfall eines Zwischenraumes ermöglicht höhere Impulsdichte und beseitigt die Schwierigkeiten, die mit der Konstanthaltung dieses Zwischenraumes zusammenhängen. Der Kopf hat die Form von Abb. 248a, doch ist der Luftspalt nur etwa 8 μm breit, da das Feld viel weniger aus demselben heraus streuen muß. Da ein Band mehrere Spuren hat (meistens 7),

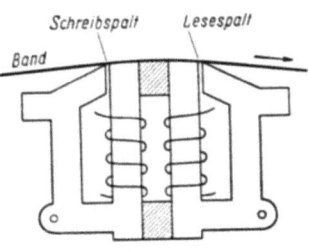

Abb. 294
Doppelkopf zur Fehlererkennung unmittelbar nach dem Schreiben

sind auch mehrere Köpfe anzubringen. Aus Gründen, die weiter unten dargelegt sind, können die Köpfe nicht wie bei einer Magnettrommel gestaffelt werden, sondern sind direkt nebeneinander zu montieren, was schwierige konstruktive Probleme aufwirft, die mit der Anordnung der Wicklungen und dem Übersprechen zusammenhängen. Eine Spur ist etwa 1 mm breit, und zwischen zwei Spuren liegt ein ebenso großer Zwischenraum.

Im Zusammenhang mit Magnetbändern wird oft ein Doppelkopf verwendet, der unmittelbar benachbart einen Schreibspalt und einen Lesespalt besitzt, s. Abb. 294. Diese Anordnung dient der Fehlererkennung unmittelbar nach dem Schreiben, s. S. 395.

VII. Eingabe und Ausgabe

Eine Berechnung des Feldverlaufs in der Magnetschicht und der Form des abgelesenen Signals hat FAN [*61.6*] durchgeführt.

VII.6.3 Die Aufzeichnung

Unter den in Abb. 250 aufgeführten Aufzeichnungsarten werden für Magnetbänder die modifizierte Dauerstromschrift (*c*) und die Wellenschrift (*d*) verwendet. Das Verfahren *c* ermöglicht an sich eine größere Impulsdichte, da die Bandbreite des Signals bei gegebenem Informationsgehalt geringer ist. Hingegen ist die Ablesung von *c* schwieriger, da es nicht einfach ist, aus einem solchen Signal eine exakte Folge von Uhrimpulsen, welche für das Ausblenden benötigt werden, abzuleiten. In Magnetbandgeräten größter Impulsdichte (und größter Geschwindigkeit) verwendet man daher das Verfahren *d*, während in der Mehrzahl der übrigen Fälle *c* vorkommt. Eine Löschung des Bandes ist vor dem Wiedergebrauch nicht nötig, auch dann, wenn die neuen Impulse nicht genau an die gleiche Stelle geschrieben werden wie die früheren. Mathematische Behandlungen der Magnetisierungsvorgänge in Magnetbändern sind durchgeführt worden [*60.9, 61.32, 64.5*].

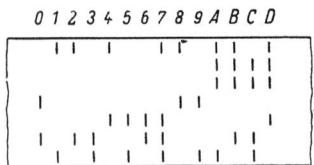

Abb. 295. Beispiel für die Möglichkeit einer Darstellung der Ziffern und einiger Buchstaben auf einem Magnetband mit sieben Spuren. Jeder Strich bedeutet eine Flußumkehr auf dem Band, also eine L. Die oberste Spur enthält eine Prüfstelle, die gleich der Quersumme modulo 2 ist

Abb. 295 illustriert die Art der Aufzeichnung an Hand eines Beispiels, in dem 7 Spuren zur Verwendung kommen, die einen 7-Bit-Code darstellen, der alphanumerische Zeichen übermittelt und eine Kontrollstelle enthält. Neuere Magnetbandgeräte verwenden 9 oder 10 Spuren. 8 Spuren enthalten die aufgezeichnete Information, entsprechend den Achtergruppen (Oktaden), die auch in Rechenwerk und Speicher vorkommen; eine zusätzliche Spur dient der Fehlererkennung, und mit zwei zusätzlichen Spuren (total also 10) ist eine automatische Fehlerkorrektur möglich.

VII.6.4 Die Ablesung

Ähnlich wie Magnetplatten, haben auch Magnetbänder die Eigenschaft, daß die abgelesenen Signale keine starre zeitliche Beziehung zu irgendwelchen Uhrimpulsen in der Anlage besitzen. Für die Ablesung muß daher ein Verfahren gefunden werden, das überhaupt keine Taktimpulse braucht, oder es müssen solche Impulse aus dem Informationssignal gebildet werden. Das letztere Prinzip ist in Abb. 296 schematisch angedeutet. (Der Prozeß ist mit dem in Abb. 264 erläuterten Verfahren verwandt.) Die Erzeugung der Uhrimpulse aus dem abgelesenen Signal ist eine schwierige Aufgabe, die auf verschiedene Arten gelöst werden kann, s. z. B. [60.10].

Eine wesentliche Erschwerung des Ablesevorganges wird durch den unerwünschten Prozeß der Scherung des Bandes verursacht, siehe

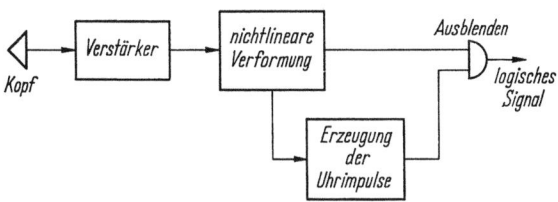

Abb. 296. Ablesung der Daten vom Magnetband mittels Uhrimpulsen, die dem Informationskanal entnommen werden

Abb. 297 [58.26]. Gezeigt ist als Beispiel ein Band mit 7 Spuren, die durch 7 Magnetköpfe abgelesen werden. Die Köpfe befinden sich auf einer Linie, die genau senkrecht zur Bewegungsrichtung des Bandes verläuft. Nun ist aber das Band ein elastischer Körper. Durch mechanische Einflüsse und infolge Temperatur- und Feuchtigkeitsänderungen verändert es seine Dimensionen, und zwar wird es nicht nur in Längsrichtung gedehnt, sondern es kann auch eine Scherung erfahren, so daß gleichzeitig aufgezeichnete Impulse nicht mehr gleichzeitig abgelesen werden. Zwar ist die Scherung nur sehr geringfügig, doch führt bei einer Impulsdichte von 100 pro mm schon eine Abweichung von 2 bis 3 μm zu Störungen, und eine solche Abweichung wird

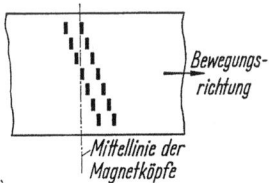

Abb. 297. Erläuterung des Prozesses der Scherung: Gleichzeitig aufgezeichnete Impulse werden nicht mehr gleichzeitig abgelesen

jedenfalls weit überschritten. Es muß verlangt werden, daß die 7 gleichzeitig aufgezeichneten Impulse gleichzeitig aus der Ableseschaltung herauskommen. Um das zu erreichen, ist in jedem der 7 Kanäle ein besonderes Pufferregister nötig, dessen Verzögerung variabel ist und sich automatisch einstellt [60.10].

VII.6.5 Magnetbandeinheiten

Den Bandeinheiten obliegt die Aufgabe, das Band mit der gewünschten Geschwindigkeit an den Köpfen vorbeizuführen und das Auf- und Abwickeln der Spulen zu besorgen. Demgemäß bestehen sie aus zwei Hauptteilen, nämlich einerseits den Magnetköpfen mit Bandantrieb, anderseits den Spulen mit Antrieb und der Führung der zwei Bandschleifen.

Der Antrieb muß in der Lage sein, das Band in kurzer Zeit auf die Maximalgeschwindigkeit zu beschleunigen. Je kürzer diese Zeit ist, desto kürzer sind die Wartezeiten der Anlage und desto kleiner die räumliche Lücke zwischen den Aufzeichnungen auf dem Band. Bei Geschwindigkeiten von 3 m/s können Start- und Stopzeiten von unter 2 ms erreicht werden. Die Anforderungen, die dadurch für die elektromechanischen Kupplungen und ihre Steuerungen erwachsen, sind sehr hoch; es ist zu bedenken, daß die Beschleunigung des Bandes über 1500 m/s² beträgt. Angaben über diese Konstruktionen geben BUSLIK [*53.1*] und LAWRANCE [*59.38*]. Der Prozeß des Startens und Stoppens geschieht unter Steuerung der Rechenanlage und kann sich in unregelmäßigen Intervallen abspielen; er kann aber auch periodisch mit Frequenzen von 100 Hz und mehr erfolgen, und bei keiner Frequenz dürfen Teile des Bandes in eine störende Resonanzschwingung verfallen.

Die Bandspulen müssen über einen Antrieb verfügen, der das Band mit der gewünschten Geschwindigkeit auf- und abrollt. Dagegen ist es ganz unmöglich, den Spulen die oben erwähnte hohe Beschleunigung zu vermitteln. Deshalb muß zwischen Magnetkopf und Spulen beiderseits je eine Schleife von Magnetband vorhanden sein, die sich sehr schnell verkürzen und verlängern kann. Eine mögliche Ausführungsform ist in Abb. 298 gezeigt. Hier befindet sich jede Schleife in einem Kanal und wird durch ein unten erzeugtes Vakuum jederzeit straff angezogen. Die Bandschleife erhält somit einen Druckunterschied aufrecht; derselbe wird dazu verwendet, um die Länge der Schleife abzufühlen und auf pneumatischem Wege nach Bedarf die elektrischen Spulenmotoren in der einen oder andern Richtung anlaufen zu lassen. Außer dem Schreiben und Ablesen muß auch die Möglichkeit eines schnellen Umspulens gegeben sein. Zu diesem Zweck

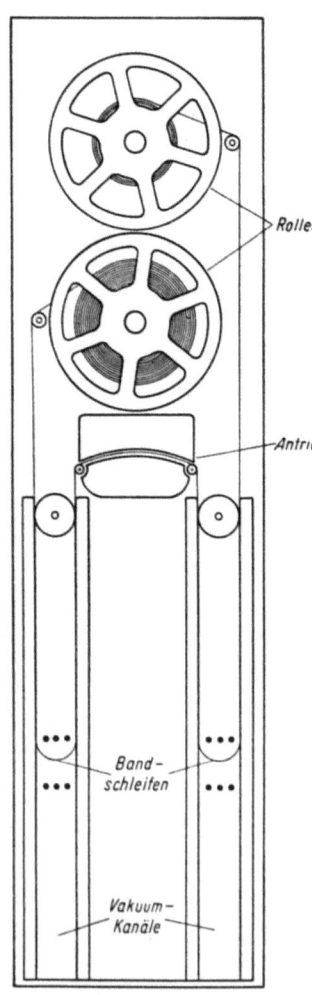

Abb. 298. Magnetbandeinheit. Die dreifachen Löcher in den Vakuumkanälen sind Druckfühler, die die Spulenmotoren ein- und ausschalten

ird der Magnetkopf abgehoben, und die Schleifen werden aus den
.anälen zurückgezogen; nach einigen Sekunden Anlaufzeit erreicht
ıs Band seine volle Umspulgeschwindigkeit.

Anfang und Ende des Bandes müssen in geeigneter Weise angezeigt
erden. Am besten eignen sich dazu Farbzeichen, die eine Photozelle in
er Magnetbandeinheit abtastet. Weitere Zeichen dieser Art können
urch den Operateur nach Bedarf auch an andern Stellen des Bandes
ufgeklebt werden.

VII.6.6 Die Vermeidung von Fehlern

Die hohe Impulsdichte, die bei Magnetbändern zur Anwendung
ommt, bringt es mit sich, daß die Anforderungen an die Gleichmäßig-
eit der Oberfläche des Bandes sehr hoch sind; denn ein Impuls be-
nsprucht einen Platz von $1/20$ mm^2 oder sogar noch wesentlich weniger,
voraus folgt, daß Defekte der Magnetschicht von dieser Größe nicht
nnehmbar sind. Die Sorgfalt, die bei der Fabrikation und nachträglichen
Kontrolle von Magnetbändern für Rechenanlagen aufgewendet werden
nuß, übersteigt jedenfalls das bei Tonbändern erforderliche Maß bei
veitem. Darüber hinaus ist für eine Betriebssicherheit, die hohen
Anforderungen genügen soll, eine lückenlose automatische Fehlerüber-
vachung nötig. In Abb. 295 wurde gezeigt, wie jedes Zeichen, das aus
i Bits besteht, mit einem zusätzlichen Kontroll-Bit versehen wird.
Wenn ein Doppelkopf nach Abb. 294 zur Verwendung kommt, so kann
lie Kontrollablesung unmittelbar nach dem Schreiben erfolgen. Man
ıat es daher in der Hand, fehlerhaft geschriebene Worte automatisch
ofort wiederholen zu lassen, wobei das Band eine Rückwärtsbewegung
usführt. Tritt der Fehler am gleichen Ort wieder auf, so wird auf einen
Defekt im Band geschlossen; die betreffende Stelle wird dann leer
gelassen. Diese Vorgänge werden programmiert und erheischen daher
während der Rechnung keinen Eingriff von Seiten des Personals. —
Weiterhin besteht die Möglichkeit, neben der Prüfung jedes einzelnen
Zeichens auch noch die binäre Quersumme über ein ganzes Wort zu
bilden (getrennt für jede Spur) und zu kontrollieren. Dadurch wird die
Wahrscheinlichkeit der Aufdeckung von mehreren benachbarten Fehlern — die durch einen Defekt in der Magnetschicht entstehen können —
erhöht. Die mit solchen Maßnahmen noch verbleibende Wahrschein-
keit eines nicht entdeckten Fehlers ist, wie SCHATZOFF et al. gezeigt
haben [57.13], außerordentlich gering.

VII.6.7 Übersicht über einige Zahlenwerte

Die Vielfalt der hergestellten Magnetbandgeräte ist sehr groß, und
ihre Merkmale variieren in weiten Grenzen; auch in der näheren Zukunft
wird die Technik nicht stillstehen. Es ist daher nicht sinnvoll, für die

verschiedenen Eigenschaften Minimal- und Maximalwerte anzugeben. Die nachfolgenden Zahlen stellen häufig vorkommende Größen oder Bereiche von Größen dar.

Breite des Bandes	12,5 mm
Bandgeschwindigkeit	0,7 bis 3 m/s
Anzahl Impulse pro mm (pro Spur)	30 bis 120
Impulsfrequenz	22 bis 340 kHz
Anzahl Spuren auf dem Band	6 bis 10
Bandlänge	600 m
Rückspulgeschwindigkeit	1 bis 5 m/s

VII.7 Die Fernübermittlung von Daten

In zunehmendem Maße macht sich das Bedürfnis geltend, die durch eine Rechenanlage ermittelten Werte einer andern, entfernt liegenden Anlage zuzuführen und dabei die durch den Postversand von Magnetbändern entstehende Wartezeit zu vermeiden. Beispielsweise ist ein automatisches System für die Buchung von Flugzeugplätzen nur möglich, wenn alle Agenturen Zutritt zum zentralen Speicher haben, wobei ihre Wartezeit nur wenige Sekunden betragen darf. Auch Handels- und Fabrikationsbetriebe, die stark dezentralisiert sind, machen von der Datenübermittlung Gebrauch; so können in einem großen Ersatzteillager die Buchhaltung, die Lagerkontrolle und das eigentliche Lager an drei räumlich weit entfernten Orten liegen, wenn eine Datenübermittlung möglich ist. Die tägliche Berichterstattung über die Geschäftsresultate von Zweigstellen an die Geschäftsleitung ist eine weitere Anwendung.

Bezüglich der Übertragungsmittel ist zu unterscheiden zwischen Verbindungen innerhalb des werkseigenen Geländes, was zu Strecken von höchstens einigen Kilometern führt, für welche praktisch jede Art von Leitungen ausgelegt werden kann, und Verbindungen, die aus dem eigenen Betrieb herausführen. Im letzteren Fall ist man meistens auf Kanäle angewiesen, die die Telephonverwaltung zur Verfügung stellt, und man ist gezwungen, sich den Gegebenheiten solcher Verbindungen anzupassen. Dazu gehört insbesondere die Beschaffenheit der Störsignale, die nicht nur aus einem Rauschen bestehen, sondern auch vereinzelte, von den Relais-Schaltkreisen herrührende Spitzen aufweisen, sowie die Möglichkeit der Verschiebung des ganzen Frequenzspektrums um einige Hertz, die mit der Modulation und Demodulation der Trägerfrequenz zusammenhängt. Diese Gegebenheiten stellen hohe Anforderungen an die Art der Codierung von Daten. Eine gewöhnliche Impulsmodulation scheidet jedenfalls aus, da die Fehlerhäufigkeit zu groß wäre. HOPNER beschreibt ein Verfahren, welches die gestellten Bedingungen erfüllt und welches die Übermittlung von Daten über Telephonverbindungen mit einer Geschwindigkeit bis zu 2400 Bits pro Sekunde gestattet [*59.34, 61.18*]. Über Verbindungen, die speziell für diesen Zweck hergerichtet sind, lassen sich selbstverständlich viel höhere Geschwindigkeiten erreichen. Neuerdings ist sogar die Übermittlung über Fernseh-Mikrowellenverbindungen mit einer Geschwindigkeit von $2 \cdot 10^7$ Bits pro Sekunde realisiert worden. In jedem Fall erheischt die Frage der automatischen Fehlerkorrektur größte Beachtung [*61.39*].

Die Verarbeitung der von außen ankommenden Daten kann entweder schritthaltend oder nicht schritthaltend erfolgen. Im nicht schritthaltenden Fall werden die Daten zunächst gesammelt und erst dann, wenn sich eine gewisse Menge angehäuft hat, durch die Rechenanlage entgegengenommen und verarbeitet. Im schritthaltenden Fall dagegen findet jede ankommende Nachricht sofortige Aufnahme und Verarbeitung. Diese Betriebsweise zwingt zu einer Neuüberprüfung der altbewährten Maschinen-Organisation, wonach das Leitwerk den Programmablauf allein beherrscht und nicht in der Lage ist, denselben von Vorgängen, die sich außerhalb der Anlage abspielen, abhängig zu machen. Die Datenübermittlung verbindet mehrere Maschinen miteinander, und die kostspieligen Übermittlungskanäle können nur dann voll ausgenützt werden, wenn der Programmablauf in jeder Anlage auf die sich im gesamten System abspielenden Vorgänge Rücksicht nimmt. Ein Beispiel dafür ist die unterbrechende Eigenschaft externer Daten: Wenn innerhalb einer Maschine ein Programm abläuft, so muß dasselbe unterbrochen werden, sobald von außen Daten angeliefert werden. Nachdem diese entgegengenommen und in geeigneter Weise verarbeitet sind, kann das ursprüngliche Programm weitergehen.

VIII. Organisation der gesamten Rechenanlage

Die einfachste Rechenanlage besteht aus Rechenwerk, Leitwerk, einem einzigen Speicher, Eingabe und Ausgabe. Diese Organe sind, zusammen mit ihren Verbindungen, in Abb. 12 aufgezeichnet. Eine solche Anlage schließt alle grundsätzlichen Möglichkeiten, die das programmgesteuerte Rechnen vermittelt, in sich; der systemmäßige Aufbau einer ganzen Anlage wirft daher sehr wenige fundamentale Probleme auf. Wenn trotzdem gegenüber Abb. 12 eine Anzahl von Verbesserungen vorgeschlagen worden sind, die größte praktische Bedeutung erlangt haben, so liegt der Grund dafür in technologischen und wirtschaftlichen Überlegungen. Es kann gar nicht genug betont werden, wie sehr der Systemaufbau einer Anlage durch solche Gesichtspunkte bestimmt wird, wenngleich man anzunehmen geneigt ist, die Technologie passe sich dem

System an, und nicht umgekehrt. So wäre beispielsweise eine Hierarchie von Speichern überflüssig, wenn es wirtschaftlich tragbar wäre, den Schnellspeicher so zu vergrößern, daß er alle benötigten Daten aufnehmen kann; ferner ist das Prinzip des virtuellen Speichers nur erdacht worden, weil die Zugriffszeit der Speicher nicht Schritt gehalten hat mit der Beschleunigung der Rechenwerke.

Für den wirtschaftlichen Erfolg einer Anlage sind die Systemfragen wichtiger als alle andern Gesichtspunkte. Ein systemmäßig guter Aufbau kann in bezug auf den Wirkungsgrad in der Lösung eines vorgegebenen Aufgabenkreises einem ungeeigneten Aufbau bei gleichen Kosten leicht um eine Zehnerpotenz oder mehr überlegen sein. Demgegenüber haben Verbesserungen in den elektrischen Grundschaltungen oder in der logischen Detailstruktur auf die Anlage, wie sie sich dem Benützer darbietet, einen viel geringeren Einfluß.

VIII.1 Länge und Struktur der Worte

VIII.1.1 Die Wortlänge

In Anlagen, die für wissenschaftliches Rechnen gebaut werden, wirft die Wahl der Wortlänge keine sehr schwierigen Probleme auf. Zunächst ist zu beachten, daß sowohl die Anfangsgrößen als auch die Schlußresultate in den seltensten Fällen mehr als drei oder vier bedeutsame (Dezimal-) Stellen enthalten, da die verarbeiteten Werte meistens physikalische Größen kennzeichnen, welche ohnehin nur mit beschränkter Genauigkeit gegeben sind. Eine Wortlänge, die über diesen Umfang hinausgeht, bewirkt eine schlechtere Ausnützung des vorhandenen Speichers und vergrößert die Rechenzeiten; Multiplikations- und Divisionszeit wachsen stärker als linear mit der Stellenzahl. Trotzdem ist man gezwungen, wesentlich mehr Stellen zu verwenden, hauptsächlich deshalb, weil eine zu geringe Stellenzahl den Programmierer dauernd zur Änderung der Skalenfaktoren zwingen würde, damit die vorhandenen Stellen vollständig ausgenützt sind. Ein weiterer Grund ist die Tatsache, daß viele mathematische Methoden im Laufe des Lösungsvorganges vorübergehend mehr Stellen beanspruchen als das Schlußresultat. Die meisten Anlagen haben daher etwa 9 bis 15 Stellen, wobei 10 am häufigsten ist[1]; dazu kommt noch das Vorzeichen. Aufgaben, die mehr Stellen beanspruchen, sind nach den Verfahren für mehrfache Genauigkeit (s. S. 246ff.) zu behandeln.

Es muß betont werden, daß 10stellige Worte in der überwiegenden Mehrzahl der Fälle bei weitem nicht ausgenutzt sind. Eine Kürzung würde aber den Programmierer zwingen, häufiger vom Mittel der mehr-

---

[1] Diese Zahlen beziehen sich auf dezimale Maschinen.

VIII.1 Länge und Struktur der Worte 399

fachen Genauigkeit Gebrauch zu machen, was einen sehr großen Mehraufwand an Rechenzeit zur Folge hätte. Nun gibt es in vielen Aufgaben Daten (etwa Indizes oder laufende Ordnungszahlen), von denen man mit Sicherheit sagen kann, daß sie im Verlauf der Verarbeitung eine gewisse Anzahl von Stellen, beispielsweise 5, nicht überschreiten werden. Daher sieht man gelegentlich die Möglichkeit der *Halbierung von Speicherzellen* vor, so daß jede Zelle nach Wahl ein 10stelliges oder zwei 5stellige Worte aufnehmen kann. Auch die Rechenzeit wird dadurch etwas verkürzt. Dieses Verfahren ermöglicht eine bessere Ausnutzung des Speichers und sollte immer dann in eine Anlage eingebaut werden, wenn erwartet wird, daß die Speicherkapazität häufig bis zur Grenze beansprucht wird.

Eine wesentlich bessere Ausnutzung der Stellenzahl ermöglicht das Prinzip des gleitenden Kommas; daher hat in solchen Anlagen die Mantisse oft etwas weniger Stellen als in Anlagen mit festem Komma. 8 Dezimalen ist ein häufiger Wert. Über die notwendige Größe des Exponenten gehen die Auffassungen weit auseinander. In dezimalen Maschinen findet man Bereiche von ± 99 oder ± 999, doch gibt es Autoren, die der Auffassung sind, der Exponent sollte bis $\pm 10^6$ oder sogar noch weiter gehen können. (Man beachte, daß der Exponentenbereich in einer dualen Maschine größer sein muß als in einer dezimalen, weil die Kommastellung feiner unterteilt ist.)

Im Bereich der Datenverarbeitung ist es unmöglich, für die Wortlänge einen Bestwert anzugeben. 80 Zeichen (Zahlen und Buchstaben) genügen für eine Angabe, die aus Namen, Vornamen, Anschrift sowie einigen weiteren Kennzeichen besteht, doch kommen in allen Aufgaben sowohl kürzere als auch längere Einheiten vor. Die beste Lösung besteht in der variablen Wortlänge, s. S. 404f.

VIII.1.2 Aufbau der Worte

Ein Wort ist entweder ein Befehl oder eine Zahl. Der Aufbau der Befehle wurde auf S. 260 ff. beschrieben; hier betrachten wir den Aufbau der Zahlworte. Sie bestehen zunächst aus der eigentlichen numerischen Angabe, die, wie auf S. 398 angedeutet wurde, einen Umfang von etwa 10 Dezimalen hat. Jede Dezimale besteht aus mindestens 4 Bits; falls auch alphabetische Angaben übermittelt werden sollen, so sind mindestens 6 Bits pro Zeichen nötig. Dazu tritt das Vorzeichen, das aus einem Bit (oft auch aus einer ganzen Dezimale) besteht. Weitere Stellen dienen der automatischen Übermittlungs- und Rechenkontrolle. Obwohl hierzu bereits ein einzelnes Bit genügt, werden meistens mehrere verwendet, besonders wenn noch eine automatische Korrektur verlangt wird, vgl. hierzu S. 248ff. Worte mit gleitendem Komma besitzen außer der numerischen Angabe — die in diesem Fall als Mantisse aufzufassen ist — einen Exponenten mit Vorzeichen.

Ein weiterer Bestandteil ist das Q-Zeichen, das den Ablauf steuert, s. S. 273. Es besteht aus einem oder mehreren Bits und gestattet es, gewissermaßen mehrere „Farben" von Zahlen in der Anlage zu unterscheiden. Das Q-Zeichen findet sich nur in Anlagen mit stark ausgebautem, also umfangreichem Befehlsverzeichnis.

Abb. 299 zeigt als Beispiel den Aufbau eines Wortes im Dualsystem mit gleitendem Komma in einer großen, an Flexibilität (dementsprechend

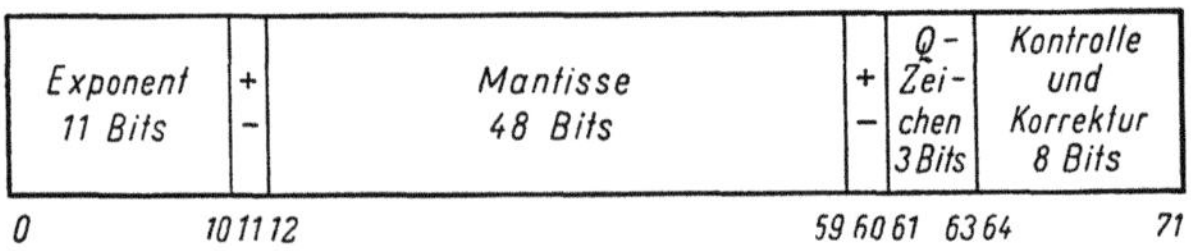

Exponent 11 Bits	+ −	Mantisse 48 Bits	+ −	Q- Zei- chen 3 Bits	Kontrolle und Korrektur 8 Bits

0   10 11 12   59 60 61   63 64   71

Abb. 299. Aufbau eines Wortes von 72 Bits mit gleitendem Komma

auch an Aufwand) über dem Durchschnitt liegenden Anlage (nach BLOCH [*59.8*)].

Die neue Tendenz geht dahin, in einer gegebenen Anlage mehrere verschiedene Aufbauten von Worten zuzulassen. AMDAHL et al. beschreiben ein System, in welchem Worte, die aus 32 Bits bestehen, nach Wahl eine Anzahl von Bedeutungen haben können [*64.1*]. Zunächst kann es sich um Zahlen im Dualsystem handeln, wobei folgende Möglichkeiten vorgesehen sind: Eine Zahl mit 31 Stellen und Vorzeichen; zwei Zahlen mit 15 Stellen und Vorzeichen; eine Zahl mit Gleitkomma; Kombination von zwei solchen Worten zu einer langen Zahl mit Gleitkomma. Ferner kann das Wort eine Zahl im Dezimalsystem bedeuten, wobei je 4 Bits eine Dezimale kennzeichnen, und schließlich ist auch die alphanumerische Deutung zulässig, in welchem Fall je 8 Bits eine Zahl oder einen Buchstaben kennzeichnen. Welche Deutung einem Wort gegeben wird, hängt von der Art des Befehls ab, der auf das Wort angewandt wird.

VIII.2 Der Verkehr mit dem Speicherwerk

Nach der einfachsten Organisation von Abb. 12 bietet der Verkehr mit dem Speicher keinerlei Schwierigkeiten. Das Leitwerk bringt, sobald das Rechenwerk bereit ist, Speicherungs- und Lesebefehle zur Ausführung, und die Zugriffszeit des Speichers wirkt sich als Wartezeit für das Rechenwerk aus. Die technischen Gegebenheiten (hohe Kosten des Schnellspeichers; lange Zugriffszeit im Vergleich zur Rechenzeit) zwingen jedoch in höher entwickelten Anlagen zu einem komplizierteren Aufbau.

VIII.2 Der Verkehr mit dem Speicherwerk   401

VIII.2.1 Die Hierarchie von Speichern

Als Schnellspeicher bietet sich zur Zeit einzig der Magnetkernspeicher an. Die größten bislang gebauten Einheiten enthalten etwa 32000 Worte, und es ist möglich, mehrere solche Einheiten parallel zu betreiben. Die Kosten der Speicherung in Magnetkernen sind aber hoch, und es ist wirtschaftlich nicht nur vorteilhafter, sondern in den meisten Fällen praktisch eine Notwendigkeit, den Kernspeicher auf einige tausend Worte zu beschränken und die übrigen Daten in einem wohlfeileren Speicherwerk, das längere Zugriffszeit hat (wie eine Magnettrommel oder Magnetplatten) unterzubringen. Damit stellt sich die Frage des Verkehrs zwischen den Speichern. Es wäre sinnlos, die Worte einzeln zu übermitteln, da dadurch der Vorteil des Schnellspeichers verlorenginge; vielmehr muß der Verkehr zwischen den Speichern in *Blocks* (Wortgruppen) erfolgen, und zwar entsteht ein merklicher Gewinn erst dann, wenn die Zahl der Worte in einem Block etwa gleich dem Verhältnis der Zugriffszeiten ist. Anderseits müssen im Schnellspeicher mehrere Blocks Platz finden, da sonst die Gefahr besteht, daß die Übermittlung eines Blocks in zu kurzen Zeitintervallen nötig wird. Daraus folgt, daß der Schnellspeicher um so größer sein muß, je größer das Verhältnis der Zugriffszeiten ist; die Anzahl Worte im Schnellspeicher muß ein Mehrfaches von diesem Verhältnis betragen. Je nach den technischen und wirtschaftlichen Gegebenheiten kann das dazu führen, daß die Hierarchie nicht nur aus zwei, sondern aus drei Speichern bestehen muß.

Das Prinzip der Speicher-Hierarchie bewirkt eine bedeutende Erschwerung der Programmierung; denn die Zuordnung der Speicherzellen muß so erfolgen, daß mit möglichst wenig Block-Übermittlungen gearbeitet werden kann. Unter den Methoden zur automatischen Programmierung, von denen einige mit größtem Erfolg verwendet werden, ermöglicht es keine, diese Aufgabe befriedigend mit einzubeziehen. Der Zustand muß angestrebt werden, wonach der Mathematiker die Zellen-Zuordnung vornehmen kann, wie wenn nur ein einziger, großer Speicher vorhanden wäre; die Zusammenfassung in Blocks nach möglichst rationellen Gesichtspunkten wäre dann automatisch zu vollziehen [*59.20*].

VIII.2.2 Das Prinzip des virtuellen Speichers

Der virtuelle Speicher kann dann zur Anwendung kommen, wenn die Zugriffszeit des Schnellspeichers so lang ist, daß sie (und nicht die Geschwindigkeit des Rechenwerkes) für die Rechenzeiten bestimmend wird. Dieser Zustand liegt dann vor, wenn die Zugriffszeit etwa gleich — oder sogar noch größer — wie die Multiplikationszeit wird.

VIII. Organisation der gesamten Rechenanlage

Als erster hat ZUSE diese Lage richtig erkannt; in seiner Maschine Z4 war das Steuerwerk so organisiert, daß während der Ausführung eines Befehls die zwei folgenden Befehle im Programm abgetastet und dahin überprüft wurden, ob vorsorgliche Ablesungen aus dem mechanischen Speicher den Ablauf beschleunigen können. Im bejahenden Fall wurden bis zu zwei Zahlen abgelesen und in besonderen Kontaktsätzen bereitgehalten, so daß sie zu der Zeit, da die zugehörigen Befehle zur Ausführung gelangten, augenblicklich verfügbar waren. Anderseits wurden Resultate, die zu speichern waren, in ein getrenntes Register abgelegt und konnten dort in gewissen Fällen warten bis zu einem Augenblick, da der Speicher frei war. Die Reihenfolge von Speicherung und Ablesung konnte also vertauscht werden. Dadurch wurden die Wartezeiten des Rechenwerks verkürzt, oft sogar überhaupt eliminiert.

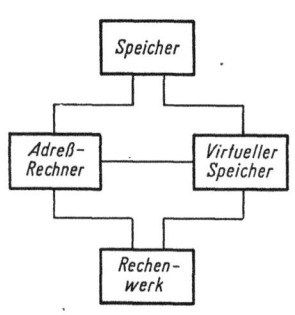

Abb. 300. Anordnung des virtuellen Speichers

Der virtuelle Speicher ist einfach eine Weiterentwicklung dieses Prinzips, das aber erst von COCKE und KOLSKY [59.15] in seiner allgemeinen Form umschrieben worden ist. Es handelt sich also darum, einerseits im Programm vorauszuschauen und alle Ablesungen nach Möglichkeit vorsorglich durchzuführen, wobei die abgelesenen Daten in besonderen Registern festzuhalten sind, und anderseits die zu speichernden Daten aufzubewahren, bis das Speicherwerk ohne Zeitverlust beansprucht werden kann. In einer Anlage mit gespeichertem Programm gilt das für Befehle in gleicher Weise wie für Zahlen; dabei tritt die Notwendigkeit hinzu, an den Befehlen die erforderlichen Adreßänderungen vorzunehmen, was selbstverständlich in einem getrennten Rechenwerk geschieht. Abb. 300 zeigt, wie sich der virtuelle Speicher zwischen Schnellspeicher und Rechenwerk einschaltet.

Ein virtueller Speicher erreicht seine volle Wirkung, sobald er etwa 5 bis 10 Befehle des Programms voraus abtastet und die nötigen Ablesungen vollzieht. Seine Arbeitsweise führt zu verschiedenen Komplikationen, von denen nachfolgend die wichtigsten aufgezählt sind:

1. Es kann vorkommen, daß im Verlauf einer Berechnung ein Index verändert wird, der vom virtuellen Speicher bereits zur Änderung einer Adresse verwendet worden ist.

2. In gewissen Fällen wird eine aus einer Speicherzelle abzulesende Zahl erst kurz zuvor in diese Zelle eingegeben. Der virtuelle Speicher, der die Zelle schon früher abgelesen hat, nimmt daher eine falsche Zahl entgegen.

3. Bei einem bedingten Sprungbefehl kann der virtuelle Speicher nicht voraus wissen, ob der Sprung ausgeführt oder übergangen wird. Das System muß in der Lage sein, sich ohne zu große Wartezeiten mit diesen Fällen auseinanderzusetzen, und es sind dafür befriedigende Lösungen gefunden worden.

Aus diesen Beschreibungen geht hervor, daß ein virtueller Speicher nicht nur komplizierte Steuerorgane enthält, sondern daß er auch über etwa 10 bis 20 Wortregister verfügen muß, die für das Rechenwerk und das Steuerwerk mit sehr kurzer Zugriffszeit bereitstehen. Im Grunde ist also ein virtueller Speicher nichts anderes als ein Ultra-Schnellspeicher als zusätzliches Glied in der Hierarchie der Speicherwerke, mit dem wichtigen Unterschied jedoch, daß der Programmierer nichts davon zu wissen braucht; für ihn bietet sich die Anlage einfach so dar, wie wenn die Zugriffszeit des Schnellspeichers erheblich reduziert worden wäre.

VIII.2.3 Parallele Speicher

Die technische Entwicklung ermöglicht von Jahr zu Jahr eine Erhöhung der Geschwindigkeit sowohl von Rechenwerk als auch von Speicherwerk. Der Fortschritt ist unregelmäßig, und oft ist das eine, oft das andere im Vorsprung; doch hat die Vergangenheit gezeigt, daß fast in allen Entwicklungsstufen der Speicher gegenüber dem Rechenwerk im Hintertreffen war, und es ist zu erwarten, daß dies auch in Zukunft so sein wird. Der virtuelle Speicher vermittelt in einem solchen Fall eine bessere Anpassung, doch sind auch ihm Grenzen gesetzt. Ein sehr schneller Kernspeicher hat eine Zykluszeit von $1\,\mu s$; das bedeutet, daß er pro Sekunde höchstens 1 000 000 Speicherungen oder Ablesungen ausführen kann, und auch der virtuelle Speicher kann dieses Maximum nicht erhöhen. Wenn diese Geschwindigkeit nicht genügt, so besteht die Möglichkeit, mehrere solche Speicher nebeneinander zu verwenden. Zweckmäßig sind ihre Zyklen zeitlich so gestaffelt, daß die Worte den verschiedenen Speichern in gleichmäßigem Fluß nacheinander entnommen werden können. Natürlich muß das Programm so beschaffen sein, daß dieser Wechsel auch wirklich ausgenützt werden kann, doch schafft gerade der virtuelle Speicher hier eine erhebliche Erleichterung. Eine solche Organisation mit 6 Kernspeichern zu je 16000 Worten ist in [59.8] beschrieben. Abb. 301 illustriert die Wirkung dieser Anordnung. a veranschaulicht den Gang der Ereignisse in einer konventionellen Anlage, wo zuerst ein Befehl aus dem Speicherwerk abgelesen wird. Dann wird seine Adresse durch die Indexregister geändert, worauf die Ablesung der verlangten Zahl erfolgen kann. Erst jetzt kann die im Befehl enthaltene Operation zur Ausführung kommen. Bei der Verwendung von 6 parallelen Schnellspeichern ergibt sich das in b gezeigte Bild, wonach viele dieser Vorgänge gleichzeitig verlaufen. Zwei der

404   VIII. Organisation der gesamten Rechenanlage

Speicher enthalten vorzugsweise Befehle (jeweils zwei pro Wort), die vier übrigen vorzugsweise Zahlen. Die Trennung von Befehlen und

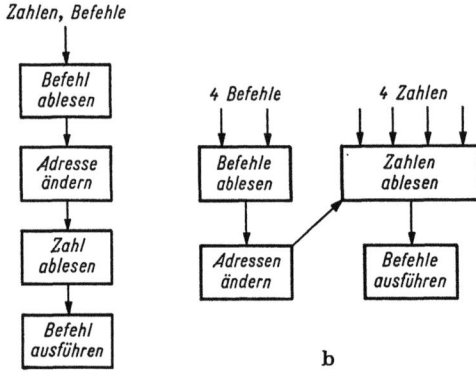

Abb. 301. Vergleich der zeitlichen Abläufe mit einem einzigen Speicher (a) und mit sechs parallelen Speichern (b)

Zahlen in den Speicherwerken ist keine absolute und bedeutet keine Abweichung vom Prinzip des gespeicherten Programms; sie ermöglicht aber eine Beschleunigung der Abläufe.

VIII.2.4 Die veränderliche Wortlänge

Während sich in mathematischen Aufgaben eine Wortlänge von 10 bis 15 Dezimalen als zweckmäßig erweist, gibt es in der Datenverarbeitung, wo auch alphabetische Angaben vorkommen, keine solche Norm; denn eine als unteilbar aufzufassende Nachricht, die man als „Wort" bezeichnen könnte, kann entweder aus einem einzelnen Namen bestehen oder sie kann etwa eine Versicherungspolice mit all ihren Bestimmungen darstellen und demgemäß mehrere hundert Zeichen enthalten. Daher erweist sich das Prinzip der veränderlichen Wortlänge als überaus nützlich. Danach ist der Speicher nicht mehr in Zellen von vorgegebener Größe aufgeteilt, sondern jedes Wort beansprucht genau so viel Platz, als seiner Länge entspricht.

Die variable Wortlänge findet hauptsächlich für alphabetische Zeichenfolgen Anwendung oder für Zahlenfolgen, die eine Gruppe von Angaben (und nicht eine einzelne, vielstellige Zahl) verkörpern. Daher wird nur der Verkehr zwischen den Speichern und den Eingabe- und Ausgabeorganen betroffen, während das Rechenwerk in konventioneller Weise nur Zahlen einer bestimmten, vorgegebenen Länge bearbeitet[1]. Da in der Daten-

---

[1] Hiervon gibt es Ausnahmen. Es ist möglich, daß ein Serien-Rechenwerk beliebig lange Zahlen verarbeitet. Als Register wirken dann Speicherplätze, die vom Programmierer für diesen Zweck zugeordnet werden müssen.

VIII.3 Der Gesamtaufbau einer Anlage 405

verarbeitung die Mehrzahl der Operationen aus reinen Übermittlungen (ohne arithmetische Veränderung) besteht, hat eine solche Organisation einen bedeutenden Einfluß, auch wenn das Rechenwerk nicht beteiligt ist.

Die Frage der Adressierung muß bei einem Speicher variabler Wortlänge neu gelöst werden. Die häufigste Lösung ist die folgende: Die Größe einer Speicherzelle wird reduziert auf ein einziges Zeichen (also eine Dezimalziffer oder ein Buchstabe), und jede Zelle hat ihre eigene Adresse. Um ein Wort im Speicher zu kennzeichnen, gibt man die Adresse des letzten Zeichens im betreffenden Wort an; dieses Zeichen ist das Wortende, wenn man das auf dem Papier aufgeschriebene Wort betrachtet, jedoch der Anfang, wenn man sich auf die zeitliche Folge in der Übermittlung der Zeichen bezieht. Das erste Zeichen ist durch eine „Wortmarke" markiert. Die Wortmarke ist ein besonderes, nur für diesen Zweck reserviertes Bit in jedem Zeichen. Bei der Eingabe von

Zellen-Nummer	48	49	50	51	52	53	54	55
Inhalt	3*	4	5	8*	7	6	5	4

Abb. 302. Speicherung der Zahlen 345 (Adresse 50) und 87654 (Adresse 55) in einem Speicher mit variabler Wortlänge. Der Stern kennzeichnet die Wortmarke

Daten muß somit jedes Wort mit einer Wortmarke versehen werden. Die Ablesung der Speicherzellen auf einen Befehl hin erfolgt also (zeitlich betrachtet) von der gegebenen Adresse bis zur nächsten Wortmarke. Abb. 302 zeigt acht Zellen in einem Speicher, in denen zwei verschieden lange Worte (in diesem Fall Dezimalzahlen) untergebracht sind.

Die Reduktion der Größe der Speicherzellen auf ein einziges Zeichen erlaubt es, die Wortlänge beliebig fein zu unterteilen, indem jede beliebige Anzahl Zeichen als Wortlänge verwendet werden kann. Eine Anlage kann auch so organisiert sein, daß eine Zelle aus zwei oder drei Zeichen besteht; dann muß ein Wort immer aus einem Vielfachen dieser Anzahl Zeichen bestehen.

Die geschilderte Betriebsweise besteht darin, daß die Länge der Worte durch den Speicherinhalt, also durch die Worte selbst, bestimmt wird. Nach einer grundsätzlich verschiedenen Konzeption ist es möglich, diese Angabe in die Befehle zu verlegen. Danach enthält jeder Befehl die Adresse des letzten Zeichens im gewünschten Wort, dazu aber noch eine Angabe über die Wortlänge. Im Speicher sind dann keine Wortmarken nötig.

Weitere Literatur zu Kap. VIII.2: [59.12, 59.49].

VIII.3 Der Gesamtaufbau einer Anlage

VIII.3.1 Gleichzeitig ablaufende Operationen

In der einfachsten Organisation von Abb. 12 verkehren Eingabe und Ausgabe nur mit dem Rechenwerk. Alle zu verschiebenden Daten müssen also — auch wenn an ihnen keine arithmetische Veränderung vor-

406   VIII. Organisation der gesamten Rechenanlage

zunehmen ist — durch das Rechenwerk gehen. Dieser Aufbau ist grundsätzlich hinreichend, da es keinen Datenverlauf gibt, der damit nicht programmiert werden könnte, doch entsteht eine sehr schlechte Ausnützung von Rechenwerk und Speicher, weil die Eingabe- und Ausgabeorgane (im folgenden als „Randorgane" bezeichnet) mechanisch bewegliche Teile aufweisen und daher oft Wartezeiten, die sich nach Millisekunden bemessen, nötig machen, während sich die Abläufe von Speicher und Rechenwerk in Zeitintervallen von Mikrosekunden abspielen. Somit besteht eine Fehlanpassung um einen Faktor in der Größenordnung 1000. Die Milderung dieses Mißverhältnisses ist nur dadurch möglich, daß in mehreren Anlageteilen gleichzeitig Prozesse ablaufen. Diese Vorgänge zu beherrschen ist eines der schwierigsten Probleme, vor die der Entwerfer einer Rechenanlage gestellt wird, und von der getroffenen Lösung hängt die Wirtschaftlichkeit der Maschine in entscheidendem Maß ab.

Der heute in großen Maschinen allgemein beschrittene Weg besteht in der Aufteilung der Anlage in mehrere autonome Teile, von denen jeder mit den nötigen Pufferregistern ausgerüstet ist. Die Anzahl solcher Teile und der Grad ihrer Autonomie schwanken in weiten Grenzen. Der größte Nachteil dieses Verfahrens besteht in den hohen Kosten; je weiter die Aufteilung entwickelt wird, desto komplizierter und umfangreicher werden die einzelnen Einheiten, und der Preis der Randorgane beginnt jenen von Rechenwerk und Speicher zu erreichen oder sogar weit zu überschreiten.

VIII.3.2 Das Blockschema

Eine für eine große Anlage geeignete Organisation veranschaulicht Abb. 303 und 304 (nach BLOCH [59.8]). Der Schnellspeicher ist ein

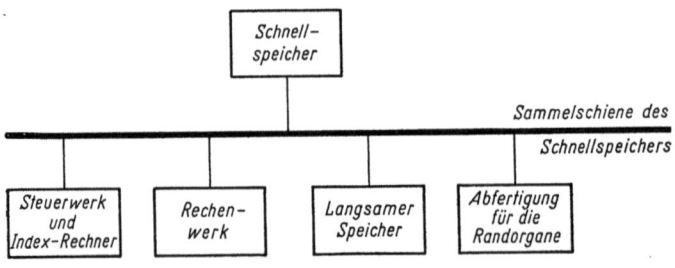

Abb. 303. Blockschema einer großen Rechenanlage. Die Randorgane sind in der folgenden Abbildung gezeigt

Kernspeicher und kann die Daten in beliebiger Reihenfolge — gleichzeitig aber immer nur ein einzelnes Wort — abgeben oder aufnehmen. In die Verwendung desselben teilen sich vier autonome Maschinen. Die Aufteilung in autonome Einheiten soll es ermöglichen, daß in der ganzen Anlage gleichzeitig mehrere Operationen ablaufen. Diese Abläufe sind

VIII.3 Der Gesamtaufbau einer Anlage 407

‚ber nicht unabhängig. Die Sachlage ist völlig verschieden etwa von
lerjenigen in einer Telephonzentrale, wo mehrere Gespräche, die mit-
‚inander nichts zu tun haben, gleichzeitig aufgebaut und unterbrochen
verden können. Vielmehr stellen alle Vorgänge Bausteine eines einzigen
?rozesses, nämlich der Erfüllung des Programmes, dar und sind daher

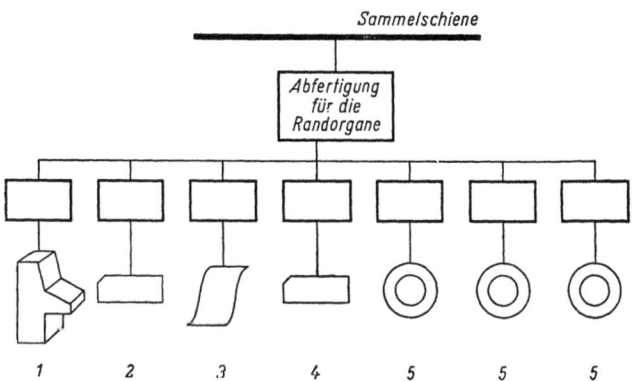

Abb. 304. Beispiel für die Anordnung der Randorgane in Abb. 303:
1 Schaltpult, 2 Kartenabtaster, 3 Druckwerk, 4 Kartenlocher, 5 Magnetbandeinheiten. Die
Rechtecke enthalten Pufferregister

durch ein Netz von Bedingungen und Beziehungen untereinander verknüpft. Jeder Anlageteil erstattet eine Meldung, sobald er den Speicher
zu benützen wünscht. Diese Meldungen werden nicht notwendigerweise
in der Reihenfolge ihres Einganges erledigt; vielmehr wird in jedem
Augenblick unter den vorliegenden Anträgen eine Dringlichkeitsordnung

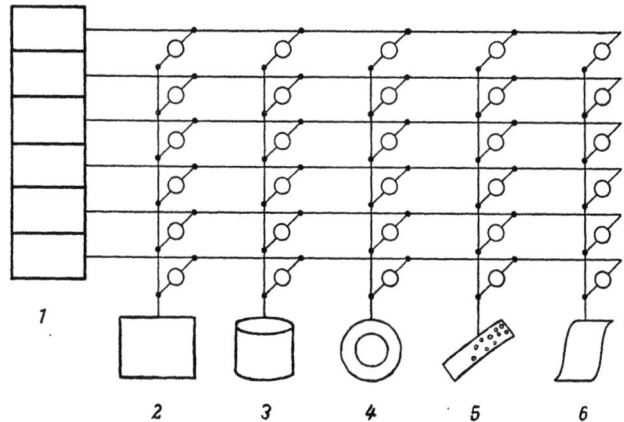

Abb. 305. Gesamtaufbau unter Verwendung eines elektronischen Koordinatenschalters
1 Schnellspeicher (mehrere parallele Einheiten), 2 Rechenwerk, 3 Magnettrommel, 4 Magnetband, 5 Lochstreifen, 6 Druckwerk und Lochkarten

aufgestellt, welche so beschaffen ist, daß sich der gesamte Programmablauf in der geringsten möglichen Zeit vollzieht. Je sorgfältiger diese Abläufe durchdacht sind, desto wirtschaftlicher sind die Anlageteile ausgenützt, doch führt eine wirklich durchgreifende Lösung dieses Fragenkreises zu einem überaus komplizierten Satz von Bedingungen.

Eine etwas andere Anordnung, der das gleiche Prinzip zugrunde liegt, die aber einen Koordinatenschalter verwendet, ist in Abb. 305 gezeigt [*59.3*].

In der Literatur findet man keine Studien über die Fragen des Gesamtaufbaus, die irgenwelchen Anspruch auf Allgemeinheit erheben könnten, größtenteils deshalb, weil dieser Aufbau vollständig vom jeweiligen Stand der Technik abhängt. Eine einigermaßen allgemeine Gültigkeit können höchstens die Studien über Minimalmaschinen beanspruchen, von denen auf S. 414f. die Rede ist, doch haben solche Maschinen vorwiegend akademisches Interesse.

Das Buch [*4*] gibt erstmals eine Übersicht über alle Schritte, die bei der Planung einer großen Rechenanlage zu durchlaufen sind.

VIII.3.3 Die Rechengeschwindigkeit

Alle Verbesserungen, die ein Entwerfer an seiner Anlage vornimmt — seien sie schaltungstechnischer oder systemmäßiger Natur — zielen letztlich darauf hin, die Zeit, die die Lösung einer gegebenen Aufgabe beansprucht, zu verkürzen. Die Rechengeschwindigkeit wäre daher, wenn sie in einer einzigen Zahl angegeben werden könnte, die wichtigste Kenngröße einer Anlage. Doch wirken sich die verschiedenen Eigenschaften einer Maschine auf die einzelnen Kategorien von Aufgaben ganz ungleich aus, wobei besonders zwischen mathematischen Problemen und Abläufen der Datenverarbeitung ein großer Unterschied besteht, so daß die Geschwindigkeit einer Rechenanlage nur in bezug auf eine bestimmte Aufgabe oder eine begrenzte Klasse von Aufgaben angegeben werden kann.

Das Rechenwerk wird für sich allein — also ohne den Verkehr mit dem Speicher zu berücksichtigen — durch die Multiplikationszeit recht gut charakterisiert. Auf S. 171 wurde erwähnt, daß dieselbe am häufigsten um 1 ms liegt und daß der kürzeste, in kommerziellen Anlagen vorkommende Wert etwa 1 μs beträgt. Damit ist aber über die Geschwindigkeit einer Anlage erst eine Andeutung gemacht; denn die Zugriffszeit des Speichers, der Verkehr mit demselben (etwa durch ein virtuelles Speicherwerk) und der Gesamtaufbau der Anlage bestimmen in entscheidendem Maße, wie weit die Geschwindigkeit eines Rechenwerkes ausgenützt werden kann. Der Schritt von einer einfachen zu einer äußerst durchdachten und von allen Kunstgriffen Gebrauch machenden Organi-

VIII.3 Der Gesamtaufbau einer Anlage

sation kann — bei gleichbleibenden Zeiten in Rechen- und Speicherwerk — die Abläufe um einen Faktor 10 beschleunigen.

Ein besseres Maß für die Geschwindigkeit einer Anlage ist daher die Anzahl Befehle, die pro Sekunde ausgeführt werden. Diese Zahl liegt etwa zwischen 10^3 und 10^6 für kommerzielle Anlagen, wobei 10^4 ein häufiger Wert ist. Es ist ersichtlich, daß diese Größe unvergleichlich stärker variiert als die Impulsfrequenz, die für diese Anlagen zwischen 100 kHz und 5 MHz liegt.

Aber auch die Anzahl Befehle pro Sekunde ist noch kein zuverlässiges Maß für die Rechenzeiten; denn es hängt davon ab, was für Operationen durch einen einzelnen Befehl ausgelöst werden können. Eine Maschine mit festem Komma kann unter Umständen für eine Aufgabe viel mehr Operationen brauchen als eine solche mit Gleitkomma; Dreiadreß-Befehle bedeuten mehr als Einadreß-Befehle. Von größter Bedeutung sind ferner die Indexregister, die es ermöglichen, daß jeder Befehl gleichzeitig eine Adreßänderung veranlaßt, eventuell auch noch ein Dekrement einführt. In gewissen Aufgaben kann dadurch ein Faktor 4 an Befehlen eingespart werden. Ferner umfaßt ein Programm um so weniger Befehle, je größer das Befehlsverzeichnis der betrachteten Anlage ist, weil ein großes Befehlsverzeichnis viele Befehle enthält, die die Wirkung von zwei oder drei einfacheren Befehlen kombinieren.

Es ist vorgeschlagen worden, eine „mittlere Rechenzeit" zu definieren [32], welche für eine bestimmte Klasse von Aufgaben die Abschätzung der Geschwindigkeit einer Anlage ermöglichen soll, ohne irgendwelche Angaben über ihre Organisation oder Befehlsstruktur zu verwenden. Eine Möglichkeit, die stark auf mathematische Probleme zugeschnitten ist, ergibt für die mittlere Rechenzeit T_M:

$$T_M = \frac{1}{5}\left(\frac{T_1}{1\cdot 30} + \frac{T_2}{2\cdot 30} + \frac{T_3}{2\cdot 10} + \frac{T_4}{2\cdot 10} + \frac{T_5}{3\cdot 5}\right).$$

Dabei bedeuten $T_1, T_2, \ldots, T_5$ die Rechenzeiten für folgende Aufgaben:

T_1 Addition zweier Vektoren der Dimension 30.
T_2 Bildung eines Skalarproduktes der Dimension 30.
T_3 Berechnung des Wertes eines Polynoms 10. Grades mit Koeffizienten $\neq 0$ und $\neq 1$ nach dem Hornerschema.
T_4 Bestimmung der betragsmaximalen Vektorkomponente der Dimension 10.
T_5 Newton-Verfahren zur Quadratwurzelberechnung mit fünf Schritten.

Die so berechnete Zahl T_M gibt eine Möglichkeit, zwei Rechenanlagen miteinander zu vergleichen, sofern in den zu lösenden Problemen die mathematischen Teilaufgaben ungefähr mit der Häufigkeit vorkommen, die hier vorgesehen wurde. Immerhin ist zu beachten, daß die heutigen großen Rechenanlagen eine sehr komplizierte und enge Verflechtung zwischen Rechenwerk, Leitwerk und Speicher haben, und daß eine solche Struktur oft eine Klasse von mathematischen Abläufen stark bevorzugt. Beispielsweise ist es durchaus denkbar, daß zwei verschiedene Maschinen für die Lösung einer gewöhnlichen Differentialgleichung gleich viel Zeit beanspruchen, während für die Ausführung einer Matrizenmultiplikation eine gegenüber der andern weit überlegen ist. Solche Unterschiede können natürlich in der Zahl T_M nicht zum Ausdruck kommen.

VIII.3.4 Programmunterbrechungen

Eine Eigenschaft, die den Wirkungsgrad einer Rechenanlage in außerordentlichem Maße erhöht, ist die Möglichkeit, jederzeit mit einer vordringlichen Aufgabe an die Maschine heranzutreten. Es ist denkbar, daß in gewissen Abständen (z. B. bedingt durch die Überflüge eines Erdsatelliten) Rechnungen auszuführen sind, die im Realzeitbetrieb ablaufen müssen und daher unaufschiebbar sind. Nach Beendigung dieser Rechnung soll die Anlage automatisch wieder zur Aufgabe zurückkehren, mit der sie vorher beschäftigt war. Eine andere Anwendung dieses Prinzips ist der Probelauf von Programmen für den Programmierer; die Programmierungsarbeit wird enorm erleichtert, wenn man jederzeit — also ohne Rücksicht darauf, ob die Anlage besetzt ist — Probeläufe durchführen kann.

Damit eine solche Unterbrechung ohne Störung möglich ist, muß die Maschine so eingerichtet sein, daß der Inhalt der verschiedenen Index- und Pufferregister bei der Rückkehr zur normalen Arbeit wiederhergestellt wird. Somit muß von diesen Registern im Augenblick der Unterbrechung eine Art Momentaufnahme gemacht und gespeichert werden [*57.3*]. Eine wichtige Erfordernis ist in diesem Zusammenhang der Schutz von Speicherzellen; es muß verhindert werden, daß infolge irgendwelcher Ereignisse — wozu auch die Folgen eines fehlerhaft erstellten Programmes gehören — im Zuge einer Aufgabe Speicherzellen, die zu einer andern Aufgabe gehören, gelöscht werden. Diese Bedingung ist durchaus nicht trivial, wenn man bedenkt, daß die Adressen durch die Indexregister in komplizierter Weise verändert werden können. Zu diesem Zweck kann jedem Wort vor der Speicherung eine Nummer zugeordnet werden, die angibt, welcher Aufgabe das Wort zugehört. Alle diese Maßnahmen müssen durch die Anlage völlig automatisch ausgeführt werden, und diese ganze Konzeption ist nur dann sinnvoll, wenn dem Programmierer keine zusätzliche Arbeit aufgebürdet wird. Vielmehr muß sich eine solche Anlage dem Benützer genau gleich wie eine Maschine einfachsten Aufbaus darbieten.

Ein weiterer Schritt besteht darin, daß eine Programmunterbrechung nicht nur von einer, sondern von mehreren Seiten kommen kann. In diesem Fall muß jeder möglichen Quelle eine Dringlichkeitsstufe zugeordnet werden, damit die Anlage entscheiden kann, was zu tun ist, wenn eine Unterbrechung verlangt wird, währenddem bereits eine andere Unterbrechung wirksam ist.

VIII.3.5 Simultanarbeit

Je größer und komplizierter eine Anlage ist und je mehr verschiedene Speicher und Randorgane sie besitzt, desto häufiger kommt es vor, daß im Verlauf einer Berechnung umfangreiche Anlageteile stillstehen, weil sie die Beendigung von Abläufen an anderen Orten abwarten müssen. In einer großen Anlage würde dadurch die wirtschaftliche Ausnützung der enormen investierten Gelder verunmöglicht. Die neue Tendenz geht dahin, mehrere Programme bereitzuhalten, die durch die Anlage in schnellem Wechsel oder sogar gleichzeitig bearbeitet werden. Ein übergeordnetes Steuerprogramm sorgt dafür, daß so eine bestmögliche Ausnützung aller Anlageteile gesichert ist. Diese Betriebsweise wird gesamthaft als „Simultanarbeit" bezeichnet.[1] [2]

Es lassen sich zwei Arten von Simultanarbeit unterscheiden, die man als „Multiprogrammierung" und „Multiprozessierung" bezeichnet. Unter *Multiprogrammierung* versteht man die gleichzeitige Verwendung einer zentralen Recheneinheit für mehrere Programme, während mit *Multiprozessierung* ein Vorgang bezeichnet wird, in dem sich mehrere Recheneinheiten in eine oder mehrere Aufgaben teilen. Beide Betriebsarten befassen sich hauptsächlich mit der gleichzeitigen Behandlung der Pufferung für die Randorgane.

Um die Simultanarbeit zu ermöglichen, müssen 5 Bedingungen erfüllt sein:

1. Schutz der Speicherzellen: Ein Programm darf keinen Zutritt zu Zellen haben, die für ein anderes Programm reserviert sind.
2. Versetzbarkeit von Programmen und Daten: Es kann nicht vorausgesehen werden, welcher Teil des Speichers für eine Aufgabe zur gegebenen Zeit zur Verfügung gestellt werden kann. Es muß die Möglichkeit bestehen, je nach den Verhältnissen Programm und Daten in einen andern Teil des Speichers zu versetzen.
3. Überwachungsprogramm: Die Aufgabenprogramme sind nicht in der Lage, den Gesamtzustand der Anlage zu überblicken. Ein Überwachungsprogramm muß daher die Zuweisung von Speichern und Randorganen besorgen und muß die Unterbrechungssignale verarbeiten.
4. Unterbrechungssignal: Im allgemeinen sieht man viele verschiedene Unterbrechungssignale vor. Im Minimum ist jedoch ein einziges nötig, nämlich ein Signal, das nach einer gewissen Zeitspanne die Rückkehr zum Überwachungsprogramm vorsieht. Es tritt in Funktion, wenn ein Programm in einer endlosen Schleife steckenbleibt oder zu einem Halt gekommen ist.

---

[1] Gelegentlich wird der Ausdruck „Simultanarbeit" auch zur Kennzeichnung der schritthaltenden Verarbeitung, im Gegensatz zur nicht schritthaltenden Verarbeitung, gebraucht (s. S. 34). Die hier verwendete Bedeutung ist davon verschieden.
[2] Die folgende Darstellung stützt sich auf einen unveröffentlichten Bericht von H. SCHLAEPPI und auf eine Arbeit von AMDAHL [62.2].

5. **Symbolische Adressierung der Randorgane:** Eingabe- und Ausgabeeinheiten müssen wie Speicherzellen symbolisch adressierbar sein, da man sie nicht im voraus den verschiedenen Aufgaben zuteilen kann.

VIII.3.5.1 Multiprogrammierung. Wenn eine Anlage gleichzeitig an mehreren, voneinander unabhängigen Aufgaben arbeitet, so spricht man von Multiprogrammierung. Der Ausdruck „gleichzeitig" ist allerdings nur für die Anlage als Ganzes zu verstehen; die zentrale Recheneinheit ist immer — wenn auch in schnellem Wechsel — nur mit einer einzigen Aufgabe beschäftigt. Der Wechsel erfolgt so, daß die Wartezeiten, die infolge der Langsamkeit von Massenspeicher und Randorganen entstehen, möglichst klein gehalten werden. Ein sehr stark vereinfachtes Beispiel für Multiprogrammierung ist das folgende: Eine Anlage soll zwei Funktionstabellen berechnen; für das Herausschreiben stehen zwei Druckwerke zur Verfügung; die Rechenzeit für einen Wert ist halb so lang wie die Druckzeit. Die Arbeit wird nun so organisiert, daß ein Druckwerk die erste, das andere die zweite Tabelle druckt und daß die Anlage abwechselnd einen Wert der ersten und einen der zweiten errechnet und herausgibt. — In diesem Beispiel ist allerdings ein wesentliches Merkmal der Multiprogrammierung nicht enthalten, nämlich daß das Überwechseln zwischen den Programmen automatisch vom augenblicklichen Besetzungsgrad der Randorgane abhängig gemacht wird.

VIII.3.5.2 Multiprozessierung. Ein weiterer Schritt besteht in der Verwendung von mehreren zentralen Recheneinheiten, die sich in einen gemeinsamen Hauptspeicher teilen und die zu allen Randorganen Zutritt haben. Die so entstandene Anlage kann gleichzeitig mehrere Aufgaben bearbeiten oder gesamthaft mit einer einzigen Aufgabe beschäftigt sein. Ein Beispiel für die zweite Möglichkeit (mehrere Recheneinheiten für eine einzige Aufgabe) ist das folgende: Wenn der Quotient zweier Polynome $P(x)/Q(x)$ gebildet werden soll, so berechnen zwei Recheneinheiten gleichzeitig $P(x)$ und $Q(x)$.

Zusätzliche Literatur: [60.14].

VIII.4 Betriebssicherheit durch Redundanz

In diesem Abschnitt kommen Verfahren zur Andeutung, die auf systemmäßiger Grundlage eine Erhöhung der Betriebssicherheit ermöglichen. Technische Fragen des Ausfalls von Teilen und Mittel zur Fehlersuche (diagnostische Programme) sind auf S. 417ff. erwähnt. Hier nehmen wir an, daß für den Bau einer Anlage Schaltelemente zur Verfügung stehen, die eine gegebene, endliche Betriebssicherheit haben. Auf S. 248ff. wurden prüfende und korrigierende Codes sowie arithmetische Kontrollen behandelt; doch erfassen solche Verfahren nur den eigentlichen Datenfluß und die arithmetische Verarbeitung, während die vielen Steuerungsvorgänge auf diese Art nicht kontrolliert werden können.

VIII.4 Betriebssicherheit durch Redundanz

Jede Art von Fehlerkontrolle und -korrektur bedingt eine Redundanz („Weitschweifigkeit") in der Darstellung von Informationen, das heißt, es werden mehr Bits beansprucht als minimal nötig wären. Diese Redundanz kann auf ganz verschiedenen Systemstufen zur Anwendung kommen. Beispielsweise können drei unabhängige, vollständige Anlagen parallelgeschaltet werden, deren Resultate man vergleicht. Mit sehr hoher Wahrscheinlichkeit sind dann folgende Aussagen richtig: 1. Solange alle drei Ergebnisse gleich sind, ist kein Fehler unterlaufen; 2. Wenn ein Ergebnis abweicht, so sind die zwei andern als richtig zu betrachten. Somit werden einzelne Fehler nicht nur angezeigt, sondern darüber hinaus steht das richtige Resultat zur Verfügung. Das ist eine Redundanz auf der obersten Systemstufe. — Immerhin ist hier eine Einschränkung zu machen: Wir haben stillschweigend vorausgesetzt, daß die Anlageteile, welche die drei Resultate miteinander vergleichen und das richtige auswählen, fehlerfrei arbeiten. Das ist mit hoher Wahrscheinlichkeit erfüllt; denn sie enthalten, verglichen mit den drei Maschinen, nur verschwindend wenig Komponenten. Hingegen muß man sich doch

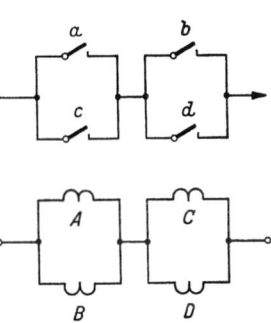

Abb. 306. Verfahren zur Erhöhung der Betriebssicherheit eines einzelnen Relais

darüber klar sein, daß ein Versagen dieser Anlageteile dazu führen könnte, daß Fehler in den drei Maschinen unentdeckt bleiben. Anderseits kann das gleiche Prinzip auf der niedersten Stufe, nämlich bei den einzelnen logischen Schaltelementen, zur Anwendung kommen. Ein Beispiel aus der Relais-Schalttechnik mag das veranschaulichen: Wenn Relais-Kontakte die Tendenz haben, infolge des Eindringens von Schmutzteilchen gelegentlich nicht richtig zu schließen, so wird die Wahrscheinlichkeit eines Fehlers stark reduziert, indem man zwei Kontakte parallelschaltet. (Davon wird in Form der Doppelkontakte, die teilweise unabhängig gefedert sind, seit Jahrzehnten Gebrauch gemacht.)

Abb. 306 zeigt eine Schaltung, die sowohl das fälschliche Nicht-Schließen als auch das fälschliche Nicht-Öffnen eines einzelnen Kontaktes, ebenso das Ausbrennen oder den Kurzschluß einer einzelnen Spule, unwirksam macht. Es läßt sich zeigen, daß trotz des vierfachen Aufwandes diese Anordnung betriebssicherer ist als ein einzelnes Relais mit einem Kontakt, vorausgesetzt, daß die Betriebssicherheit eines einzelnen Elementes einen gewissen Mindestwert erreicht. Analoge Anordnungen lassen sich für kompliziertere Relais-Schaltungen finden, und die Möglichkeit der Übertragung auf elektronische Kreise ist evident. Eine Analyse dieses Verfahrens hat KOCHEN angegeben [59.37].

Infolge des großen Aufwandes kommen für die heutigen Anlagen solche Verfahren kaum in Betracht, dagegen werden sie eventuell in der Zukunft zu Bedeutung gelangen. Es zeichnet sich nämlich die Möglichkeit ab, integrierte (also in einem Fabrikationsprozeß hergestellte) Schaltkreise mit 10^6 oder gar 10^7 Elementen anzufertigen, doch dürfte es schwierig sein, diese Teile so herzustellen, daß alle Elemente intakt sind; vielmehr könnte es sich herausstellen, daß beispielsweise im Mittel $1^0/_{00}$ aller Elemente defekt aus der Fabrikation herauskommen. Infolge der integrierten Bauweise ist natürlich der Ersatz eines einzelnen Elementes ausgeschlossen. Dann wäre der Bau einer Anlage überhaupt nur möglich, wenn der Entwurf so beschaffen ist, daß trotz defekten Elementen der hergestellte Teil richtig funktioniert. Solche Überlegungen haben sowohl für logische Schaltungen als auch für Speicher Gültigkeit.

Weitere Literatur: [*58.5, 58.8, 60.27*].

VIII.5 Minimalmaschinen

In den vorhergehenden Abschnitten wurden Verfahren besprochen, die auf Kosten eines erheblichen Mehraufwandes an Teilen eine größere Rechengeschwindigkeit ergeben. Solche Methoden, die teilweise zu Anlagen mit 100 000 und mehr Transistoren führen, konnten erst in Erwägung gezogen werden, als die Betriebssicherheit der einzelnen Elemente einen so hohen Wert erreicht hatte, daß derartig große Maschinen überhaupt sinnvoll waren. Wesentlich älter sind die Bemühungen, Minimalmaschinen zu konstruieren. Es ist reizvoll zu untersuchen, welches der einfachste denkbare Apparat ist, dem alle Merkmale einer programmgesteuerten Rechenanlage noch anhaften (s. S. 2). Zu diesem Zweck muß zunächst das Befehlsverzeichnis reduziert werden, weil sich dadurch Rechenwerk und Leitwerk vereinfachen. Multiplikation und Division werden programmiert und haben daher keinen eigenen Befehl. Die Addition kann ebenfalls unterdrückt werden; denn Subtraktion einer Zahl von 0 ergibt eine Umkehrung des Vorzeichens, somit läßt sich die Addition durch eine Kombination von Subtraktionen ersetzen. VAN DER POEL hat gezeigt, daß auch bedingte Befehle und Sprungbefehle eliminiert werden können, so daß es möglich ist, eine Anlage zu bauen, die nur einen einzigen Befehl $B(n)$ aufweist, der bedeutet „subtrahiere [n] von [AC] und speichere das Resultat in Zelle n"[1] [*56.21*]. Tatsächlich ist es möglich, alle Aufgaben mit diesem einzigen Befehl — der selbstverständlich nur noch aus einer Adresse besteht — zu programmieren. Entsprechend einfach wird auch die Anlage, deren Rechenwerk nur ein einziges Register hat und deren Leitwerk nahezu verschwindet, und man kann hier von einer Minimalmaschine im wahren Sinn sprechen. Ihre

---

[1] Über die Bezeichnungen s. S. 29.

Rechengeschwindigkeit ist außerordentlich gering, so daß ihr keine praktische Bedeutung zukommt, doch haben solche Studien erhebliches theoretisches Interesse, weil sie aufzeigen, wie einfach die letzten Elemente sind, aus denen sich ein Programm aufbaut.

Es ist zu betonen, daß eine solche Minimalmaschine nicht gleichzeitig auch die wirtschaftlichste Maschine ist, das heißt, die Anzahl ihrer Teile multipliziert mit der Zeit, die eine bestimmte Aufgabe beansprucht, ist nicht minimal, weil eben die Anlage nicht rationell ausgenützt ist.

Einen etwas anderen Weg beschreitet FRANKEL, der die „logische Komplexität" einer Anlage definiert und diese minimal zu machen trachtet [58.9]. Sein Vorschlag sieht mehrere Register vor. Das Befehlsverzeichnis hat ebenfalls einen einzigen Befehl, der aber nicht nur eine Subtraktion mit Speicherung, sondern gleichzeitig noch einen bedingten Sprung verursacht.

Von größerer praktischer Bedeutung sind Bestrebungen, die darauf hinzielen, eine Anlage bester Wirtschaftlichkeit zu entwerfen. In einem Vorschlag von VAN DER POEL [52.1] findet sich der Gedanke, die Register von Rechenwerk und Leitwerk zu vereinigen. Das führt zu drei Registern, von denen eines „rechnend" (das heißt mit dem Addierwerk kombiniert) ist. Der Operationsteil des Befehls verwendet funktionelle Bits (s. S. 277f.). Dieser Entwurf hat — mit einigen Änderungen — kommerzielle Auswertung gefunden.

Weitere Literatur: [22, 59.27]. Eine Zusammenfassung über die Tendenzen der Maschinenorganisation vermitteln BECKMAN et al. [61.2].

VIII.6 Nicht programmgesteuerte Digitalmaschinen

In diesem Abschnitt ist von digitalen Integrieranlagen und Feldmaschinen die Rede.

Viele Probleme, die auf Rechenanlagen bearbeitet werden, sind Differentialgleichungen physikalischen Ursprungs. Die Formulierung der mathematischen Aufgabe geschieht unter Verwendung bekannter physikalischer Gesetze; dann wird eine numerische Methode gewählt, welche die Lösung unter Verwendung der vier Spezies ermöglicht, und schließlich wird ein Programm geschrieben. Numerische Methode und Programmierung machen keinen Gebrauch von der physikalischen Herkunft der Aufgabe.

Nun gibt es seit langer Zeit Integrieranlagen. Das sind Analogiegeräte, die als wesentliche Elemente Integratoren enthalten und die sich zur Auflösung gewöhnlicher Differentialgleichungen eignen, wobei die gesuchten Lösungen als Funktionen der Zeit herausgeschrieben werden. In einer Integrieranlage können gleichzeitig viele Integratoren, Addierglieder und Multiplikatoren im Betrieb sein; jedes dieser Elemente kann als gesondertes Rechenwerk betrachtet werden, und alle sind in einen gemeinsamen Zeitablauf eingespannt. Die Lösung einer Gleichung geschieht nicht unter Verwendung einer numerischen Methode, sondern direkt durch Simulierung des eigentlichen Integrationsprozesses. Demgegenüber besitzt eine digitale Maschine nur ein einziges Rechenwerk und ist gezwungen, die Prozesse abwechselnd, statt gleichzeitig, durchzuführen. Das führt dazu, daß ein großer Speicherinhalt vorhanden ist, von dem zu jeder gegebenen Zeit nur ein kleiner Teil bearbeitet wird. Die *digitalen Integrieranlagen* (digital differential analyzers, DDA) arbeiten wie gewöhnliche Integrieranlagen und haben demgemäß viele Rechenwerke, die alle an einem gemeinsamen Ablauf der Lösung beteiligt sind, verwenden aber durchwegs das Digitalprinzip, das größere Genauigkeit und bessere Stabilität gewährleistet. Solche Anlagen haben kein Programm, kein Leitwerk und keinen zentralen Speicher; die Vorbereitung einer Aufgabe schließt keinen Entscheid über eine numerische Methode in sich. Eine digitale Integrieranlage löst im allgemeinen gewöhnliche Differentialgleichungen viel schneller als eine programmgesteuerte Maschine gleicher Größe, vorausgesetzt, daß keine zu große Stellenzahl verlangt wird. (Dafür hat sie den Nachteil, für Aufgaben anderer Art ungeeignet zu sein.) Eine wichtige Eigenschaft ist, daß an vielen Stellen der Anlage nicht die Funktionswerte selbst, sondern nur Inkremente (also die Differenzen zweier aufeinanderfolgender Werte) übermittelt werden. Das macht die digitalen Integrieranlagen besonders geeignet zum Einsatz als rechnende Bestandteile in Steuerungen (wie automatische Piloten und Zielgeräte), wo sie denn auch ausgiebig verwendet werden. Eine Einführung in diesen Maschinentyp vermittelt JOHNSON [16] auf S. 235ff.

Eine bessere Annäherung an den physikalischen Ursprung eines vorgegebenen Problems ist auch für Aufgaben vorgeschlagen worden, in denen die unabhängigen Veränderlichen die Bedeutung von Längen haben. Solche Probleme führen auf elliptische partielle Differentialgleichungen zweiter Ordnung (Potentialprobleme) oder vierter Ordnung (Festigkeitsaufgaben). Das erfaßte Gebiet muß in ein Gitter aufgeteilt werden; an jedem Gitterpunkt befindet sich ein Rechenwerk, und alle diese Rechenwerke arbeiten simultan. Diese mit dem Ausdruck *„Feldmaschinen"* gekennzeichneten Entwicklungen sind u. a. von ZUSE [58.30], UNGER [58.27] und BROWN und MELTZER [59.13] angedeutet. Sie befinden sich erst in den Anfängen, können aber im Hinblick auf die Häufigkeit solcher Probleme und die großen in Betracht kommenden Rechenzeiten erhebliche Bedeutung annehmen. Feldmaschinen werden erst praktisch brauchbar, wenn folgende Bedingungen erfüllt sind: 1. Sie müssen sich nicht nur für eine einzige Gleichung eignen, sondern für möglichst viele verschiedene Gleichungen, vorzugsweise auch mit (örtlich) variablen Koeffizienten; 2. alle praktisch vorkommenden Randbedingungen müssen einwandfrei darstellbar sein; 3. es müssen sich Tausende von Gitterpunkten realisieren lassen.

IX. Betriebssicherheit

In den Kap. I bis VIII ist die Anatomie und die Physiologie der Rechenanlagen behandelt worden; Kap. IX ist der *Pathologie* gewidmet, das heißt den Fragen, die mit Betriebsstörungen zusammenhängen. Dieses Gebiet ist von fundamentaler Wichtigkeit. Größte Rechenanlagen haben Millionen von elektrischen Einzelteilen, und wenn pro Betriebsstunde ein Ausfall erfolgt, so ist die Nützlichkeit der Anlage schwer beeinträchtigt. Es lohnt sich also, einen erheblichen Mehraufwand bei der Entwicklung und der Herstellung der Anlage in Kauf zu nehmen, um die Betriebssicherheit über diesen Wert hinaus zu erhöhen. In der Praxis findet man eine Vielfalt von Maßnahmen, die zur Erreichung dieses Ziels beitragen. Ihre Ausgestaltung ist in neuerer Zeit durch fundamentale theoretische Studien begründet und gefestigt worden, was dazu geführt hat, daß heutige Maschinen eine Betriebssicherheit aufweisen, die noch vor einiger Zeit für Gebilde von so hoher Komplexität schlechterdings als unmöglich bezeichnet worden wäre. Von Bedeutung ist in diesem Zusammenhang eine Studie von NEUMANN, welche die grundsätzliche Möglichkeit beweist, aus unzuverlässigen Elementen eine Rechenanlage von vorgegebener Betriebssicherheit zu bauen; diese Überlegungen sind von GOLDSTINE zusammengefaßt worden [*53.2*].

In den folgenden Abschnitten werden nacheinander die Ursachen und die Häufigkeit von Ausfällen sowie die Maßnahmen zur Vermeidung bzw. Erkennung und Behebung derselben erläutert werden Die Fragen der Betriebssicherheit sind in diesem Kapitel zusammengefaßt worden, damit dieser Gesichtspunkt bei der Beschreibung der Schaltkreise und Abläufe nicht immer erwähnt werden muß. Diese Tatsache darf aber nicht darüber hinwegtäuschen, daß die Betriebssicherheit in allen Stufen der Entwicklung einer Anlage berücksichtigt werden muß und nicht erst durch Verbesserungen, die an der fertigen Konstruktion angebracht werden, erreicht werden kann. (Lediglich die fehlererkennenden Codes (s. S. 248ff.) und der Fragenkreis der Redundanz (s. S. 412ff.) sind in die früheren Kapitel verlegt, da sie mit den Systemfragen der Anlage unzertrennlich verknüpft sind.)

IX.1 Fehlerursachen

Wenn man die verschiedenen Arten von Fehlern, die zum Versagen digitaler elektronischer Schaltungen führen, untersucht, so findet man, daß sie in drei wichtige Kategorien eingeteilt werden können.

1. Allmähliche Verschiebung der Betriebsbedingungen in einer ungünstigen Richtung (beispielsweise Veränderung eines Widerstandswertes);

2. Plötzliches, vollständiges Versagen eines Teils (etwa Unterbruch eines Heizfadens);
3. Intermittierende Effekte (Wackelkontakte, die durch Erschütterungen beeinflußt werden).

Intermittierende Fehler sind außerordentlich störend und können, da sie sich einer systematischen Eingrenzung oft entziehen, eine Anlage stunden-, ja tagelang stillegen. Alle Anstrengungen werden daher unternommen, um sie zu vermeiden, was durch große Sorgfalt im mechanischen Aufbau erreicht werden kann. Lötverbindungen in steckbaren Einheiten werden im Tauchlötverfahren unter streng kontrollierten Bedingungen bezüglich Temperatur und Zusammensetzung des Bades und Reinheit der Kontaktflächen ausgeführt. Verdrahtungen an den Gestellen werden im allgemeinen nicht gelötet, sondern mittels Draht-Umwicklung befestigt. Die Steckkontakte (von denen in einer Anlage Hunderttausende vorkommen können) sind mit größter Sorgfalt konstruiert und besitzen vergoldete Kontaktflächen. In einer gut konstruierten Anlage kommen intermittierende Fehler nur noch im Sinn von „Betriebsunfällen", also als ganz seltene Ausnahmen, vor. Teile, die zu solchen Störungen Anlaß geben könnten, werden in der Fabrikationskontrolle, die überaus scharf gehandhabt werden muß, ausgeschieden .

Nicht zu vernachlässigen sind Störungen, die von außen (etwa durch die Stromzuführungen) in die Anlage gelangen. Auch wenn alle Maßnahmen getroffen werden, um diese Einflüsse auf ein unschädliches Maß zu reduzieren, besteht eine endliche (wenn auch sehr kleine) Wahrscheinlichkeit, daß sich mehrere Störsignale derart summieren, daß doch noch ein Rechenfehler entsteht.

Das plötzliche Versagen ist eine Eigenschaft, die hauptsächlich bei Elektronenröhren nie ganz vermeidbar ist. Nachdem neue Anlagen keine Röhren, sondern Transistoren verwenden, sind plötzliche Versager — abgesehen von Ausnahmen, mit denen man immer wird rechnen müssen — wiederum durch große Sorgfalt in der Ausgestaltung aller Teile weitgehend eliminiert worden.

Es bleibt also als wichtigste Fehlerquelle die allmähliche Veränderung von Teilen Diese ist eine grundsätzliche Eigenschaft aller Schaltelemente und läßt sich wohl abschwächen, aber nicht eliminieren. Beispielsweise kann nie erwartet werden, daß ein Widerstand während seiner ganzen Lebensdauer den ursprünglichen Widerstandswert exakt beibehält, schon nur wegen der unterschiedlichen Temperaturen, denen er ausgesetzt ist. In Transistoren können die Materialien, die an der Trennfläche zusammenkommen, ineinander diffundieren, ein Prozeß, der sich zwar langsam, aber doch mit endlicher Geschwindigkeit abspielt und der zu einer Änderung der Parameter Anlaß gibt. Für solche Teile läßt sich keine Lebensdauer angeben, *da das Lebensende von der willkürlichen*

Definition einer höchstzulässigen Abweichung abhängt. Es kann nicht deutlich genug betont werden, daß die Betriebssicherheit moderner Teile — in denen ein plötzliches Versagen praktisch ausgeschlossen ist — ebensosehr vom Schaltkreis abhängt, in dem der Teil verwendet wird, wie vom Teil selbst; denn erst der Schaltkreis bestimmt, bei welcher Abweichung vom Sollwert Fehler auftreten. Die Folgerungen, die sich für den Entwerfer von Kreisen daraus ergeben, sind auf S. 423ff. dargelegt.

IX.2 Fehlerhäufigkeit

Die Lebensdauer einer Trockenbatterie läßt sich ziemlich genau vorausbestimmen, wenn die Betriebsbedingungen bekannt sind. Dasselbe kann von elektronischen Bauteilen nicht gesagt werden. Ihre Lebensdauer muß in der Sprache der Wahrscheinlichkeitsrechnung formuliert werden. Prognosen, die für einen einzelnen Teil gegeben werden, sind mit einem hohen Grad von Unsicherheit behaftet, und erst für eine Vielzahl von Elementen — also etwa für eine ganze Rechenanlage — lassen sich konkrete Aussagen, die für den Benützer von praktischem Wert sind, tätigen.

Die Einflüsse, die die Lebensdauer von Bauteilen bestimmen, sind überaus vielgestaltig und daher kompliziert zu erfassen. Dementsprechend ist es nicht möglich, das statistische Verhalten in wenigen Zahlen und Formeln zu beschreiben, da keines der bekannten, einfachen Modelle der Wahrscheinlichkeitsrechnung als allgemein gültige Basis Verwendung finden kann. Sogar wenn für einen ganz bestimmten Teil (etwa einen Röhren- oder Transistortyp) umfangreiches statistisches Material vorliegt, so hat dasselbe nur für die Schaltkreise und Betriebsbedingungen, die den Messungen zugrunde lagen, Gültigkeit, und eine Übertragung auf andere Verhältnisse ist nur bedingt brauchbar.

Die Erfahrungen über die Lebensdauer von Elektronenröhren in Rechenanlagen reichen bis ins Jahr 1945 zurück; dementsprechend hat sich ein beträchtliches Quantum an Beobachtungsmaterial angesammelt, von dem auch ein Teil ausgewertet und publiziert worden ist. Für die heutige Generation von Anlagen, die mit Transistoren arbeitet, sind diese Angaben nicht brauchbar. Über die Lebensdauer von Transistoren finden sich in der Literatur wenig Angaben, die für den Konstrukteur einer Rechenanlage von Nutzen sind. Dafür sind drei Gründe verantwortlich. Erstens sind die Ursachen, die zu einer Alterung von Transistoren führen, so vielfältig, daß Erfahrungen von einem Typ kaum auf einen andern übertragen werden können. Zweitens hat die wirklich automatisierte Massenherstellung — die sich auf die Lebensdauer maßgebend auswirken muß — erst etwa 1959 begonnen; daher können noch keine Beobachtungen vorliegen, die sich über viele Jahre erstrecken. Drittens haben Transistoren eine Betriebssicherheit, die um eine bis zwei Zehnerpotenzen über jene von Röhren hinausgeht, so daß überhaupt nur Messungen, die sich über Jahre erstrecken, zu brauchbaren Werten führen können.

Qualitativ gibt Abb. 307 das Verhalten von elektronischen Bauteilen wieder [*60.22*]. Die Kurve wurde so ermittelt, daß eine große Zahl von neuen Elementen gleichzeitig in Betrieb gesetzt wurde; der Wert λ zeigt an, welcher Bruchteil der jeweils noch vorhandenen Anzahl $N(t)$ pro Zeiteinheit ausfällt:

$$\lambda = -\frac{1}{N(t)} \frac{dN}{dt}. \qquad (8)$$

Die Zahl λ ist für eine Anfangszeit (bei Röhren als ,,Einbrennperiode'' bezeichnet) hoch, fällt dann ab und bleibt während längerer Zeit konstant. Am Schluß dieser Periode steigt die Kurve wieder stark an und tritt damit in das Gebiet ein, in welchem die Elemente im eigentlichen Sinn verbraucht sind. Der Konstrukteur muß anstreben, nur den niedrigen konstanten Teil dieser Kurve in die praktische Betriebszeit einer Anlage einzubeziehen. Die Einbrennperiode dauert für Röhren bis zu 200 h und muß durchlaufen werden, bevor die Teile in die Maschine eingesetzt werden. Für Transistoren sind keine systematischen Untersuchungen über die Dauer oder auch nur das Vorhandensein einer Einbrennperiode bekannt. Die Endphase, die einer Erschöpfung der Teile entspricht, kann bei Röhren je nach dem Typ bei 5000 h oder sogar noch früher beginnen; doch ist auch über wesentlich höhere Werte berichtet worden. Bei Transistoren und Widerständen ist die Existenz dieser Endphase unwahrscheinlich. Ob sie nach 100000 h doch noch eintritt, ist belanglos; denn beim heutigen schnellen Fortschritt der Technik ist es ganz unwahrscheinlich, daß eine Rechenanlage nach dieser Betriebszeit (die bei täglich 14stündiger Benützung 20 Jahren entspricht) noch im Gebrauch ist.

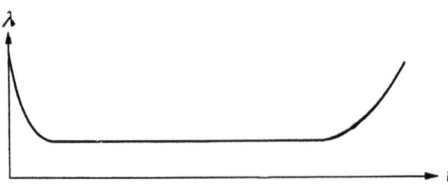

Abb. 307. Anzahl λ der Ausfälle pro Zeiteinheit als Funktion der Betriebszeit t

Es ist nicht verwunderlich, daß Röhren eine grundsätzlich geringere Zuverlässigkeit erreichen als alle andern Teile; denn in ihnen kommen hohe Temperaturen vor, die alle chemischen und Diffusionsvorgänge beschleunigen und die beim wiederholten Ein- und Ausschalten zu mechanischen Lastwechseln, welche Brüche begünstigen, führen. Die Vermeidung von hohen Temperaturen ist daher einer der wichtigsten Schritte auf dem Weg zu größerer Betriebssicherheit. — Anderseits weisen Magnetkerne eine fast unglaublich hohe Zuverlässigkeit auf, teilweise deshalb, weil sie aus homogenem Material bestehen und daher durch

IX.2 Fehlerhäufigkeit

Diffusion nicht verändert werden. Sogar Speicherwerke, die über 10^6 Kerne enthalten, zeigen — falls sie gut gebaut sind — kaum je eine Störung.

Wir betrachten nun die Verhältnisse, die entstehen, wenn in Abb. 307 die Anfangs- und die Endphase weggelassen wird und nehmen an, während der eigentlichen Betriebszeit sei die relative Anzahl λ der pro Zeiteinheit ausfallenden Elemente konstant. Dann ergibt sich aus Gl. (8), daß nach t Stunden noch $N = N_0 \exp(-\lambda t)$ Elemente betriebsfähig sind, wenn zu Beginn des Versuches deren N_0 vorhanden waren. Diese Beziehung ist in Abb. 308 aufgetragen. $T = 1/\lambda$ ist die Zeitkonstante dieser Funktion und ist gleichzeitig die mittlere Lebensdauer der Elemente. Nach der Zeit $1/\lambda$ sind noch $1/e \approx 37\%$ der ursprünglich vorhandenen Elemente betriebsfähig.

Die wahrscheinliche Lebensdauer eines Elementes ist Null, eine überraschende, aber mit den Gesetzmäßigkeiten nicht im Widerspruch stehende Tatsache. Ein Beispiel mag den Begriff der „wahrscheinlichen Lebensdauer", von der man sich nicht unbedingt eine anschauliche Vorstellung machen kann, illustrieren: Obgleich bei einem Würfel irgendeine bestimmte Zahl (etwa die Eins) im Mittel nur einmal in sechs Würfen auftritt, ist es doch am wahrscheinlichsten, daß sie gleich beim ersten Wurf erscheint.

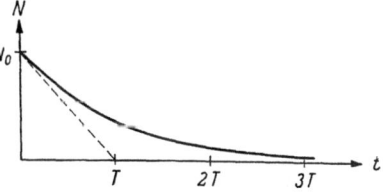

Abb. 308. Anzahl N der nach der Zeit t noch betriebsfähigen Elemente

Eine Konsequenz dieser Zusammenhänge ist die Tatsache, daß die Lebenserwartung eines Teils unabhängig vom Alter ist, das er bereits erreicht hat; somit ist ein gebrauchter Teil ebenso „neuwertig" wie ein neuer. Das bedeutet auch, daß der Ersatz eines Teils durch einen neuen die Betriebssicherheit der Anlage nicht verbessert.

In einer Anlage müssen ausgefallene Teile sofort ersetzt werden, und die Gesamtzahl der vorhandenen Teile ist immer N_0. Dann werden im Mittel pro Zeiteinheit λN_0 Elemente ausfallen, das heißt, *die mittlere Zeit zwischen zwei Störungen* beträgt $T_m = 1/\lambda N_0$. Diese mittlere Zeit zwischen zwei Störungen T_m ist ein wichtiges Maß für die Beschreibung der Betriebssicherheit einer Anlage. Wenn eine Störung eingetreten ist, so dauert es *im Mittel* T_m Stunden, bis die nächste Störung erfolgt. Daraus darf allerdings nicht geschlossen werden, während Zeiten in der Größenordnung von T_m sei für die Anlage eine hohe Betriebssicherheit zu erwarten; denn die Ausfälle treten ja nicht in genau regelmäßiger Folge ein. Aus der Wahrscheinlichkeitsrechnung geht hervor, daß für ein Zeitintervall von T_m mit einer Fehlerwahrscheinlichkeit von $1 - 1/e \approx 63\%$ gerechnet werden muß. Um kleine Ausfallswahrscheinlichkeiten zu erhalten, muß man wesentlich kleinere Zeitintervalle als T_m betrachten. Für $T_m/100$ ist beispielsweise die Ausfallswahrscheinlichkeit 1%, die Betriebssicherheit also 99%.

Ein Beispiel soll das veranschaulichen. Eine Anlage möge $N_0 = 1000$ Transistoren enthalten. Während einer Betriebszeit $t = 10$ h wird eine Betriebssicherheit von 99% (eine Ausfallswahrscheinlichkeit von $w = 1\%$) verlangt. Aus $t/w = T_m$ und $\lambda = 1/T_m N_0$ errechnet sich die Ausfallswahrscheinlichkeit für den einzelnen Transistor $\lambda = 10^{-6}\,h^{-1}$, eine Zahl, die mit Transistoren gerade noch gut erreicht werden kann.

Alle diese Überlegungen beruhen auf der Annahme eines zeitlich konstanten λ. Die wenigen verfügbaren Daten, die allgemeine Gültigkeit beanspruchen können, deuten darauf hin, daß diese Annahme zwar nicht genau erfüllt ist, aber für Abschätzungen der Betriebssicherheit doch gebraucht werden kann. In Wirklichkeit kann λ im Lauf der Lebenszeit sowohl sinken als auch steigen; vielleicht kommt der in Abb. 307 qualitativ angedeutete Verlauf den Tatsachen doch näher.

Die beobachteten Werte für λ schwanken, wie zu erwarten ist, in weiten Grenzen. λ wird oft in % pro 1000 Betriebsstunden angegeben. Etwas einfacher ist es, die Zeit $1/\lambda$ zu nennen; wenn man annimmt, λ sei während der Lebenszeit konstant, so ist das die mittlere Lebenserwartung des Bauteils. $\lambda = 1\%$ pro 1000 h ergibt $1/\lambda = 10^5$ h. Für moderne Bauelemente findet man als Erfahrungswerte aus der jüngeren Zeit: Transistoren 10^6 h, Dioden $2 \cdot 10^6$ h, Schichtwiderstände $5 \cdot 10^6$ h [61.23]. Für die gegenwärtig produzierten Bauteile wird ein $1/\lambda$-Wert von 10^7 h vermutet, und in der näheren Zukunft hofft man $2 \cdot 10^8$ h für Transistoren und 10^9 h für Dioden und Widerstände zu erreichen.

Halbleiter-Bauelemente aus Germanium haben Ausfallzahlen, die stark von der Temperatur abhängig sind; für eine Temperaturerhöhung von 30 auf 60 °C reduziert sich $1/\lambda$ etwa auf die Hälfte. Auf Silizium-Bauteile hat dagegen eine solche Erhöhung noch keinen merklichen Einfluß.

Solche Werte für die Lebensdauer mögen außerordentlich hoch erscheinen; die aus $1/\lambda = 10^8$ h für einen einzelnen Teil errechnete mittlere Lebensdauer beträgt bei täglich 14stündigem Betrieb 20000 Jahre! Nur sie ermöglichen es aber, in Anlagen, die Hunderttausende von Halbleiter-Bauelementen enthalten, eine gute Betriebssicherheit zu gewährleisten. Noch schärfer sind die Anforderungen an Apparate in Erdsatelliten. Von einem Satelliten, der der Nachrichtenübermittlung dient, wird eine Lebensdauer von einigen Jahren erwartet, und während dieser Zeit kann kein einziger Bauteil ersetzt und keine Reparatur vorgenommen werden. Das läßt sich überhaupt nur durch Einbau einer Redundanz erreichen, die bewirkt, daß einige wenige Ausfälle den Betrieb noch nicht beeinträchtigen; denn es ist schlechterdings unmöglich, in einem so komplizierten Apparat die Ausfallswahrscheinlichkeit über mehrere Jahre auf einen niedrigen Wert (zum Beispiel < 10%) zu bringen.

Wenn man annimmt, daß die Größe λ im Verlaufe der Lebenszeit variiert, so ergeben sich andere Verhältnisse. Insbesondere erfährt die Betriebssicherheit einer Anlage durch den Ersatz eines Teils eine Änderung. FLEHINGER et al. haben die daraus erwachsenden Konsequenzen unter der Annahme eines monoton steigenden K untersucht [*59.23*]. Ähnliche Studien hat SINITSA durchgeführt [*60.32*].

Alle diese Überlegungen gehen selbstverständlich davon aus, daß das Lebensende eines Teils ein eindeutig feststellbares Ereignis ist. Nun wurde auf S. 418f. mit Nachdruck darauf hingewiesen, daß der Eintritt dieses Ereignisses nicht nur vom betrachteten Bauteil, sondern ebensosehr von den Eigenschaften des gesamten Schaltkreises abhängt. Man kann also die Größe K für ein Element nur dann angeben, wenn man gleichzeitig die verwendete Schaltung spezifiziert. In Wirklichkeit sind die Verhältnisse noch komplizierter, indem das Versagen eines Schaltkreises von einem Zusammenwirken aller der ihn beeinflussenden Veränderungen

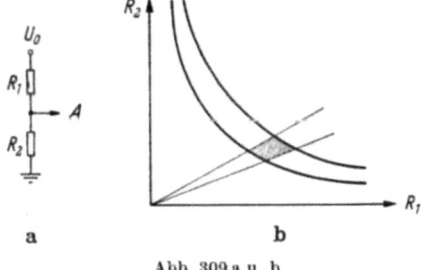

Abb. 309 a u. b
a) Spannungsteiler, b) Gebiet (schraffiert), in dem das Wertepaar R_1, R_2 liegen muß

abhängt. Das sei an Hand eines Spannungsteilers veranschaulicht, siehe Abb. 309. Bedingung für das richtige Funktionieren der Schaltung, in der er vorkommt, möge sein, daß die am Punkt A sich einstellende Spannung zwischen zwei vorgegebenen Werten liegt und daß die an diesem Punkt gemessene Impedanz (also die Parallelschaltung von R_1 und R_2) einen vorgegebenen Bereich nicht verläßt. Diese Bedingungen, in eine R_1-R_2-Ebene eingetragen, ergeben zwei Geraden und zwei gleichseitige Hyperbeln, die zusammen ein Viereck begrenzen. Erst wenn das Wertepaar R_1, R_2 dieses Viereck verläßt, hört die Schaltung zu funktionieren auf. Die praktisch vorkommenden Verhältnisse sind noch viel verwickelter. Ein Flipflop beispielsweise besteht aus 6 Widerständen und 2 Transistoren, und die Frage, ob es betriebsfähig ist, hängt von einem Zusammenwirken aller 8 Teile ab.

Weitere Literatur: [*58.2*]

IX.3 Der Entwurf betriebssicherer Schaltkreise

Wie bereits betont wurde, ist die Betriebssicherheit nicht eine Funktion der Bauteile allein, sondern ebensosehr der Schaltkreise, in denen dieselben verwendet werden, und sie muß daher bereits in den ersten

Stufen der Entwicklung der Schaltkreise in Berücksichtigung gezogen werden.

Alle Teile zeigen im Lauf der Zeit eine Veränderung ihrer Daten. Die Toleranzen, die z. B. für einen Widerstand angegeben werden, gelten nur für den neuwertigen Zustand, und es besteht keine Gewähr für deren Einhaltung während der ganzen Lebensdauer. Der Entwerfer muß also die Schaltkreise so aufbauen, daß sie auch bei veränderten Parametern noch betriebsfähig sind. Dabei müssen ziemlich große Veränderungen zugelassen werden. Beispielsweise würde ein Flipflop, in dem die Widerstandswerte nur um $\pm 1\%$ vom Sollwert abweichen dürfen, sehr schlecht befriedigen, da im praktischen Betrieb so enge Toleranzen nur mit großem Kostenaufwand aufrechterhalten werden können. Für Widerstände und Kondensatoren müssen Toleranzen von $\pm 10\%$ angestrebt werden; für gewisse Parameter von Transistoren sind $\pm 25\%$ oder sogar noch mehr keine Seltenheit. Nun ist zu beachten, daß in einem Schaltkreis alle Elemente eine Veränderung in der ungünstigsten Richtung erleiden können. Die Speisespannungen, die ebenfalls Schwankungen unterworfen sind, sind einzubeziehen und machen die Lage noch kritischer. Man wird finden, daß etwa der Entwurf eines Flipflops, das nur 8 oder 10 Teile enthält, unter diesen Umständen zu einer sehr schwierigen und zeitraubenden Arbeit wird, zumal die gestellten Bedingungen nicht nur die statische Stabilität, sondern auch die Triggerungsempfindlichkeit und die Umschaltzeit betreffen.

Die eben geschilderten Richtlinien für den Entwurf nennt man das „Verfahren des ungünstigsten Falles". In komplizierten Schaltkreisen ist die Annahme, daß sich alle Größen gleichzeitig um den maximal zulässigen Wert in der ungünstigsten Richtung verändern, zu pessimistisch. Ein der Wirklichkeit besser gerecht werdendes Bild erhält man, indem man nicht nur die Grenzen, sondern die ganze statistische Verteilung der betrachteten Werte in Berücksichtigung zieht [61.23]. Dabei zeigt es sich, daß eine gegenseitige Aufhebung von unerwünschten Abweichungen viel wahrscheinlicher ist als eine Summierung im ungünstigen Sinn. Wenn der Entwurf nach diesen Gesichtspunkten vollzogen wird, so können die Toleranzen stark gelockert werden. Allerdings entsteht dann eine gewisse (wenn auch kleine) Wahrscheinlichkeit, daß der so aufgebaute Schaltkreis nicht betriebsfähig ist. Bei der Prüfung der fertigen Schaltkreise muß also mit einem gewissen Ausschuß gerechnet werden. Die Dimensionierung ist so vorzunehmen, daß dieser Ausschuß wirtschaftlich tragbar ist. — Der Übergang zur statistischen Dimensionierung ist außerdem vom Standpunkt der Wärmeerzeugung vorteilhaft. Es zeigt sich nämlich, daß solche Schaltkreise weniger Wärme erzeugen als jene, die unter Berücksichtigung des ungünstigsten Falles dimensioniert wurden [63.3].

IX.3 Der Entwurf betriebssicherer Schaltkreise

Die Überlegungen der statistischen Dimensionierung sind besonders wichtig im Zusammenhang mit der Anstiegszeit und der Laufzeit von Impulsen. In einer längeren Kette von Gliedern muß verlangt werden, daß die gesamte Laufzeit innerhalb gegebener Grenzen liegt; in den einzelnen Gliedern sind aber größere Abweichungen zulässig, vorausgesetzt, daß sie sich gegenseitig in hinreichendem Maß kompensieren [*61.14*]. Wenn aus gegebenen Bauteilen das Äußerste an Geschwindigkeit herausgeholt werden soll, so ist die Anwendung der statistischen Betrachtungsweise unerläßlich. Dazu sind gewisse Kenntnisse der Wahrscheinlichkeitsrechnung und umfangreiche numerische Rechnungen nötig.

Für die Wahl der einzelnen Teile sind von TAYLOR Bedingungen formuliert worden [*57.17*]. Solche Regeln hängen naturgemäß stark vom jeweiligen Stand der Technik ab, weshalb hier auf eine Wiedergabe verzichtet wird, um so mehr als sich für die heute wichtigsten Bauteile, die Transistoren, keine einfachen Merkmale angeben lassen, die gute Betriebssicherheit gewährleisten. — Integrierte Bauteile sind von vornherein vom Standpunkt der Toleranzen besonders ungünstig, weil ein einzelner Bauteil viele Schaltelemente enthält und demgemäß viele mit engen Toleranzen behaftete Eigenschaften besitzt. Wenn bei der Fabrikation nur eine einzige dieser Eigenschaften die gestellten Bedingungen nicht erfüllt, so ist der Teil unbrauchbar; anderseits liegt es in der Natur der Herstellung, daß fast jede Änderung im Fabrikationsprozeß nicht nur eine, sondern gleichzeitig mehrere Eigenschaften beeinflußt. Daher ist die hybride Technik (s S. 109ff.), die in einer getrennten Herstellung der Halbleiter-Bauelemente besteht, vorteilhaft.

Eine weitere, weniger auf der Hand liegende Forderung ist, daß der Ausfall eines Bauteils oder einer Speisespannung keine Beschädigung anderer Bauteile verursachen darf. Es ist nicht leicht, diese Bedingung konsequent zu erfüllen, und sie wird auch nicht immer beachtet. Wenn beispielsweise in einer Kathodenfolgerröhre der Heizfaden bricht, so verschwindet die Emission und die Kathode nimmt eine stark negative Spannung an, was die nachfolgenden Dioden beschädigt, wenn diese Spannungsänderung nicht durch eine zusätzliche Diode verhindert wird. In ähnlicher Weise kann der Ausfall einer Speisespannung, die den Charakter einer negativen Gittervorspannung hat, zu einer Überlastung von Röhren führen.

Die Forderung, daß es gestattet sein muß, steckbare Einheiten herauszuziehen, währenddem die Anlage unter Spannung steht, kann nicht immer erfüllt werden, besonders deshalb, da man nicht voraussagen kann, in welcher Reihenfolge beim Herausziehen die einzelnen Kontakte unterbrochen werden.

IX.4 Programmierte Kontrollen und Korrekturen

Rechenfehler, die eine Anlage macht, müssen unter allen Umständen erkannt werden; da keiner Maschine eine absolute Betriebssicherheit zugeschrieben werden kann, sollten Ergebnisse nie entgegengenommen und unbesehen als richtig betrachtet werden. Vielmehr sind — mindestens in der Gestalt von Stichproben — Rechenkontrollen einzuschalten; viele Autoren befürworten sogar eine lückenlose Kontrolle aller Resultate. Selbstverständlich muß dieser Vorgang einen Bestandteil des Rechenprozesses bilden, so daß die Anlage ihre Ergebnisse erst abliefert, nachdem sie geprüft sind.

Diese Prüfung kann entweder eine Eigenschaft der logischen Schaltungen oder eine solche des Programms sein. Der erste Fall betrifft die Verwendung von fehlererkennenden Codes und Prüfstellen, über die auf S. 248 ff. berichtet wurde. Die programmierten Kontrollen anderseits stützen sich auf die mathematischen Eigenschaften der zu lösenden Aufgabe; ihre Erstellung ist Sache des Mathematikers und muß für jedes Problem neu überlegt werden. Oft ist es möglich, das Endresultat in einfacher Art auf seine Richtigkeit zu überprüfen. Dieser Fall liegt etwa bei der Auflösung eines Gleichungssystems vor, dessen Lösungen in das ursprüngliche System eingesetzt werden können; der dazu erforderliche Rechenaufwand ist gegenüber der eigentlichen Aufgabe gering. Bei der Berechnung von Funktionen kann in vielen Fällen vorausgesagt werden, daß ihre höheren Differenzen einen gewissen Wert nicht überschreiten, eine für die Erkennung von Rechenfehlern sehr nützliche Eigenschaft. Oft gibt ein Einblick in die physikalische Natur der Aufgabe Anhaltspunkte für eine Rechenkontrolle. Wenn etwa eine Differentialgleichung integriert werden soll, die ein konservatives System (das heißt ein System mit konstanter Energie) beschreibt, so vermittelt eine in regelmäßigen Intervallen durchgeführte Berechnung der Energie eine gute Überprüfung der Richtigkeit des Rechenablaufes. Alle diese Verfahren beruhen auf einer dem gewählten Lösungsweg innewohnenden Redundanz, und es zeigt sich, daß eine solche versteckte Redundanz in erstaunlich vielen mathematischen Abläufen gefunden werden kann.

Während die Erkennung von entstandenen Fehlern unerläßlich ist, stellt ihre *automatische Korrektur* eine nicht unbedingt notwendige, aber für den Betrieb doch sehr erwünschte Erleichterung dar. Wie die Erkennung von Fehlern, so kann auch ihre Korrektur entweder eine Eigenschaft der logischen Schaltungen oder eine solche des Programms sein. Der erste Fall betrifft die Verwendung von fehlerkorrigierenden Codes, auf die auf S. 251 hingewiesen wurde. Die programmierten Korrekturen anderseits stellen Maßnahmen dar, die das Rechenprogramm ergreift und die daher vom Programmierer für jede Aufgabe vorbereitet werden müssen. Wenn ein Fehler festgestellt wurde (sei es durch automatische oder durch programmierte Kontrollen), so wiederholt die Anlage die fehlerhafte Rechnung (was bei einer intermittierenden Störung eine hinreichende Abhilfe darstellt) oder sie springt — wenn sich der Fehler als konstant erweist — auf ein besonderes Programm, welches den Einfluß des Fehlers auf ein gegebenes Wort ermittelt und dann diesen Einfluß richtigstellt. In jedem Fall muß die Weiterverarbeitung falscher Daten verhindert werden. Ein solches Programm, das 90% aller vorkommenden Fehler richtigstellt, ist von DOYLE et al. beschrieben worden [*59.18*]. Programme dieser Art müssen auch in der Lage sein, zu erkennen und anzuzeigen, wann der Zeitpunkt für menschliche Intervention gekommen ist, das heißt, es darf nicht vorkommen, daß die Maschine in einer hoffnungslosen Situation noch mit Selbsthilfemaßnahmen, die keine Wirkung mehr haben können, Zeit verliert (vgl. S. 258).

Es ist zu betonen, daß die Erkennung und die Korrektur von Fehlern zwei unabhängige Vorgänge sind, und daß man in beiden Fällen frei wählen kann, ob ein automatisches oder ein programmiertes Verfahren zur Verwendung kommen soll. Es scheint sich die Auffassung herauszubilden, wonach eine automatische Erkennung den Vorzug verdient, da dem Programmierer viel Arbeit abgenommen wird, während der Mehraufwand in der Anlage bescheiden ist. Im Falle der Korrektur — falls eine solche überhaupt Anwendung findet — ist der automatische Weg ebenfalls vorzuziehen, da die Erstellung eines Korrekturprogramms eine bedeutende Arbeit darstellt, die sich aber dann doch rechtfertigt, wenn die Anlage während sehr langer Zeit mit einer einzigen Aufgabe beschäftigt ist. Besonders in Anwendungen wie etwa die Steuerung des Flugverkehrs oder die Überwachung des Luftraumes, die an reale Zeitabläufe gebunden sind und wo selbst eine kurzzeitige Störung zum Verlust von Menschenleben führen kann, hat eine programmierte Fehlerkorrektur ihre volle Berechtigung. Selbstverständlich dispensiert die automatische Korrektur das Unterhaltspersonal nicht davon, die Ursache von Störungen zu suchen und zu beheben, doch kann diese Arbeit auf einen späteren, günstigeren Zeitpunkt verschoben werden.

IX.5 Diagnostische Programme

Bei der Größe und Kompliziertheit elektronischer Rechenanlagen stellt die Lokalisierung eines Fehlers ein bedeutsames Problem dar; diesen Vorgang kann man als *Diagnose* bezeichnen. Die *Behebung* der Störung ist demgegenüber sehr einfach, da sie in den meisten Fällen lediglich in einem Ersatz des als defekt erkannten Teils besteht.

Glücklicherweise ist die Rechenanlage selbst ein sehr leistungsfähiges Instrument zur Lokalisierung einer Störung. Daher bieten sich als ein wichtiges Hilfsmittel bei der Eingrenzung einer Störung die *diagnostischen Programme* an. Das sind Programme, welche Aufgaben lösen, deren Resultate eine möglichst genaue Angabe über Art und Ort der Fehlerquelle vermitteln. Ein diagnostisches Programm wird unter sorgfältiger Berücksichtigung der Konstruktion einer Anlage erstellt und kann im Laufe der Zeit auf Grund von Betriebserfahrungen laufend verbessert und verfeinert werden. Allerdings kann ein diagnostisches Programm nicht alle Fehler lokalisieren; denn eine Bedingung für den Erfolg ist, daß das Programm selbst einigermaßen einwandfrei abläuft. Störungen, die sich auf die Reihenfolge der Ausführung der Befehle auswirken, können auf diese Art kaum eingegrenzt werden.

Diagnostische Programme zeigen natürlich auch die Abwesenheit einer Störung (also das richtige Funktionieren) einer Anlage an. Daher wird gelegentlich empfohlen, im Laufe des normalen Betriebs in regelmäßigen Intervallen ein solches Programm ablaufen zu lassen, was einen teilweisen Ersatz für eine automatische Fehlererkennung vermittelt.

Gewisse früher empfohlene diagnostische Programme schließen eine Prüfung jeder einzelnen Speicherzelle in sich. Nachdem heute die Magnetkernspeicher außerordentlich betriebssicher geworden sind und kaum je Anlaß zu Fehlern geben, hat dieser Gesichtspunkt seine Bedeutung weitgehend verloren.

Literatur: [*64.2*]

IX.6 Vorsorgliche Maßnahmen

Eine Anlage muß so entworfen werden, daß sie möglichst betriebssicher arbeitet. Für den Fall, daß trotzdem Fehler vorkommen, sieht man die Fehlerkontrollen und automatischen Korrekturen vor, die entweder eine Eigenschaft der Anlage oder eine solche des Programms sein können. Diese Vorkehrungen wären aber mit einer großen Lücke behaftet, wenn nicht noch eine Kategorie von Maßnahmen getroffen würde, die man unter dem Begriff der *Prophylaxe* zusammenfassen kann und die die Entstehung von Krankheiten rechtzeitig verhindern oder, genauer gesagt, dieselben im Keime beheben. Das wichtigste Verfahren dieser Gruppe ist ein Prozeß, für den sich der Name „marginal checking" eingebürgert hat, was am ehesten mit „Grenzprüfung" zu übersetzen ist. Das unterliegende Prinzip ist sehr einfach: Die Betriebsbedingungen eines Anlageteils werden durch Veränderung einer Gleichstrom-Speisespannung so lange variiert, bis Fehler auftreten. Die zulässige Veränderung ist dann ein Maß für die Sicherheitsmarge, mit der der betreffende Anlageteil arbeitet. Wenn dieser Wert zu klein ist, so ist nach der Ursache zu suchen und dieselbe zu beseitigen. Die Maschine kann für diesen Zweck in etwa 200 Gruppen aufgeteilt werden.

IX.6 Vorsorgliche Maßnahmen

Dieser Gedanke geht von der Annahme aus, daß sich das herannahende Lebensende eines Schaltelementes dadurch ankündigt, daß die Eigenschaften näher an die Toleranzgrenzen heranrücken. Somit werden nur solche Fehler vorsorglich vermieden, die von einer allmählichen Veränderung von Teilen herrühren, doch ist damit die bedeutendste aller Störungsursachen erfaßt. In der Praxis hat die Grenzprüfung besonders in größten Anlagen eine wichtige Bedeutung erlangt.

Die erfolgreiche Anwendung der Grenzprüfung bedingt immerhin eine genaue Kenntnis der Einflüsse, die eine veränderte Speisespannung auf einen Schaltkreis ausübt. Nicht alle Einzelteile lassen sich auf diese Art prüfen. Das Vorgehen bei an Hand eines einfachen Röhren-Flipflops beschrieben; unsere Erklärung lehnt sich an eine ausführliche Darstellung von TAYLOR an [57.17]. Zunächst sei allgemein erläutert, wie eine qualitative Betrachtung des Prinzips der Grenzprüfung zu erfolgen hat. In Abb. 310a ist auf der Abszissenachse die mit ΔU bezeichnete Veränderung der Speisespannung U aufgetragen. Diese Veränderung wird zum Zweck der Grenzprüfung vollzogen. Auf der Ordinatenachse ist die relative Abweichung

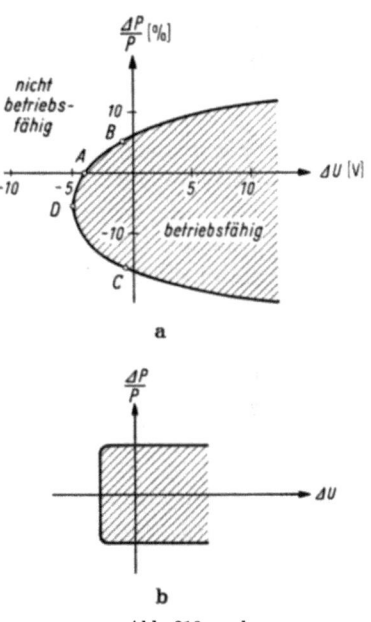

Abb. 310 a u. b
a) Beispiel einer Kurve für die Analyse der Grenzprüfung, b) Kurve, die bei unzweckmäßiger Wahl der variierten Speisespannung entsteht

$\Delta P/P$, um die sich irgendein Parameter des Schaltkreises (also etwa die Emission einer Röhre, die Kapazität eines Kondensators usw.) infolge Alterung von seinem Sollwert entfernt hat, aufgetragen. Dabei ist angenommen, daß alle übrigen Parameter ihren Sollwert aufweisen. Für gewisse Kombinationen der aufgetragenen Werte wird nun die Schaltung ihre Betriebsfähigkeit verlieren. Die gezeichnete Kurve trennt den betriebsfähigen Bereich, der schraffiert ist, vom nicht betriebsfähigen ab. Offensichtlich muß der Nullpunkt des Systems, der dem nominellen Arbeitspunkt entspricht, im schraffierten Gebiet liegen. Wenn von diesem Punkt aus die Speisespannung um $\Delta U = -4\text{V}$ reduziert wird, so versagt der Schaltkreis (Punkt A.) Dies entspricht der normalen Sicherheitsmarge, mit der der Kreis arbeitet. Wenn der Parameter eine Abweichung von $\Delta P/P = +5\%$ aufweist, so ist der Schaltkreis immer noch betriebsfähig, setzt aber schon bei einer

Spannungsänderung von $\Delta U = -1\text{V}$ aus (Punkt B), wodurch die Ersatzbedürftigkeit des Teils angezeigt wird. Dasselbe geschieht für $\Delta P/P = -15\%$ (Punkt C). Im gezeigten Beispiel wird noch eine andere Tatsache sichtbar, die mit der Grenzprüfung nichts zu tun hat: Eine Abweichung $\Delta P/P = -5\%$ gestattet nämlich eine Spannungsänderung von $\Delta U = -5\text{V}$ (Punkt D), also sogar mehr, als wenn der Parameter seinen Sollwert hätte. Diese unsymmetrische Lage der Kurve in bezug auf die Abszissenachse deutet darauf hin, daß der Entwerfer des Schaltkreises für den Parameter einen falschen Sollwert gewählt und daher nicht die größte Betriebssicherheit, die möglich gewesen wäre, erreicht hat. — Das Berechnen oder experimentelle Ermitteln von solchen Kurven ist selbst für nur mittelmäßig komplizierte Schaltkreise eine zeitraubende Aufgabe, doch läßt sich die den Einzelteilen innewohnende Betriebssicherheit nur auf diese Art voll ausnützen.

Kurven wie die in Abb. 310 a gezeichnete können die verschiedensten Formen aufweisen. Grundsätzlich sind sie geschlossen, doch sind die Gebiete, die etwa durch den Durchschlag eines Kondensators infolge zu hoher Spannung bestimmt sind, für uns ohne Interesse, weshalb die Abbildung eine offene Kurve zeigt.

Selbstverständlich ist die Wahl der Speisespannung, die zum Zweck der Grenzprüfung variiert werden soll, von ausschlaggebender Wichtigkeit. Nicht jede Speisespannung gestattet es, in der beschriebenen Art Ausfälle vorauszusehen. Bei unzweckmäßiger Wahl kann eine Kurve nach der Art von Abb. 310 b entstehen; in diesem Fall vermittelt die Grenzprüfung keinen Aufschluß über den Zustand eines Schaltkreises. Infolge der Vielfalt der möglichen Fälle lassen sich leider keine allgemein gültigen Regeln aufstellen. NIENBURG hat einige Richtlinien formuliert, aus denen hervorgeht, daß man insbesondere bestrebt sein muß, bei symmetrischen Schaltungen die Symmetrie zu stören, also etwa bei einem Flipflop die positive oder die negative Quellenspannung auf einer Seite zu verändern, aber nicht auf beiden Seiten zugleich; sonst entstehen Kurven nach der Art von Abb. 310 b. Für nicht symmetrische Schaltkreise gelten andere Gesichtspunkte [56.20]. Für die praktische Durchführung der Grenzprüfung ist die richtige Gruppierung der Anlageteile, deren Speisespannungen variiert werden, von großer Bedeutung. Am besten ist es, zunächst eine große Gruppe zu prüfen, und — falls ein Fehler auftaucht — dieselbe in kleinere Gruppen zu unterteilen [56.1].

Über die Grenzprüfung in Transistormaschinen existieren keine Veröffentlichungen von allgemeinem Interesse. Transistorschaltungen haben gegenüber Röhrenschaltungen eine viel kleinere Ausfallswahrscheinlichkeit. Somit wird eine regelmäßig durchgeführte Grenzprüfung viel weniger oft einen bevorstehenden Ausfall zutage fördern, und die für die Grenzprüfung aufgewendete Maschinenzeit kann unter Umständen als wirtschaftlich nicht gerechtfertigt empfunden werden. Je nach der Beschaffenheit und der Verwendungsart einer Anlage kann es in gewissen Fällen günstiger sein, zu warten, bis tatsächlich eine Störung eintritt. Eine solche Störung macht sich, wenn sie von einem allmählich sich verschlechternden Bauteil herrührt, in ihren Anfangsphasen fast immer in intermittierender Art bemerkbar und ist daher in diesem Stadium schwer zu lokalisieren. Der Mechanismus der Grenzprüfung gestattet es nun, eine solche Störung permanent zu machen und auf diese Art leicht zu finden und zu beheben.

Früher wurde empfohlen, unabhängig von der Grenzprüfung in regelmäßigen Abständen alle Teile außerbetrieblich durchzuprüfen, also beispielsweise die steckbaren Einheiten herauszuziehen und in einem gesonderten Prüfgerät auszumessen. Dieses Verfahren hat in Transistorenmaschinen, wo die Ausfallswahrscheinlichkeit eines einzelnen Teils außerordentlich gering ist, keine Berechtigung mehr. Für mechanisch bewegte Teile hingegen ist eine regelmäßige Prüfung zweifellos angezeigt, da eine mechanische Bewegung immer auch mit einer tatsächlichen Abnützung verbunden ist.

Für jede Art von Prophylaxe und Diagnose ist ein zweckmäßig ausgestattetes Schaltpult von großer Bedeutung. Dieses Pult muß es gestatten, die erforderlichen Eingriffe in die Maschine und die nötig werdenden Ablesungen von Spannungen und Strömen wie auch von numerischen Daten an einer zentralen Stelle vorzunehmen, und enthält sehr viel mehr Bedienungsknöpfe und Anzeigeelemente als für den normalen Betrieb nötig sind. Daher werden in sehr großen Anlagen zwei völlig getrennte Schaltpulte vorgesehen, eines für den Rechenbetrieb und ein zweites für Unterhaltsarbeiten und Reparaturen.

Unerläßlich für die Wirksamkeit irgendwelcher vorsorglicher Maßnahmen ist nicht nur, daß die dazu nötigen Vorschriften sorgfältig ausgearbeitet sind, sondern daß sie auch mit peinlicher Gewissenhaftigkeit durchgeführt werden. Der erfolgreiche Betrieb einer Rechenanlage ist somit nicht zuletzt eine Frage der Disziplin des damit beschäftigten Personals.

Literaturverzeichnis

Das Verzeichnis umfaßt zwei Teile, einen ersten mit Büchern, einen zweiten mit Zeitschriftenartikeln und Tagungsberichten. Der zweite Teil ist nach Jahreszahlen, innerhalb der Jahre alphabetisch nach Verfassern geordnet. — Die rechts stehenden Seitenzahlen im zweiten Teil geben die Stelle im Buch an, an welcher auf die Arbeit hingewiesen ist.

Bücher

[1] ALT, F. L., u. M. RUNINOFF: Advances in Computers. Vol. 4, New York u. London: Academic Press 1963.
[2] BOOTH, K. H. V.: Programming for an Automatic Digital Calculator. London: Butterworths 1958.
[3] BOOTH, A. D., u. K. H. V. BOOTH: Automatic Digital Calculators. 2nd Edition, London: Butterworths 1956.
[4] BUCHHOLZ, W.: Planning a Computer System. New York: McGraw-Hill 1961.
[5] CALDWELL, S. H.: Switching Circuits and Logical Design. New York: Wiley 1958.
[6] CARROLL, J. M.: Tunnel-Diode and Semiconductor Circuits. New York: McGraw Hill 1963.
[7] GAWRILOW, M. A.: Relais-Schalttechnik für Starkstrom- und Schwachstromanlagen. Berlin: VEB Verlag Technik 1953.
[8] GÜNTSCH, F. R.: Einführung in die Programmierung digitaler Rechenautomaten. 2. Auflage, Berlin: de Gruyter 1963.
[9] Handbook of Automation, Computation, and Control, Volume 2, Computers and Data Processing, hrsg. von E. M. GRABBE, S. RAMO, D. E. WOOLDRIDGE. New York: Wiley 1959.
[10] Harvard University, Computation Laboratory: Description of a Relay Calculator. Cambridge: Harvard University Press 1949.
[11] Harvard University, Computation Laboratory: Description of a Magnetic Drum Calculator. Cambridge: Harvard University Press 1952.
[12] HIGONNET, R., u. R. GRÉA: Etude Logique des Circuits Electriques et des Systèmes Binaires. Paris: Editions Berger-Levrault 1955.
[13] HILBERT, D., u. W. ACKERMANN: Grundzüge der theoretischen Logik. New York: Dover Publications 1946.
[14] HOFFMANN, W.: Digitale Informationswandler. Braunschweig: Vieweg 1962.
[15] HUNTER, L. P.: Handbook of Semiconductor Electronics, 2nd Edition. New York: McGraw-Hill 1962.
[16] JOHNSON, C. L.: Analog Computer Techniques. New York: McGraw-Hill 1956.
[17] KNOLL, M., u. B. KAZAN: Storage Tubes and Their Basic Principles. New York: Wiley 1952.
[18] McCRACKEN, D. D.: Digital Computer Programming. New York: Wiley 1957.
[19] MEYERHOFF, A. J.: Digital Applications of Magnetic Devices. New York: Wiley 1960

[20] VON NEUMANN, J., A. W. BURKS u. H. H. GOLDSTINE: Preliminary Discussion of the Logical Design of an Electronic Computing Instrument. Princeton: Institute for Advanced Study 1946 and 1947. (Siehe auch: J. VON NEUMANN, Collected Works, Vol. V, Oxford: Pergamon Press 1963.)
[21] PHISTER, Jr., M.: Logical Design of Digital Computers. New York: Wiley 1958.
[22] VAN DER POEL, W. L.: The Logical Principles of Some Simple Computers. 's-Gravenhage: Excelsior 1956.
[23] PRESSMAN, A. I.: Design of Transistorized Circuits for Digital Computers. New York: Rider 1959.
[24] QUARTLY, C. J.: Square-Loop Ferrite Circuitry. London: Iliffe 1962.
[25] RICHARDS, R. K.: Arithmetic Operations in Digital Computers, 6. Aufl. Princeton: Van Nostrand 1957.
[26] RICHARDS, R. K.: Digital Computer Components and Circuits. Princeton: Van Nostrand 1957.
[27] RUSCHE, G., K. WAGNER u. F. WEITZSCH: Flächentransistoren. Berlin/Göttingen/Heidelberg: Springer 1961.
[28] RUTISHAUSER, H., A. SPEISER u. E. STIEFEL: Programmgesteuerte digitale Rechengeräte. Basel: Birkhäuser 1951.
[29] SMITH, C. V. L.: Electronic Digital Computers. New York: McGraw-Hill 1959.
[30] SPEISER, A. P.: Entwurf eines elektronischen Rechengerätes. Basel: Birkhäuser 1951.
[31] SPEISER, A. P.: Impulsschaltungen. Berlin/Göttingen/Heidelberg: Springer 1963.
[32] STEINBUCH, K.: Taschenbuch der Nachrichtenverarbeitung. Berlin/Göttingen/Heidelberg: Springer 1962.
[33] STOCK, J. R.: Die mathematischen Grundlagen für die Organisation der elektronischen Rechenmaschine der Eidg. Technischen Hochschule. Basel: Birkhäuser 1956.
[34] SUSSKIND, A. K.: Notes on Analog-Digital Conversion Techniques. New York: Wiley 1957.
[35] YOVITS, M. C.: Large-Capacity Memory Techniques for Computing Systems. New York/London: Macmillan 1962.

Zeitschriften und Tagungsberichte

Folgende Abkürzungen werden verwendet:

EJCC (WJCC, SJCC, FJCC): Eastern (Western, Spring, Fall) Joint Computer Conference (mit Jahreszahl)

IFIP 59: Information Processing (Proceedings of the International Conference on Information Processing) Unesco, Paris (1959). R. Oldenbourg, München 1960.

IFIP 62: Information Processing 1962 (Proceedings of IFIP Congress 62) Editor: C. M. Popplewell. North-Holland Publishing Company, Amsterdam 1963.

Seite

[48.1] BLOCH, R. M., et al.: The Logical Design of the Raytheon Computer. Math. Tables and Other Aids Comp. 3 (1948) 286−295. 257
[49.1] COUFFIGNAL, L.: Calcul d'un quotient ou d'une racine carrée dans le système de numération binaire. C. R. Acad. Sci., Paris 299 (1949) 488/89   201
[50.1] HAMMING, R. W.: Error Detecting and Error Correcting Codes. Bell Syst. techn. J. 29 (1950) 147−160 . . . . 252, 255

[50.2] WANG, A., u. W. D. Woo: Static Magnetic Storage and Delay Line. J. Appl. Phys. 21 (1950) 49—54. 112
[52.1] VAN DER POEL, W. L.: A Simple Electronic Digital Computer. Appl. Sci. Res. B 2 (1952) 367. . . . . 278, 415
[53.1] BUSLIK, W. S.: IBM Magnetic Tape Reader and Recorder. Joint AIEE-IRE-ACM Comp. Conf. (1953) 86—90. 394
[53.2] GOLDSTINE, H. H.: Some Remarks on Logical Design and Programming Checks. EJCC (1953) 96—98. 417
[53.3] RAJCHMAN, J. A.: A Myriabit Magnetic-Core Matrix Memory. Proc. IRE 41 (1953) 1407—1421. . . . . 287, 288, 300
[53.4] ROBINSON, A. A.: Multiplication in the Manchester University High-Speed Digital Computer. Electronic Engng. 25 (1953) 6—10. 190
[53.5] SAMELSON, K., u. F. L. BAUER: Optimale Rechengenauigkeit bei Rechenanlagen mit gleitendem Komma. Z. angew. Math. Phys. 4 (1953) 312. 237
[53.6] SANDS, E. A.: An Analysis of Magnetic Shift Register Operation. Proc. IRE 41 (1953) 993—999. 114
[53.7] WILKES, M. V., u. J. B. STRINGER: Micro-Programming and the Design of the Control Circuits in an Electronic Digital Computer. Proc. Cambridge Philos. Soc. 49 (1953) part 2, 230—238. . . . . . . 242, 278
[54.1] STOCK, J. R.: An Arithmetic Unit for Automatic Digital Computers. Z. angew. Math. Phys. 5 (1954) 168—172. 170
[55.1] AUERBACH, I. L., u. S. B. DISSON: Magnetic Elements in Arithmetic and Control Circuits. Electr. Engng. 74 (1955) part 2, 766—770. . . . 114
[55.2] BILLING, H., u. W. HOPMANN: Mikroprogramm-Steuerwerk. Elektron. Rdsch. 9 (1955) 349—353. 277
[55.3] BROWER, D. F.: A „One Turn" Magnetic Reading and Recording Head for Computer Use. IRE Conv. Rec. 3 (1955) part 4, 95 bis 100. 326
[55.4] FIRLE, T. E., et al.: Recovery Time Measurements on Point-Contact Germanium Diodes. Proc. IRE 43 (1955) 603—607. 50
[55.5] GILCHRIST, B., et al.: Fast Carry Logic for Digital Computers. IRE EC-4 (1955) 133—136. 180
[55.6] GUTERMAN, S. S., u. W. M. CAREY, Jr.: A Transistor-Magnetic Core Circuit — A New Device Applied to Digital Computing Techniques. IRE Conv. Rec. 3 (1955) part 4, 84—94. 122
[55.7] HOAGLAND, A. S.: A Logical Reading System for Nonreturn-to-Zero Magnetic Recording. IRE EC-4 (1955) 93—95. 332
[55.8] KARNAUGH, M.: Pulse-Switching Circuits Using Magnetic Cores. Proc. IRE 43 (1955) 570—584. 117
[55.9] MENYUK, N., u. J. G. GOODENOUGH: Magnetic Materials for Digital Computer Components, I—A Theory of Flux Reversal in Polycrystalline Ferromagnetics. J. Appl. Phys. 26 (1955) 8. 289
[55.10] PILOTY, H., et al: Die programmgesteuerte elektronische Rechenanlage München (PERM). NTZ 8 (1955) 603—619. 339
[55.11] ROBERTSON, J. E.: Two's Complement Multiplication in Binary Parallel Digital Computers. IRE EC-4 (1955) 118—119. 195
[55.12] YOKELSON, B. J., u. W. ULRICH: Engineering Multistage Diode Logic Circuits. Comm. and Electr. 74 (1955) 466—475. 64
[56.1] ASTRAHAN, M. M., u. L. R. WALTERS: Reliability of an Air Defense Computing System — Marginal Checking and Maintenance Programming. IRE EC-5 (1956) 233—237. 430

Literaturverzeichnis 435

		Seite
[56.2]	BASHKOW, T. R.: D-C Graphical Analysis of Junction Transistor Flip-Flops. Comm. and Electr. 23 (1956) 1—7	80
[56.3]	BOOTH, G. W., u. T. P. BOTHWELL: Logic Circuits for a Transistor Digital Computer. IRE EC-5 (1956) 132—138	102
[56.4]	BUCK, D. A.: The Cryotron — A Superconductive Computer Component. Proc. IRE 44 (1956) 482—493	366, 367
[56.5]	CLAYDEN, D. O., et al.: The Magnetic Storage Drum on the Ace Pilot Model. Proc. Inst. Electr. Engng. 103 (1956) Part B, Suppl. 3, 509 bis 514	339
[56.6]	ECKERT, O.: Die Beurteilung von Rechteckferriten hinsichtlich ihrer Verwendbarkeit als Speicherkerne oder Schaltkerne in elektronischen Rechenmaschinen. NTF 4 (1956) 105—110	288
[56.7]	ESTRIN, G., et al.: A Note on High-Speed Digital Multiplication. IRE EC-5 (1956) 140	190
[56.8]	FAIRCLOUGH, J. W.: A Sonic Delay-Line Storage Unit for a Digital Computer. Proc. Inst. Electr. Engng. 103 (1956) Part B, Suppl. 3, 491 bis 496	351
[56.9]	FERBER, B.: The Use of the Charactron with ERA 1103. WJCC (1956) 34—36	389
[56.10]	HOAGLAND, A. S.: Magnetic Recording Head Design. WJCC (1956) 26—31	327
[56.11]	HOUSEHOLDER, A. S.: Numerical Mathematics from the Viewpoint of Electronic Digital Computers. NTF 4 (1956) 21—25	239
[56.12]	HUNTER, L. P., u. E. W. BAUER: High-Speed Coincident-Flux Magnetic Storage Principles. J. Appl. Phys. 27 (1956) 1257—1261	318
[56.13]	LÄUCHLI, P.: Berechnung und Drucken einer achtstelligen Logarithmentafel als Beispiel für das Arbeiten eines Rechenautomaten. Elemente Math. XI/6 (1956) 130	381
[56.14]	LAWRENCE Jr., W. W.: Recent Developments in Very-High-Speed Magnetic Storage Techniques. EJCC (1956) 101—103	318
[56.15]	LEHMANN, N. J.: Stand und Ziel der Dresdener Rechengeräte-Entwicklung. NTF 4 (1956) 46—50	339
[56.16]	LEILICH, H.-O.: Physikalische Probleme der Magnetkopfkonstruktion für digitale Magnettrommelspeicher. NTF 4 (1956) 123—125	326, 327, 333
[56.17]	LINSMAN, M.: Le choix du code dans la construction des machines mathématiques décimales. Bull. Soc. Roy. Sci. Liege 25 (1956) 608 bis 635	208
[56.18]	MERWIN, R. E.: The IBM 705 EDPM Memory System. IRE EC-5 (1956) 129—223	302
[56.19]	MITCHELL, J. L., u. K. H. OLSEN: TX-0, A Transistor Computer with a 256 by 256 Memory. EJCC (1956) 93—101	314
[56.20]	NIENBURG, R. E.: Reliability of an Air Defense Computing System — Circuit Design. IRE EC-5 (1956) 227—233	430
[56.21]	VAN DER POEL, W. L.: The Essential Type of Operations in an Automatic Computer. NTF 4 (1956) 144—145	414
[56.22]	PROEBSTER, W. E.: Dezimal-Binär-Konvertierung mit gleitendem Komma. NTF 4 (1956) 120—122	207
[56.23]	PROM, G. J., u. R. L. CROSBY: Junction Transistor Switching Circuits for High-Speed Digital Computer Applications. IRE EC-5 (1956) 192 bis 196	103
[56.24]	RAJCHMAN, J. A., u. A. W. LO: The Transfluxor. Proc. IRE 44 (1956) 321—332	123

Literaturverzeichnis

[56.25] SCARROTT, G. G., u. R. NAYLOR: Wire-Type Acoustic Delay Lines for Digital Storage. Proc. Inst. Electr. Engng. 103 (1956) Part B, Suppl. 3, 497—508 351

[56.26] SLADE, A. E., u. H. O. McMAHON: A Cryotron Catalog Memory System. EJCC (1956) 115—120 375

[56.27] WEINBERGER, A., u. J. L. SMITH: A One Microsecond Adder Using One Microsecond Circuitry. IRE EC-5 (1956) 65—73 183

[56.28] WELSH, H. F., u. V. J. PORTER: A Large Capacity Drum-File Memory System. EJCC (1956) 136—139 339

[57.1] BEST, R. L.: Memory Units in the Lincoln TX-2. WJCC (1957) 160 bis 167 . . . . 313, 316

[57.2] BOBECK, A. H.: A New Storage Element Suitable for Large-Sized Memory Arrays — The Twistor. Bell Syst. Techn. J. 36 (1957) 1319 bis 1340 361

[57.3] BROOKS, Jr., F. P.: A Program-Controlled Program Interruption System. EJCC (1957) 128—132 410

[57.4] Foss, E., u. R. S. PARTRIDGE: A 32,000-Word Magnetic-Core Memory. IBM J. Res. Dev. 1 (1957) 103—109 301

[57.5] VON NEUMANN, J.: Non-Linear Capacitance or Inductance Switching, Amplifying and Memory Organs. U.S.Pat. 2815488 (1957) 124

[57.6] NEWHOUSE, V. L.: The Utilization of Domain-Wall Viscosity in Data-Handling Devices. WJCC (1957) 73—80 291

[57.7] NOYES, T., u. W. E. DICKINSON: The Random-Access Memory Accounting Machine — II. The Magnetic-Disk, Random-Access Memory. IBM J. Res. Dev. 1 (1957) 72—75 . . . . 339, 342

[57.8] RAJCHMAN, J. A., u. H. D. CRANE: Current Steering in Magnetic Circuits. IRE EC-6 (1957) 21—30 119

[57.9] RAJCHMAN, J. A.: Ferrite Apertured Plate for Random-Access Memory. Proc. IRE 45 (1957) 325—334 319

[57.10] RENWICK, W.: A Magnetic-Core Matrix Store with Direct Selection Using a Magnetic-Core Switch Matrix. Proc. Inst. Electr. Engng. 104 (1957) 436—444 313

[57.11] RUSSELL, L. A.: Diodeless Magnetic Core Logical Circuits. IRE Natl. Conv. Rec. (1957) Part 4, 106—114 116

[57.12] SCHAI, A.: Die elektrischen und magnetischen Schaltungen der ERMETH. Scientia Electrica 3 (1957) 127—140 . . . 56, 177, 325, 337, 338

[57.13] SCHATZOFF, M., u. W. B. HARDING: A Mathematical Model for Determining the Probabilities of Undetected Errors in Magnetic Tape Systems. IBM J. Res. Dev. 1 (1957) 177—180 395

[57.14] SCHECHER, H.: Programmierung für eine Maschine mit erweitertem Adressenrechenwerk. Aktuelle Probl. Rechentechnik (Deutscher Verlag der Wiss., Berlin 1957) 69—81 268

[57.15] SCHRÖTER, O.: Der Magnetplatten-Speicher. Elektron. Rdsch. 11 (1957) 109—118 342

[57.16] SEADER, L. D.: A Self-Clocking System for Information Transfer. IBM J. Res. Dev. 1 (1957) 181—184 348

[57.17] TAYLOR, N. H.: Designing for Reliability. Proc. IRE 45 (1957) 811 bis 822 . . . . 425, 429

[57.18] VALENTY, G. E.: A Medium-Speed Magnetic Core Memory. WJCC (1957) 57—67 302

[57.19] YOUNKER, E. L.: A Transistor-Driven Magnetic-Core Memory. IRE EC-6 (1957) 14—20 313

Literaturverzeichnis 437

[57.20] YOURKE, H. S., u. E. J. SLOBODZINSKI: Millimicrosecond Transistor Current Switching Techniques. WJCC (1957) 68—72 90
[58.1] BAKER, R. H.: Symmetrical Transistor Logic. WJCC (1958) 27—33 79
[58.2] BIRNBAUM, Z. W.: Life Length of Materials as a Stochastic Process. Proc. New York University Industry Conference on Reliability Theory (1958) 1—6 423
[58.3] BLANKENBAKER, J. V.: Logically Micro-Programmed Computers. IRE EC-7 (1958) 103—109 277
[58.4] CONSTANTINE, Jr., G.: A Load-Sharing Matrix Switch. IBM J. Res. Dev. 2 (1958) 205—211 312
[58.5] DICKINSON, W. E., u. R. M. WALKER: Reliability Improvement by the Use of Multiple-Element Switching Circuits. IBM J. Res. Dev. 2 (1958) 142—147 414
[58.6] EASLEY, J. W.: Transistor Characteristics for Direct-Coupled Transistor Logic Circuits. IRE EC-7 (1958) 6—16 100
[58.7] ESAKI, L.: New Phenomenon in Narrow Ge p-n Junctions. Phys. Rev. 109 (1958) 603—604 140
[58.8] FLEHINGER, B. J.: Reliability Improvement through Redundancy at Various System Levels. IBM J. Res. Dev. 2 (1958) 148—158 414
[58.9] FRANKEL, S. P.: On the Minimum Logical Complexity Required for a General Purpose Computer. IRE EC-7 (1958) 282—285 415
[58.10] GARNER, H. L.: Generalized Parity Checking. IRE EC-7 (1958) 207 bis 213 254
[58.11] GLAETTLI, H.: Systematische Herleitung logischer Schaltungen. Z. angew. Math. Phys. 9 (1958) 288—289 90
[58.12] GOTO, E.: Schwingkreis mit nichtlinearen Schaltelementen, angewendet als Speicher- und Schaltkreis. D. Pat. Auslegeschrift 1 025 176 (1958) 124
[58.13] HANEMAN, W. J., et al.: Apertured Plate Memory — Operation and Analysis. IRE Nat. Conv. Rec. 6 (1958) 254 319
[58.14] HENLE, R. A., u. J. L. WALSH: The Application of Transistors to Computers. Proc. IRE 46 (1958) 1240—1254 . . . . 70, 77, 97
[58.15] HOAGLAND, A. S.: High-Resolution Magnetic Recording Structures. IBM J. Res. Dev. 2 (1958) 91—104 327
[58.16] KAUFMAN, M. M., u. V. L. NEWHOUSE: Operating Range of a Memory Using Two Ferrite Plate Apertures per Bit. J. Appl. Phys. 29 (1958) 487—488 319
[58.17] KREUDER, N. L.: The Dynamics of Toggle Action. WJCC (1958) 46 bis 50 82
[58.18] LOCKHART, N. F.: Logic by Ordered Flux Changes in Multipath Ferrite Cores. IRE Nat. Conv. Rec. 6 (1958) 268—278 124
[58.19] MARCOVITZ, M. W., u. E. SEIF: Analytical Design of Resistor-Coupled Transistor Logical Circuits. IRE EC-7 (1958) 109—119 91
[58.20] MCMAHON, R. E.: Impulse Switching of Ferrites. EJCC (1958) 31—33 291
[58.21] PETERSON, W. W.: On Checking an Adder. IBM J. Res. Dev. 2 (1958) 166—168 256
[58.22] ROBERTSON, J. E.: A New Class of Digital Division Methods. IRE EC-7 (1958) 218—222 . . . . 199, 228
[58.23] RUMBLE, W. G., u. C. S. WARREN: Coincident Current Applications of Ferrite Apertured Plates. IRE Wescon Conv. Rec. 2 (1958) 62—65 . . 319
[58.24] SEADER, L. D.: Magnetic-Recording-Head Selection Switch. IBM J. Res. Dev. 2 (1958) 36—42 338

[58.25] SHINER, G.: The USAF Automatic Language Translator, Mark I. IRE Natl. Conv. Rec. 6 (1958) 296—304 . . . . 373, 374
[58.26] SKOV, R. A.: Pulse Time Displacement in High-Density Magnetic Tape. IBM J. Res. Dev. 2 (1958) 130—141 393
[58.27] UNGER, S. H.: A Computer Oriented Toward Spatial Problems. WJCC (1958) 234—239 416
[58.28] WALSH, J. L.: IBM Current Mode Transistor Logical Circuits. WJCC (1958) 34—36 98
[58.29] WILKES, M. V., et al.: The Design of the Control Unit of an Electronic Digital Computer. Proc. Inst. Electr. Engng. 105 (1958) part B, 121 bis 128, 144—146 . . . . 242, 278
[58.30] ZUSE, K.: Die Feldrechenmaschine. MTW-Mitteilungen (Wien) V/4 (1958) 213—220 416
[59.1] AKUSHSKY, I. Y., et al.: Methods of Speeding-up the Operation of Digital Computers. IFIP 59, 382—389 171
[59.2] BALDWIN, Jr., A. J., u. J. L. ROGERS: Inhibited Flux — A New Mode of Operation of the Three-Hole Memory Core. J. Appl. Phys. 30 (1959) 58S—59S (Supplement) 319
[59.3] BASTEN, R., u. H.-J. DREYER: Der elektronische Rechenautomat ER 56. Elektron. Rechenanlagen 1 (1959) 60—67. . . . . 216, 408
[59.4] BEAUFOY, R.: Transistor Switching-Circuit Design Using the Charge Control Parameters. Proc. Inst. Electr. Engng. 106 (1959) Part B, Supplement No. 17, 1085—1091 84
[59.5] BENNION, D. R., u. H. D. CRANE: Design and Analysis of MAD Transfer Circuitry. WJCC (1959) 21—36 124
[59.6] BILLING, H., u. A. RÜDINGER: Das Parametron verspricht neue Möglichkeiten im Rechenmaschinenbau. Elektron. Rechenanlagen 1 (1959) 119—126 320
[59.7] BLAAUW, G. A.: Indexing and Control-Word Techniques. IBM J. Res. Dev. 3 (1959) 288—301 267
[59.8] BLOCH, E.: The Engineering Design of the Stretch Computer. EJCC (1959) 48—58 . . . . . . 73, 98, 170, 190, 192, 199, 400, 403, 406
[59.9] BONN, T. H.: Analysis of Magnetic-Amplifier Circuits. Proc. Intern. Symp. Theory Switching (1959) Harvard University, 149—160   119, 122
[59.10] BRAUN, K., u. H. J. HARLOFF: Die RCT-Schaltkreistechnik im Siemens Digitalrechner 2002. Entw.-Ber. Siemens & Halske 22 (1959) 55—62 105
[59.11] BRAUN, K., u. W. KAYSER: Der Magnettrommelspeicher, ein Zubringerspeicher für den Siemens Digitalrechner 2002. Entw.-Ber. Siemens & Halske 22 (1959) 74—84 . . . . 333, 334, 337, 338, 339
[59.12] BROOKS, Jr., F. P., et al.: Processing Data in Bits and Pieces. IFIP 59, 375—382 405
[59.13] BROWN, I.F., u. B. MELTZER: Some Aspects of the Logical and Circuit Design of a Digital Field Computer. Electronic Engng. 31 (1959) 526—529   416
[59.14] BRUNNER, R. K., et al.: A Gas Film Lubrication Study — Part III: Experimental Investigation of Pivoted Slider Bearings. IBM J. Res. Dev. 3 (1959) 260—274 340
[59.15] COCKE, J., u. H. G. KOLSKY: The Virtual Memory of the Stretch Computer. EJCC (1959) 82—93 402
[59.16] CONNETT, J., u. P. COOKE: Transistor Applications in a High-Speed Parallel Computer. Proc. Inst. Electr. Engng. 106 (1959) Part B, 1226 bis 1234 84

Literaturverzeichnis

[59.17] CRANE, H. D.: A High-Speed Logic System Using Magnetic Elements and Connecting Wire Only. Proc. IRE 47 (1959) 63—73 84
[59.18] DOYLE, R. H., et al.: Automatic Failure Recovery in a Digital Data Processing System. IBM J. Res. Dev. 3 (1959) 2—12 . . . . . . 124, 427
[59.19] DREYER, H. J.: Transistorschaltkreise — Eine Literaturübersicht. NTF 14 (1959) 21—24 111
[59.20] DUNCAN, F. G., u. E. N. HAWKINS: Pseudo-Code Translation on Multi-Level Storage Machines. IFIP 59, 144—152 401
[59.21] EICHBAUM, B. R.: Evaluation of New High-Speed Magnetic Ferrite System for Use in Computer Components. J. Appl. Phys. 30 (1959) 49S—53S (Supplement) 319
[59.22] ENGELBART, D. C.: A New All-Magnetic Logic System Using Simple Cores. Internat. Solid State Circ. Conf. (1959) 66—67 116
[59.23] FLEHINGER, B. J., u. P. A. LEWIS: Two-Parameter Lifetime Distributions for Reliability Studies of Renewal Processes. IBM J. Res. Dev. 3 (1959) 58—73 423
[59.24] GANZHORN, K.: Magnetische logische Grundschaltungen. NTF 14 (1959) 1—4 . . . . 116, 119
[59.25] GARNER, H. L.: A Ring Model for the Study of Multiplication for Complement Codes. IRE EC-8 (1959) 25—30 195
[59.26] GIANOLA, U. F., u. T. H. CROWLEY: The Laddic — A Magnetic Device
[59.27] GINSBURG, S.: A Technique for the Reduction of a Given Machine to a Minimal-State Machine. IRE EC-8 (1959) 346—355 . . . . 124, 415
[59.28] GOSSLAU, K., u. K. BRAUN: Schaltkreise mit Transistoren in nachrichtenverarbeitenden Anlagen. Elektron. Rechenanlagen 1 (1959) 20—28 87
[59.29] GOTO, E.: The Parametron, a Digital Computing Element which Utilizes Parametric Oscillation. Proc. IRE 47 (1959) 1304—1316 129
[59.30] GRAHAM, M., et al.: The Design of a Large Electrostatic Memory. IRE EC-8 (1959) 479—485 281
[59.31] GRAY, H. L., u. CH. HARRISON, Jr.: Normalized Floating-Point Arithmetic with an Index of Significance. EJCC (1959) 244—248 237
[59.32] GREEN, A.: Binary Multiplication in Digital Computers. Proc. IRE 47 (1959) 1159—1160 188
[59.33] HEINEKEN, W.: Die FORTRAN-Sprache — ein mathematisches Programmierungssystem. Elektron. Datenverarbeitung 1 (1959) 45 bis 49 33
[59.34] HOPNER, E.: An Experimental Modulation-Demodulation Scheme for High-Speed Data Transmission. IBM J. Res. Dev. 3 (1959) 74—84 397
[59.35] KINBERG, C.: Zählen, Verschieben und Verknüpfen mit Magnetkernen. NTF 14 (1959) 5—11 . . . . 119, 122
[59.36] KNOWLES, W. S., et al.: Communication Between Computers. WJCC (1958) 216—225 378
[59.37] KOCHEN, M.: Extension of Moore-Shannon Model for Relay Circuits. IBM J. Res. Dev. 3 (1959) 169—186 413
[59.38] LAWRANCE, R. B.: An Advanced Magnetic Tape System for Data Processing. EJCC (1959) 181—189 394
[59.39] LEWIN, M. H.: Negative-Resistance Elements as Digital Computer Components. EJCC (1959) 15—27 . . . . 143, 146
[59.40] LITZ, F. A.: Direct Access Photomemory. WJCC (1959) 50—54 . . . 374
[59.41] MAY, M., et al.: A High Speed, Small Size Magnetic Drum Memory Unit for Subminiature Digital Computers. EJCC (1959) 190—199 328, 339

		Seite
[59.42]	McCluskey, E. J.: Error-Correcting Codes — A Linear Programming Approach. Bell Syst. Techn. J. 38 (1959) 1485—1512	252
[59.43]	Metze, G., u. J. E. Robertson: Elimination of Carry Propagation in Digital Computers. IFIP 59, 389—396	190
[59.44]	Morgan, W. L.: Bibliography of Digital Magnetic Circuits and Materials. IRE EC-8 (1959) 148—158	111, 322
[59.45]	Netherwood, D. B.: Logical Machine Design — A Selected Bibliography. IRE EC-8 (1959) 367—380	258
[59.46]	Ohmann, F.: Der Magnetkernspeicher als Arbeitsspeicher im Siemens Digitalrechner 2002. Entw.-Ber. Siemens & Halske 22 (1959) 63 bis 72	300, 305
[59.47]	Otto, R.: Die Magnettrommel des Siemens Digitalrechners 2002. Entw.-Ber. Siemens & Halske 22 (1959) 85—92	339
[59.48]	Peterson, W. W., u. M. O. Rabin: On Codes for Checking Logical Operations. IBM J. Res. Dev. 3 (1959) 163—168	252
[59.49]	Piloty, R.: Das Problem der Speicherorganisation bei schritthaltender Datenverarbeitung. NTF 14 (1959) 47—52	405
[59.50]	van der Poel, W. L.: ZEBRA, A Simple Binary Computer. IFIP 59, 361—365	277
[59.51]	Quartly, C. J.: A High-Speed Ferrite Storage System. Electronic Engng. 31 (1959) 756—758	318
[59.52]	Rajchman, J. A.: Solid-State Microwave High Speed Computers. EJCC (1959) 38—47	364
[59.53]	Rajchman, J. A.: Magnetics for Computers — A Survey of the State of the Art. RCA Rev. 20 (1959) 92—135	111, 362
[59.54]	Sferrino, V. J.: Transistor Circuit Techniques for a Core Memory with 500 Millimicrosecond Cycle Time. IRE Wescon Conv. Rev. 3 (1959) 3—15	291
[59.55]	Shapiro, H. S., u. D. L. Slotnick: On the Mathematical Theory of Error-Correcting Codes. IBM J. Res. Dev. 3 (1959) 25—34	·252
[59.56]	Shevel, Jr., W. L.: Millimicrosecond Switching Properties of Ferrite Computer Elements. J. Appl. Phys. 30 (1959) 47S—48S (Supplement)	290, 291
[59.57]	Speiser, A. P.: Parametrische Resonanz und parametrische Verstärker. Scientia Electrica 5 (1959) 61—75	127
[59.58]	Stabler, E. P.: Square-Loop Magnetic Logic Circuits. WJCC (1959) 47—54	124
[59.59]	Takahasi, H., u. E. Goto: Application of Error-Correcting Codes to Multi-Way Switching. IFIP 59, 396—400	252
[59.60]	Wanlass, C. L., u. S. D. Wanlass: Biax High Speed Magnetic Computer Element. IRE Wescon Conv. Rec. 3 (1959) 40—54	124
[60.1]	Armstrong, D. B., et al.: Magnetic Analogs of Relay Contact Networks for Logic. IRE EC-9 (1960) 30—35	124
[60.2]	Broadbent, K. D.: A Thin Magnetic Film Shift Register. IRE EC-9 (1960) 321—323	39
[60.3]	Brown, D. T.: Error Detecting and Correcting Binary Codes for Arithmetic Operations. IRE EC-9 (1960) 333—337	252
[60.4]	Buelow, F. K.: Improvement to Current Switching. Internat. Solid State Circ. Conf. (1960) 30—31	98
[60.5]	Carter, I. P. V.: An New Core Switch for Magnetic Matrix Stores and Other Purposes. IRE EC-9 (1959) 176—191	308
[60.6]	Chien, R. T.: A Class of Optimal Noiseless Load-Sharing Matrix Switches. IBM J. Res. Dev. 4 (1960) 415—417	312

Literaturverzeichnis

[60.7] CONSTANTINE, Jr., G.: New Developments in Load-Sharing Matrix Switches. IBM J. Res. Dev. 4 (1960) 418–422 312
[60.8] EDWARDS, D. B. G., et al.: Ferrite-Core Memory Systems with Rapid Cycle Times. Proc. Inst. Electr. Engng. 107 (1960) Part B, 585–598 318
[60.9] ELDRIDGE, D. F.: Magnetic Recording and Reproduction of Pulses. IRE Trans. Audio AU-8 (1960) 42–57 392
[60.10] GABOR, A.: Digital Magnetic Recording with High Density Using Double Transition Method. IRE Internat. Conv. Rec. (1960) Paper 47.4 393
[60.11] GÄRTNER, W. W.: Tunnel-Dioden. Elektron. Rdsch. 14 (1960) 265 bis 271 141
[60.12] GOLDSTICK, G. H.: Comparison of Saturated and Nonsaturated Switching Circuit Techniques. IRE EC-9 (1960) 161–175 85
[60.13] GOTO, E., et al.: Esaki Diode High-Speed Logical Circuits. IRE EC-9 (1960) 25–29 143
[60.14] GÜNTSCH, F. R., u. W. HÄNDLER: Zur Simultanarbeit bei Digitalrechnern. Elektron. Rechenanlagen 2 (1960) 117–128 412
[60.15] HAAS, G.: Transistoren für Treiberstufen in Magnetkernspeichern. NTF 18 (1960) A13–A21 313
[60.16] HENDRICKSON, H. C.: Fast High Accuracy Binary Parallel Addition. IRE EC-9 (1960) 465–469 180
[60.17] ILLENBERGER, K., u. F. OHMANN: Der Magnetkern-Pufferspeicher, ein vielseitiger Baustein für Nachrichtenverarbeitungs-Systeme. Entw.-Ber. Siemens & Halske 23 (1960) 95–102 322
[60.18] JARVIS, D. B., et al.: Transistor Current Switching and Routing Techniques. IRE EC-9 (1960) 302–308 98
[60.19] KESEL, G., et al.: Germanium-Tunneldioden für das Hochfrequenzgebiet. NTZ 13 (1960) 191–195 141
[60.20] KILBURN, T., et al.: A Parallel Arithmetic Unit Using a Saturated-Transistor Fast-Carry Circuit. Proc. Inst. Electr. Engng. 107 (1960) Part B, 573–584 104
[60.21] KILBURN, T., u. R. L. GRIMSDALE: A Digital Computer Store with Very Short Read Time. Proc. Inst. Electr. Engng. 107 (1960) 567 bis 572 322
[60.22] KROHN, C. A.: Reliability Analysis Techniques. Proc. IRE 48 (1960) 179–192 420
[60.23] MASHER, D. P.: The Design of Diode-Transistor NOR Circuits. IRE EC-9 (1960) 15–24 93
[60.24] MILLER, J. C., et al.: The Tunnel Diode as a Storage Element. Internat. Solid State Circ. Conf. (1906) 52–53 364
[60.25] NETHERCOT, Jr., A. H.: On the Switching Time of Subharmonic Oscillators. IBM J. Res. Dev. 4 (1960) 402–406 128
[60.26] PERRY, G. H., u. S. J. WIDDOWS: Low Coercive-Force Ferrite-Ring Cores for a Fast Non-Destructively Read Store. Internat. Solid State Circ. Conf. (1960) 58–59 318
[60.27] PRICE, H. W.: Reliability of Parallel Electronic Components. IRE Trans. Reliability Quality Control RQC-9 (1960) 35–39 414
[60.28] PROEBSTER, W. E.: Dünne Schichten als Rechenmaschinenelemente. ETZ 81 (1960) Ausgabe A, 913–920 359
[60.29] REITWIESNER, G. W.: The Determination of Carry Propagation Length for Binary Addition. IRE EC-9 (1960) 35–38 180

Literaturverzeichnis

		Seite
[60.30]	SALTER, F.: High-Speed Transistorized Adder for a Digital Computer. IRE EC-9 (1960) 461–464	105
[60.31]	SCHMITT, E.: Das Parametron und seine Verwendung in nachrichtenverarbeitenden Systemen. Elektron. Rdsch. 14 (1960) 41–46	128
[60.32]	SINITSA, M. A.: Calculation of Average Failure-to-Failure Time of Equipment. IRE Trans. Reliability Quality Control RQC-9 (1960) 1 bis 5	423
[60.33]	SKLANSKY, J.: An Evaluation of Several Two-Summand Binary Adders. IRE EC-9 (1960) 213–226	183
[60.34]	SKLANSKY, J.: Conditional-Sum Addition Logic. IRE EC-9 (1960) 226–231	183
[60.35]	WAGNER, K.: Die grundlegenden Eigenschaften des Flächentransistors im Impuls- und Schalterbetrieb. NTF 18 (1960) A1–A12	111
[61.1]	ALLEN, C. A., et al.: A 2.18-Microsecond Megabit Core Storage Unit. IRE EC-10 (1961) 233–237	295, 305
[61.2]	BECKMAN, F. S., et al.: Developments in the Logical Organization of Computer Arithmetic and Control Units. Proc. IRE 49 (1961) 53–66	279, 415
[61.3]	BEESLEY, J. P.: An Evaporated Film 135-Cryotron Memory Plane. Internat. Solid State Circ. Conf. (1961) 108–109	372
[61.4]	CHAPLIN, G. B. B., u. P. M. THOMPSON: A Fast-Word Organized Tunnel-Diode Memory Using Voltage-Mode Selection. Internat. Solid State Circ. Conf. (1961) 40–41	364
[61.5]	CRANE, H. D., u. E.K. VAN DE RIET: Design of an All-Magnetic Computing System: Part I — Circuit Design. IRE EC-10 (1961) 207–220	124
[61.6]	FAN, G. J.: A Study of the Playback Process of a Magnetic Ring Head. IBM J. Res. Dev. 5 (1961) 312–325	392
[61.7]	FELDTKELLER, E.: Blockierte Drehprozesse in dünnen magnetischen Schichten. Elektron. Rechenanlagen 3 (1961) 167–175	359
[61.8]	FREIMAN, C. V.: Statistical Analysis of Certain Binary Division Algorithms. Proc. IRE 49 (1961) 91–103	199
[61.9]	GAUNT, Jr., W. B., u. D. C. WELLER: A 12-Kilobit, 5-Microsecond Twistor Variable Store. Internat. Solid State Circ. Conf. (1961) 106–107	363
[61.10]	GAZALE, M. J.: Relay Logical Circuits. IBM Techn. Discl. Bull. 3 (1961) 34	137
[61.11]	GIANOLA, U. F.: The Possibilities of All-Magnetic Logic Circuitry. J. Appl. Phys. 32 (1961) 27S–34S (Supplement)	124
[61.12]	GLAETTLI, H. H.: Neuere Untersuchungen auf dem Gebiet digitaler mechanischer Steuerungs- und Rechenelemente. Elektron. Rdsch. 15 (1961) 51–53	154
[61.13]	HAYNES, J. L.: Logic Circuits Using Square-Loop Magnetic Devices — A Survey. IRE EC-10 (1961) 191–203	124
[61.14]	HELLERMAN, L., u. E. J. SKIKO: Methods of Analysis of Circuit Transient Performance. IBM J. Res. Dev. 5 (1961) 33–43	425
[61.15]	HILBERG, W.: Toroide aus Rechteckferrit als Schaltelemente. Arch. Elektr. Übertr. 15 (1961) 145–152	115
[61.16]	HOAGLAND, A. S.: A High Track-Density Servo-Access System for Magnetic Recording Disk Storage. IBM J. Res. Dev. 5 (1961) 287–296	342, 348
[61.17]	HOAGLAND, A. S., u. G. C. BACON: High-Density Digital Magnetic Recording Techniques. Proc. IRE 49 (1961) 258–267 . . . 330, 332, 340	
[61.18]	HOPNER, E.: Phase Reversal Data Transmission System for Switched and Private Telephone Line Applications. IBM J. Res. Dev. 5 (1961) 93–105	397

Literaturverzeichnis 443
Seite
[61.19] KAUPP, H. R., u. D. R. CROSBY: Calculated Waveforms for Tunnel Diode Locked Pair. Proc. IRE 49 (1961) 146—154 146
[61.20] KISEDA, J. R., et al.: A Magnetic Associative Memory. IBM J. Res. Dev. 5 (1961) 106—121 376
[61.21] LEHMAN, M., u. N. BURLA: Skip Techniques for High-Speed Carry-Propagation in Binary Arithmetic Units. IRE EC-10 (1961) 691—698 183
[61.22] MACSORLEY, O. L.: High-Speed Arithmetic in Binary Computers. Proc. IRE 49 (1961) 67—91 . . . . 183, 187, 195, 199
[61.23] NUSSBAUM, E., et al.: Statistical Analysis of Logic Circuit Performance in Digital Systems. Proc. IRE 49 (1961) 236—244 . . . . . . 422, 424
[61.24] ORCHARD-HAYS, W.: The Evolution of Programming Systems. Proc. IRE 49 (1961) 283—295 33
[61.25] PEARSON, R. T.: The Development of the Flexible-Disk Magnetic Recorder. Proc. IRE 49 (1961) 164—174 340
[61.26] PETSCHAUER, R. J., u. R. D. TURNQUIST: A Nondestructive Readout Film Memory. WJCC (1961) 411—425 359
[61.27] PRYWES, N. S., et al.: UNIVAC-LARC High-Speed Circuitry: Case History in Circuit Optimization. IRE EC-10 (1961) 426—438 100
[61.28] RAJCHMAN, J. A.: Computer Memories. A Survey of the State-of-the-Art. Proc. IRE 49 (1961) 104—127 . . . . 319, 320, 364
[61.29] RHODES, W. H., et al.: A 0.7-Microsecond Ferrite Core Memory. IBM J. Res. Dev. 5 (1961) 174—182 318
[61.30] SALTMAN, R. G.: Reducing Computing Time for Synchronous Binary Division. IRE EC-10 (1961) 169—174 199
[61.31] SCHAEFER, E.: Elektronische Auslesespeicher. Elektron. Rechenanlagen 3 (1961) 197—205 322
[61.32] SCHOOLS, R. S.: Recording and Reproduction of NRZI Signals. J. Appl. Phys. 32 (1961) 42S—44S (Supplement) 392
[61.33] SIMS, R. C., et al.: A Survey of Tunnel-Diode Digital Techniques. Proc. IRE 49 (1961) 136—146 . . . . 150, 364
[61.34] STRAM, O. B.: Arbitrary Boolean Functions of N Variables. Proc. IRE 49 (1961) 210—220 18
[61.35] TRAMPEL, K. M.: Designing NOR Circuits for Maximum Reliability. Electronics (1961) 46—48 91
[61.36] TSUI, F., u. H. PILOTY: Der Magnetkernspeicher der PERM. Elektron. Rechenanlagen 3 (1961) 246—253 . . . . 295, 302
[61.37] TURNBULL, J. R.: 100-Mc Nonsynchronous Esaki-Diode Computer Circuitry. Internat. Solid State Circ. Conf. (1961) 74—75 150
[61.38] VINAL, A. W.: The Development of a Multiaperture Reluctance Switch. WJCC (1961) 443—474 124
[61.39] WIER, J. M.: Digital Data Communication Techniques. Proc. IRE 49 (1961) 196—209 397
[61.40] WILSON, J. B., u. R. S. LEDLEY: An Algorithm for Rapid Binary Division. IRE EC-10 (1961) 662—670 199
[62.1] ADAMS, E. N.: Applications of Cryotrons to the High-Speed Computer. Elektron. Rechenanlagen 4 (1962) 212—216 370
[62.2] AMDAHL, G. M.: New Concepts in Computing System Design. Proc. IRE 50 (1962) 1073—1077 411
[62.3] AXELROD, M. S., et al.: Some New High-Speed Tunnel-Diode Logic Circuits. IBM J. Res. Dev. 6 (1962) 158—169 146
[62.4] BEDRIJ. O. J.: Carry-Select Adder. IRE EC-11 (1962) 340—346 . . . 183

29*

[62.5] BODENSTEIN, C., u. R. OTTO: Magnetische Aufzeichnung auf luftstabilisierter, rotierender Folie. Entw.-Ber. Siemens & Halske 25 (1962) 103—110 340
[62.6] CHONG, C., u. G. FEDDE: Magnetic Films — Revolution in Computer Memories. FJCC (1962) 213—224 359
[62.7] EKISS, J. A.: Applications of the Charge-Control Theory. IRE EC-11 (1962) 374—381 85
[62.8] GOLDSTICK, G. H., u. E. F. KLEIN: Design of Memory Sense Amplifiers. IRE EC-11 (1962) 236—253 302
[62.9] HOAGLAND, A. S.: Mass Storage. Proc. IRE 50 (1962) 1087—1092 . . 346
[62.10] HÖLKEN, U.: Strom- und Flußverstärkung in allmagnetischen logischen Schaltungen. Elektron. Rechenanlagen 4 (1962) 257—263 . . . 124
[62.11] KAYSER, W.: Übersicht über Speicherverfahren für Speicher mit dünnen magnetischen Schichten. Elektron. Rechenanlagen 4 (1962) 60—70 359
[62.12] KOHN, G.: Transistorverstärker mit Impulsanstiegszeiten von weniger als 5 ns. NTZ 5 (1962) 531—536 358
[62.13] KONKLE, K. H.: Circuits for the FX-1 Computer. SJCC (1962) 101 bis 112 101
[62.14] LEAYCRAFT, E. C., u. E. H. MELAN: Characteristics of a High-Speed Multipath Core for a Coincident-Current Memory. IRE EC-11 (1962) 405—409 318
[62.15] LEHMAN, M.: A Comparative Study of Propagation Speed-Up Circuits in Binary Arithmetic Units. IFIP 62 671—677 183
[62.16] MEGGITT, J. E.: Pseudo Division and Pseudo Multiplication Processes. IBM J. Res. Dev. 6 (1962) 210—226 171
[62.17] MIDDELHOEK, S.: Static Reversal Processes in Thin Ni-Fe Films. IBM J. Res. Dev. 6 (1962) 394—406 359
[62.18] NEUMANN, P. G.: On the Logical Design of Noiseless Load-Sharing Matrix Switches. IRE EC-11 (1962) 369—374 312
[62.19] PROEBSTER, W. E.: The Design of a High-Speed Thin-Magnetic-Film Memory. Internat. Solid State Circ. Conf. (1962) 38—39 . . . . 356, 358
[62.20] RAJCHMAN, J. A.: Limitations in Speed and Capacity of Computer Memories. IFIP 62 636—637 282
[62.21] SEEBER, R. R., u. A. B. LINDQUIST: Associative Memory with Ordered Retrieval. IBM J. Res. Dev. 6 (1962) 126—136 376
[62.22] SEEDS, R. B.: Advances in Integrated Circuits. IFIP 62 644—645 108
[62.23] SERRELL, R., et al.: The Evolution of Computing Machines and Systems. Proc. IRE 50 (1962) 1039—1058 2
[62.24] SINGLETON, R. C.: Load-Sharing Core Switches Based on Block Designs. IRE EC-11 (1962) 346—352 312
[62.25] SMITH, W. R., u. A. V. POHM: A New Approach to Resistor-Transistor-Tunnel-Diode Nanosecond Logic. IRE EC-11 (1962) 658—664 149
[62.26] TAFEL, H. J.: Der Siemens-Schnelldrucker, ein Typenrad-Zeilendrucker mit mechanischem Energiespeicher. Elektron. Rechenanlagen 4 (1962) 149—153 385
[62.27] TSUI, F. F.: Improving the Performance of the Sense-Amplifier Circuit Through Pre-Amplification Strobing and Noise-Matched Clipping. IRE EC-11 (1962) 677—683 302
[62.28] WALLMARK, J. T., u. S. M. MARCUS: Minimum Size and Maximum Packing Density of Nonredundant Semiconductor Devices. Proc. IRE 50 (1962) 286—298 140

Literaturverzeichnis 445

Seite

[62.29] WELLS, G.: The Design of a Large 1.5 Microsecond Memory System. Elektron. Rechenanlagen 4 (1962) 154—157 322
[62.30] ZEMANEK, H.: Sequentielle asynchrone Logik. Elektron. Rechenanlagen 4 (1962) 248—253 48
[63.1] AMODEI, J. J., u. J. R. BURNS: High-Speed Transistor-Tunnel-Diode Sequential Circuits. RCA Rev. 24 (1963) 355—380 150
[63.2] BARKOUKI, M. F., u. I. STEIN: Theoretical and Experimental Evaluation of RZ and NRZ Recording Characteristics. IEEE EC-12 (1963) 92—100 346
[63.3] BECKER, P. W., u. R. E. WARR: Reliability versus Components Tolerances in Microelectronic Circuits. Proc. IEEE 51 (1963) 1202—1214 424
[63.4] BILLING, H.: Magnetische Stufenschichten als Speicherelemente. Elektron. Rechenanlagen 5 (1963) 257—261 359
[63.5] BRAYTON, R., u. R. WILLOUGHBY: An Analysis of the Effect of Component Tolerances on the Amplification of the Balanced-Pair Tunnel-Diode Circuit. IEEE EC-12 (1963) 269—274 146
[63.6] BRENNEMANN, A. E.: The In-Line Cryotron. Proc. IEEE 51 (1963) 442—451 370
[63.7] BRENNEMANN, A. E., et al.: Delay Times for Switching In-Line Cryotrons. Proc. IEEE 51 (1963) 1009—1014 370
[63.8] BUELOW, F. K., et al.: A Circuit Packaging Model for High-Speed Technology. IBM J. Res. Dev. 7 (1963) 182—189 111
[63.9] CHUNG, D. H., u. J. A. PALMIERI: Design of ACP Resistor-Coupled Switching Circuits. IBM J. Res. Dev. 7 (1963) 190—198 111
[63.10] CRAWFORD, D. J., et al.: An Improved Tunnel Diode Memory System. IBM J. Res. Dev. 7 (1963) 199—206 364
[63.11] DORENDORF, H., u. H. ULLRICH: Festkörper-Schaltkreise aus Silizium. Siemens-Z. 37 (1963) 566—574 108
[63.12] EVANS, W. A.: Tolerancing the Transistor NOR Circuit. Electron. Engng. 35 (1963) 659—663 93
[63.13] HELLERMAN, L.: A Catalog of Three-Variable Or-Invert and And-Invert Logical Circuits. IEEE EC-12 (1963) 198—223 . . . . . . 18, 21
[63.14] HOFSTEIN, S. R., u. F. P. HEIMAN: The Silicon Insulated-Gate Field-Effect Transistor. Proc. IEEE 51 (1963) 1190—1202 151
[63.15] HSIAO, M. Y., u. F. F. SELLER, Jr.: The Carry-Dependent Sum Adder. IEEE EC-12 (1963) 265—268 257
[63.16] JARVIS, D. B.: The Effects of Interconnections on High-Speed Logic Circuits. IEEE EC-12 (1963) 476—487 106
[63.17] KAUFMAN, B. A., u. J. S. HAMMOND: A High-Speed Direct-Coupled Magnetic Memory Sense Amplifier Employing Tunnel-Diode Discriminators. IEEE EC-12 (1963) 282—295 302
[63.18] KLEEN, W., u. H. PFISTERER: Ferromagnetische Speicherschichten. Siemens-Z. 37 (1963) 699—712 359
[63.19] LEE, C. Y., u. M. C. PAULL: A Content Addressable Distributed Logic Memory with Applications to Information Retrieval. Proc. IEEE 51 (1963) 924—932 376
[63.20] MEGGITT, J. E.: Digit-by-Digit Methods for Polynomials. IBM J. Res. Dev. 7 (1963) 237—245 171
[63.21] SCHAEFER, E.: Bewertung magnetischer Schaltkreise. Elektron. Rdsch. 17 (1963) 65—72, 111—114 124
[63.22] SHEW, L. F.: Discrete Tracks for Saturation Magnetic Recording. IEEE EC-12 (1963) 383—387 346

[63.23] STEIN, I.: Generalized Pulse Recording. IEEE EC-12 (1963) 77—92 .. 346
[63.24] TODD, C. D.: An Annotated Bibliography on NOR and NAND Logic. IEEE EC-12 (1963) 462—464 .. 93
[63.25] WEMPER, D.: Biax-Speicherelement für zerstörungsfreies Lesen. Elektron. Rdsch. 17 (1963) 181—182 .. 321
[63.26] YAO, F. C.: Analysis of Signal Transmission in Ultra High-Speed Transistorized Digital Computers. IEEE EC-12 (1963) 372—382 .. 106
[64.1] AMDAHL, G. M., et al.: Architecture of the IBM System/360. IBM J. Res. Dev. 8 (1964) 87—101 .. 270, 400
[64.2] CARTER, W. C., et al.: Design of Serviceability Features for the IBM System/360. IBM J. Res. Dev. 8 (1964) 115—126 .. 428
[64.3] COOPERMAN, M.: 300-Mc Tunnel Diode Logic Circuits. IEEE EC-13 (1964) 18—26 .. 149
[64.4] DAVIS, E. M., et al.: Solid Logic Technology: Versatile, High-Performance Microelectronics. IBM J. Res. Dev. 8 (1964) 102—114 .. 111
[64.5] GILLIS, J. E.: A Technique for Achieving High Bit Packing Density on Magnetic Tape. IEEE EC-13 (1964) 112—117 .. 392
[64.6] RÖTTGERS, H. TH.: Feldeffekt-Transistoren. Internat. Elektron. Rdsch. 18 (1964) 125—128 .. 153
[64.7] RÜDIGER, A.: Magnetische Eigenschaften von Permalloy-Stufenschichten. Elektron. Rechenanlagen 6 (1964) 20—25 .. 359
[64.7a] TAUB, D. M., u. B. W. KINGTON: The Design of Transformer Read-Only Stores. IBM J. Res. Dev. 8 (1964) 443—459 .. 245, 322
[64.8] TSUI, F.: Die Abhängigkeit der Störabstände in Lesesignalen von dem Gesamt-Informationsinhalt in einem Stromkoinzidenz-Ferritkernspeicher und ihre Verbesserung durch asymmetrische Ansteuerung. Elektron. Rechenanlagen 6 (1964) 74—82 .. 302
[64.9] WALLACE, C. S.: A Suggestion for a Fast Multiplier. IEEE EC-13 (1964) 14—17 .. 188
[64.10] Verschiedene Autoren: Fluid Amplifiers Now (Sonderheft). Control Engineering 11 (1964) .. 162

Sachverzeichnis

Abfallzeit 130
Abgrenzung 1
Ablaufbefehl 273
Ablesung 293, 331, 346, 392
Abschätzung der Quotientenziffer 228
Abtasten 34
Addierwerk 26, 134, 157, 161, 176, 210
—, dezimales 215
Addition 176, 215
—, logische 10
— mit Gleitkomma 234
Adresse 26, 260
—, Rechnen mit 32
Adressierung 35, 282
—, relative 266
—, symbolische 412
Äquivalenz 15, 132, 165
Aiken-Code 210
Akkumulator 168
Algebra, BOOLEsche 9
ALGOL 33
α-Abfall 83
α-Grenzfrequenz 70, 83, 87
alphabetische Angaben 34
alphanumerischer Code 215
alphanumerisches Zeichen 381
Analog-Digitalumwandler 377
Analogrechner 1
Anatomie 417
Angaben, alphabetische 34
Anzeige 80, 378
Arbeitsgeschwindigkeit, Erhöhung der 83
Arbeitskontakt 12, 130
Arbeitsweise 164
—, asynchrone 48
arithmetische Kontrolle 249, 255
— Operation 271
assoziativer Speicher 374
assoziatives Gesetz 11
Astroide 353
asynchrone Arbeitsweise 48

Ausblenden 300
Ausgabe 27, 376
— -befehl 274
— -funktion 119
automatische Fehlerüberwachung 248, 284
— Korrektur 426

Basis 4
— -schaltung 66
— -zahl 9
Baugruppe 105
bedingter Sprungbefehl 30
Bedingung 265
Befehl 258
—, bedingter 265
—, symbolischer 32
Befehls-verzeichnis 29, 269
— -zähler 29, 259
— -zeichen 263
Begrenzung 84
Beschleunigung 84
Betriebs-sicherheit 412, 417
— -störungen 417
— -temperatur 68, 422
— -zeit 420
bewegliches Komma 206, 233
Biax 124
binäre Schaltung 10
binärer Code 212
binäres Element 3
biquinärer Code 214
Bit 3
—, funktionelles 277
Block 31, 401
Blumentransfluxor 124
BOOLEsche Algebra 9

Code 7, 208
—, alphanumerischer 215
—, binärer 212
—, biquinärer 214
—, fehlererkennender 248, 426

Code, quibinärer 214
—, selbstkorrigierender 251
—, selbstprüfender 250
Codierung 1
—, tetradische 208
CURIE-Temperatur 286

Darstellung, entschlüsselte 8
—, halblogarithmische 232
—, polyadische 9
— von Zahlen 3
Daten, alphabetische 33
—-verarbeitung 33
Dauerstromschrift 332
—, modifizierte 332
Dekrement 268
Delta-Signal 299
Dezimal-bruch 4
—-komma 4, 232
—-system 3, 207
—-zahl 208
—-zähler 166
—-ziffer 4
dezimales Addierwerk 215
Diagnose 427
diagnostisches Programm 427
Diffusion 65
— sdreieck 71
Diffusor 160
Digital-Analog-Umwandler 378
—-prinzip 1
Dimensionierung, statistische 424
Diode 49
Diodenmatrix 306
Dipol 326
direkte Kopplung 98
Disjunktion 11
disjunktive Normalform 16
distributives Gesetz 11
Disvalenz 165
Disziplin 431
Dividend 195
Division 195, 226
— mit Gleitkomma 235
Divisor 195
—, Vielfaches des 227
Doppelkopf 344, 391
Doppelschicht 359
doppelte Genauigkeit 246
Dotierung 65
Drahtdrucker 385
Drahtkryotron 366

Drehschalten 352
Dreiadress-Maschine 262
Dreipol 145
Dreitakt-Schieberegister 47
Drift-Transistor 65
Druck 155
—-schema 380
—-werk, mechanisches 382
— —, nichtmechanisches 388
Dual-komma 232
—-stelle 3
—-system 3, 163, 173
Durchgangsfunktion 118, 307
durchgehender Übertrag 104, 135, 179
Durchgreifeffekt 65, 69
Durchlaßwiderstand 54
Durchschnitt 11
Düse 159

Einadreß-Maschine 261
Einbezirksstruktur 352
Einbrennperiode 420
Eingabe 27, 376
—-befehl 274
—-funktion 117
Einkern-Schieberegister 115
Einmaleins 6, 219
—-Tafel 221
Einschränkung, praktische 20
einschrittige Multiplikation 187, 225
Elektrographie 389
elektronischer Schrittschalter 241
Element, binäres 3
—, hydrodynamisches 159
—, monolithisches 107
Emitter 65
—-folger 75, 88
—-schaltung 67
Endübertrag 174, 180
ENIAC 3
Entleerungszone 151
Entmagnetisierung 352
entschlüsselte Darstellung 8
Entschlüsselung 132, 240
Epitaxialtechnik 66
Erhöhung der Arbeitsgeschwindigkeit 83
Erholungszeit 50
ERMETH 170, 381
Ersatzschema 70, 141
ESAKI-Diode 140
exklusives Oder 15, 165
Exponent 206, 233
Extraktion 264

Sachverzeichnis

Faktor, negativer 193
Faltung 222
fan-in 20
fan-out 20
Fehler 395, 418
— -anzeige 257
— -häufigkeit 419
— -kontrolle 413
— -korrektur 413
— -überwachung, automatische 248, 284
— -ursache 417
Feld-maschine 416
— -steuerungstransistor 150
— -verlauf 327
Fernübermittlung 396
Ferractor 121
Ferritkern 285
Ferritplatte 319
feste Wortlänge 34
festes Komma 232
Festwertspeicher 321
Flipflop 97, 100, 370
Flüssigkeitsmechanik 154
Flußkoinzidenz-Speicher 318
Formelsprache 33
FORTRAN 33
Funkenlöschung 131
funktionelles Bit 277
Funktionstafel 14, 16

Ganzer Teil 203
Gatter 19
— mit Dioden 51
— — Magnetkernen 116
— — Parametron 129
— — Transistoren 89
— — Tunneldioden 143
gebrochener Teil 203
gedruckte Verdrahtung 105
Gegenkopplung 86
gemischtes Zahlsystem 7
Genauigkeit 1
—, doppelte 246
—, mehrfache 246
Germanium 66
Gesamtaufbau 25, 405
— des Leitwerkes 278
— — Rechenwerks 168
Gesamtorganisation 397
Gesetz, assoziatives 11
—, erstes distributives 11

Gesetz, kommutatives 11
—, zweites distributives 11
gespeichertes Programm 3, 27, 258
getasteter Verstärker 101
Gewicht 209
gezogener Transistor 65
Gleichgewichtslage 80
gleichstromgekoppeltes Schaltungssystem 87
Gleitkomma 206, 233
Glimmlampe 80, 379
Glühlampe 80, 379
Grenzfrequenz 65, 70
Grenzprüfung 428
Grenzschichtsteuerung 160
Grundschaltung 19, 39
Gütefaktor 282

Halbaddierwerk 178
Halbierung 399
halblogarithmische Form 233
Hauptstrahl 159
Helium 373
Heptade 165
Hexade 34, 215
Hierarchie von Speichern 401
Hirn 23
Historisches 2
Hochdruck 156
Hochfrequenztransistor 69
hydraulisches Rechenelement 153
hydrodynamisches Element 159
Hydrostatik 154
Hysteresekurve 286

i_{c0} 68
Identitäten, DE MORGANsche 11
Impedanz 48
Implikation 15
Impuls-darstellung 42
— -frequenz 41
— -gatter 57
— -programm 303, 304
— -schrift 330
— -steuerung 159
Index 263
— -befehl 273
— -register 27, 265
Induktion, remanente 286
Inkrement 268
Integration 300
Integrieranlage 1, 415

integrierte Baugruppe 105
intermittierender Fehler 418
Interpretation 32
irreversibel 288
Iteration 30
Iterationsverfahren 171

Kanal 151
Kapazität 26, 85, 282
KARNAUGH-VEITCH-Tafel 17
Kaskadierung 57
Kavitation 162
Kennung 375
Kernspeicher 285
Kettendrucker 384
KIRCHHOFFsche Regel 22
Koaxialkabel 49
Koerzitivkraft 286, 355
Koinzidenz 165
Kolben 155
Kollatieren 34
Kollektor 65
— -kapazität 70
kombinierter Emitterfolger 76
Komma 4
—, bewegliches 206, 233
—, festes 232
kommutatives Gesetz 11
Kompilierung 32
Komplement 11, 174, 216
Komplexität, logische 415
konegative Zahl 174, 216
Kongruenz 252
Konjunktion 11
Konstantenspeicher 360
Kontakt 12, 130
Kontrolle 426
Kontrolle, arithmetische 249, 255
—, programmierte 426
Konvergenz 172
Koordinatenschalter 407
Kopf 325
— -umschaltung 335
Koppelkern 129
Kopplung, direkte 98
Korrektur, automatische 426
—, programmierte 426
— -multiplikation 204
— -schaltung 136
— -werk 210
kritische Kurve 353
— Temperatur 365

Kryotron 364
Kunststoff 158
Kurve, kritische 353
KV-Tafel 17

Ladungsträger 65
lastverteilender Wähler 311
Laufzeit 83, 87
— -speicher 349
Lawinendurchbruch 69
Lebens-dauer 418
— -ende 418
— -erwartung 421
legierter Transistor 65
Leistung, zulässige 65
— -sstufe 77
Leitwerk 27, 258
—, Gesamtaufbau des 278
Lese-leitung 292
— -schaltung 335
— -verstärker 300
Lichtgeschwindigkeit 105
Loch 71
— -karte 390
— -streifen 390
Logik, symbolische 10
—, ternäre 25
— -kalkül 10
logische Addition 10
— Grundschaltung 19
— Komplexität 415
— Multiplikation 11
— Operation 272
— Schaltung 10
— — mit Dioden 51
— — — Magnetkernen 116
— — — Parametron 129
— — — Transistoren 89
— — — Tunneldioden 143
— Summe 11
—s Oder 11
— Produkt 11
— Und 11
Luftlagerung 340

MAD 124
Magnet-band 390
— -kern 111, 285
— -kopf 325, 344, 391
— —, schwebender 328
—, nicht ringförmiger 122
— -ographie 389

Sachverzeichnis

Magnet-ostriktion 350
— -platte 319, 339
— -schicht 343, 351
— — -speicher 351
— -speicher 285
— -trommelspeicher 323
— -verstärker 121
Majoritätslogik 23
Makrobefehl 276
,,mal"-Gatter 19, 40
Mantisse 206, 233
Maschinenprogramm 32
Massenspeicher 283, 361, 373
Maßnahme, vorsorgliche 428
Matrix 60, 120, 199, 222
mechanisches Druckwerk 382
mehrfache Genauigkeit 246
Mehrlochkern 123
Mehrpfad-Speicherelement 318
Mengenlehre 11
Mesa-Transistor 66
Meßinstrument 27
Metallkern 285
Mikrobefehl 243, 274
Mikroelektronik 105
mikrolegierter Transistor 66
Mikroprogrammierung 245, 274
Mikroprogramm-speicher 275
— -steuerwerk 243, 245
Minderheitsträger 71
Minimalform 16
Minimalmaschine 414
Mischen 34
modifizierte Dauerstromschrift 332
Molektronik 107
monolithisches Element 107
de Morgansche Identitäten 11
Multiplikand 169, 185, 217
Multiplikation 184, 217
—, einschrittige 187, 225
—, logische 11
— mit Gleitkomma 235
Multiplikator 169, 185, 217
Multiprogrammierung 412
Multiprozessierung 412
Multivibrator 157
Mylar 391

Nach-Teilerregung 299
Näherungsverfahren 172
Nanosekundenschaltung 105
Negation 11

negative Zahl 173, 216
— r Faktor 193
— Widerstand 142
Negator 19
— mit Parametron 129
— — Transistoren 74
— — Tunneldioden 147
Neunerrest 252
Neuron 23
,,nicht" 10
nichtlöschender Speicher 320, 359
nichtmechanisches Druckwerk 388
nichtnumerische Anwendung 33
Nickelleitung 350
Niederdruck 156
Niob 366
nor-Schaltung 91, 92
Normalform, disjunktive 16
Normalisierung 8, 197, 272
npn-Transistor 72
Null 175, 236
— -stelle 172

Oberflächen-Grenzschicht-Transistor 65, 99
,,oder" 10
Oder, exklusives 15
,,oder"-Gatter s. Gatter
— - —, exklusives 165
Operand 26
Operandenregister 28
Operation, arithmetische 271
—, gleichzeitig ablaufende 406
—, logische 272
Operationensteuerung 26, 240
Operationsablauf 240
optische Anzeige 378
Oszillator, subharmonischer 125

Parallel 7, 164
— -Addierwerk 103
parametrische Resonanz 126
Parametron 124
Paritätsstelle 250
Partialprodukt 6, 185, 218
Passivierung 109
Pathologie 417
Pentade 213
photographischer Speicher 373
Physiologie 417
Planartransistor 66
Plattensatz 343

Plattenspeicher 339
pneumatisches Rechenelement 153
pnp-Transistor 72
p-n-Übergang 66
polyadische Darstellung 9
Produkt 169, 185, 218
—, logisches 11
Programm, diagnostisches 427
—, gespeichertes 3, 27, 258
— -ablauf 28
Programmierer 30
programmierte Korrektur 426
Programmierung 28
Programmunterbrechung 410
Prophylaxe 428
Prüfstelle 250, 426
Pseudodezimale 209
Puffer 77, 406
Pyramide 132

Q-Zeichen 273, 400
Quadratwurzel 171, 199, 230
— mit Gleitkomma 235
Quarzoszillator 41
Quecksilberleitung 349
Quelle 151
Quellenimpedanz 48
Quellsystem 203
Quersumme 252
quibinärer Code 214
Quotient 195, 226
Quotientenziffer, Abschätzung der 228

Raddrucker 382, 384
Radikand 199, 230
Radizieren 200, 230
Randorgan 27, 377, 406
Realzeitbetrieb 34
Rechenelement, hydraulisches 153
—, pneumatisches 153
Rechen-fehler 248, 417
— -geschwindigkeit 170, 408
— -kontrolle 248, 426
— -operation 162
— -werk 25
— —, Gesamtaufbau des 168
— -zeit 171, 409
Rechnen mit Adressen 32
Rechteckigkeitsverhältnis 287
Redundanz 9, 163, 412
Regeneration 40, 44
Register 26, 45

Registrierkasse 2
Relais 12, 130
relative Adressierung 266
Remanenz 286
Repetition 380
Resonanz, parametrische 126
—, subharmonische 126
Rest 195, 199, 226, 230
Restklasse 9, 214
Restklassensystem 9
reversibel 288
REYNOLDS-Zahl 162
Reziprokwert 171, 195
Ring 166
Ringkern 286
Rückstellung 197, 200, 227
Rückübersetzen 5, 204, 206
Ruhekontakt 12, 130
Rundung 234, 238, 271

Sättigung 69, 83
Sättigungsgebiet 67, 71
Sättigungsinduktion 286
Schallgeschwindigkeit 162, 350
Schalt-algebra 10
— -kapazität 52
— -konstante 290
— -kreis, integrierter 105
— -pult 431
Schaltung, binäre 10
—, logische 10
—, vermaschte 134
— -s-system, gleichstromgekoppeltes 87
— —, wechselstromgekoppeltes 100
Schaltzeit 72, 83, 130
Scherung 393
Schichtkryotron 368
Schieberegister 45, 112, 122, 124, 241
Schraubenregel 112
Schreibmaschine 380
Schreibverstärker 333
Schriftbild 380
schritthaltende Verarbeitung 34
Schrittschalter, elektronischer 241
schwebender Magnetkopf 328, 339
Schwellwertlogik 21, 144, 147
Schwingung 77
selbstkorrigierender Code 251
selbstprüfender Code 250
Selektion 281
—sstrom 302

Sachverzeichnis

Senke 151
Serie 164
Serienbetrieb 7
SHEFFER-Strich 15
Silizium 66
Simultanarbeit 411
Sonderwert 236
Sonderzeichen 236
Sortieren 34
Speicher, assoziativer 374
—, nichtlöschender 320, 359
—, photographischer 373
—, virtueller 401
— -ebene, wortorganisierte 315
— -röhre 281
— -werk 2, 26, 279
— -zelle 26
— -zellenplan 31
Speicherung 40
Sperr-gatter 19
— -gebiet 67, 71
— -richtung 50
— -schicht 49
— -strom 50
— -trägheit 50, 65, 71, 83
— -widerstand 54, 58
— -windung 295
Spezies 2
Sprungbefehl 30, 260
Spule 12, 130
Spur 323, 342
Stangendrucker 382
statisches Signal 41
statistische Dimensionierung 424
Stellenzahl 4, 399
Steuer-kreis 151
— -matrix 306
— -strahl 159
Störimpuls 97
Strahlverstärker 159
Strömung 155
Stromkoinzidenz 291
Stromsteuerung 93, 119
Stromverstärkung 69
Strukturdiagramm 31
subharmonische Resonanz 126
subharmonischer Oszillator 125
Subtraktion 176, 183, 216
— mit Gleitkomma 234
Summe 11, 176, 210
—, logische 11
Superprogramm 27

Supraleitung 364
symbolische Adressierung 412
— Logik 10
symbolischer Befehl 32
symmetrische Tastung 82
Synapse 23
Synchronismus 40

Takt-frequenz 24
— -generator 24
— -signal 41
— -spur 324
Tannenbaum 132
Tantal 366
Tastatur 27, 377
Tastung 81
Teilerregung 292
Temperatur, kritische 365
— -spannung 85
ternäre Logik 25
Tetrade 6, 165, 183, 208
tetradische Codierung 208
thermischer Widerstand 68
Tischrechenmaschine 2, 202
Toleranz 98, 159, 424
Transfluxor 123
Transistor 64
—, gezogener 65
—, legierter 65
—, mikrolegierter 66
Treiberschaltung 312
Treppenschaltung 133
Trommelspeicher 322
Tunneldiode 140, 363
Turbulenz-steuerung 159
— -verstärker 159
Twistor 361

Überlauf 184, 217, 271
Übermittlungskontrolle 249, 252
Überschuß-3-Code 211
Übersetzung 5, 202, 205
Übersprechen 49, 97
Übertrag 134, 157, 210
—, durchgehender 104, 135, 179
Übertrager 101
Überwachungsprogramm 411
Uhr 24, 40
— -impuls 24
— -signal 41
— -spur 333
Ultraschall 349

Umdeutung 32
Umlaufregister 168
Umrechnung 32
Umschaltkontakt 130
Umschlüsselung 224
unbestimmt 236
„und" 10
„und"-Gatter s. Gatter
unendlich 236
unsymmetrische Tastung 81
Unterbrechung 410
Unterschleife 288
Unterteiler 82
Urspannungsbetrieb 119
Urstrombetrieb 117

Variable Wortlänge 35, 404
VEITCH-Tafel 17
Ventil 154
veränderliche Wortlänge 35, 404
Verdrahtung, gedruckte 105
Vereinfachung 16
Verknüpfung 42, 44
vermaschte Schaltung 134
Verschiebung 186, 272
Verschlüsselung 6, 133
Versetzbarkeit 411
Verstärker, getasteter 101
Verstärkungsgebiet 67, 71
verziffern 3
Verzögerung 21, 40
—s-glied 93
—-leitung 41, 44, 349
Verzweigung 20
Vielfaches des Divisors 227
Vieradreß-Maschine 263
Vierergruppe 6
Vierpol 145
virtueller Speicher 401
Viskosität 155
vorsorgliche Maßnahme 428
Vorstrom 118, 127, 306
Vorzeichen 174
Vorzugsachse 352

Wähler, lastverteilender 311
Wählerkern 306

Wahrheitstabelle 16
Wandschalten 354
Warnvorrichtung 257
wechselstromgekoppeltes Schaltungssystem 100
weder-noch 15, 91, 92
Weitschweifigkeit 9
Wellenschrift 332
Widerstand, negativer 142
—, thermischer 68
Widerstände, logische Verknüpfung mit 90
Wirbel 160
Wort 26
—-länge 398
— —, feste 34
— —, veränderliche 35, 404
—-marke 405
—-organisation 315, 356, 363, 372

Xerographie 388

Zahl 3
—, konegative 174, 216
—, negative 173, 216
Zähler 167
Zahlsystem 3, 163
Zeilendrucker 381
Zeitablauf 24
Zelle 26
Zentralnervensystem 23, 28
Zielsystem 203
Ziffer 3
Zirkeldiagramm 17
Zugmagnet 380
Zugriff 282
Zugriffszeit 26, 282
Zusatz 263
Zuverlässigkeit 420
Zweiadreß-Maschine 262
Zweikern-Schieberegister 112
Zweikern-Speicher 316
Zweipol 145
Zwillingsschaltung 143
Zwischenspeicherung 27
Zwischensumme 209
Zylinder 155

MIX
Papier aus verantwortungsvollen Quellen
Paper from responsible sources
FSC® C105338

If you have any concerns about our products,
you can contact us on
ProductSafety@springernature.com

In case Publisher is established outside the EU,
the EU authorized representative is:
**Springer Nature Customer Service Center GmbH
Europaplatz 3, 69115 Heidelberg, Germany**

Printed by Libri Plureos GmbH
in Hamburg, Germany